普通高等教育电子信息类系列教材

电子电路设计与实践

（第二版）

主 编 张建强 魏 斌 魏青梅

西安电子科技大学出版社

内 容 简 介

本书共7章，主要介绍电子系统设计的相关知识，通过理论的学习来指导实践内容的完成。本书的知识体系完整，本着“够用”“实用”“易用”的原则，对电子产品从无到有、从简单到复杂的整个工艺过程都进行了比较详细的阐述：既有元器件识别检测和基础的焊接技术，又有贴装生产技术；既有单元电路的模块设计，又有电子综合系统的完整设计；既有电子产品检测调试技能，又有电子产品故障排除经验。

本书第1章到第5章介绍了相关知识和技能，包括电子系统及其设计方法、元器件识别与检测、电路设计与仿真软件的使用、实用单元电路分析与设计；第6、7章以实例讲述电子系统设计与装调方法。书中大量使用图例说明，形象直观，易于理解。

本书可作为高等院校电类相关专业学生的实验教材，也可作为电子系统设计者的参考书。

图书在版编目(CIP)数据

电子电路设计与实践 / 张建强，魏斌，魏青梅主编. —2版. —西安：西安电子科技大学出版社，2021.8
ISBN 978-7-5606-6151-3

Ⅰ. ①电… Ⅱ. ①张… ②魏… ③魏… Ⅲ. ①电子电路—电路设计—高等学校—教材
Ⅳ. ①TN702

中国版本图书馆CIP数据核字(2021)第148983号

策划编辑　戚文艳
责任编辑　杨　薇
出版发行　西安电子科技大学出版社(西安市太白南路2号)
电　　话　(029)88202421　88201467　　邮　　编　710071
网　　址　www.xduph.com　　电子邮箱　xdupfxb001@163.com
经　　销　新华书店
印刷单位　西安日报社印务中心
版　　次　2021年8月第2版　2021年8月第1次印刷
开　　本　787毫米×1092毫米　1/16　印　张　25.5
字　　数　604千字
印　　数　1～1000册
定　　价　59.00元
ISBN 978-7-5606-6151-3 / TN
XDUP 6453002-1

编 委 会 名 单

主　编　张建强　魏　斌　魏青梅

编　委　赵颖娟　王聪敏　李丹阳

　　　　李少娟　常　娟　吴增艳

◈◈◈◈ 前　　言 ◈◈◈◈

学生的实践技能，是各高校都非常重视的能力培养目标。目前，电子技术已成为各行各业的关键技术之一，可以说是当今社会的核心技术，因此，培养出更多动手能力强、创新意识突出、综合素质全面的高质量电子工程技术人才，就成为了各高校尤其是工科类院校的重要教学目标。

电子设计综合实践是工科电子类本科生必修的核心实践课程，其强调工程实践与理论基础的紧密结合，是电类、信息类专业学生进行工程技能训练的重要环节。该课程以电子技术理论知识的综合运用为基础，强调从实际出发，以元器件认知和仪器操作为起点，通过常用仪器仪表的使用、电子产品的设计和仿真、硬件组装制作和调试等各环节的学习和锻炼，使学生建立电路模型的感性认知，建立工程系统的概念，为学生后续学习和参加科研工作奠定基础。

目前，市场上关于电子系统设计的教材很多，但大多数教材太过注重原理和理论讲解，实用性不强，学生看过后面对实际问题还是无从下手。另外，电子技术日新月异，新技术、新方法不断涌现，这都需要有人总结归纳。本书针对目前市面上此类教材的不足之处，采用图文并茂的方法系统地讲解了电子系统设计装调的方法和步骤。本书重点突出了“够用”“实用”和“易用”特色，将电子元器件型号及参数选择、电路设计与仿真、单元电路模块设计、电路装配焊接工艺、电路调试等知识纳入交叉融合的有机整体，并按照真实的电子产品制作流程将以上知识连贯地展示给读者，旨在提供基础、完整、系统的入门培训与设计指导，使读者能够熟悉电路及电子产品设计流程，掌握基本的工作方法与技巧，降低或消除对硬件电路系统设计的畏难心理。

本书的主要特点如下：

(1) 知识体系完整。本书贯穿完整的硬件电路设计、仿真、制作、装配、调试流程，并有大量的实例说明，图文并茂，形象直观，易于理解。

(2) 突出新技术。对于电路设计、仿真应用的新技术，书中都做了详细的叙述，重点突出，针对性强。

(3) 注重实用。书中所介绍的内容都是作者长期从事教学实践总结所得，内容难度适宜，读者易于理解吸收。

(4) 理论指导实践。本书首先介绍相关的背景和理论知识，通过理论的学习来指导实践内容的完成。内容由浅入深，循序渐进，着重各学科的综合应用。

本书可作为高等院校电类相关专业学生的综合设计实验教材，也可作为电子系统设计者的参考书。

本书由张建强统稿，其中第1、2、5、6章由张建强编写，第3章由魏青梅编写，第4章由魏斌编写，第7章由赵颖娟、王聪敏、李少娟、李丹阳、常娟、吴增艳共同编写。

由于作者水平有限，加之时间紧迫，书中难免有不妥之处，恳请广大读者提出宝贵意见。

编　者

2021年1月

◈◈◈◈ 目　　录 ◈◈◈◈

第 1 章　概　　述

电子系统设计是指为满足一定的技术指标和功能，将若干电子元件或单元电路相互连接，以达到设计指标的过程。对于初次接触电子系统设计的学生来说，熟悉一定的设计规律是至关重要的，本章主要介绍电子系统设计的一般方法和准则。

1.1　电子系统的基本组成和分类

1.1.1　电子系统的基本组成

电子系统的组成千差万别，但通常由以下几部分组成，如图 1-1-1 所示。

图 1-1-1　电子系统的基本组成

外部信号获取或输入：电子系统只能处理电信号，外部信号如果是基本物理量，就需要用传感器来进行转换；如果是其他电路或设备输入的信号，就需要进行信号的耦合匹配。

信号处理：信号处理前通常要对外部信号进行调理，也就是对输入信号进行衰减、放大、滤波等处理，然后再进行下一步的采集、分析、计算、变换、传输、判断和执行等。

信号执行：信号执行主要是指信号处理后的显示、驱动负载和输出等。

另外，电子系统设计离不开电源，由于市场中有很多现成的电源模块可供选择，故图 1-1-1 中没有列出。智能电子系统还会有控制电路协调系统各部分的工作，但对于简单系统不一定需要。

1.1.2　电子系统的分类

电子系统的分类如图 1-1-2 所示。

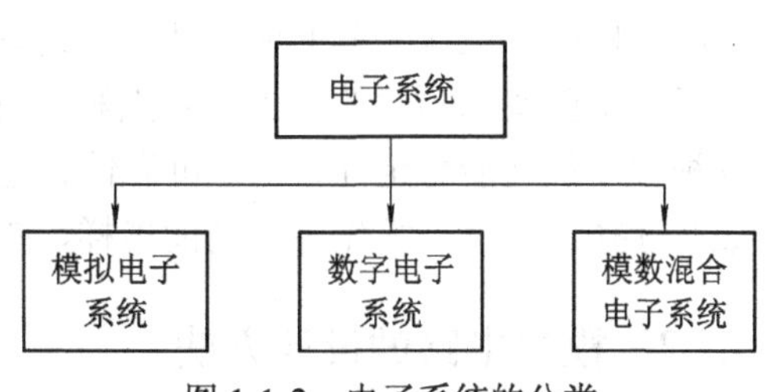

图 1-1-2　电子系统的分类

模拟电子系统是指由模拟电子元器件组成，主要处理模拟信号的电子系统。自然界的物理量大多以模拟量的形式存在，用于采集、分析、计算、变换、传输、判断和执行模拟信号的系统大量存在，模拟集成电路数量也很多，如运算放大器集成芯片的型号就有数千种之多。

数字电子系统是指由数字电子元器件组成，

主要处理数字信号的电子系统。数字信号的传输和处理优势非常明显，目前嵌入式系统在电子设计中作为核心控制和处理电路大量存在，整个系统不但可靠性高而且体积很小。数字集成电路种类繁多，规模越来越大。

模数混合电子系统是指既有模拟元器件，又有数字元器件，处理的信号包含模拟量和数字量的电子系统。现代电子系统的设计通常都是模数混合电子系统，信号经模拟系统调理后转换为标准数字量，然后在数字系统中经过分析、计算、变换、传输和判断后又转换为模拟量用于驱动执行机构动作，这中间 A/D、D/A 作为桥梁不可缺少。

1.2 电子系统的设计方法

电子系统的设计方法一般采用自顶向下的方法，即先依据设计指标和功能要求进行系统总体框图的设计，再根据总体框图的单元电路指标要求确定具体单元电路的实现方法。设计流程如图 1-2-1 所示。

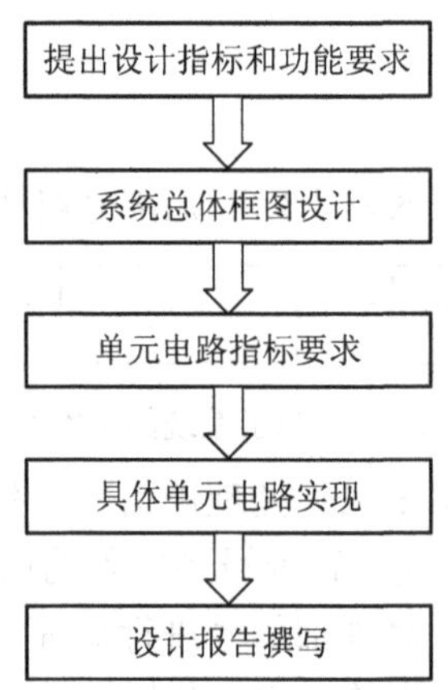

图 1-2-1 电子系统设计流程

下面以模数混合电子系统设计为例，分别从系统总体框图的设计方法、模拟电路的设计方法、数字电路的设计方法和设计报告的撰写等几个方面进行介绍。

1.2.1 电子系统总体框图的设计方法

电子系统总体框图的设计过程其实就是总体方案论证的过程，是系统能否最终成功的关键。在进行总体方案设计时，一定要牢牢把握“可行性”和“先进性”这两点。首先要全面分析电子系统任务书所下达的系统功能、技术指标，清楚地了解各项技术指标的实际内涵，从而明确项目的重点、难点和关键点；其次要广泛查阅资料，集思广益，并逐一对各种方案从性能稳定性、工作可靠性、电路结构、成本、功耗、调试维修等方面进行比较，最终选择出一个技术先进、功能多样、扩展性强、性价比高的系统。

1.2.2 模拟电路的设计方法

在设计一个由模拟元器件组成的电路时，首先应根据设计任务进行电路设计、参数计算、元器件选择、计算机模拟仿真和实验，最后绘出用于指导工程的电路图。

1. 电路设计

在进行电路设计时，必须明确电路的具体要求，详细拟定出电路的性能指标，认真考虑各单元之间的相互联系，应注意前后级单元之间信号的传递方式和匹配，尽量少用或不用电平转换之类的接口电路，并使各单元电路的供电电源尽可能统一，以便使整个电子系统简单可靠。另外，应尽量选择现有的、成熟的电路来实现单元电路的功能。如果找不到完全满足要求的现成电路，则可在与设计要求比较接近的电路基础上适当改进，或自己进行创造性设计。为使电子系统的体积小、可靠性高，单元电路尽可能用集成电路组成。

2. 参数计算

在进行设计时，应根据电路的性能指标要求确定电路元器件的参数。例如：根据电压放大倍数的大小，可确定反馈电阻的取值；根据振荡器要求的振荡频率，利用公式可计算出决定振荡频率的电阻和电容值等。但一般满足电路性能指标要求的理论参数值不是唯一的，设计者应根据元器件的性能、价格、体积、通用性和货源等灵活选择。在计算元器件工作电流、电压和功率等参数时，应考虑工作条件最不利的情况，并留有适当的余量。

(1) 对于元器件的极限参数必须留有足够的余量，一般取1.5～2倍的额定值。

(2) 对于电阻、电容参数的取值，应选择计算值附近的标称值。电阻值一般在 1 MΩ以内，非电解电容一般在100 pF～0.47 μF之间，电解电容一般在1～2000 μF之间。

(3) 在保证电路达到性能指标要求的前提下，尽量减少元器件的品种、价格及体积等。

3. 元器件选择

在确定电子元器件时，应全面考虑电路处理信号的频率范围、元器件所处的环境温度及空间大小、元器件的成本高低等诸多因素。

(1) 一般优先选择集成电路。集成电路体积小、功能强，可使电子电路可靠性增强，便于安装调试，并可大大简化电子电路的设计。随着模拟集成技术的不断发展，适用于各种场合下的集成运算放大器不断涌现，只要外加极少量的元器件，就可构成性能良好的放大器。同样，目前的直流稳压电源也很少采用分立元器件设计了，取而代之的是性能更稳定、工作更可靠、成本更低廉的集成稳压器。

(2) 正确选择电阻器和电容器。电阻器和电容器是两种最常见的元器件，种类很多，性能相差很大，应用的场合也不同。对于设计者来说，应熟悉各种电阻器和电容器的主要性能指标和特点，以便根据电路要求对元器件做出正确的选择。

(3) 选择分立半导体元器件。首先要熟悉这些元器件的性能，掌握它们的应用范围；然后再根据电路的功能要求和元器件在电路中的工作条件，如通过的最大电流、最大反向工作电压、最高工作频率、最大消耗功率等，确定元器件型号。

4. 计算机模拟仿真

随着计算机技术的飞速发展，电子系统的设计方法发生了很大的变化。目前，EDA(电子设计自动化)技术已成为现代电子系统设计的重要手段。在计算机平台上，利用 EDA 软件对各种电子电路进行调试、测量、修改，可以大大提高电子设计的效率和精确度，同时还可以节约设计费用。

5．实验

电子设计要考虑的因素和问题相当多，由于电路在计算机上进行模拟时所采用的元器件参数和模型与实际元器件有差别，因此对经计算机仿真过的电路，还要进行实际实验。通过实验可以发现问题、解决问题。若性能指标达不到要求，应深入分析问题出在哪些单元或元器件上，再对它们重新进行设计和选择，直到性能指标完全满足要求为止。

6．总体电路图绘制

总体电路图是在总框图、单元电路设计、参数计算和元器件选择的基础上绘制的，它是组装、调试、设计印制电路板和维修的依据。目前一般利用绘图软件绘制电路图。

绘制电路图时应注意以下几点：

(1) 总体电路图尽可能画在同一张图上，同时注意信号的流向，一般从输入端画起，由左至右或由上至下按信号的流向依次画出各单元电路。对于电路图比较复杂的，应将主电路图画在一张或数张图纸上，并在各图所有端口两端标注标号，依次说明各图纸之间的连接关系。

(2) 注意总体电路图的协调和紧凑性，要求布局合理、排列均匀。图中元器件的符号应标准化，元器件符号旁边应标出型号和参数。集成电路通常用方框表示，在方框内标出它的型号，在方框的两侧标出每根连线的功能和引脚号。

(3) 连线一般画成水平线或垂直线，并尽可能地减少交叉和拐弯。相互交叉连接的线，应在交叉处用圆点标出连接关系；连接电源负极的连线，一般用接地符号表示；连接电源正极的连线，仅需标出电压值。

1.2.3　数字电路的设计方法

1．电路设计方法

数字电路的规模差异很大，对于规模比较小的数字电路可采用所谓的经典设计，即根据设计任务要求，用真值表、状态表求出简化的逻辑表达式，画出逻辑图、逻辑电路图，最后用小规模电路实现。随着中大规模集成电路的发展，实现比较复杂的数字系统变得比较方便，且便于调试、生产和维护，其设计方法也比较灵活。例如，目前普及的FPGA现场可编程逻辑器件的出现，给数字系统设计带来了革命性的变化，使硬件设计变得像软件设计一样灵活方便，如要改变设计方案，通过设计工具软件在计算机上数分钟内即可完成。这不仅扩展了器件的用途，缩短了电路的设计周期，而且还去除了对器件单独编程的环节，省去了器件编程设备。

2．功能要求分析

数字电路一般包括输入电路、控制电路、输出电路、被控电路和电源等。设计时应做到：明确电路任务、技术性能、精度指标、输入/输出设备、应用环境以及有哪些特殊要求等。

3．方案确定

明确了系统性能以后，应考虑实现这些性能的技术，即采用哪种电路来完成它。对于比较简单的系统，可采用中小规模集成电路实现；对于输入逻辑变量比较多、逻辑表达式比较复杂的系统，可采用大规模可编程逻辑器件完成；对于需要完成复杂的算术运算，进行多路数据采集、处理及控制的系统，可采用单片机系统实现。目前处理复杂的数字电路的最佳方案是大规模可编程逻辑器件加单片机，这样可大大节约设计成本，提高可靠性。

4. 逻辑功能划分

一般数字电路可划分为信息处理电路和控制电路。信息处理电路可按功能要求将其分成若干个功能模块。控制电路是整个数字电路的核心，它根据外部输入信号及来自受其控制的信息处理电路的状态信号，产生受控电路的控制信号。常用的控制电路有 3 种：移位型控制器、计数型控制器和微处理器控制器。一般根据控制对象的复杂程度，可灵活选择控制器类型。

5. 电路设计

在全面分析模块功能类型后，应选择合适的元器件并设计出电路。在设计电路时，应充分考虑能否用 ASIC(专用集成电路)器件实现某些逻辑单元电路，这样可大大简化逻辑设计，提高系统的可靠性并减小 PCB 的体积。

6. 电路综合

在各模块和控制电路达到预期要求以后，可把各个部分连接起来，构成整个电路系统，并对该系统进行功能测试。测试主要包含 3 部分的工作：电路故障诊断与排除、电路功能测试、电路性能指标测试。若这 3 部分的测试有一项不符合要求，则必须修改电路设计。

7. 设计报告撰写

在整个电路实验完成后，应撰写出包含如下内容的设计报告：完整的电路原理图、详细的程序清单、所用元器件清单、功能与性能测试结果及使用说明书等。

1.2.4 设计报告的撰写

撰写设计报告，不仅仅是整理资料的过程，还是对整个设计工作进行总结分析，最后升华达到融会贯通的过程。设计报告内容如表 1-2-1 所示。

表 1-2-1 设计报告内容

内　容	说　明
设计要求	明确设计目的和性能指标要求
方案论证	比较几种设计方案的优劣，选择综合性能高的方案
分析计算	原理分析、软件算法研究、元件参数计算
系统设计	软件原理图、硬件电路图、仿真
系统实现	硬件焊接、安装
系统调试	软硬件调试，发现、解决问题，调整方案
测试分析	测试系统参数，对照设计要求进行分析
结论	总结设计过程，提出性能指标改进设想
附件	包括电路原理图、印制板图、元器件清单、源程序等

因为设计报告内容较多，所以在设计时就要注意保存调试数据、程序源码和测试数据等资料。

1.3 电子系统设计的基本知识和基本技能

要想顺利地完成电子系统的设计，首先需要掌握一些设计制作的基本知识，其次在课程和实验学习时要用心，及时提高自己的基本技能。

1.3.1 基本知识

电子系统的设计要具备的理论知识较多。初次接触系统设计者，可结合自身知识的结构选择性能指标合适的系统进行设计，不要贪大求全，将指标定得过高，最后导致设计不成功。

1. 理论知识

理论知识包括电路分析基础、信号与系统、低频电子线路、高频电子线路、脉冲数字电路、嵌入式系统设计、自控原理、传感器原理等。在这些知识的学习中，每个知识点都有对应的经典电路，实际电路都是这些电路的应用拓展，因此必须要掌握这些经典电路的原理，这对系统设计帮助很大。

2. 实验知识

实验知识不是指实践技能，而是指有关电路性能指标测量方法的知识，如放大电路输出阻抗的测量，针对不同电路有多种测量方法。这些知识在实验课中将集中讲授，初学者要注意积累这方面的知识。

1.3.2 基本技能

1. 元器件的识别与检测

电子元器件种类繁多，设计者不可能做到样样精通，但基本的元器件识别和检测方法应熟练掌握。例如，电阻、电容、二极管、三极管、常用运放、数字集成电路等都应做到“拿到就能用”。对于一些不常用的元器件也应做到有所了解，只要查手册和网络就能迅速掌握使用。

2. 电路焊接、安装和调试

在电路制作过程中，焊接是连接各种电子元器件和印制电路板的主要手段。从几个元件构成的整流电路到成千上万个零部件组成的计算机系统，都是由基本的电子元器件和功能部件，按一定的电路工作原理，用一定的工艺方法连接而成的。焊接工艺很多，如手工焊接、波峰焊接、无锡焊接等。

电路安装涉及内容较多，如导线的安装、照明设备的安装等，复杂电路安装有一定的工艺要求，要严格按工艺要求去做，对于简单的电路只要按照基本规则安装就可以了。

由于电路设计的近似性、元器件的离散性和装配工艺的局限性，装配后的整机都要进行调试，因此调试是一个重要的环节，调试水平在很大程度上决定了整机的质量。复杂系统的调试要制定调试方案，即要有明确的调试项目和内容、具体的调试步骤和方法、相关调试条件和仪表、有关的注意事项和安全操作规范。电路调试方法有很多，如静态调试、动态调试、系统联调等，主要根据具体电路结构选择合适的方法。

3. 仪器仪表使用

电路调试要用到仪器仪表，常用仪器仪表如三用表、信号源、示波器、交流毫伏表等要做到能熟练使用，这对电路调试、指标测试意义重大。

4. 设计软件使用

一个电路设计好后，需要对其进行仿真测试，及时修改电路中的不足，直到电路中的各项功能都能实现，然后才能开始进行制作，这样可避免不必要的资源浪费。目前，市场上各类电路仿真软件有很多种，如用于数模混合仿真的软件有 PSpice、Multisim 等，用于系统仿真的软件有 Systemview、Cadence 等，用于纯数字系统仿真的软件有 MAX+plus Ⅱ、Proteus、KeilμVision3 等。这些仿真软件的模型库、器件库都比较完善，可以在计算机上设计好电路，仿真结果证实性能达到要求后再装配电路，或直接下载到可编程器件。这种设计方法是十分科学的，可以收到事半功倍的效果。

印制电路板设计软件目前应用的也很多，如 Protel 99SE、Protel DXP 2004、Proteus、Cadence、Pads、Cam350 等。初学者应掌握其中一种设计软件的使用。

第2章 电子元器件的识别、测试与选择

任何一个电子装置、设备或系统，无论简单或复杂，都是由少则几个到几十个，多则成千上万个作用各不相同的电子元器件组成的。可以这样说，没有高质量的电子元器件，就没有高性能的电子设备。从事电子设计制造的技术人员都知道，欲使电路具有优良的性能，达到预期的高指标，必须切实掌握电子元器件的基本知识，精心选择、正确使用电子元器件。本章主要介绍电子系统设计中常用电子元器件的识别、测试与选择。

2.1 电子元器件概述

电子元器件是电子产业发展的基础，是组成电子设备的基础单元，位于电子产业的前端，电子制造技术的每次升级换代都是由于电子元器件的变革引领的。同时，电子元器件的相关知识也是学习掌握电子工艺技术的基础，只有认真学习并详细掌握了电子元器件的相关特性，才能更有效地掌握电子工艺技术的相关技能。

2.1.1 电子元器件的定义

什么是电子元器件？不同领域的电子元器件的概念是不一样的。

1. 狭义电子元器件

在电子学中，电子元器件的概念是以电原理来界定的，是指能够对电信号(电流或电压)进行控制的基本单元。因此，只有电真空器件(以电子管为代表)、半导体器件和由基本半导体器件构成的各种集成电路才称为电子元器件。电子学意义上的电子元器件范围比较小，可称为狭义电子元器件。

2. 普通电子元器件

在电子技术特别是应用电子技术领域，电子元器件是指具有独立电路功能的、构成电路的基本单元。因此，其范围扩大了许多，除了狭义电子元器件外，还包括了通用的电抗元件(即通常称为三大基本元件的电阻器、电容器、电感器)和机电元件(如连接器、开关、继电器等)，同时又包括了各种专用元器件(如电声器件、光电器件、敏感元器件、显示器件、压电器件、磁性元件、保险元件以及电池等)。一般电子技术类书刊提到的电子元器件指的就是这种，因此可称为普通电子元器件。

3. 广义电子元器件

在电子制造工程中，特别是产品制造领域，电子元器件的范围又扩大了。凡是构成电

子产品的各种组成部分，除了普通电子元器件外，还包括各种结构件、功能件、电子专用材料以及电子组件、模块部件(如稳压/稳流电源，AC/DC、DC/DC 电源转换器，可编程控制器，LED/液晶屏组件以及逆变器、变频器等)以及印制电路板(一般指未装配元器件的裸板)、微型电机(如伺服电机、步进电机)等，都纳入了元器件的范围，这种广义电子元器件的概念，一般只在电子产品生产企业供应链的范围中应用。

电子元器件三种概念之间的关系如图 2-1-1 所示。

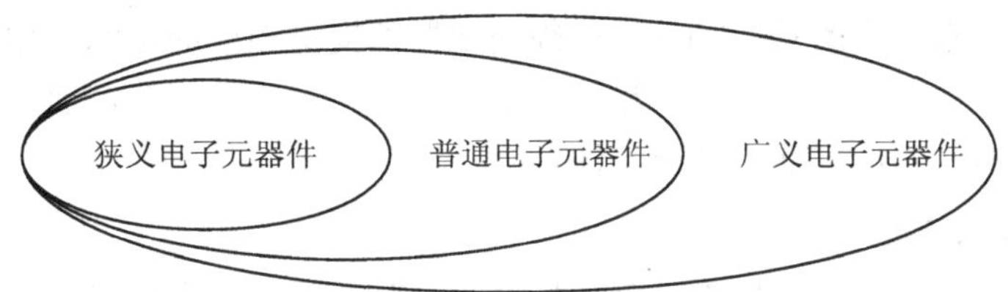

图 2-1-1　电子元器件三种概念之间的关系

2.1.2　电子元器件的分类

电子元器件有多种分类方式，应用于不同的领域和范围。

1. 按制造行业分类

按制造行业分类，电子元器件可分为元件与器件两类。这种分类方式是按照元器件制造过程中是否改变材料分子组成与结构来划分的，是行业划分的概念。在元器件制造行业，器件由半导体企业制造，而元件则由电子零部件企业制造。

元件是指加工中没有改变成分和分子结构的产品，例如，电阻器、电容器、电感器、电位器、变压器、连接器、开关、石英元件、陶瓷元件、继电器等。

器件是指加工中改变成分和分子结构的产品，主要包括各种半导体产品，如二极管、三极管、场效应管、各种光电器件、各种集成电路等，也包括电真空器件和液晶显示器件等。

随着电子技术的发展，元器件的品种越来越多，功能越来越强，涉及的范围也在不断扩大，元件与器件的概念也在不断变化，界限逐渐模糊。例如，有时说元件或器件时实际指的是元器件，而像半导体敏感元件按定义实际上应该称为器件。

2. 按电路功能分类

按电路功能分类，电子元器件可分为分立器件和集成器件两类。分立器件是指具有一定电压、电流关系的独立器件，包括基本的电抗元件、机电元件、半导体分立器件(如二极管、双极晶体管、场效应管、晶闸管)等。集成器件通常称为集成电路，是指一个完整的功能电路或系统采用集成制造技术制作在一个封装管壳内、具有特定电路功能和技术参数指标的器件。

分立器件与集成器件的本质区别是：分立器件只具有简单的电压、电流转换或控制功能，不具有电路的系统功能；而集成器件则可以组成完全独立的电路或具有电路的系统功能。实际上，具有系统功能的集成电路已经不是简单的“器件”和“电路”了，而是一个完整的产品。例如，数字电视系统已经将全部电路集成在一个芯片内，习惯上仍然称其为集成电路。

3. 按工作机制分类

按工作机制分类，电子元器件可分为无源元器件与有源元器件两类，一般用于电路原理讨论。

无源元器件是指工作时只消耗元器件输入信号电能的元器件，本身不需要电源就可以进行信号处理和传输。无源元器件包括电阻器、电位器、电容器、电感器、二极管等。

有源元器件正常工作的基本条件是必须向元器件提供相应的电源，如果没有电源，元器件将无法工作。有源元器件包括三极管、场效应管、集成电路等，通常是以半导体为基本材料构成的元器件，也包括电真空器件。

4. 按组装方式分类

按组装方式分类，电子元器件可分为插装和贴装两类。在表面组装技术出现前，所有元器件都以插装方式组装在电路板上。在表面组装技术应用越来越广泛的现代，大部分元器件都有插装与贴装两种封装，一部分新型元器件已经淘汰了插装式封装。

插装式元器件是指组装到印制电路板上时须要在印制电路板上打通孔，引脚在电路板另一面实现焊接连接的元器件，通常有较长的引脚和较大的体积。

贴装式元器件是指组装到印制电路板上时无须在印制电路板上打通孔，引线直接贴装在印制电路板铜箔上的元器件，通常是短引脚或无引脚片式结构。

5. 按使用环境分类

电子元器件种类繁多，随着电子技术和工艺水平的不断提高，大量新的元器件不断出现，对于不同的使用环境，同一元器件也有不同的可靠性标准，相应地，不同可靠性的产品有不同的价格。例如，同一元器件军用品的价格可能是民用品的十倍甚至更多，工业品介于二者之间。

(1) 民用品适用于对可靠性要求一般而对性价比要求高的家用、娱乐、办公等领域。

(2) 工业品适用于对可靠性要求较高而对性价比要求一般的工业控制、交通、仪器仪表等领域。

(3) 军用品适用于对可靠性要求很高而对价格不敏感的军工、航空航天、医疗等领域。

6. 按电子工艺分类

电子工艺对元器件的分类，既不按纯学术概念去划分，也不按行业分工划分，而是按元器件的应用特点来划分。

不同领域不同分类是不足为怪的，迄今也没有一种分类方式可以完美无缺。实际上在元器件供应商那里，也没有单纯地采用某一种标准来分类。

2.1.3　电子元器件的发展趋势

现代电子元器件正在向微小型化、集成化、柔性化和系统化方向发展。

1. 微小型化

元器件的微小型化一直是电子元器件发展的趋势，从电子管、晶体管到集成电路，都是沿着这样一个方向发展。各种移动产品、便携式产品以及航空航天、军工、医疗等领域对产品微小型化、多功能化的要求，促使元器件越来越微小型化。

但是，单纯的元器件的微小型化不是无限的。片式元件封装的出现使这类元件微小型化几乎达到极限，集成电路封装的引线间距在达到0.3 mm后也很难再减小了。为了使产品微小型化，人们在不断探索新型高效元器件、三维组装方式和微组装等新技术、新工艺，将产品微小型化不断推向新的高度。

2. 集成化

元器件的集成化可以说是微小型化的主要手段，但集成化的优点不限于微小型化。集成化的最大优势在于实现成熟电路的规模化制造，从而实现电子产品的普及和发展，不断满足信息化社会的各种需求。集成电路从小规模、中规模、大规模到超大规模的发展只是一个方面，无源元件集成化、无源元件与有源元件混合集成、不同半导体工艺器件的集成化、光学与电子集成化以及机光电元件集成化等，都是元器件集成化的形式。

3. 柔性化

元器件的柔性化是近年来出现的新趋势，也是元器件这种硬件产品软件化的新概念。可编程器件(PLD)，特别是复杂的可编程器件(CPLD)和现场可编程门阵列(FPGA)，以及可编程模拟电路(PAC)的发展，使得本身只是一个硬件载体的器件，在载入不同程序后就可以实现不同的电路功能。可见，现代的元器件已经不是纯硬件了，软件器件以及相应的软件电子学的发展，极大地拓展了元器件的应用柔性化，适应了现代电子产品个性化、小批量、多品种的柔性化趋势。

4. 系统化

元器件的系统化是随着系统级芯片(SOC)、系统级封装(SIP)和系统级可编程芯片(SOPC)的发展而发展起来的，通过集成电路和可编程技术，在一个芯片或封装内可实现一个电子系统的功能。例如，数字电视SOC可以实现从信号接收、处理到转换为音视频信号的全部功能，一片集成电路就可以实现一个产品的功能，元器件、电路和系统之间的界限已经模糊了。

集成化、系统化使电子产品的原理设计简单了，但有关工艺方面的设计，如结构稳定性、可靠性、可制造性等设计内容更为重要。同时，传统的元器件不会消失，在很多领域还是大有可为的。从学习角度看，基本的半导体分立器件、基础三大元件仍然是电子工艺技术入门的基础。

2.2 电 阻 器

2.2.1 电阻的相关概念

电子在物体内做定向运动时会遇到阻力，这种阻力称为电阻。在物理学中，用电阻值(resistance)来表示导体对电流阻碍作用的大小。

对于两端元器件，伏安特性满足 $U=RI$ 关系的理想电子元器件称为电阻器。电阻器

(resistor)简称电阻，其阻值大小就是比例系数，当电流的单位为安培(A)、电压的单位为伏特(V)时，电阻的单位为欧姆(Ω)。电阻器是在电子电路中应用最为广泛的元器件之一，在电路中起分压、限流、耦合、负载等作用。

2.2.2 电阻器的分类

电阻器可按不同方式进行分类。

(1) 电阻器按照阻值特性可分为固定电阻器、可变电阻器和特种电阻器三种。

(2) 电阻器按照制造材料的不同可分为绕线电阻器、碳膜电阻器、金属膜电阻器等，如表 2-2-1 所示。

表 2-2-1　几种常用电阻器的性能及用途比较

名　称	性能特点	用　途	阻值范围
绕线电阻器	热稳定性好、噪声小、阻值精度极高，但体积大、阻值低、高频特性差	通常在大功率电路中作负载，不可用于高频电路	0.1 Ω～5 MΩ
碳膜电阻器	有良好的稳定性，阻值范围宽，高频特性好，噪声较小，价格低廉	广泛应用于常规电子电路	1 Ω～10 MΩ
合成碳膜电阻器	阻值范围大，噪声大、频率特性不好	主要用作高阻、高压电阻器	10 Ω～106 MΩ
金属膜电阻器	耐热性能好，工作频率范围大，稳定性好，噪声较小	应用于质量要求较高的电子电路中	1 Ω～200 MΩ
金属氧化膜电阻器	抗氧化性能强，耐热性好；因膜层厚度限制，阻值范围小	应用于精度要求高的电子电路中	1 Ω～200 kΩ

(3) 电阻器按照功能可分为负载电阻、采样电阻、分流电阻和保护电阻等。

2.2.3 电阻器的参数与识别

固定电阻器的文字符号为 R，单位为 Ω(1 kΩ＝1000 Ω)。

不同种类电阻的表示法：RT 表示碳膜电阻，RJ 表示金属膜电阻，RX 表示绕线电阻。

阻值识别的方法主要有直标法、文字符号表示法、色标法和数码表示法等。

(1) 直标法：是把重要参数值直接标在电阻体表面的方法，如图 2-2-1 所示。

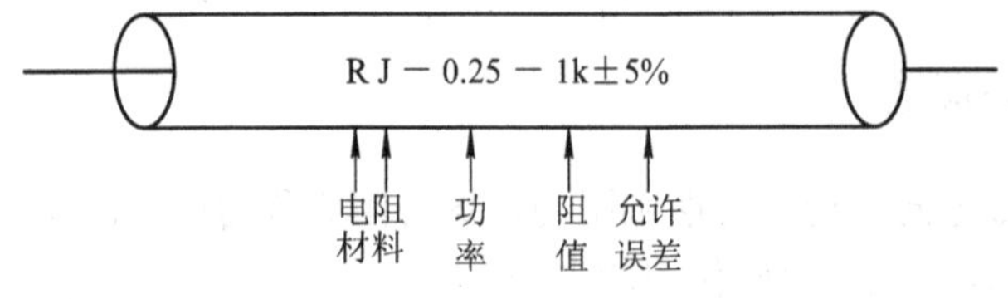

图 2-2-1　直标法

(2) 文字符号表示法：是用文字和符号共同表示其阻值大小的方法，如图 2-2-2 所示。

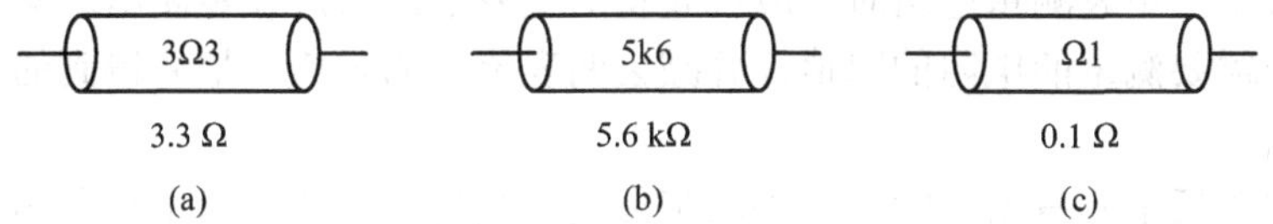

图 2-2-2　文字符号表示法

(3) 色标法：是用颜色代表数字来表示电阻阻值的方法。颜色与数字的对应关系如下：

棕	红	橙	黄	绿	蓝	紫	灰	白	黑
1	2	3	4	5	6	7	8	9	0

色标法用色环表示数值，用金、银、棕色表示参数允许误差，如金色表示 ±5%，银色表示 ±10%，棕色表示 ±1%。

在四环电阻中，前 2 环代表有效值，第 3 环为 10 的倍乘数，第 4 环为允许误差。例如，250 Ω±10%的电阻表示如图 2-2-3 所示。

在五环电阻中，前 3 环代表有效值，第 4 环为 10 的倍乘数，第 5 环为允许误差。例如，21 400 Ω±1%的精密电阻表示如图 2-2-4 所示。

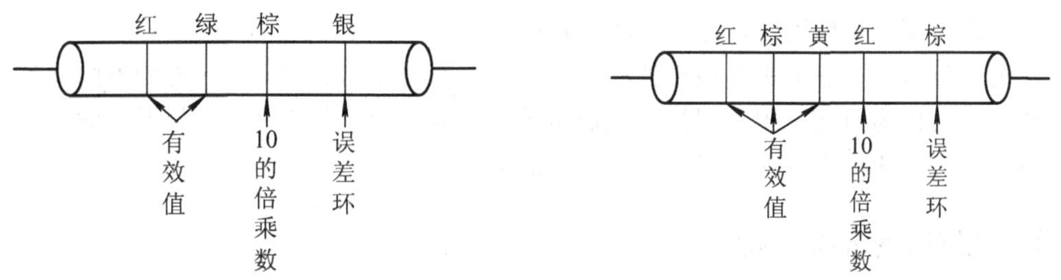

图 2-2-3　四环电阻　　图 2-2-4　五环电阻

在色标法中，如果金色、银色是在 10 的倍乘数位置，则金色表示 10^{-1}，银色表示 10^{-2}。

(4) 数码表示法：常见于集成电阻器和贴片电阻器等。其前两位数字表示标称阻值的有效数字，第三位表示“0”的个数。例如，在集成电阻器表面标出 104，则代表电阻器的阻值为 10×10^4 Ω。

2.2.4　电阻的测量

1. 电阻器好坏的判断

电阻器好坏的判断，可首先观察其引线是否折断、电阻阻身有无损坏。若完好，则可用万用表合适的挡位进行检测，如果事先无法估计电阻的阻值范围，应先采用较大量程测量，然后逐步减小至合适挡位。测试时当表上显示出电阻值时，将其与标称阻值相比较，在偏差范围内，则表明电阻正常；若显示为“0”，则表明电阻短路；若显示为“1”(表示无穷大)，则表明电阻断路。

在检测敏感电阻时，若敏感源(如光、热等)发生明显变化，则敏感电阻阻值应发生相应变化；否则，可判定敏感电阻出现故障。

2. 电阻的测量方法

当使用数字万用表测量电阻时，应首先将两支表笔短路，校零测出两支表笔间的电阻值，然后测出需要测量的电阻的阻值，并减去两表笔间的阻值，最后得到的才是被测电阻的真实电阻值。

在印制电路板上测量阻值时，应采用正反两次测量的方法。由于与之相连的元器件对测量结果有影响，正常测量结果应小于或者等于标称阻值。若正反两次测量有一次大于标称阻值而且超出偏差范围，则说明此电阻有问题，可拆下来单独测量。

2.3 电 位 器

2.3.1 电位器与可变电阻

电位器与可变电阻从原理上说是相同的，电位器就是一种能够连续调节的可变电阻器。除特殊品种外，电位器有三个引出端，通过一个活动端(也称为中心抽头或电刷)在固定电阻体上滑动，可以获得与转角或位移成一定比例的电阻值。

当电位器用于电位调节(或称分压器)时习惯称其为电位器，它是一个四端元件，而电位器在作为可调电阻使用时，是一个两端元件。

可见电位器与可变电阻是由于使用方式的不同而演变出的对同一元件的不同称呼，有时可将二者统称为可变电阻。习惯上人们将带有手柄易于调节的称为电位器，而将不带手柄或调节不方便的称为可调电阻(也称微调电阻)。

2.3.2 电位器的分类与特点

电位器的种类很多，按材料可分为膜式电位器和线绕电位器；按结构可分为单圈、多圈电位器，单联、双联和多联电位器；按用途可分为普通电位器、精密电位器、微调电位器等。常用电位器的电路符号、实物图、特点与应用见表 2-3-1。在电路图中，电位器通常用字母“RP”“VR”或“W”加数字表示。

表 2-3-1 常用电位器的电路符号、实物图、特点与应用

名称	电路符号	实 物 图	特点与应用
普通电位器			一般是指带有调节手柄的电位器，常见的有旋转式和直滑式。普通电位器只有一个滑动臂，只能同时控制一路信号

续表

名称	电路符号	实 物 图	特点与应用
微调电位器			微调电位器是没有调节手柄的电位器，主要用在不需要经常调节的电路中，如彩电开关电源中的电压调整电路
双联电位器			双联电位器是将两个电位器结合在一起同时调节的电位器。在收录机、CD 唱机及其他立体声响设备中用于调节两个声道的音量和音调的电位器应选择双联电位器
带开关电位器			带开关电位器是将开关和电位器结合在一起的电位器。通常应用在需要对电源进行开关控制及音量调节的电路中，如电视机、收音机等电子产品
数字电位器			数字电位器是一个半导体集成电路，其调节精度高，有极长的工作寿命，易于软件控制，体积小，易于装配，适用于家庭影院系统、音频环绕控制、音响功放和有线电视设备等

2.3.3 电位器的参数

1. 额定功率

电位器上两个固定端的最大允许耗散功率称为额定功率。使用中应注意，额定功率不等于中心轴头与固定端的功率。线绕电位器的额定功率系列有 0.025 W、0.05 W、0.1 W、0.25 W、0.5 W、1 W、2 W、3 W 等。

2. 滑动噪声

当电刷在电阻体上滑动时，电位器中心端与固定端之间的电压出现的无规则的起伏现象，称为电位器的滑动噪声。它是由电阻体电阻率的不均匀分布和电刷滑动时接触电阻的无规律变化引起的。

3. 分辨率和机械零位电阻

电位器对输出量可实现的最精细的调节能力，称为分辨率。线绕电位器的分辨率比非线绕电位器的分辨率要低。理论上的机械零位，实际由于接触电阻和引出端的影响，电阻一般不为零。某些应用场合对此电阻有要求，应选用机械零位电阻尽可能小的品种。

4. 阻值变化规律

常见电位器的阻值变化规律分为线性变化、指数变化和对数变化等。此外，根据不同需要，还可制成按其他函数规律变化的电位器，如正弦电位器、余弦电位器等。

2.3.4　电位器的选用

电位器的选用，除了应根据实际电路的使用情况来确定外，还要考虑调节和操作等方面的要求。电位器的选用要求见表 2-3-2。

表 2-3-2　电位器的选用要求

序号	选用要求	说　明
1	阻值变化特性	电位器的阻值变化特性，应根据用途来选择。比如，用于音量控制的电位器应首选指数式电位器，在无指数式电位器的情况下可用直线式电位器代替，但不能选用对数式电位器，否则将会使音量调节范围变小；用于分压的电位器应选用直线式电位器；用于音调控制的电位器应选用对数式电位器
2	电位器的参数	电位器的参数主要有标称阻值、额定功率、最高工作电压、线性精度以及机械寿命等，它们都是选用电位器的依据
3	对结构的要求	选用电位器时，要注意电位器尺寸的大小、轴柄的长短及轴端式样等。对于需要经常调节的电位器，应选择轴端成平面的电位器，以便安装旋钮；对于不需要经常调节的电位器，可选择轴端有沟槽的电位器，以便用螺丝刀调整后不再转动，以保持工作状态的相对稳定性；对于要求准确并一经调好不再变动的电位器，应选择带锁紧装置的电位器

2.4　电　容　器

2.4.1　电容的相关概念

电容是表征电容器容纳电荷本领的物理量。电容器应满足 $i = C \cdot (du / dt)$的伏安特性，其容量大小用字母 C 表示，电容的基本单位是法拉(F)。法拉这个单位比较大，所以经常采用较小的单位，如毫法、微法、纳法、皮法等。在电路中，电容器常用于谐振、耦合、隔直、旁路、滤波、移相、选频等电路。

2.4.2　电容器的分类

电容器由两个金属极构成，其中间夹有绝缘材料(介质)。由于绝缘材料的不同，所构成的电容器的种类也有所不同。电容器的细分种类很多，一般按照结构和介质材料两种方式来进行分类。按照结构不同，电容器可分为固定电容器、可变电容器和微调电容器等；按照介质材料不同，电容器可分为有机固体介质电容器、无机固体介质电容器、电解质电容器、气体介质电容器、复合介质电容器等。其中：有机固体介质电容器可分为玻璃釉电容器、云母电容器和瓷介电容器等；电解质电容器可分为铝电解电容器、铌电解电容器和钽电解电容器等。常见电容器的电路符号、实物图、特点与应用见表 2-4-1。

表 2-4-1　常见电容器的电路符号、实物图、特点与应用

名称	电路符号	实　物　图	特点与应用
涤纶电容器	—‖—		稳定性好、可靠性高、损耗小、容量范围大，耐热、耐湿性能好，使用寿命长，常用于对稳定性和损耗要求不高的低频电路以及旁路、耦合、脉冲、隔直电路中
瓷介电容器			低频瓷介电容器的绝缘电阻小、损耗大、稳定性差，但重量轻、价格低、容量大，常用于对损耗及容量稳定性要求不高的低频电路，在电子产品中常用作旁路、耦合元件。高频瓷介电容器的体积小、耐热性好、绝缘电阻大、损耗小、稳定性高，但容量范围较窄，常用于要求损耗小、电容量稳定的场合，并常在高频电路中用作调谐、振荡回路电容器和温度补偿电容器
独石电容器	—‖—		独石电容器是瓷介电容器的一种，体积小、耐热性好、损耗小、绝缘电阻大，但容量小，广泛应用于电子精密仪器以及各种小型电子设备作谐振、耦合、滤波、旁路等
云母电容器			温度系数小、耐压范围宽、可靠性高、性能稳定、容量精度高，广泛用在高温、高频、脉冲、高稳定性电路中
玻璃釉电容器			生产工艺简单，成本低廉，具有良好的防潮性和抗震性，能在 200℃的高温下长期稳定工作，是一种高稳定性、耐高温的电容器；由于介质的介电系数大，电容器的体积可以做得很小，很适合在半导体电路和小型电子仪器中的交直流和脉冲电路中使用

续表

名称	电路符号	实　物　图	特点与应用
铝电解电容器	 ⊣⁺⊢	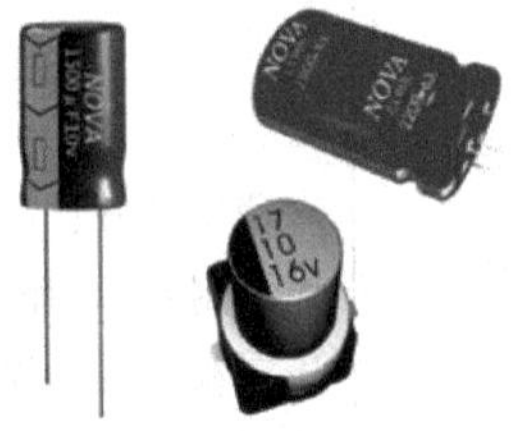	单位体积所具有的电容量特别大，在工作过程中具有“自愈”特性，可以获得很高的额定静电容量；但是漏电大、稳定性差、高频性能差，有极性要求，适用于电源滤波或低频去耦、耦合电路中，在要求不高的电路中也用于信号耦合
钽电解电容器		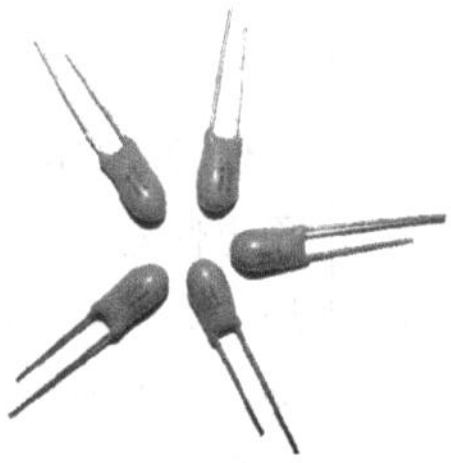	寿命长、绝缘电阻大、温度范围宽，滤高频波性能极好、稳定性高，但是容量较小、价格也比铝电容贵，而且耐电压及电流能力较弱，适用于大容量滤波的地方，多同陶瓷电容、电解电容配合使用或是应用于电压、电流不大的地方
薄膜电容器	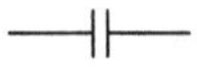 ⊣⊢	 聚丙烯电容器 (PP 电容)	薄膜电容器无极性，绝缘阻抗很高，频率特性优异(频率响应宽广)，而且介质损失很小，被广泛应用于模拟信号的交连、电源杂讯的旁路(反交连)等地方，如音响器材中

2.4.3　电容器的参数与识别

固定电容器文字符号为 C，图形符号如图 2-4-1 所示。

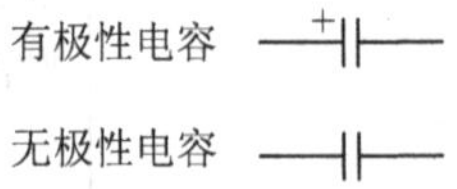

有极性电容　⊣⁺⊢

无极性电容　⊣⊢

图 2-4-1　电容器图形符号

电容器的容量单位有法拉(F)、毫法(mF)、微法(μF)、纳法(nF)、皮法(pF)等，其转换公式为 $1\ \text{F}=10^3\ \text{mF}=10^6\ \mu\text{F}=10^9\ \text{nF}=10^{12}\ \text{pF}$。

电容器的容量识别方法与电阻器相似，有直标法、数字法(即数码表示法)、文字符号表示法和色标法等。

(1) 直标法：用数字和字母把规格、型号直接标注在外壳上。直标法中，有时用小于 1 的数字表示单位为 μF 的电容器，如 0.1 表示 0.1 μF，R33 表示 0.33 μF；大于 10 的数字表示单位为 pF 的电容器，如 3300 表示 3300 pF。对于电解电容器，常将电容量的单位“μF”

字母省略，直接用数字表示容量，如 100 表示 100 μF，如图 2-4-2 所示。

(2) 数字法：前 2 位数为有效数，第 3 位为 10 的倍乘数(若第 3 位数字为 9，则表示 10^{-1})，单位为 pF，如图 2-4-3 所示。

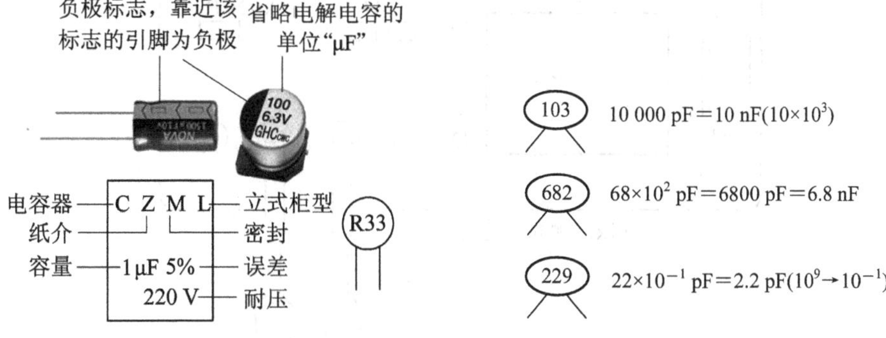

图 2-4-2　电容器容量直标法　　　　图 2-4-3　电容器容量数字法

(3) 文字符号表示法：用数字和字母的组合来表示电容器的容量。通常用两个数字和一个字母来标称，字母前为容量值的整数，字母后为容量值的小数，字母代表的是容量的单位。例如，8.2 pF 标注为 8p2，10 nF 标注为 10n，如图 2-4-4 所示。

图 2-4-4　电容器容量文字符号表示法

(4) 色标法：与电阻的色标法类似，其单位为 pF。

除以上几种表示方法外，新型的贴片电容器还使用一个字母加一个数字或一种颜色加一个字母来表示其容量。

2.4.4　电容的测量

1. 电容器好坏的判断

(1) 在测量电容之前，必须将电容器两只引脚进行短路(放电)，以免电容器中存在的电荷在测量时向仪表放电而损坏仪表。

(2) 在测量电容时，不能用手并接在被测电容器的两端，以免人体漏电电阻与被测电容器并联在一起，引起测量误差。

(3) 用数字万用表检测电容器充放电现象，可将数字万用表拨至适当的电阻挡挡位，将两支表笔分别接在被测电容的两个引脚上，这时屏幕显示值将从"000"开始逐渐增加，直至显示溢出符号"1"。若始终显示"000"，说明电容器内部短路；若始终显示"1"，说明电容器内部开路，也可能是所选择的电阻挡挡位不合适。观察电容器充电的方法是：当测量较大的电容时，选择低电阻挡；当测量较小的电容时，选择高电阻挡。

2. 电容的测量方法

通过以上测试确定电容器的好坏后，再用数字万用表或 RLC、LC 专用表测量其实际电容值。需要注意的是：标称电容器容量值超过 20 pF 时不能在数字万用表上测量，应使用 RLC 测试仪测量。RLC 测试仪测量电容器容量值的示意图如图 2-4-5 所示。

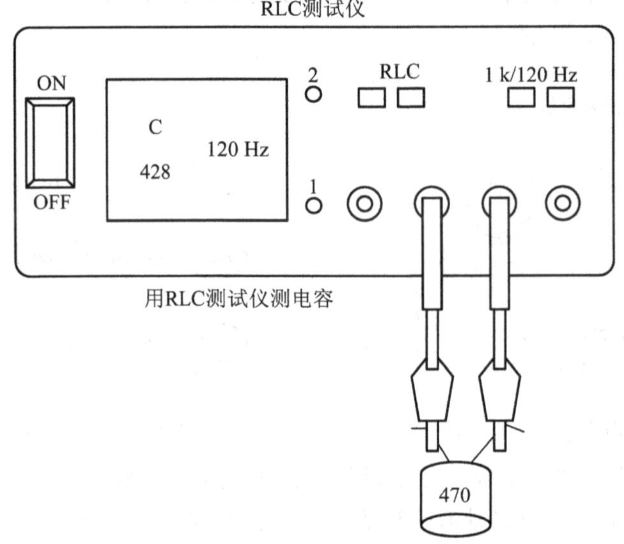

图 2-4-5　RLC 测试仪测量电容器容量值示意图

2.5　电感器与变压器

2.5.1　电感的相关概念

电感器一般又称为电感线圈，在谐振、耦合、滤波、陷波等电路中应用十分普遍。与电阻器、电容器不同的是，电感线圈没有品种齐全的标准产品，特别是一些高频小电感，通常需要根据电路要求自行设计制作，本书主要介绍标准电感线圈。

1. 自感和互感

当线圈中有电流通过时，线圈的周围会产生磁场。当线圈自身电流发生变化时，其周围的磁场也随之变化，从而使线圈自身产生感应电动势，这种现象称为自感。当两个电感线圈相互靠近时，一个电感线圈的磁场变化将影响另一个电感线圈，这种现象称为互感。

2. 电感器

电感器是利用自感作用的一种元器件。它是用漆包线或纱包线等绝缘导线在绝缘体上单层或多层绕制而成的。其伏安特性应满足 $u = L \cdot (di / dt)$。

电感器的电感大小用字母 L 表示，电感的基本单位是亨利(H)。电感器在电路中起调谐、振荡、阻流、滤波、延迟、补偿等作用。其单位换算为 $1\ H = 10^3\ mH = 10^6\ \mu H$。

3. 变压器

变压器是利用多个电感线圈产生互感来进行交流变换和阻抗变换的一种元器件。它一般由导电材料、磁性材料和绝缘材料三部分组成。在电路中，变压器主要用于交流电压、电流变换及阻抗变换、缓冲隔离等。

2.5.2　电感器的分类

电感器一般可分为小型固定电感器、固定电感器和微调电感器等。

(1) 小型固定电感器：这一类电感器中最常用的是色码电感器。它是直接将线圈绕在磁芯上，再用环氧树脂或者塑料封装起来，在其外壳上标示电感量的电感器。

(2) 固定电感器：可以细分为高频阻(扼)流线圈和低频阻(扼)流线圈等。高频阻流线圈采用蜂房式分段绕制或多层平绕分段绕制而成，在普通调频收音机里就用到这种线圈。低频阻流线圈是将铁芯插入到绕好的空芯线圈中而形成的，常应用于音频电路或场输出电路。

(3) 微调电感器：是通过调节磁芯在线圈中的位置来改变电感量大小的电感器。半导体收音机中的振荡线圈和电视机中的行振荡线圈就属于这种电感器。

2.5.3　电感器的识别

1. 电感器的基本参数

(1) 标称电感量：电感器的电感量可以通过各种方式标示出来，电感量的基本单位是亨利(H)。

(2) 额定电流：允许长时间通过线圈的最大工作电流。

(3) 品质因数(Q 值)：线圈在某一频率下所表现出的感抗与线圈的损耗电阻的比值，或者说是在一个周期内储存能量与消耗能量的比值。其计算公式为 $Q=\omega L/R$。品质因数 Q 值取决于线圈的电感量、工作频率和损耗电阻，其中，损耗电阻包括直流电阻、高频电阻、介质损耗电阻。Q 值越大，电感的损耗越小，其效率也就越高。

(4) 分布电容(固有电容)：线圈的匝与匝之间，多层线圈的层与层之间，线圈与屏蔽层、地之间都存在电容，这些电容称为线圈的分布电容。把分布电容等效为一个总电容 C 加上线圈的电感 L 以及等效电阻 R，就可以构成图 2-5-1 所示的等效电路图。

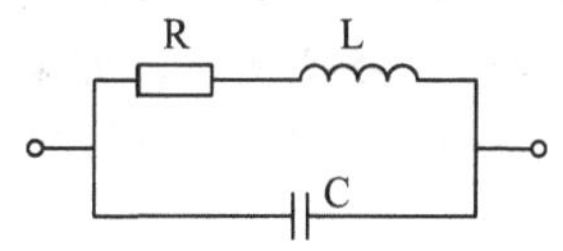

图 2-5-1　分布电容等效电路

在直流和低频情况下，图中的 R 和 C 可以忽略不计，但是当频率提高时 R 和 C 的影响就会增大，进而影响到 Q 值。所以，电感线圈只有在一定频率以下工作时，才具有较明显的电感特性。

2. 电感器的标识方法

电感器的标识方法主要有直标法、文字符号法、色标法和数码表示法等。

(1) 直标法：直接用数字和文字符号标注在电感器上，由三个部分组成，前面的数字和字母分别表示电感量的大小和单位，最后一个字母表示其允许误差。

(2) 文字符号法：小功率电感器一般采用这种方法标注，使用 N 或 R 代表小数点的位置，对应的单位分别是 nH 和 μH，最后一位字母表示允许误差。

(3) 色标法：一般采用四环标注法，其单位为 μH，紧靠电感体一端的色环是第一环，前两环为有效数字，第三环为 10 的倍乘数，第四环为误差环。

(4) 数码表示法：默认单位为 μH，前两位数字为有效数字，第三位数字为 10 的倍乘数；用 R 表示小数点的位置，最后一个字母表示允许误差。

3. 电感线圈的参数检测

检测电感线圈的参数一般使用专用的电感测量仪或者电桥进行测试。一般情况下，根据电感器本身的标识以及它的外形尺寸来选用合适的电感测量挡位，因为电感的可替代性比较强，使用数字万用表测量电感器时主要是检测其性能。使用合适的电阻挡对电感器进行检测时，若测得的电阻值远大于标称值或者趋近于无穷大，则说明电感器断路；若测得的电阻值过小，则说明线圈内部有短路故障。

2.5.4 变压器的识别

变压器按照工作频率的不同可分为高频变压器、中频变压器、低频变压器和脉冲变压器等，按照其耦合材料的不同可分为空芯变压器、铁芯变压器和磁芯变压器等。

变压器主要由铁芯和绕组组成。铁芯是由磁导率高、损耗小的软磁材料制成的；绕组是变压器的电路部分，初级绕组、次级绕组以及骨架组成的线包需要与铁芯紧密结合以免产生干扰信号。变压器的主要参数有以下几个。

(1) 变压比：次级电压与初级电压的比值或次级绕组匝数与初级绕组匝数之比。

(2) 额定功率：在规定的电压和频率下，变压器能长期正常工作的输出功率。

(3) 效率：变压器输出功率与输入功率的比值。

此外，变压器的参数还有空载电流、空载损耗、温升、绝缘电阻等。

变压器的检测方法是：将数字万用表的转换开关拨至 2 k(20 k)或 200 Ω 挡位置，用两支表笔分别接在变压器初级两端或次级两端，测出初级电阻和次级电阻，如图 2-5-2 所示。如果测出的初级电阻或次级电阻为 0 或∞，则说明该变压器内部短路或开路，变压器已损坏。

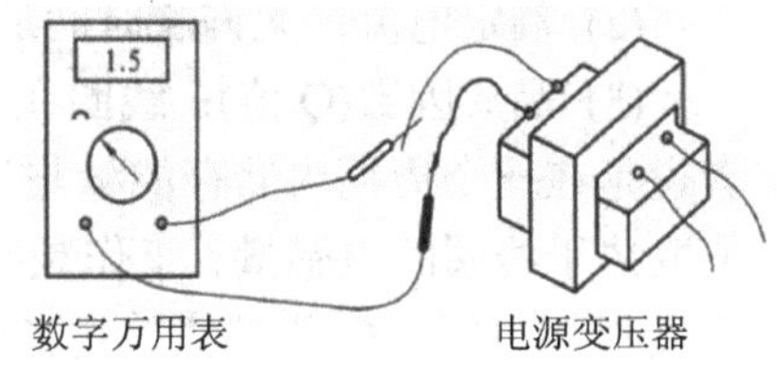

图 2-5-2 电源变压器初级和次级电阻测量

2.6 半导体分立器件

2.6.1 半导体分立器件的概念

导电性能介于导体与绝缘体之间的材料叫做半导体。由半导体材料制成的具有一定电路作用的器件称为半导体器件。半导体器件因具有体积小、功能多、成本低、功耗低等优点而得到广泛的应用。半导体器件包括半导体分立器件和半导体集成器件。在这一节里，主要介绍一些常见的半导体分立器件。

2.6.2 半导体分立器件的分类与命名

1. 半导体分立器件的分类

半导体分立器件主要有二端器件(晶体二极管)和三端器件(晶体三极管)两大类。

晶体二极管按材料可分为锗材料二极管和硅材料二极管；按用途可分为整流二极管、发光二极管、开关二极管、检波二极管、稳压二极管和光敏二极管等；按结构特点可分为点接触二极管和面接触二极管。

晶体三极管按材料可分为锗材料三极管和硅材料三极管；按电性能可分为高频三极管、低频三极管、开关三极管和高反压三极管等；按制造工艺可分为扩散三极管、合金三极管、台面三极管、平面三极管及外延三极管等。

2. 半导体分立器件的命名

在不同的国家，半导体器件型号的命名方法也不同。现在世界上应用较多的命名方法包括：国际电子联合会半导体器件型号命名法，主要应用于欧洲国家，如意大利、荷兰、法国等；美国半导体器件型号命名法，主要指美国电子工业协会半导体器件型号命名法；日本半导体器件型号命名法等。

我国也有一套完整的半导体器件命名方法，即中国半导体器件型号命名法。按照规定，半导体器件的型号由五个部分组成，场效应管、复合管、PIN 管等无第一部分和第二部分，另外，第五部分表示器件的规格号，有些器件没有第五部分。具体每一部分的表示符号及其符号代表的意义参见表 2-6-1 所示。

表 2-6-1　中国半导体器件型号命名法

<table>
<tr><th colspan="2">第一部分
用数字表示
器件的电极数目</th><th colspan="2">第二部分
用字母表示
器件的材料和极性</th><th colspan="2">第三部分
用字母表示
器件的类型</th><th>第四部分
用数字表示
器件的序号</th></tr>
<tr><td>2</td><td>二极管</td><td>A
B
C
D</td><td>N 型，锗管
P 型，锗管
N 型，硅管
P 型，硅管</td><td rowspan="2">A
D
G
X
P
V
W
C
Z
L
S
N
U
K
B
T
Y
J</td><td rowspan="2">高频大功率管
低频大功率管
高频小功率管
低频小功率管
普通管
微波管
稳压管
参数管
整流管
整流堆
隧道管
阻尼管
光电器件
开关管
雪崩管
可控整流器
体效应器件
阶跃恢复管</td><td rowspan="2">—</td></tr>
<tr><td>3</td><td>三极管</td><td>A
B
C
D
E</td><td>EPNP 型，锗管
NPN 型，锗管
PNP 型，硅管
NPN 型，硅管
化合物材料</td></tr>
<tr><td>—</td><td>—</td><td>—</td><td>—</td><td>CS
FH
PIN
BT
JG</td><td>场效应器件
复合管
PIN 型管
半导体特殊器件
激光器材</td><td>—</td></tr>
</table>

2.6.3　半导体二极管

半导体二极管由一个PN结、电极引线和外部的密封管壳制作而成。

1．普通半导体二极管

普通半导体二极管的极性，可根据二极管单向导通的特性来判断。将数字万用表拨至二极管挡，将两支表笔分别接在二极管的两个电极上，若屏显值为二极管正向压降范围(一般锗管的正向压降为 0.2～0.3 V，硅管的正向压降为 0.6～0.7 V)，说明二极管正向导通，红表笔接的是二极管的正(+)极，黑表笔接的是二极管的负(−)极，如图 2-6-1(a)所示。若屏显为“1”，说明二极管处于反向截止状态，此时，红表笔接的是二极管的负(−)极，黑表笔接的是二极管的正(+)极，如图 2-6-1(b)所示。

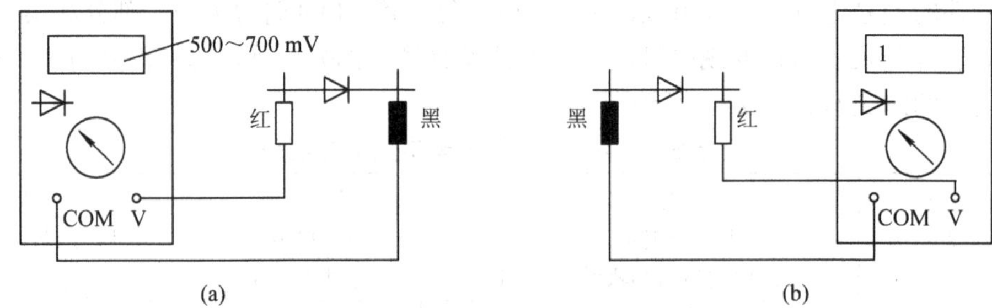

图 2-6-1　二极管的极性判别

若所使用的万用表没有二极管测试挡位，则可以根据二极管正向阻值较小(一般是几百欧到几千欧之间)，反向阻值较大(几十千欧或以上)的特点来判断二极管极性。

普通半导体二极管的好坏判别及参数测量方法如下所述。

将数字万用表拨至二极管挡，如图 2-6-2(a)所示，用红表笔接二极管的正(+)极，黑表笔接二极管的负(−)极，屏显应为正常压降范围；若交换表笔再测一次，如图 2-6-2(b)所示，屏显应为“1”，则说明二极管合格。若两次均显示为“000”，则说明二极管击穿短路；若两次均显示为“1”，则说明二极管开路。

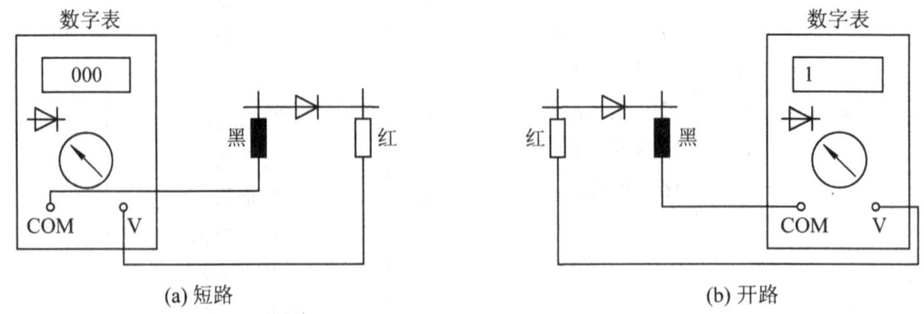

图 2-6-2　二极管的好坏判别

2．发光二极管的测量

发光二极管极性的识别与判别有以下四种方式。

(1) 根据发光二极管的引脚长短识别，通常长电极为正(+)极，短电极为负(−)极。

(2) 根据塑封二极管内部极片识别，通常小极片为正(+)极，大极片为负(−)极。

(3) 将数字万用表转换开关拨至二极管挡，用红表笔接发光二极管正(+)极，黑表笔接发光二极管负(−)极，测得数值为发光管正向压降范围(发光二极管正向压降一般为1.6～2.1 V)，调换表笔再测一次，若屏幕显示为“1”，则表明发光二极管合格正常。

(4) 如图 2-6-3 所示，将发光二极管的正极插入 NPN 型管座的“C”孔中，负极插入“E”孔中，发光应为正常。若不发光，说明发光二极管已损坏或引脚插反，可调换引脚重新测试。

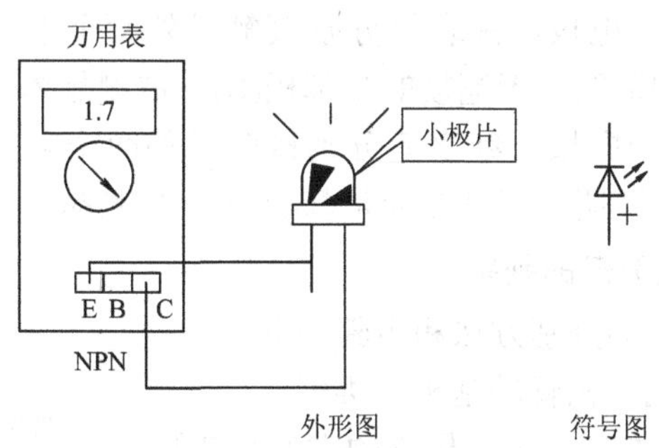

图 2-6-3 发光二极管正反向测量

2.6.4 晶体三极管

晶体三极管是由两个 PN 结连接相应电极封装而成的。其主要参数有直流放大系数 hFE 和交流放大系数 β。

1. 基极及类型判别

三极管的基极及类型判别如图 2-6-4 和图 2-6-5 所示。

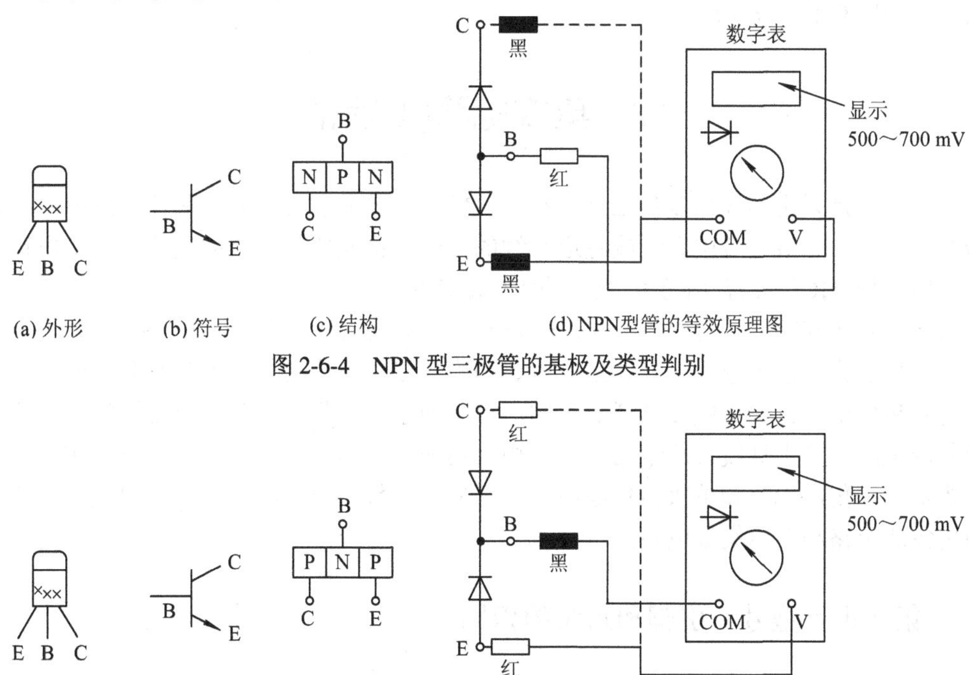

图 2-6-4 NPN 型三极管的基极及类型判别

图 2-6-5 PNP 型三极管的基极及类型判别

NPN 型三极管的结构如图 2-6-4(c)所示，B 极引自 P 区，C 极、E 极分别从两个 N 区引出。PNP 型三极管的结构如图 2-6-5(c)所示，B 极引自 N 区，C 极、E 极分别从两个 P 区引出。因而从二极管单向导通特性可以判别三极管的类型和基极，具体的判别步骤如下。

(1) 将数字万用表拨至二极管挡。

(2) 用红表笔固定某一电极，黑表笔分别接触另外两个电极，若两次都显示一定压降(一般为 0.5～0.7 V)，则证明红表笔接的是基极(B)，被测晶体管是硅材料 NPN 型管。

(3) 用黑表笔固定某一电极，红表笔分别接触另外两个电极，若两次都显示一定压降(一般为 0.5～0.7 V)，则证明黑表笔接的是基极(B)，被测晶体管是硅材料 PNP 型管。

2. 集电极(C)和发射极(E)的判别

集电极(C)和发射极(E)的判别方法和步骤如下。

(1) 先用上述方法判别三极管的基极及类型。

(2) 如图 2-6-6 所示，在判定了三极管的类型和基极的基础上，将数字万用表拨至 hFE 挡，根据以上判定的三极管类型插入 NPN 或 PNP 测试孔，先把被测三极管的基极插入 B 孔，余下两个电极分别插入 C 孔和 E 孔中，若屏显数值为几十至几百，则说明三极管接法正常，有放大能力，读数即为放大倍数，此时插入 C 孔的电极是集电极，插入 E 孔的电极是发射极；若屏显数值为个位数至十几，则说明管子集电极与发射极插反，须重新调换测试来判别 C 极和 E 极。

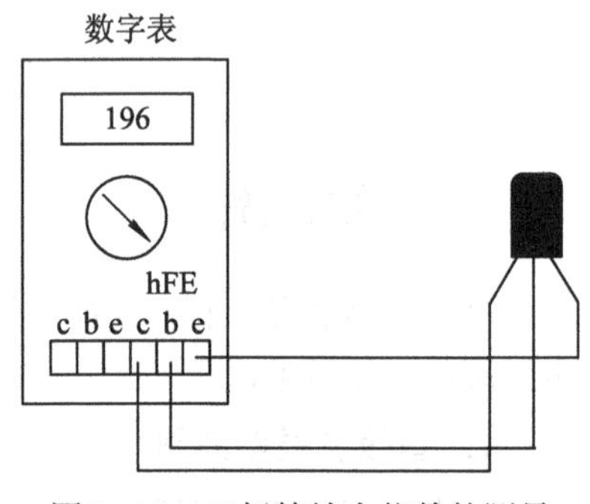

图 2-6-6　三极管放大倍数的测量

2.7　集成电路(IC)元件

集成电路是采用半导体制作工艺，在一块较小的单晶硅片上制作晶体管及电阻器、电容器等元器件，并按照多层布线或隧道布线的方法，将元器件组合成完整的电子电路。在电路中用字母“IC”(也有用符号“N”等)加数字表示。

集成电路按其功能、结构的不同，可分为模拟集成电路、数字集成电路和数/模混合集成电路；按制作工艺可分为半导体集成电路和膜集成电路，膜集成电路又分为厚膜集成电路和薄膜集成电路；按集成度高低的不同，可分为小规模集成电路、中规模集成电路、大规模集成电路、超大规模集成电路、特大规模集成电路和巨大规模集成电路；按导电类型可分为双极型集成电路和单极型集成电路，它们都是数字集成电路；按应用领域可分为标准通用集成电路和专用集成电路。

2.7.1　集成电路型号、引脚和封装的识别

1. 集成电路型号的识别

国标(GB 3431—82)集成电路的型号命名由五部分组成，各部分符号及意义见表 2-7-1。

表 2-7-1　国产半导体集成电路的命名

第一部分		第二部分		第三部分	第四部分		第五部分	
用字母表示器件符合国家标准		用字母表示器件的类型		用阿拉伯数字和字母表示器件系列	用字母表示器件的工作温度范围		用字母表示器件的封装	
符号	意义	符号	意义		符号	意义	符号	意义
C	中国制造	T	TTL 电路	TTL 分为：	C	0～70℃⑤	F	多层陶瓷扁平封装
		H	HTL 电路	54/74xxx①	G	−25～70℃	B	塑料扁平封装
		E	ECL 电路	54/74Hxxx②	L	−25～85℃	H	黑瓷扁平封装
		C	CMOS 电路	54/74Lxxx③	E	−40～85℃	D	多层陶瓷双列直插封装
		M	存储器	54/74Sxxx	R	−55～85℃	J	黑瓷双列直插封装
		u	微型机电路	54/74LSxxx④	M	−55～125℃	P	塑料双列直插封装
		F	线性放大器	54/74ASxxx			S	塑料单列直插封装
		W	稳压器	54/74ALSxxx			T	金属圆壳封装
		D	音响电视电路	54/74Fxxx			K	金属菱形封装
		B	非线性电路	CMOS 为：			C	陶瓷芯片载体封装
		J	接口电路	4000 系列	⋮		E	塑料芯片载体封装
		AD	A/D 转换器	54/74HCxxx			G	网格针栅陈列封装
		DA	D/A 转换器	54/74HCTxxx			SOIC	小引线封装
		SC	通信专用电路				PCC	塑料芯片载体封装
		SS	敏感电路	⋮			LCC	陶瓷芯片载体封装
		SW	钟表电路					
		SJ	机电仪电路					
		SF	复印机电路					

注：① 74：国际通用 74 系列(民用)。54：国际通用 54 系列(军用)。② H：高速。③ L：低速。④ LS：低功耗。⑤ C：只出现在 74 系列。

进口集成电路的型号命名一般是用前几位字母符号表示制造厂商，用数字表示器件的系列和品种代号。常见进口集成电路的前缀字母代表的公司名称见表 2-7-2。

表 2-7-2　常见进口集成电路的字头符号代表的公司名称

字头符号	生产国及厂商名称	字头符号	生产国及厂商名称
AN，DN	日本，松下	UA，F，SH	美国，仙童
LA，LB，STK，LD	日本，三洋	IM，ICM，ICL	美国，英特尔
HA，HD，HM，HN	日本，日立	UCN，UDN，UGN，ULN	美国，斯普拉格
TA，TC，TD，TL，TM	日本，东芝	SAK，SAJ，SAT	美国，ITT
MPA，Mpb，μPC，μPD	日本，日电	TAA，TBA，TCA，TDA	欧洲，电子联盟
CX，CXA，CXB，CXD	日本，索尼	SAB，SAS	德国，SIGE
MC，MCM	美国，摩托罗拉	ML，MH	加拿大，米特尔

2. 集成电路引脚的识别

集成电路的封装材料及外形有多种，最常用的封装材料有塑料、陶瓷及金属三种。封装外形最多的是圆筒形、扁平形及双列直插形。圆筒形金属壳封装多为 8 脚、10 脚及 12

脚，菱形金属壳封装多为 3 脚及 4 脚，扁平形陶瓷封装多为 12 脚及 14 脚，单列直插式塑料封装多为 9 脚、10 脚、12 脚、14 脚及 16 脚，双列直插式陶瓷封装多为 8 脚、12 脚、14 脚、16 脚及 24 脚，双列直插式塑料封装多为 8 脚、12 脚、14 脚、16 脚、24 脚、42 脚及 48 脚。集成电路的封装外形不同，其引脚排列顺序也不一样。表 2-7-3 介绍了几种常用集成电路引脚的识别方法。

表 2-7-3　常用集成电路引脚的识别方法

封装形式	示 意 图	识别方法
圆形金属壳封装；菱形金属壳封装	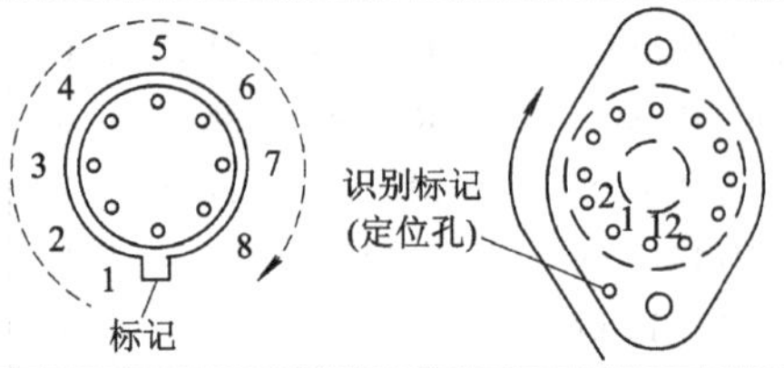 1 2 3 4 5 6 7 8 标记；识别标记(定位孔) 1 2 12	识别其引脚时，首先找出定位标志，一般为管键、色点、定位孔等，将集成电路引脚朝上，从识别标记开始，沿顺时针方向依次为 1、2、3…脚
单列直插式	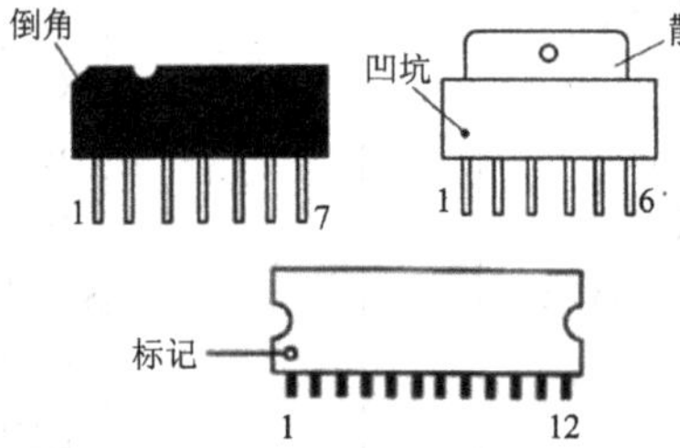 倒角 1 7；凹坑 散热板 1 6；标记 1 12	识别其引脚时，应使引脚向下，面对型号或定位标记，自定位标记对应一侧的头一只引脚数起，依次为 1、2、3…脚。这一类集成电路上常用的定位标记为色点、凹坑、小孔、线条、色带、缺角等
双列直插式	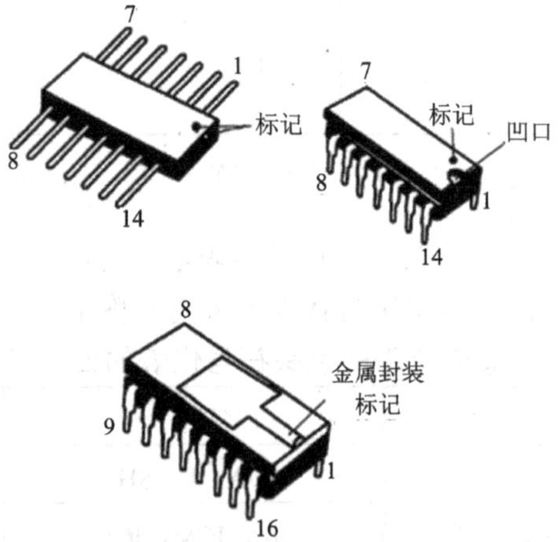 7 1 标记 8 14；7 标记 凹口 8 1 14；8 金属封装标记 9 1 16	识别其引脚时，若引脚向下，即其型号、商标向上，定位标记在左边，则从左下角第 1 只引脚开始，按逆时针方向，依次为 1、2、3…脚。双列直插式集成电路的识别标记多为半圆形凹口，有的用金属封装标记或凹坑标记
四列扁平封装	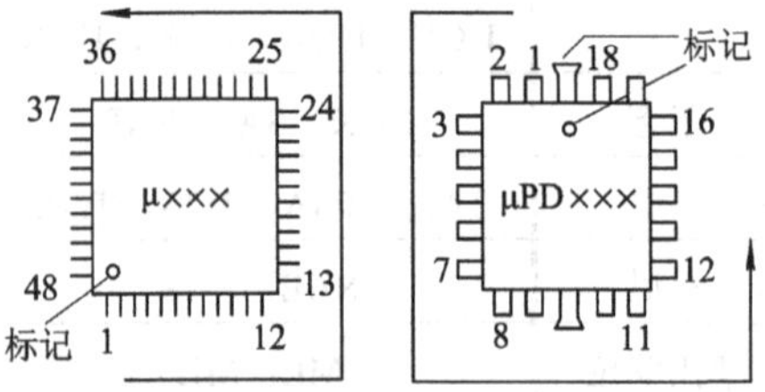 36 25 37 24 μ××× 48 13 标记 1 12；2 1 18 标记 3 16 μPD××× 7 12 8 11	识别其引脚时，面对集成电路印有商标的正面，从定位标记开始，按逆时针方向，依次为 1、2、3…脚。其定位标记一般为色点、凹坑、小孔、特性引脚或断脚等

3. 集成电路封装的识别

封装最初的定义是保护电路芯片免受周围环境的影响(包括物理、化学的影响)。但是，随着集成电路技术的发展，尤其是芯片钝化层技术的不断改进，封装的功能也在慢慢异化。通常认为，封装主要有四大功能，即功率分配、信号分配、散热及包装保护，它的作用是从集成电路器件到系统之间的连接，包括电学连接和物理连接。

电子封装的类型也很复杂。从使用的包装材料来分，可以将封装划分为金属封装、陶瓷封装和塑料封装；从成型工艺来分，又可以将封装划分为预成型封装(pre-mold)和后成型封装(post-mold)；从封装外形来分，则有 SIP(Single In-line Package)、DIP(Dual In-line Package)、PLCC(Plastic Leaded Chip Carrier)、PQFP(Plastic Quad Flat Package)、SOP(Small Out-line Package)、TSOP(Thin Small Out-line Package)、PPGA(Plastic Pin Grid Array)、PBGA(Plastic Ball Grid Array)、CSP(Chip Scale Package)等；若按第一级连接到第二级连接的方式来分，则可以划分为 PTH(Pin Through Hole)和 SMT(Surface Mount Technology)两大类，即通常所称的插孔式(或通孔式)和表面贴装式。表 2-7-4 列举了常见集成电路芯片的封装、实物图及说明。

表 2-7-4　常见集成电路(IC)芯片的封装、实物图及说明

封　装	实 物 图	说　明
金属圆形封装	TO-99	最初的芯片封装形式，引脚数为 8～12。散热好，价格高，屏蔽性能良好，主要用于高档产品
PZIP(Plastic Zigzag In-line Package) 塑料 ZIP 型封装		引脚数为 3～16。散热性能好，多用于大功率器件
SIP(Single In-line Package) 单列直插式封装		引脚中心距通常为 2.54 mm，引脚数为 2～23，多数为定制产品。造价低且安装方便，广泛用于民品
DIP(Dual In-line Package) 双列直插式封装		绝大多数中小规模 IC 均采用这种封装形式，其引脚数一般不超过 100 个。适合在 PCB 板上插孔焊接，操作方便。塑封 DIP 应用最广泛
SOP(Small Out-line Package) 双列表面安装式封装		引脚有 J 形和 L 形两种形式，中心距一般有 1.27 mm 和 0.8 mm 两种，引脚数为 8～32。体积小，是最普及的表面贴片封装
PQFP(Plastic Quad Flat Package) 塑料方形扁平式封装		芯片引脚之间距离很小，引脚很细，一般大规模或超大型集成电路都采用这种封装形式，其引脚数一般在 100 个以上。适用于高频线路，一般采用 SMT 技术在 PCB 板上安装

续表

封　　装	实 物 图	说　　明
PGAP(Pin Grid Array Package) 插针网格阵列封装	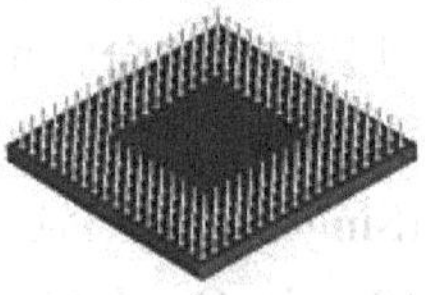	插装型封装之一，其底面的垂直引脚呈阵列状排列，一般要通过插座与 PCB 板连接。引脚中心距通常为 2.54 mm，引脚数为 64～447。插拔操作方便，可靠性高，可适应更高的频率
BGAP(Ball Grid Array Package) 球栅阵列封装		表面贴装型封装之一，其底面按阵列方式制作出球形凸点用以代替引脚。适应频率超过 100 MHz，I/O 引脚数大于 208 Pin。电热性能好，信号传输延迟小，可靠性高
PLCC(Plastic Leaded Chip Carrier) 塑料有引线芯片载体		引脚从封装的四个侧面引出，呈 J 字形。引脚中心距为 1.27 mm，引脚数为 18～84。J 形引脚不易变形，但焊接后的外观检查较为困难
CLCC(Ceramic Leaded Chip Carrier) 陶瓷有引线芯片载体		陶瓷封装，其他同 PLCC
LCCC(Leaded Ceramic Chip Carrier) 陶瓷无引线芯片载体		芯片封装在陶瓷载体中，无引脚的电极焊端排列在底面的四边。引脚中心距为 1.27 mm，引脚数为 18～156。高频特性好，造价高，一般用于军品
COB(Chip On Board) 板上芯片封装		裸芯片贴装技术之一，俗称“软封装”。IC 芯片直接黏结在 PCB 板上，引脚焊在铜箔上并用黑塑胶包封，形成“绑定”板。该封装成本最低，主要用于民品
FP(Flat Package)扁平封装； LQFP(Low profile Quad Flat Package)薄型 QFP		封装本体厚度为 1.4 mm

2.7.2　集成电路的检测方法

集成电路常用的检测方法有在线测量法、非在线测量法和代换法，具体检测方法见表 2-7-5。

表 2-7-5　集成电路常用的检测方法

<table>
<tr><th colspan="2">检测方法</th><th>说　明</th></tr>
<tr><td colspan="2">非在线测量法</td><td>非在线测量法是在集成电路未焊入电路时，测量其各引脚之间的直流电阻值，并与已知正常同型号集成电路各引脚之间的直流电阻值进行对比，以确定其是否正常的方法</td></tr>
<tr><td rowspan="3">在线测量法</td><td>直流电阻检测法</td><td>这是一种用万用表欧姆挡，直接在线路板上测量 IC 各引脚和外围元件的正反向直流电阻值，并与正常数据相比较，以发现和确定故障的方法。测量时要注意以下三点：
① 测量前要先断开电源，以免测试时损坏电表和元件。
② 万用表电阻挡的内部电压不得大于 6 V，量程最好用“R × 100”或“R × 1k”挡。
③ 测量 IC 引脚参数时，要注意测量条件，如被测机型、与 IC 相关的电位器的滑动臂位置等，还要考虑外围电路元件的好坏</td></tr>
<tr><td>直流工作电压测量法</td><td>这是一种在通电情况下，用万用表直流电压挡对直流供电电压、外围元件的工作电压进行测量，检测 IC 各引脚对地直流电压值，并与正常值相比较，进而压缩故障范围，找出损坏元件的方法。测量时要注意以下八点：
① 万用表要有足够大的内阻，要大于被测电路电阻的 10 倍以上，以免造成较大的测量误差。
② 通常把各电位器旋到中间位置，如果是电视机、信号源，则要采用标准彩条信号发生器。
③ 表笔或探头要采取防滑措施。因任何瞬间短路都容易损坏 IC，可采取如下方法防止表笔滑动：取一段自行车用气门芯套在表笔尖上，并长出表笔尖约 0.5 mm 左右，这样，既能使表笔尖良好地与被测试点接触，又能有效防止打滑，即使碰上邻近点也不会短路。
④ 当测得某一引脚电压与正常值不符时，应根据该引脚电压对 IC 正常工作有无重要影响以及其他引脚电压的相应变化进行分析，才能判断 IC 的好坏。
⑤ IC 引脚电压会受外围元器件影响。当外围元器件发生漏电、短路、开路、变值，或外围电路连接的是一个阻值可变的电位器，或电位器滑动臂所处的位置不同时，都会使引脚电压发生变化。
⑥ 若 IC 各引脚电压正常，则一般认为 IC 正常；若 IC 部分引脚电压异常，则应从偏离正常值最大处入手，检查外围元件有无故障，若无故障，则 IC 很可能损坏。
⑦ 对于动态接收装置，如电视机，在有无信号时，IC 各引脚电压是不同的。如发现引脚电压不应该变化的反而变化大，应该随信号大小和可调元件不同位置而变化的反而不变化，就可确定 IC 损坏。
⑧ 对于有多种工作方式的装置，如录像机，在不同工作方式下，IC 各引脚电压也是不同的</td></tr>
<tr><td>交流工作电压测量法</td><td>为了掌握 IC 交流信号的变化情况，可以用带有 dB 插孔的万用表对 IC 的交流工作电压进行近似测量。检测时万用表置于交流电压挡，正表笔插入 dB 插孔；对于无 dB 插孔的万用表，需要在正表笔上串接一只 0.1～0.5 μF 隔直电容。该法适用于工作频率比较低的 IC，如电视机的视频放大级、场扫描电路等。由于这些电路的固有频率不同，波形不同，因此所测的数据是近似值，只能供参考</td></tr>
<tr><td colspan="2">代换法</td><td>代换法是用已知完好的同型号、同规格集成电路来代换被测集成电路，从而判断该集成电路是否损坏的方法</td></tr>
</table>

2.7.3　集成电路的代换

集成电路损坏时，需要对其实施代换，表 2-7-6 列出了集成电路代换的原则和方法。

表 2-7-6　集成电路代换的原则和方法

<table>
<tr><th>类型
内容</th><th colspan="2">直 接 代 换</th><th>非直接代换</th></tr>
<tr><td>含义</td><td colspan="2">直接代换是指用其他 IC 不经任何改动而直接取代原来的 IC，代换后不影响机器的主要性能与指标</td><td>非直接代换是指将不能进行直接代换的 IC 稍加修改外围电路，改变原引脚的排列或增减个别元件等，使之成为可代换的 IC</td></tr>
<tr><td>原则</td><td colspan="2">代换所用的 IC 与原 IC 的功能、性能指标、封装形式、引脚用途、引脚序号和间隔等几方面均相同。其中 IC 的功能相同不仅指功能相同，还应注意逻辑极性相同，即输出/输入电平极性、电压、电流幅度必须相同。除此之外，输出不同极性的 AFT 电压、输出不同极性的同步脉冲等 IC 都不能直接代换，即使是同一公司或同一厂家的产品，都应注意区分。性能指标是指 IC 的主要电参数(或主要特性曲线)、最大耗散功率、最高工作电压、频率范围及各信号输入、输出阻抗等参数要与原 IC 相近。功率小的代用件要加大散热片</td><td>代换所用的 IC 可与原来的 IC 引脚功能不同、外形不同，但功能要相同，特性要相近；代换后不应影响原机性能</td></tr>
<tr><td rowspan="2">代换方法</td><td>同一型号 IC 的代换</td><td>同一型号 IC 的代换一般是可靠的，安装集成电路时，要注意方向不要搞错，否则，通电时集成电路很可能被烧毁。有的单列直插式功放 IC，虽然型号、功能、特性相同，但引脚排列顺序的方向是有所不同的</td><td rowspan="2">采用非直接代换时要注意：集成电路引脚的编号顺序，切勿接错；为适应代换后的 IC 的特点，与其相连的外围电路的元件要做相应的改变；电源电压要与代换后的 IC 相符，如果原电路中电源电压高，应设法降压，电压低，要看代换 IC 能否工作；代换以后要测量 IC 的静态工作电流，如电流远大于正常值，则说明电路可能产生自激，这时须进行去耦、调整；若增益与原来有所差别，可调整反馈电阻阻值；代换后 IC 的输入、输出阻抗要与原电路相匹配；检查其驱动能力；在改动时要充分利用原电路板上的脚孔和引线，外接引线要求整齐，避免前后交叉，以便检查和防止电路自激，特别是防止高频自激；在通电前电源 VCC 回路里最好再串接一直流电流表，改变负载电阻阻值由大到小观察集成电路总电流的变化是否正常</td></tr>
<tr><td>不同型号 IC 的代换</td><td>① 型号前缀字母相同、数字不同 IC 的代换。这种代换只要相互间的引脚功能完全相同，其内部电路和电参数稍有差异，也可相互直接代换。
② 型号前缀字母不同、数字相同 IC 的代换。一般情况下，前缀字母表示生产厂家及电路的类别，前缀字母后面的数字相同，大多数可以直接代换。但也有少数，虽然数字相同，但功能却完全不同。
③ 型号前缀字母和数字都不同 IC 的代换。有的厂家引进未封装的 IC 芯片，然后加工成按本厂命名的产品。还有为了提高某些参数指标而改进的产品。这些产品常用不同型号进行命名或用型号后缀加以区别</td></tr>
</table>

2.8　其他元器件

2.8.1　机电元件

利用机械力或电信号的作用，使电路产生接通、断开或转换等功能的元件，称为机电元件。常见于各种电子产品中的开关、连接器(又称接插件)等都属于机电元件。

机电元件的工作原理及结构较为直观简明，容易被设计人员及整机制造者所轻视。实际上机电元件对电子产品的安全性、可靠性及整机水平关系很大，而且是故障多发点。正确选择、使用和维护机电元件是提高电子工艺水平的关键之一。

机电元件品种繁多，中外各异，如要深入了解可参考相关手册或产品样本。

2.8.2　开关

开关是用于接通或断开电路的一种广义功能元件，其种类繁多。一般提到的开关习惯上是指手动式开关，如压力控制、光电控制、超声控制等具有控制作用的开关，实际上它们已不是一个简单的开关，而是包括了较复杂的电子控制单元的器件。至于常见于书刊中的“电子开关”则指的是利用晶体管、可控硅等器件的开关特性构成的控制电路单元，不属于机电元件的范畴。为了应用方便，人们也将它们列入开关的行列。

开关的“极”和“位”是了解开关类型必须掌握的概念。所谓“极”，指的是开关的活动触点(过去习惯称为“刀”)；所谓“位”，则指开关的静止触点(习惯上也称为“掷”)。

开关的主要参数如下。

(1) 额定电压：指正常工作状态下开关可以承受的最大电压，在交流电路中则指交流电压的有效值。

(2) 额定电流：指正常工作时开关所允许通过的最大电流，在交流电路中则指交流电流的有效值。

(3) 接触电阻：指开关接通时，相通的两个接点之间的电阻值。接触电阻值一般越小越好。

(4) 绝缘电阻：指开关不相接触的各导电部分之间的电阻值。绝缘电阻值应越大越好。

(5) 耐压：也称为抗电强度，指开关不相接触的导体之间所能承受的电压值。一般开关耐压大于 100 V，对于电源开关而言，要求耐压不小于 500 V。

(6) 工作寿命：指开关在正常工作条件下使用的次数。一般开关为 5000～10 000 次，要求较高的开关可达 5×10^4～5×10^5 次。

2.9　电子元器件的选择及应用

在电路原理图中，元器件是一个抽象概括的图形文字符号；而在实际电路中，元器件是一个具有不同几何形状、物理性能、安装要求的具体实物。一个电容器符号代表了几十个型号，以及几百甚至成千上万种规格的实际电容器，如何正确选择才能既实现电路功能，又保证设计性能，实在不是一件容易的事。对于一件电子产品而言，其最重要的是经济性和可靠性，本节从应用角度出发介绍元器件的选用要领。

2.9.1 电子元器件的关键指标

在电子技术课程中学习元器件主要关注的是它的电气参数，而在电子工艺技术中则更注重元器件的工艺性能，如焊接性能、机械性能等。

1．电子元器件的电气性能参数

电气性能参数用于描述电子元器件在电子电路中的性能，主要包括电气安全性能参数、环境性能参数和电气功能参数。

电气安全性能参数反映元器件在人身、财产安全方面的性能。通常，技术标准对这类参数的规定都相当严格，主要技术参数有耐压、绝缘电阻等。环境性能参数反映了环境变化对元器件性能的影响，主要技术参数有温度系数、电压系数、频率特性等。电气功能参数通常表示该元器件的电气功能。不同的元器件，使用的主要功能参数是不一样的，如电阻器、电容器、电感器和三极管的主要功能参数分别是电阻抗、电容量、电感量和电流放大倍数。为了准确地描述一个元器件，可以使用多个功能参数，如三极管的功能参数有电流放大倍数、开启电压、开关时间等。

2．电子元器件的使用环境参数

任何电子元器件都有一定的使用条件。环境参数规定了元器件的使用条件，主要包括气候环境参数和电源环境参数。

气候环境主要是指元器件的工作温度、湿度等。气候环境参数主要包括最高温度/湿度和最低温度/湿度。

电源环境是指电子元器件工作的电源电压、电源频率和空间电磁环境等。电子元器件在不同的电源环境下，其电气性能是不同的。例如，空间天线电波对元器件的影响，雷电对元器件的影响等。电源环境参数主要包括额定工作电压、最大工作电压和额定功率、最大功率等。

3．电子元器件的机械结构参数

任何电子元器件都具有一定的形状和体积。在电子产品组装时，必须在结构和空间上合理安装元器件。机械结构参数主要包括外形尺寸、引脚尺寸和机械强度等。

在实际生产过程中，设备的振动和冲击是无法避免的。如果选用的元器件的机械强度不高，就会在振动时发生断裂，造成损坏，使电子设备失效。所以，在设计制作电子产品时，应该尽量选用机械强度高的元器件，并从整机结构方面采取抗振动、耐冲击的措施。

4．电子元器件的焊接性能

因为大部分电子元器件都是靠焊接实现电路连接的，所以元器件的焊接性能也是其主要参数之一。

电子元器件的焊接性能一般包括两个方面：一是引脚的可焊性；二是元器件的耐焊接性。可焊性是指焊接时引脚上锡的难易程度，为了提高焊接质量，减少焊接质量问题，应该尽量选用那些可焊性良好的元器件。由于焊接时温度非常高，一般达到 230℃以上，无铅焊接则达到了 260℃，元器件能否在短时间内忍受焊接时的高温，是衡量元器件焊接性能的重要指标之一。

5. 电子元器件的寿命

随着时间的推移和工作环境的变化，元器件的性能参数会发生变化。当它们的参数变化到一定限度时，尽管外加的工作条件没有改变，也会导致元器件不能正常工作或失效。元器件能够正常工作的时间就是元器件的使用寿命，它是衡量元器件性能的重要指标之一。

电子元器件的电气性能参数指标与其性能稳定可靠是两个不同的概念。性能参数良好的元器件，其可靠性不一定高，相反，规格参数差一些的元器件，其可靠性也不一定低。电子元器件的大部分性能参数都可以通过仪器仪表立即测量出来，但是它们的可靠性或稳定性必须经过各种复杂的可靠性试验，或者在经过大量的、长期的使用之后才能判断出来。

2.9.2　电子元器件选择的基本准则

选择电子元器件的基本准则如下。

(1) 元器件的技术条件、技术性能、质量等级等均应满足装备的要求。

(2) 优先选用经实践证明质量稳定、可靠性高、有发展前途的标准元器件，慎重选择非标准及趋于淘汰的元器件。

(3) 应最大限度地压缩元器件的品种规格和生产厂家。

(4) 未经设计定型的元器件不能在可靠性要求高的产品中正式使用。

(5) 优先选用有良好的技术服务、供货及时、价格合理的生产厂家的元器件。

(6) 关键元器件应进行供应商资质及能力的质量认定。

(7) 在性能价格比相等时，应优先选用国产元器件。

2.9.3　质量控制与成本控制

在大批量生产的电子产品中，元器件特别是关键元器件的选择是十分慎重的，一般来说要经过以下步骤才能确认。

(1) 选点调查：到有关厂商处调查了解生产装备、技术装备、质量管理等情况，确认质量认证的通过情况。

(2) 样品抽取试验：按厂商标准进行样品质量认定。

(3) 小批量试用。

(4) 最终认定：根据试用情况确认批量订购。

(5) 竞争机制：关键元器件应选择两个制造厂商，同时下订单，防止供货周期不能保证，或者缺乏竞争而质量不稳定的弊病。

对于一般小批量生产厂商或科研单位，不可能进行上述质量认定程序，比较简单而有效的做法如下。

(1) 选择经过国家质量认证的产品。

(2) 优先选择国有大中型企业及国家、部委优质产品。

(3) 选择国际知名的大型元器件制造厂商的产品。

(4) 选择有信誉保证的代理供应商提供的产品。

同样功能的电子元器件，不同厂商生产的产品由于品质、品牌的差异，价格可能有较大差别；即使同一厂商，针对不同使用范围也有不同档次的产品。如何在保证质量的前提下达到可靠性与经济性的统一，这需要在元器件选择的过程中掌握统筹兼顾的技巧。

首要准则是要算综合账。在严酷的竞争市场中，产品的经济性无疑是设计制造者必须考虑的关键因素。但是如果片面追求经济，为了降低制造成本不惜采用低质元件，结果造成成品可靠性降低，维修成本提高，反而损害了制造厂的经济利益。粗略估算，当一个产品在使用现场因某个电子元器件失效而出现故障，生产厂家为修复此元件花费的代价，通常为该元器件购买费用的数百倍至数万倍。这是因为通常一个电子产品的元器件数量都在数百乃至数千，复杂的有数万至数十万件，有时要进行彻底检查才能确定失效元器件，加上运输、工作人员交通等费用，造成产品维修费用的上升。以上这些还未计算因可靠性不高造成企业信誉的损失。

从技术经济的角度来说，可靠性与经济性之间不是水火不容的，而是有一个最佳平衡点。选用优质元器件，会使研制生产费用增加，但同时会使使用和维修费用降低，若可靠性指标选择合适，可使总费用达到最低水平。更何况由于产品可靠性提高会使企业信誉提高，品牌无形资产增加。综合计算的话，其经济性仍然是提高的。

其次，要根据产品要求和用途选用不同品种和档次的元器件。例如，很多集成电路都有军用品、工业用品和民用品三种档次，它们的功能完全相同，仅使用条件和失效率不同，但价格可相差数倍至数十倍，甚至百倍以上。如果在普通家用电器中采用军用品级元器件，将使成本提高，性能却不一定提高多少。这是因为有些性能指标对家用电器没有多少实际意义。再例如，民用品的工作温度一般为 0～70℃，军用品的工作温度为 −55～+125℃，在家电正常使用环境中是不会考虑军用这一档次的。所以，按需选用才是最佳选择。

最后，还要提及的是即使在同一种电子产品中，也要合理选择其中元器件的品种和档次。例如，某电子产品在采用最先进集成电路的同时却选用低档的接插件和开关，由于这些接插件和开关的故障将会使集成电路的先进性能无用武之地；再如某仪器上与电位器串联的电阻器采用精密电阻，这无疑是一种浪费。

第 3 章 电路设计与仿真软件

随着 EDA 技术的不断发展，计算机仿真技术已成为现代电子设计制造的主流技术。它以计算机硬件和系统软件为基本工作平台，采用 EDA 通用支撑软件和应用软件包，帮助电子设计工程师在计算机上完成电路的功能设计、逻辑设计、性能分析、时序测试等，使虚拟与实操相辅相成。目前，市场上各类电路设计与仿真软件有很多种，本章主要介绍 Multisim 14 软件、Proteus 软件及 Altium Designer 软件的简单使用。

3.1 Multisim 14 软件的使用

Multisim 是当前流行的、特别适合电子系统仿真分析与设计的一款 EDA 工具软件，受到国内外教师、科研人员和工程师的广泛认可，成为业界一流的先进 SPICE 仿真标准环境。Multisim 软件操作友好、功能强大，不仅可以作为大学生学习电路分析、模拟电子技术、数字电子技术、电工学、单片机等课程的重要辅助软件，也可以作为电子工程师进行实际电子系统仿真和设计的有效工具，可优化性能、减少设计错误，缩短原型开发时间。

3.1.1 Multisim 14 概述

Multisim 的前身是 EWB。EWB(Electronics Workbench，虚拟电子工作台)是加拿大 IIT 公司于 20 世纪 80 年代末推出的电子线路仿真软件。该软件可以对模拟电路、数字电路以及模拟/数字混合电路进行仿真，几乎可以 100%地仿真出真实电路的结果，而且在其桌面上提供了万用表、示波器、信号发生器、扫频仪、逻辑分析仪、数字信号发生器和逻辑转换器等工具，其器件库中则包含了许多大公司的晶体管元器件、集成电路和数字门电路芯片，器件库中没有的元器件，还可以由外部模块导入。EWB 用虚拟的元件搭建各种电路，用虚拟的仪表进行各种参数和性能指标的测试。克服了传统电子产品的设计受实验室客观条件限制的局限性。因此，它在电子工程设计和高校电子类教学领域中得到广泛应用。

1996 年 IIT 公司推出 EWB 5.0 版本，随着电子技术的飞速发展，EWB 5.x 版本的仿真设计功能已远远不能满足新的电子线路的仿真与设计要求，它的分析功能相对单一，提供的元件库也不是很多，与其他软件的接口功能不是很强。于是 IIT 公司从 EWB 6.0 版本开始，将专用于电子电路仿真与设计的模块更名为 Multisim，将 PCB 版软件 Electronics Workbench Layout 更名为 Ultiboard。因此，Multisim 是 EWB 的升级版本，这个系列经历了 EWB 5.0、EWB 5.x、Multisim 2001、Multisim 7、Multisim 8 的升级过程。2005 年，加拿大 IIT 公司被美国 NI 公司收购，之后推出了 Multisim 9、Multisim 10、Multisim11 等。

作为 Multisim 仿真软件的最新版本，Multisim 14 进一步完善了以前版本的基本功能，同时增加了一些新的功能，其特点和优势包括：

(1) 完备的元器件库。新版本借助领先半导体制造商的新版和升级版仿真模型，扩展了模拟和混合模式应用，元器件数量多达 20 000 个。

(2) 功能强大的 SPICE(Simulation Program with Intergrated Circuit Empnasis)仿真。能对模拟电路、数字电路、数模混合电路和射频(RF)电路等进行交互式仿真；新版本借助来自 NXP 和美国国际整流器公司开发的全新 MOSFET 和 IGBT，可搭建先进的电源电路。

(3) 虚拟仪器测试和分析功能。20 余种虚拟仪器测试和分析功能为电路性能的测试和分析提供了强有力的支持；新版本全新的主动分析模式可让用户更快速地获得仿真分析结果。

(4) 支持微控制器(MCU)仿真。能实现基于 MCU 的单片机系统仿真；全新的 MPLAB 教学应用程序集成了 Multisim 14，可用于实现微控制器外设仿真。

(5) 支持用梯形图语言编程设计的系统仿真。增加了对工业控制系统仿真的支持。

(6) 具有 PCB 文件的转换功能，可将仿真电路导出到 PCB 设计验证平台 Ultiboardo。

(7) Multisim 14 可实现与 Lab VIEW 联合仿真。利用 Lab VIEW 可采集、处理外部真实信号，进一步丰富了 Multisim 14 的应用领域。

(8) 配置了虚拟 ELVIS，以帮助初学者快速掌握实验技能，建立真实实验的感觉，达到与搭建实物电路相似的效果。

(9) 与 NI ELVIS 原型设计板配套，提供了用真实元器件搭接电路和进行电路测试的环境，通过相关接口设计，实现了虚拟仿真与实际电路之间的无缝连接。

(10) 针对 iPad 开发的 Multisim Touch，使用户可以在 iPad 上进行交互式电路仿真和分析。

(11) 基于 NI 技术，建立了 Multisim 与外部真实电路的数据接口，实现了 Multisim 与 NI 虚拟仪器的联合仿真；通过 LabVIEW SignalExpress 软件，实现了软件仿真与实际电路的交互，在实际工程应用中具有重要的意义。

3.1.2 Multisim 14 用户界面

在完成 Multisim14 软件的安装后，便可在 Windows 窗口中点击【开始】→【所有程序】【National Instruments】→【Circuit Design Suite 14.0】，出现电路仿真软件 Multisim14.0 和 PCB 板制作软件 Ultiboard 14.0，选择 Multisim14.0 选项就会启动 NI Multisim14，其用户主窗口界面如图 3-1-1 所示。它与所有的 Windows 应用程序一样，可以在主菜单中找到各个功能的命令。

在 Multisim 14 用户主窗口界面中，第 1 行为菜单栏，包含了电路仿真的各种命令。第 2 行为标准工具栏，其上显示栏中每个工具都可以在菜单栏中找到对应的命令，可用菜单 View 下的 Toolsbar 选项来显示或隐藏这些快捷工具。第 3 行为元件栏，栏中列出了元器件库的分类图标按钮，为电路的创建和仿真带来了方便。

在元件栏的下方从左至右依次是设计工作盒、电路仿真工作区和仪表栏，设计工作盒用于操作设计项目中各种类型的文件(如原理图、PCB 文件、报告清单等)，电路仿真工作区是用户搭建电路的区域，仪表栏显示了 Multisim 14 提供的各种仪表。电路仿真工作区下方是活动电路标签。元件栏的最下方窗口是电子表格视窗，主要用于快速地显示编辑元件的参数，如封装、参数值、属性和设计约束条件等。实际上相当于构建了一个虚拟电子实验工作平台。

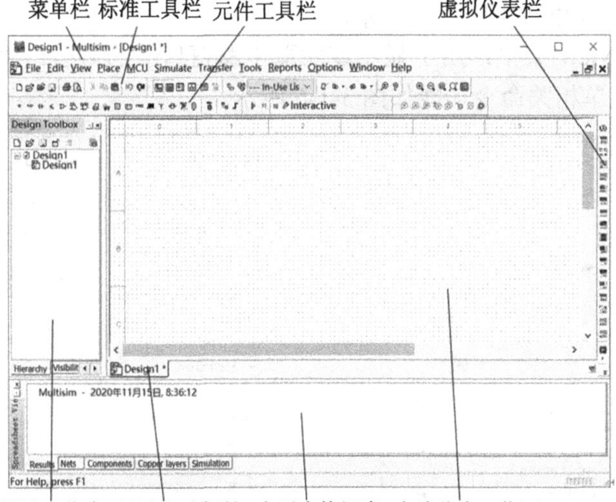

图 3-1-1　Multisim14 用户界面图

1. 菜单栏

Multisim 14 的菜单栏如图 3-1-2 所示，包含电路仿真的各种命令。菜单栏从左向右依次是文件(File)菜单、编辑(Edit)菜单、窗口显示(View)菜单、放置(Place)菜单、MCU 菜单、仿真(Simulate)菜单、文件输出(Transfer)菜单、工具(Tools)菜单、报告(Reports)菜单、选项(Options)菜单、窗口(Window)菜单和帮助(Help)菜单共 12 个菜单。

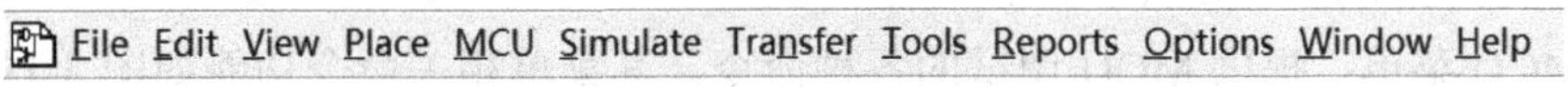

File Edit View Place MCU Simulate Transfer Tools Reports Options Window Help

图 3-1-2　菜单栏

(1) 文件(File)菜单：用于 Multisim 14 所创建的电路文件的管理，其命令功能与 Windows 中其他应用软件基本相同。Multisim 14 主要增强了 Project 的管理。其菜单相关命令功能如图 3-1-3 所示。

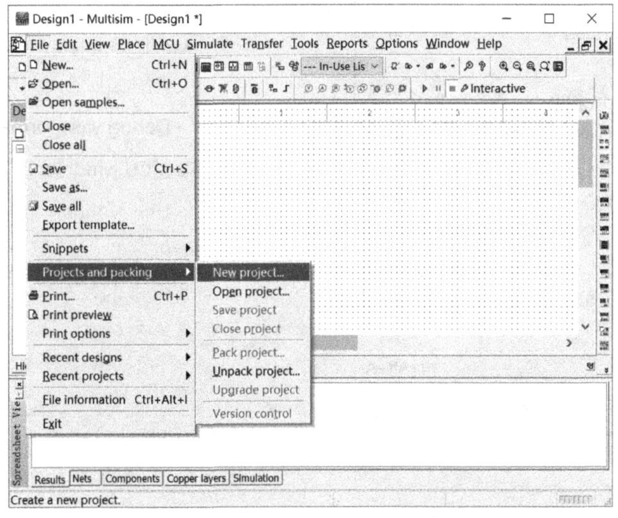

图 3-1-3　File 菜单

(2) 编辑(Edit)菜单：主要用于对电路窗口中的电路或元件进行删除、复制或选择等操作。其菜单相关命令功能如图 3-1-4 所示。

(3) 窗口显示(View)菜单：用于显示或隐藏电路窗口中的某些内容(如工具栏、栅格、纸张边界等)。其菜单相关命令功能如图 3-1-5 所示。

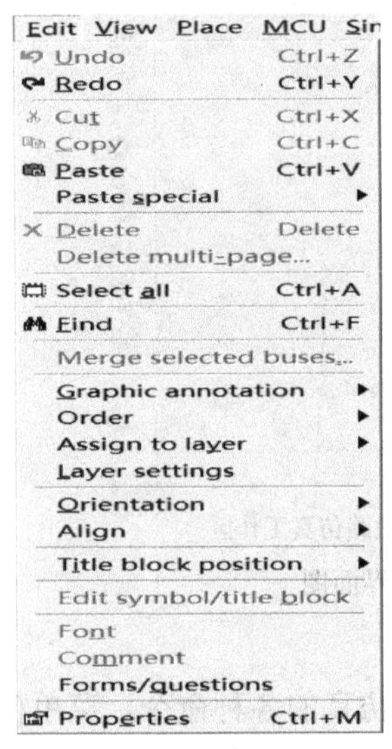

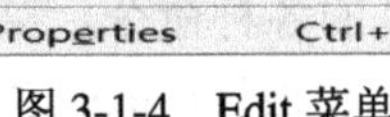

图 3-1-4　Edit 菜单

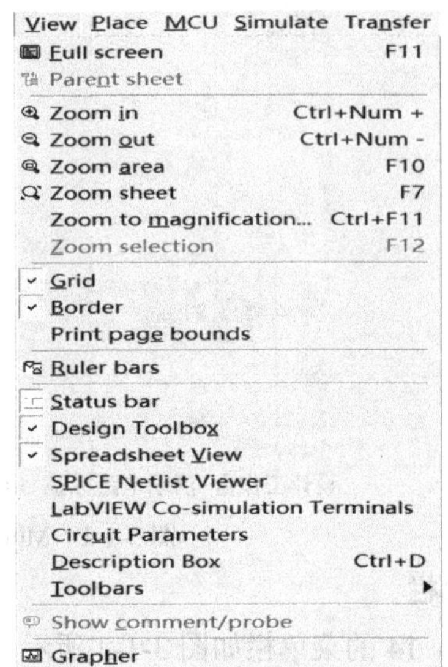

图 3-1-5　View 菜单

(4) 放置(Place)菜单：用于在电路窗口中放置元件、节点、总线、文本或图形等。其菜单相关命令功能如图 3-1-6 所示。

(5) MCU 菜单：提供 MCU 调试的各种命令。其菜单相关命令功能如图 3-1-7 所示。

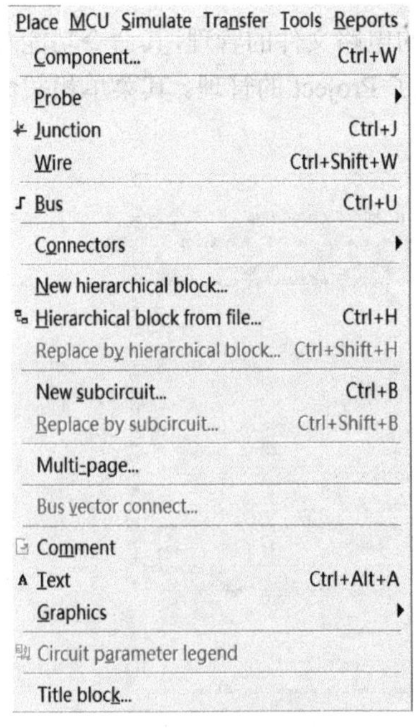

图 3-1-6　Place 菜单

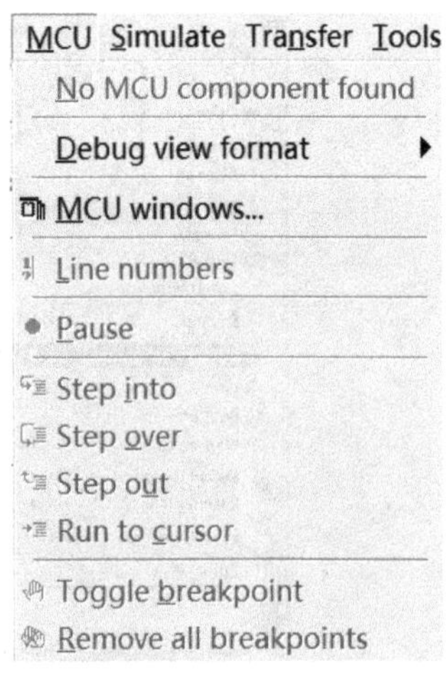

图 3-1-7　MCU 菜单

(6) 仿真(Simulate)菜单：主要用于仿真的设置与操作。其菜单相关命令功能如图 3-1-8 所示。

(7) 文件输出(Transfer)菜单：用于将 Multisim 14 的电路文件或仿真结果输出到其他应用软件。其菜单相关命令功能如图 3-1-9 所示。

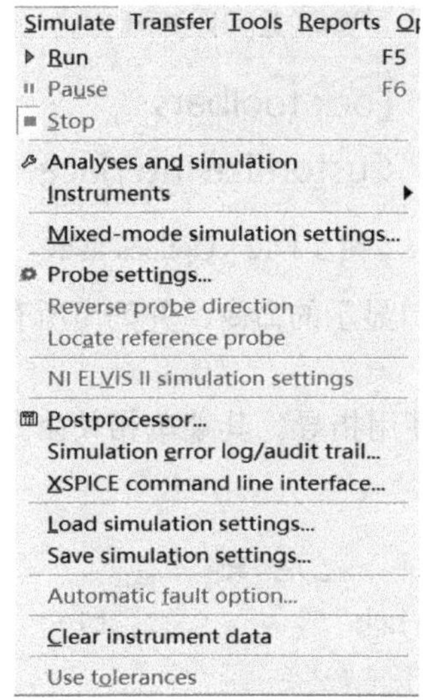

图 3-1-8　Simulate 菜单

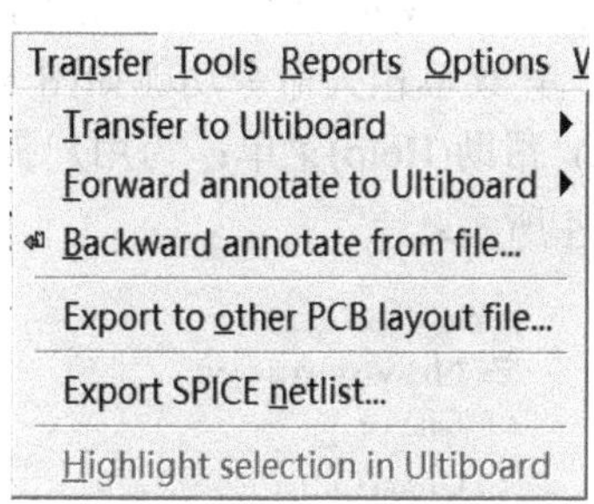

图 3-1-9　Transfer 菜单

(8) 工具(Tools)菜单：用于编辑或管理元件库或元件。其菜单相关命令功能如图 3-1-10 所示。

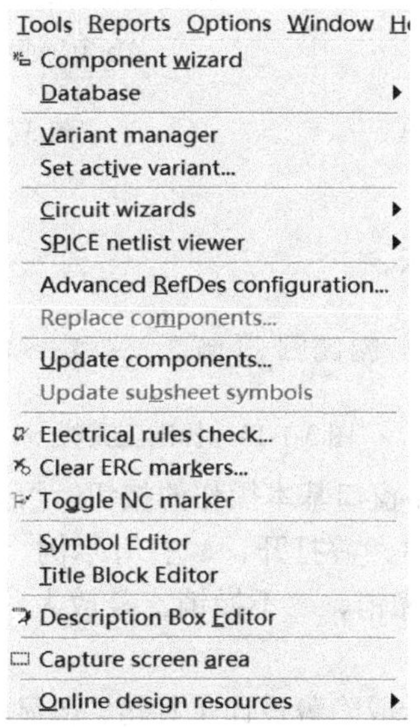

图 3-1-10　Tools 菜单

(9) 报告(Reports)菜单：用于产生当前电路的各种报告。其菜单相关命令功能如图 3-1-11 所示。

(10) 选项(Options)菜单：用于定制电路的界面和某些功能的设置。其菜单相关命令功能如图 3-1-12 所示。

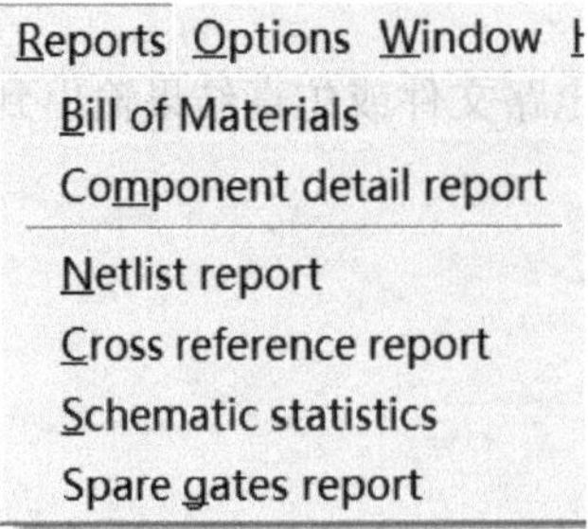

图 3-1-11　Reports 菜单

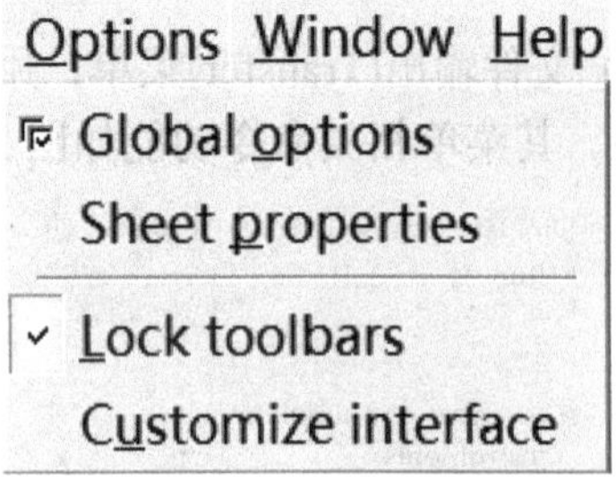

图 3-1-12　Options 菜单

(11) 窗口(Window)菜单：用于控制 Mulitisim 14 窗口显示的命令，并列出所有被打开的文件。其菜单相关命令功能如图 3-1-13 所示。

(12) 帮助(Help)菜单：为用户提供在线技术帮助和使用指导。其菜单相关命令功能如图 3-1-14 所示。

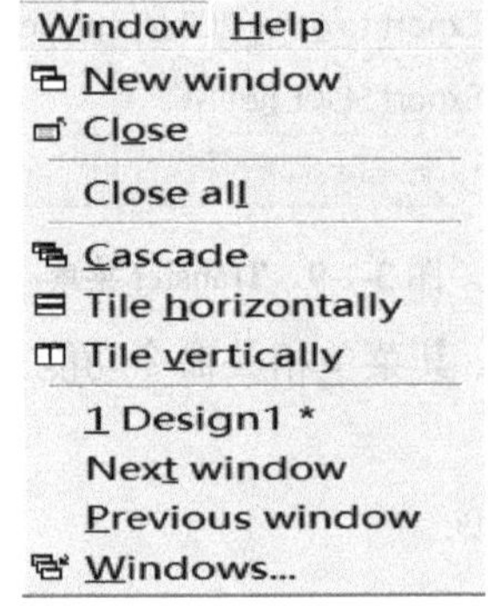

图 3-1-13　Window 菜单

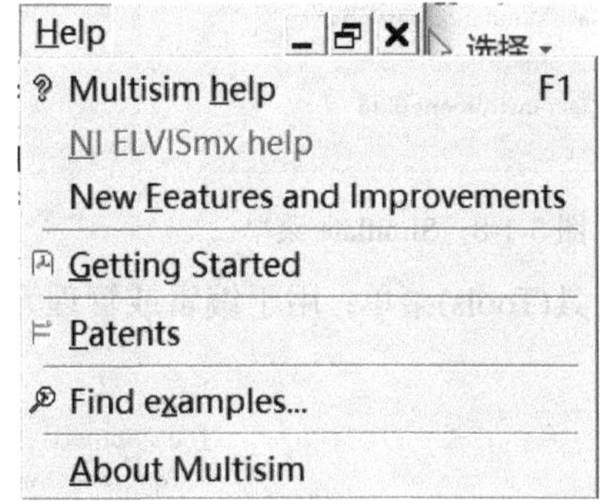

图 3-1-14　Help 菜单

2. 标准工具栏

标准工具栏如图 3-1-15 所示。

图 3-1-15　标准工具栏

标准工具栏包含了有关电路窗口基本操作的按钮，可分为系统工具栏和设计工具栏。

系统工具栏分别是：新建、打开、打开示例、保存、打印、打印预览、剪切、复制、粘贴、撤销、不撤销、放大、缩小、放大选择区域、放大至适合页面、全屏。

设计工具栏分别是：显示或隐藏设计工具箱、显示或隐藏电子数据表、显示或隐藏 SPICE 网表、面包板视图、打开 Grapher 视图、后处理、层次、元件编辑器、数据库管理、--- In-Use List --- 使用的元件列表、电气特性规则检查仿真开关、打开 Ultiboard Log File 分析工具选择、返回 Ultiboard Log File 分析工具、打开 Ultiboard Log File 分析工具、发现示例、登录教育网站和获取帮助文件。

3. 元件工具栏

Multisim 14 提供的元件库分别是 Master Database(厂商提供的元件库)、Corporate Database(特定用户向厂商索取的元器件库)和 User Database(用户定义的元器件库)。Multisim 14 默认元器件库为 Master Database 元件库，也是最常用的元件库。Multisim 14 软件提供了 Master Database 元件工具栏图标，如图 3-1-16 所示。

图 3-1-16　元件工具栏

元件工具栏从左向右依次是：电源库/信号源库(Source)、基本元件库(Basic)、二极管库(Diode)、晶体管库(Transisor)、模拟集成器件库(Analog)、TTL 元件库(TTL)、COMS 元件库(COMS)、混杂数字器件库(Miscellaneous Digital)、混合器件库(Mixed)、指示器件库(Indicator)、电源器件库(Power Component)、其他器件库(Miscellaneous)、高级外设元器件库(Advanced Peripherals)、射频器件库(RF)、机电器件库(Electromechanical)、NI 库(NI Component)、连接器库和微控制器库(MCU)。

1) 电源库/信号源库

电源库/信号源库有 7 个系列，分别是电源(POWER_SOURCES)、电压信号源(SIGNAL_VOLTAGE_SOURCES)、电流信号源(SIGNAL_CURRENT_SOURCES)、函数控制模块(CONTROL_FUNCTION_BLOCKS)、受控电压源(CONTROLLED_VOLTAGE_SOURCES)、受控电流源(CONTROLLED_CURRENT_SOURCES)和数字信号源(DIGITAL_SOURCE)。每一系列又含有许多电源或信号源，考虑到电源库的特殊性，所有电源皆为虚拟组件。在使用过程中要注意以下几点：

(1) 交流电源所设置电源的大小皆为有效值。

(2) 直流电压源的取值必须大于零，大小可以从微伏到千伏。直流电压源没有内阻，如果它与另一个直流电压源或开关并联使用，就必须给直流电压源串联一个电阻。

(3) 许多数字器件没有明确的数字接地端，但必须接地才能正常工作。

(4) 地是一个公共的参考点，电路中所有的电压都是相对于该点的电位差。在一个电路中，一般来说应当有一个且只能有一个地。在 Multisim 14 中，可以同时调用多个接地端，但它们的电位都是 0 V。并非所用电路都需接地，但下列情形应考虑接地：

- 运算放大器、变压器、各种受控源、示波器、波特图仪和函数发生器等必须接地。对于示波器，如果电路中已有接地，示波器的接地端可不接地。
- 含模拟和数字元件的混合电路必须接地。

2) 基本元件库

基本元件库有 16 个系列，分别是基本虚拟器件(BASIC_VIRTUAL)、设置额定值的虚拟器件(RATED_ VIRTUAL)、电阻(RESISTOR)、排阻(RESISTOR PACK)、电位器(POTENTIONMETER)、电容(CAPACITOR)、电解电容(CAP_ELECTROLIT)、可变电容(VARIABLE CAPACITO)、电感(INDUCTOR)、可变电感(VARIABLE INDUCTOR)、开关(SWITCH)、变压器(TRANSFORMER)、非线性变压器(NONLINEAR TRANSFORMER)、继电器(RELAY)、连接器(CONNECTOR)和插座(SOCKET)等。每一系列又含有各种具体型

号的元件。

3) 二极管库

Multisim 14 提供的二极管库中有虚拟二极管(DIODE_VIRTUAL)、二极管(DIODE)、齐纳二极管(ZENER)、发光二极管(LED)、全波桥式整流器(FWB)、可控硅整流器(SCR)、双向开关二极管(DIAC)、三端开关可控硅开关(TRIAC)、变容二极管(VARACTOR)和 PIN 二极管(PIN_DIODE)等。

4) 晶体管库

晶体管库将各种型号的晶体管分成 20 个系列，分别是虚拟晶体管(BJT_NPN_VIRTUAL)、NPN 晶体管(BJT_NPN)、PNP 晶体管(BJT_PNP)、达灵顿 NPN 晶体管(DARLINGTON_NPN)、达灵顿 PNP 晶体管(DARLINGTON_PNP)、达灵顿晶体管阵列(DARLINGTON_ARRAY)、含电阻 NPN 晶体管(BJT_NRES)、含电阻 PNP 晶体管(BJT_PRES)、BJT 晶体管阵列(ARRAY)、绝缘栅双极型晶体管(IGBT)、三端 N 沟道耗尽型 MOS 管(MOS_3TDN)、三端 N 沟道增强型 MOS 管(MOS_3TEN)、三端 P 沟道增强型 MOS 管(MOS_3TEP)、N 沟道 JFET(JFET_N)、P 沟道 JFET(JFET_P)、N 沟道功率 MOSFET(POWER_MOS_N)、P 沟道功率 MOSFET(POWER_MOS_P)、单结晶体管(UJT)、MOSFET 半桥(POWER_MOS_COMP)和热效应管(THERMAL_MODELS)系列。每一系列又包括各种具体型号的晶体管。

5) 模拟集成器件库

模拟集成器件库(Analog)有 6 个系列，分别是模拟虚拟器件(ANALOG_VIRTUAL)、运算放大器(OPAMP)、诺顿运算放大器(OPAMP_NORTON)、比较器(COMPARATOR)、宽带放大器(WIDEBAND_AMPS)和特殊功能运算放大器(SPECIAL_FUNCTION)等，每一系列又包括若干具体型号的器件。

6) TTL 元件库

TTL 元件库有 9 个系列，分别是 74STD、74STD_IC、74S、74S_IC、74LS、74IS_IC、74F、74ALS 和 74AS 等，每一系列又包括若干具体型号的器件。

7) CMOS 元件库

CMOS 元件库有 14 个系列，分别是 CMOS_5V、CMOS_5V_IC、CMOS_10V_IC、CMOS_10V、CMOS_15V、74HC_2V、74HC_4V、74HC_4V_IC、74HC_6V、Tiny_logic_2V、Tiny_logic_3V、Tiny_logic_4V、Tiny_logic_5V 和 Tiny_logic_6V。

8) 混杂数字器件库

TTL 和 CMOS 元件库中的元件是按元件的序号排列的，当设计者仅知道器件的功能，而不知道具有该功能的器件的型号时，就会非常不方便。而混杂数字元器件库中的元件则是按元件功能进行分类的。它包含 TTL 系列、MEMORY 系列和 Line-Transceiver 系列。

9) 混合器件库

混合器件库有 5 个系列，分别是虚拟混合器件库(Mixed_Virtual)、模拟开关(Analog_Switch)、定时器(Timer)、模数_数模转换器(ADC_DAC)和单稳态器件(MultiviBrators)。每一系列又包括若干具体型号的器件。

10) 指示器件库

指示器件库有 8 个系列，分别是电压表(Voltmeter)、电流表(Ammeter)、探测器(Probe)、蜂鸣器(Buzzer)、灯泡(Lamp)、虚拟灯泡(Virtual Lamp)十六进制显示器(Hex Display)、条形光柱(Bar graph)等。部分元件系列又包括若干具体型号的指示器。在使用过程中要注意以下几点：

(1) 电压表、电流表比万用表有更多的优点，一是电压表、电流表的测量范围宽；二是电压表、电流表在不改变水平放置的情况下，可以改变输入测量端的水平、垂直位置以适应整个电路的布局。电压表的典型内阻为 1 MΩ，电流表的默认内阻为 1 MΩ，还可以通过其属性对话框设置内阻。

(2) 对于电压表、电流表，要注意以下几点：

- 所显示的测量值是有效值。
- 若在仿真过程中改变了电路的某些参数，要重新启动仿真再读数。
- 设置电压表内阻过高或电流表内阻过低会导致数学计算的舍入误差。

11) 电源器件库

电源器件库有 5 个系列，分别是 BASSO_SMPS_AUXILIARY、BASSO_SMPS_CORE、FUSE、VOLTAGE_SUPPRESSOR 和 VOLTAGE_REFFERENCE 等，每一系列又包括若干具体型号的器件。

12) 其他元器件库

Multisim 14 把不能划分为某一具体类型的器件另归一类，称为其他器件库。其他元器件库提供了混合虚拟元器件(MISC_VIRTUAL)、转换器件(TRANSDUCERS)、光耦(OPTOCUPLER)、晶体(Crystal)、真空管(Vacuum Tube)、开关电源降压转换器(Buck_Converter)、开关电源升压转换器(Boost_Converter)、开关电源升降压转换器(Buck_Boost_Converter)、有损耗传输线(Lossy_Transmission_Line)、无损耗传输线 1(Lossless_Line_Type1)、无损耗传输线 2(Lossless_Line_Type2)、滤波器模块(FILERS)和网络(Net)等 13 个系列，每一系列又包括许多具体型号的器件。在使用过程中要注意以下几点：

(1) 具体晶体型号的振荡频率不可改变。

(2) 保险丝是一个电阻性的器件，当流过电路的电流超过最大额定电流时，保险丝熔断。对交流电路而言，所选择保险丝的最大额定电流是电流的峰值，不是有效值。保险丝熔断后不能恢复，只能重新选取。

(3) 用零损耗的有损耗传输线来仿真无损耗的传输线，仿真的结果会更加准确。

13) 高级外设元器件库

高级外设元器件库有 4 个系列，分别是键盘(KEYPADS)、液晶显示器(LCDS)、模拟终端机(TERMINALS)、模拟外围设备(MISC_PERIPHERALS)。

14) 射频器件库

射频器件库有 8 个系列，分别是射频电容(RF_Capacitor)、射频电感(RF_Inductor)、射频 NPN 晶体管(RF_Transistor_NPN)、射频 PNP 晶体管(RF_Transistor_PNP)、射频 MOSFET(RF_MOS_3TDN)、铁素体珠(FERRITE_BEAD)、隧道二极管(Tunnel_Diode)和带状传输线(Strip_line)。

15) 机电器件库

机电器件库有 8 个系列，分别是感测开关(Sensing_ Switches)、瞬时开关(Momentary_Switches)、附加触点开关(Supplementary_Contacts)、定时触点开关(Timed_Contact)、线圈和

继电器(Coils_Relays)、线性变压器(Line_Transformer)、保护装置(Protection_Devices)和输出装置(Output_Devices)，每一系列又包含若干具体型号的器件。

16) NI 库

NI 库有 4 个系列，分别是 NI 定制的 GENERIC_CONNECTOR(NI 定制通用连接器)、M_SERIES_DAQ(NI 定制 DAQ 板 M 系列串口)、sbRIO(NI 定制可配置输入输出的单板连接器)、CRIO(NI 定制可配置输入输出紧凑型板连接器)。

17) 连接器库

连接器库提供了在页连接器、全局连接器、HB/SC 连接器、Input connector、Autput connector、总线 HB/SC 连接器、离页连接器、总线离页连接器等器件。

18) 微控制器库

微控制器库有 4 个系列，分别是 805x 单片机(8051 及 8052)、PIC 单片机(PIC16F84 及 PIC16F84A)、随机存储器(RAM)和只读存储器(ROM)等。

关于元器件的详细功能描述可查看 Multisim 14 仿真软件自带的 Compref.pdf 文件，也可以查看 Multisim 14 的帮助文件。

5. 虚拟仪表栏

Multisim14 虚拟仪表栏如图 3-1-17 所示，它是进行虚拟电子实验和电子设计仿真的最快捷而又直观的特殊窗口，也是 Multisim 最具特色的地方。

图 3-1-17　虚拟仪表栏

Multisim14 提供了 26 种虚拟仪表，可以用来测量仿真电路的性能参数，这些仪表的设置、使用和数据读取方法大都与现实中的仪表一样，它们的外观也和实验室中的仪表相似。图 3-1-17 为 Multisim 14 的主要虚拟仪表栏，分别是万用表(Multimeter)、函数信号发生器(Function Generator)、瓦特表(Wattmeter)、双踪示波器(Oscilloscope)、四通道示波器(Four Channel Oscilloscope)、波特图示仪(Bode Plotter)、频率计数器(Frequency Counter)、字信号发生器(Word Generator)、逻辑转换仪(Logic Converter)、逻辑分析仪(Logic Analyzer)、IV 特性分析仪(IV-Analyzer)、失真度分析仪(Distortion Analyzer)、频谱分析仪(Spectrum Analyzer)、网络分析仪(Network Analyzer)、安捷伦函数信号发生器(Agilent Function Generator)、安捷伦数字万用表(Agilent Multimeter)、安捷伦示波器(Agilent Oscilloscope)、泰克示波器(Tektronix Oscilloscope)、Lab VIEW 仪表(Lab VIEW Instrument)。

6. 设计工作盒

设计工作盒用来管理设计项目中各种类型的文件(如原理图文件、PCB 文件、报告清单等)。

(1) 在层次(Hierarchy)原理图标签中，显示已打开的原理图及其中的变量树。

(2) 在可见性(Visibility)标签中，设置电路图中的字符、标号等信息的可见性。

(3) 当一张电路原理图装不了所有的电路时，可以借助 Multisim 14 的项目管理功能，在同一项目目录下，开发和设计多张电路图，并添加印制电路板文件和其他技术文档等。借助项目观察(Project View)标签，可以方便地对项目中的原理图等进行管理和查看。

7. 活动电路标签

Multisim 14 可以调用多个电路文件，每个电路文件在电路窗口的下方都有一个电路标签，参见图 3-1-1。用鼠标单击哪个标签，哪个电路文件就被激活。Multisim 14 用户界面的菜单命令和快捷键仅对被激活的文件窗口有效，也就是说要编辑、仿真的电路必须被激活。

8. 电路仿真工作区

电路仿真工作区(Workspace)是用户搭建电路的区域，是创建、编辑电路图，仿真分析，波形显示的地方。

9. 电子表格视窗

电子表格视窗如图 3-1-18 所示，主要用于快速地观察和编辑组件参数，包括组件中的封装信息、参考 ID、属性和设计规则等。电子表格视窗提供一个对整体目标属性的透视功能，它由以下几部分组成。

Results | Nets | Components | Copper layers | Simulation

图 3-1-18　电子表格视窗

(1) 结果观察标签(Results)：显示电气规则检查(ERCs)的检查结果。此外，【Edit/Find】命令的结果同样会显示在结果观察标签内。如果想要选择检查结果所在处，可右击检查结果，从弹出的快捷菜单中选择【Goto】命令。

(2) 节点观察标签(Nets)：显示当前项目中原理图的节点信息，其中有节点名称、节点所在原理图、节点颜色等信息。

(3) 器件观察标签(Components)：器件观察标签如图 3-1-19 所示。

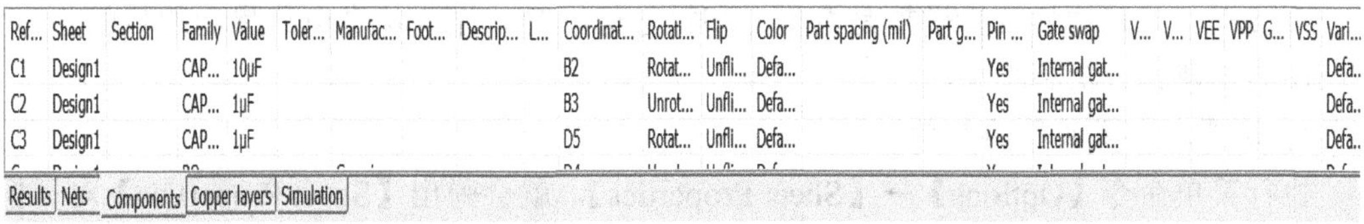

Ref...	Sheet	Section	Family	Value	Toler...	Manufac...	Foot...	Descrip...	L...	Coordinat...	Rotati...	Flip	Color	Part spacing (mil)	Part g...	Pin ...	Gate swap	V...	V...	VEE	VPP	G...	VSS	Vari...
C1	Design1		CAP...	10μF						B2	Rotat...	Unfli...	Defa...			Yes	Internal gat...							Defa..
C2	Design1		CAP...	1μF						B3	Unrot...	Unfli...	Defa...			Yes	Internal gat...							Defa..
C3	Design1		CAP...	1μF						D5	Rotat...	Unfli...	Defa...			Yes	Internal gat...							Defa..

Results | Nets | Components | Copper layers | Simulation

图 3-1-19　器件观察标签

(4) PCB 层观察标签(Copper layers)：显示印制电路板的层。

(5) 模拟仿真标签(Simulation)：仿真运行选项，点击其可以运行仿真。

3.1.3　Multisim 14 的基本操作

下面通过仿真一个电路实例，详细介绍用 Multisim 14 进行电路仿真的基本操作过程，其中包括仿真电路界面的设置、元器件的操作、导线的连接、添加文本、添加虚拟仪表等内容，从而使读者掌握 Multisim 14 的基本操作。

如图 3-1-20 所示为负反馈单级放大电路，它由 1 个 2N2222A 晶体管、3 个电容、4 个电阻、1 个电位器、1 个 9 V 的直流电源和 1 个交流信号源组成。我们知道，如果调节电路中的电位器 R1，改变其大小，通过示波器观察电路波形的变化情况就能确定电路的工作状态。这个实验在 Multisim 14 环境下能轻而易举地实现。

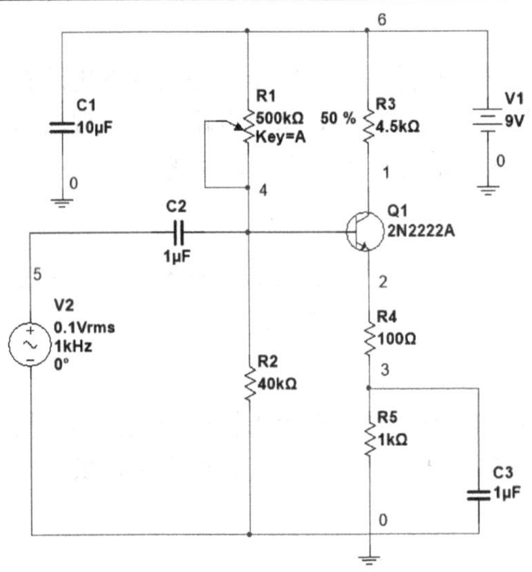

图 3-1-20 负反馈单级放大电路

1. 仿真电路界面的设置

Multisim 14 的电路界面好比实际电路实验的工作台面，所以又形象地把 Multisim 电路仿真工作区界面窗口称为 Workspace。在进行某个实际电路实验之前，通常会考虑这个实验的工作台界面如何布置，如需要多大的操作空间、元件箱及仪器仪表放在什么位置等。初次运行 Multisim 14，软件自动打开一个空白的电路窗口，该窗口是用户创建仿真电路的工作区域。Multisim 14 允许用户设置符合自己个性的电路窗口，其中包括界面的大小、网格、页边框、纸张边界及标题框是否可见和符号标准等。设置仿真电路界面的目的是方便电路图的创建、分析和观察。

1) 设置工作区的界面参数

执行菜单命令【Options】→【Sheet Properties】，就会弹出【Sheet Properties】对话框，选择【Workspace】标签如图 3-1-21 所示，用于设置工作区的图纸大小、显示属性等参数。

(1) 在 Multisim 14 的工作区中可以显示或隐藏背景网格、页边界和边框。更改了的设置工作区的示意图在选项栏左侧的预览窗口中显示。

- 选中【Show grid】选项，工作区将显示背景网格，便于用户根据背景网格对元器件进行定位。
- 选中【Show page bounds】选项，工作区将显示纸张边界。纸张边界决定了界面的大小，为电路图的绘制限制了一个范围。
- 选中【Show bounder】选项，工作区将显示电路图的边框，该边框为电路图的提供一个标尺。

(2) 从【Sheet size】下拉列表框中选择电路图的图纸大小和方向，软件提供了 A、B、C、D、E、A4、A3、A2、A1 和 A0 等 10 种标准规格的图纸，并可选择尺寸单位为英寸(Inches)或厘米(Centimeters)。若用户想自定义图纸大小，可在【Custom size】区中选择所设定纸张宽度(Width)和高度(Height)的单位。在【Orientation】选项组内可设定图纸方向为 Portrait(纵向)或 Landscape(横向)。

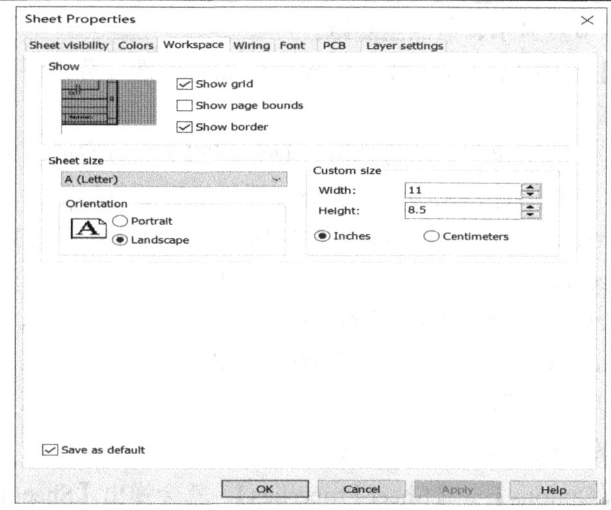

图 3-1-21　工作区标签

2) 设置电路图和元器件参数

执行菜单命令【Options】→【Sheet Properties】，就会弹出【Sheet Properties】对话框，选择【Sheet visiblity】标签和【Colors】标签分别如图 3-1-22 和图 3-1-23 所示，用于设置电路图和元器件参数的显示属性。

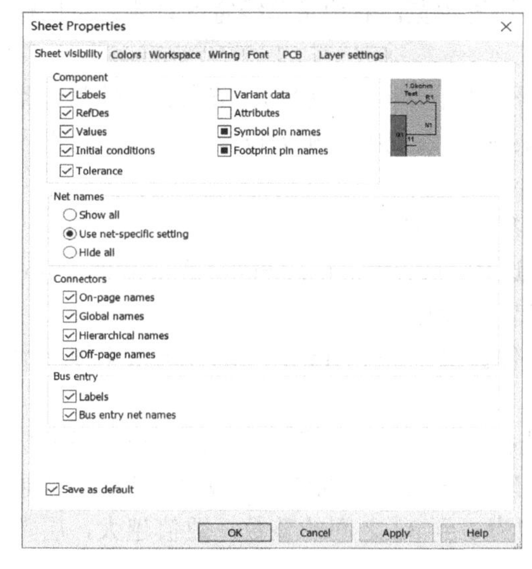

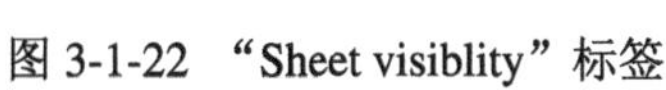
图 3-1-22　“Sheet visiblity”标签

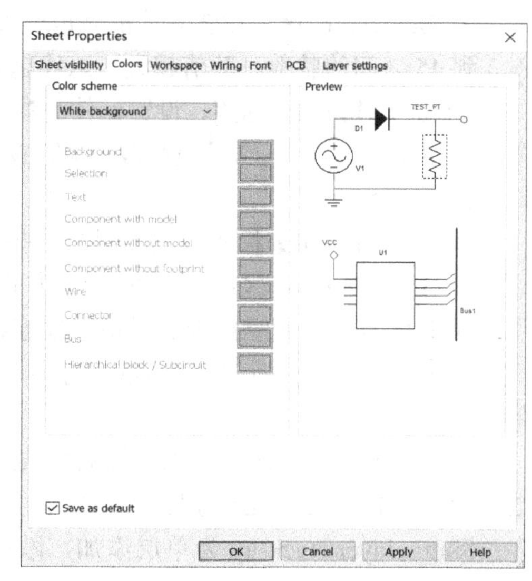

图 3-1-23　“Colors”标签

(1) 在 Multisim 14 的电路窗口中可以显示或隐藏元件的主要参数。更改了的设置电路窗口的示意图在选项栏左侧的预览窗口中显示。

• 【Component】区的“Labels、RefDes、Values、Initial conditions、Tolerance、Variant data、Attributes、Symbol pin names、Footprint pin names”分别用于显示元器件的编号、名称、数值、初始化条件、公差、可变元件不同数据、元件属性、元件符号引脚名称、元器件封装引脚名称。

• 【Net names】区的“Show all、Use net-specific setting、Hide all”分别用于节点全

显示、设置部分特殊节点显示、节点全隐藏。

- 【Bus entry】区的“Labels、Bus entry net names”选项分别用于显示总线标志、显示总线的接入线名称。

(2) 从【Color】区的下拉菜单中可选取一种预定的配色方案或自定义配色方案，对电路图的背景、导线、有源器件、无源器件和虚拟器件进行颜色配置。

- Black background：软件预置的黑色背景/彩色电路图的配色方案。
- White background：软件预置的白色背景/彩色电路图的配色方案。
- White & Black：软件预置的白色背景/黑色电路图的配色方案。
- Black & White：软件预置的黑色背景/白色电路图的配色方案。
- Custom：用户自定义配色方案。

3) 设置电路图的连线、字体及 PCB 参数

执行菜单命令【Options】→【Sheet Properties】，就会弹出【Sheet Properties】对话框，选择【Wiring】标签、【Font】标签、【PCB】标签及【Visibility】标签，可以分别设置电路图的连线、字体及 PCB 的参数。

(1) 选择【Wiring】标签，设置电路导线的宽度和总线的宽度。

- Wire width 区：设置导线的宽度。左边是设置预览，右边是导线宽度设置，可以输入 1 到 15 之间的整数，数值越大，导线越宽。
- Bus width 区：设置总线的宽度。左边是设置预览，右边是总线宽度设置，可以输入 3 到 45 之间的整数，数值越大，总线越宽。

(2) 选择【Font】标签，设置元件的参考序号、大小、标识、引脚、节点、属性和电路图等所用文本的字体。其设置方法与在 Windows 操作系统中的相关设置相似，在此不再赘述。

(3) 选择【PCB】标签，主要用于一些 PCB 参数的设置。

- Ground option 区：对 PCB 接地方式进行选择。选择 Connect digital ground to analog 项，则在 PCB 中将数字接地和模拟接地连在一起，否则分开。
- Unit setting 区：选择图纸尺寸单位，软件提供了 mil、inch、nm 和 mm 4 种标准单位。
- Copper layer 区：对电路板的层数进行选择，右边是设置预览，左边是电路板的层数设置。其中 Layer Pairs 为双层添加，添加范围为 1 到 32 之间的整数，数值越大，层数越多；Single layer stack-up 为单层添加，添加范围为 1 到 32 之间的整数，数值越大，层数越多。

(4) 选择【Visibility】标签，主要用于自定义选项的设置。

- Fixed layers 区：软件已有选项，例如 Labels、RefDes、Values 等。
- Custom layers 区：用户通过 Add、Delete、Rename 按钮添加、删除、重命名用户自己需要的选项。

4) 设置放置元器件模式及符号标准

执行菜单命令【Options】→【Global Options】，就会弹出【Global Options】对话框，选择【Components】标签，可选择元器件模式及符号标准，如图 3-1-24 所示。

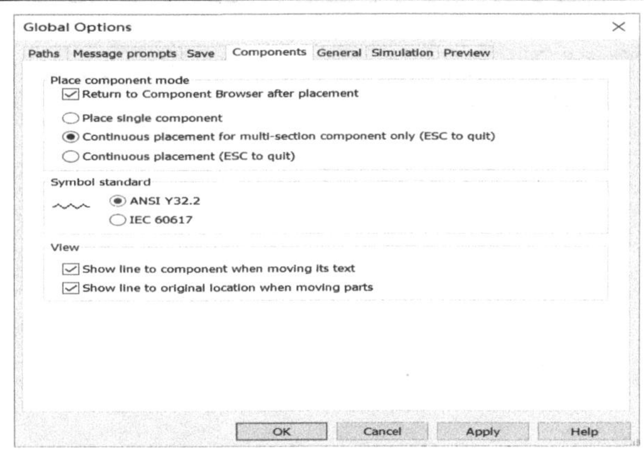

图 3-1-24　Global Options 界面

(1) Multisim 14 允许用户在电路窗口中使用美国元器件符号标准或欧洲元器件符号标准。可在【Symbol standard】选项组内进行选择，其中 ANSI 为美国标准，DIN 为欧洲标准。

(2) 在【Place component mode】选项组内可选择元器件放置模式。

- 【Return to Component Browser after placement】用于放置一个元器件后自动返回元器件浏览窗口。
- 【Place single component】用于放置单个元器件。
- 【Continuous placement for multi-section component only[ESC to quit]】用于放置单个元器件，但是对集成元件内相同模块可以连续放置，按 Esc 键停止。
- 【Continuous placement [ESC to quit]】用于连续放置元器件，按【Esc】键停止。

5) 设置文件路径及保存

执行菜单命令【Options】→【Global Preferences】，就会弹出【Global Preferences】对话框，选择【Paths】标签，设置电路图的路径、数据文件路径及用户设置文件的路径；选择【Save】标签，设置文件的保存方式。

6) 设置信息提示及仿真模式

(1) 执行菜单命令【Options】→【Global Preferences】，就会弹出【Global Preferences】对话框，选择【Message prompts】标签，设置是否显示电路连接出错告警、SPICE 网表文件连接出错告警等信息。

(2) 执行菜单命令【Options】→【Global Preferences】，在弹出的【Global Preferences】对话框中选择【Simulation】标签，设置电路仿真模式。

- 【Netlist errors】选项组内，当网络连接出错或告警时，在“告诉用户”“取消仿真”或“继续仿真”3 个选项中任选一项。
- 【Graphs】选项组内，在缺省状态时，从曲线及仪表的颜色两个选项“黑色”“白色”中任选一项。
- 【Positive phase shift direction】选项组内，在仿真曲线移动方向“向左移动”“向右移动”中任选一项。

经过上述仿真电路界面的设置，负反馈单级放大电路所需仿真界面就设置好了，如图 3-1-25 所示。

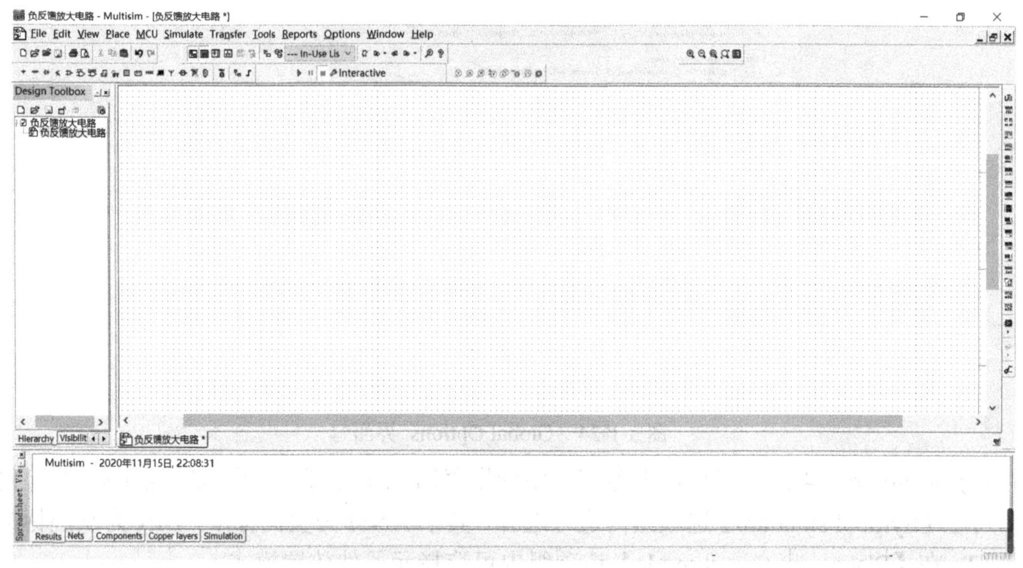

图 3-1-25　仿真电路界面

2. 元器件的操作

1) 元器件的选用

元器件选用就是从元器件库中选择所需要的元器件后将其放入电路窗口中。

(1) 从元件栏中选取元器件。

选用元器件时，首先在图 3-1-16 所示的元件工具栏中单击包含该元器件的图标，弹出包含该元器件的元器件库浏览窗口如图 3-1-26 所示，选中该元器件，单击【OK】按钮即可。

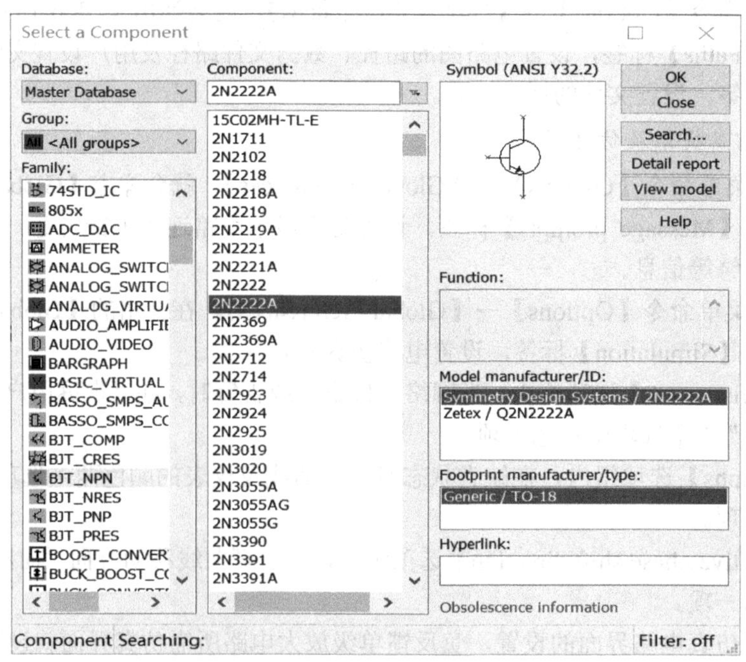

图 3-1-26　元器件库浏览窗口

(2) 使用放置元件命令选取元器件。

执行 Multisim 14 用户界面【Place】→【Component...】命令，就会弹出如图 3-1-26 所示的元器件库浏览窗口，按照元器件分类来查找合适的元器件。也可利用图 3-1-26 所示的元器件库浏览窗口中的【Search...】查找命令选取元件。

(3) 从 In User List 中选取元器件。

在 Multisim 14 的用户界面中，【In User List】中列出了当前电路中已经放置的元件，如果使用相同的元件，可以直接从【In User List】的下拉菜单中选取，被选取元件的参考序号将自动加 1。

2) 元器件的放置

选中元器件后，单击【OK】按钮，图 3-1-26 所示的元器件库浏览窗口消失，被选中的元器件跟随光标移动，说明元器件(例如三极管)处于等待放置的状态，如图 3-1-27 所示。移动光标，用鼠标拖曳该元器件到电路窗口的适当地方即可。

图 3-1-27　元器件的放置

3) 元器件的选中

在连接电路时，对元器件进行移动、旋转、删除、设置参数等操作时，就需要选中该元器件。要选中某个元器件可使用鼠标单击该元器件。若要选择多个元器件，可以先按住 Ctrl 键再依次单击需要的元器件，被选中的元器件以虚线框显示，便于识别。

4) 元器件的复制、移动、删除

要移动一个元器件，只要拖曳该元器件即可。要移动一组元器件，必须先选中这些器件，然后拖拽其中任意一个元器件，则所有选中的元器件就会一起移动。元器件移动后，与其连接的导线会自动重新排列。也可使用箭头键使选中的元器件做最小移动。选中的元器件可以单击右键执行 Cut、Copy、Paste、Delete 或执行 Edit\Cut、Edit\Copy、Edit\Paste、Edit\Delete 等菜单命令，实现元器件的复制、删除等操作。

5) 元器件的旋转与反转

为了使电路的连接、布局合理，常常需要对元器件进行旋转和反转操作。可先选中该元器件，然后使用工具栏中的“旋转”“垂直反转”“水平反转”等按钮，或单击右键选择“旋转”“垂直反转”“水平反转”等命令完成具体操作。

6) 设置元器件属性

为了使元器件的参数符合电路要求，有必要修改元器件属性。在选中某个元器件后，双击鼠标左键或执行【Edit】→【Properties】命令，会弹出相关的对话框如图 3-1-28 所示，可以输入数据。

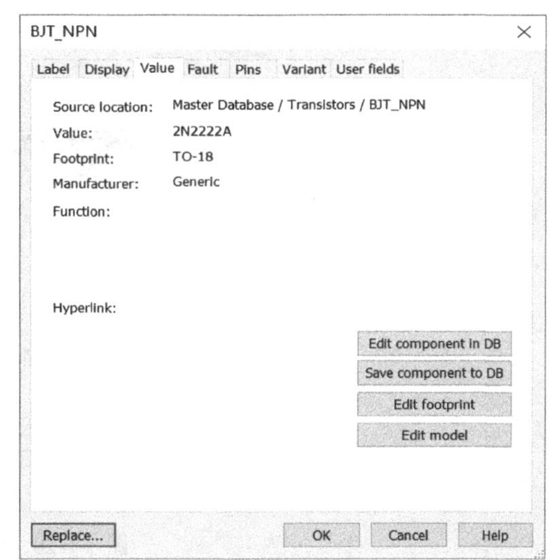

图 3-1-28　元器件属性对话框

该属性对话框有 6 个标签，分别是 Label、Display、Value、Fault、Pins 和 User fields。

(1) Label(标识)标签。

Label 标签用于设置元器件的标识和编号(RefDes)。标识是指元器件在电路图中的标记，例如电阻 R1、晶体管 Q1 等。编号(RefDes)由系统自动分配，必要时可以修改，但必须保证编号的唯一性。

(2) Display(显示)标签。

Display 标签用于设置元器件显示方式。若选中该标签的【Use schematic global setting】选项，则元器件的显示方式可通过【Options】菜单中的【Sheet Properties】对话框设置确定，反之可通过 Labels、RefDes、Values、Initial Conditions、Tolerance、Variant Data、Attributes、Symbol Pin Names、Footprint Pin Names 中的选项自行设置。

(3) Value(数值)标签。

Value 标签用于设置元器件数值参数，通过 Value 标签，可以修改元器件参数。也可以按【Replace】按钮，弹出图 3-1-26 所示的元器件库浏览窗口，重新选择元器件。

(4) Fault(故障)标签。

Fault 标签用于人为设置元器件隐含故障。例如在晶体三极管的故障设置对话框中，E、B、C 为与故障设置有关的引脚号，对话框提供 None(无故障器件正常)、Short(短路)、Open(开路)、Leakage(漏电)4 种选择。如果选择 E 和 B 引脚 Open(开路)，尽管该三极管仍连接在电路图中，但实际上隐含了开路故障，这为电路的故障分析提供方便。

7) 设置元器件颜色

在复杂电路中，可以将元器件设置为不同的颜色。要改变元器件的颜色，将光标移至该元器件，单击鼠标右键执行【Chang Color...】命令，弹出如图 3-1-29 所示的【Colors】对话框，从【Standard】标签中为元器件选择所需的颜色，单击【OK】按钮即可。也可从【Custom】标签中为元器件自定义颜色。

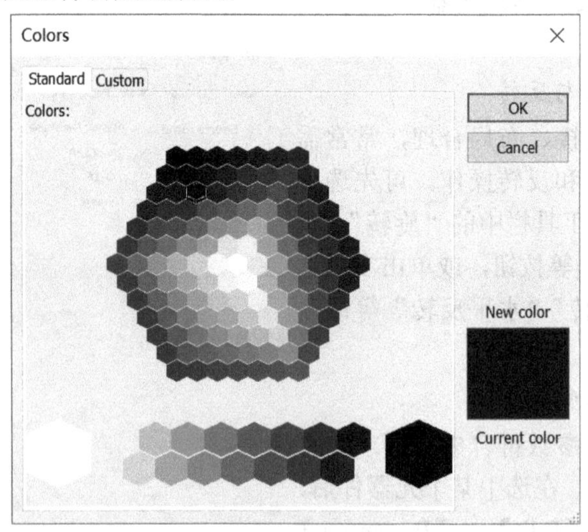

图 3-1-29　Colors 对话框

按照上述元器件的选取与放置方法，可将负反馈单级放大电路中所需的三极管、电阻、电容等所有元件都放到设置好的工作区界面里，如图 3-1-30 所示。

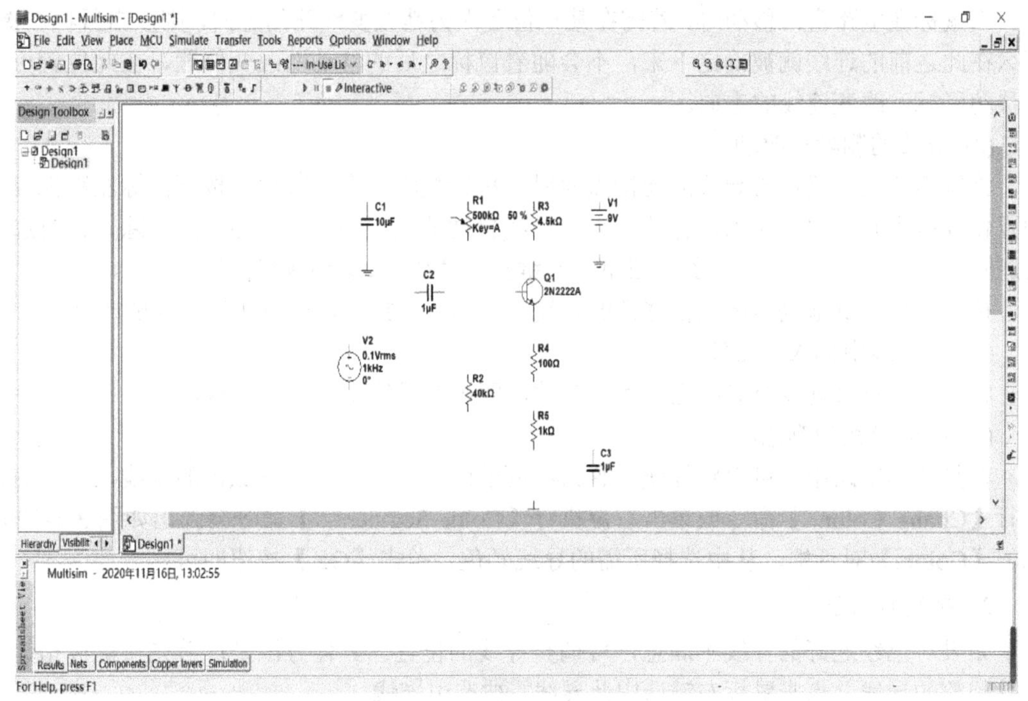

图 3-1-30　放置完元器件后的电路

3. 导线的连接

将元器件放置到电路窗口后，就需要用线把它们按照一定顺序连接起来，构成完整的电路图。

1) 导线的连接

(1) 单根导线的连接。

在两个元器件之间，首先将鼠标移向一个元器件的端点，鼠标指针就会变成中间有十字的小圆点，按下鼠标左键并拖曳出一根导线，拉住导线并移向另一个元器件的端点使鼠标指针变为中间有十字的小圆点，释放鼠标左键，则导线连接完成，如图 3-1-31 所示。连接完成后，导线将自动选择合适的走向，不会与其他元器件或仪器发生交叉。

(a) 鼠标指针变成中间有十字的小圆点　　　　(b) 用鼠标拖出一条实线

图 3-1-31　导线的连接

当鼠标在电路窗口移动时，若需在某一位置人为地改变线路的走向，则点击鼠标左键，那么在此之前的连线就被确定下来，不会随着鼠标之后的移动而改变位置，在此位置可通过移动鼠标，改变连线的走向。

(2) 导线的删除与改动。

将鼠标移至元器件与导线的连接点使鼠标指针变为一个小圆点，按下鼠标左键拖曳该圆点使导线离开元器件端点，释放左键，导线自动消失，即可完成连线的删除。也可选中要删除的连线，单击【Delete】键或单击右键执行【Delete】命令删除连线。

按下鼠标左键拖曳该圆点使移开的导线连至另一个接点，即可实现连线的改动。

(3) 在导线中插入元器件。

将元器件直接拖曳至导线上，然后释放，即可在导线中插入该元器件。

(4) 改变导线的颜色。

在复杂的电路中，可以将导线设置为不同的颜色。选中要改变颜色的导线，单击右键执行【Chang Color...】命令或单击右键执行【Color Segment...】命令会弹出如图 3-1-29 所示的【Colors】对话框，从中选择所需的导线颜色，单击【OK】按钮即可。

2) 导线的调整

如果对已经连好的导线不满意，可调整导线的位置。具体方法是：首先将鼠标指针移至欲调整的导线并点击鼠标左键选中此导线，被选中连线的两端和中间拐弯处变成方形黑点，此时放在导线上的鼠标指针也变成一个双向箭头，如图 3-1-32 所示，按住鼠标左键移动就可以改变导线的位置。

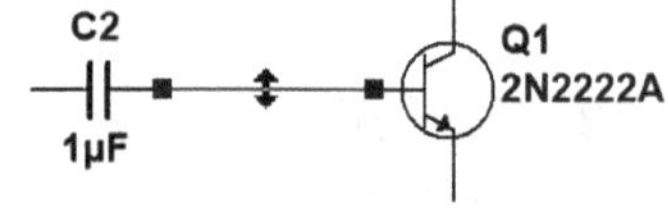

图 3-1-32　连线轨迹的调整

3) 连接点的使用

(1) 放置连接点。

连接点是一个小圆点，执行菜单命令【Place】→【Junction】可以放置连接点。一个连接点最多可以连接来自 4 个方向的导线。

(2) 从连接点连线。

将鼠标指针移到连接点处，鼠标指针就会变成一个中间有黑点的十字标，点击鼠标左键，移动鼠标就可开始一条新连线的连接。

(3) 连接点编号。

在建立电路图的过程中，Multisim 14 会自动为每个连接点添加一个序号，为了使序号符合工程习惯，有时需要修改这些序号，具体方法是：双击电路图的连线，就会弹出如图 3-1-33 所示的连接点设置对话框。通过【Preferred net name】条形框，就可修改连接点序号。

按上述方法进行元器件与元器件的连接，连接完成后的负反馈放大电路图如图 3-1-34 所示。

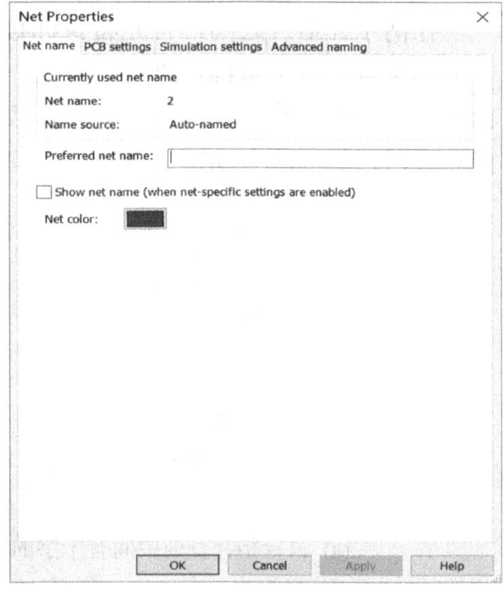

图 3-1-33　连接点设置对话框

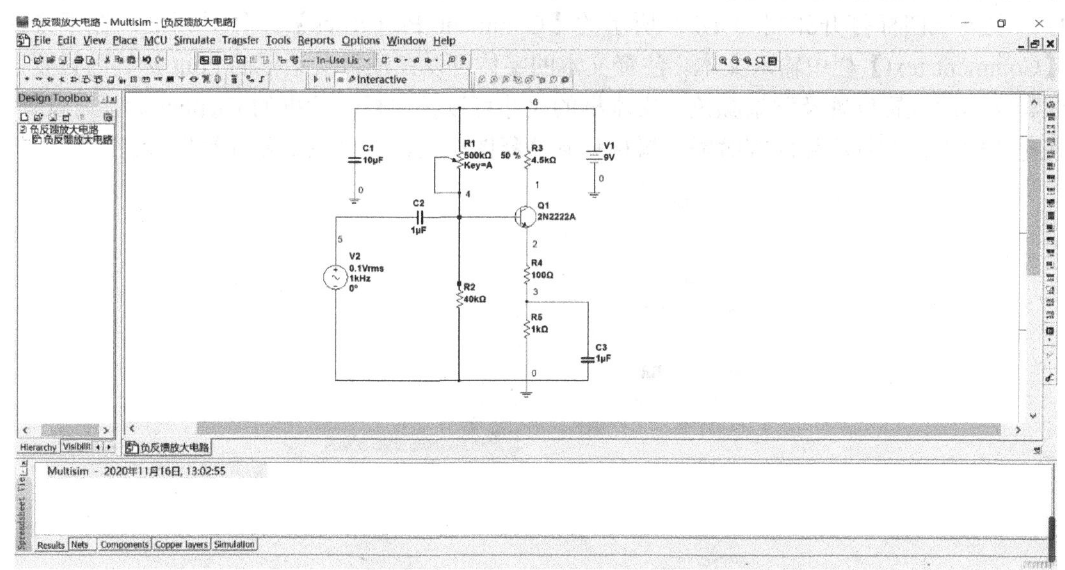

图 3-1-34　连接完成后的电路图

4. 添加文本

电路图建立后，有时要为电路添加各种文本，例如文字、电路图的标题栏以及电路描述窗等。下面阐述各种文本的添加方法。

1) 添加文字

为了方便对电路的理解，常常给局部电路添加适当的注释。Multisim 14 允许在电路图中放置英文或中文文本，基本步骤如下：

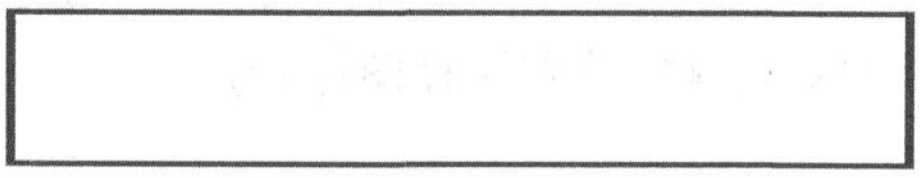

(1) 执行菜单命令【Pace】→【Place Text】，然后单击所要放置文字文本的位置，在该处出现如图 3-1-35 所示的文字文本描述框。

图 3-1-35　文字文本描述框

(2) 在文本描述框中输入要添加的文字，文字文本描述框会随着文字的多少进行缩放。

(3) 输入完毕后，单击文本描述框以外的界面，文本描述框就会消失，此时输入在文本描述框中的文字就显示在电路图中。

2) 添加电路描述窗

利用电路描述窗可对电路的功能和使用说明进行详细的描述。在需要查看时打开，否则关闭，不会占用电路窗口有限的空间。对文字描述框进行写入操作时，执行菜单命令【Tool】→【Description Box Editor】打开电路描述窗编辑器，弹出如图 3-1-36 所示的电路描述窗，在其中可输入说明文字(中、英文均可)，还可插入图片、声音和视频。执行菜单命令【View】→【Circuit Description Box】，可查看电路描述窗的内容，但不可修改。

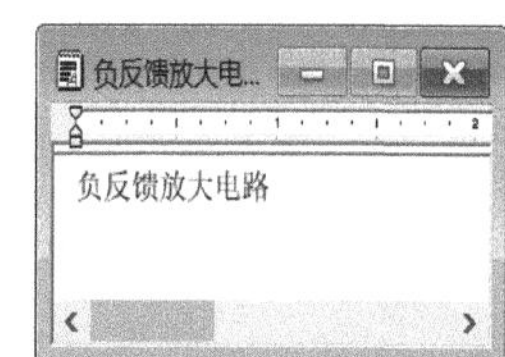

图 3-1-36　电路描述窗

3) 添加注释

利用注释描述框输入文本可以对电路的功能、使用进行简要说明。放置注释描述框的方法是：在需要注释的元器件旁，执行菜单命令【Place】→【Comment】命令，弹出 图标，双击该图标打开如图 3-1-37 所示的【Comment Properties】注释对话框，在下方的【Comment text】栏中输入文本。注释文本的字体可以在注释对话框的 Font 标签内设置，注释文本的放置位置及背景颜色、文本框的尺寸可以在注释对话框的 Display 标签内设置。在电路图中，查看注释内容时需将鼠标移到注释图标处，否则只显示注释图标。

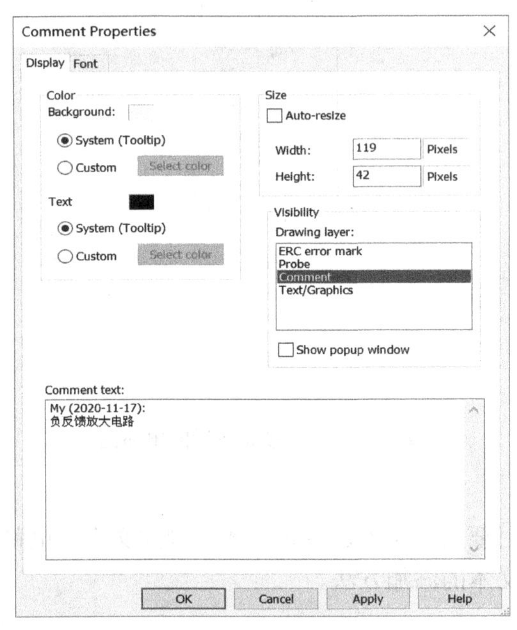

图 3-1-37　注释对话框

图 3-1-38 是包含注释的负反馈放大电路图。其中的注释既可显示注释图标又可显示注释内容(鼠标移到注释图标处)。

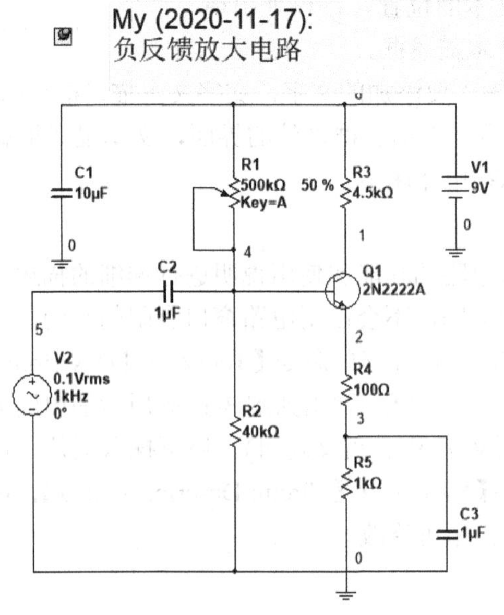

图 3-1-38　包含注释的负反馈放大电路图

4) 添加标题栏

在电路图纸的右下角常常放置一个标题栏，对电路图的创建日期、创建人、校对人、使用人、图纸编号等信息进行说明。放置标题栏的方法是：执行 Multisim14 用户界面的【Place】→【Title Block...】命令，弹出打开对话框，将文件路径添加为 Multisim 14 安装路径下的【Titleblocks】子目录，在此文件夹内，存放了 Multisim 14 为用户设计的 6 个标题栏文件。

例如选中 Multisim 14 默认标题文件(default.tb7)，单击【打开】按钮，弹出如图 3-1-39 所示的标题栏。

National Instruments 801-111 Peter Street Toronto, ON M5V 2H1 (416) 977-5550	NATIONAL INSTRUMENTS	
Title: 负反馈放大电路	Desc负反馈放大电路	
Designed by:	Document No:	Revision:
Checked by:	Date2020/11/17	Size: A
Approved by:	Sheet1 of 1	

图 3-1-39 Multisim 14 默认的标题栏

标题栏主要包含以下信息：

- Title：电路图的标题。缺省为电路的文件名。
- Desc：对工程的简要描述。
- Designed by：设计者的姓名。
- Document No：文档编号。缺省为 0001。
- Revision：电路的修订次数。
- Checked by：检查电路人员的姓名。
- Date：电路的创建日期。
- Size：图纸的尺寸。
- Approved by：电路审批者的姓名。
- Sheet 1 of 1：当前图纸编号和图纸总数。

若要修改标题栏，则用鼠标指向标题栏并双击标题栏，弹出 Title Block 对话框。通过 Title Block 对话框修改标题栏所显示的信息。

5. 添加虚拟仪表

在实际实验过程中要使用到各种仪器仪表，而这些仪表大部分都比较昂贵，并且存在着损坏的可能性。Multisim 14 提供了 20 多种虚拟仪表，可以用它们来测量仿真电路的性能参数。这些仪表的设置、使用和数据读取方法都和现实中的仪表一样，外观也和我们在实验室见到的仪表相同。

1) 仪表的添加

在 Multisim 14 用户界面中，用鼠标指针移向仪表工具栏中需要添加的仪表，如图 3-1-17 所示，单击鼠标左键，就会出现一个随鼠标移动的虚显示的仪表框，将仪表框拖放至电路合适的位置，再次单击鼠标左键，仪表的图标和标识符被放到工作区上，类似元件的拖放。

注意

仪表标识符用来识别仪表的类型和放置的次数。例如，在电路窗口内放置第一个万用表被称为“XMM1”，放置第二个万用表被称为“XMM2”等，这些编号在同一个电路中是唯一的。

2) 仪表的连接

将仪表图标上的连接端(接线柱)与相应的电路连接点相连，连线过程类似元器件的连线。

3) 设置仪表参数

在电路窗口中，双击仪表图标即可打开仪表面板。可以用鼠标操作仪表面板上相应按钮及参数来设置仪表的参数。

3.1.4 Multisim 14 基本仿真分析

Multisim 软件的分析方法有很多，其中，利用仿真产生的数据进行分析，对于电路分析和设计都非常有用，可以提高分析电路、设计电路的能力。Multisim 软件分析的范围也比较广泛，从基本分析方法到一些不常见的分析方法都有，并可以将一个分析方法作为另一个分析方法的一部分，进行自动执行。

在主工具栏中，有图形分析的图标，可在此选择分析方法，也可单击菜单【Simulate】→【Analyses】命令选择分析方法。若想查看分析结果，可单击菜单【View】→【Grapher】命令，在【Grapher View】(图示仪)窗口中设置其各种属性，如图 3-1-40 所示。Multisim 软件总共有 18 种分析方法，在使用这些分析方法前要了解各种仿真分析的功能并能正确设置其参数。下面介绍几种基本分析方法。

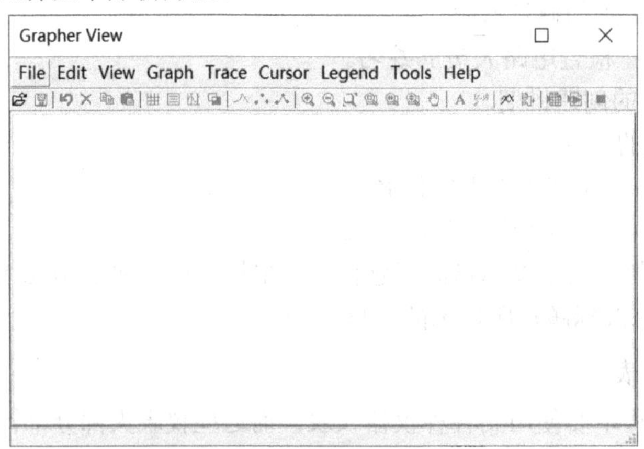

图 3-1-40 【Grapher View】窗口

1. 直流工作点分析(DC Operating Point Analysis)

直流工作点分析可用于计算静态情况下电路各个节点的电压、电压源支路的电流、元件电流和功率等数值。

打开需要分析的电路，单击菜单【Simulate】→【Analyses】→【DC Operating Point Analysis】命令，弹出【Output】标签页，如图 3-1-41 所示。

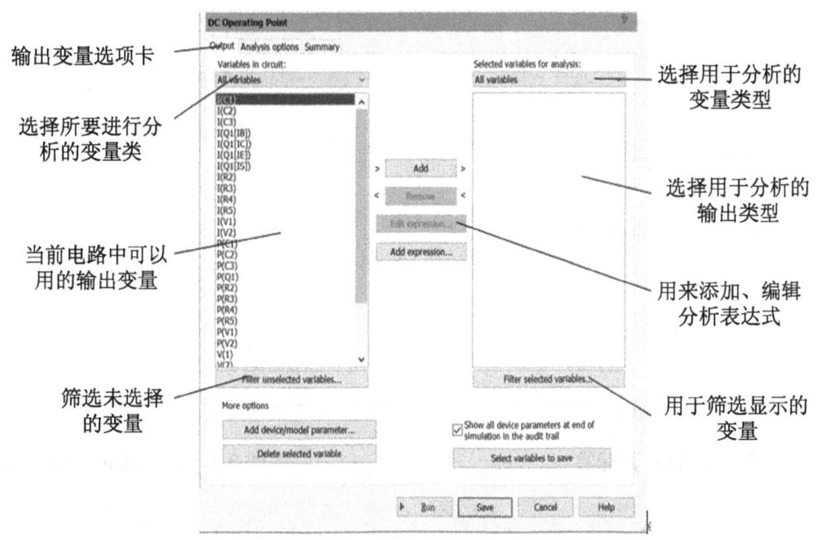

图 3-1-41　【DC Operating Point Analysis】对话框的【Output】标签页

所有参数选择好后单击【Save】按钮，再点击软件的【Simulate】按钮，进行直流工作点分析，弹出图示仪界面，显示计算出的所需节点的电压、电流数值。

2. 交流分析(AC Analysis)

交流分析可用于观察电路中的幅频特性及相频特性。分析时，仿真软件首先对电路进行直流工作点分析，以建立电路中非线性元件的交流小信号模型。然后对电路进行交流分析，并且输入的信号为正弦波信号。若输入端采用的是函数信号发生器，即使选择三角波或者方波，也会自动改为正弦波信号。

下面以图 3-1-42 所示的文氏桥电路为例，分析其幅频特性及相频特性。

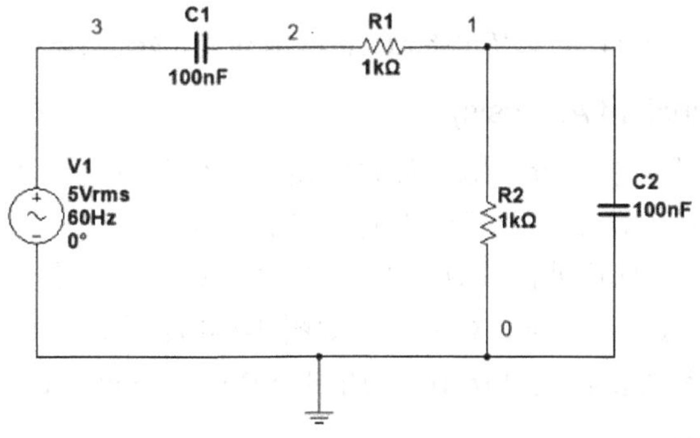

图 3-1-42　文氏桥电路

双击电源，弹出其属性对话框，可在【Value】(值)标签页中设置其交流分析的振幅和相位值，如图 3-1-43 所示。设置好后，单击【OK】，再点击软件菜单【Simulate】→【Analyses】→【AC Analysis】命令，弹出【AC Sweep】对话框，在【Output】标签页中可以设置需要分析的变量，如图 3-1-44 所示。选好之后单击【Save】，再点击软件的【Simulate】按钮，仿真结果如图 3-1-45 所示。

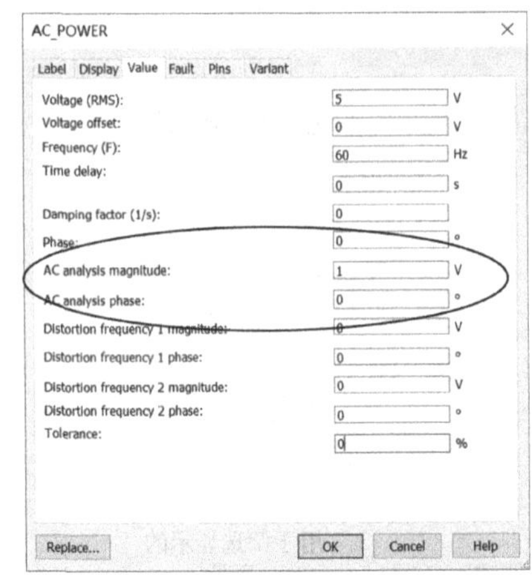

图 3-1-43　【Value】标签

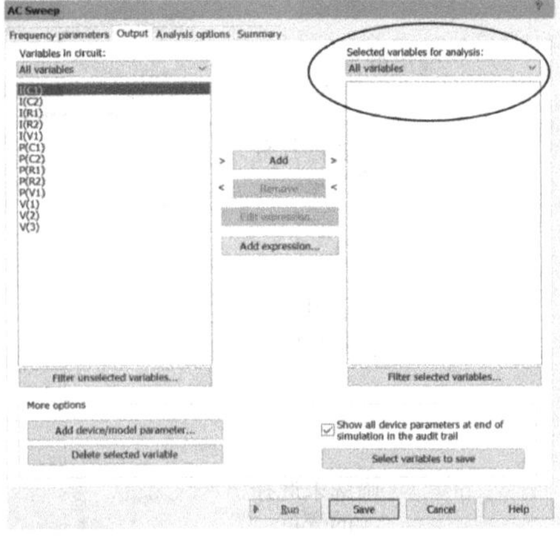

图 3-1-44　【Output】标签页

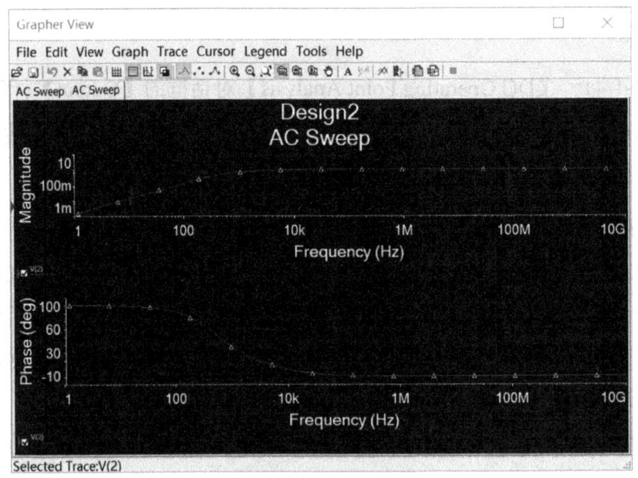

图 3-1-45　文氏桥电路 AC Analysis 仿真分析结果显示窗口

3. 瞬态分析(Transient Analysis)

瞬态分析也叫时域瞬态分析，用于观察电路中各个节点电压和支路电流随时间变化的情况，与用示波器观察电路中各个节点的电压波形一样。

在进行分析前，需要对其进行参数设置，单击菜单【Simulate】→【Analyses】→【Transient Analysis】命令，弹出【Transient】对话框，如图 3-1-46 所示。

如果需要将所有参数复位到默认值，则单击【Reset to default】(复位到默认)按钮即可。初始值条件有如下四种。

【Set to Zero】(设置到零)：瞬态分析的初始条件从零开始。

【User-defined】(用户自定义)：由瞬态分析对话框中的初始条件开始运行分析。

【Calculate DC Operating Point】(计算直流工作点)：首先计算电路的直流工作点，然后使用其结果作为瞬态分析的初始条件。

【Automatically Determine Initial Conditions】(自动检测初始条件)：首先使用直流工作点作为初始条件，如果仿真失败，将使用用户自定义的初始条件。

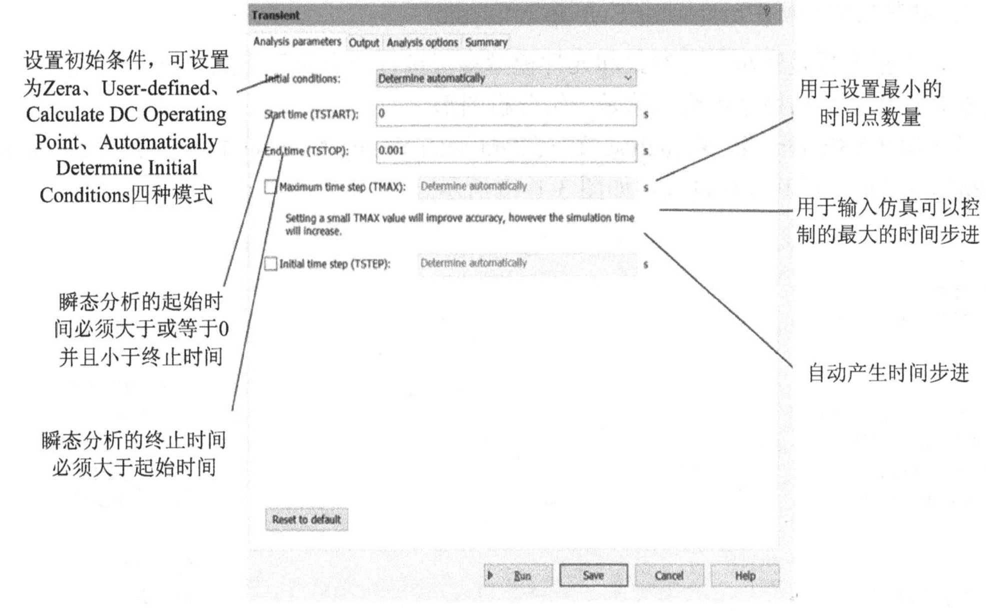

图 3-1-46　【Transient】对话框

4．直流扫描分析(DC Sweep Analysis)

直流扫描分析用于计算电路中某一节点的电压或某一电源分支的电流等变量随电路中某一电源电压变化的情况。

直流扫描分析输出图形的横轴为某一电源电压，纵轴为被分析节点的电压或某一电源分支的电流等变量随电路中某一电源电压变化的情况。

单击菜单【Simulate】→【Analyses】→【DC Sweep Analysis】命令，弹出【DC Sweep】对话框，对其进行设置，如图 3-1-47 所示。设置好参数后，单击【Simulate】按钮，进行分析。

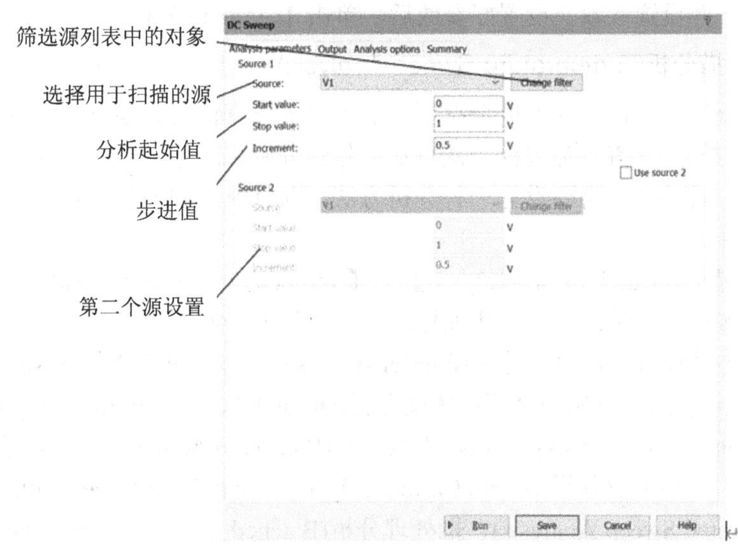

图 3-1-47　【DC Sweep】对话框

5. 参数扫描分析(Parameter Sweep Analysis)

参数扫描分析是针对元件参数和元件模型参数进行的直流工作点分析、交流分析及瞬态分析，所以参数扫描分析给出的是一组分析图形。

单击菜单【Simulate】→【Analyses】→【Parameter Sweep Analysis】命令，弹出【Parameter Sweep】对话框，对其进行设置，如图 3-1-48 所示。

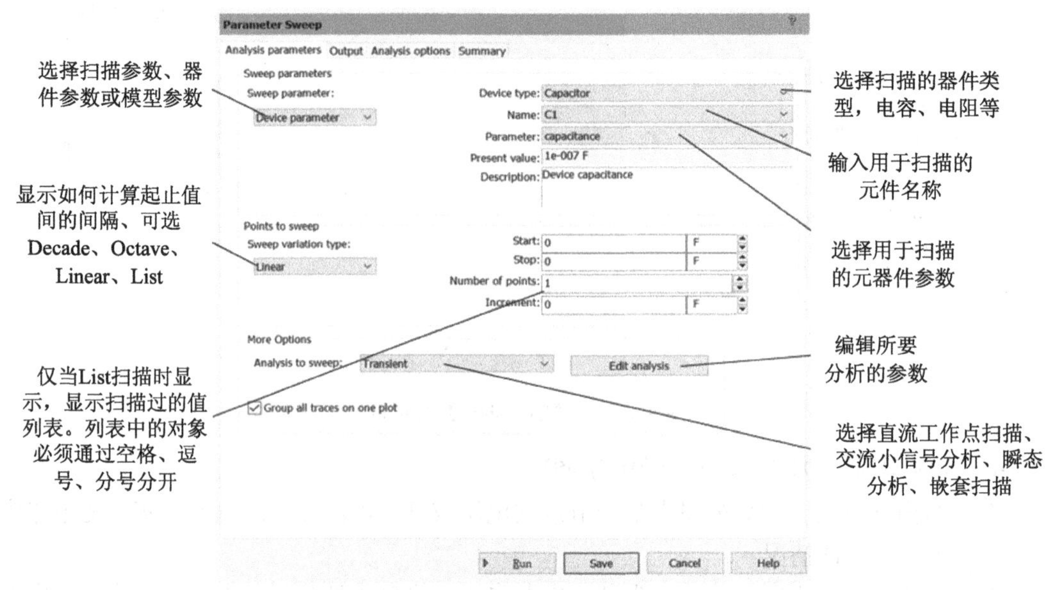

图 3-1-48 【Parameter Sweep】对话框

在参数扫描分析设置中，不仅要设置被扫描的元器件参数或元器件模型参数，设置它们的扫描方式、初值、终值、步长和输出变量，而且要选择直流工作点、瞬态分析或交流分析这三者之一并设置参数。设置好参数后，单击【Simulate】按钮，进行分析。

6. 温度扫描分析(Temperature Sweep Analysis)

温度扫描分析用于在不同温度情况下分析电路的仿真情况。温度扫描分析的方法就是对于每一个给定的温度值，都进行一次直流工作点分析、瞬态分析或交流分析，所以除了设置温度扫描方式外，还需要设置一种分析方法，而且温度扫描分析仅会影响在模型中有温度属性的元件。

单击菜单【Simulate】→【Analyses】→【Temperature Sweep Analysis】命令，弹出【Temperature Sweep】对话框，对其进行设置，如图 3-1-49 所示。

其他分析方法还有：傅里叶分析(Fourier Analysis)、噪声分析(Noise Analysis)、失真分析(Distortion Analysis)、直流和交流灵敏度分析(DC and AC Sensitivity Analysis)、传输函数分析(Transfer Function Analysis)、极点-零点分析(Pole-Zero Analysis)、最坏情况分析(Worst Case Analysis)、蒙特卡罗分析(Monte Carlo Analysis)、线宽分析(Trace Width Analysis)、嵌套扫描分析(Nested Sweep Analysis)、批处理分析(Batched Analysis)、用户自定义分析(User Defined Analysis)等。

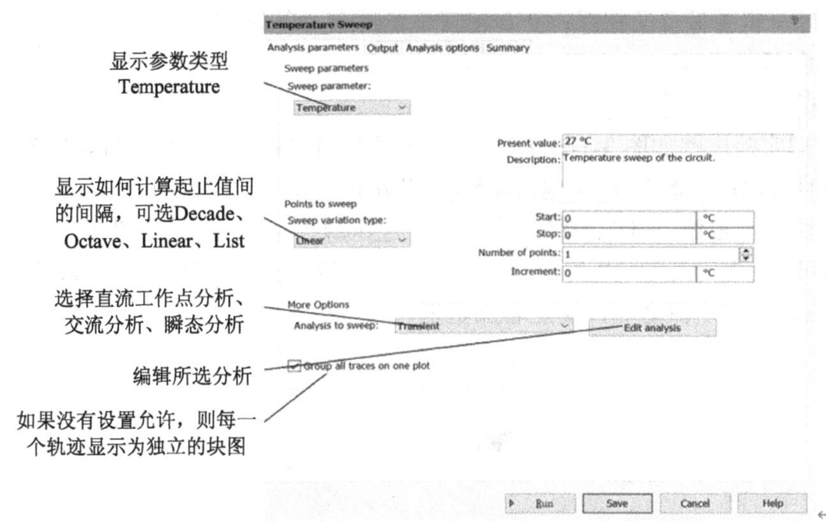

图 3-1-49　【Temperature Sweep】对话框

3.1.5　应用实例

Multisim 软件的特点是可以像实际做电子电路实验一样来进行电子电路仿真，还可以用前面介绍的各种电子仪器或分析方法来对电子电路进行测试。学会使用该软件可以为电子电路研究节省很多时间及经费。实践证明，先用该软件进行仿真，再进行实际实验，效果会更好。

下面分别列举 Multisim 14 在电路分析、模拟电路、数字电路中的应用。

1. Multisim 14 在电路分析中的应用

电路分析主要包括直流电路分析、交流电路分析和动态电路的暂态分析。充分运用 Multisim 14 的仿真实验和仿真分析功能不仅有助于建立电路分析的基本概念，掌握电路分析的基本原理、基本方法和基本实验技能，而且可以加深对电路特性的理解，提高分析和解决电路问题的能力。

1) 叠加定理的仿真实验与分析

(1) 叠加定理。

在任何含多个独立电源的线性电路中，任一支路的电压或电流可以看成是各独立电源单独作用时在该支路产生的电压或电流的代数和。

应用叠加定理分析电路的步骤：

① 将原电路分解成各个独立电源单独作用的电路。

② 求每个独立电源单独作用时电路的响应分量。

③ 求各响应分量的代数和。

注意

叠加定理只适用于线性元件组成的线性电路；任一独立电源单独作用时，其他独立电源置零(电压源短路，电流源开路)；受控源不能单独作为电路的激励，每个独立电源单独作用于电路时，需要保留受控源；叠加定理不能用于功率的叠加，因为功率不是电压或电流的一次函数(线性函数)。

(2) 仿真实验与分析。

叠加定理实验电路如图 3-1-50 所示。其中，图 3-1-50(b)是图 3-1-50(a)电路中 2 V 电压源单独作用时的电路，此时 1 A 电流源置零(开路)；相应地，图 3-1-50(c)是图 3-1-50(a)电路中 1 A 电流源单独作用时的电路，此时 2 V 电压源置零(短路)。从图 3-1-50 所示 3 个电流表的指示可见，图 3-1-50 中 2 Ω 电阻支路的电流等于图 3-1-50(b)中 2 Ω 支路电流与图 3-1-50(c)中 2 Ω 支路电流之和，满足叠加定理。

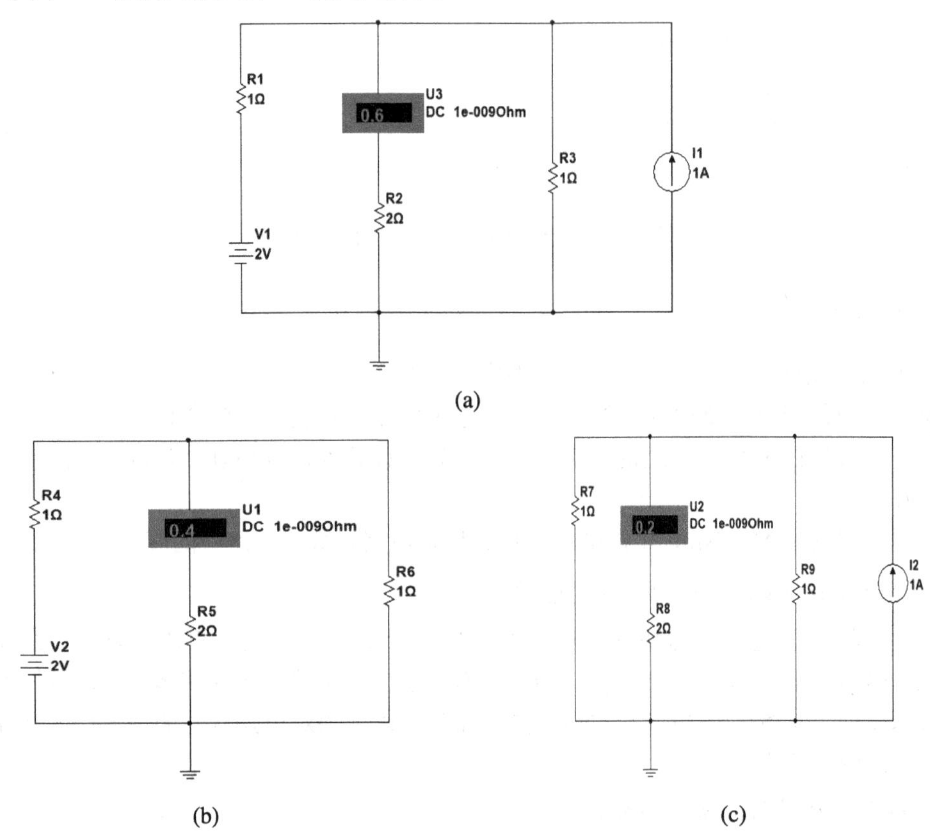

图 3-1-50　叠加定理实验电路

进一步实验，若将图 3-1-50(a)、(b)、(c)中 2 Ω 电阻支路各串联一个正向导通的二极管(1N1202C)，则图 3-1-50(a)的电流表指示为 0.381 A、图 3-1-50(b)的电流表指示为 0.195 A、图 3-1-50(c)的电流表指示为 0.032 A，不满足叠加定理，即叠加定理不适用于含二极管的非线性电路。另外，当测量 2 Ω 电阻的功率时，若将图 3-1-50(a)、(b)、(c)中的电流表均用功率表替换，可见图 3-1-50(a)中的功率表指示为 720 mW、图 3-1-50(b)中的功率表指示为 320 mW、图 3-1-50(c)中的功率表指示为 80 mW，也不满足叠加定理，即叠加定理不适用于功率的叠加。

2) RLC 串联电路的仿真实验与分析

(1) RLC 串联电路。

RLC 串联电路是由一个等效电阻 R、一个等效电感 L 和一个等效电容 C 串联组成的电路，其电路方程为二阶微分方程。当电路的输入为直流信号或当电路处于零输入放电状态时，由于电感储存的磁场能量与电容储存的电场能量会发生能量的交换，因此，电路响应的暂态部分会随着电阻的不同出现欠阻尼或过阻尼过程。当$R < 2\sqrt{\frac{L}{C}}$时，由于 R 较小，在 L 与 C 的能量交换过程中，R 每次只能消耗一部分交换的能量，从而在电路达到稳态之前产生欠阻尼的衰减振荡过程；而当$R > 2\sqrt{\frac{L}{C}}$时，由于 R 较大，在 L 与 C 的能量交换过程中，R 一次就消耗了全部的交换能量，使得电路在达到稳态之前出现的是过阻尼的单调衰减过程。同时，还定义$R = 2\sqrt{\frac{L}{C}}$时的暂态过程为临界阻尼过程、$R = 0$ 的过程为无阻尼过程。

当电路的输入为正弦信号时，对线性的 RLC 串联电路而言，其各支路的电压、电流响应均为同频率正弦信号，可以用相量法求解各支路响应的幅值和初相位。此时，电路中各支路电压、电流的相量满足基尔霍夫定律。同时，由于电感的阻抗($Z_L = j\omega L$)和电容的阻抗$\left(Z_C = \frac{1}{j\omega C}\right)$都与频率有关，所以，电路的总阻抗($Z = Z_R + Z_L + Z_C$)会随频率的变化呈现容性、感性或阻性，电路中的电压电流会出现相位差，并产生无功功率。另外，感抗和容抗的频率特性也使得不同频率信号的响应不同，当输入信号频率$f = \frac{1}{2\pi\sqrt{LC}}$时，电路中的响应电流最大且电压电流同相，电路发生了谐振。而当输入信号频率不等于谐振频率时，响应电流变小。因此，RLC 串联电路还具有带通滤波特性。

本节将分别对 RLC 串联电路的瞬态响应、正弦稳态响应和谐振特性等进行仿真实验与分析。

(2) RLC 串联电路的瞬态响应实验与分析。

RLC 串联电路的瞬态响应实验电路如图 3-1-51 所示。换路前，开关 S1 与地相接时，

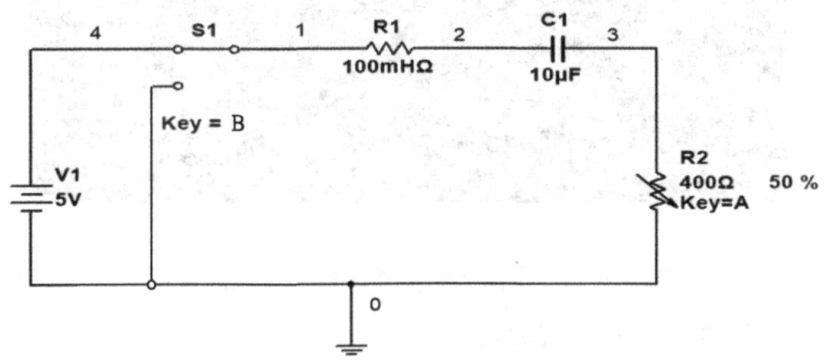

图 3-1-51　RLC 串联电路的瞬态响应实验电路

电感和电容均无初始储能，电路初始状态为零。换路后，开关 S1 与 5 V 直流电压源相接，经过暂态使电容充电至 5 V、电流为零的稳态。通过调节电位器，运用示波器或瞬态分析均可演示不同电阻情况下欠阻尼和过阻尼的暂态过程。

此处采用瞬态分析(Transient Analysis)演示 RLC 串联电路的欠阻尼和过阻尼过程，利用可变电阻的端电压显示电流的响应。根据电路参数，选择零状态为初始状态、0.05 s 为分析结束时间、3 号结点为输出结点，仿真分析结果如图 3-1-52 和图 3-1-53 所示。其中，图 3-1-52 演示了电阻为总值 10%时的欠阻尼过程，图 3-1-53 演示了电阻为总值 90%时的过阻尼过程。可见，无论是欠阻尼，还是过阻尼，暂态过程大约持续 30 ms，稳态后电容充满电荷，电流为零。

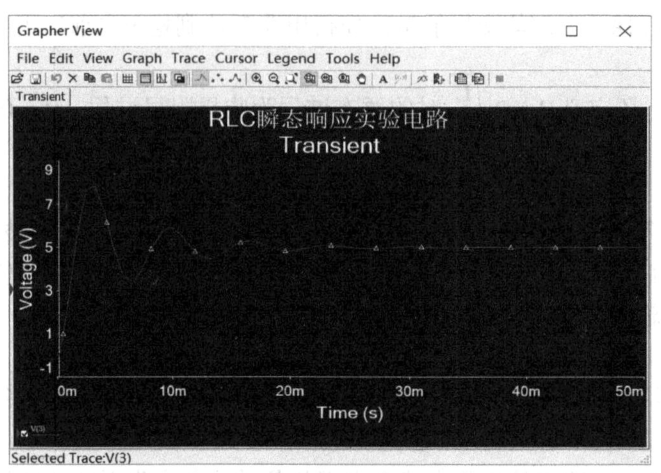

图 3-1-52　电阻为总值 10%时的欠阻尼过程

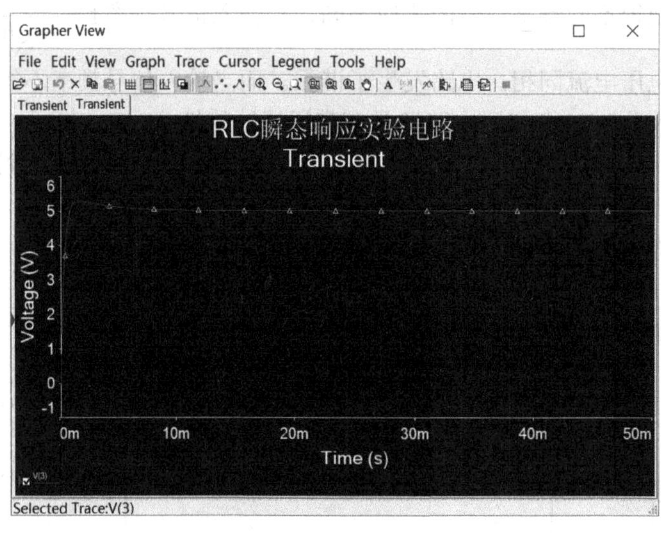

图 3-1-53　电阻为总值 90%时的过阻尼过程

3) RLC 串联电路的正弦稳态实验与分析

为观察 RLC 串联电路在正弦信号激励下的稳态响应，可将图 3-1-51 中的直流电压源换成函数信号发生器，并将其设置为：正弦波、频率 1 kHz、幅度 5 V、偏置 0 V，即将输入信号设置为 5 V/1 kHz 的正弦信号。同时，去掉与稳态响应无关的开关，增加测量各支路电压的交流电压表，采用可调电感器和可调电容器，组成图 3-1-54 所示的 RLC 正弦稳态实验电路(注意：将电压表设置为交流(AC)模式)。其中，输出信号取自电位器的电压，其波形与电流响应同相。输入和输出信号均由示波器显示，波形如图 3-1-55 所示。

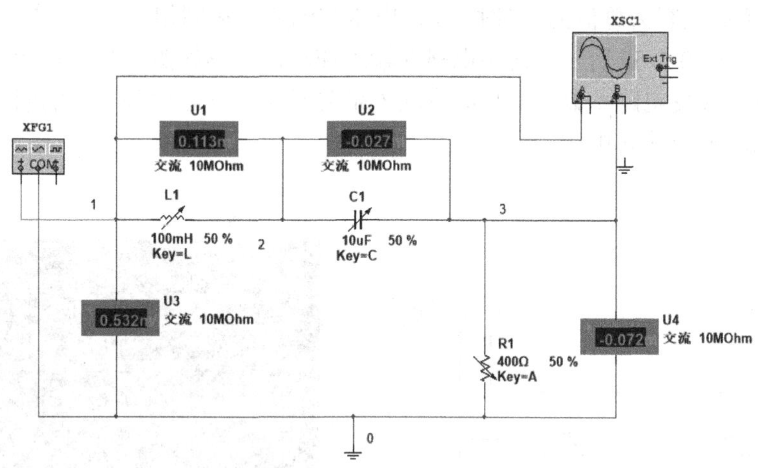

图 3-1-54　RLC 正弦稳态实验电路

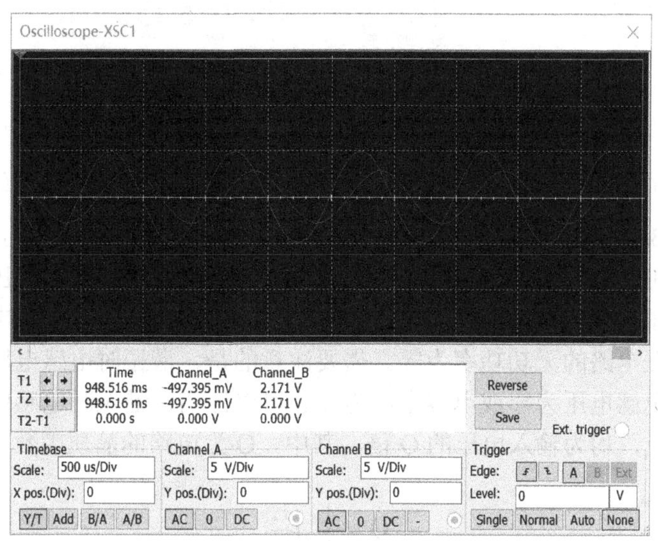

图 3-1-55　实验电路的输入和输出波形

从示波器显示的波形可见，正弦输入的线性电路的响应是同频正弦量。不同的是，输入与响应的幅度和初相位不同，此处电流波形滞后于电压波形，电路呈感性。若按下 L 键或 C 键使电感量或电容量减小，即减小感抗或增大容抗都可使电流波形超前于电压波形或与电压波形同相，电路的阻抗特性即可由感性变为容性或阻性。

图 3-1-55 所示 RLC 正弦稳态实验的另一个有趣的实验现象是，分别与 3 个元件并联的交流电压表的测量值之和不等于输入端交流电压表的测量值，即不满足基尔霍夫定律。这是因为交流电压表的测量值只反映了被测元件端电压的有效值，不是被测元件端电压的相

量或瞬时值。而在正弦稳态电路中，基尔霍夫定律只对电压或电流的相量和瞬时值成立，对有效值不成立。

4) 串联电路的谐振、频率特性实验与分析

在图 3-1-54 所示的 RLC 正弦稳态实验电路中，按下 L 键或 C 键，使可调电感为总值的 5%或使可调电容为总值的 5%时，输入电压与响应电流同相，此时的电路即为 RLC 串联谐振电路，如图 3-1-56 所示。谐振电路的输入和输出波形如图 3-1-57 所示。为使电路产生谐振，也可不改变电路参数，而只改变输入信号频率，使之达到电路的固有频率，出现输入电压与响应电流的同相。

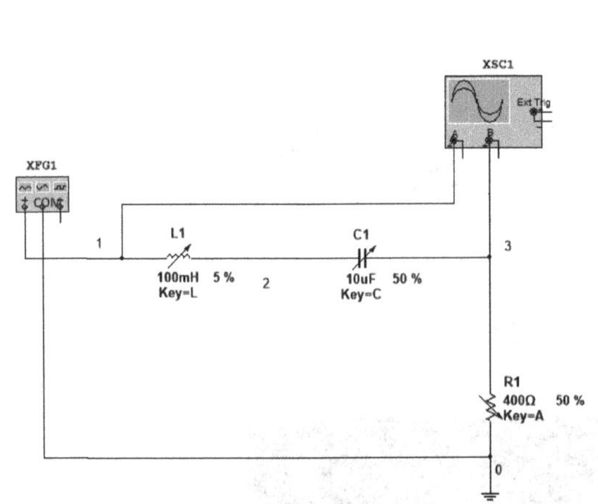

图 3-1-56 RLC 串联谐振电路

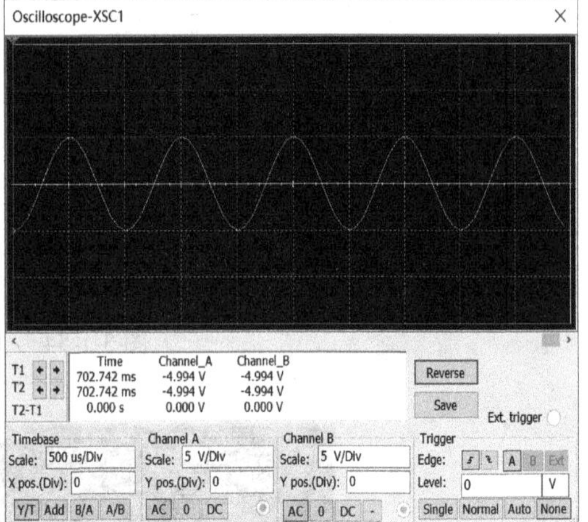

图 3-1-57 谐振电路的输入输出波形

仔细观察图 3-1-57 的谐振波形可见，输入与输出信号不仅同相，而且重合，即串联电路谐振时输入电压全部加在电阻上。这说明，谐振时电感电压与电容电压之和等于零，电阻获得了全部电压，相应地响应电流为最大。同时，由于谐振时电压与电流同相，电路呈纯阻性，所以谐振电路的无功功率为零。需要注意的是，谐振时电感电压与电容电压之和等于零，并不是电感电压为零或电容电压为零。可以证明，谐振时电感电压与电容电压大小相等、相位相反，均为输入电压的 Q 倍。其中，Q 为电路的品质因数为

$$Q=\frac{1}{R}\sqrt{\frac{L}{C}}$$

RLC 串联电路的谐振特性反映了电路对频率的选择性。当输入信号频率等于或接近电路的谐振频率时，电路的响应电流最大；反之，响应电流较小。RLC 串联电路的这种带通滤波特性可以通过波特图仪或交流扫描分析清晰地显示出来。本例采用交流扫描(AC Sweep)分析说明之。RLC 串联谐振电路的交流扫描分析设置如图 3-1-58 所示，图 3-1-59 是电阻为总值 50%时 RLC 串联谐振电路的频率响应特性，而图 3-1-60 则是电阻为总值 5%时 RLC 串联谐振电路的频率响应特性。可见，电阻 R 越小，电路的品质因数越高，曲线越尖锐，对应的电路带宽越窄，对谐振频率的选择性越好，对其余频率信号的抑制也越强。

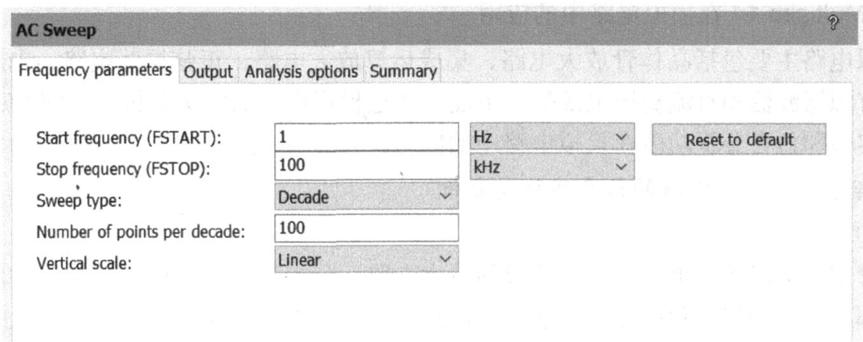

图 3-1-58 RLC 串联谐振电路的交流扫描分析设置

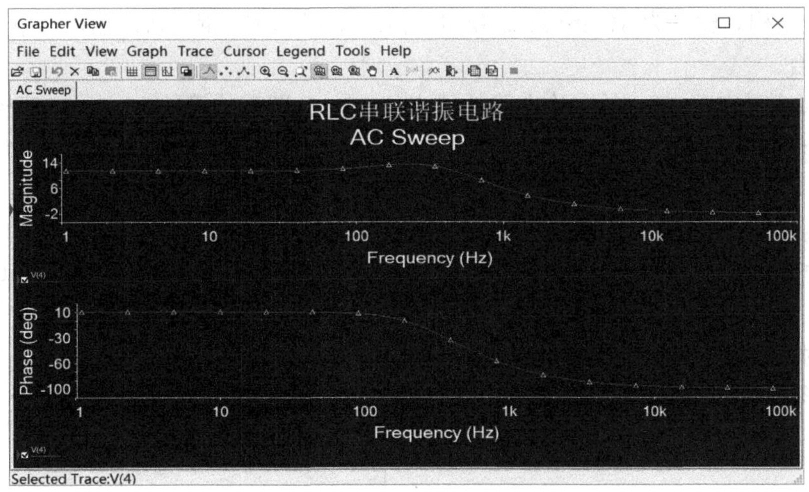

图 3-1-59 电阻为总值 50%时的频率响应特性

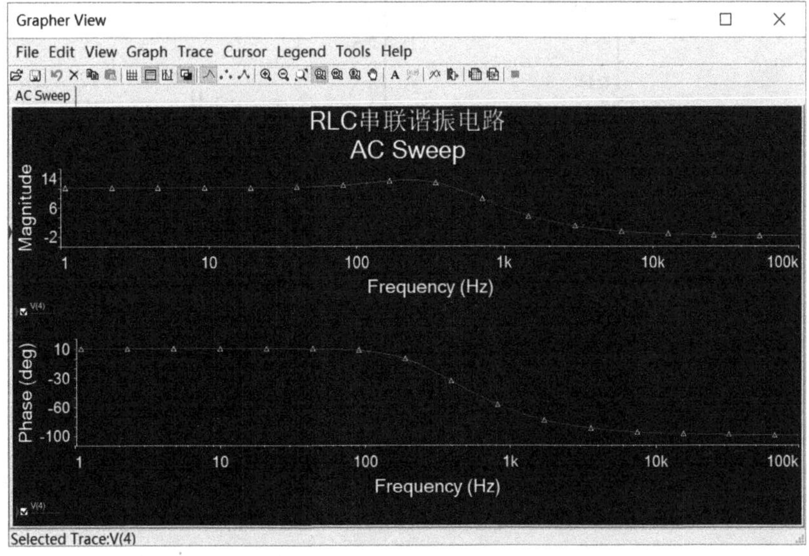

图 3-1-60 电阻为总值 5%时的频率响应特性

2．Multisim 14 在模拟电路中的应用

模拟电路主要包括晶体管放大电路、集成运算放大电路、正弦振荡电路、电压比较器电路、有源滤波器和直流稳压电源等。下面将通过模拟电路的实例分析，介绍 Multisim 14 的仿真实验和仿真分析功能在模拟电路中的应用。

1) 单管共射放大电路的仿真实验与分析

(1) 单管放大电路。

单管放大电路是由单个晶体管构成的放大电路，分为共射、共集和共基 3 种结构。每种电路都有自己的特点和用途。共射放大电路的电压放大倍数高，是常用的电压放大器。

(2) 仿真实验与分析。

单管共射放大器实验电路如图 3-1-61 所示，采用了分压式偏置、带发射极电阻的静态工作点稳定结构。输入为 10 mV/1 kHz 正弦信号，负载是电阻 R4，输入与输出通过电容 C1、C2 耦合。

① 确定静态工作点。对实验电路的结点 1、3、7(即晶体管的 b、c、e 三极)作直流工作点(DC Operating Point)分析，得到如图 3-1-62 所示的静态工作点(Q 点)分析结果。进一步分析可知，晶体管的发射结电压 U_{BE}=结点 1 电压 V(l)−结点 7 电压 V(7)≈0.65 V，集射极电压差 U_{CE}=结点 3 电压 V(3)−结点 7 电压 V(7)≈6.11 V，约为电源电压 12 V 的一半，由此可判断该电路工作在放大区。调整偏置电阻 R1 或 R5 可以改变静态工作点，但 Q 点过高会产生饱和失真，Q 点过低会产生截止失真。图 3-1-63 和图 3-1-64 分别显示了 R5 为总值 50%和 20%时对应的输出波形。显然，R5 为总值 50%时输出波形没有失真，而 R5 为总值 20%时输出波形出现了饱和失真。

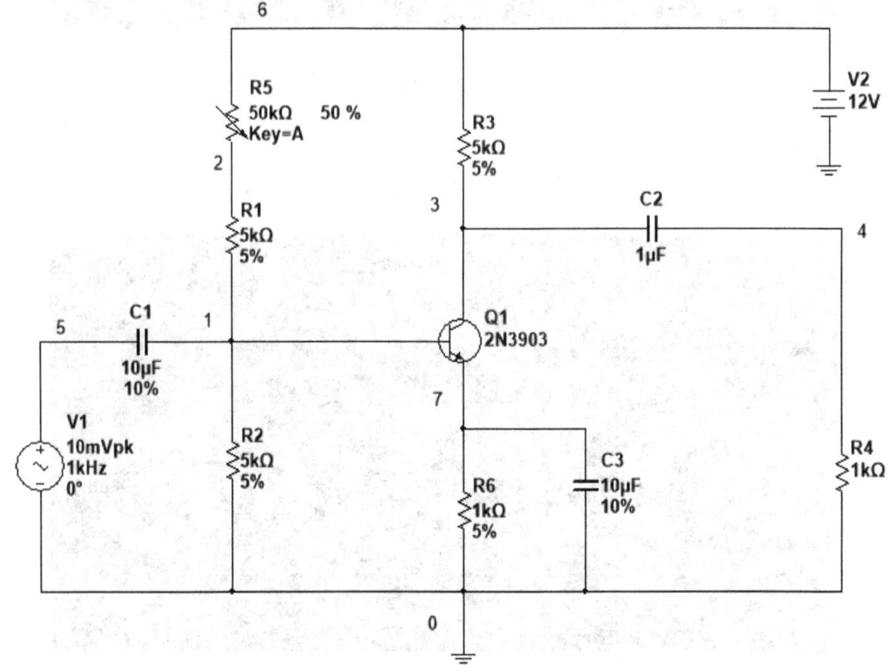

图 3-1-61　单管共射放大器实验电路

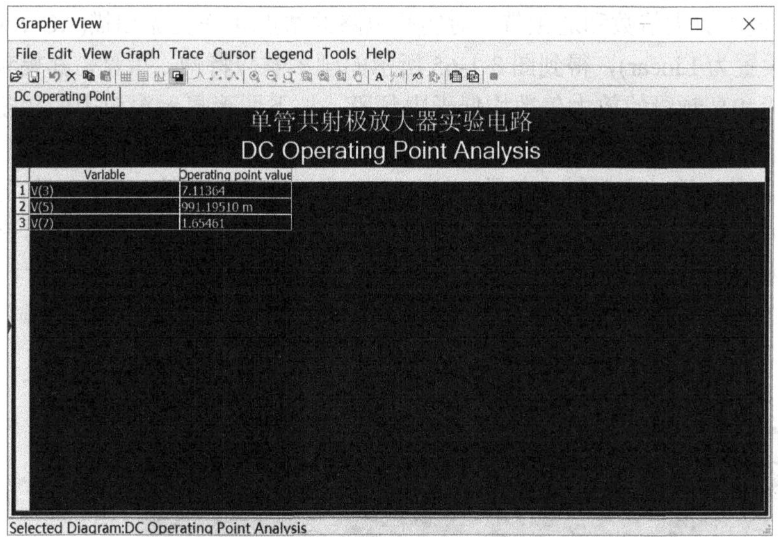

图 3-1-62　实验电路的静态工作点

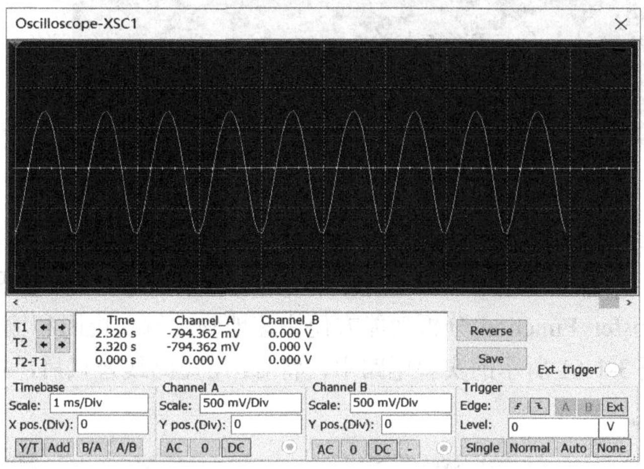

图 3-1-63　R5 为总值 50%时的输出波形

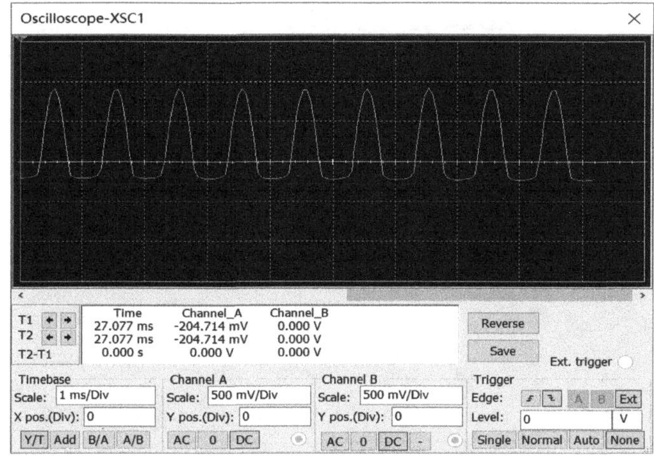

图 3-1-64　R5 为总值 20%时的输出波形

② 确定电压放大倍数和通频带。对实验电路的结点 4 作交流扫描(AC Sweep)分析(其纵坐标刻度设置为 Linear)，得到图 3-1-65 所示的频率响应特性。可见，其幅频特性具有带通性，低频段和高频段的放大倍数均低于中频段。按下图形显示窗口中的按钮，显示两个可移动的游标，并打开其说明窗口，得到幅频特性的测量数据。其中，纵轴(F 轴)的最大值 ymax=89.85 就是电路的中频放大倍数。拉动两个游标使其对应的 y1 和 y2 约等于其最大值 89.85 的 0.707 倍(约为 63.5)，此时对应的 x_1≈598.3 Hz 和 x_2≈24.8 MHz 分别为电路的下限截止频率和上限截止频率，二者之差 dx≈24.8 MHz 即为电路的通频带。显然，利用 Multisim 14 的交流分析功能可以非常方便地得到放大电路的放大倍数和通频带等指标。

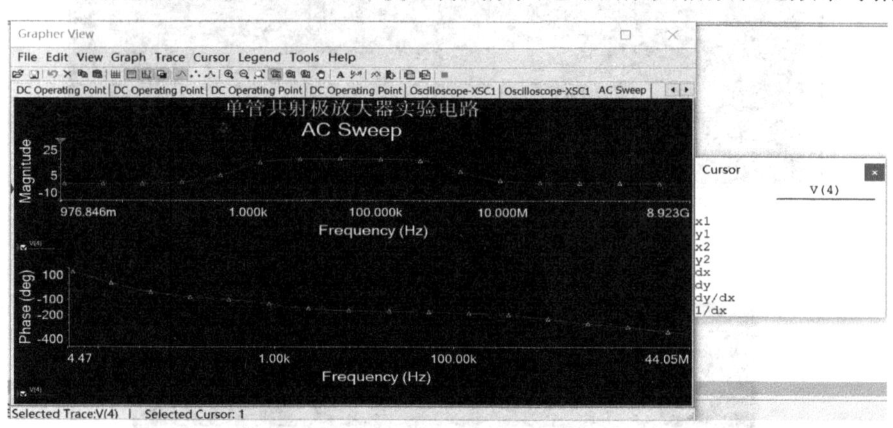

图 3-1-65　实验电路的频率响应特性

③ 确定输入电阻和输出电阻。可以采用传统的在输入、输出端口用欧姆表测电阻的方法，或在端口加测量电阻用交流电压表和交流电流表测量电阻，也可以利用 Multisim 14 提供的传递函数(Transfer Function)分析功能方便快速地确定输入电阻和输出电阻，发挥仿真实验的优势。在图 3-1-61 所示的实验电路中，将 C1 用短路线替代后，按图 3-1-66 所示设

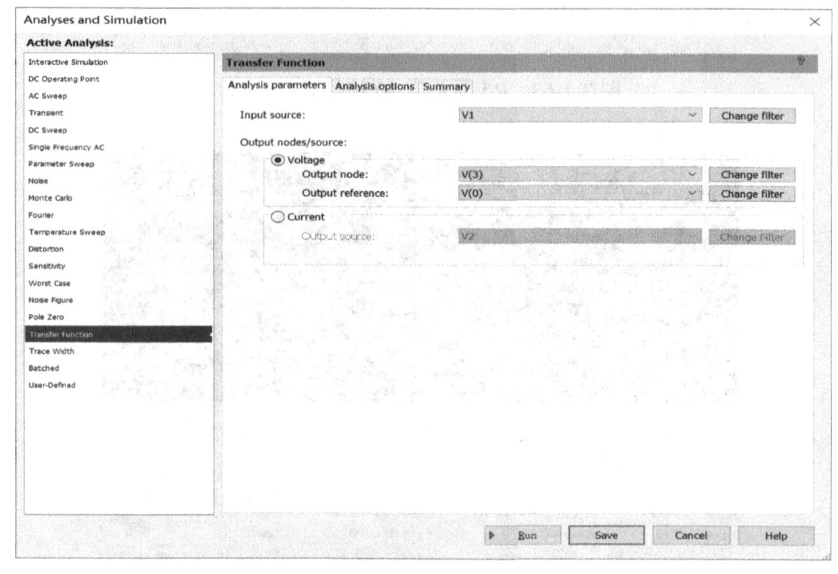

图 3-1-66　实验电路的传递函数分析设置

置其传递函数分析，选择需要分析的输入信号源为 V1，选择输出变量为 3 号结点的电压，得到的分析结果如图 3-1-67 所示。其中，第二行的 3.75 k 为电路的输入电阻，第三行的 5.0 k 为电路的输出电阻。

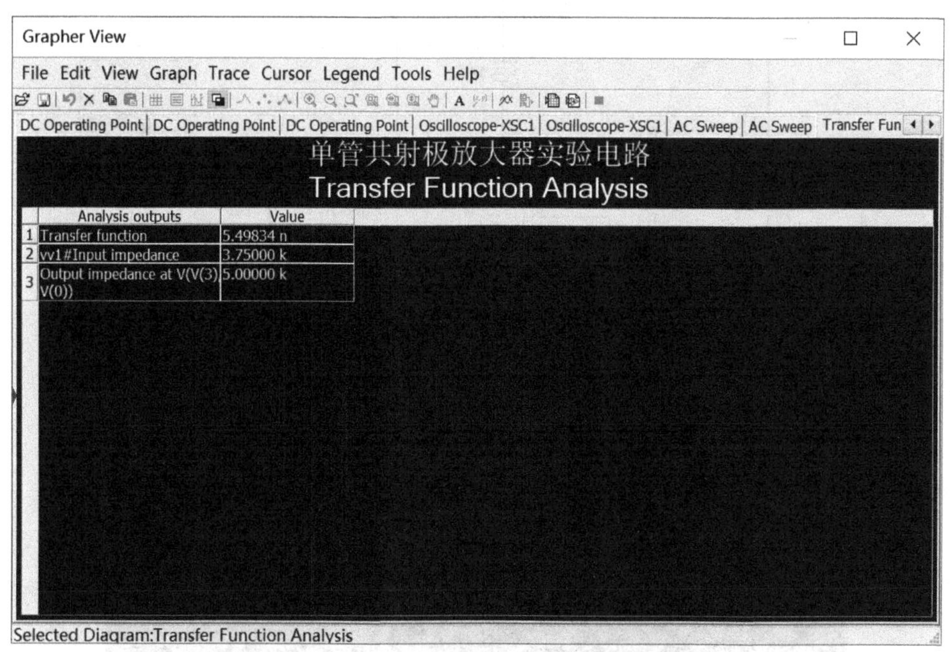

	Analysis outputs	Value
1	Transfer function	5.49834 n
2	vv1#Input impedance	3.75000 k
3	Output impedance at V(V(3),V(0))	5.00000 k

图 3-1-67　传递函数分析结果

2) 电压比较器及其应用电路的仿真实验与分析

(1) 电压比较器。

电压比较器是一种能用不同的输出电平表示两个输入电压大小的电路。利用不加反馈或加正反馈时工作于非线性状态的运放即可构成电压比较器。作为开关元件，电压比较器是矩形波、三角波等非正弦波形发生电路的基本单元，在模数转换、监测报警等系统中也有广泛的应用。常见的电压比较器有单限比较器、滞回比较器和窗口比较器等。其中，单限比较器灵敏度较高，但抗干扰能力较差，而滞回比较器则相反。本节将通过仿真实验与分析介绍单限比较器和滞回比较器的特性，并介绍电压比较器在矩形波发生器和监测报警系统中的应用。

(2) 电压比较器的仿真实验与分析。

单限电压比较器实验电路如图 3-1-68 所示。其中，运放处于开环无反馈状态，参考电压为 3 V，阈值电压也为 3 V，被比较的输入信号是 10 V/1 kHz 的正弦波，输出通过两个稳压管双向限幅。由于参考电压加在运放的反相端，被比较的输入信号加在同相端，所以，当输入信号大于阈值电压时，输出为正的稳压值；反之，当输入信号小于阈值电压时，输出为负的稳压值。这种比较器也被称为同相比较器。而反相比较器则是在输入大于阈值电压时，输出负的稳压值；在输入小于阈值电压时，输出正的稳压值。本实验电路的输入输出波形如图 3-1-69 所示。当正弦输入信号大于 3 V 时，输出约为+5.1 V；而当正弦输入信号小于 3 V 时，输出约为−5.1 V。形成了占空比约为 0.43 的矩形波输出信号，实现了模拟信号到脉冲信号的转换。

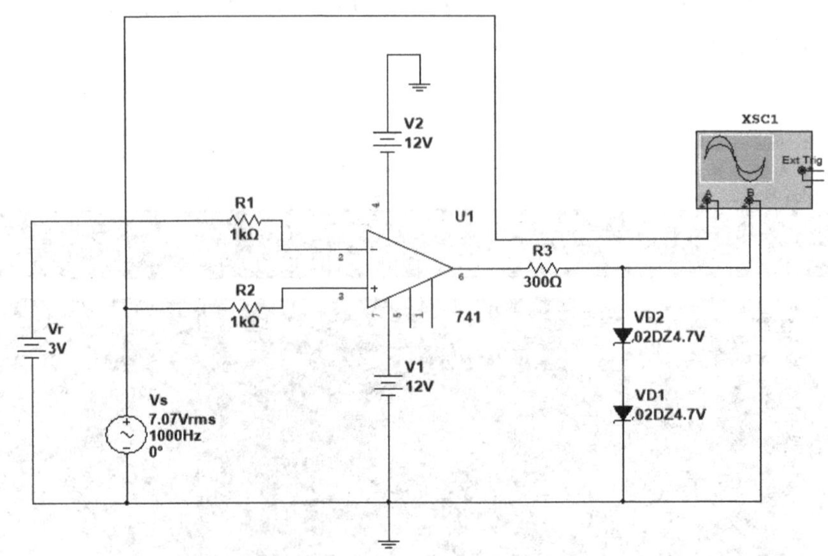

图 3-1-68　单限电压比较器实验电路

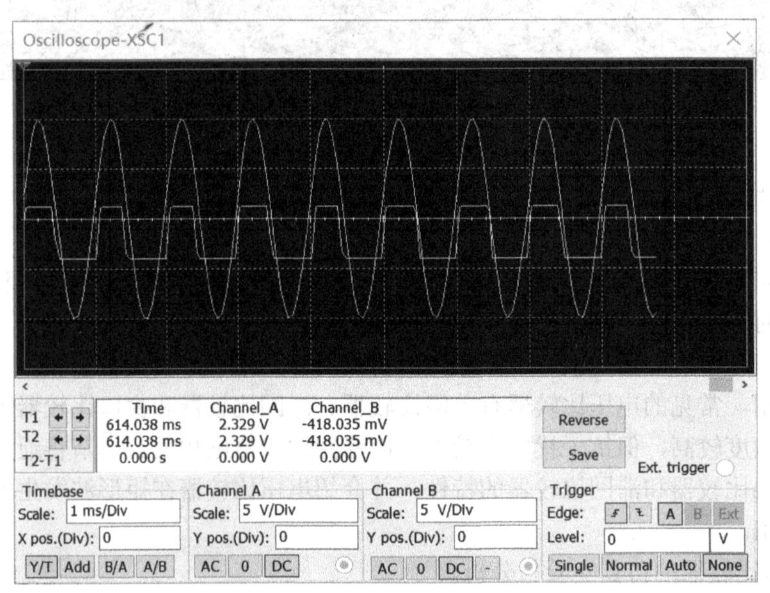

图 3-1-69　实验电路的输入输出波形

滞回电压比较器实验电路如图 3-1-70 所示。其中，运放引入了正反馈，参考电压为零，输入信号是有效值为 5 V、频率为 1 kHz 的正弦波。与单限比较器不同，正反馈使滞回比较器的阈值不再是一个固定的常量，而是一个随输出状态变化的量：U_TH1 和 U_TH2。图 3-1-71 是用示波器 B/A 挡测量的实验电路的电压传输特性，显示了输出随输入变化的关系。当输入信号大于 U_TH1 时，输出为负的稳压值；而当输入信号小于 U_TH2 时，输出才变为正的稳压值。按下 A 键可改变正反馈的强度，调整回差电压。回差电压大时，比较器的抗干扰能力强，反之则灵敏度高。工程上要根据实际问题综合评估，做出选择。

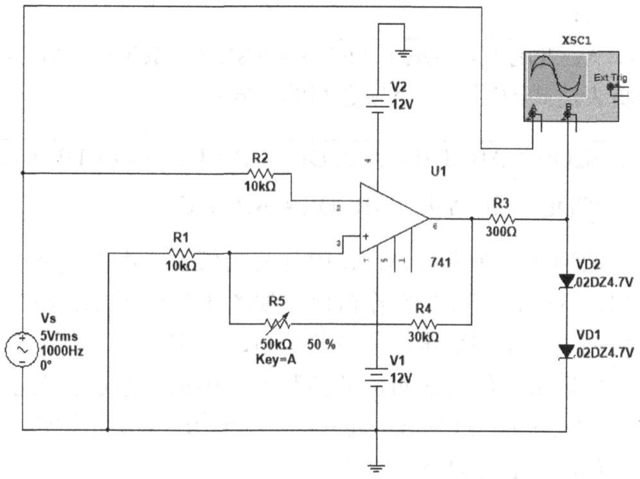

图 3-1-70　滞回电压比较器实验电路

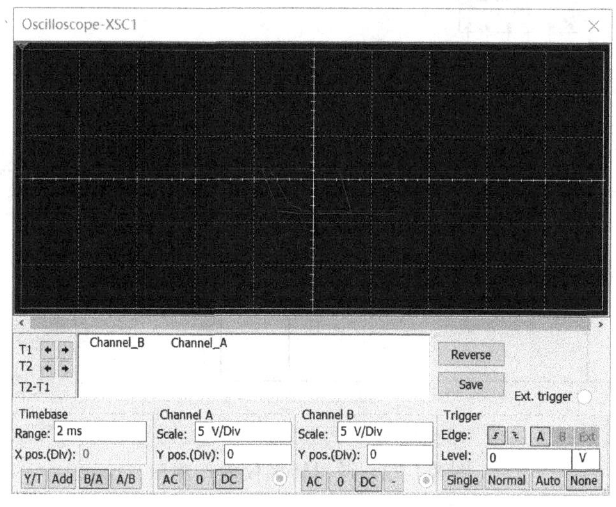

图 3-1-71　实验电路的电压传输特性

3. Multisim 14 在数字电路中的应用

数字电路主要包括组合逻辑电路、时序逻辑电路等。组合逻辑电路比较常见的电路包括译码器电路、编码器电路和数据选择电路等，时序逻辑电路比较常见的电路包括触发器电路、计数器电路等。下面通过对上述常用电路的仿真研究，介绍 Multisim 14 在数字电路仿真分析和仿真设计中的应用。

1) 组合逻辑电路的仿真与分析

(1) 逻辑函数的化简。

逻辑函数的化简是数字电路的基础知识，在电路的分析和设计中具有非常重要的作用。逻辑函数的化简方法主要有公式法和卡诺图两种方法，但它们各有利弊。Multisim 提供了一种可以实现逻辑关系不同表示方式之间相互转换的仪器——逻辑转换仪，它可以便捷地将逻辑图直接转换为真值表、将真值表直接转换为逻辑表达式或最简逻辑表达式、将逻辑表达式转换为真值表或逻辑图、将真值表转换为由与非门构成的逻辑图。例如，将下列逻辑表达式化成最简形式：

$$Y(A,B,C,D,E)=A\bar{B}CD\bar{E}+\overline{ACDE}+\overline{ABCD}+\bar{A}BD\bar{E}+BCDE+AB\bar{C}DE+AB\overline{CDE}$$

首先将上述逻辑表达式改写成最小项之和的形式：

$$Y(A,B,C,D,E)=A\bar{B}CD\bar{E}+\bar{A}\overline{BCDE}+\overline{ABCDE}+\overline{ABC}DE+\overline{ABC}D\bar{E}+\bar{A}BCD\bar{E}+\bar{A}B\bar{C}D\bar{E}$$
$$+\bar{A}BCDE+ABCDE+AB\bar{C}DE+AB\overline{CDE}$$

根据最小项之和的形式，在逻辑分析仪中列写真值表，操作如下：用鼠标将逻辑转换仪拖入电路编辑窗口，并双击打开其操作窗口，如图 3-1-72 所示；单击 A～H 8 个变量上方与之相对应的小圆圈可选中该变量，变量的值自动出现在其下方，单击真值表最右侧的一列，可列出变量不同取值的组合所对应的函数值。根据上述逻辑表达式的最小项之和的形式，列写出真值表，如图 3-1-73 所示；单击 10|1 SIMP A|B 按钮，对话框最下栏出现的即为最简表达式，如图 3-1-73 所示。

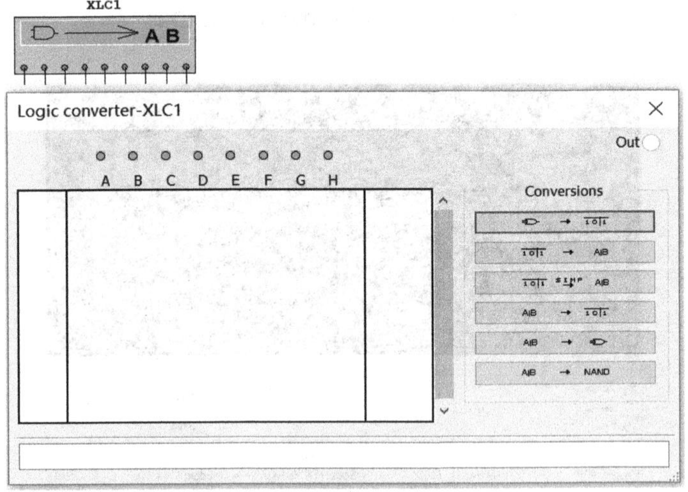

图 3-1-72　逻辑转换仪操作窗口

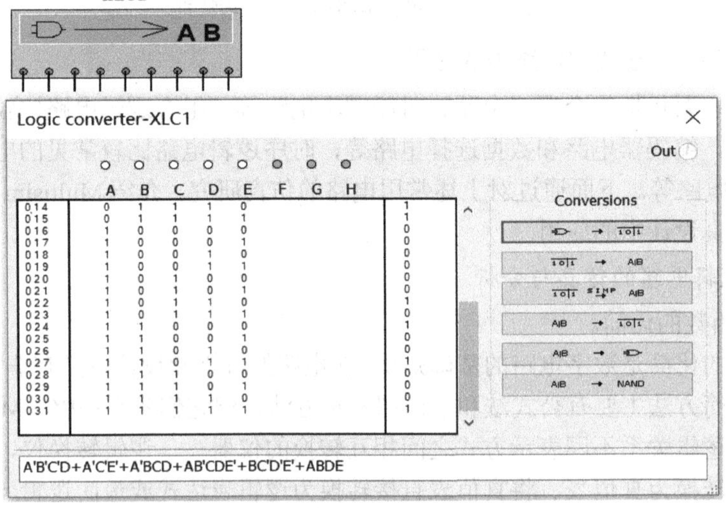

图 3-1-73　用逻辑转换仪化简逻辑函数

(2) 组合逻辑电路的分析。

组合逻辑电路的分析，就是根据已知电路找出其逻辑功能。通常的做法是：从电路的输入到输出逐级写出各级门电路的逻辑表达式，最后得到输出与输入关系的逻辑表达式，并化成最简形式、列写真值表，根据真值表就可以分析得出电路的逻辑功能了。而应用 Multisim 14 中的逻辑转换仪可以直接由逻辑图得到真值表。例如，分析图 3-1-74 所示电路的逻辑功能，具体操作如下。

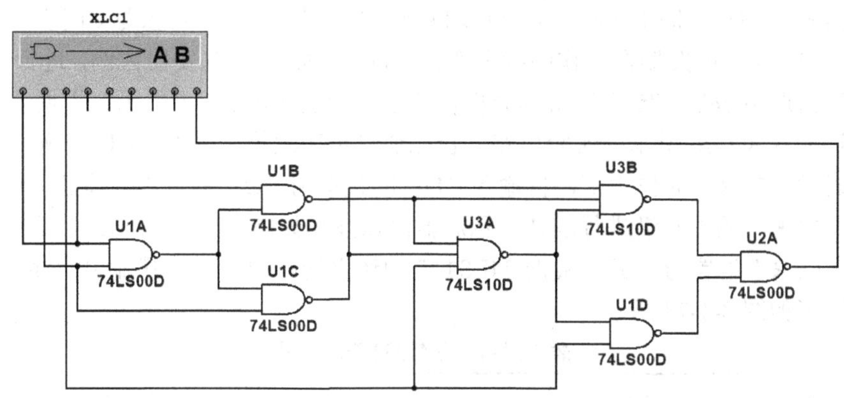

图 3-1-74　逻辑电路

用鼠标将逻辑转换仪拖入电路编辑窗口，将“a”“b”“c”三端分别接电路的 A、B、C，最右端的接线端子接电路的输出，如图 3-1-74 所示。双击逻辑转换仪打开其操作窗口，单击 按钮，可直接得到真值表，如图 3-1-75 所示。通过真值表可以分析得出该电路的功能为输入偶数个“1”时输出为 1，输入奇数个 1 时输出为 0，即该电路为奇偶校验电路。

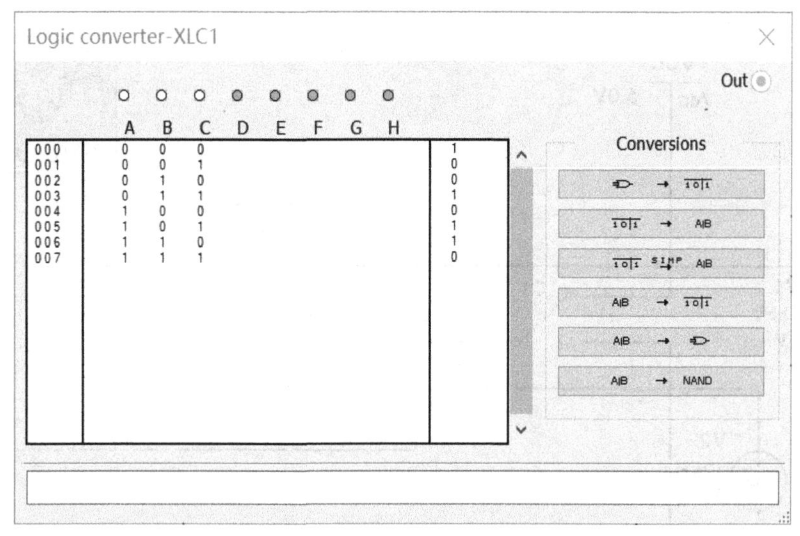

图 3-1-75　用逻辑转换器分析组合逻辑电路

2) 时序逻辑电路的仿真与分析

组合逻辑电路中，任一时刻的输出信号仅取决于当时的输入信号，但是还有一类电路，某一时刻的输出信号不仅取决于当时的输入信号，而且还取决于电路原来的状态，这类电路就是时序逻辑电路。下面将对基本的时序逻辑器件或电路进行仿真分析，包括基本触发器、基本计数器和555集成定时电路。

(1) 基本触发器。

由于输出与电路的原状态有关，因此在时序逻辑电路中必须含有具备记忆功能的器件，这个器件就是触发器。触发器是时序逻辑电路最基本的存储器件。1个触发器可以存储1位二进制信号。根据电路结构的不同，可以将触发器分为基本RS触发器、同步RS触发器、主从触发器等，这些触发器在工作中状态变化不同。下面以D触发器为例，进行仿真分析。

D触发器选用74LS175进行仿真分析，其逻辑功能如表3-1-1所示。根据D触发器的功能，设计如图3-1-76所示的实验电路。首先通过单刀双掷开关将“CLR”端置为“1”，触发器在时钟“CLK”的作用下，将输入“D”的状态由“Q”端输出。注意，输出信号始终在时钟“CLK”的上升沿进行翻转，示波器测试波形如图3-1-77所示；然后通过单刀双掷开关将“CLR”端置为“0”。根据74LS175的逻辑功能图可知，其输出始终为“0”，示波器测试波形如图3-1-78所示。

表3-1-1 74LS175功能

Input			Output	
CLR	CLK	D	Q	$\overline{Q}$
L	×	×	L	H
H	↑	H	H	L
H	↑	L	L	H
H	L	×	Q_0	$\overline{Q_0}$

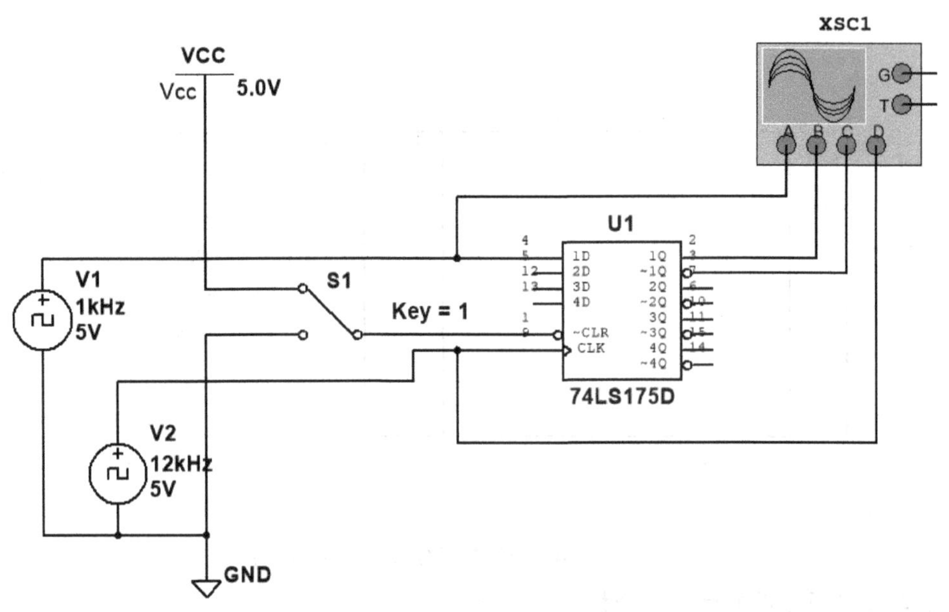

图3-1-76 74LS175实验电路

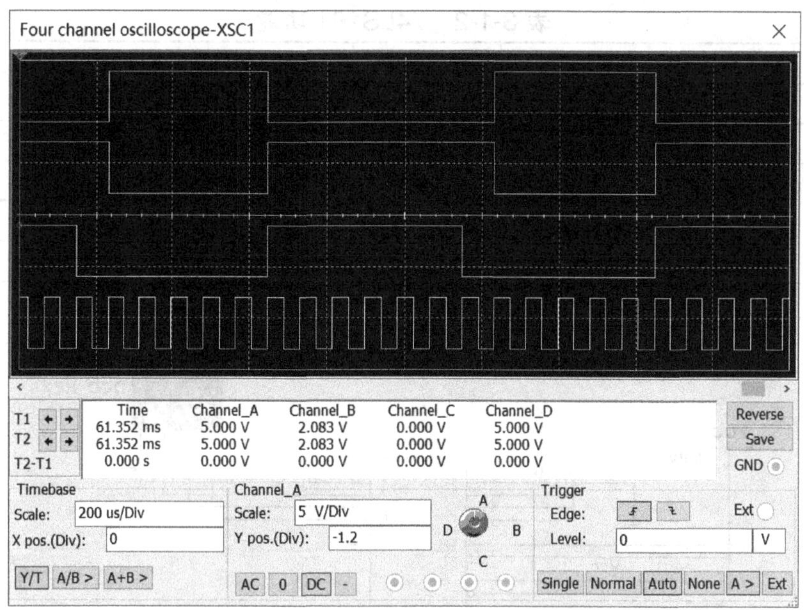

图 3-1-77　CLR 端置“1”时示波器测试波形图

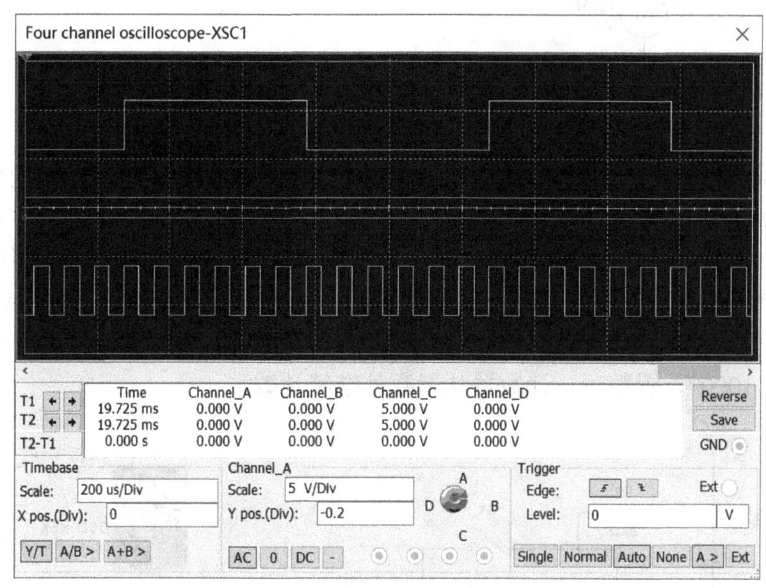

图 3-1-78　CLR 端置“0”时示波器测试波形图

(2) 基本计数器。

在数字电路中使用最多的时序电路就是计数器电路。计数器不仅可以用于计数，还可以用于定时、分频、产生脉冲以及进行数字运算等。计数器的种类及分类方式很多，如按照计数器中的触发器是否同时翻转分类，可分为同步计数器和异步计数器，下面将以同步计数器 74LS161 为例进行计数器的仿真分析。

同步计数器 74LS161 逻辑功能如表 3-1-2 所示，以 74LS161 为核心构建十六进制的计数器电路如图 3-1-79 所示。

表 3-1-2　74LS161 功能

SR	PE	CET	CEP	Action on the Rising Clock Edge(↑)
L	×	×	×	RESET(Clear)
H	L	×	×	LOAD
H	H	H	H	COUNT(Increment)
H	H	L	×	NO CHANGE(Hold)
H	H	×	L	NO CHANGE(Hold)

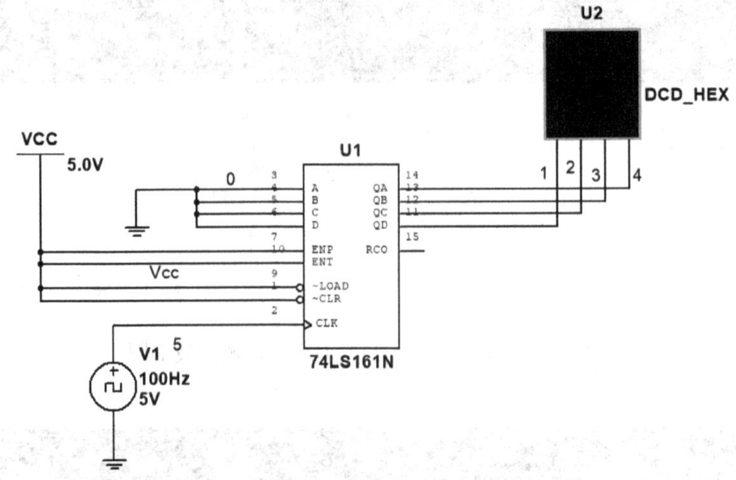

图 3-1-79　十六进制的计数器电路

在如图 3-1-79 所示的实验电路中，电路处于计数工作模式，计数器反复由“0000”至“1111”计数。实际上，该计数器还可以设置为置数工作模式，按照图 3-1-80 所示的方式连接电路，该计数器处于置数工作模式。在“LOAD”置数控制端增加一个按钮，按钮不按下时，置数控制端输入为高电平，74LS161 按正常方式计数；当按下按钮后，置数控制端输入为低电平，置数有效，计数器输出被置为置数输入端设定的值，在图 3-1-80 中，置数输入端为“1000”，置数后，计数器从置数处继续计数。

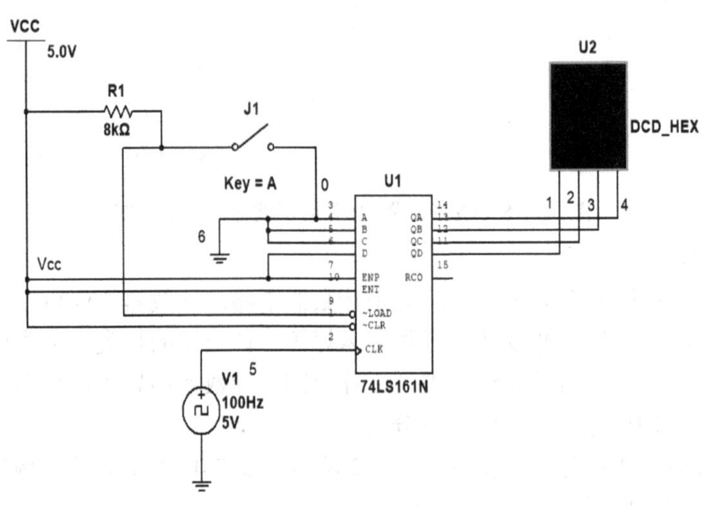

图 3-1-80　置数工作方式电路

3) 555 定时器仿真与分析

555 定时器是一种常用的数字-模拟混合集成电路，利用它可以很方便地构建施密特触发器、单稳态触发器和多谐振荡器。所以，555 定时器在各种电子产品中得到广泛应用。

在 Multisim 14 中有专门针对 555 定时器设计的向导，通过向导可以很方便地构建 555 定时器应用电路。单击菜单命令【Tools】→【Circuit Wizards】→【555 Timer Wizard】，即可启动定时器使用向导，如图 3-1-81 所示。“Type”下拉列表框中的选项列表可以设定 555 定时电路的两种工作方式：无稳态工作方式(Astable Operation)和单稳态工作方式(Mono.stable Operation)。

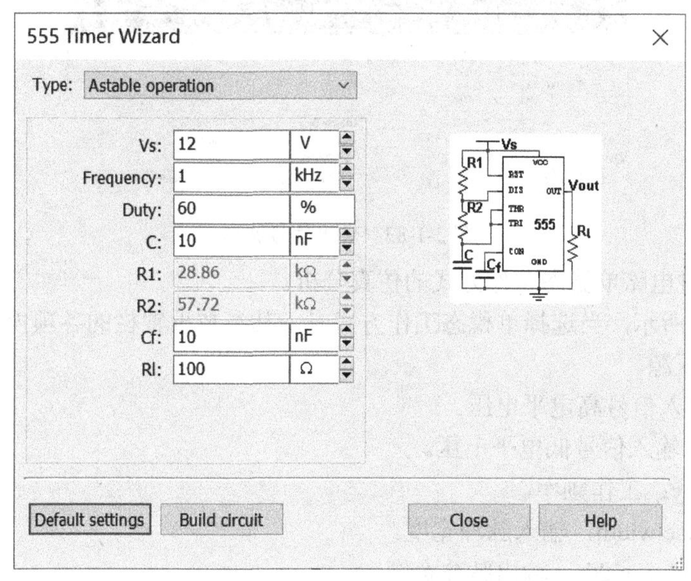

图 3-1-81　【Timer Wizard】对话框

(1) 555 定时电路的无稳态工作方式的仿真分析。

如图 3-1-81 所示，当工作方式选中【Astable Operation】时，其参数设置项内容分别如下：

- Vs：工作电压。
- Frequency：工作频率。
- Duty：占空比。
- C：电容大小。
- Cf：反馈电容大小。
- R1、R2、Rl：电阻，其中 R1、R2 不可更改。

将 555 定时电路的输出信号频率设为 500 Hz，占空比设为 50%，定时电路工作电压设为 12 V。将各项参数设置完毕后，单击【Build circuit】按钮，即可生成无稳态定时电路，如图 3-1-82 所示。

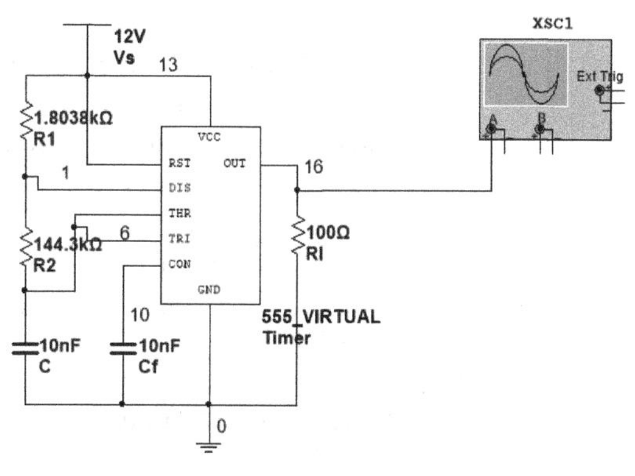

图 3-1-82　无稳态工作方式

电路无需任何输入信号即可输出一定频率和大小的脉冲信号，输出信号波形如图3-1-83所示。

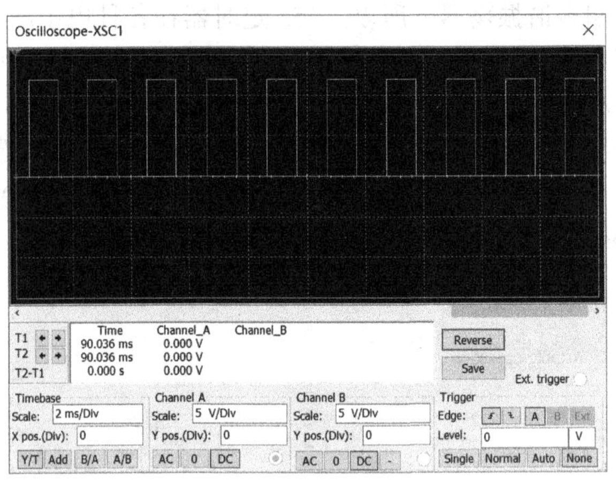

图 3-1-83　输出信号波形

(2) 555定时电路单稳态工作方式的仿真分析。

如图3-1-84所示，当选择单稳态工作方式时，其参数设置栏的各项内容如下：

- Vs：电压源。
- Vini：输入信号高电平电压。
- Vpulse：输入信号低电平电压。
- Frequency：工作频率。
- Input pulse width：输入脉冲宽度。
- Output pulse width：输出脉冲宽度。

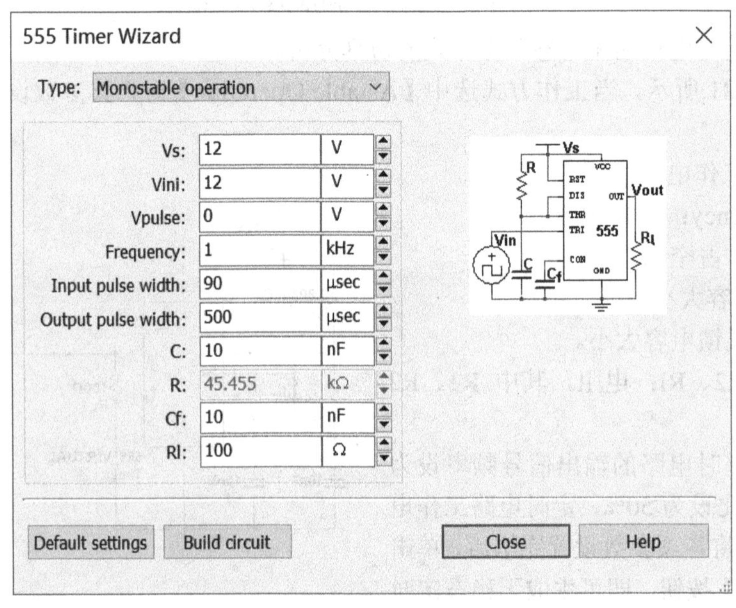

图 3-1-84　单稳态工作方式设置

- C：电容大小。
- Cf：反馈电容大小。
- Rl，R：电阻器值，其中电阻值 R 不可更改。

将 555 定时电路的输出信号频率设为 500 Hz，定时电路工作电压设为 12 V，其他设定如图 3-1-85 所示。将各项参数设置完毕后，单击【Build circuit】按钮，即可生成单稳态定时电路，如图 3-1-86 所示。其中，触发信号由脉冲信号源提供，每当信号源向 555 芯片提供一个负脉冲都会触发电路，使其输出一定宽度的脉冲信号，且输出脉冲持续一定的时间后自行消失，如图 3-1-86 所示。

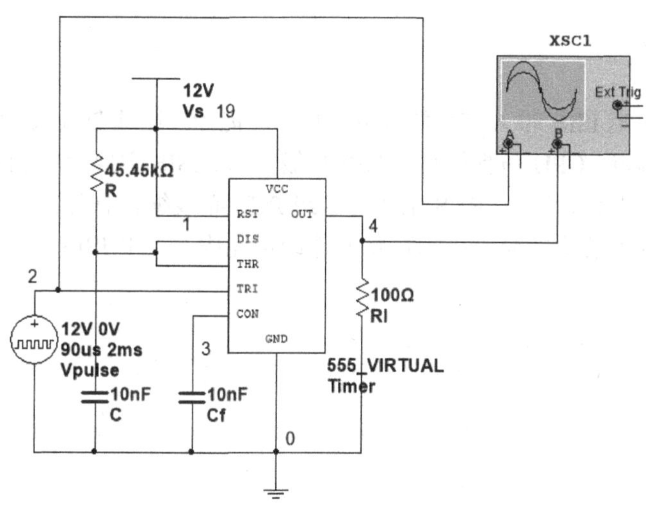

图 3-1-85　单稳态工作方式电路

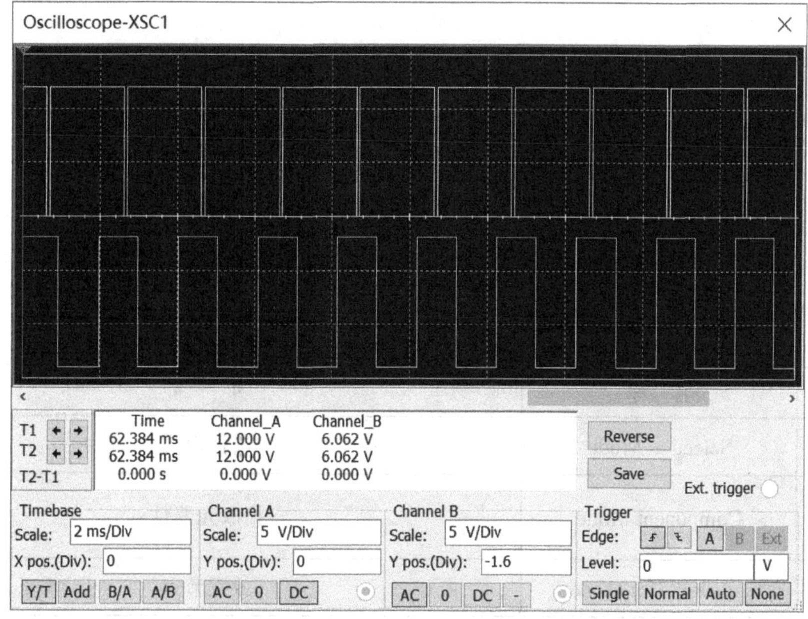

图 3-1-86　单稳态工作方式电路输入输出波形

3.2　Proteus 软件的使用

Proteus 是由英国 Labcenter Electronics 公司开发的 EDA 工具软件，已有近 20 年的历史，在全球得到了广泛的应用。

Proteus 软件集多种功能于一身，不仅可以进行电路设计，还具有制版、仿真等多项功能。该软件可以对电工、电子学科涉及的电路进行设计仿真与分析，还可以对微处理器进行设计与仿真，是近年来备受广大电子设计爱好者喜爱的一款 EDA 软件。

3.2.1　界面介绍

Proteus 软件包括 ISIS 和 ARES 两部分，具体功能为：原理图输入、混合模型、动态器件库、高级布线/编辑、CPU 仿真模型、ASF 高级图形。ISIS 主要为智能原理图输入系统和系统设计与仿真的基本平台；ARES 主要为高级 PCB 布线编辑软件。

Proteus 软件的安装比较简单根据提示操作即可完成，其中 ISIS 软件界面如图 3-2-1 所示。本节主要介绍 ISIS。

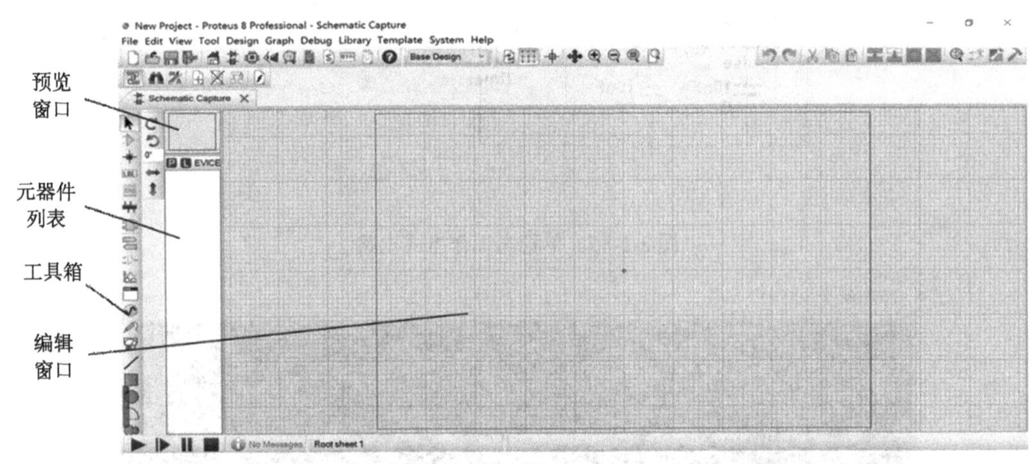

图 3-2-1　Proteus 软件界面

Proteus ISIS 主工具栏的用途与其他常用软件类似，用户可自行理解。下面主要介绍工具箱的用途，其功能如表 3-2-1 所示。

表 3-2-1　工 具 箱 菜 单

按钮	名　称	功　　能
	Selection Mode	选择模式
	Component Mode	拾取元器件
	Junction Dot Mode	放置节点
LBL	Wire Label Mode	标注线段或网络名

续表

按钮	名　称	功　　能
	Text Script Mode	输入文本
	Buses Mode	绘制总线
	Subcircuit Mode	绘制子电路模块
	Terminals Mode	在对象选择器中列出各种终端
	Device Pins Mode	在对象选择器中列出各种引脚
	Graph Mode	在对象选择器中列出各种仿真分析所需的图表
	Tape Recorder Mode	当对设计电路分割仿真时采用此模式
	Generator Mode	在对象选择器中列出各种激励源
	Voltage Probe Mode	可在原理图中添加电压探针
	Current Probe Mode	可在原理图中添加电流探针
	Virtual Instruments Mode	在对象选择器中列出各种虚拟仪器

3.2.2　Proteus ISIS 的电路图创建

用 Proteus 软件创建电路图的方法与 Multisim 软件有相似之处，都是先选取元件，然后进行连接，最后连接仪器仪表进行仿真。同样，在创建电路图之前也需要先设置编辑环境。

打开 Proteus ISIS 软件，单击菜单【File】→【New Design】命令，弹出如图 3-2-2 所示对话框，选择合适的模板，一般选择 DEFAULT 模板。

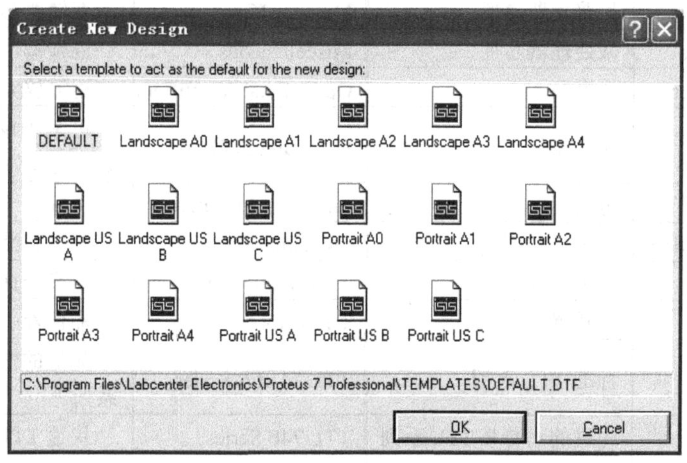

图 3-2-2　【Create New Design】对话框

在菜单【Template】中可根据需要设置字体、图形颜色等。设置好环境之后开始选取元件，Proteus ISIS 软件提供了大量元器件，单击菜单【Library】→【Pick Devices】命令或者单击元器件列表栏中的【P】按钮，弹出【Pick Devices】对话框，如图 3-2-3 所示。

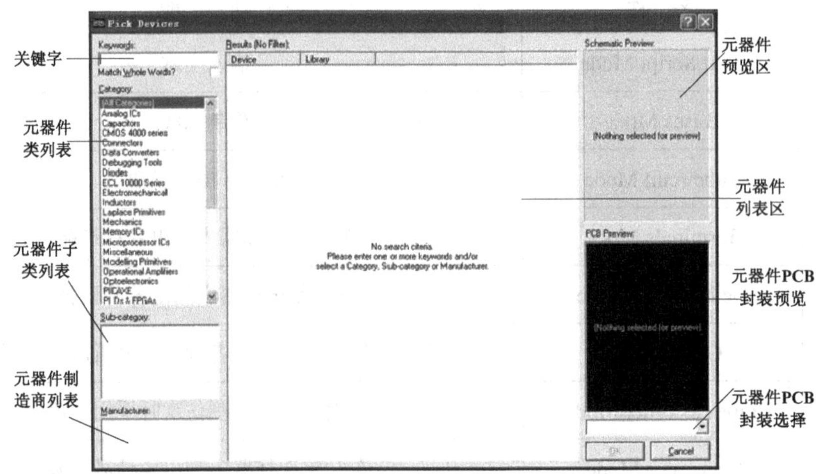

图 3-2-3　【Pick Devices】对话框

Proteus ISIS 软件中的元件库也是按类存放的，即类—子类(或生产厂家)—元件。如果有自己的常用元件，可直接输入其名称来选取。另一种方法是按类查询，也是非常方便的。类元件分类示意表如表 3-2-2 所示。

表 3-2-2　类元件分类示意表

Category(类)	含　义	Category(类)	含　义
Analog ICs	模拟集成器件	Capacitors	电容
CMOS 4000 series	CMOS 4000 系列	Connectors	接头
Data Converters	数据转换器	Debugging Tools	调试工具
Diodes	二极管	ECL 10000 series	ECL 10000 系列
Electromechanical	电机	Inductors	电感
Laplace Primitives	拉普拉斯模型	Memory ICs	存储器芯片
Microprocessor ICs	微处理器芯片	Miscellaneous	混杂器件
Modeling Primitives	建模源	Operational Amplifiers	运算放大器
Optoelectronics	光电器件	PLDs and FPGAs	可编程逻辑器件和现场可编程门阵列
Resistors	电阻	Simulator Primitives	仿真源
Speakers and Sounders	扬声器和声响	Switching and Relays	开关和继电器
Switching Devices	开关器件	Thermionic Valves	热离子真空管
Transducers	传感器	Transistors	晶体管
TTL 74 Series	标准 TTL 系列	TTL 74ALS Series	先进的低功耗肖特基 TTL 系列
TTL 74AS Series	先进的肖特基 TTL 系列	TTL 74F Series	快速 TTL 系列
TTL 74HC Series	高速 CMOS 系列	TTL 74HCT Series	与 TTL 兼容的高速 CMOS 系列
TTL 74LS Series	低功耗肖特基 TTL 系列	TTL 74S Series	肖特基 TTL 系列

把大类确定好后，再在小类中去选取元件能更方便一些。选取元件后，这些元件会在页面左下端的元器件列表中显示，需要哪些可直接拖曳到编辑窗口即可。

3.2.3　Proteus 的虚拟仿真工具

元器件选取好后，就需要选取激励源以及虚拟仪器来测试电路。本节主要介绍激励源及虚拟仪器。首先选取激励源，单击工具箱中【Generator Mode】按钮，其列表同时显示，如图 3-2-4 所示。各种激励源示意表如表 3-2-3 所示。

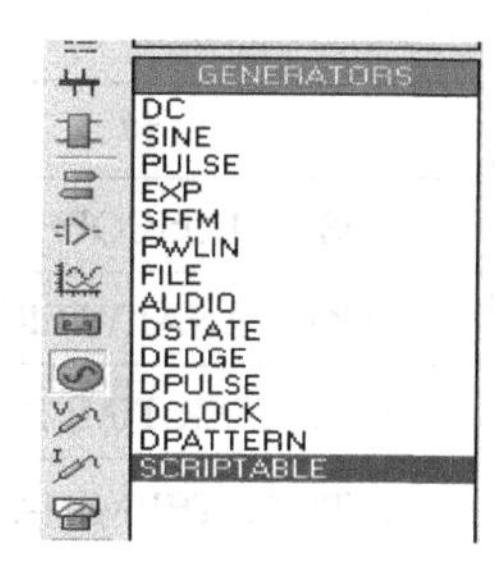

图 3-2-4　激励源显示列表

表 3-2-3　各种激励源示意表

名称	符号	意　义	名称	符号	意　义
DC		直流信号发生器	AUDIO		音频信号发生器
SINE		正弦波信号发生器	DSTATE		数字单稳态逻辑电平发生器
PULSE		脉冲发生器	DEDGE		数字单边沿信号发生器
EXP		指数脉冲发生器	DPULSE		单周期数字脉冲发生器
SFFM		单频率调频波发生器	DCLOCK		数字时钟信号发生器
PWLIN		分段线性激励源	DPATTERN		数字模式信号发生器
FILE		FILE 信号发生器	SCRIPTABLE		可用 BASIC 语言产生波形或数字脉冲信号

Proteus ISIS 还提供了很多虚拟仪器，单击工具箱中的【Virtual Instruments Mode】按钮，虚拟仪器列表如图 3-2-5 所示，其名称及含义如表 3-2-4 所示。

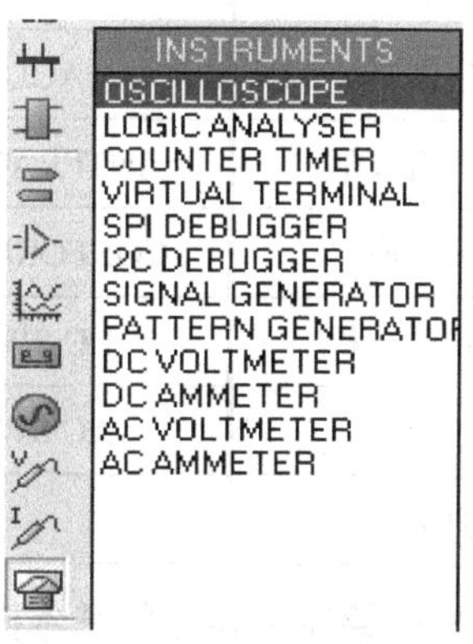

图 3-2-5　虚拟仪器列表

表 3-2-4　虚拟仪器名称及含义

名　称	含　义	名　称	含　义
OSCILLOSCOPE	示波器	SIGNAL GENERATOR	信号发生器
LOGIC ANALYSER	逻辑分析仪	PATTERN GENERATOR	模式发生器
COUNTER TIMER	计数/定时器	DC VOLTMETER	直流电压表
VIRTUAL TERMINAL	虚拟终端	DC AMMETER	直流电流表
SPI DEBUGGER	SPI 调试器	AC VOLTMTER	交流电压表
I2C DEBUGGER	I^2C 调试器	AC AMMETER	交流电流表

各仪器仪表的使用方法都非常简单，单击其图标就能打开仪表界面，这里就不作详细介绍了。整个电路搭建好后，可单击页面下端的仿真运行图标开始仿真，如图 3-2-6 所示。

图 3-2-6　仿真运行图标

Proteus ISIS 软件中有类似 Multisim 软件中分析功能的图表分析，利用图表分析时，需要与电压探针或电流探针相结合。图表分析可根据以下步骤来完成：

(1) 在电路被测点添加电压探针或电流探针；

(2) 选择图表分析类型，并在原理图中拖出此图表分析类型框；

(3) 在图表框中添加探针；

(4) 设置图表属性；

(5) 单击图表仿真按钮，生成所加探针对应的波形。

在 Proteus ISIS 工具箱中单击【Graph Mode】按钮，各种图表分析类型列表如图 3-2-7 所示。

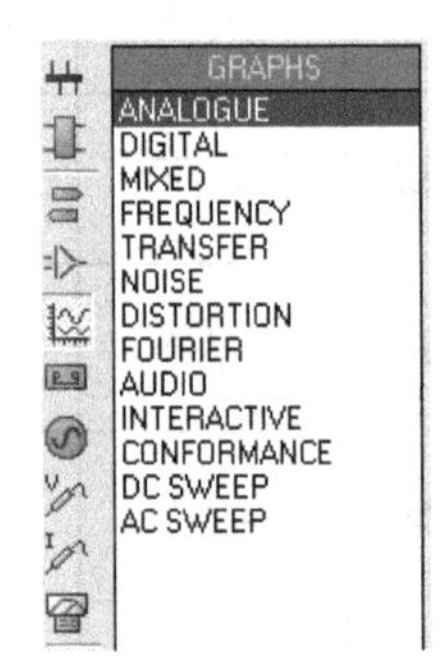

图 3-2-7　图表分析类型

各图表分析类型名称及含义如表 3-2-5 所示。

表 3-2-5　各图表分析类型名称及含义

波形类别名称	含　义	波形类别名称	含　义
ANALOGUE	模拟波形	FOURIER	傅里叶分析
DIGITAL	数字波形	AUDIO	音频分析
MIXED	模数混合波形	INTERACTIVE	交互分析
FREQUENCY	频率响应	CONFORMANCE	一致性分析
TRANSFER	转移特性分析	DC SWEEP	直流扫描
NOISE	噪声分析	AC SWEEP	交流扫描
DISTORTION	失真分析		

以上介绍了 Proteus ISIS 软件中绘制电路图的基本操作，根据这些即可仿真大部分电路。如果需要进一步详细学习，可查阅此软件相关书籍。

3.2.4　应用实例

下面通过实例来具体讲解如何快速使用这款软件。以 LM386 功放电路为例，其电路图如图 3-2-8 所示。

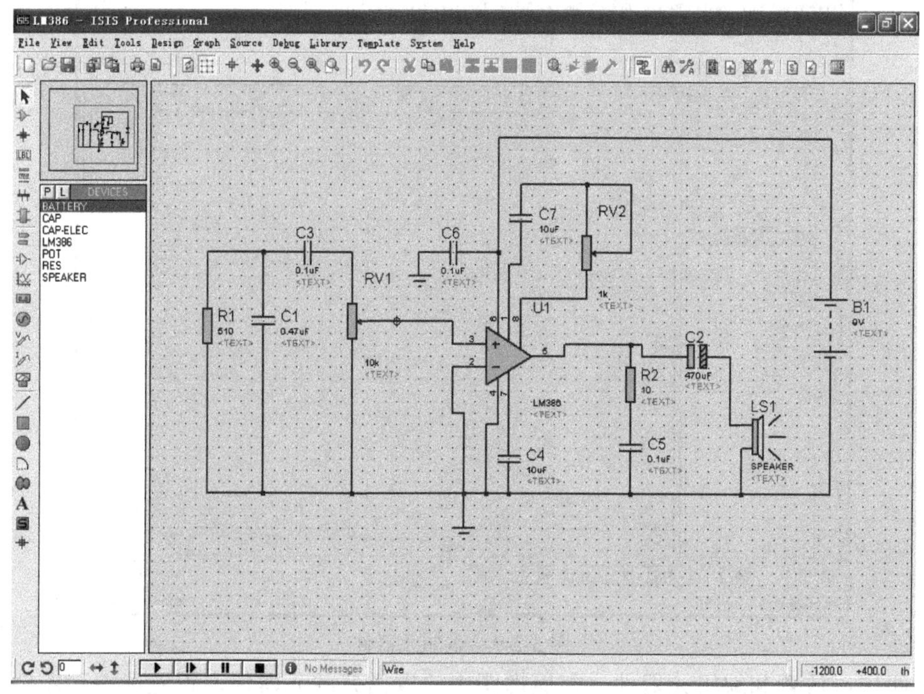

图 3-2-8　LM386 功放电路

第一步：创建一个新的设计文件。进入 Proteus ISIS 编辑环境，选择【File】→【New Design】菜单项，在弹出菜单中选择 DEFAULT 模板，并将新建的设计进行保存和命名。

第二步：设置工作环境。打开【Template】菜单，对工作环境进行设置。在本例中，使用系统默认设置。

第三步：拾取元器件。根据设计的电路图拾取元件，最好在拾取前列出所需元器件的列表。表 3-2-6 为元器件清单。

表 3-2-6　元 器 件 清 单

元件名	含　义	所在库
BATTERY	电池	Simulator Primitives
CAP	电容	Capacitors
CAP-ELEC	电解电容	Capacitors
LM386	LM386 芯片	Analog ICs
POT	可变电阻	Resistor
RES	电阻	Resistor
SPEAKER	扬声器	Speaker & Sounders

选择【Library】→【Pick Devices】→【Symbol】菜单，弹出【Pick Devices】界面，选取上面所列元器件，选取后，相应的各元器件会显示在元器件列表中，如图 3-2-9 所示。也可在关键字栏里输入所需的元器件名称查找元器件。

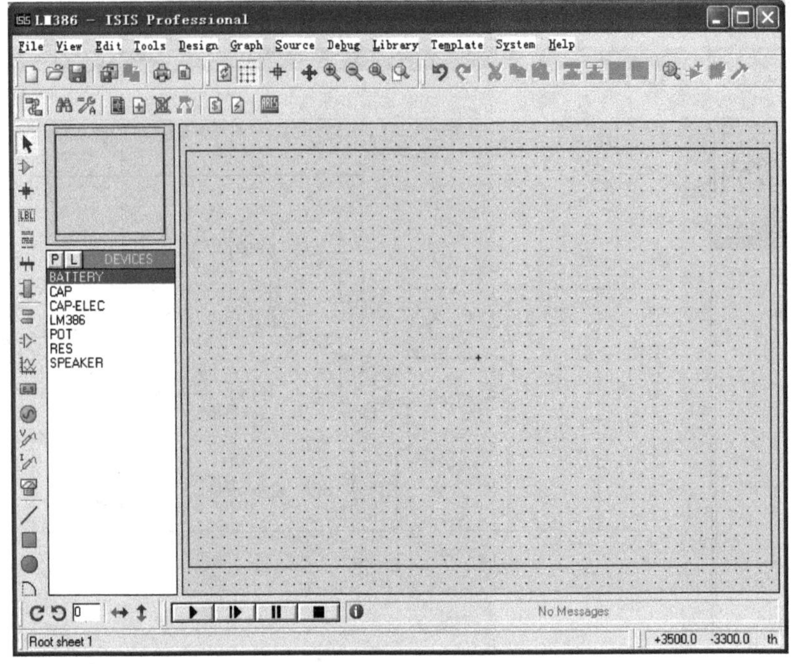

图 3-2-9　添加元器件

第四步：放置和编辑元器件。在原理图中放置需要的元器件，首先选中元器件，再拖至原理图中放置，放置好后，双击元器件，对该元器件进行编辑，设置为自己所需的数值。

第五步：电路连线。将各个元器件用导线连接，该软件可进行自动导线连接，只需用鼠标左键单击元器件的一个端点拖动到需要连接的另外一个元器件的端点，先松开左键后再单击鼠标左键，即完成一根连线。如果要删除一根连线，右键双击连线即可。完整电路图如图 3-2-8 所示。

第六步：电路的动态仿真。可在主菜单中单击【System】→【Set Animation Options】菜单，设置仿真时电压及电流的颜色及方向，如图 3-2-10 所示。

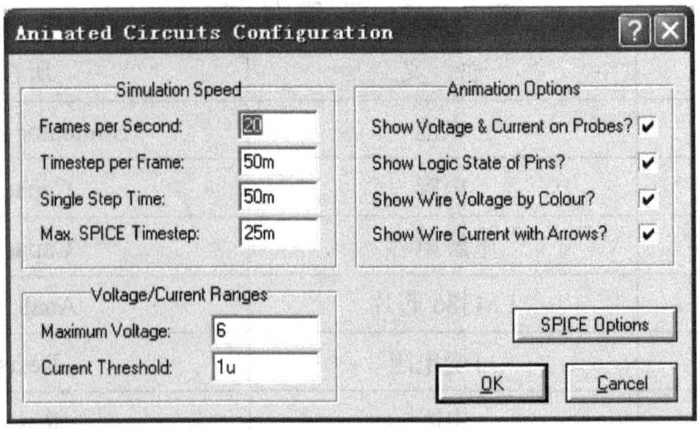

图 3-2-10　【Animated Circuits Configuration】对话框

设置好后，单击运行按钮，电路开始仿真。电路仿真图如图 3-2-11 所示。

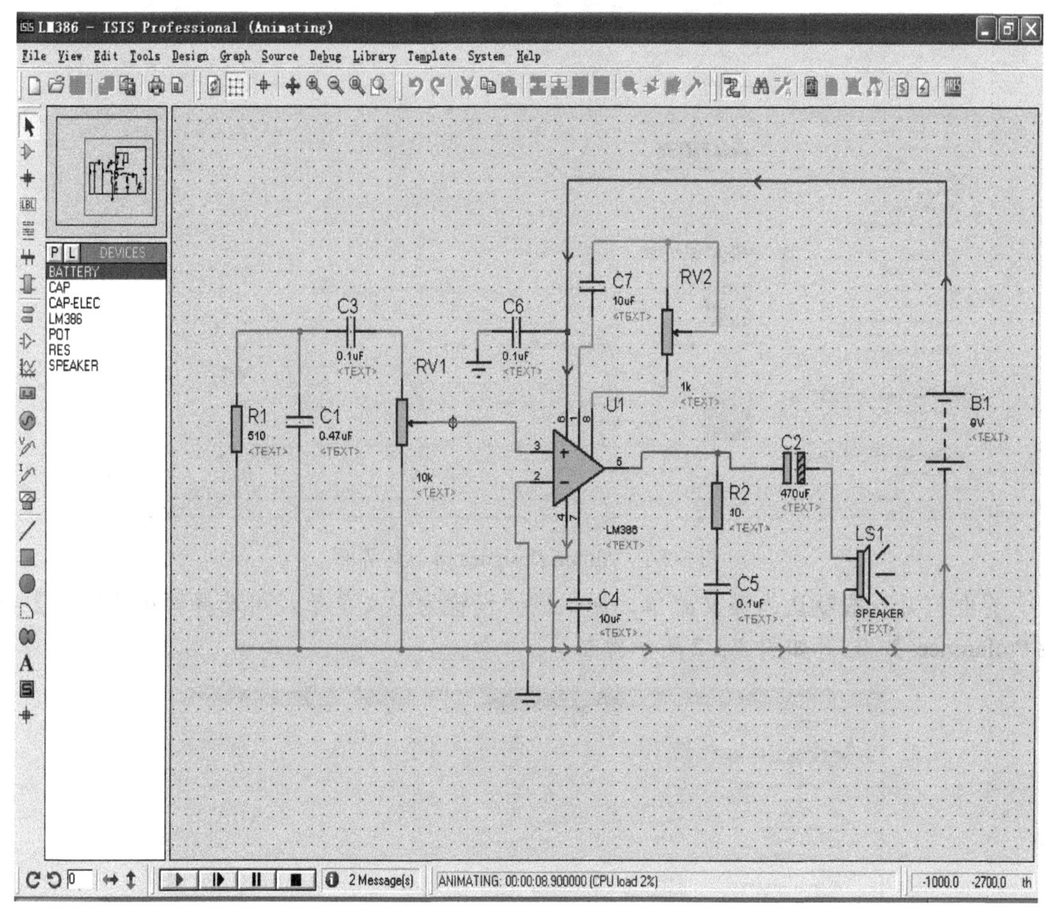

图 3-2-11　LM386 功放仿真图

3.3　Altium Designer 软件的使用

Altium Designer 软件是 Altium 公司继 Protel DXP 软件之后推出的一款一体化的电子产品开发系统。这款软件通过把原理图设计、电路仿真、PCB 绘制编辑、拓扑逻辑自动布线、信号完整性分析和设计输出等技术完美融合，为用户提供全新的设计解决方案，使用户可以轻松进行设计。该款软件可使电路设计的质量和效率大大提高。本节主要介绍 Altium Designer 14 软件的原理图设计及 PCB 的设计与制作这两个常用功能，其他功能用户可根据需要自行查阅资料。

3.3.1　界面介绍

正确安装及注册 Altium Designer 14 软件后，打开界面，如图 3-3-1 所示。

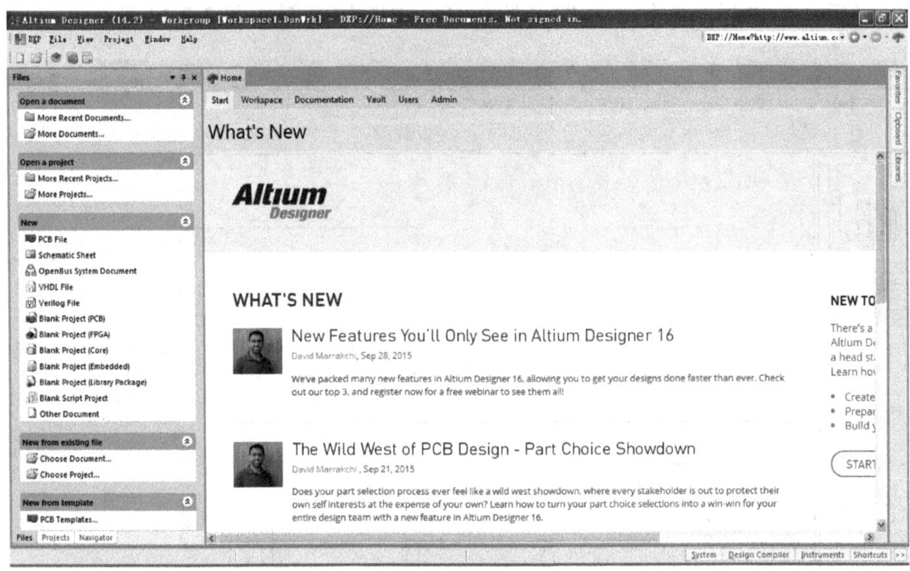

图 3-3-1　Altium Designer 14 软件界面

界面打开一般默认为英文菜单，如果需要设置为中文菜单，可选择菜单【DXP】→【Preferences】，打开如图 3-3-2 所示界面。

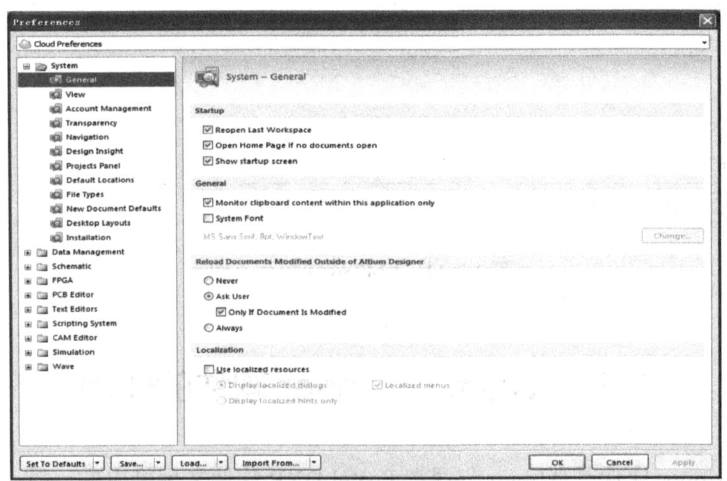

图 3-3-2　【Preferences】界面

在界面的下方将【Use localized resources】项选中，弹出如图 3-3-3 所示对话框，单击【OK】并单击界面下方的【OK】按钮，然后关闭软件，重新启动 Altium Designer 14 软件，即可变为中文菜单，如图 3-3-4 所示。

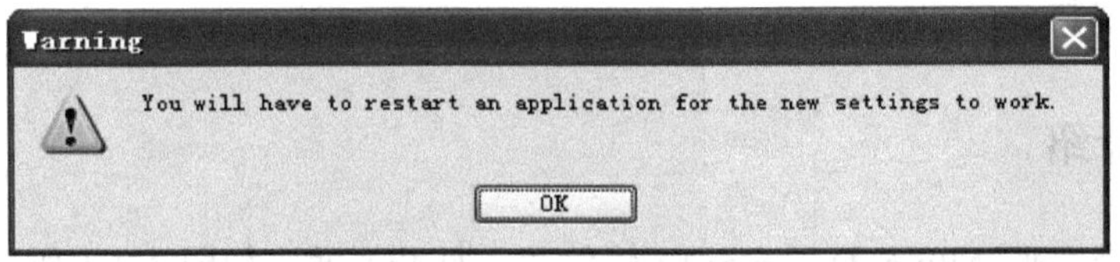

图 3-3-3　警告对话框

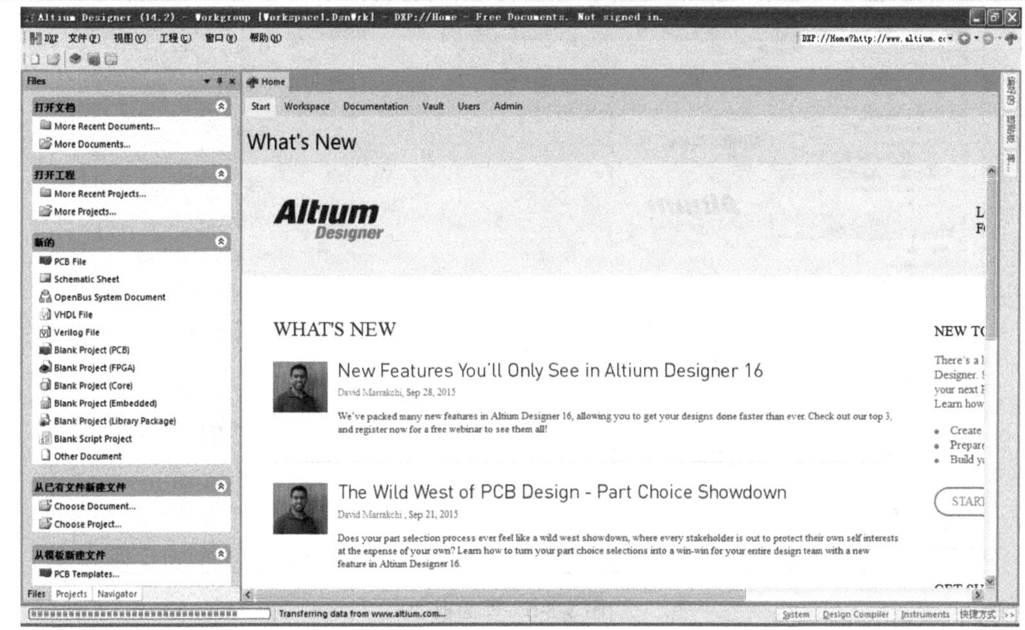

图 3-3-4　中文界面

在图 3-3-4 中【Home】页为主功能区。左侧为【Files】面板，可单击页面下方的【System】键切换菜单，如图 3-3-5 所示。

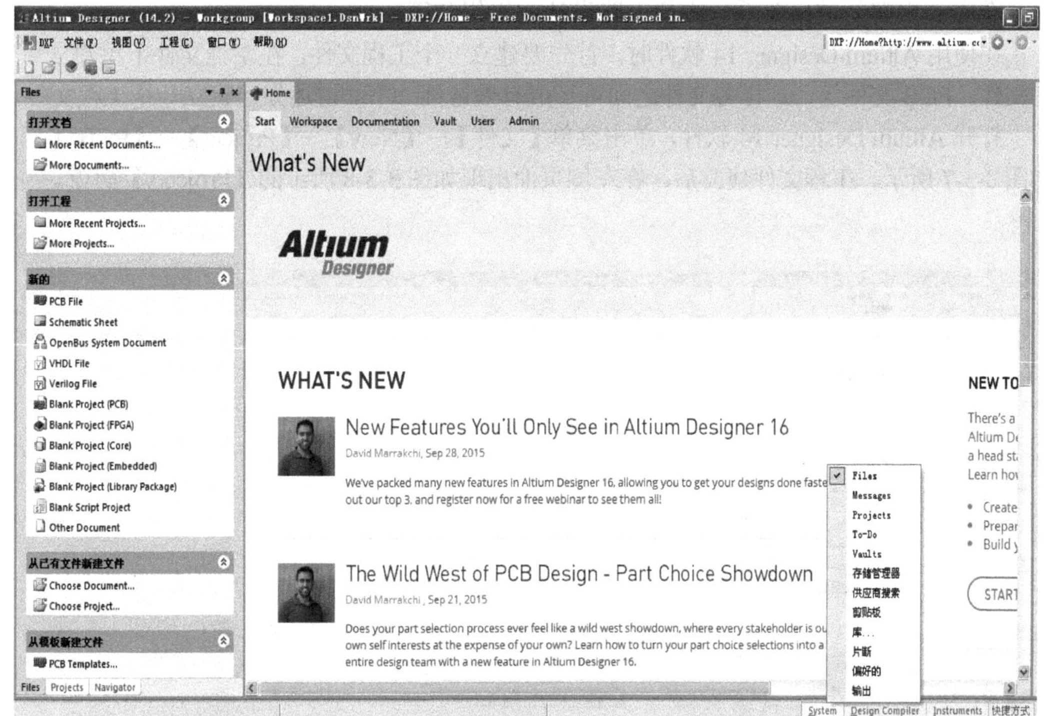

图 3-3-5　切换菜单

在图 3-3-4 中右侧的标签栏中有库文件的选项，设计原理图必须要用库面板，如图 3-3-6 所示。主菜单中各项与常用软件菜单项基本类似，将在后面两小节中对各项功能作具体介绍。

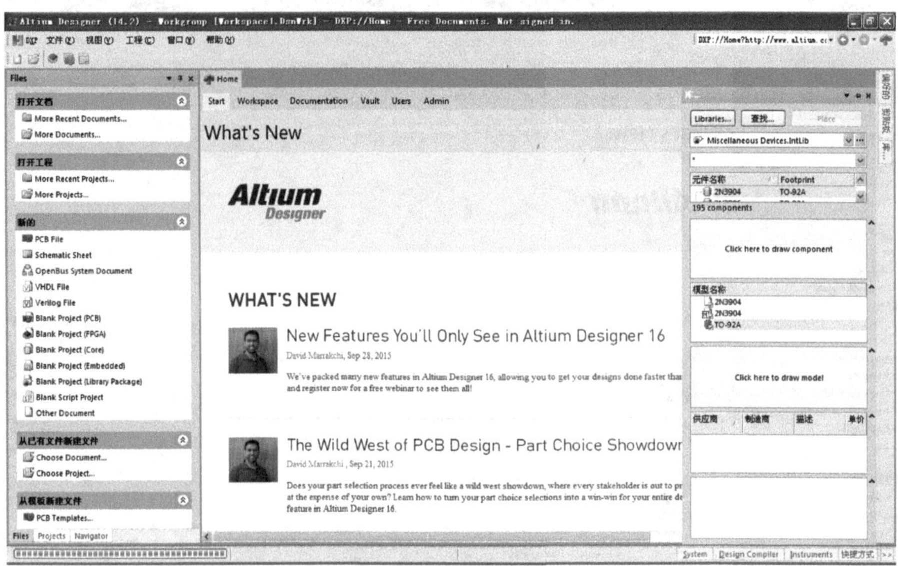

图 3-3-6 库面板

Altium Designer 14 软件同样引入了工程(.PrjPCB)的概念，每个工程中都包括原理图文件(.SchDoc)、元器件库文件(.SchLib)、网络报表文件(.NET)、PCB 设计文件(.PcbDoc)、PCB 封装库文件(.PcbLib)、报表文件(.REP)、CAM 报表文件(.Cam)等，工程文件的作用是建立与单个文件之间的链接关系，方便电路设计的组织和管理。

在使用 Altium Designer 14 软件时，首先要建立一个工程文件，在工程文件下再建立原理图文件、PCB 文件等，这样各文件之间可形成有效链接，下面讲述如何建立一个工程文件。

打开 Altium Designer 14 软件，单击菜单【文件】→【New】→【Project】→【PCB 工程】，如图 3-3-7 所示。工程文件建立后，在左侧页面出现如图 3-3-8 所示的【Projects】面板。

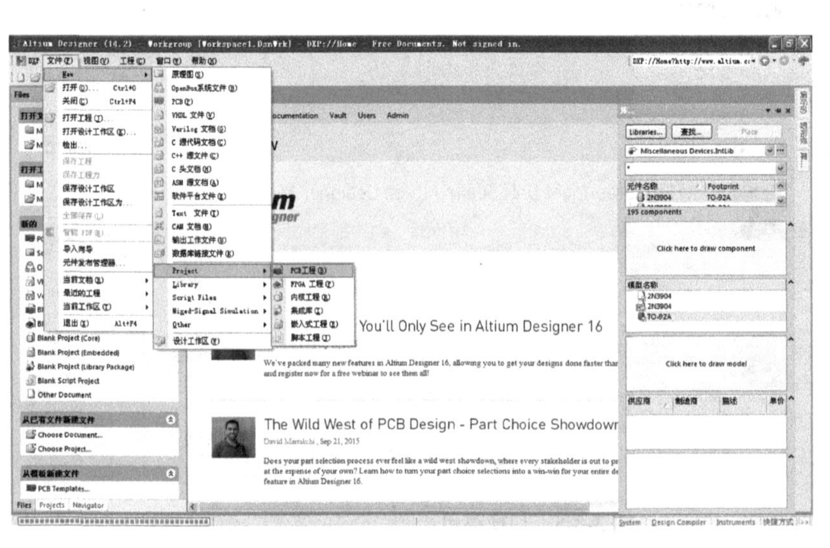

图 3-3-7 建立工程文件

图 3-3-8 【Projects】面板

工程文件中常用的文件为原理图文件及 PCB 文件，所以工程文件建好后，单击菜单【文件】→【New】→【原理图】，建立原理图文件，如图 3-3-9 所示。之后单击菜单【文件】→【New】→【PCB】，建立 PCB 文件，如图 3-3-10 所示。在左侧的工程文件夹下可以看到相应的文件名称，通过单击文件名称可切换显示各文件。

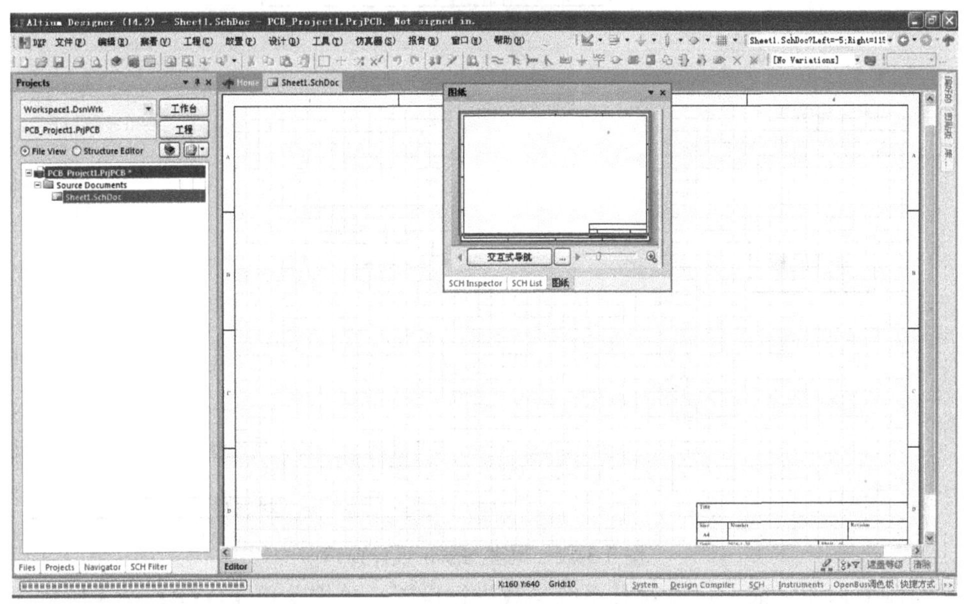

图 3-3-9　原理图文件

图 3-3-10　PCB 文件

在工程页中右键单击各文件名，可将相应的工程文件、原理图文件及 PCB 文件保存。

3.3.2　原理图文件的设计与绘制

原理图编辑界面主要由菜单栏、标准工具栏、设计区域、电气连接工具栏、注释工具栏、状态栏、项目面板等组成，如图 3-3-11 所示。

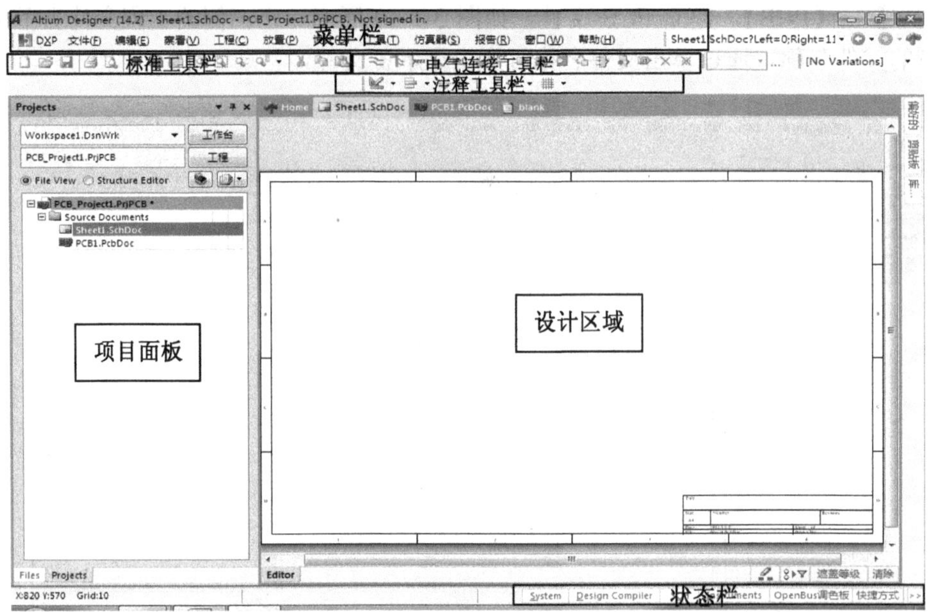

图 3-3-11　原理图默认设计窗口

在绘制原理图之前，可先对其系统参数进行设置，单击菜单【DXP】→【参数选择】，弹出如图 3-3-12 所示对话框，在左侧的【Schematic】项下可进行各项设置。

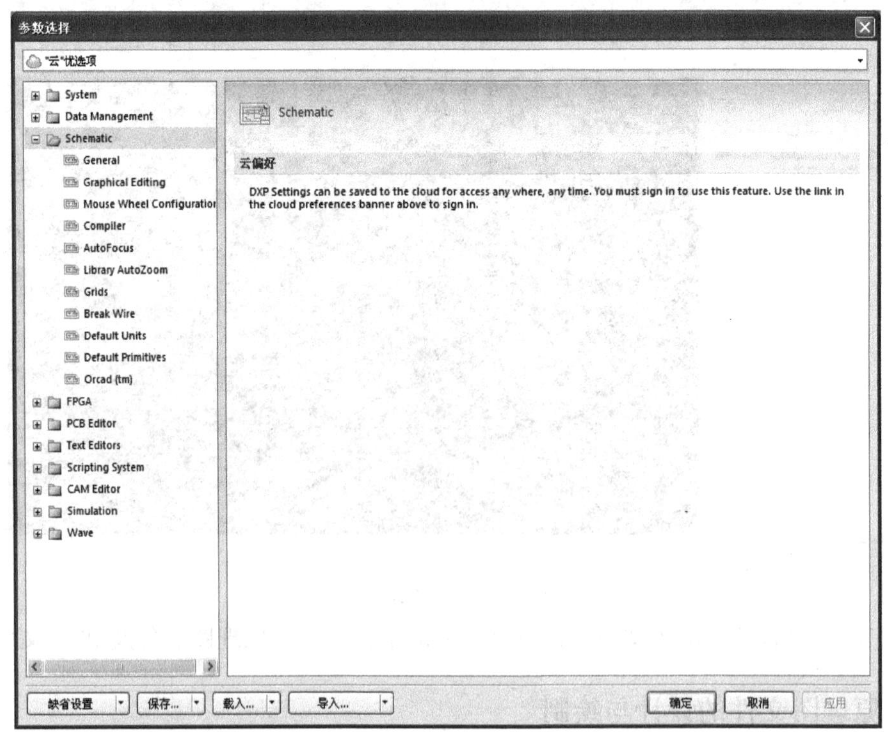

图 3-3-12　原理图参数设置对话框

参数设置项中各项内容及功能如表 3-3-1 所示。

表 3-3-1　参数设置项中各项内容及功能

类	分　项	功　　能
General (原理图常规参数)	直角拖曳	在拖动一个元器件时，与元器件连接的导线将与该元器件保持直角关系，若未选中该选项，将不保持直角关系
	Optimize Wire & Buses (优化导线和总线)	防止导线、贝塞尔曲线或总线间的相互覆盖
	元件割线	将一个元器件放置在一条导线上时，如果该元器件有两个引脚在导线上，则该导线自动被元器件的两个引脚分成两段，并分别连接在两个引脚上
	使能 In-Place 编辑	其功能是当光标指向已放置的元器件标识、字符、网络标号等文本对象上时，选中它们后，单击或者使用快捷键 F2 可以直接在原理图编辑窗口内修改其文本内容，而不需要进入参数属性对话框。若该选项未选中，则必须在参数属性对话框中编辑修改文本内容
	显示 Cross-Overs (交叉跨越)	在未连接的两条十字交叉导线的交叉点显示弧形跨越
	Pin 方向	引脚方向，在元器件的引脚上显示信号的方向符号
	图纸入口方向	在层次原理图设计中使用
	端口方向	在层次原理图设计中关联端口使用
Graphical Editing (图形编辑)	主要用于设置绘图相关参数	
Mouse Wheel Configuration (鼠标滚轮参数)	主要用于设置鼠标按钮的配置	
Compile (编译器参数)	“错误和警告”选项组	主要用于设置编译器编译时所产生的错误级别和警告是否显示及显示的颜色
	“自动连接”选项组	当选中“显示在线上”复选框时，选择适当的“大小”和“颜色”，在放置连接导线时，只要导线的起点或终点在另一条导线上(T 形连接时)、元器件引脚与导线 T 形连接或几个元器件的引脚构成 T 形连接时，系统就会在交叉点上自动放置一个节点；如果是跨过一条导线(即十字形连接)，系统在交叉点不会自动放置节点。因此，如果需要连接两条十字交叉的导线，必须手动放置节点
	“手动连接状态”选项组	选中“显示”复选框，可以手动放置已设定大小和颜色的节点
	“编译扩展名”选项组	为选中的对象显示扩展的编译名称
AutoFocus (自动聚焦参数)	主要用于设置在放置、移动和编辑对象时，是否使图纸显示自动聚焦等功能	
Library AutoZoom (库自动变焦参数)	主要用于设置在库编辑器中编辑原理图器件符号时，编辑窗口自动变焦的功能	

续表

类	分　项	功　　能
Girds (网格参数)	主要用于设置图纸网格参数	
Break Wire (切割导线参数)	主要用于设置切割长度及显示等	
Default Units (长度单位参数)	英制单位系统	可选择单位有 mil、inche，系统默认的是 10 mils 和 Auto-Imperial。如果选择 Auto-Imperial，只要长度为 500 mils，系统会自动将单位切换为 inches
	公制单位系统	可选择的单位有 mm、cm、metres 和 Auto-Metric。如果选择 Auto-Metric，只要数值大于 100 mm，系统会自动将单位切换为 cm；只要数值大于 100 cm，系统会自动将单位切换为 m
Default Primitives (图件默认参数)	元件列表下拉框	单击元件列表右侧的下拉按钮会弹出一个下拉列表，其中包括几个工具栏的对象属性选择，一般选择 All，即全部对象都可以在 Primitives 窗口显示出来
	元器件列表框	在该列表框可以进行某图件的属性设置
	“复位”按钮	在选中图件时，单击该按钮，将复位图件的属性参数，即复位到安装的初始状态。单击“复位所有”按钮，将复位所有图件对象的属性参数
	“永久的”复选框	选中“永久的”选项，即永久锁定了属性参数
Orcad(tm) (原理图导入)	对原理图的复制封装等进行设计	

完成参数设置后，可通过电气连接工具栏或【放置】菜单放置元器件。其中电气连接工具栏各项功能如表 3-3-2 所示。

表 3-3-2　电气连接工具栏各项功能

菜单名称	图标	功　能	菜单名称	图标	功　能
导线		放置导线	图表符		放置图表符
总线		放置总线	图纸入口		放置图纸入口
信号线束		放置信号线束	器件图表符		放置器件图表符
总线进口		放置总线入口	线束连接器		放置线束连接器
网络标号		放置网络标号	线束入口		放置线束入口
GND 端口		放置 GND 端口	端口		放置端口
VCC 电源端口		放置 VCC 电源端口	ERC 检查		放置忽略 ERC 检查节点
器件		放置器件			

原理图的绘制，首先需要放置元器件，单击放置器件按钮，弹出如图 3-3-13 所示界面，单击【选择】按钮，弹出如图 3-3-14 所示界面，在该界面中选择所需元器件。

图 3-3-13　放置器件界面

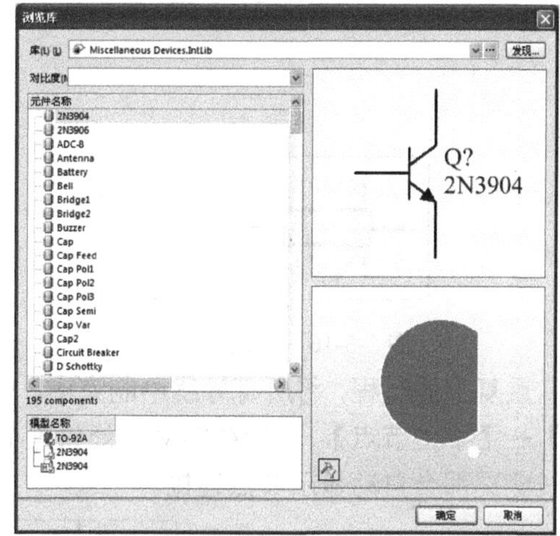

图 3-3-14　器件选择界面

在图 3-3-14 的界面中，【库】这一项表示所选器件所在的库，单击 图标可添加所需的库，【元件名称】列表中所列为该库的各元件，右上角图形为元件符号，右下角图形为元件的封装外形。选择好元件后，单击【确定】按钮，在页面中摆放元件，摆放好的界面如图 3-3-15 所示。

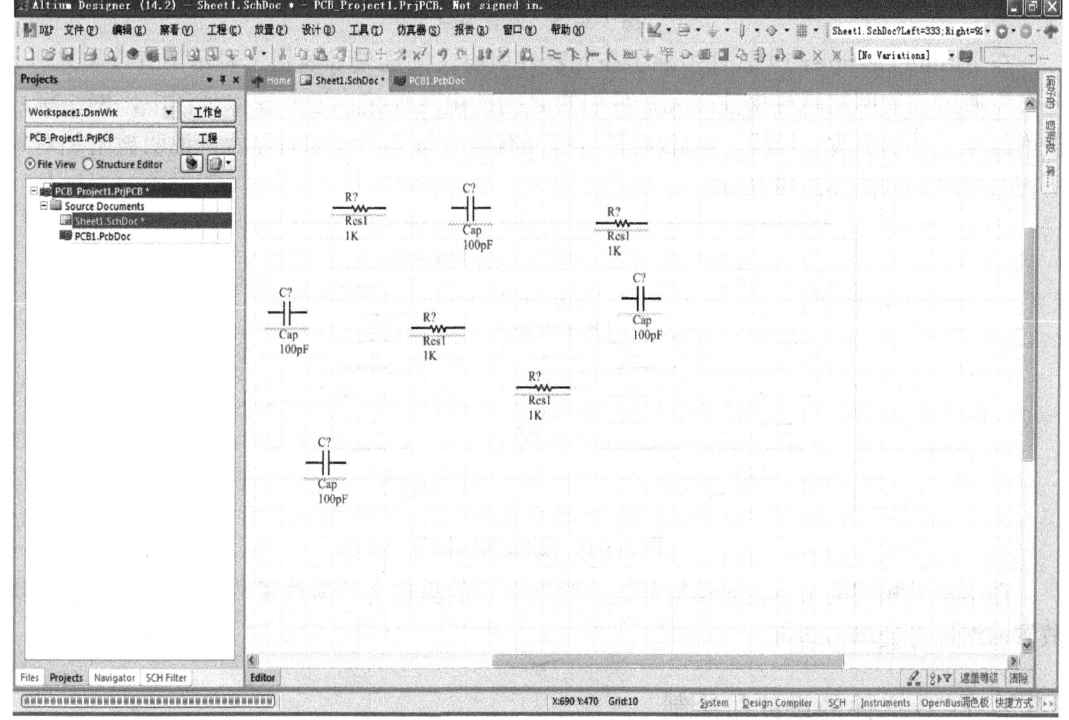

图 3-3-15　原理图设计界面

元件摆放好后，单击放置导线图标 ，鼠标移动到元件的引脚上，自动出现如图 3-3-16

所示的红色叉形符号，单击左键开始绘制导线，在另一元件的引脚上再次单击，将成功绘制导线，如图 3-3-17 所示。

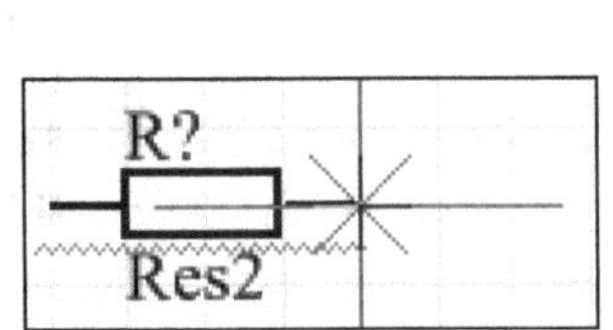

图 3-3-16　导线绘制过程

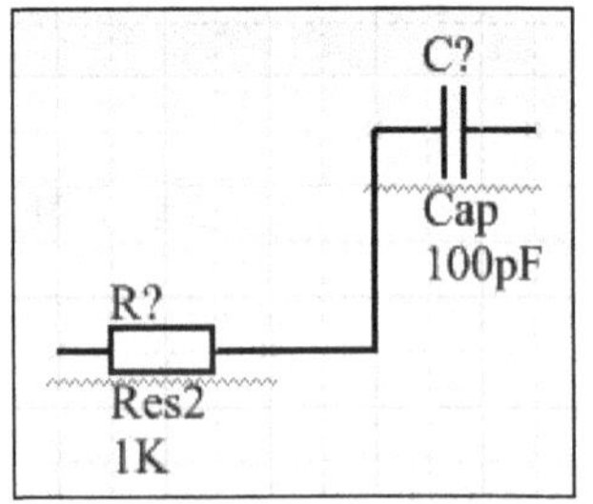

图 3-3-17　导线绘制完成

重复上述过程，将所有导线绘制完毕。如果导线有交叉，则需放置节点，单击菜单【放置】→【手工节点】，在导线的交叉处放置节点，如图 3-3-18 所示，一般在绘制导线时，导线交叉都会自动显示节点连接。

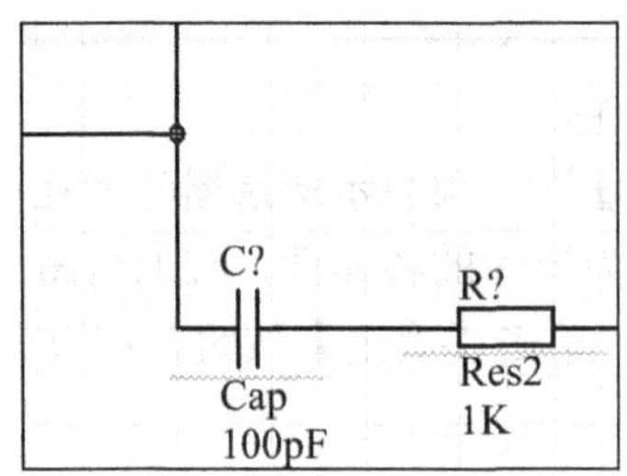

图 3-3-18　放置节点

在 Altium Designer 14 软件中除了在元器件引脚之间连接导线用于表示电气连接之外，还可以通过放置网络标号来建立元器件引脚之间的电气连接。通常在原理图中，网络标号被附加在元件的引脚、导线、电源/地符号等具有电气特性属性的对象上，说明被附加对象所在的网络，如图 3-3-19 所示。

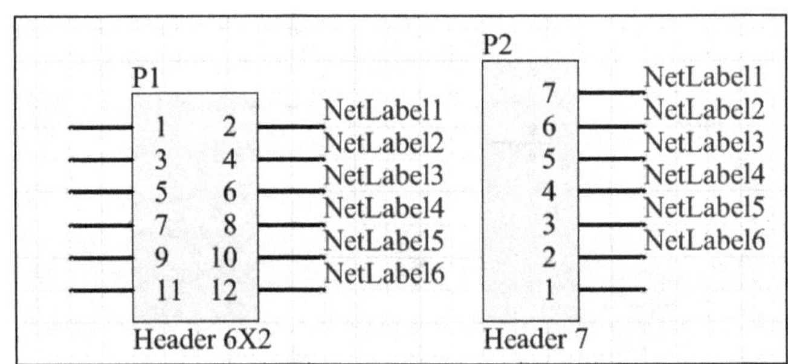

图 3-3-19　放置网络标号

图中标号相同的节点表示引脚相连。放置节点的操作为单击放置节点图标 Net，在所需放置网络标号处单击即可。

3.3.3　PCB 文件的设计与绘制

PCB 绘图界面如图 3-3-20 所示。

图 3-3-20　PCB 绘图界面

PCB 图在绘制之前也需要设置系统参数，在 PCB 图界面，单击菜单【DXP】→【参数选择】或菜单【工具】→【优先选项】，弹出如图 3-3-21 所示界面，选择【PCB Editor】项。

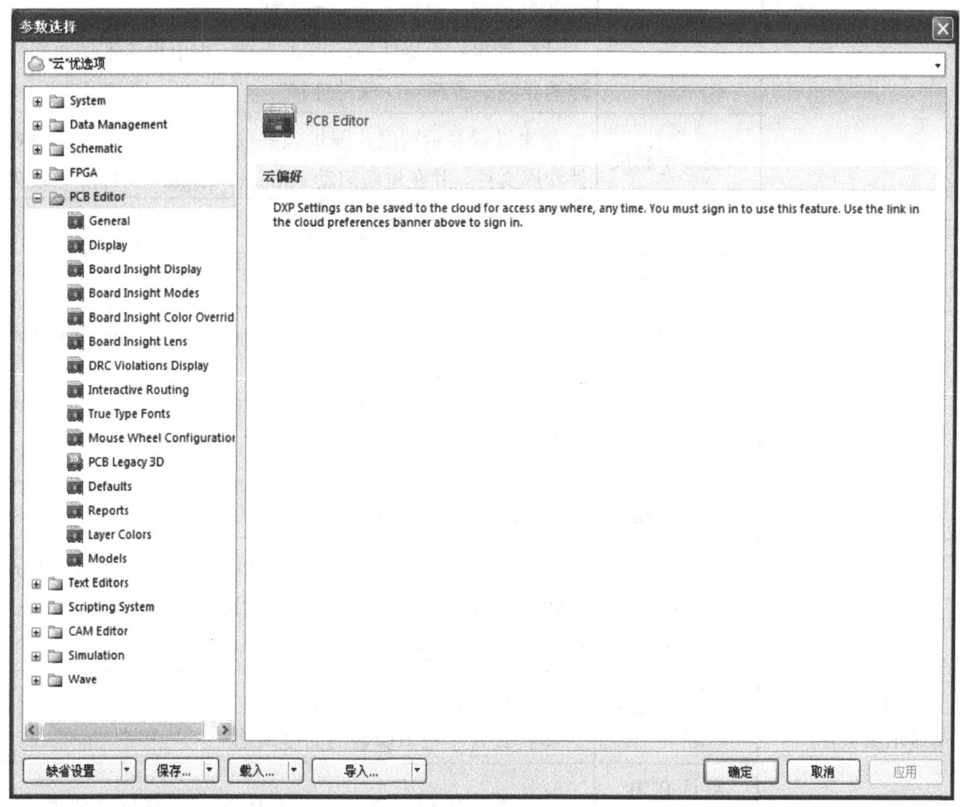

图 3-3-21　PCB 参数设置

PCB 版图系统参数共分为 15 大类，具体功能如表 3-3-3 所示。

表 3-3-3　PCB 版图系统参数设置

类	分　项	功　　能
General (常规参数)	编辑选项	在线 DRC：可在线设计规则检查，在设计过程中，系统会自动进行 DRC 检查。 Snap To Center：可捕获对象中心，若选中单击对象时，光标会自动对准对象的中心。 智能元件 Snap：单击元器件时，光标自动捕获最近的引脚。 移除复制品：可自动删除重复。 确认全局编译：可全局编辑控制。 保护锁定的对象：使被锁定对象不能被编辑。 确定被选存储清除：可使存储器清除控制。 智能 Track Ends：即智能轨迹到终端，在设计过程中，飞线会指向导线的端点
	其他	撤销/重做：设置可恢复次数。 旋转步骤：设置放置元器件时，按下空格键后元器件逆时针旋转的角度，可以是任意角度值，正值表示逆时针旋转，负值表示顺时针旋转。 指针类型：鼠标光标类型选择。 比较拖曳：元器件拖动模式选择，用于设置拖动元器件时相连的导线是否跟随，保持连接
	米制显示精度	用来设置显示精度。编辑该参数时需要关闭所有的 PCB 文件和库文件，并在重新启动 Altium Designer 软件后该设置生效
	自动扫描选项	用来设置自动变焦显示(缩放)风格
	空间向导选项	设置空间导航选项
	多边形 重新覆铜	主要用于设置覆铜后，编辑过程中有导线与铜重叠或交叉时，覆铜是否重灌
	文件格式 修改报告	用来设置禁止文件格式更改报告模式
	从应用中粘贴	可以设置从其他应用程序粘贴的格式
Display (显示参数)	DirectX 选项	如果可能，请使用 DirectX 复选框，选中时，【测试 DirectX】按钮被激活，单击该按钮开始测试用户系统安装的 DirectX，在 DirectX 中可以使用低变焦
	图像极限	线：设置布线的宽度阈值。 串：设置字符串像素的高度阈值
	默认 PCB 视图配置	可设置默认 PCB 阅览为二维 PCB 或三维 PCB 模型
	3D 选项	可设置显示简单的 3D 模型或 STEP 模型

续表

类	分　项	功　能
Display (显示参数)	高亮选项	完全高亮：即选中的对象以当前的颜色高亮填充突出显示。 在高亮的网络上显示全部原始的：选中该项时，在单层模式下显示所有层的对象(包括隐藏层中的对象)，当前层高亮显示
	显示选项	重新刷新层：层刷新，设计层切换时自动刷新界面。 使用 Alpha 混合：如果用户的显卡不支持 Alpha Blending，重绘或者速度很慢时，请关闭该功能
	默认 PCB 库显示配置	可设置默认阅览为二维 PCB 库或三维 PCB 库。 层拖曳顺序的功能是设置各层的先后顺序
Bord Insight Display (PCB 编辑器板观察器显示参数)	焊盘与过孔选项	包含项有应用智能显示颜色、透明背景、背景色、最小/最大字体尺寸、字体名、字体类型、最小对象尺寸
	Live 高亮	使能选项，选中时高亮显示有效。 仅换键时实时高亮，只有当按下 Shift 键时显示才有效
	可获取的单层模式	隐藏其他层：将其他层隐藏。 其余层亮度刻度：其他层采用灰度显示模式 其余层单色：其他层采用单色显示模式
Board Insight Color Overrides (观察器颜色覆盖参数)	基本模式	用于设置基础图案类型
	缩小行为	用于设置缩小显示设置类型
Board Insight Lens (板观察器透镜)	主要用于设置板观察器的透镜参数	
DRC Violations Display (DRC 冲突显示参数)	用于设置 PCB 编辑器的 DRC 冲突显示参数	
Interactive Routing (交互式布线参数)	用于设置 PCB 编辑器的交互式布线参数，交互式布线就是手工布线	
True Type Fonts (字体参数)	用于设置 PCB 编辑器的字体参数	
Mouse Wheel Configuration (鼠标滚轮参数)	用于设置 PCB 编辑器的鼠标滚轮参数，用户可以选择不同的组合键来对应列表框中相应的功能	
PCB Legacy 3D (三维模型参数)	用于设置 PCB 编辑器的三维模型参数	
Defaults (默认参数)	用于设置 PCB 编辑器的默认参数	
Reports (报告参数)	用于设置 PCB 编辑器的报告参数	
Layer Colors (层颜色设置)	用于设置 PCB 编辑器的层颜色参数	
Models (模型参数)	用于设置 PCB 编辑器的模型参数	

PCB 图绘制可由原理图导入，也可自己绘制。由原理图导入时需把原理图文件与 PCB 文件放入在同一 PCB 工程下，如图 3-3-22 所示。

图 3-3-22　工程文件夹

在原理图文件界面中单击菜单【设计】→【Update PCB Document PCB2.PcbDoc】或在 PCB 文件界面中单击菜单【设计】→【Update Schematics in PCB_Project2.PrjPCB】，弹出如图 3-3-23 所示菜单，单击【生效更改】按钮，会逐次检查各器件的连接情况，再单击【执行更改】按钮，原理图将导入到 PCB 文件中，如图 3-3-24 所示，元器件之间的连线表示其电气连接。

工程更改顺序

修改					状态		
使能	作用	受影响对象		受影响文档	检测	完成	消息
	Remove Nets(203)						
✓	Remove	1V2	From	Connected_Cube.PcbDoc			
✓	Remove	1V8_FT	From	Connected_Cube.PcbDoc			
✓	Remove	1V8	From	Connected_Cube.PcbDoc			
✓	Remove	3V3_FT	From	Connected_Cube.PcbDoc			
✓	Remove	3V3	From	Connected_Cube.PcbDoc			
✓	Remove	16M_IN	From	Connected_Cube.PcbDoc			
✓	Remove	16M_OUT	From	Connected_Cube.PcbDoc			
✓	Remove	32.768K_IN	From	Connected_Cube.PcbDoc			
✓	Remove	32.768K_OUT	From	Connected_Cube.PcbDoc			
✓	Remove	A0	From	Connected_Cube.PcbDoc			
✓	Remove	A1	From	Connected_Cube.PcbDoc			
✓	Remove	A2	From	Connected_Cube.PcbDoc			
✓	Remove	A3	From	Connected_Cube.PcbDoc			
✓	Remove	A4	From	Connected_Cube.PcbDoc			
✓	Remove	A5	From	Connected_Cube.PcbDoc			
✓	Remove	A6	From	Connected_Cube.PcbDoc			
✓	Remove	A7	From	Connected_Cube.PcbDoc			
✓	Remove	A8	From	Connected_Cube.PcbDoc			
✓	Remove	A9	From	Connected_Cube.PcbDoc			
✓	Remove	A10	From	Connected_Cube.PcbDoc			

警告：在编译这个工程时发生错误！！　点击这里在继续之前查看它们。

生效更改　执行更改　报告更改(R) (R)...　仅显示错误　关闭

图 3-3-23　工程更改顺序对话框

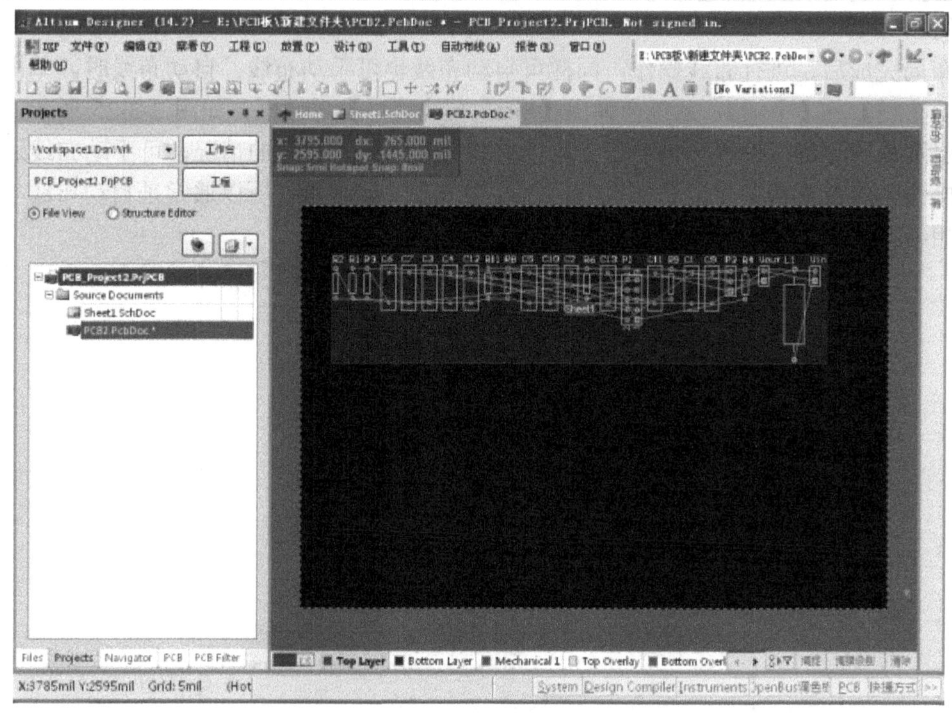

图 3-3-24　元器件导入到 PCB 文件中

PCB 图也可以像原理图一样直接在 PCB 文件中进行绘制，放置对象的命令集中在【放置】菜单中，工具栏中也有对应图标，但是很多功能并不常用，这里只介绍常用的几种功能，具体见表 3-3-4 所示。

表 3-3-4　【放置】菜单各项功能

【放置】菜单	图标	功　能
交互式布线		放置元器件之间的导线
焊盘		放置焊盘，对焊盘、孔洞信息均可进行设置
过孔		放置过孔
圆弧(边沿)		放置圆弧，放置过程中按 Tab 键或双击放置完成的全圆
填充		放置矩形填充区域
多边形覆铜		进行覆铜，有三种模式，分别为实心填充、网格填充、无填充
字符串	A	放置字符串，可设置其高度、字体、放置层等
器件		放置元器件

器件放置好后，进行布局操作，可自动布局也可手动布局，单击菜单【工具】→【器件布局】→【自动布局…】。手动布局即用鼠标拖动元件在 PCB 文件中摆放，一般情况下，自动布局的元件有些会叠加，需手动布局进行调整。对于器件少的电路，也可直接采用手

动布局。

布局完成后，进行布线操作，同样可自动布线也可手动布线。自动布线时，单击菜单【自动布线】→【全部】，系统会弹出【Situs 布线策略】对话框，如图 3-3-25 所示，可对布线层及规则等进行设置。自动布线后，有些线会出现不合理的情况，可手动布线进行删除等操作。PCB 布线是个复杂的过程，需要考虑多方面因素，所以通常是自动布线与手动布线相结合。

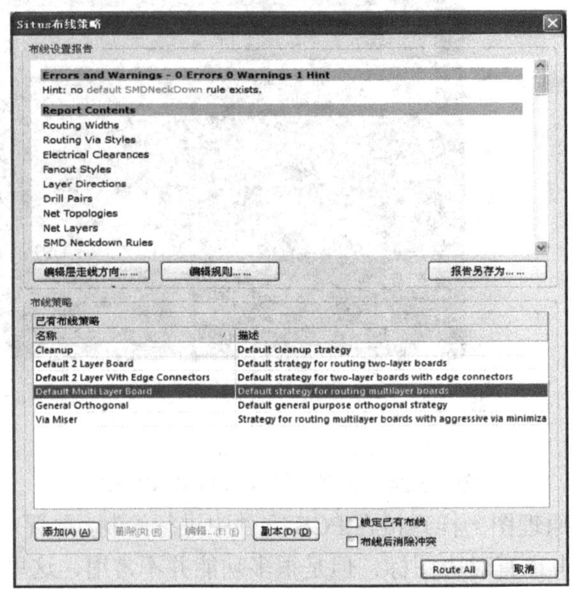

图 3-3-25　【Situs 布线策略】对话框

PCB 文件在编辑时，需要注意的是通常我们要设计其规则，单击菜单【设计】→【规则…】即可对 PCB 编辑设计规则，界面如图 3-3-26 所示。

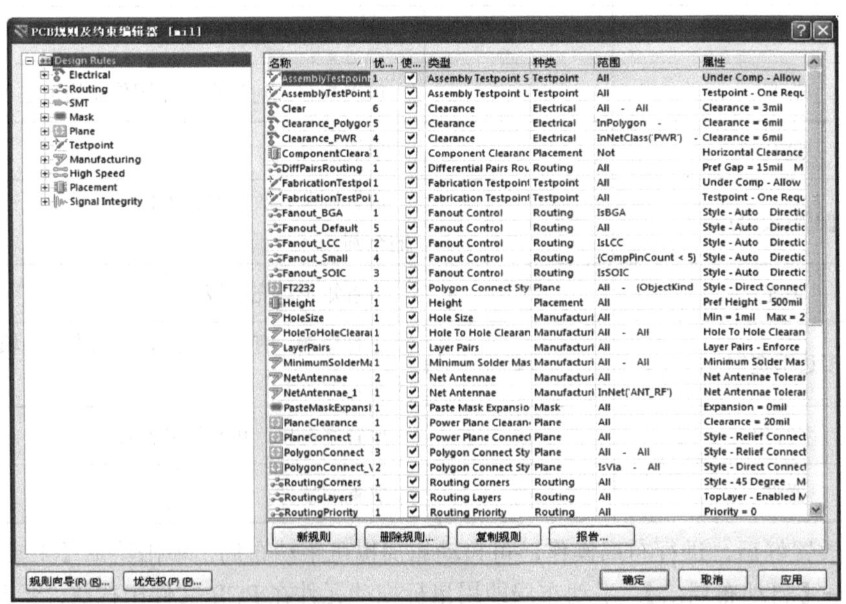

图 3-3-26　规则设计界面

由于规则项比较多，这里只作简单介绍，如表 3-3-5 所示，具体规则可查阅相关文献。

表 3-3-5　PCB 规则介绍

名　称	功　能
Electrical (电气规则)	在对 PCB 进行 DRC 电气检测检查时，违反这些规则的对象将会变成绿色以提示用户，其包含 4 个子类
Routing (布线规则)	在对 PCB 进行自动或手动布线时不能违反这些规则，其包含 7 个子类
SMT (表贴技术规则)	主要用于设置电路板表贴元件布线时遵循的规则，其包含 3 个子类
Mask (阻焊层规则)	主要用于设置电路板阻焊层的规则，其包含 2 个子类
Plane (电源层规则)	主要用于设置电路板内部电源/接地层规则，包含 3 个子类
Testpoint (测试点规则)	主要用于设置有关测试点的规则，在进行自动布线、DRC 检查及测试点的放置时遵循该规则。有时为了方便调试电路，在设计 PCB 时引入一些测试点，一般测试点连接在网络上，与焊盘和过孔类似。该项包含 2 个子类
Manufacturing (制造规则)	主要用于设置受电路板制造工艺所限制的布线规则，其包含 4 个子类
High Speed (高频规则)	主要用于设置与高频有关的布线规则，其包含 6 个子类
Placement (布局规则)	主要用于设置有关元件布局的规则，其包含 6 个子类
Signal Integrity (信号完整性规则)	主要用于设置信号完整性的规则，这些规则用于对 PCB 信号完整性的分析，其包含 13 个子类

3.3.4　应用实例

本节将以一个 NPN 型三极管放大电路为例，介绍如何从建立工程开始，通过手动布局及自动布线，直到完成 PCB 图的绘制的整个过程。

首先，打开 Altium Designer 14 软件，单击菜单【文件】→【New】→【Project】→【PCB 工程】，建立一个新工程。继续单击菜单【文件】→【New】→【原理图】，建立原理图文件，单击菜单【文件】→【New】→【PCB】，建立 PCB 文件。保证原理图文件及 PCB 文件在同一个工程下并将所有文件保存。

然后，在原理图界面绘制原理图。单击工具栏图标 ，放置所需元器件。具体器件如表 3-3-6 所示。

表 3-3-6　具 体 器 件

名　称	数量	所 在 库
电阻	5 个	Miscellaneous Devies. IntLib→Res2
电容	3 个	Miscellaneous Devies. IntLib→Cap
电位器	1 个	Miscellaneous Devies. IntLib→Rpot
NPN 型三极管	1 个	Miscellaneous Devies. IntLib→NPN1

由于这里只介绍绘制 PCB 图，并不进行仿真，故没有要求元器件的取值。将这些元器件选出后，在原理图页面摆放整齐，如图 3-3-27 所示。

点击放置线图标 ≈，将元器件连接起来，如图 3-3-28 所示。

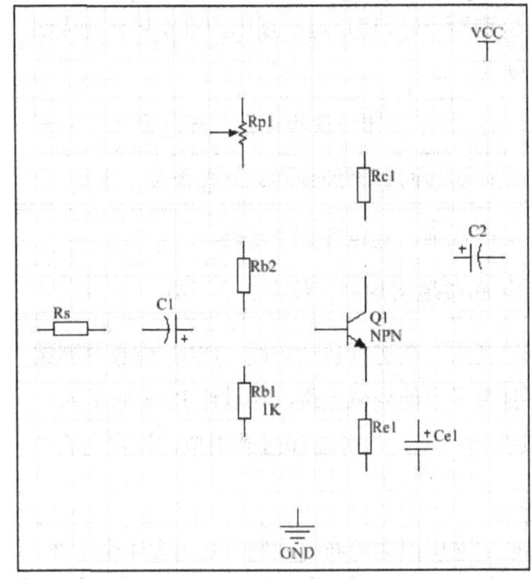

图 3-3-27　器件摆放在原理图页面

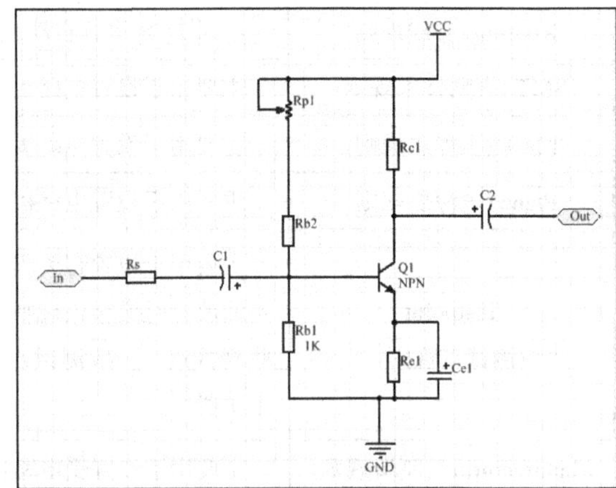

图 3-3-28　导线连接后原理图

保存后单击菜单【设计】→【Update PCB Document PCB2.PcbDoc】，出现如图 3-3-29 所示界面，单击【生效更改】按钮后，再单击【执行更改】按钮，将器件导入到 PCB 文件中，如图 3-3-30 所示。

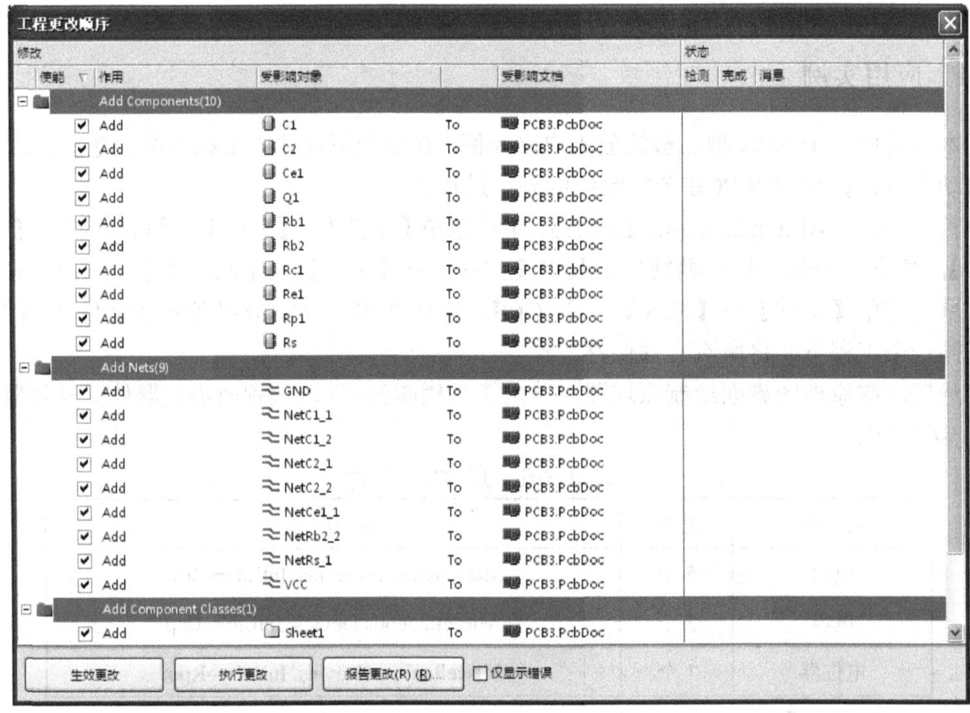

图 3-3-29　工程更改顺序界面

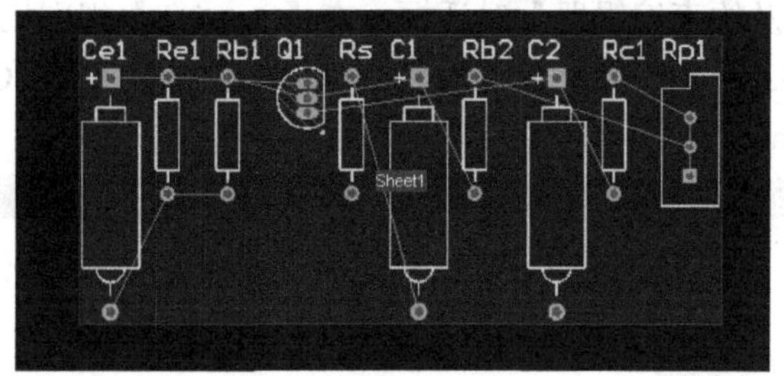

图 3-3-30　将器件导入至 PCB 图

将器件手动布局，摆放合理，如图 3-3-31 所示。

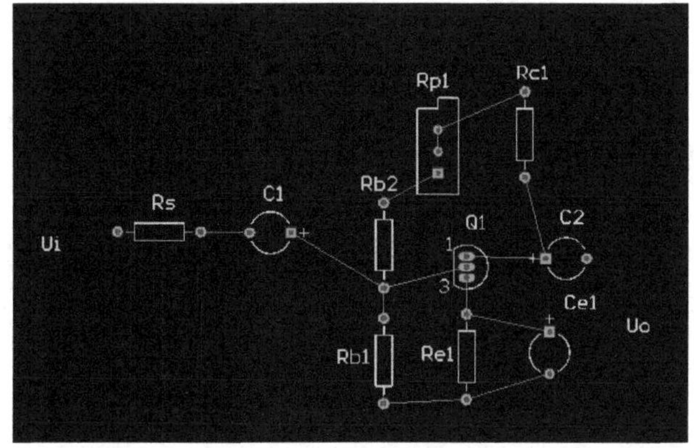

图 3-3-31　手动布局界面

单击菜单【自动布线】→【全部】，进行自动布线，弹出【Situs 布线策略】界面，由于该电路比较简单，故只做单面板，单击【编辑层走线方向...】按钮，弹出【层说明】对话框，如图 3-3-32 所示。

层说明

层	当前设定	实际说明
Top Layer	Automatic	Vertical
Bottom Layer	Automatic	Horizontal

确定　取消

图 3-3-32　【层说明】对话框

单击【当前设置】栏下【Top Layer】栏对应的【Automatic】按钮，选择【Not Used】项，之后单击【确定】按钮。布线规则中一般对线的宽度进行设定，单击【编辑规则】按钮，弹出【PCB 规则及约束编辑器】对话框，在【Routing】规则栏下的【Width】项编辑布线规则，如图 3-3-33 所示。默认单位为“mil”，可使用快捷键“Ctrl+Q”或单击菜单栏左上角切换单位为“mm”。

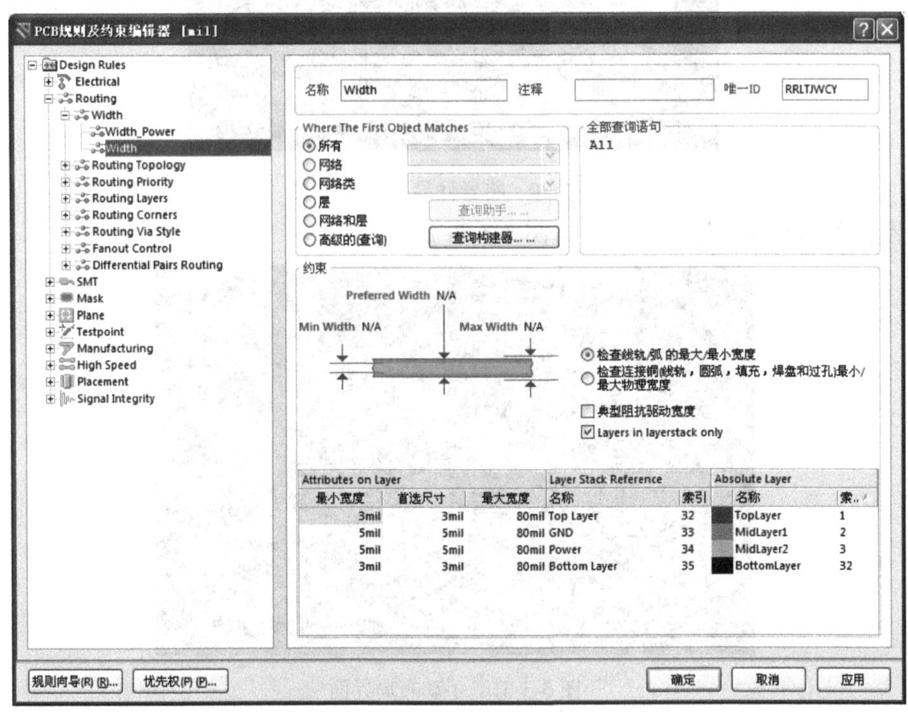

图 3-3-33　【PCB 规则及约束编辑器】对话框

在界面中可对布线的宽度进行设置，这里设置底层布线宽度首选为 1.5 mm，最小宽度为 0.5 mm，最大宽度为 3 mm。设置完成后，单击【确定】按钮。在下一步中，其他项默认不做修改，单击【Route All】按钮，开始进行布线，并出现布线信息对话框，如图 3-3-34 所示。

Messages

Class	Docum...	Sou...	Message	Time	Date	N...
S...	PCB1.P...	Situs	Completed Layer Patterns in...	11:11:...	2015-...	9
S...	PCB1.P...	Situs	Starting Main	11:11:...	2015-...	10
R...	PCB1.P...	Situs	10 of 13 connections routed...	11:11:...	2015-...	11
S...	PCB1.P...	Situs	Completed Main in 3 Seconds	11:11:...	2015-...	12
S...	PCB1.P...	Situs	Starting Completion	11:11:...	2015-...	13
R...	PCB1.P...	Situs	10 of 13 connections routed...	11:11:...	2015-...	14
S...	PCB1.P...	Situs	Completed Completion in 5 ...	11:11:...	2015-...	15
S...	PCB1.P...	Situs	Starting Straighten	11:11:...	2015-...	16
R...	PCB1.P...	Situs	10 of 13 connections routed...	11:11:...	2015-...	17
S...	PCB1.P...	Situs	Completed Straighten in 0 S...	11:11:...	2015-...	18
R...	PCB1.P...	Situs	10 of 13 connections routed...	11:11:...	2015-...	19
S...	PCB1.P...	Situs	Routing finished with 0 con...	11:11:...	2015-...	20

图 3-3-34　布线信息对话框

直到【Message】栏最后一行出现“Routing finished with 0 contentions(s) Failed to complete 3 connection(s) in 9 seconds”字样，表示布线在 9 秒内完成，有 3 根线未连接。关闭【Message】对话框，看到如图 3-3-35 所示界面。

再将未完成的连线进行手动布线，单击放置交互式布线图标，完成所有元器件的布线，并局部调整布线位置，如图 3-3-36 所示。

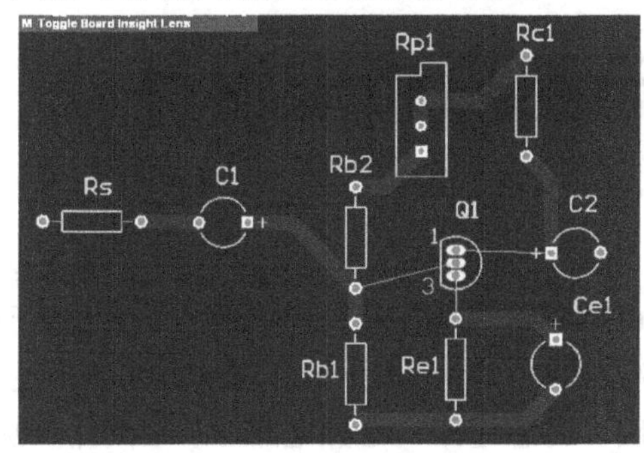

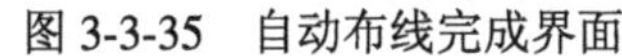
图 3-3-35　自动布线完成界面

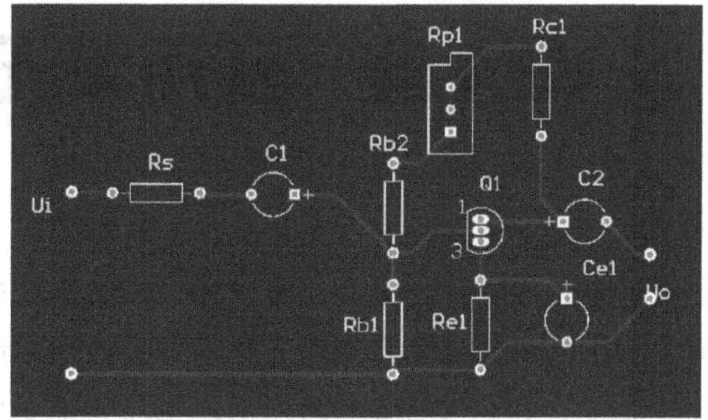

图 3-3-36　PCB 布线完成

至此，PCB 图绘制就完成了，用户可根据需要再添加泪滴或覆铜等后续工作。本节对 Altium Designer 14 软件只作了简单介绍，该款软件的功能十分强大，有专门的文献资料对其进行讲解，如需深入了解，可查阅相关文献。

3.4　其他常用电路仿真软件简介

在一些电子电路设计中，还会用到其他仿真软件，例如 PSpice 等，以及一些其他编程软件如 IAR、Eclipse 等，算法仿真的软件有 Matlab 等。

PSpice 是美国 Microsim 公司在 Spice 2G 的基础上升级并用于 PC 机上的 Spice 版本，使 Spice 软件不仅可以在大型机上运行，同时也可以在微型机上运行。随后，PSpice 的版本越来越高。高版本的 PSpice 不仅可以分析模拟电路，而且还可以分析数字电路及数模混合电路。其模型库中的各类元器件、集成电路模型多达数千种，且精度很高。PSpice 的 Windows 版建立了良好的人机界面，以窗口及下拉菜单的方式进行人机交流，并在书写源程序的文本文件输入方式基础上，增加了输入电路原理图的图形文件输入方式，操作直观快捷，给使用者带来极大方便。目前，很多模电教学书籍中均采用该软件来进行仿真。

对于其他软件，用户可根据需要查阅相关文献。

第 4 章　实用单元电路分析与设计

单元电路是组成电子系统的基本单元。电子系统涉及的单元电路非常广泛，一般是以工作原理、分析计算为主加以描述，而对于单元电路中某些参数的工程意义、对系统的影响以及各种性能指标的合理选择等实际应用知识涉及较少，因此本章为弥补这方面的不足，对常用的基本单元电路，例如模拟电路、数字电路、传感电路、电源电路等从应用角度加以叙述。

4.1　模 拟 电 路

模拟电路是电路系统中的重要组成部分，因其分析比较困难，要求理论基础扎实，很多初学者见到模拟电路就害怕。本节不过多分析各个电路的工作原理，而是力求给出各个电路的仿真结果或实验结果，使初学者在使用该电路时做到心里有底，在动手设计时，如果无法得到笔者给出的波形，就需要考虑电路是否连接正确，而不需要过多考虑电路原理是否正确。

4.1.1　信号发生电路

信号发生电路是基本模拟电路，也是许多电子电路前端的信号输入电路。

1. 用运放 AD741 组成的脉冲波发生电路

图 4-1-1 为用运放 AD741 组成的脉冲波发生电路，该电路中输出电压 V_o 经 R_1 对 C_1

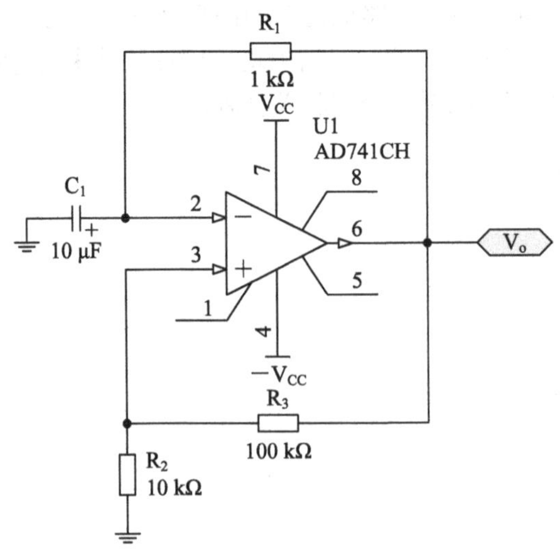

图 4-1-1　用运放 AD741 组成的脉冲波发生电路

进行充电，当 C_1 电压高于 R_3、R_2 对 V_o 的分压后，V_o 输出反相，C_1 通过 R_1 放电，当 C_1 电压低于 R_3、R_2 对 V_o 的分压后，V_o 输出再次反相，产生振荡输出波形，如图 4-1-2 所示。

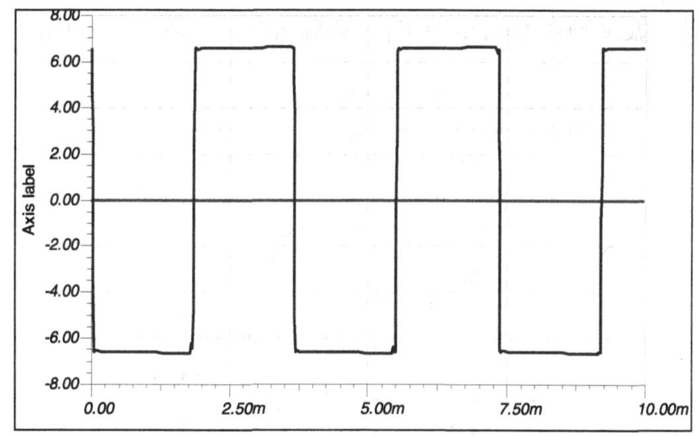

图 4-1-2　用运放 AD741 组成的脉冲波发生电路仿真波形图

2. 三角波-方波变换电路

图 4-1-3 所示为一个简单的三角波-方波变换电路，图中 VG1 为三角波信号发生器，用于产生三角波信号，信号经 C_1 隔直后送入运放负输入端，经比较输出方波信号，仿真波形如图 4-1-4 所示。

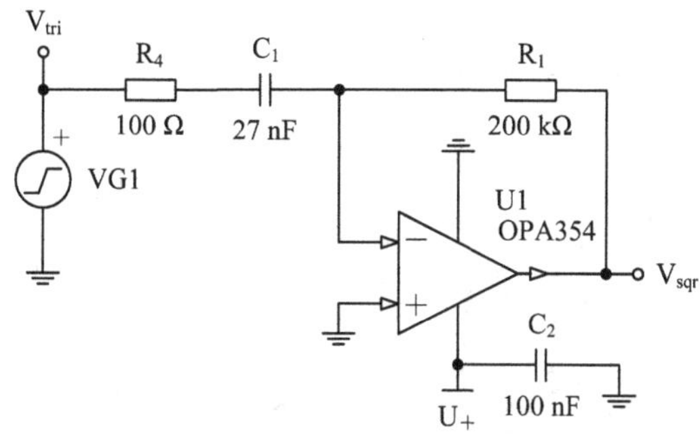

图 4-1-3　三角波-方波变换电路

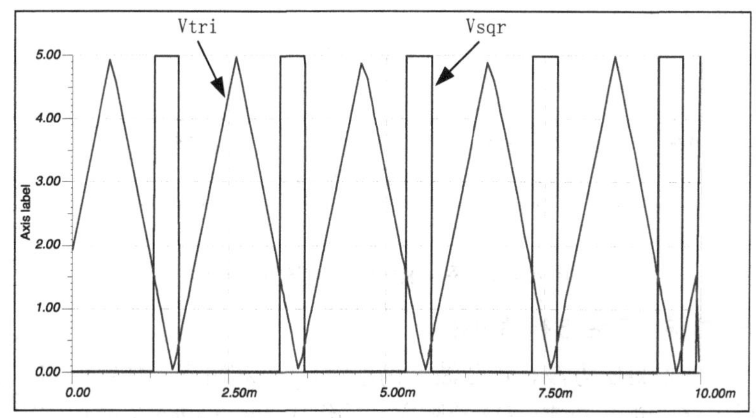

图 4-1-4　三角波-方波变换电路仿真波形

3. 文氏桥式振荡器

文氏桥式振荡器如图 4-1-5 所示，需注意的是，图中 VG1 为 0.5 ms 脉冲触发电路，用于启动桥式振荡器，振荡频率 $f = 1/R_1 \cdot C_1$。其输出波形如图 4-1-6 所示。

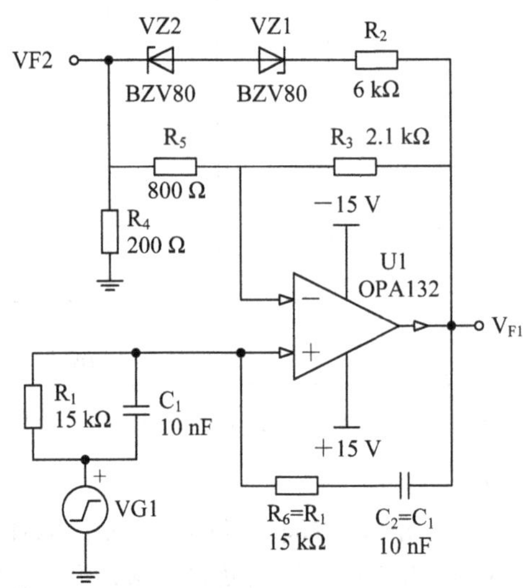

图 4-1-5　桥式 RC 振荡电路

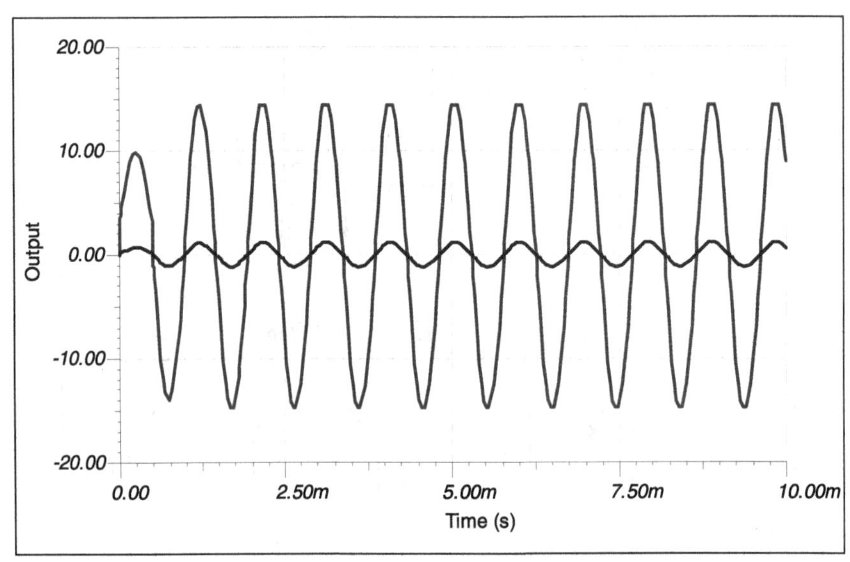

图 4-1-6　桥式 RC 振荡电路仿真波形

4. 500 kHz 方波、正弦波振荡电路

图 4-1-7 为一 500 kHz 方波、正弦波振荡电路，U1 和阻容元件组成 500 kHz 方波振荡器，其振荡频率由 C_1 和 R_1 决定，U2 和阻容元件组成 3 阶 Sallen-Key 切比雪夫型低通滤波器，滤除方波中的合成分量，输出标准正弦波形。图 4-1-8 为其仿真波形图。

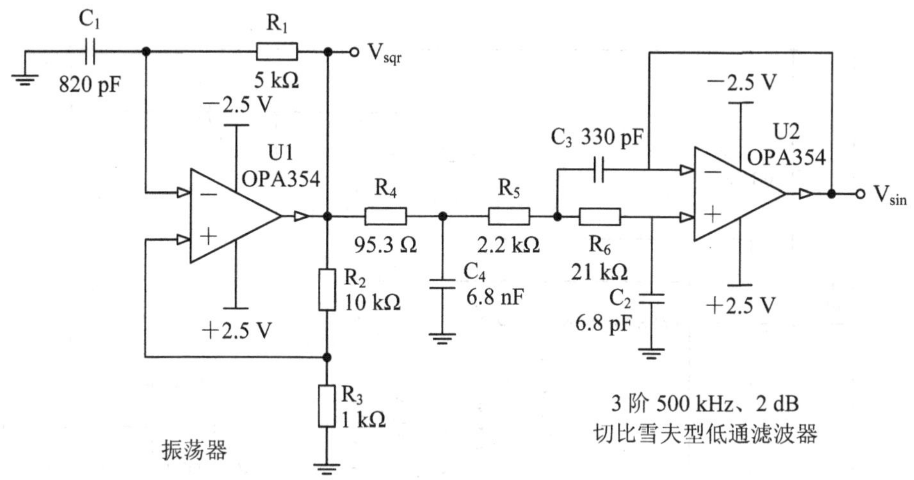

图 4-1-7　500 kHz 正弦波、方波振荡电路

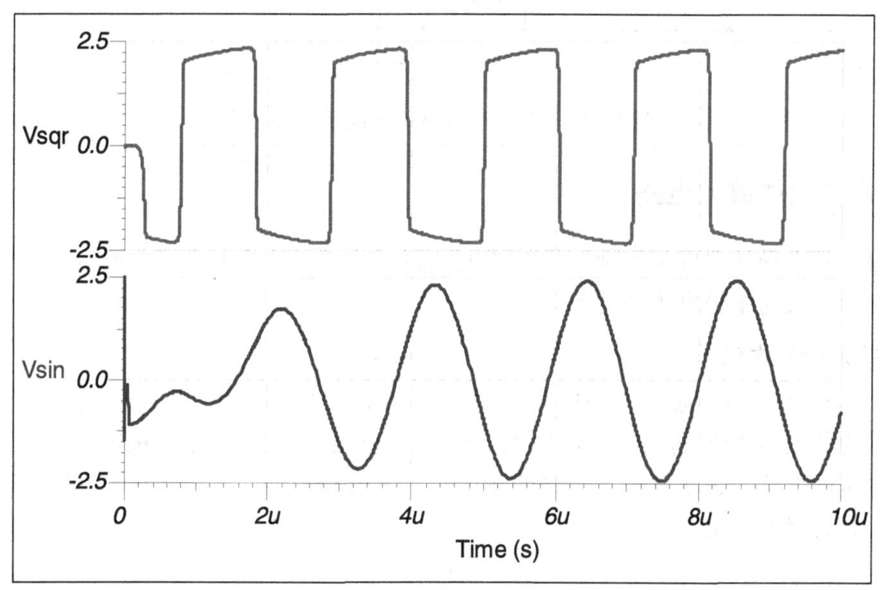

图 4-1-8　500 kHz 正弦波、方波振荡电路仿真波形

5. 用 ICL8038 实现的多波形发生电路

利用波形发生器集成电路 ICL8038 实现多波形产生电路如图 4-1-9 所示，该电路可输出 20 Hz～20 kHz 的正弦波、三角波、脉冲波，具体输出频率由 10 kΩ 电位器决定，调节 15 MΩ 电位器输出波形失真减小。

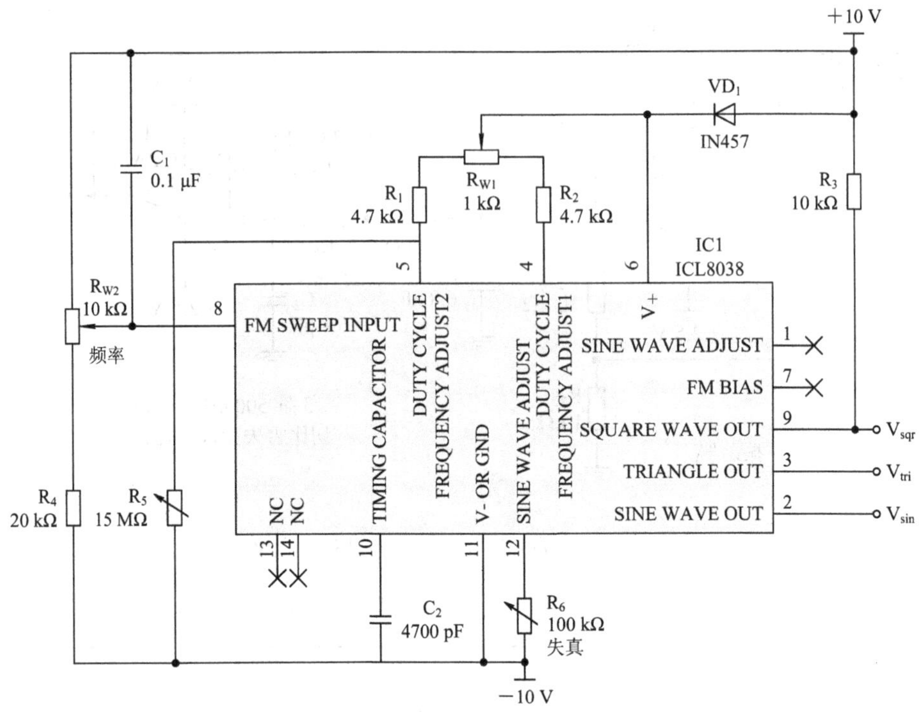

图 4-1-9　ICL8038 实现的多波形产生电路

4.1.2　分立元件放大电路

利用分立半导体器件可实现常见的放大电路。分立元件放大电路一般应用于小功率简单放大场合和大功率输出驱动场合。

1. 共射极放大电路

图 4-1-10 是共射极放大电路的原理图。其中 VT 是核心元件，起放大作用。R_b 和 R_c 提供合适的偏置电压(发射结正偏，集电结反偏)。电阻 R_c 的作用是将集电极的电流的变化转换为电压的变化，再送到放大电路的输出端。发射极是输入回路与输出回路的公共端，所以称为共射极放大电路。

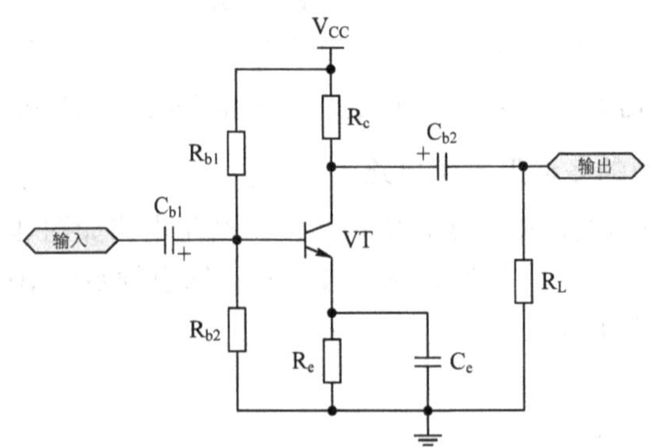

图 4-1-10　共射极放大电路

2. 共集电极放大电路(射极跟随器)

图 4-1-11 是共集电极放大电路的原理图。输入电压加在基极和集电极之间，而输出电压从发射极和集电极之间取出，所以集电极是输入、输出回路的公共端。因为电压增益 Au<1，即输入与输出电压的大小接近相等，因此共集电极放大电路又称为射极跟随器。

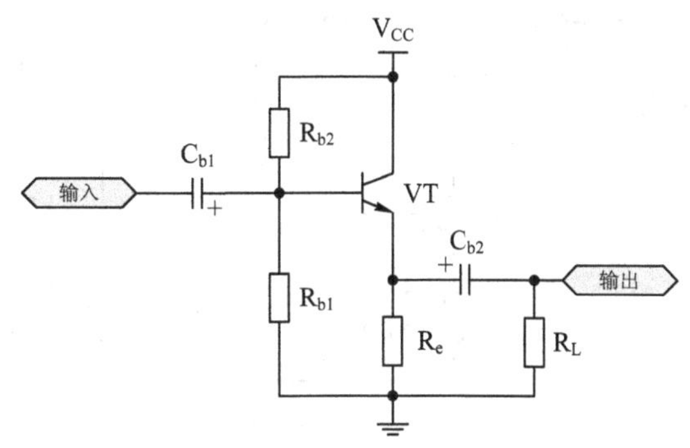

图 4-1-11　共集电极放大电路

3. 场效应管放大电路

场效应管放大电路是一种利用电场效应控制电流大小的电路。这种电路具有输入阻抗高、噪声低、热稳定性好、抗辐射能力强等特点，因而获得广泛的运用。图 4-1-12 是典型的场效应管放大电路。

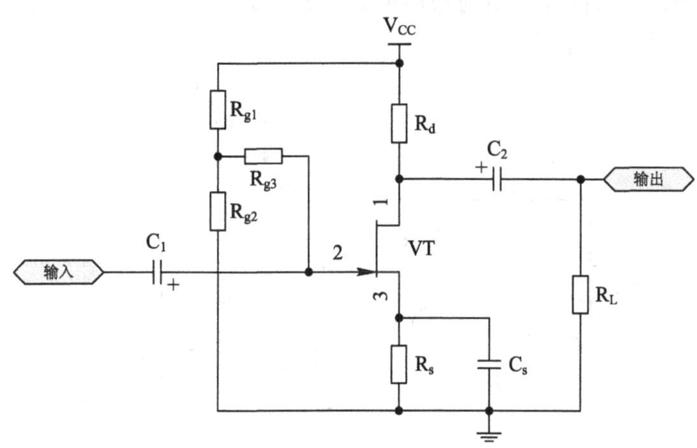

图 4-1-12　场效应管放大电路

4. 差分放大电路

在要求较高的直接耦合放大电路的前置极，或者集成运放、集成功放的输入级，大多采用差分放大(Differential Amplifier)电路。这种电路具有较高的零点漂移抑制能力。图 4-1-13 是差分放大电路的基本电路。

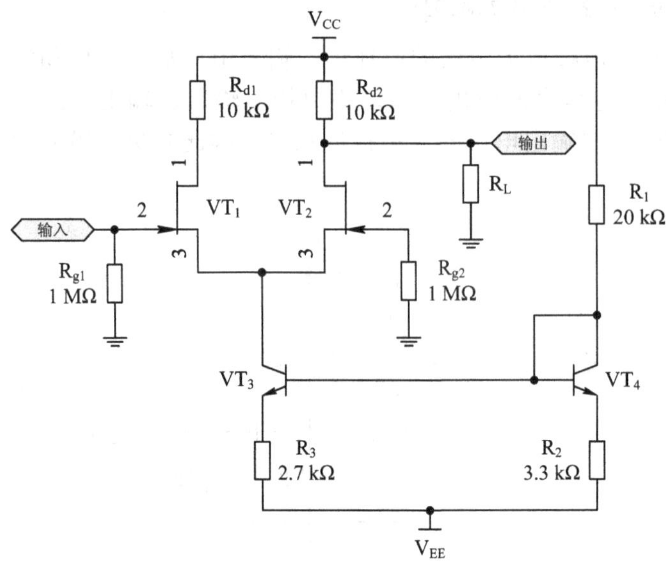

图 4-1-13　差分放大电路

4.1.3　运算放大电路

1. $U_{out} = mU_{in} + b$ 形式电路

如图 4-1-14 所示，图中的电路结构包含两个 0.01 μF 的电容。这两个电容叫作去耦电容，用来降低噪声，可以提高电路的噪声抑制能力。需注意当把 U_{CC} 用作基准电压时，U_{CC} 中的噪声会被运放放大到输出端。

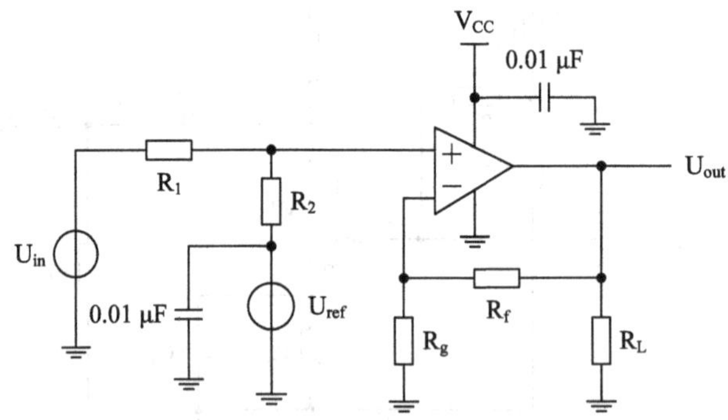

图 4-1-14　$U_{OUT} = mU_{IN} + b$ 电路结构

图中，$U_{out} = U_{in}\left(\dfrac{R_2}{R_1+R_2}\right)\left(\dfrac{R_f+R_g}{R_g}\right) + U_{ref}\left(\dfrac{R_1}{R_1+R_2}\right)\left(\dfrac{R_f+R_g}{R_g}\right)$，对比基本表达式，得 $m = \left(\dfrac{R_2}{R_1+R_2}\right)\left(\dfrac{R_f+R_g}{R_g}\right)$、$b = U_{ref}\left(\dfrac{R_1}{R_1+R_2}\right)\left(\dfrac{R_f+R_g}{R_g}\right)$，设计电路的指标如下：当 $U_{in} = 0.02$ V 时，$U_{out} = 1$ V；当 $U_{in} = 1$ V 时，$U_{out} = 4.5$ V；$R_L = 10$ kΩ，$V_{CC} = 5$ V，使用 5%

的电阻容差。在这些指标中，没有提到基准电压的大小，所以将 V_{CC} 用作基准电压的输入，也就是 $U_{ref} = 5$ V。如果设计中没有另外指定基准电压，利用 V_{CC} 通常是一种节省空间和成本的方法，但这样会牺牲噪声、精度和稳定性方面的性能，成本是一个主要指标，但 V_{CC} 电源也必须设计得足够好，以保证该电路设计的精度。

现将设计数据代入表达式，得到联立方程组：$1 = 0.02m + b$ 和 $4.5 = 1.0m+b$，计算得出 $m = 3.571$，$b = 0.9286$；代入 m、b 的表达式得 $R_2 = 19.229R_1$、$R_f = 2.76R_G$，取 $R_1 = 10$ kΩ、$R_g = 10$ kΩ，得 $R_2 = 192.29$ kΩ、$R_F = 27.6$ kΩ，设计中使用 5%的电阻容差，则 R_2 取 200 kΩ、R_f 取 27 kΩ。可以看出，使用标准电阻值会引入一点很小的误差。由于设计的电路的输出电压摆幅必须从 1 V 到 4.5 V，老式的运放电路达不到这个动态范围，因而应选择动态范围大的运放电路，如 TLV247X 系列。

2. 300 kHz、80 dB 低噪声放大电路

图 4-1-15 为一由 OPA228 组成的两级低噪声高增益放大电路。OPA228 是一款低噪声输入、高压摆率、增益带宽积达 33 MHz 的低噪声放大器。低信号源内阻保证放大信号不被噪声干扰，配合使用一个高性能 JFET 运算放大器(例如 OPA637)可进一步提高阻抗源的性能。图 4-1-16 为其波特图，图 4-1-17 为其仿真波形图。

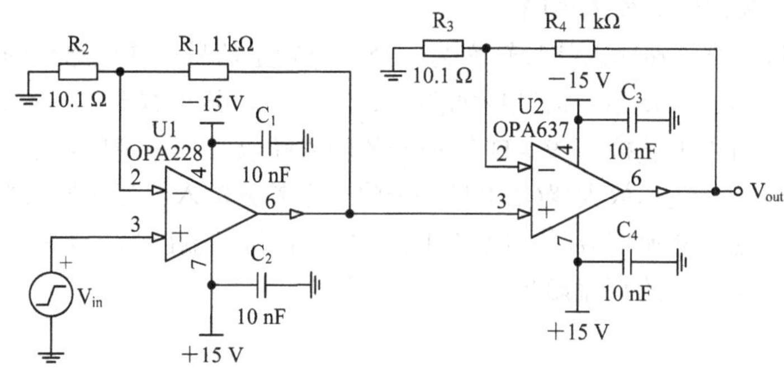

图 4-1-15　300 kHz 80 dB 低噪声放大电路

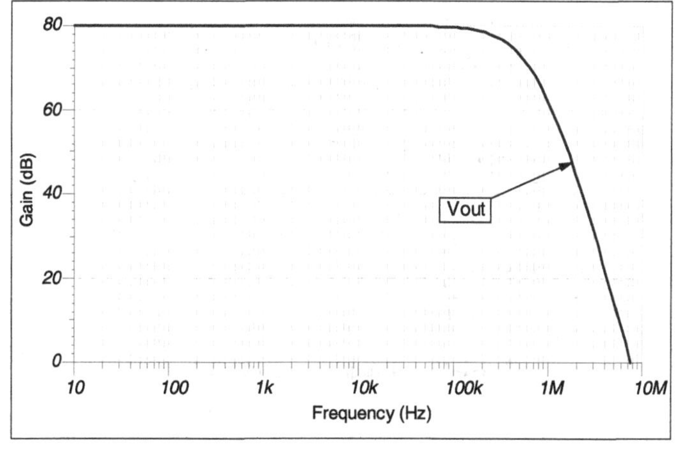

图 4-1-16　波特图

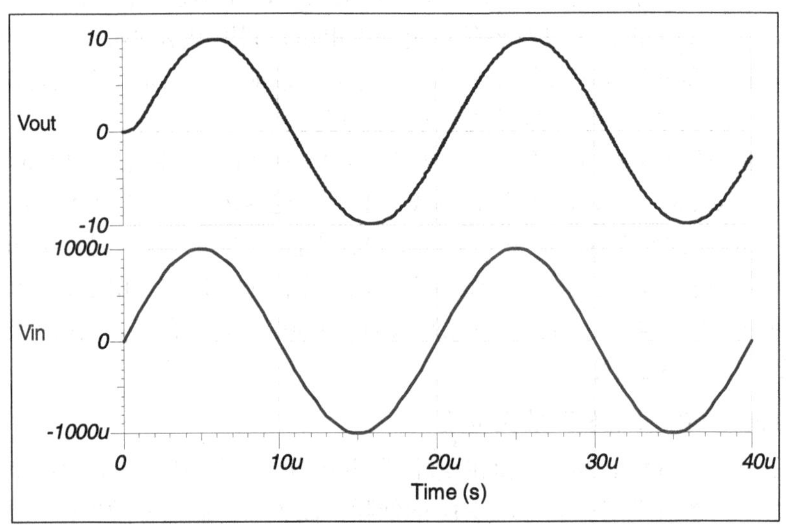

图 4-1-17　300 kHz 80 dB 低噪声放大电路仿真波形

3. 单端输入-差分输出放大电路

DRV134 可将一个单端输入信号转变为一个差分输出信号，其电路如图 4-1-18 所示，输入输出特性如图 4-1-19 所示，波特图如图 4-1-20 所示，仿真波形如图 4-1-21 所示。

这种差分输出可用于链接一些 AD 转换器的输入端以及强噪声环境里的三相或双向转换器。同样，可以通过运算放大器(如 INA137)将一个差分输入信号还原成单端输出信号。

在处理像声音这类交流信号时，电容可以安放在信号的输出端与 DRV134 的各个探针之间来抵消 DRV134 输出的直流影响。

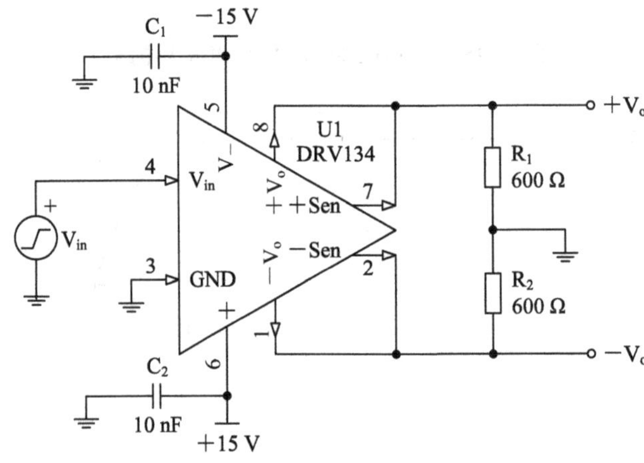

图 4-1-18　单端输入-差分放大电路

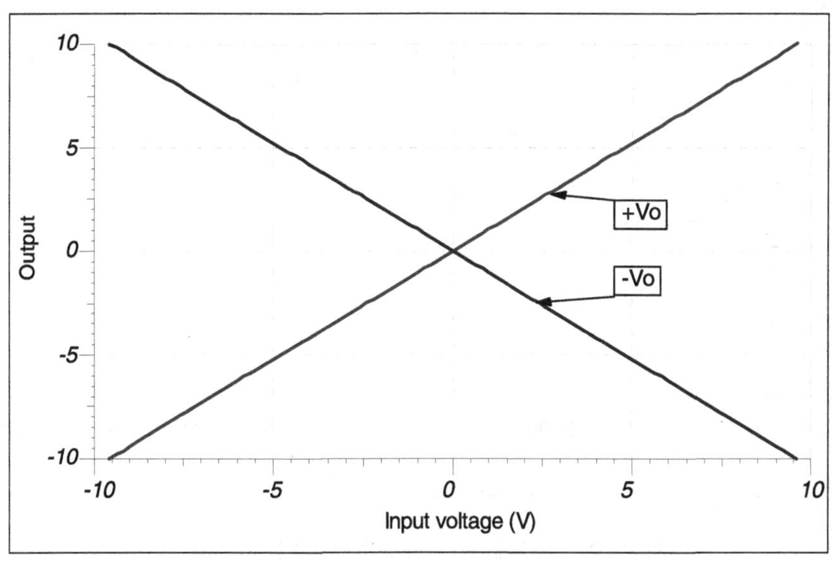

图 4-1-19　单端输入-差分输出放大电路输入输出特性

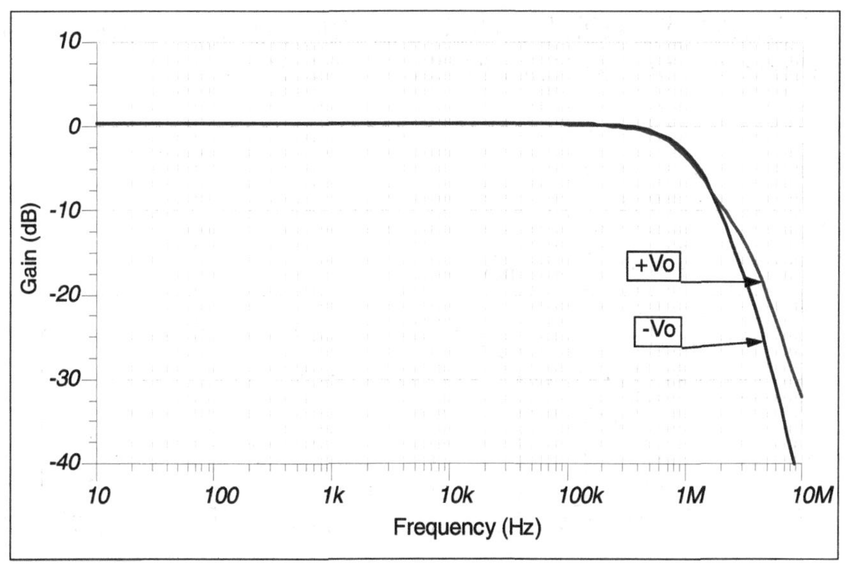

图 4-1-20　单端输入-差分输出放大电路波特图

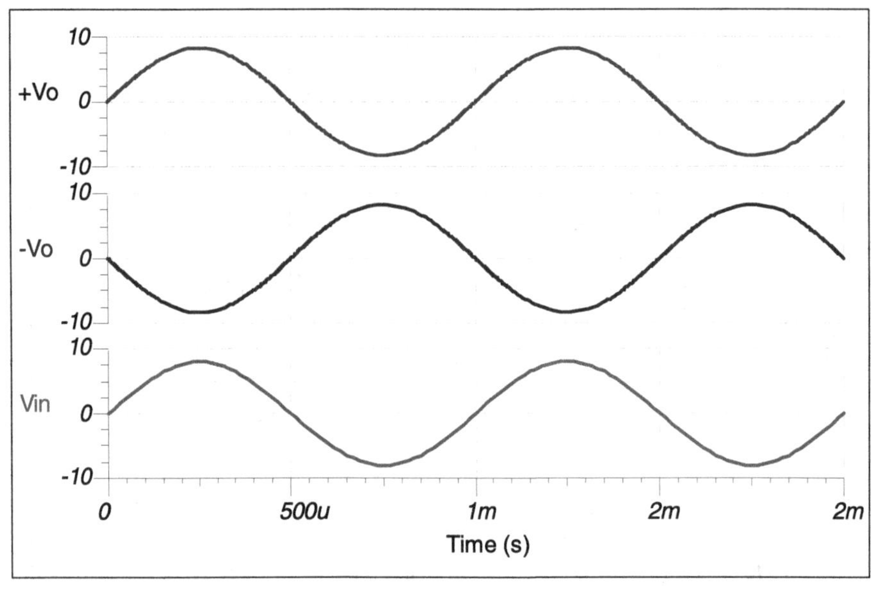

图 4-1-21　单端输入-差分输出放大电路仿真波形

4. 仪用放大器闭环偏差修正电路

图 4-1-22 所示为一仪用放大器闭环偏差修正电路，图中积分器 U2 的反馈信号用于消除仪表放大器 U1 的直流输出偏置。尽管仪用放大器的响应近似于一个交流耦合放大器，但它的输入事实上仍然是直流耦合的，并且它的输入一般是有电压限制的。如果在 R_1 上串联一个开关，则直流响应将被保留。当开关快速闭合时，回路误差将被清零；当开关断开时，误差将被存储在 C_1 中。该电路的波特图如图 4-1-23 所示。

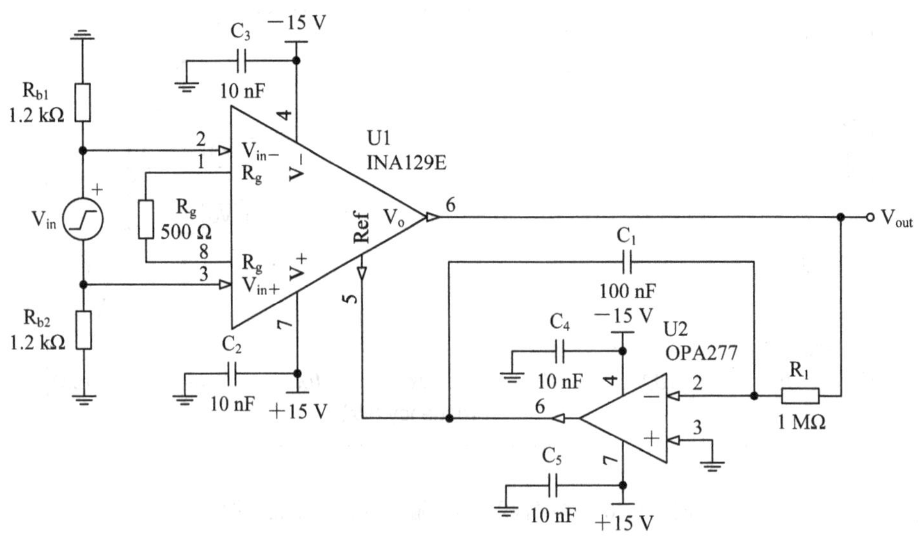

图 4-1-22　仪用放大器闭环偏差修正电路

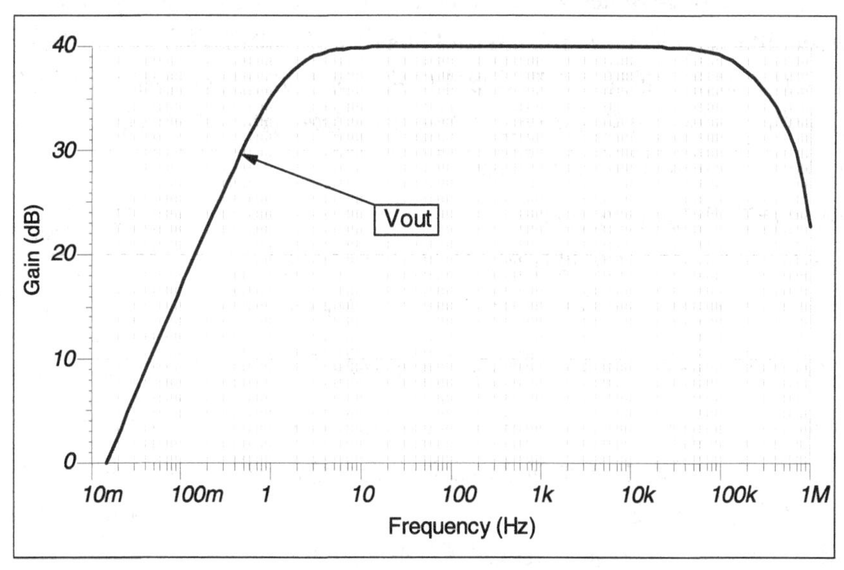

图 4-1-23　仪用放大器闭环偏差修正电路波特图

5. 程控放大电路

程控放大器在普通放大器的基础上增加了程控放大功能，克服了普通放大电路在设计好后只能具有固定放大倍数的缺点，通过程序控制放大倍数。图 4-1-24 为程控放大芯片 MC1350 实现的程控放大电路，图中，MC1350 的 5 脚 AGC 为自动增益控制端，由运放 OPA277 放大 VF 输入信号，VF 信号一般由 MCU 控制 ADC 产生。V_{in} 为信号输入端，输入待放大信号，V_{out} 为程控放大后的输出信号。

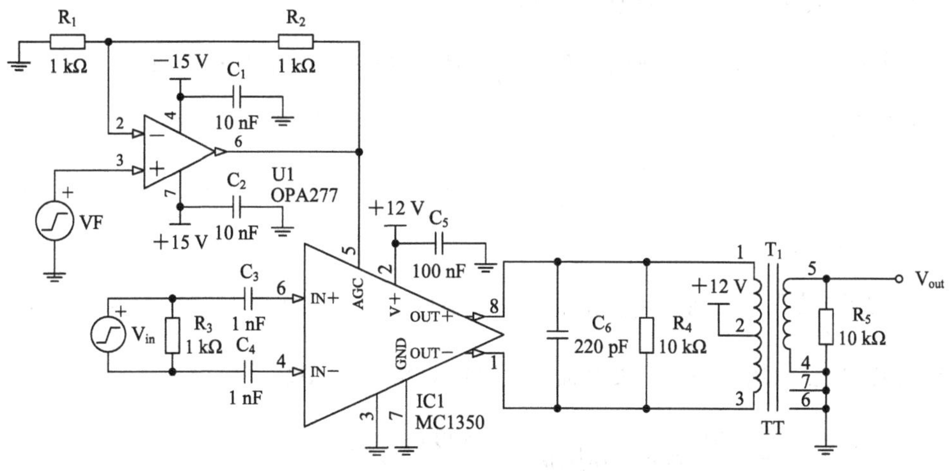

图 4-1-24　程控放大电路图

4.1.4　滤波电路

滤波电路常分为有源滤波和无源滤波。有源滤波器和无源滤波器可有多种实现方法，常见的有巴特沃思滤波器(Butter-Worth Filter)、切比雪夫滤波器(Chebyshev Filter)、贝塞尔滤波器(Bessel Filter)、高斯滤波器(Gaussian Filter)等，不同的实现方法特点不同。对于各实现方法又有低通、高通、带通、带阻等形式电路。对于实际的设计而言，可能需要不同频率下不同阶数的滤波器，如果只是给出几个简单的滤波电路，读者可能无法应用到自己的设计中，意义不大，故本节给出设计方法。

1. 无源巴特沃思低通滤波器设计

在此介绍依据归一化 LPF 设计数据来设计巴特沃思低通滤波器，所谓归一化 LPF 设计数据，指的是特征阻抗为 1 Ω 且截止频率为 $\frac{1}{2\pi}$(≈0.159 Hz)的低通滤波器的数据。用这种归一化低通滤波器的设计数据作为基准，按照图 4-1-25 所示的设计步骤，能够很简单地设计出具有任何截止频率和任何阻抗的滤波器。

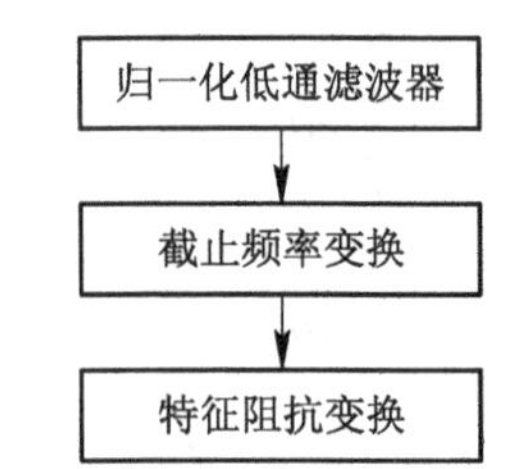

图 4-1-25　用归一化 LPF 设计数据来设计滤波器的步骤

对于无源滤波器，它存在信号衰减问题，不同的截止频率、不同的阶数，决定了不同信号的衰减量。下面讨论衰减量与阶数 n 的关系。

下列公式是巴特沃思滤波器的衰减量计算公式，是由巴特沃思型函数所确定的。

$$\mathrm{Att_{dB}} = 10 \cdot \log\left[1 + \left(\frac{2\pi f_x}{2\pi f_c}\right)^{2n}\right] \tag{4-1-1}$$

式中，f_c 是滤波器的截止频率；n 是滤波器的阶数；f_x 是个频率变量，也就是说，当 f_c 和 n 确定之后，上式所算得的数值就是滤波器对频率为 f_x 的信号的衰减量。

用归一化 LPF 来设计巴特沃思低通滤波器时，首先需要计算出巴特沃思滤波器的归一化元件值，我们可以利用以下的关系式来计算。

这里所说的归一化，是指截止频率为 $\frac{1}{2\pi}$ ≈ (0.159 Hz) 且特征阻抗为 1 Ω。各元件参数值的计算公式为

$$C_k 或 L_k = 2\sin\frac{(2k-1)\pi}{2n} \tag{4-1-2}$$

式中，k = 1，2，…，n。

这里，$\frac{(2k-1)\pi}{2n}$ 是用弧度来表示的。在用手持式计算器计算正弦函数时要特别注意，有些计算器的按键采用的不是弧度制而是角度制。角度与弧度之间的换算关系为

$$\frac{角度值}{180} \times \pi = 弧度值\ ,\quad \frac{弧度值}{\pi} \times 180 = 角度值 \tag{4-1-3}$$

下面，以 5 阶的归一化巴特沃思型 LPF 为例，来说明其元件值是如何算出的。

因为已确定了阶数为 5 阶，所以 n=5。根据公式(4-1-2)，可以得到 k 分别为 1～5 的 5 个计算公式，并计算出如下的 C_1(或 L_1)～C_5(或 L_5)五个元件值。

$$C_1(\text{或}L_1)=2\,sin\frac{(2\times1-1)\pi}{2\times5}\approx0.618\ 03$$

$$C_2(\text{或}L_2)=2\,sin\frac{(2\times2-1)\pi}{2\times5}\approx1.618\ 03$$

$$C_3(\text{或}L_3)=2\,sin\frac{(2\times3-1)\pi}{2\times5}\approx2.000\ 00$$

$$C_4(\text{或}L_4)=2\,sin\frac{(2\times4-1)\pi}{2\times5}\approx1.618\ 03$$

$$C_5(\text{或}L_5)=2\,sin\frac{(2\times5-1)\pi}{2\times5}\approx0.618\ 03$$

这五个值便是截止频率为 $\frac{1}{2\pi}$ Hz 且特征阻抗为 1 Ω 的 5 阶巴特沃思型 LPF 的元件值。5 阶滤波器的电路结构有 T 形和 π 形两种形式，所以所求出的元件值可分别构成 T 形和 π 形滤波器。

图 4-1-26 给出了常用的 2 阶到 10 阶的归一化巴特沃思型 LPF 设计数据，这些数据不但对巴特沃思型 LPF 设计有用，对于 HPF、BPF、BRF 等一切巴特沃思型滤波器的设计都是有用的。

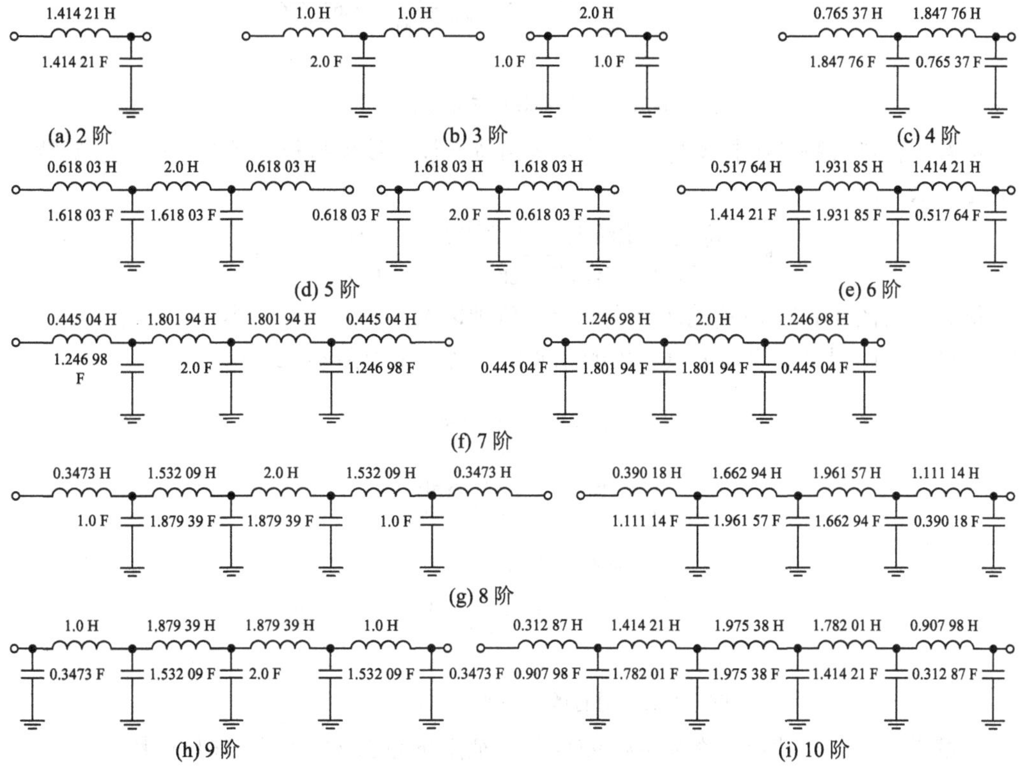

图 4-1-26　归一化巴特沃思型 LPF(特征阻抗为 1 Ω，截止频率为 $\frac{1}{2\pi}$ Hz)

下面通过两个示例说明在实际工程应用时滤波电路中各个元件参数具体计算转换方法。

• 试设计截止频率为 500 MHz 且特征阻抗为 100 Ω 的 3 阶 T 形巴特沃思型 LPF。

要设计这个滤波器，就要有 3 阶归一化巴特沃思型 LPF 的设计数据。图 4-1-26(b)所给出的 3 阶 T 形归一化巴特沃思型 LPF 电路将作为设计时所依据的基准滤波器。

首先，进行截止频率变换。为此先求出待设计滤波器截止频率与基准滤波器截止频率的比值 M。

$$M=\frac{\text{待设计滤波器的截止频率}}{\text{基准滤波器的截止频率}}=\frac{500\ \text{MHz}}{\left(\dfrac{1}{2\pi}\right)\text{Hz}}=\frac{5.0\times10^{8}\ \text{Hz}}{0.159\ 154\ \text{Hz}}\approx3.141\ 611\ 27\times10^{9}$$

然后，将基准滤波器的所有元件值除以 M，从而把滤波器的截止频率从 $\frac{1}{2\pi}$ Hz 变换成 500 MHz。经过这一计算后所得到的滤波器电路如图 4-1-27 所示。

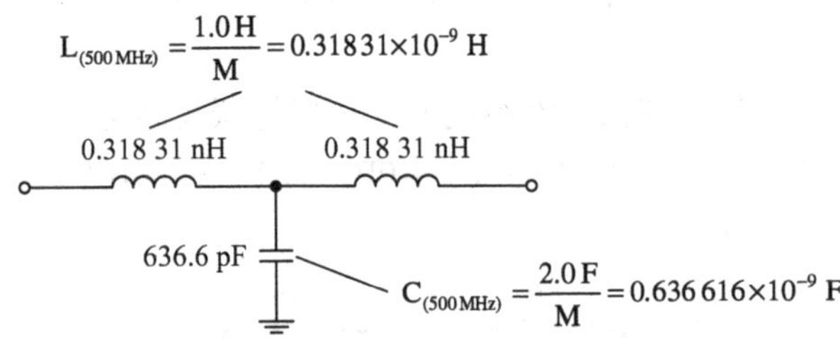

图 4-1-27　只改变截止频率后的中间结果

接着，再进行特征阻抗变换。为此先求出待设计滤波器特征阻抗与基准滤波器特征阻抗的比值 K，即

$$K=\frac{\text{待设计滤波器的特征阻抗}}{\text{基准滤波器的特征阻抗}}=\frac{100\ \Omega}{1\ \Omega}=100.0$$

最后，对图 4-1-27 电路的所有电感元件值乘以 K，对其所有电容元件值除以 K。经过这一计算后，即得到最终需要设计出的滤波器，其电路如图 4-1-28 所示。

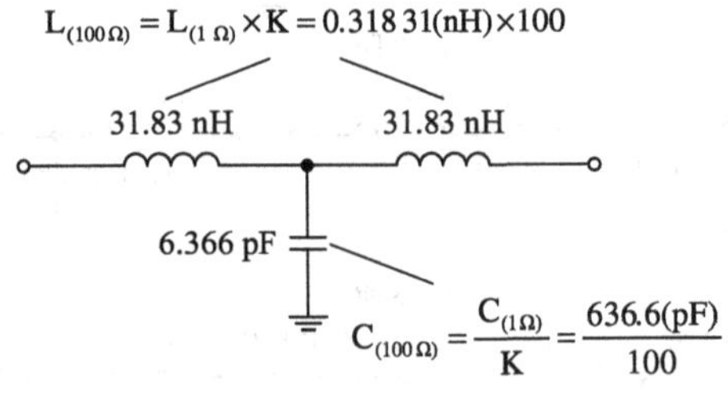

图 4-1-28　进行改变特征阻抗后的最终结果

• 试设计并制作截止频率为 100 MHz 且特征阻抗为 50 Ω 的 5 阶 Π 形巴特沃思型 LPF。

设计这个滤波器时，需要用到 5 阶 Π 形归一化巴特沃思型 LPF 的设计数据，其数据由图 4-1-26(d)给出。以这个归一化 LPF 为基准滤波器，将截止频率从 $\frac{1}{2\pi}$ Hz 变换成 100 MHz，将特征阻抗值从 1 Ω 变换成 50 Ω，即可得到所要设计的滤波器。

变换时所需的 M 值和 K 值可由下式算得，即

$$M=\frac{\text{待设计滤波器的截止频率}}{\text{基准滤波器的截止频率}}=\frac{100\ \text{MHz}}{\left(\dfrac{1}{2\pi}\right)\text{Hz}}=\frac{1.0\times10^{8}\ \text{Hz}}{0.159\ 154\ \text{Hz}}\approx6.283\ 223\times10^{8}$$

$$K=\frac{\text{待设计滤波器的特征阻抗}}{\text{基准滤波器的特征阻抗}}=\frac{50\ \Omega}{1\Omega}=50.0$$

设计出的滤波器电路如图 4-1-29 所示。实际制作的时候，由于电路中存在分布电感、电容，选择元件的时候可略低于计算值，在此，电感元件可选用 120 nH 的标称线圈，电容元件可选用 18 pF 和 56 pF 的标称电容器。

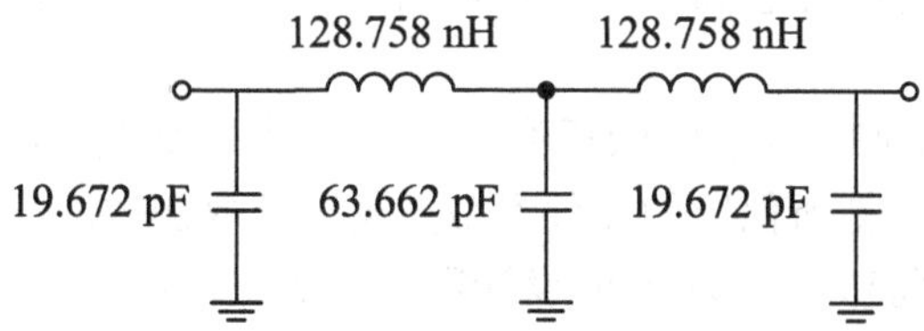

图 4-1-29　所设计的 5 阶巴特沃思型 LPF

2. 无源高通巴特沃思滤波器设计

高通滤波器 HPF(High Pass Filter)的设计其实也很简单，只要按照图 4-1-30 所示的步骤，就可以设计出高通滤波器。整个设计过程可分为两个阶段，第一阶段是从归一化 LPF 求出归一化 HPF，第二阶段是对已求得的归一化 HPF 进行截止频率变换和特征阻抗变换。

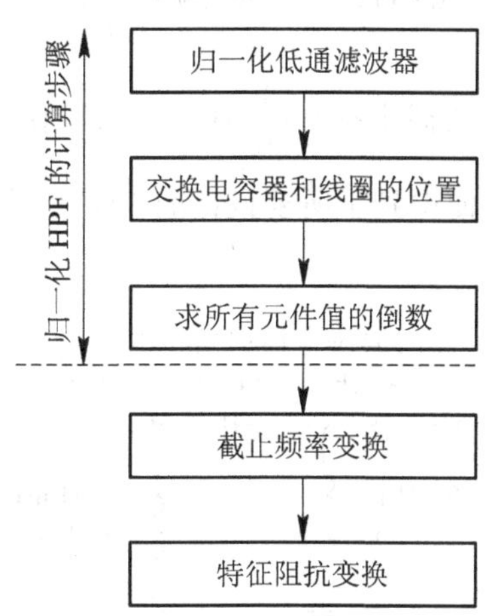

图 4-1-30　依据归一化 LPF 的设计数据来设计高通滤波器的步骤

之所以能用如此简单的步骤设计高通滤波器，是因为作为基本依据的基准滤波器采用了以截止频率为 $\frac{1}{2\pi}$ Hz 且特征阻抗为 1 Ω 的归一化 LPF 的缘故。如果是基于截止频率由 1 Hz 等数值来表示的设计数据来进行设计，那就不可能这么简单了，就得先将截止频率修

正为 $\frac{1}{2\pi}$ Hz 的变换形式。

为了计算方便，这里给出归一化 LPF 设计数据时，其截止频率特意采用了 $\frac{1}{2\pi}$ Hz = 0.159154… Hz 这种看似不完整的无理数。这样一来，从归一化 LPF 求取归一化 HPF 时就简明得多了，HPF 的设计工作也就轻松得多了。

下面通过实际例子来解说依据图 4-1-30 所述方法将巴特沃思型归一化 LPF 转换成 HPF 的过程。

· 试依据巴特沃思型 5 阶归一化 LPF 的数据，设计并制作截止频率为 100 MHz 且特征阻抗为 50 Ω 的 5 阶 T 形巴特沃思型 HPF。

5 阶 T 形归一化巴特沃思型 LPF 的数据如图 4-1-26 (d)所示，它是设计 5 阶 T 形归一化巴特沃思型 HPF 的依据。

首先，保留 5 阶 T 形归一化巴特沃思型 LPF 各元件的参数数值，而把电容器换成电感，把电感换成电容器，然后把所保留的元件参数数值全部取倒数。经过这两个操作后，便得到了 5 阶 T 形归一化巴特沃思型 HPF 的设计数据，如图 4-1-31 所示。

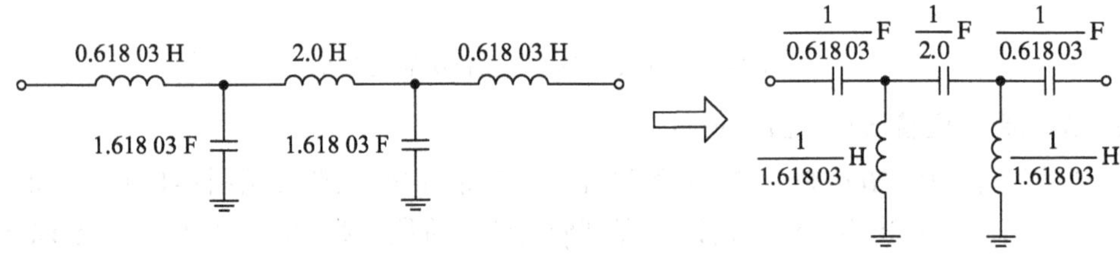

图 4-1-31　归一化 HPF(T 形，截止频率 $\frac{1}{2\pi}$ Hz，特征阻抗为 1 Ω)

接着，将这个归一化 HPF 的截止频率 $\frac{1}{2\pi}$ Hz 变换成 100 MHz，将其特征阻抗 1 Ω 变换成 50 Ω。经过这两个变换后，便得到了所要设计的 5 阶 T 形巴特沃思型 HPF，如图 4-1-32 所示。

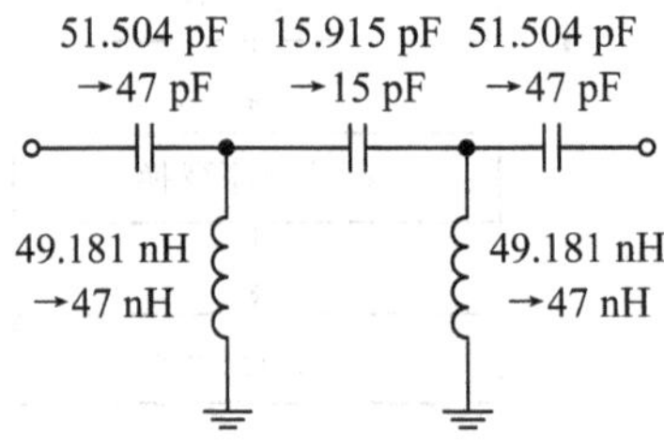

图 4-1-32　所设计的 HPF(T 形，截止频率 100 MHz，特征阻抗为 50 Ω)

实际制作滤波器的时候，各元件的值可选用图中箭头所标注的系列化元件值。请注意，这里所选用的电容器值和电感线圈值都比设计计算出来的值小。这可以说是一个基本选件原则，因为装配当中必然会有分布参数加入而使电路中的实际工作参数增大。尤其是引线孔和铜线的电感量，它们在高频的情况下将是个非常可观的数值。

为了利于读者设计制作，图 4-1-33 给出了将图 4-1-26 所示的归一化 LPF 值进行归一化 HPF 计算得到的电路。

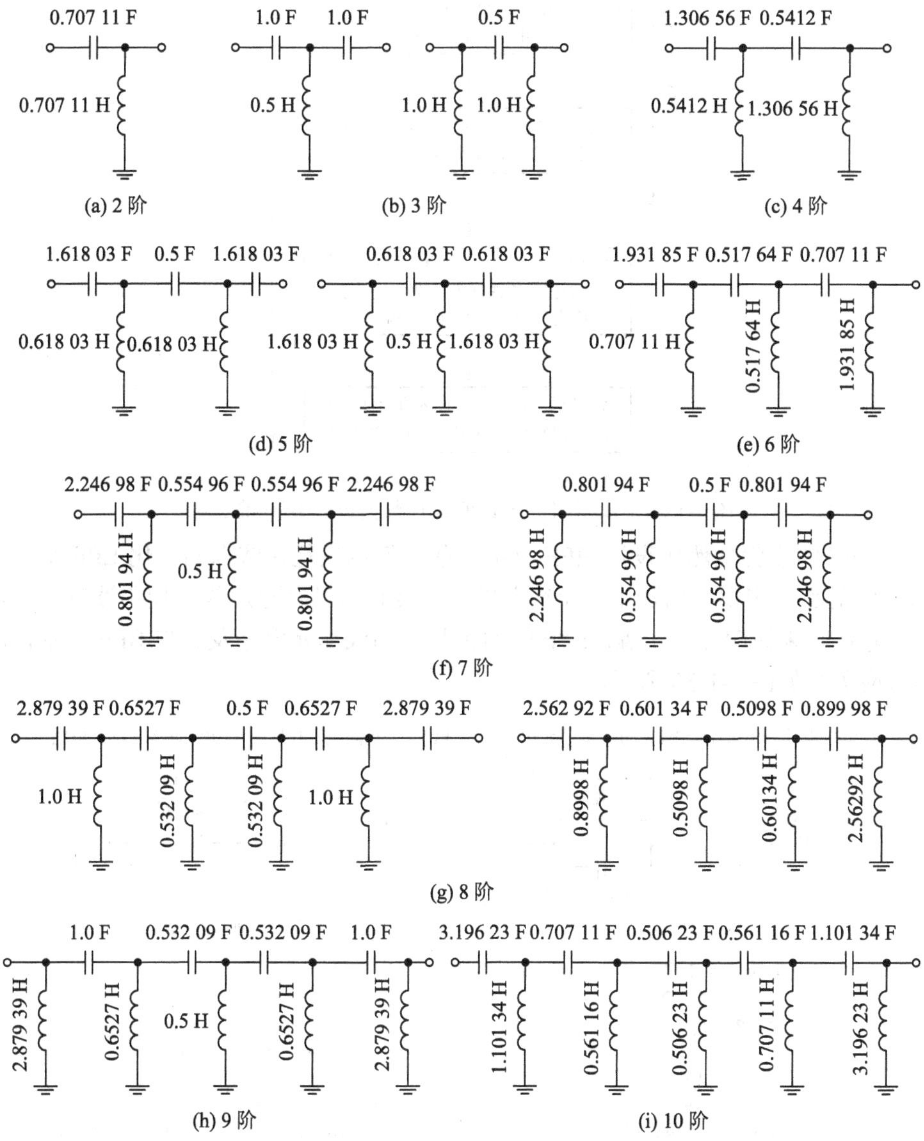

图 4-1-33　归一化巴特沃思型 HPF(特征阻抗为 1 Ω，截止频率为 $\frac{1}{2\pi}$ Hz)

3. 无源带通巴特沃思滤波器设计

带通滤波器 BPF(Band Pass Filter)的设计并不难，只要按照图 4-1-34 所示的设计步骤去做就行了。整个设计过程大致可分为两个阶段，前一个阶段是依据归一化 LPF 设计出通带宽度等于待设计 BPF 带宽的 LPF，后一个阶段是把这个通带宽度等于待设计 BPF 带宽的 LPF 变换成 BPF。

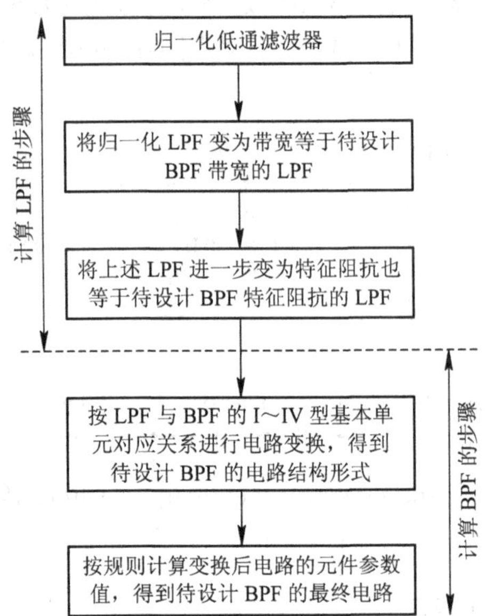

图 4-1-34　依据归一化 LPF 设计数据设计 BPF 的步骤

设计 BPF 的步骤虽然比设计 HPF 复杂一些，但也只是在依据归一化 LPF 来设计特定带宽 LPF 时的那一步骤上增加了一个简单的电路变换步骤而已。为了便于读者理解，下面将通过实际例子来说明计算步骤。LPF 的四种基本构成单元电路及其与 BPF 基本构成单元电路的对应关系如图 4-1-35 所示。

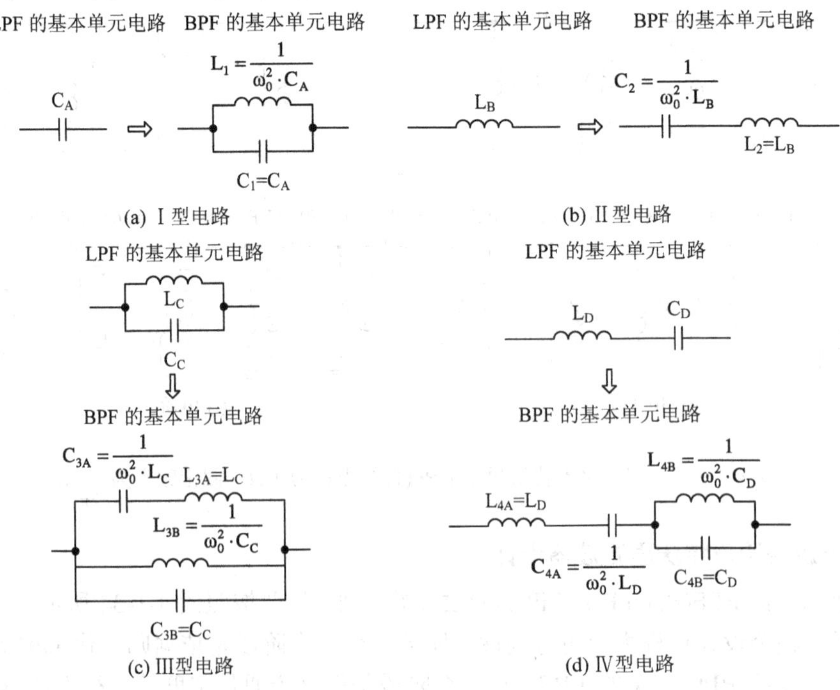

图 4-1-35　LPF 的四种基本构成单元及其与 BPF 基本构成单元的对应关系

· 试设计带宽为 100 MHz、线性坐标中心频率为 500 MHz、特征阻抗为 50 Ω 的 5 阶巴特沃思型 BPF。

首先，设计其带宽和特征阻抗等于待设计 BPF 的带宽和特征阻抗的 LPF。这里，就是设计截止频率为 100 MHz、特征阻抗为 50 Ω 的 5 阶巴特沃思型 LPF。

接着，确定这个巴特沃思型 LPF 的基本构成电路单元属于Ⅰ～Ⅳ型中的哪种类型，并将其按照对应关系变换成 BPF 的相应基本电路单元。这里，基本电路单元属于Ⅰ型和Ⅱ型，变换的过程和结果如图 4-1-36 所示。

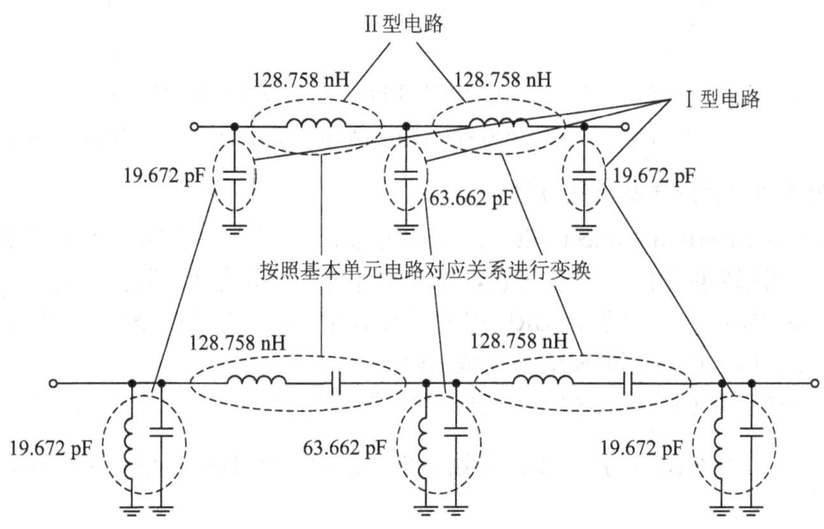

图 4-1-36 按照基本单元电路对应关系将 5 阶巴特沃思型 LPF 电路变换成 BPF 电路

随后，计算这个 BPF 的电路元件值。由于这里作为设计条件所给出的中心频率是线性坐标中心频率，因此要先从线性坐标中心频率计算出几何中心频率，然后再计算电路元件值。这里，线性坐标中心频率为 500 MHz，带宽为 100 MHz，所以，基于巴特沃思型 LPF 所计算出的 BPF 高低频端、3 dB 截止频率为

$$f_L = 500 - 100 \div 2 = 450 \text{ (MHz)}$$
$$f_H = 500 + 100 \div 2 = 550 \text{ (MHz)}$$

由此可求得几何中心频率 f_0 为

$$f_0 = \sqrt{f_L \times f_H} \approx 497.493 \text{ (MHz)}$$

将这个几何中心频率的值代入求元件参数值的公式中，可计算出图 4-1-36 中各元件的值为

$$C_{BP1} = C_{BP2} = \frac{1}{(2\pi \times 4.974\ 93 \times 10^8)^2 \times 128.758 \times 10^{-9}} \approx 79.486 \text{ (pF)}$$

$$L_{BP1} = L_{BP3} = \frac{1}{(2\pi \times 4.974\ 93 \times 10^8)^2 \times 19.672 \times 10^{-12}} \approx 5.203 \text{ (nH)}$$

$$L_{BP2}=\frac{1}{(2\pi\times 4.974\ 93\times 10^{8})^{2}\times 63.662\times 10^{-12}}\approx 1.608\ (\text{nH})$$

于是便得到了所要设计的 BPF，其电路如图 4-1-37 所示。

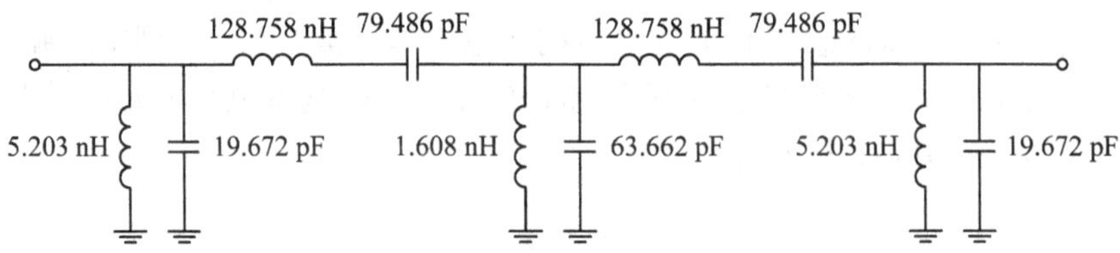

图 4-1-37　所要设计的 5 阶巴特沃思型 BPF(几何中心频率为 497.493 MHz，线性坐标中心频率为 500 MHz，带宽为 100 MHz，特征阻抗为 50 Ω)

4. 无源带阻巴特沃思滤波器设计

带阻滤波器 BRF(Band Reject Filter)的设计实际上也很简单，只要按照设计步骤进行操作，就能设计出想要的 BRF。总体来说，整个设计过程可分为两个阶段，前一个阶段是依据归一化 LPF 求得一个与待设计 BRF 相关联的 HPF，后一个阶段是通过一定的基本单元电路变换规则把所求得的关联 HPF 变换成 BRF。

其具体设计步骤如图 4-1-38 所示。作为第一阶段的第一步，首先要依据归一化 LPF(截止频率为 $\frac{1}{2\pi}$ Hz，特征阻抗为 1 Ω)的数据，设计出归一化 HPF，这一步的计算方法已在

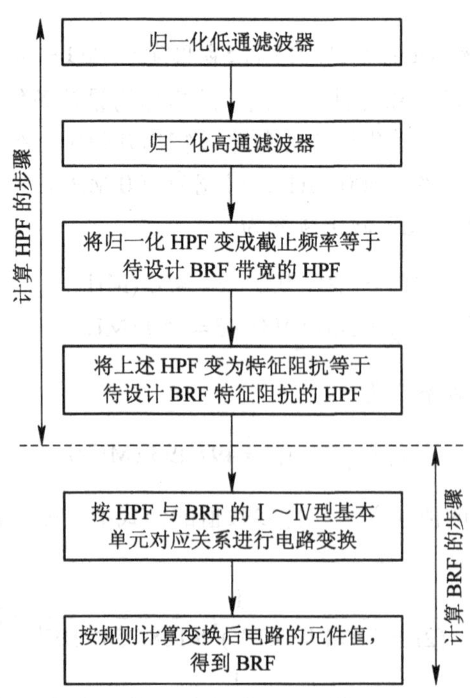

图 4-1-38　利用归一化 LPF 设计数据设计带阻滤波器的设计步骤

前文中讲过；第二、三步是对这个归一化的 HPF 进行截止频率变换和特征阻抗变换，使其成为截止频率等于待设计 BRF 带宽和特征阻抗等于待设计 BRF 特征阻抗的 HPF，这两步的计算方法已在前面各节中多次使用过；第四、五步属于第二阶段，目的是把第一阶段所得到的 HPF 变成 BRF，为此就要有从 HPF 变到 BRF 时的基本电路单元变换规则，如图 4-1-39 所示，这个变换规则与前面讲到的从 LPF 变到 BPF 时的基本电路单元变换规则是相同的。

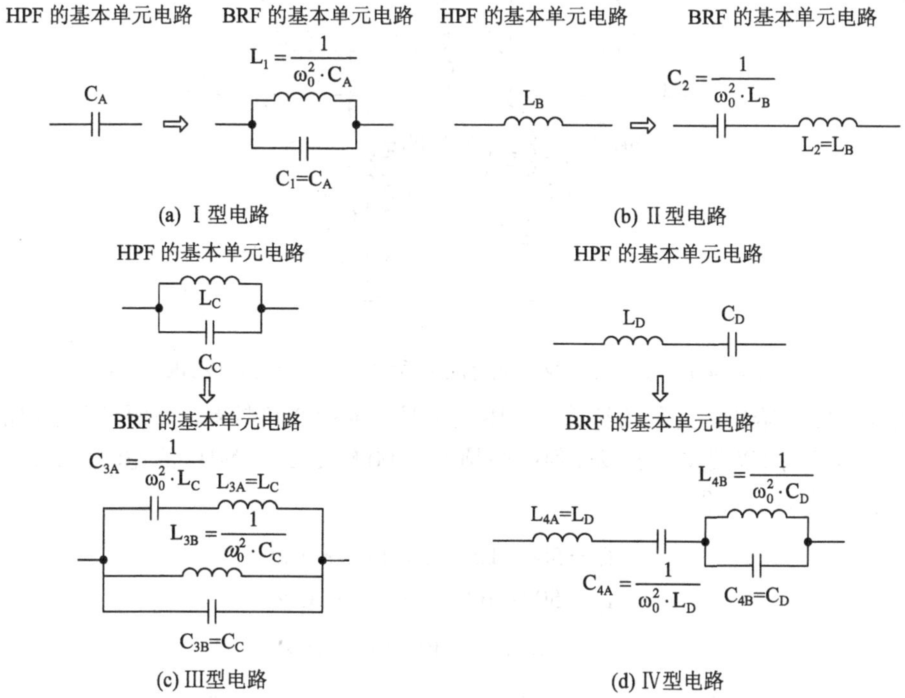

(a) Ⅰ型电路　(b) Ⅱ型电路

(c) Ⅲ型电路　(d) Ⅳ型电路

图 4-1-39　Ⅰ～Ⅳ型基本电路单元的变换规则

可见，设计 BRF 的方法与设计 BPF 的方法非常相似，不同之处主要在于设计 BRF 时要先计算归一化 HPF。下面举例说明依据巴特沃思型归一化 LPF 的数据来设计带阻滤波器的具体步骤。

· 试设计并实际制作阻带宽度为 100 MHz、线性坐标中心频率为 500 MHz、特征阻抗为 50 Ω 的 5 阶巴特沃思型 BRF。

要设计 BRF，首先要设计一个滤波器类型、带宽、特征阻抗都与待设计 BRF 相同的 HPF，在这里，就是要设计截止频率等于 100 MHz、特征阻抗等于 50 Ω 的 5 阶巴特沃思型 HPF。如前所述，这个 HPF 可以依据相应的归一化 LPF 来设计，其设计结果为图 4-1-40 上半部分所示的电路。

然后将此 HPF 变换成 BRF。为此要先按照图 4-1-39 所给出的基本电路单元对应关系进行元件置换，得到图 4-1-40 下半部分所示的电路的结构形式。随后，还要把这个电路中的各元件值计算出来。

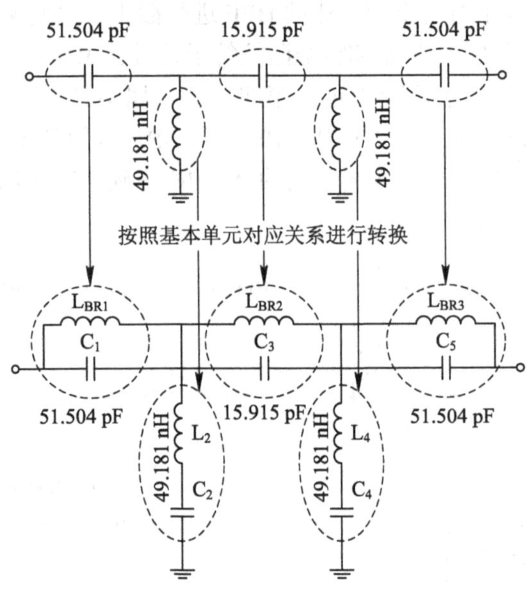

图 4-1-40　按基本电路单元对应关系将 HPF 电路变换成 BRF 电路

图 4-1-39 所给出的元件值计算公式中，ω_0 是几何中心角频率，而题目所给出的是线性坐标中心频率，所以要将其变成几何中心频率。500 MHz ± 50 MHz 的滤波器的几何中心频率 f_0 可按下式算得，即

$$f_L = 500 - 100 \div 2 = 450\ (\text{MHz})$$

$$f_H = 500 + 100 \div 2 = 550\ (\text{MHz})$$

$$f_0 = \sqrt{f_L \times f_H} \approx 497.493\ (\text{MHz})$$

求得几何中心频率之后，就可以利用图 4-1-39 中的变换公式来计算各元件的值，其计算结果如图 4-1-41 所示，它就是所要设计的 BRF。

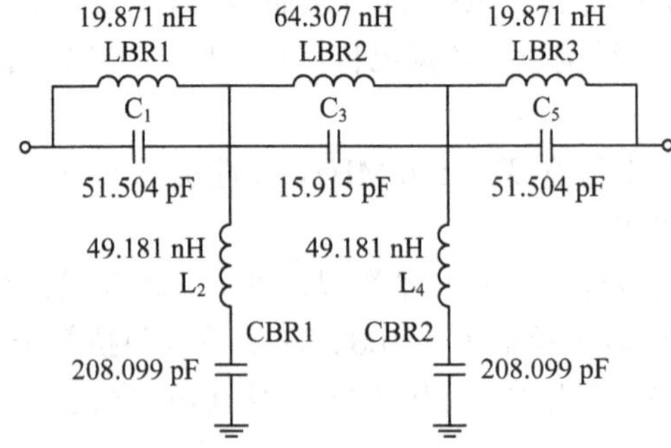

图 4-1-41　所要设计的 BRF(几何中心频率为 497 MHz，阻带宽度为 100 MHz，特征阻抗为 50 Ω)

5. 有源低通巴特沃思滤波器设计

同样，在有源滤波器中也采用归一化方法来设计巴特沃思型低通滤波器，其电路结构如图 4-1-42 所示，归一化元件表如表 4-1-1 所示。

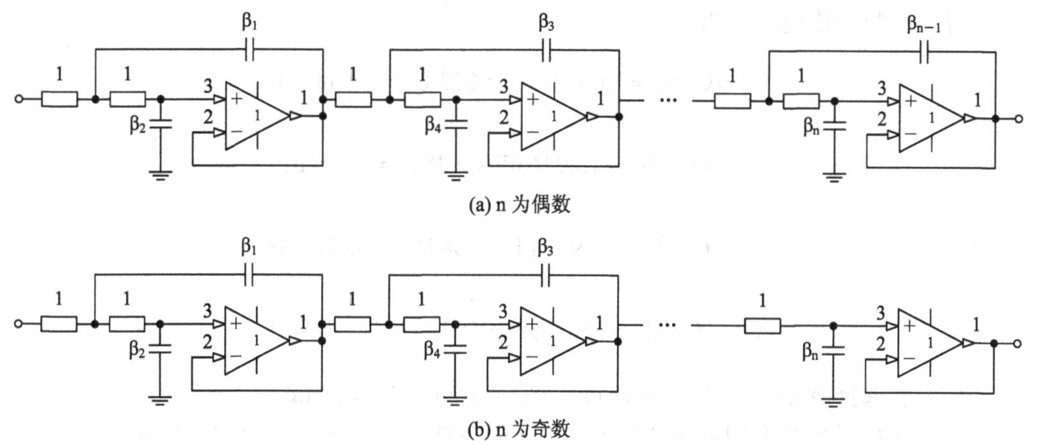

(a) n 为偶数

(b) n 为奇数

图 4-1-42　归一化巴特沃思型低通滤波器电路结构图

表 4-1-1　归一化低通滤波器元件表

n	β_1	β_2	β_3	β_4	β_5	β_6	β_7	β_8	β_9	β_{10}
1	1									
2	1.414 23	0.7071								
3	2	0.5	1							
4	2.613 01	0.3827	1.082 37	0.9239						
5	3.236 25	0.309	1.236 09	0.809	1					
6	3.863 99	0.2588	1.414 23	0.7071	1.035 25	0.965 95				
7	4.494 38	0.2225	1.603 85	0.6235	1.109 94	0.900 95	1			
8	5.125 58	0.1951	1.800 02	0.555 55	1.2027	0.8315	1.019 58	0.9808		
9	5.758 71	0.17365	2	0.5	1.3054	0.766 05	1.064 17	0.9397	1	
10	6.391 82	0.15645	2.202 64	0.454	1.414 23	0.7071	1.122 33	0.891	1.012 45	0.9877

根据归一化元件表只要对数据进行反归一化即可得到所需滤波器，下面通过一个例子讲解反归一化过程。

• 设计一个 4 阶巴特沃思型低通滤波器，要求截止频率为 1 kHz，增益为 1。并通过 Tina TI 软件仿真出波特图。

由公式

$$\omega = \frac{1}{RC} = 2\pi f \tag{4-1-4}$$

可知，当给定截止频率 f、选取 R 后(R 的选取一般在 kΩ 级别，且要以计算出的 C 尽量是标称值为宜)，即可计算出 C。

已知 f = 1 kHz，如取 R = 10 kΩ，则归一化电容为

$$C = \frac{1}{2\pi fR} = \frac{1}{2\times 3.1415\times 1000\times 10\,000} \approx 15.916\ \text{nF}$$

通过反归一化转换可得出 C_1、C_2、C_3、C_4。设计的滤波器为 4 阶，因此选择 n 为 4 时，由表 4-1-1 可知 $\beta_1 = 2.613\,01$，$\beta_2 = 0.3827$，$\beta_3 = 1.082\,37$，$\beta_4 = 0.9239$，将归一化电容 C 乘

以 β 则得到反归一化电容值为

$$C_1 = C\times\beta_1 \approx 15.916\,\text{nF}\times 2.613\,01 \approx 41.589\,\text{nF}$$

$$C_2 = C\times\beta_2 \approx 15.916\,\text{nF}\times 0.3827 \approx 6.091\,\text{nF}$$

$$C_3 = C\times\beta_3 \approx 15.916\,\text{nF}\times 1.08237 \approx 17.227\,\text{nF}$$

$$C_4 = C\times\beta_4 \approx 15.916\,\text{nF}\times 0.9239 \approx 14.705\,\text{nF}$$

根据电容选择规则，选择 $C_1 = 43$ nF，$C_2 = 5.6$ nF，$C_3 = 18$ nF，$C_4 = 15$ nF。

运放应选择增益带宽积满足要求的，关于运放选择的其他注意事项请参考 4.1.3 节，在此选择 OP37。

在 Tina TI 仿真软件下的电路如图 4-1-43 所示，图 4-1-44 所示为 Tina TI 软件仿真出的波特图。

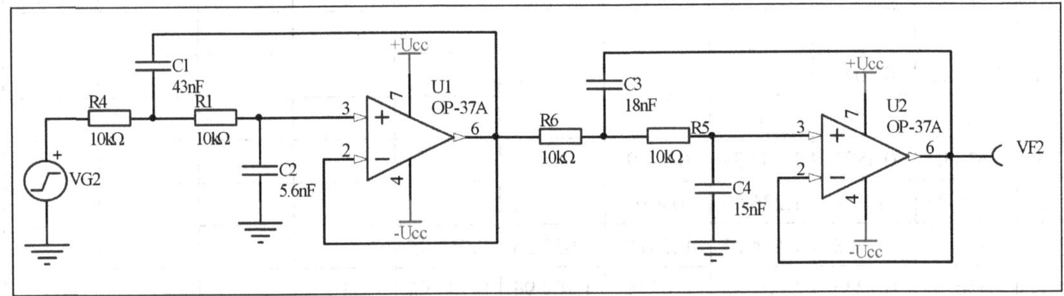

图 4-1-43　Tina TI 下的仿真电路图

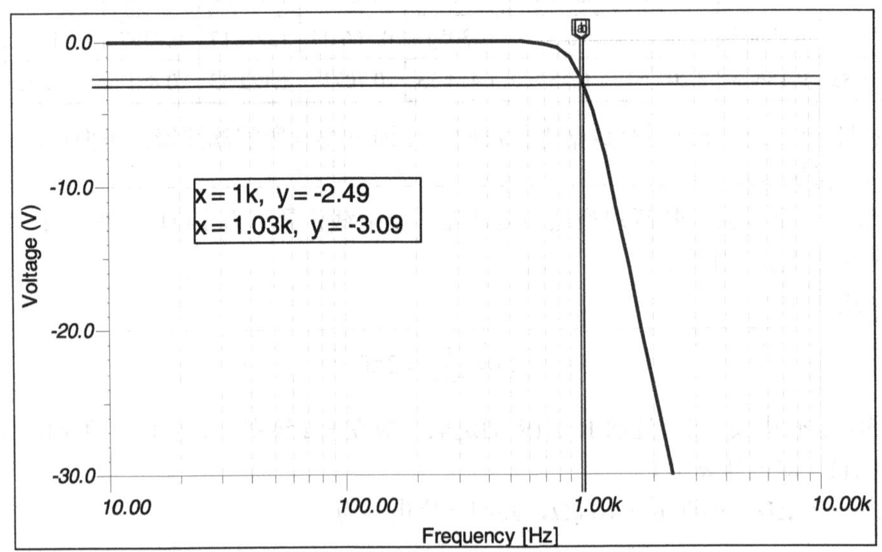

图 4-1-44　Tina TI 软件仿真波特图

上述滤波器都是假设增益为 1 的情况下所设计的，而在实际应用中可能要求各级滤波电路都有不同的增益，设计增益时只需对电路略加改变即可。在此以巴特沃思型低通滤波器 n 为偶数时的电路为例，电路如图 4-1-45 所示。

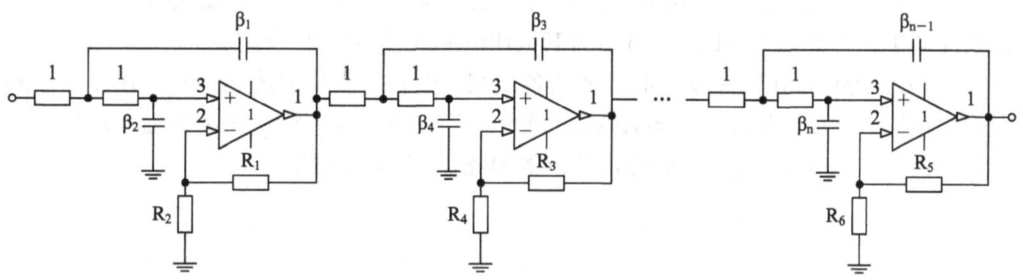

图 4-1-45 带增益可调的归一化巴特沃思型低通滤波器

通过电路可以看出第一级滤波器(即 1、2 阶滤波器)增益为$(R_1 + R_2)/R_2$，第二级滤波器(即 3、4 阶滤波器)增益为$\dfrac{R_3+R_4}{R_4}$，最后一级滤波器(即 n−1、n 阶滤波器)增益为$\dfrac{R_5+R_6}{R_6}$。

· 设计一增益为 4，阶数为 3，截止频率为 500 Hz 的巴特沃思型低通滤波器。

已知 f = 500 Hz，如取 R = 10 kΩ，则归一化电容为

$$C=\frac{1}{2\pi fR}=\frac{1}{2\times 3.1415\times 500\times 10\,000}\approx 31.832\text{ nF}$$

通过反归一化转换可得出 C_1、C_2、C_3。设计的滤波器为 3 阶，因此选择 n 为 3 时，由表 2-4-1 可知 $\beta_1=2$，$\beta_2=0.5$，$\beta_3=1$，将归一化电容 C 乘以 β 则得到反归一化电容值为

$$C_1=C\times\beta_1\approx 31.832\text{ nF}\times 2\approx 63.664\text{ nF}$$

$$C_2=C\times\beta_2\approx 31.832\text{ nF}\times 0.5\approx 15.916\text{ nF}$$

$$C_3=C\times\beta_3\approx 31.832\text{ nF}\times 1\approx 31.832\text{ nF}$$

取 C_1 = 56 nF，C_2 = 15 nF，C_3 = 33 nF，要求设计增益为 4，则可将两级运放增益分别确定为 2，取 R_1 = 10 kΩ，则 R_2 = 10 kΩ，最终设计的电路如图 4-1-46 所示。

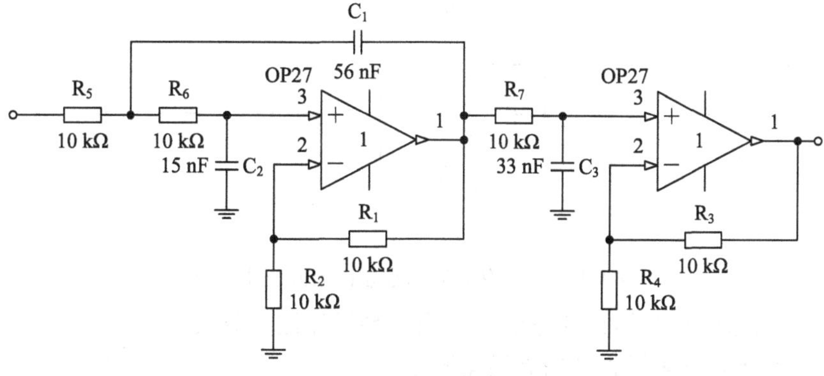

图 4-1-46 所设计的有源巴特沃思型低通滤波器(增益为 4，阶数为 3，截止频率为 500 Hz)

现在，大部分运放生产商都提供与其生产的运放特性相对应的滤波器设计软件，由于各家企业生产的运放功能大致相同，所以对于工程设计人员来说，只要会使用一种滤波器设计软件即可。在此只以 TI 公司出品的 FilterPro V2.0 为例进行介绍。

通过 FilterPro V2.0 软件设计的滤波器各电阻、电容参数与上述利用归一化设计出的滤波器参数不同，例如，采用 FilterPro V2.0 软件设计一个 4 阶巴特沃思型低通滤波器，要求截止频率为 1 kHz，增益为 1。最终设计出的电路如图 4-1-47 所示。

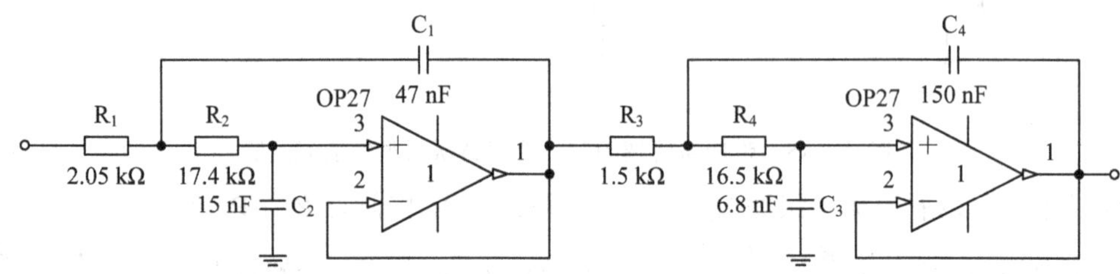

图 4-1-47　利用 FilterPro V2.0 软件设计的 LPF 滤波器

(4 阶巴特沃思型低通滤波器，截止频率为 1 kHz，增益为 1)

由图可以看出，不同的电阻、电容参数最终的设计结果是一样的，这就与归一化时如果选取的 R 值不同，得到的电阻、电容值也不同是一样的道理。在该软件中，它更合理地选择了电阻、电容的值，这是因为，如果通过归一化计算得出的电容值与标准值相差较大，则需改选电阻值 R 重新计算，工作量大，而软件则可很好地解决这个问题。

6. 有源高通巴特沃思滤波器设计

在此同样采用归一化方法来设计巴特沃思型高通滤波器，其电路结构如图 4-1-48 所示。

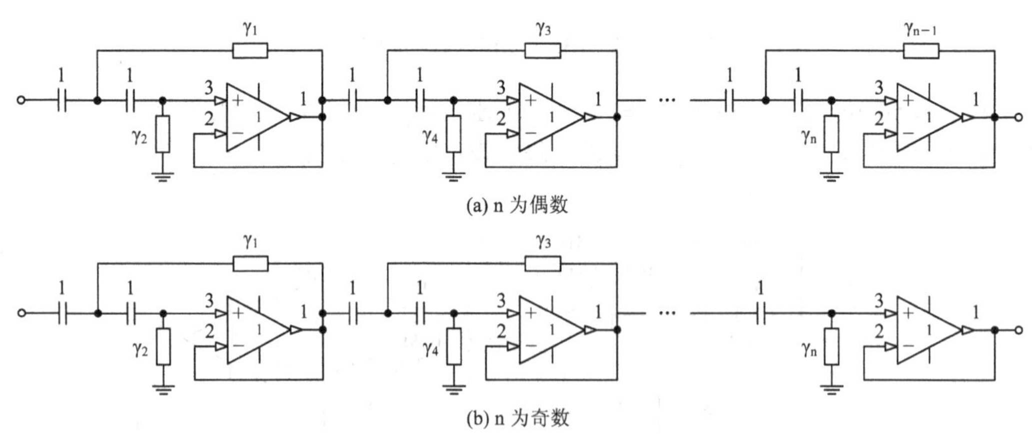

图 4-1-48　归一化巴特沃思型高通滤波器结构图

在掌握了低通滤波器的设计方法后，设计高通滤波器就变得非常简单。只要按照图 4-1-49 所示的步骤，就可以设计出高通滤波器。

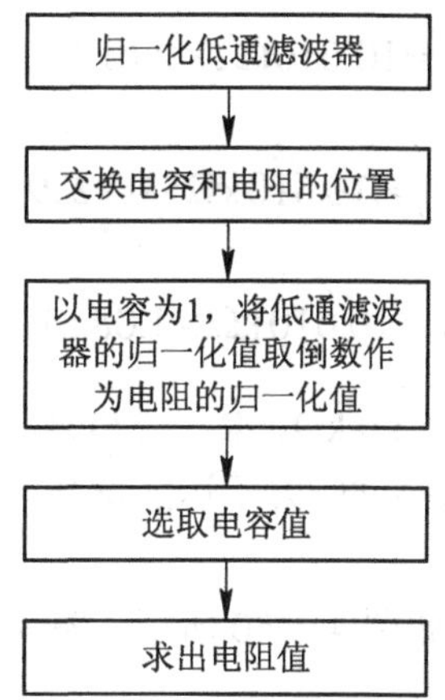

图 4-1-49　依据归一化 LPF 数据设计高通滤波器的步骤

下面通过实际例子来解说依据图 2-4-25 所述方法将巴特沃思型归一化 LPF 转换成 HPF 的过程。

· 设计一个 4 阶巴特沃思型高通滤波器，要求截止频率为 1 kHz，增益为 1。并通过 Tina TI 软件仿真出波特图。

由公式

$$\omega = \frac{1}{RC} = 2\pi f \tag{4-1-5}$$

可知，当给定截止频率 f、选取 C 后(C 的选取一般在 pF、nF 级别，且以计算出 R 尽量是标称值为宜)，计算出 R 即可。

已知 f = 1 kHz，如取 C = 15 nF，则归一化电阻为

$$R = \frac{1}{2\pi fC} = \frac{1}{2\times3.1415\times1000\times15\times10^{-9}} \approx 10.610\ \text{k}\Omega$$

通过反归一化转换可得出 R_1、R_2、R_3、R_4，因为设计的滤波器为 4 阶，故选择 n 为 4 时，由表 4-4-1 可知 $\beta_1 = 2.61301$，$\beta_2 = 0.3827$，$\beta_3 = 1.08237$，$\beta_4 = 0.9239$，将低通滤波器的归一化数据转换为高通滤波器的归一化数据(将低通滤波器的归一化数据取倒数则可)，计算如下：

$$\gamma_1 = \frac{1}{\beta_1} \approx \frac{1}{2.613\,01} \approx 0.3827$$

$$\gamma_2 = \frac{1}{\beta_2} \approx \frac{1}{0.3827} \approx 2.613\,01$$

$$\gamma_3 = \frac{1}{\beta_3} \approx \frac{1}{1.082\,37} \approx 0.9239$$

$$\gamma_4 = \frac{1}{\beta_4} \approx \frac{1}{0.9239} \approx 1.082\,37$$

将归一化电阻 R 乘以 γ 则得到反归一化电阻值为

$$R_1 = R\times\gamma_1 \approx 10.610\text{k}\Omega\times0.3827 \approx 4.060\text{k}\Omega$$

$$R_2 = R\times\gamma_2 \approx 10.610\text{k}\Omega\times 2.613\,01 \approx 27.724\text{k}\Omega$$

$$R_3 = R\times\gamma_3 \approx 10.610\text{k}\Omega\times 0.9239 \approx 9.803\text{k}\Omega$$

$$R_4 = R\times\gamma_4 \approx 10.610\text{k}\Omega\times 1.08237 \approx 11.484\text{k}\Omega$$

根据规格选择电阻，选择 $R_1 = 3.9\ \text{k}\Omega$，$R_2 = 27\ \text{k}\Omega$，$R_3 = 10\ \text{k}\Omega$，$R_4 = 12\ \text{k}\Omega$。

运放应选择增益带宽积满足要求的，关于运放选择的其他注意事项请参考放大器一节，在此选择 OP37。

在 Tina TI 仿真软件下的电路如图 4-1-50 所示，图 4-1-51 所示为 Tina TI 软件仿真出的波特图。

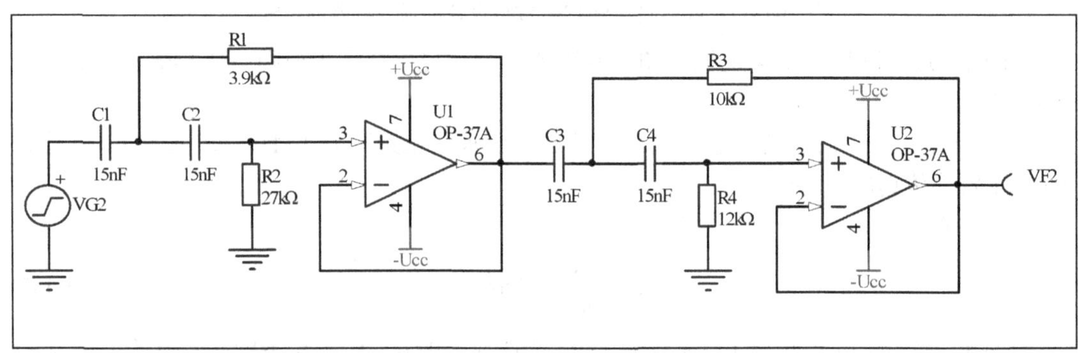

图 4-1-50　巴特沃思 HPF 在 Tina TI 下的仿真电路图(4 阶，截止频率为 1 kHz，增益为 1)

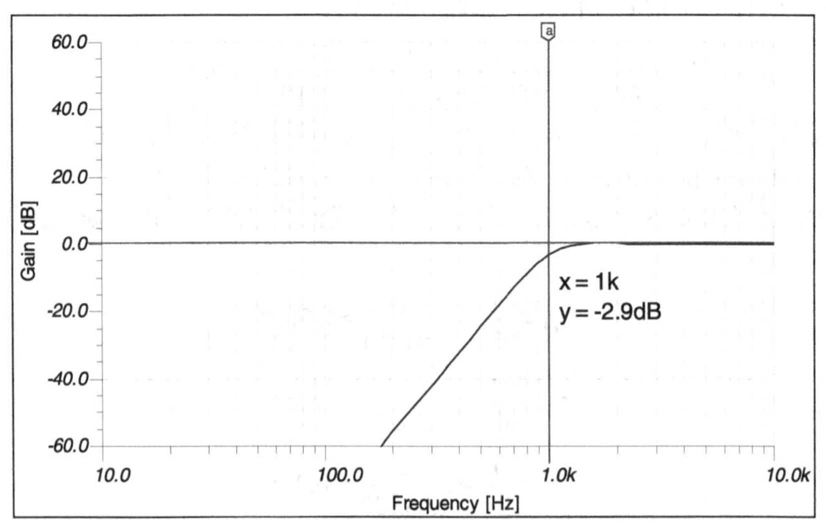

图 4-1-51　Tina TI 软件仿真的波特图(4 阶，截止频率为 1 kHz，增益为 1)

同样，在进行高通滤波器设计时，通常也要考虑增益不为 1 的情况，在增益不为 1 时的设计方法与低通滤波器增益不为 1 时的设计方法相同，在此不再赘述。

利用 FilterPro V2.0 滤波器设计软件设计高通滤波器与设计低通滤波器的方法一致，请读者自行学习使用。

对于带通滤波器和带阻滤波器的设计可通过低通滤波器和高通滤波器串并联的方法实现，亦可通过滤波器设计软件或其他方法实现，请参考相关书籍。

4.1.5　变换电路

1. 超低直流偏移宽带光电二极管放大电路

OPA380 是特别为跨阻放大器的应用开发的一个积分器稳定运算放大器，它的反相输入端是 CMOS 运算放大器，而非反相输入端是一个积分器，只允许非常低的频率响应输入。在大多数的双电源应用中，OPA380 的非反相输入端是连接到地面的。在单电源应用中，它可以用于提供直流偏置。应用表明，如果输出可以被降为一个负值，就没有必要采用直流偏置。图 4-1-52 是光电二极管信号采集放大电路，电路中的光电二极管会显著减小带宽。该电路实现了 19 MHz 带宽。图 4-1-53 是其波特图，图 4-1-54 是其仿真输出。

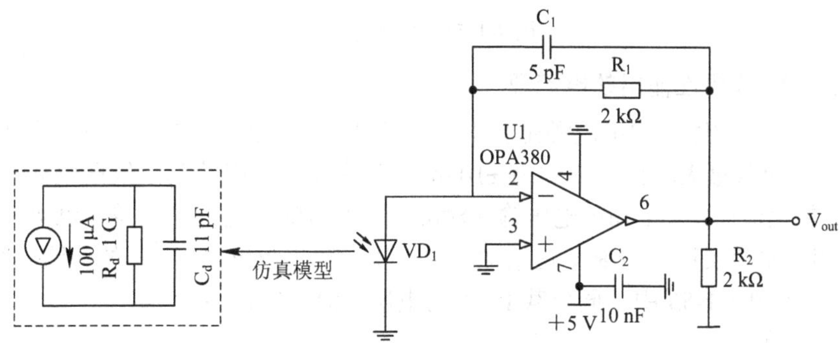

图 4-1-52　光电二极管信号采集放大电路

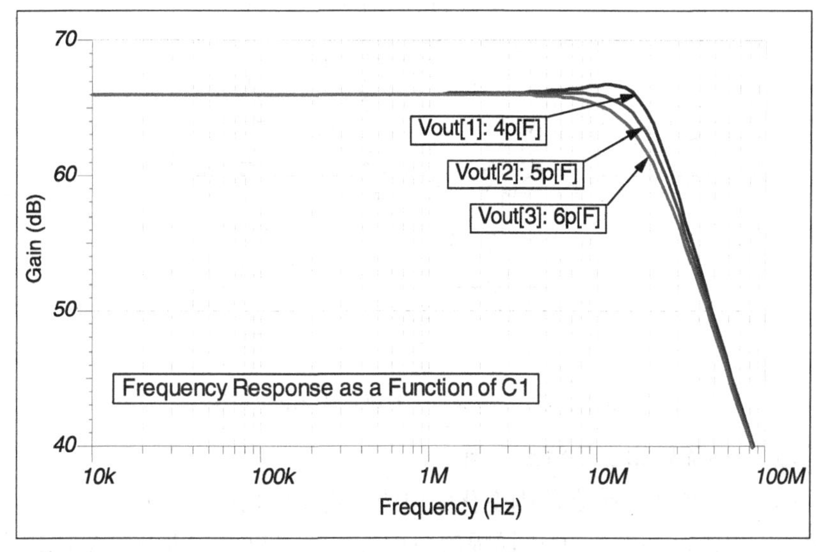

图 4-1-53　波特图

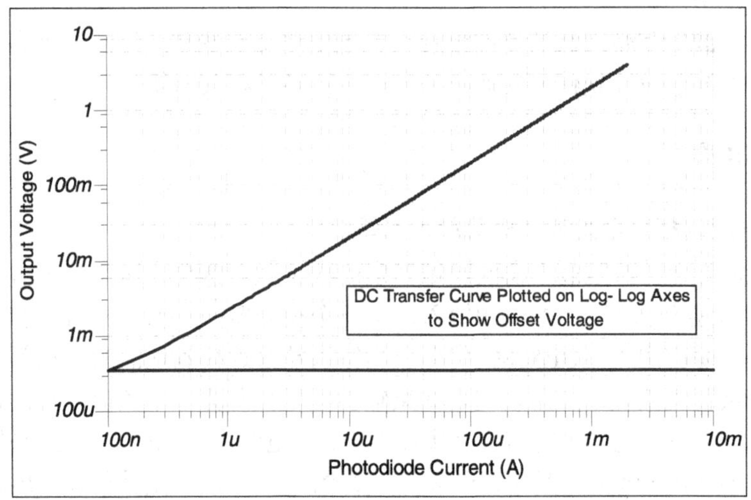

图 4-1-54　仿真输出

2. 差分输入-双极性输出的电流源

差分输入-双极性输出的电流源是基于一个经典的 3 运放仪表放大器(IA)实现的。如图 4-1-55 所示，其负载最大输出电流约为 ±10 mA。最大负载电阻的测定依据放大器的输出电压和通过 R_L 的电流而定。1 mV 电压输入对应 1 mA 电流输出，高增益可以实现高阻抗差动输入。R_1 用来平衡反馈电阻 R_L。这增加了电流源的输出阻抗。电路中的旁路电容未画出。图 4-1-56 给出了图 4-1-55 中不同负载 R_L 下的电压电流控制特性。

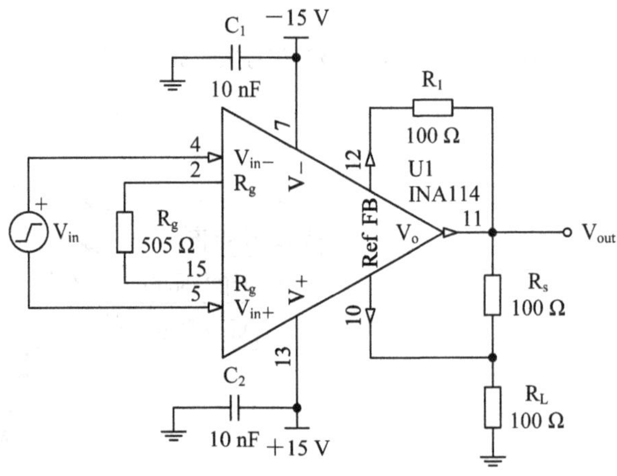

图 4-1-55　差分输入-双极性输出的电流源

3. 电流输入-电流输出型电流放大器

这种非反相放大器在一个宽范围变化的电流下提供的增益为 10。通过输出电压 U1 的摆幅来限制输出电流。不低于 U1 摆幅的负电源电压可以产生非常低的输出电流。如图 4-1-57 所示，该电路可实现输出电流为 1 nA～1 mA 的变化范围。其仿真波形如图 4-1-58 所示。

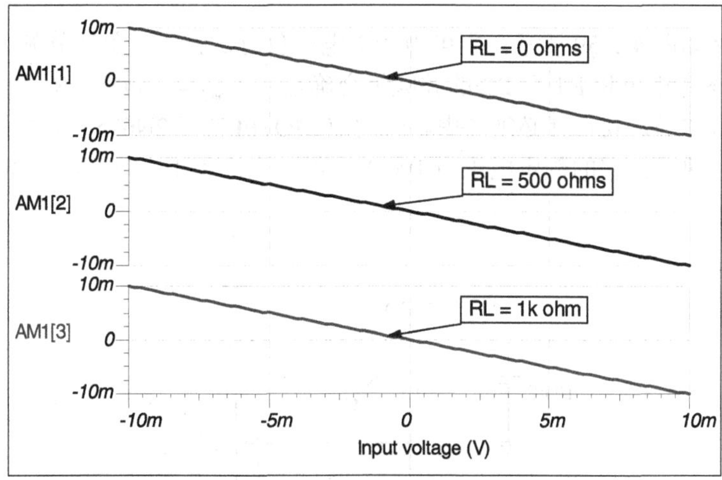

图 4-1-56　不同负载下的电压电流控制特性

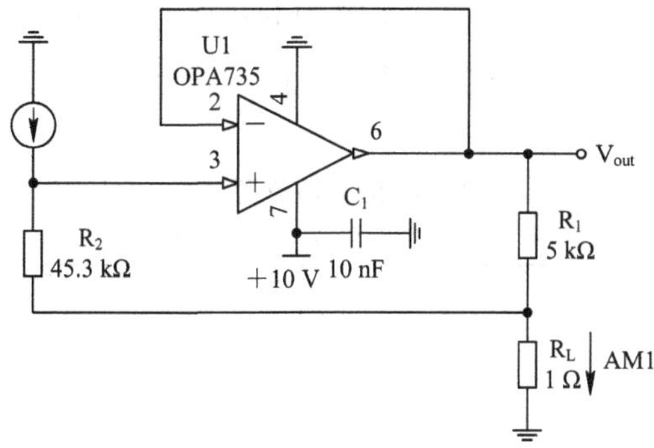

图 4-1-57　电流输入-电流输出型电流放大器

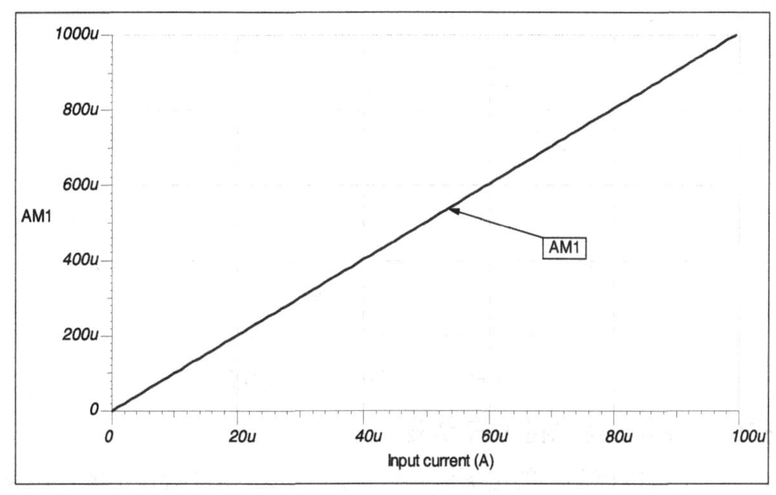

图 4-1-58　电流放大器仿真波形

4. 恒流源

恒流源电路如图 4-1-59 所示，它可用于蓄电池负荷试验或电源调节测量中。输出电流由 TL431 内部参考电压和 R1 与 R2 的并联组合确定，$I_{Load} = 2.495V/(R_1 // R_2)$。全负载电流流过电阻$(R_1 // R_2)$，其功耗必须考虑。N 沟道 MOSFET 管 2N6756 在大电流下工作需要安装一个大的散热片。它的额定电压为 100 V，额定电流为 14 A。其仿真波形如图 4-1-60 所示。

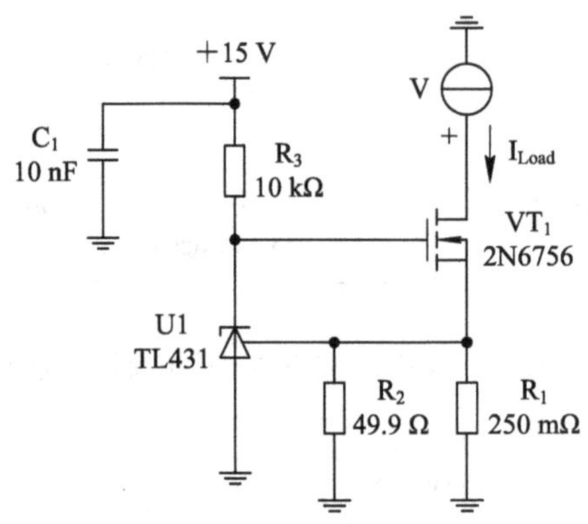

图 4-1-59　恒流源电路

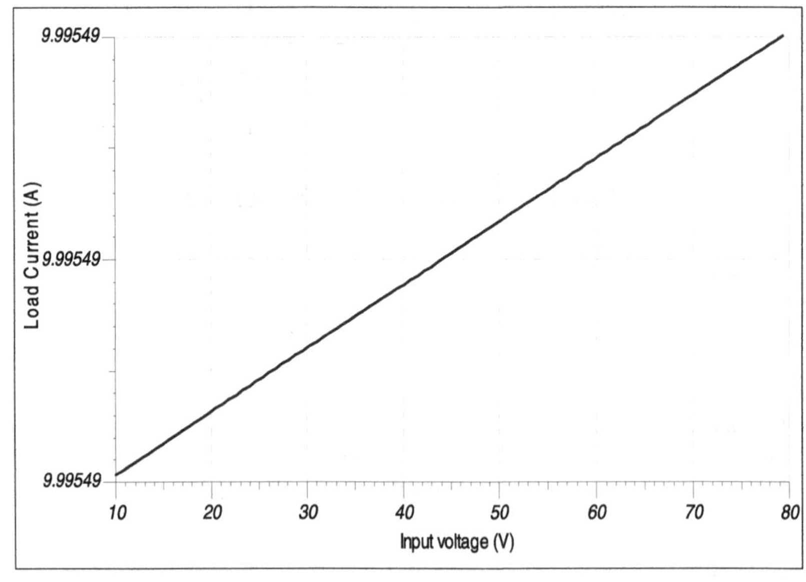

图 4-1-60　恒流源电路仿真波形

5. 0 至 500 mA 的电压控制型电子负载

图 4-1-61 是一个电压控制型的电流源。它是按比例提供电流输出的，+1 V 的电压输入能提高 500 mA 的电流输出。这种类型的电路在电源测试中是非常有用的。图 4-1-62 是其仿真波形，图 4-1-63 是其波特图，图 4-1-64 是其响应延迟测试。

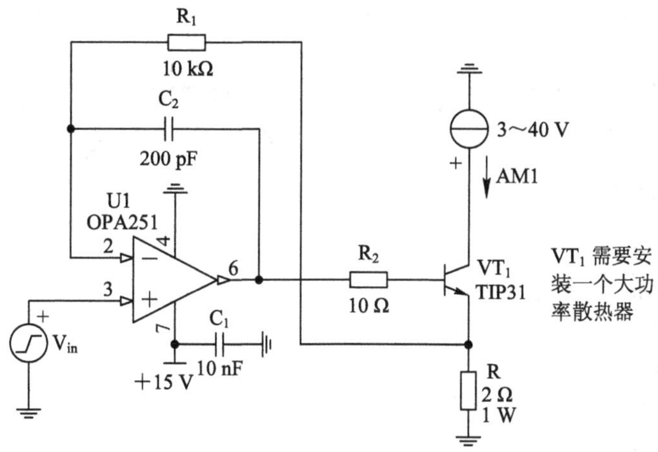

图 4-1-61　电压控制型的电流源

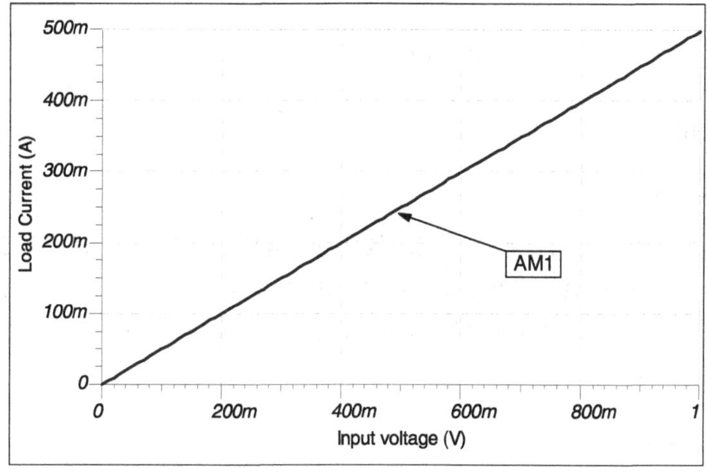

图 4-1-62　仿真波形

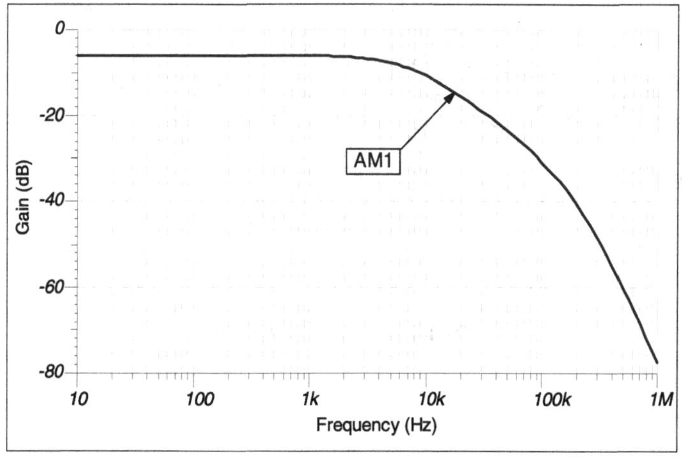

图 4-1-63　波特图

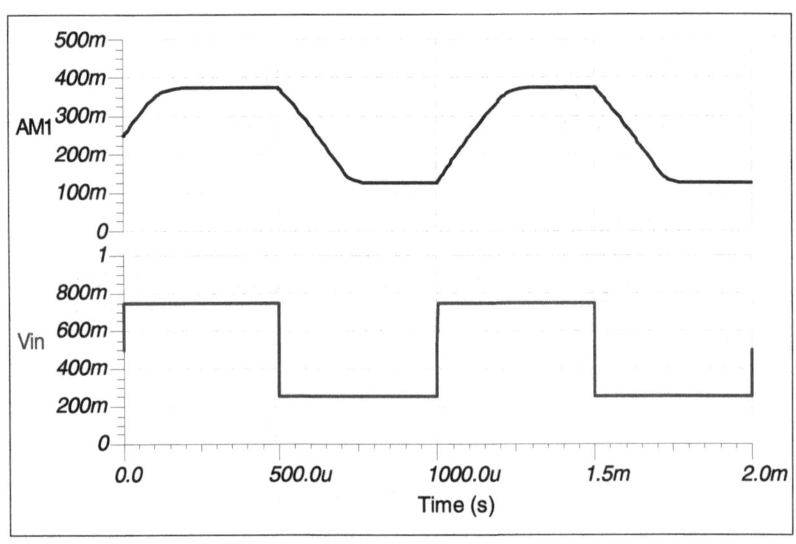

图 4-1-64　响应延迟测试

4.1.6　音频电路

1. 音频放大电路

音频放大电路如图 4-1-65 所示，该运放的频率响应范围为音频范围(250～2700 Hz)，通过限制带宽，可更清晰地放大声音信号。图中 OPA347 运算放大器是一款低成本的微功耗运算放大器，在音频放大电路中使用性价比非常高。图 4-1-66 为该电路的波特图，图 4-1-67 为仿真波形图。

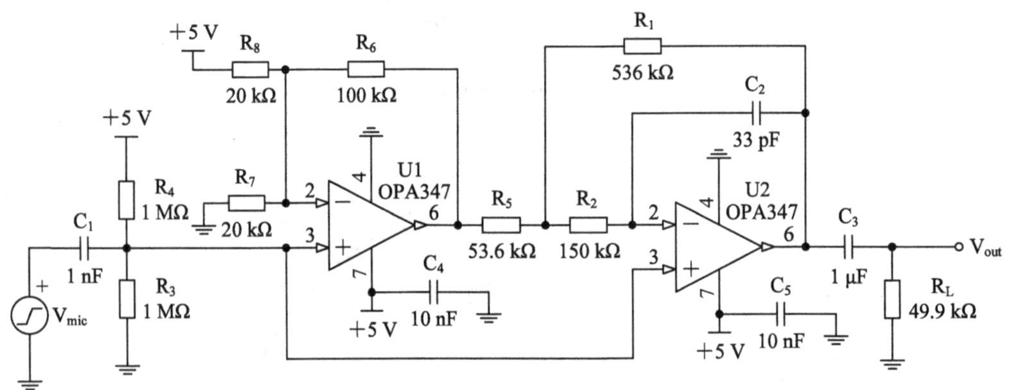

图 4-1-65　音频放大电路

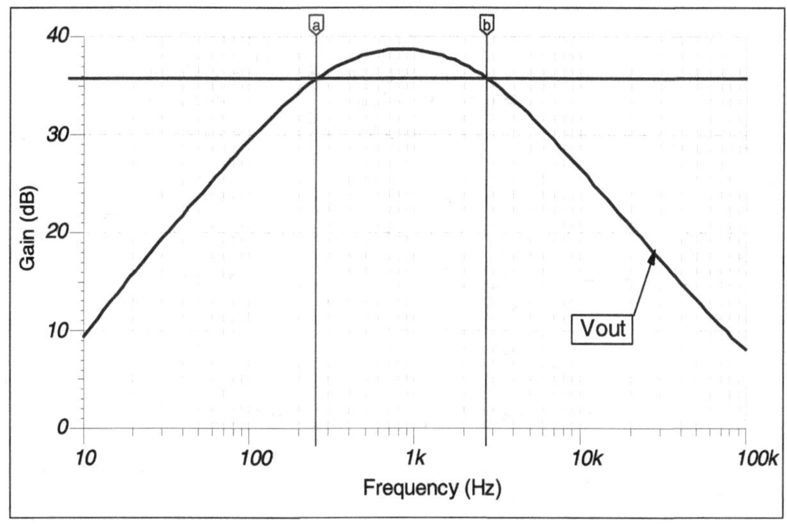

图 4-1-66　波特图

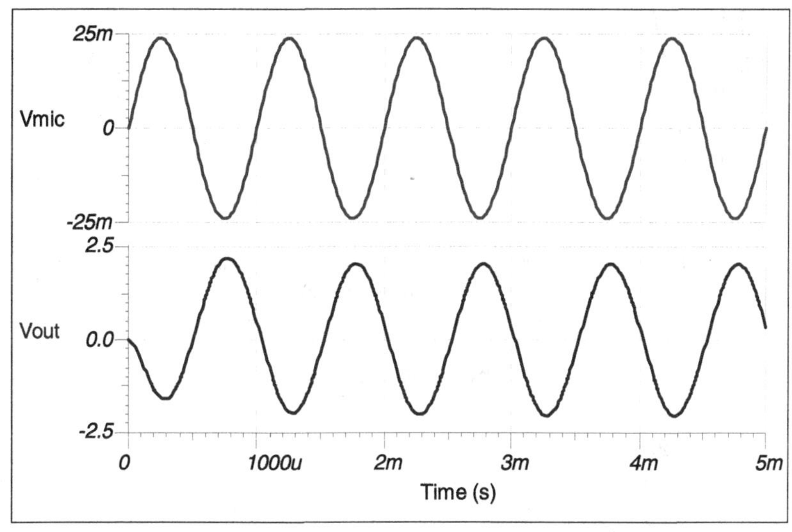

图 4-1-67　仿真波形

2. 驻极体传声器前置放大器

驻极体传声器前置放大电路如图 4-1-68 所示，该电路可用于增加驻极体麦克风的输出。驻极体麦克风类的话筒通常由一个 JFET 跟随器完成内部缓冲，从而通过一个高输入阻抗来省略前置放大器。该电路运放 OPA364 的工作电压范围较宽(+1.8～+5.5 V)，并具有轨至轨输出性能，输出电压摆幅可达电源电压。该电路具有 20 分贝(10 V/V)的电压增益。图 4-1-69 为其波特图，图 4-1-70 为其仿真波形图。

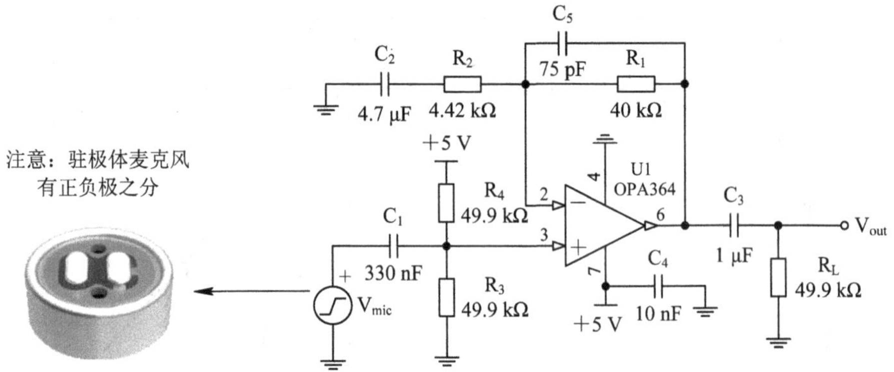

图 4-1-68　驻极体传声器前置放大电路

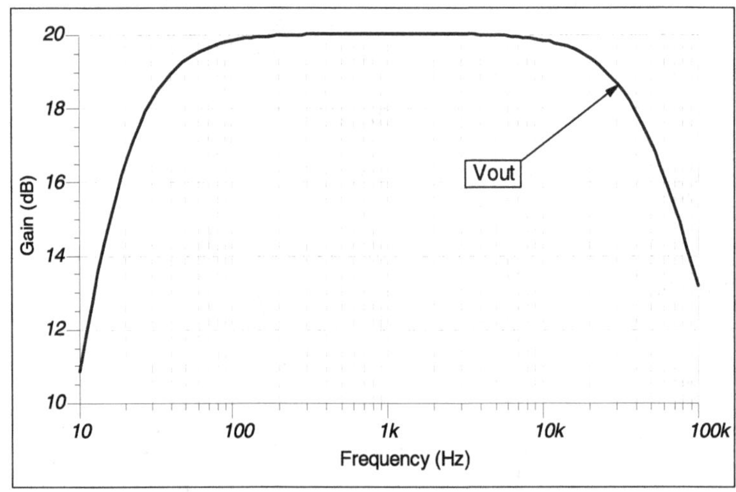

图 4-1-69　波特图

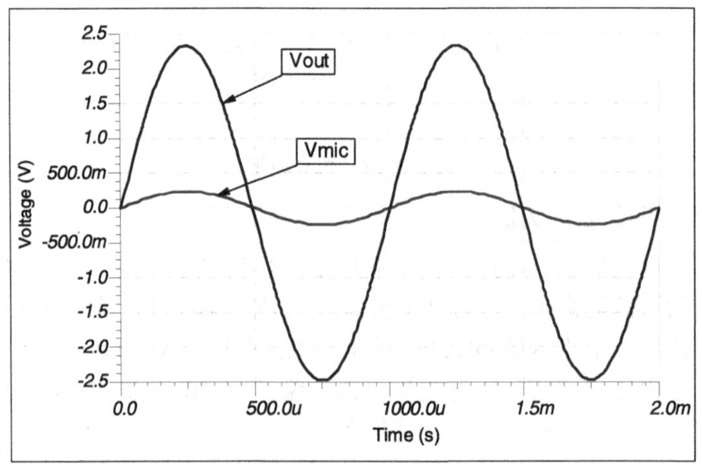

图 4-1-70　仿真波形图

3. 助听器电路

助听器电路如图 4-1-71 所示，电路主要由集成电路 IC1、IC2 和外围相关电路组成，电路由 3V 电池供电。电路中的 MIC1 和 MIC2 是受话器，EP1 和 EP2 是优质耳机插口。两个 IC(LA4537M)相互级联，放大立体声信号，以增加声音灵敏度和扩大接收范围，并用电位器 RP_1 和 RP_2 分别调节两个通道的声信号，以达到所需要的音量。

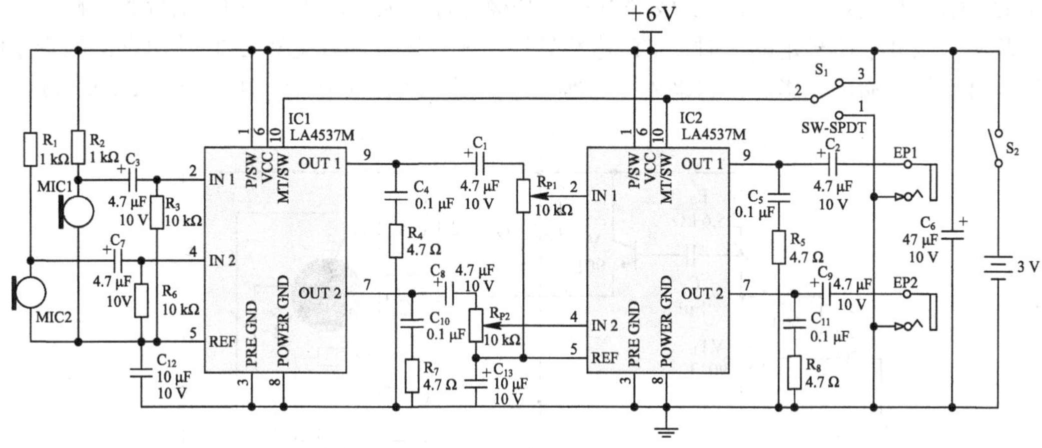

图 4-1-71　助听器电路

4. 防盗报警电路

防盗报警电路具有灵敏度高、安全可靠、功耗低等特点，可用于家庭各种重要物品的防盗报警，其电路如图 4-1-72 所示。

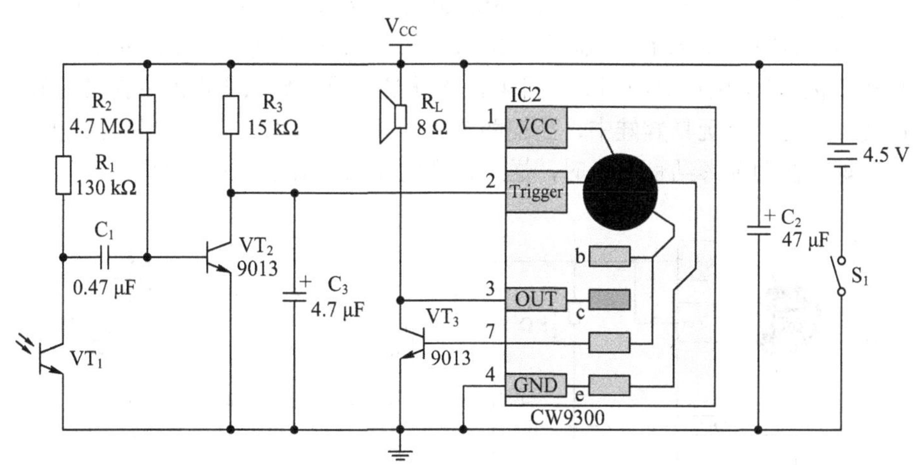

图 4-1-72　防盗报警电路

防盗报警电路主要由光线判别电路和语言报警电路组成，当无光线照入 VT_1 时，VT_1 截止，VT_2 经 R_2 偏置导通，CW9300 的引脚 2 输入低电平，不发声；当有光线照入 VT_1 时，VT_1 导通，VT_2 经 C_1 耦合，VT_2 截止，CW9300 的引脚 2 输入高电平，触发语言芯片 CW9300 发声报警。CW9300 可根据实际需要写入一定长度的语音信息，当 2 脚被触发后，输出该语音信息。

5. 声控音乐娃娃电路

音乐控制芯片可广泛应用于各种简单的语音发声场合，如音乐门铃、语音报警、语音报时等，图 4-1-73 是一款利用语音芯片设计的语音玩具电路，该电路十分简单，Y1 为压电陶瓷片，它能将声信号转换为电信号，当接收到一定声响的音频信号(如拍手声)后，转换出的电信号经电容 C_1 耦合到三极管 VT_1 的基极进行放大，放大后由 C_2 耦合到三极管 VT_2 的基极，当外来信号足够大时，VT_2 饱和导通，触发语言芯片 CW9300 输出存储的音乐信号，语音信号输出完毕后，自动停止，等待下一足够大的声音信号再次触发 CW9300。

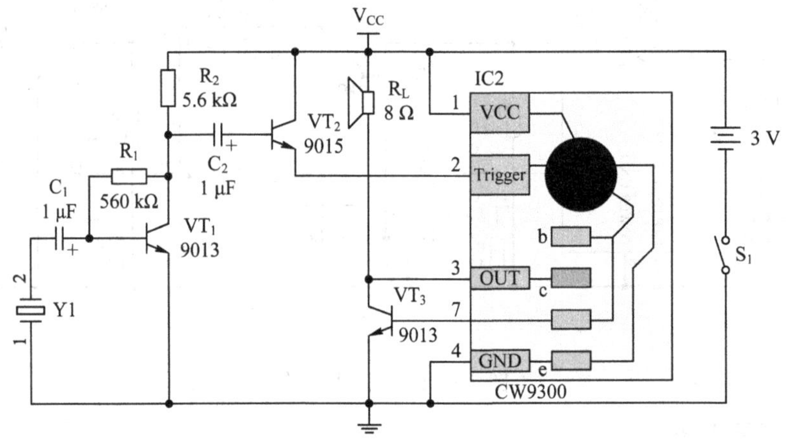

图 4-1-73　声控音乐娃娃电路

如果 CW9300 中写入娃娃的哭声、“爸爸”“妈妈”等语音，则可构成音乐娃娃电路，放入毛绒娃娃玩具中，当在玩具前拍手时，则玩具会自动发出哭声或“爸爸”“妈妈”等声音。

如果在图 4-1-73 中加入 LED 显示电路，则玩具将更加灵活，表现力更好。当玩具发声时，如果眼睛也闪烁，则更具吸引力。图 4-1-74 就是利用该想法实现的磁控婚礼娃娃电路。将该电路装入一对男女玩具娃娃中，当把两个娃娃靠在一起时，便会奏起《婚礼进行曲》，同时彩灯闪烁，在朋友喜结良缘之时，送上这样的礼品将会增加喜庆的气氛。

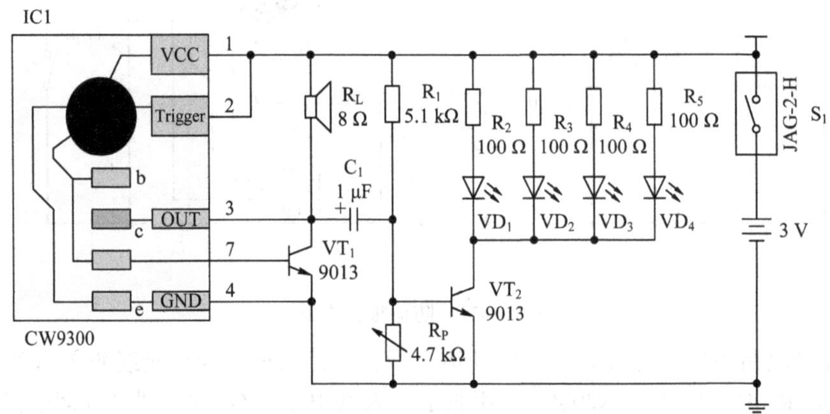

图 4-1-74　磁控婚礼娃娃电路

图 4-1-74 中，IC1 是 CW9300 系列音乐集成电路，内储一首《婚礼进行曲》，其触发极 2 脚直接接到电源正极。当电源接通后，电路即工作，于是乐曲信号经外接晶体管 VT_1 功率放大后驱动扬声器 R_L 发声。同时，VT_1 集电极输出的乐曲信号经电容 C_1 耦合至开关放大管 VT_2 的基极作为控制信号，当信号电平高于 VT_2 导通阈值(约 0.7 V)时，VT_2 导通，发光二极管 VD_1～VD_4 发光；当信号电平低于 VT_2 导通阈值时，VT_2 截止，VD_1～VD_4 熄灭；总的效果是使 VD_1～VD_4 随着乐曲声作相应的闪烁。R_1、R_P 构成偏置电路，给 VT_2 基极提供适当的正偏电压，与经 C_1 耦合来的信号电压叠加，以提高 VT_2 的触发灵敏度。触发灵敏度的高低与 R_P 阻值大小成正比，调节 R_P 即可调节触发灵敏度。

4.2　数 字 电 路

数字信号以其抗干扰能力强、便于存储、便于处理等优点，被广泛应用于各种电子电路中，处理数字信号的电路称为数字电路，为了便于读者学习使用，笔者将常见的简单数字电路归纳于本章。

4.2.1　时钟信号发生电路

1. NE555 组成的脉冲波发生电路

NE555 组成的脉冲波发生电路如图 4-2-1 所示，图中 R_1、R_2 向电容 C_1 充电，当电压达到一定值后，NE555 的 7 脚输出低电平，C_1 通过 R_2 放电。其输出波形如图 4-2-2 所示。

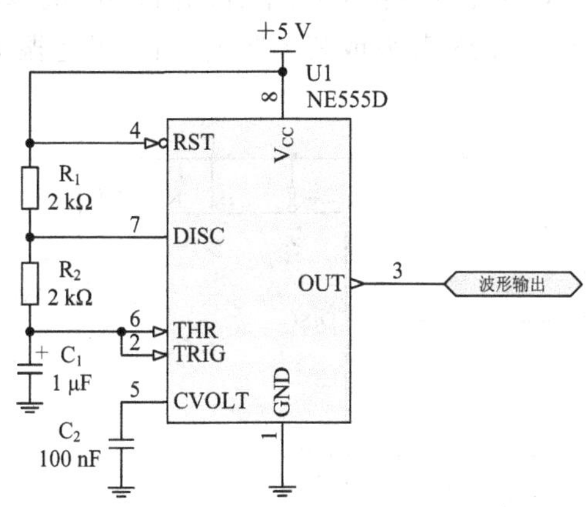

图 4-2-1　NE555 组成的脉冲波发生电路

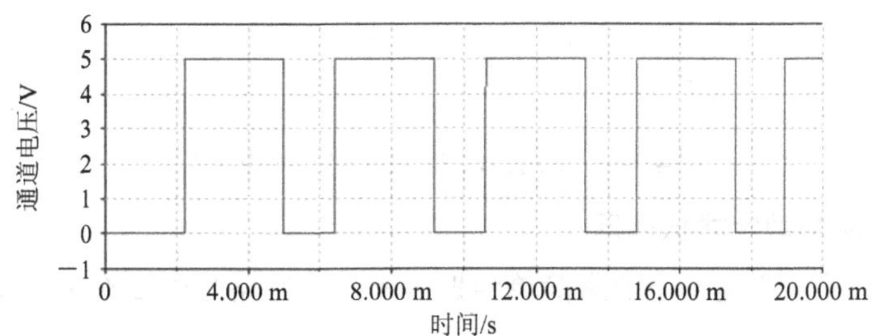

图 4-2-2　NE555 组成的脉冲波发生电路输出波形图

2. 采用 NE555 组成占空比可调的方波发生器

图 4-2-3 所示为采用 NE555 组成占空比可调的方波发生器，该电路充电时间为 $0.693R_AC_1$，放电时间为 $0.693R_BC_1$，占空比 $D = R_A/(R_A + R_B)$。调节 R_W，触点至最上端时，占空比最小，约为 8.3%；中心点至最下端时，占空比最大，约为 91.7%。

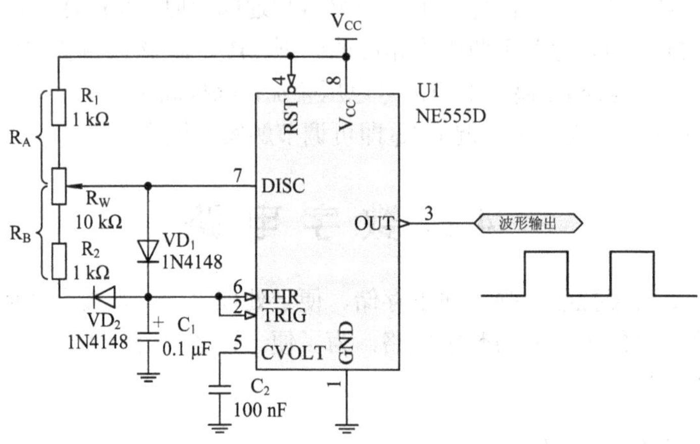

图 4-2-3　NE555 组成占空比可调的方波发生器

3. 采用 NE555 组成的晶体振荡器

采用 NE555 组接晶体振荡器时，先将 A、B 两点短接或接一个小电阻，构成一个无稳态多谐振荡器，选择 R_1、C_1 使振荡频率接近晶体的固有频率。然后如图 4-2-4 所示接好电路，使振荡频率被牵引至晶体谐振频率或其谐波频率上。若起振不好，可调节可变电容 C_3。

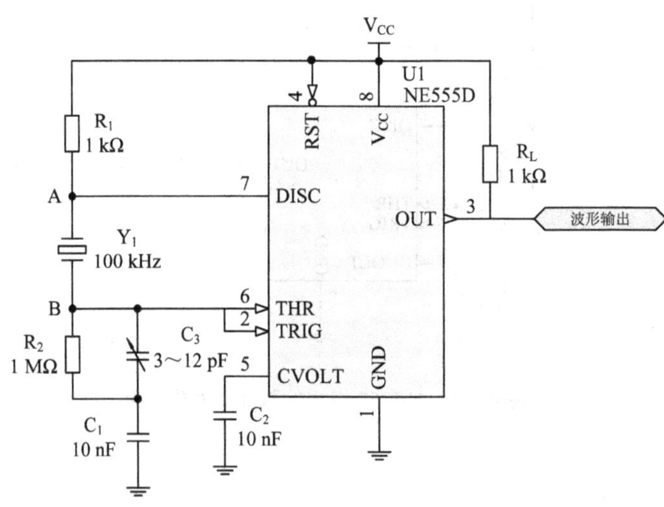

图 4-2-4　采用 NE555 组成的晶体振荡器

4. 电位器控制的数字式振荡器

图 4-2-5 所示的电路是一个非常简单的振荡器，该电路是由 2 个 CMOS 反相器，2 个电容器和 1 个电位器构成的。如果 $C_1 = C_2 = C$，则电路的振荡频率 $f = \dfrac{1}{4\ln 2RC}$。

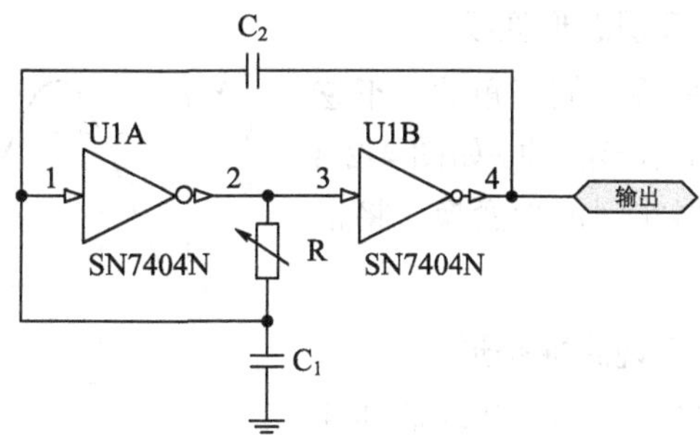

图 4-2-5　电位器控制的数字式振荡器

5. 倍频电路

图 4-2-6(a)是一个由 CMOS 与非门组成的倍频电路，图 4-2-6(b)为其波形图。输出波形的脉宽为 t，t = RC。

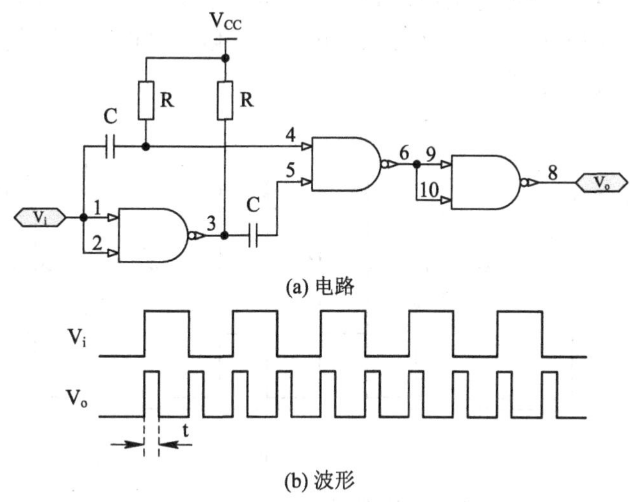

图 4-2-6　CMOS 与非门组成的倍频电路

4.2.2　施密特触发器电路

图 4-2-7 所示为用两级 CMOS 反相器构成的施密特触发器电路。图中 V_1 通过 R_1、R_2 的分压来控制门的状态。

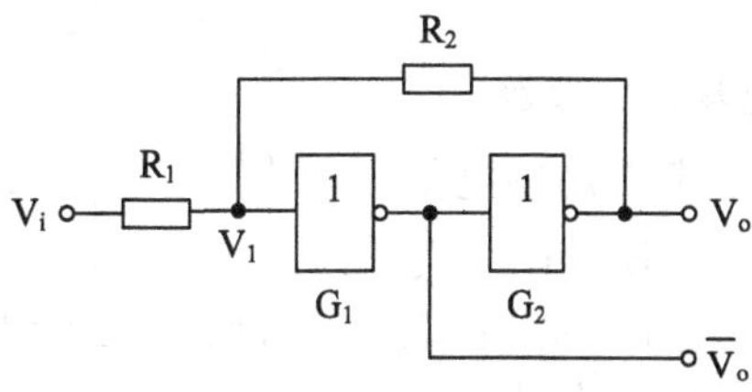

图 4-2-7　两级 CMOS 反相器构成施密特触发器

1. 用施密特触发器实现波形变换

施密特触发器可以将输入的三角波、正弦波、锯齿波等波形变换成矩形脉冲。如图 4-2-8 所示，是用施密特触发器实现波形变换，将正弦波变换成矩形波。

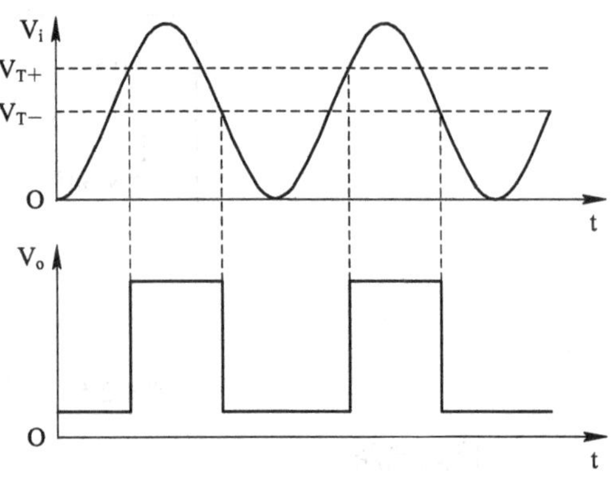

图 4-2-8　用施密特触发器实现波形变换

2. 用施密特触发器实现脉冲整形

在数字系统中，矩形脉冲经过传输后往往发生波形畸变。例如，当传输线上电容较大时，波形的上升和下降沿明显变缓，如图 4-2-9 (a)所示 V_i；或者当接收端阻抗与传输线阻抗不匹配时，在波形的上升沿和下降沿将产生振荡，如图 4-2-9 (b)所示 V_i；或者在传输过程中接收干扰信号，在脉冲信号上叠加有噪声，如图 4-2-9(c)所示 V_i。不论因为哪一种情况，使矩形脉冲经传输而发生的波形畸变，都可以通过施密特触发器的整形而获得满意的矩形脉冲波，如图 4-2-9 所示的 V_o 波形。

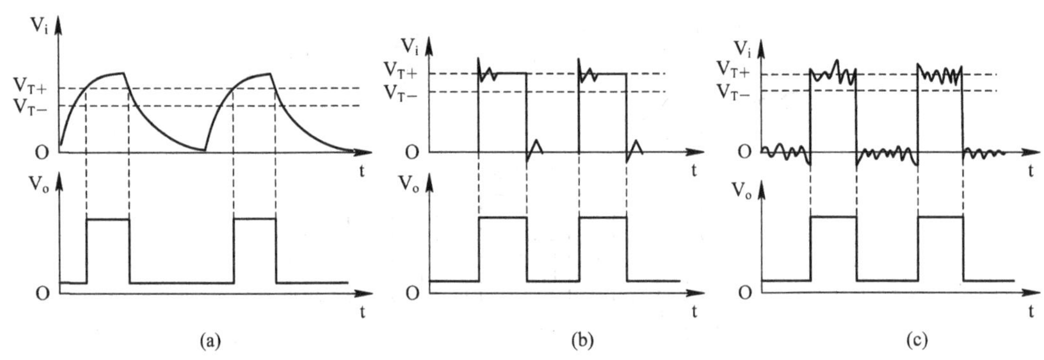

图 4-2-9　用施密特触发器实现脉冲整形

3. 用施密特触发器实现脉冲鉴幅

若将一系列幅度各异的脉冲信号加到施密特触发器输入端，只有那些幅度大于上限触发电平 V_{T+}的脉冲才会在输出端产生输出信号，因此可以选出幅度大于 V_{T+}的脉冲，如图 4-2-10 所示。

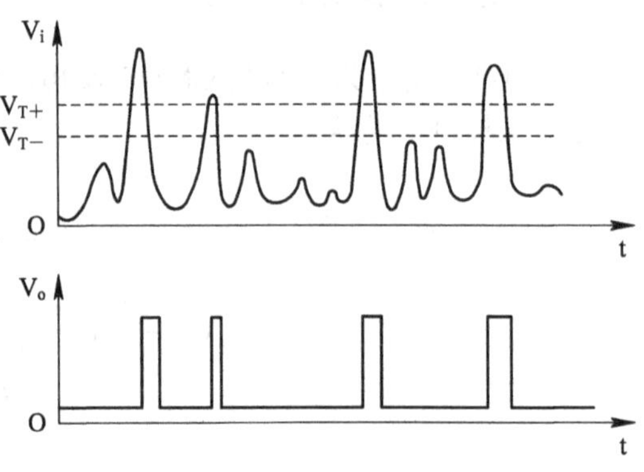

图 4-2-10　用施密特触发器实现脉冲鉴幅

4. 用施密特触发器实现多谐振荡器

用施密特触发器构成的多谐振荡器电路如图 4-2-11(a)所示，当接通电源时，由于 V_C 电位较低，因此输出 V_o 为高电平。此后 V_o 通过 R 对 C 充电，V_C 电位逐步上升，当 $V_C \geqslant V_{T+}$时，施密特触发器输出由高电平变为低电平。V_C 又经 R 通过 V_o 放电，V_C 电位逐步下降，当 V_C 下降至 $V_C \leqslant V_{T-}$ 时，施密特触发器状态又发生变化，V_o 由低电平变为高电平。这样 V_o 又通过 R 对 C 充电，使 V_C 逐步上升，如此反复，形成多谐振荡。工作波形如图 4-2-11(b)所示。

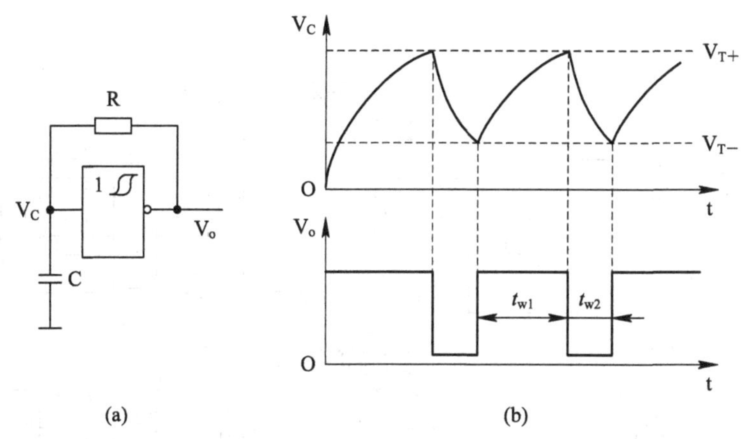

图 4-2-11　施密特触发器构成的多谐振荡器

4.2.3　计数、定时、延迟电路

1. 数字秒表

数字秒表电路如图 4-2-12 所示。图中 CD4060BCM 将 32 768 Hz 的时钟信号经过 2^{14} 分频，得到 2 Hz 的脉冲信号，经 U2A 的 HCC4518BF 二分频电路可得到秒信号的输出。HCC4518BF 内部封装有两个相同的十进制计数器，所以可形成二位计数，如果需要更多位的计数，可以进行多级级联。SN74LS47D 是 BCD-7 段译码/驱动电路。随着秒信号的不断加入，共阳极 LED 数码显示器便会不断地显示出计数的秒数。S_1 是清零开关，当按下 S_1 时，HCC4518BF 的 CLR 端便可得到一个正脉冲。

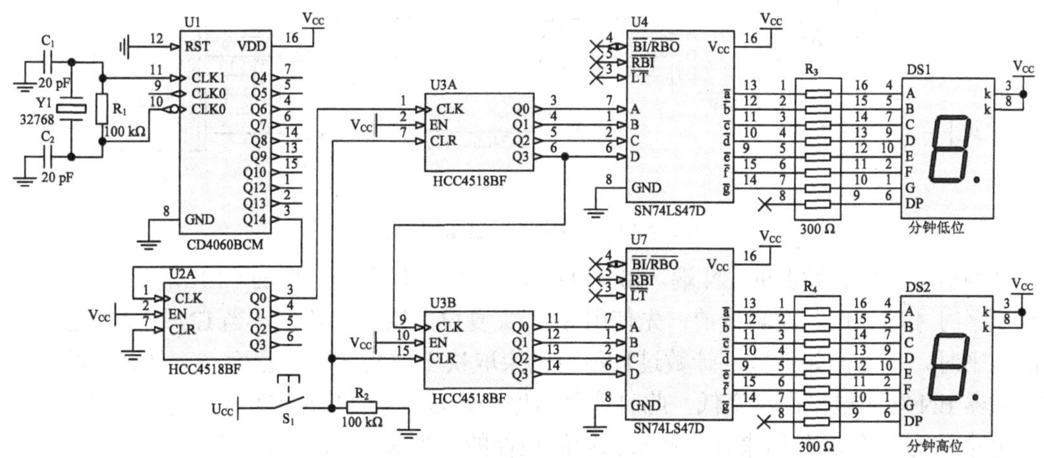

图 4-2-12　数字秒表电路

2. 数字式脉宽测量电路

数字式脉宽测量电路如图 4-2-13 所示。电路主要由两个双 BCD 加法计数器 HCC4518BF、四个 BCD-7 段锁存/译码/驱动器 SN74LS47D、两个非门电路 DM7414N 及数码显示器组成。

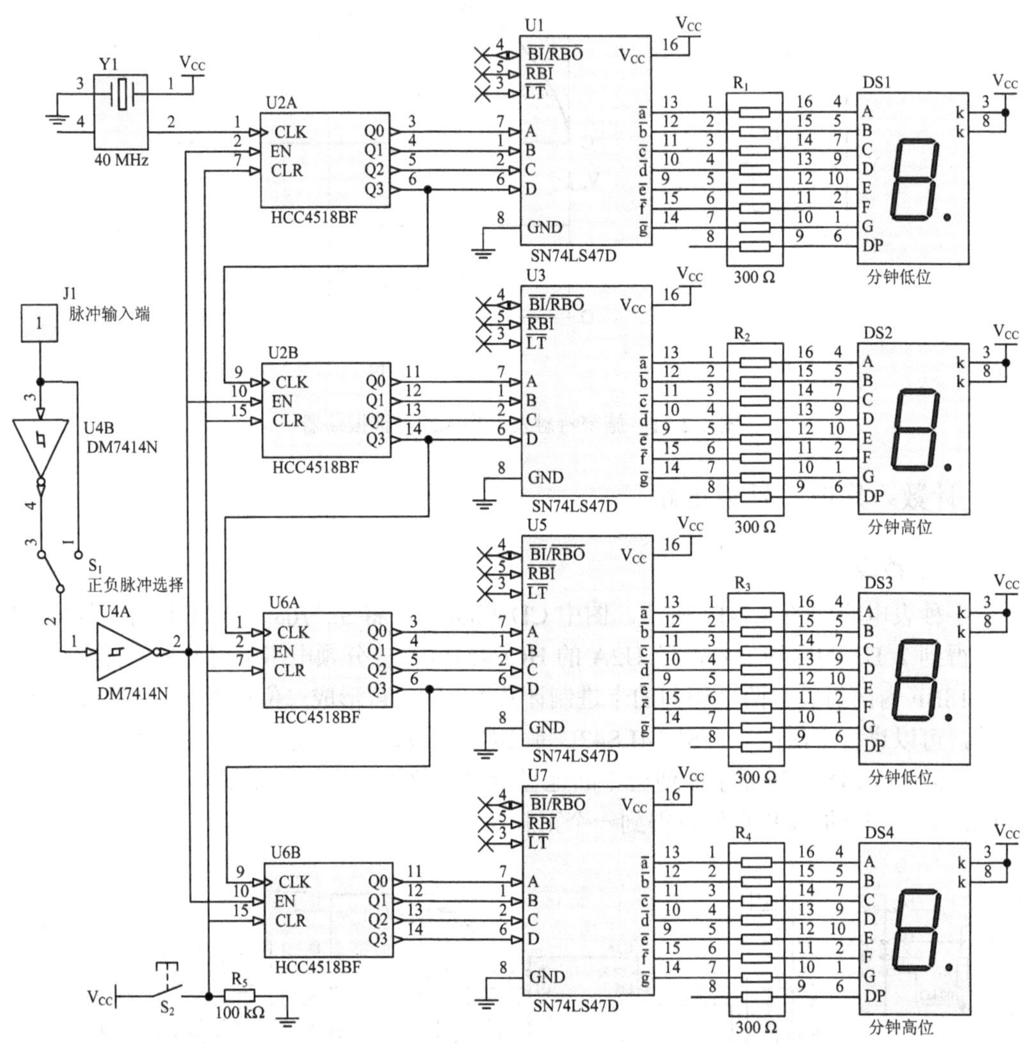

图 4-2-13　数字式脉宽测量电路

被测信号加到计数器的 EN 端。40 MHz 的时钟信号加在计数器的 CLK 端，它只有 EN 为高电平时才起作用。在测量前，先使用 S_2 开关复位上次的计数值，当 EN 端从低电平跳向高电平时，电路开始计数。计数过程何时结束取决于被测脉冲的宽度，一旦脉冲结束，则计数器 EN 端的电平由高变低，此时计数器停止计数，SN74LS47D 显示测量结果。

电路中的开关 S_1 是用来选择测量脉冲的极性的，当 S_1 开关打在位置“3”时，测量正脉冲宽度；当 S_1 开关打在位置“1”时，可测负脉冲宽度。

3. 声控灯电路

声控灯电路如图 4-2-14 所示，该电路包含电源电路、声/电转换及放大电路、单稳态延时电路和可控硅触发电路。电源电路由变压器、整流桥、滤波电容、7809 三端稳压器组成，稳压输出 9V 直流电压，作为 IC1、VT_1、VT_2 的工作电压。

采用高灵敏度的驻极体话筒采集声音信号，当有声响时，话筒将声音信号转换为电信号，经 C_2 耦合至直接耦合放大器 VT_2、VT_1 的输入端，将微弱信号放大后触发单稳态电路，调节 R_7，可改变放大器的增益和声控灵敏度。

NE555 和 R_3、C_4 等组成单稳态触发电路。通常，NE555 处于复位状态，即 3 脚输出为低电平，可控硅截止，灯不亮。当有声响时，放大器 VT_1 集电极输出的交变信号经 VD_1 后，其负极部分触发 NE555，使其翻转置位，即 3 脚输出高电平，触发可控硅，使其导通，灯亮。灯亮时间即为单稳态电路暂稳时间 $T_d = 1.1R_3 \cdot C_4$，约为 62 秒。

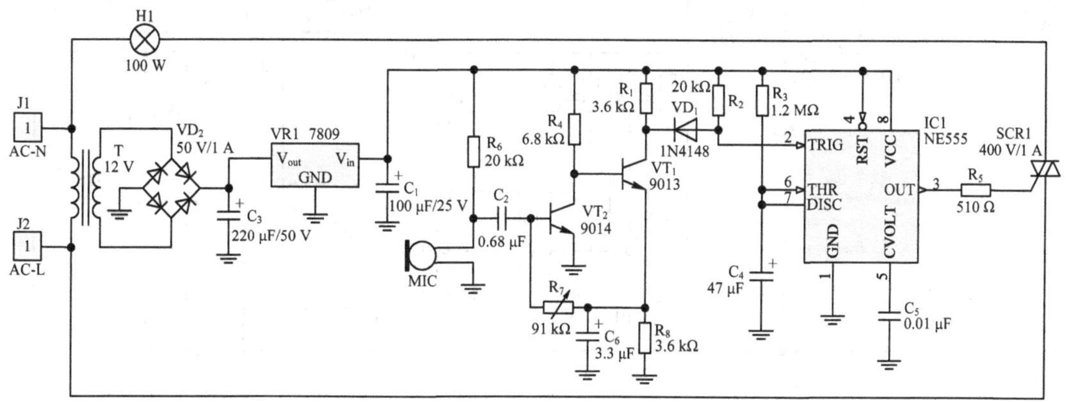

图 4-2-14 声控灯电路

4. 脉冲串产生电路

图 4-2-15 所示为一脉冲串产生电路，该电路具有一个速率倍增器，它利用 CD4093 施

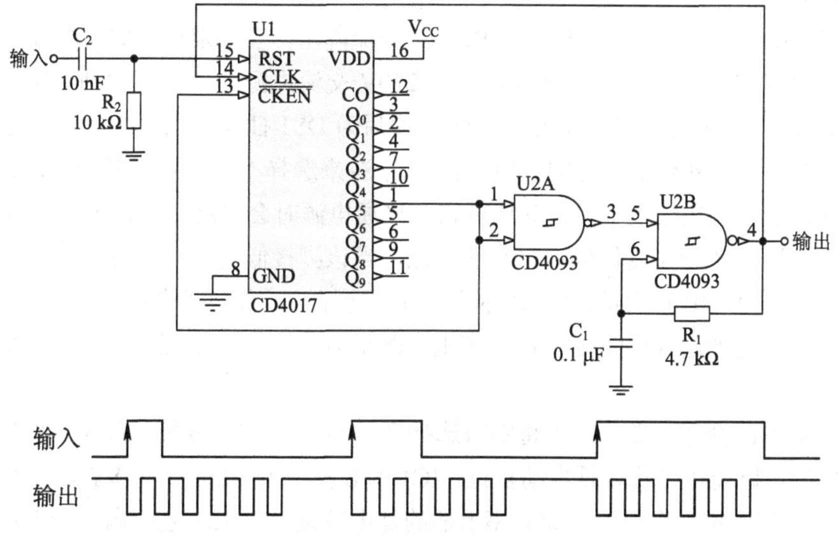

图 4-2-15 脉冲串产生电路

密特触发器作为振荡器来驱动 CD4017 十进制计数器，当 CD4017 输入端(RST)接收到 C_2 的脉冲复位时，输出端 Q0 变为高电平，输出 Q1～Q9 变为低电平。振荡器(CD4093)开始运行，CD4017 对脉冲计数，直到与 CD4093 的 1、2 引脚相连的 CD4017 的输出端(Q1～Q5)变为高电平，在下一个输入脉冲到来之前，振荡器停止工作，输出维持高电平。改变 CD4093 与 CD4017 输出端(Q1～Q9)相连的引脚，可改变输出脉冲数。

5. 由 CD4541 构成的可调时间的定时插座

图 4-2-16 所示是由可编程序振荡计时器 MC14541BD 构成的可调时间的定时插座，适用于自动煮饭、定时控制电风扇等应用场合。

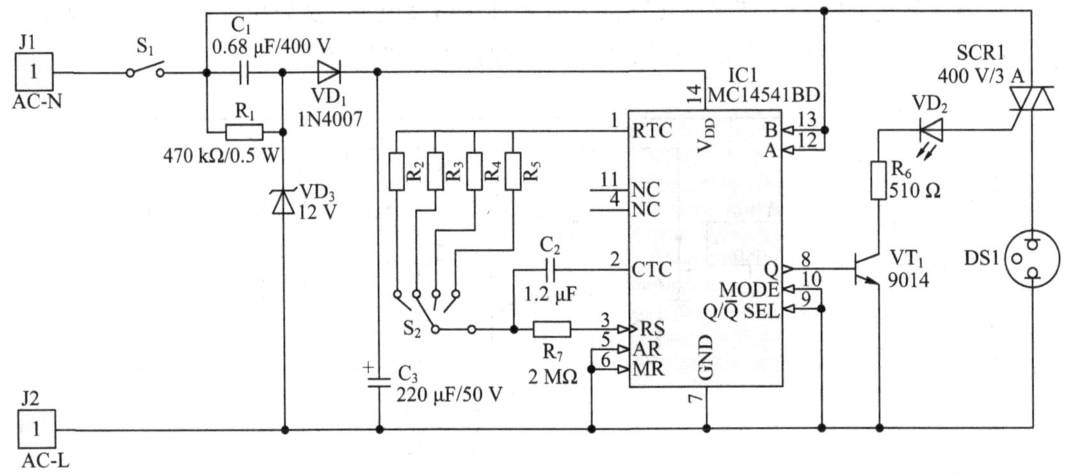

图 4-2-16　CD4541 构成的可调时间定时插座

本电路由 CD4541 可编程序振荡器计时器为主构成。S_1 为电源开关，S_2 为定时时间选择开关，DS1 为市售 220V/10A 三眼暗平板插座，SCR1 为 3A/400V 双向可控硅，C1 应选择 CBB-400V 型聚丙烯电容器。

220 V 交流电压经电源开关 S_1，由 R_1、C_1 限流降压，VD_3 限幅、VD_1 半波整流，C_3 电容器滤波，得到 12 V 直流电压提供给 IC1。220V 交流电源的火线还加到 IC1 的 13 与 12 脚及 SCR1 双向可控硅的上端，以供 SCR1 导通后为 DS1 插座提供 220 V 交流电源。

IC1 的 1 与 2 脚外接定时时间设定元件，由 S_2 来选择不同的定时时间。IC1 的 5 脚为自动复位端，当该脚接低电平时，集成电路在接通电源时会自动复位。IC1 的 9 脚为输出选择端，用来选择 8 脚在复位以后电平的高低，当该脚接低电平时，选择 8 脚在复位以后输出低电平。IC1 的 10 脚为单定时/循环输出方式选择端，当该脚接低电平时，选择单定时输出方式，即当达到定时时间时，其 8 脚电平跳变后一直保持不变，直到下一次复位信号的到来。

使用图 4-2-16 所示电路时，先将定时选择开关 S_2 设置在需要的时间上，再将电源开关 S_1 合上，定时电路得电工作，且自动复位，IC1 的 8 脚输出为低电平，VT_1、SCR1 均截止，电源插座上无 220 V 工作电压。如插座上插的是电饭煲，在上班之前淘好米下锅，此时电饭煲不工作，但定时电路已经开始工作，一旦定时时间一到(例如时间设置在下班前一小时开始煮饭)，IC1 的 8 脚即输出高电平，使 VT_1、SCR1、VD_2 相继导通，SCR1 导通以后，为 DS1 插座供电开始煮饭，VD_2 点亮以示插座已有 220 V 交流电压。

6. 电冰箱关门提醒器

这里介绍一个电路非常简单的冰箱关门提醒器，电路如图 4-2-17 所示。当冰箱门保持打开状态约 30 秒后，提醒器会发出“嘀，嘀”的提醒声。该装置无需对冰箱电路做任何改动，方便实用。

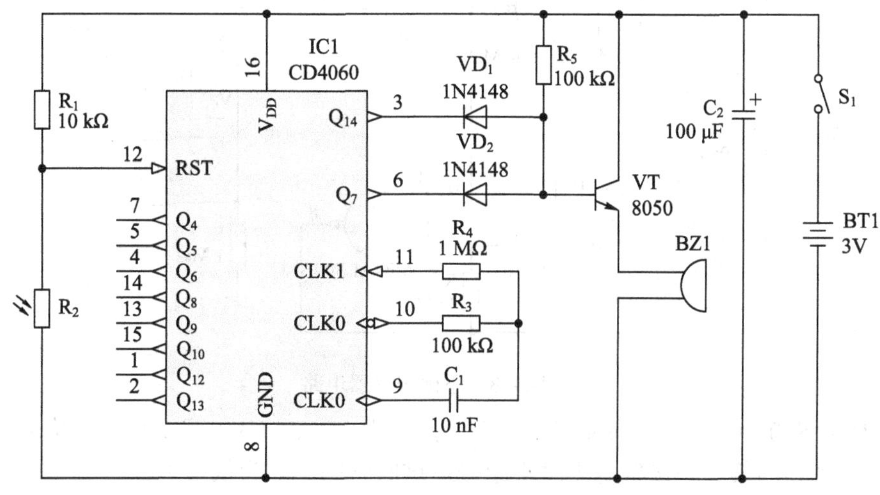

图 4-2-17　冰箱关门提醒器

当电冰箱门关闭时，电冰箱内部全黑，这时的光敏电阻 R_2 呈现为高阻态(大于 200 kΩ)，强制并保持 IC1(CD4060)的 12 脚(复位端)为高电平，IC1 呈复位状态，输出端均为低电平。当电冰箱门被打开时，外界的光线进入电冰箱内部，光敏电阻 R_2 呈现为低阻态(小于 2 kΩ)，IC1 的 12 脚为低电平，IC1 解除复位，产生 450 Hz 左右的振荡脉冲，开始计数，其中 IC1 的 6 脚(Q_7)输出约 0.28 Hz 的信号。经约 30 秒后 3 脚(Q_{14})为高电平，此时蜂鸣器 BZ1 经 Q_1 发出频率为 0.28 Hz(每秒约 3 次)的关门提醒信号，并持续 30 秒。如果冰箱的门在蜂鸣 30 秒后还是没有关上，蜂鸣器暂停 30 秒，之后继续发出提醒信号，如此持续循环直到冰箱门合上。

实际制作时，由于所用元器件的误差，实际延时时间会略有差异，此时可改变 R_3、C_1 的值进行调整。另外，若改接 VD_1 到第 2 脚，此时循环提醒延时时间约为 20 秒。光敏电阻可选用常见的暗阻大于 200 kΩ、亮阻小于 2 kΩ 的即可。由于整机静态工作电流很小，所以电源开关 S_1 也可省略不装。

在使用时，将这个电路放在一个小盒内，置于靠近电冰箱内照明灯处，并注意避免冰箱内的冷凝水或潮湿物损害电路。另外，该装置不能放在电冰箱的冷冻室内。

4.2.4 其他实用电路

1. 下雨报警器

下雨报警器电路如图 4-2-18 所示，它主要由 DM74ALS00AM 集成电路、NPN 晶体三极管和扬声器组成，该电路还可以用于婴儿尿床报警、水位报警等。

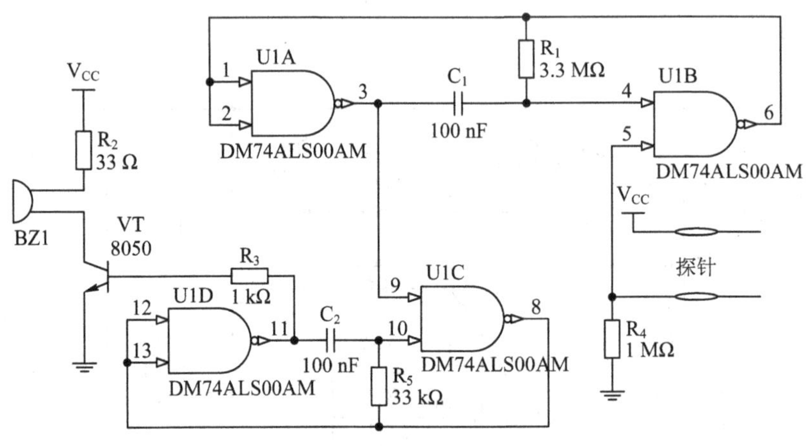

图 4-2-18 下雨报警器电路

DM74ALS00AM 的四个与非门都用上了，其中 U1A、U1B 两个与非门构成可控超低频振荡器，当它的第 5 脚接低电平时不起振。这时它的 3 脚为低电平。

DM74ALS00AM 的 U1C 和 U1D 两个与非门接成音频振荡器，U1C 的一个输入端(9 脚)与 U1A 的输出端(3 脚)相连，故这时 9 脚也是低电平，音频振荡器不工作，扬声器无声。

当两探针间的间隙很干燥时，两探针间是绝缘的，电源正电压不能加至 5 脚，超低频振荡器不工作，如上述，音频振荡器也不起振，扬声器无声，一旦下雨或受潮，两探针间等于接了一个小电阻，电源正电压即通过此电阻加至 5 脚，5 脚变为高电位，超低频振荡器起振，从而触发音频振荡器间歇起振。断续的音频信号经 8050 三极管放大后驱动扬声器，发出断续的报警声。

超低频振荡器的频率取决于 C_1 及 R_1 的值，音频振荡器的频率则取决于 C_2、R_5 的值。

两探针可用任何金属片(最好用不生锈的)固定在一绝缘板(例如塑料板)上制成，间距 2.5 cm 左右，若要灵敏一点的话，可缩短其间距。也可以将带铜箔的印制板用腐蚀法或刀刻法剥去其中间的铜箔后，制成探测器。

2. 电子转盘游戏电路

电子转盘赌博游戏是在 20 世纪 90 年代非常流行的游戏，其内部电路如图 4-2-19 所示，R_W 设定振荡器 U1A 和 U1B 的初始“启动”速度，由于 C_2 已充电，振荡器随着 C_2 的放电而逐渐减慢，在 LED1～LED10 上产生转盘旋转的效果，最后仍然发光的二极管代表获胜的号数。

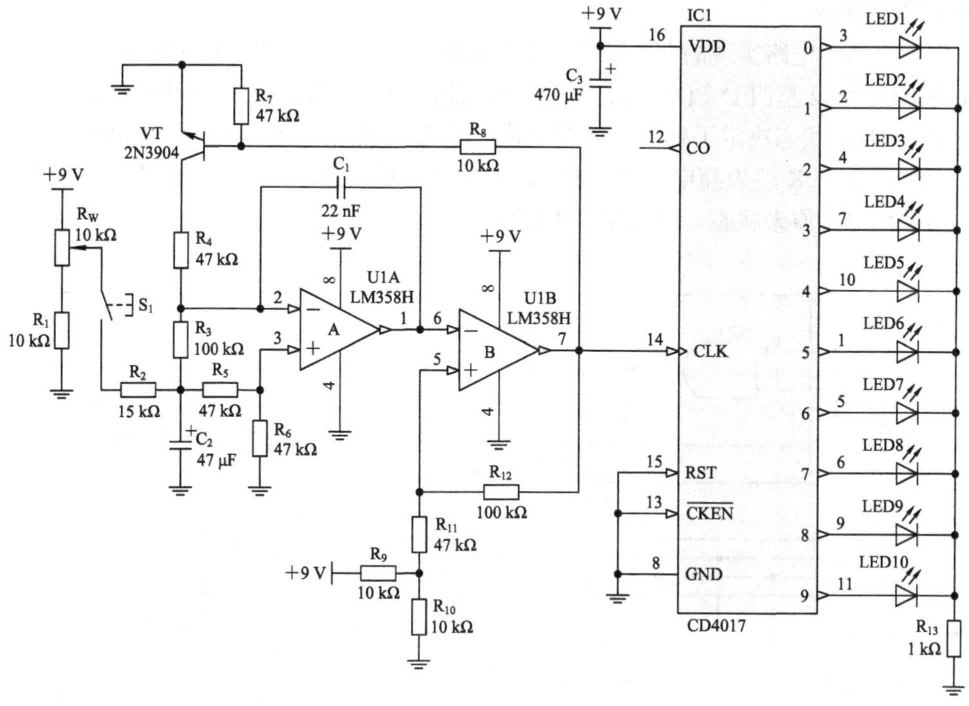

图 4-2-19　电子转盘游戏电路

3. 电子骰子

另一种常见的电子骰子游戏电路如图 4-2-20 所示，当按下 S_1 时，计数器 U2 由振荡器 U1A、U1B 驱动，数码管显示读数(0～6)，R_1 和 C_1 决定计数速度，该速度应快到足以保证显示结果的随机性。

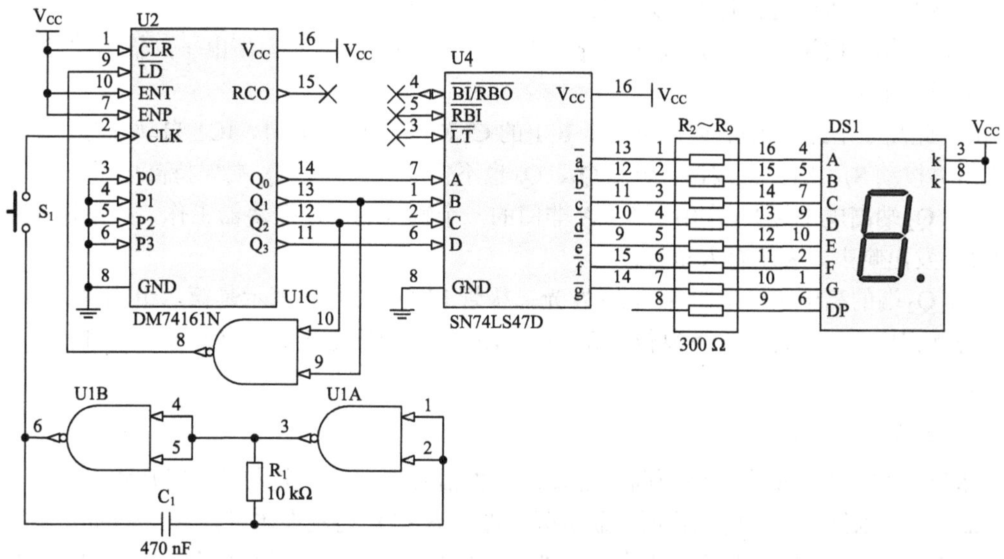

图 4-2-20　电子骰子电路

4. 抢答器电路

采用数字集成电路实现的四路抢答器电路如图 4-2-21 所示。图中，CMOS 数字集成电路 IC1 为 HCC4042 型四 D 锁存触发器。其功能简述如下：当 CLK 为低电平时，四个数据输入端 D_1～D_4 的状态决定了相对应的四个输出端 Q_1～Q_4 的状态，即 D1 为高电平时，Q_1 也为高电平；当 CLK 端为高电平时，输入端信号不能传送到输出端，即不论输入端如何变化，输出端仍保持原来状态。这就是数据锁存。

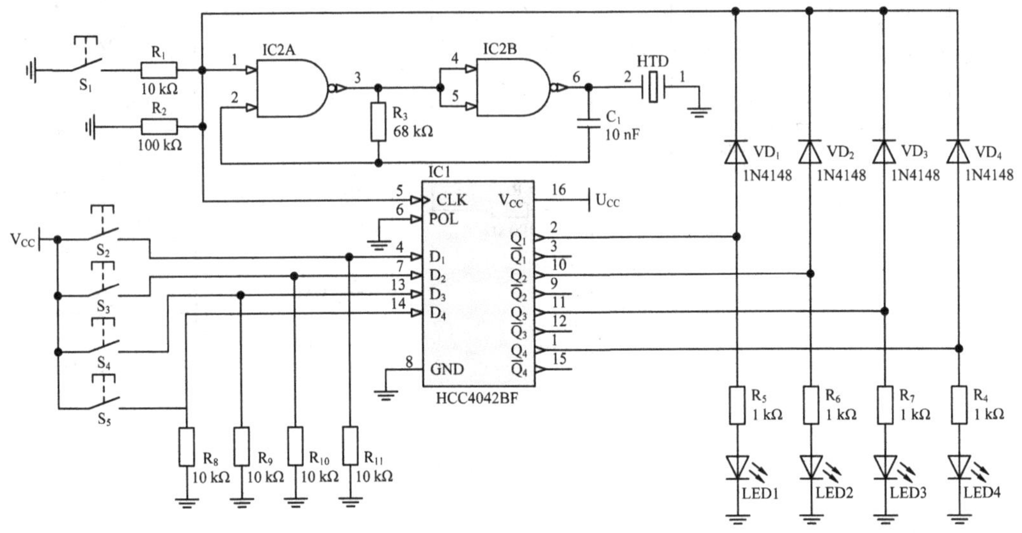

图 4-2-21　四路抢答器电路

未抢答时，CLK 端为低电平，输入端 D_1～D_4 均为低电平，Q_1～Q_4 也为低电平，指示灯(发光二极管)LED1～LED4 均不亮，由 74HC00 集成电路 IC2 的与非门 1 和 2 构成的振荡器也不振荡，压电陶瓷片 HTD 不发声。

抢答开始，假设第二组先按下抢答按钮 S_3，则输入端 D_2 变为高电平，输出端 Q_2 也变为高电平。于是：

(1) 此高电平经二极管 VD_2 作用于 IC1 的 CLK 端，使 CLK=1，IC1 自动锁存，这时其他小组再按动 S_2、S_4、S_5 按钮，Q_1、Q_3、Q_4 也不作反应，只有 Q_2 端保持高电平；

(2) Q_2 端高电平经 D_2 作用于 IC2A 非门的一个输入端，使振荡器工作，推动压电陶瓷片 HTD 发出响声，表示有人抢答；

(3) Q_2 端的高电平经电阻 R_6 驱动发光二极管 LED2 发光，表示是第二组抢答。

答题完毕后，主持人按下复位按钮 S_1，CLK 端变为低电平，电路复原，可进行下一轮抢答。

5. 水位告知器

水位告知器能在储水箱将要断水前发出告警信号，呼叫有关人员及时加水。电路如图 4-2-22 所示。水位高于告警水位时，金属探测极片 A 和 B 均浸在水中，由于水的导电作用，使非门 U1A 的输入端为“0”，其输出为“1”，则非门 U1B 输出为“0”，非门 U1C 输出为“1”，此时 LED2 绿色发光二极管导通发光。同时，非门 U1D 输出“0”，使隔离二极管

VD_1 导通，导致由非门 U1E、U1F 组成的音频振荡器停振，压电蜂鸣器 HTD 不发声。当水位在低于金属探测极片 A、B 以下时，非门 U1A 的输入端由"0"变为"1"，则非门 U1B 输出为"1"，非门 U1C 输出为"0"。此时，绿色发光二极管 LED2 熄灭，红色发光二极管 LED1 点亮，同时，由于非门 U1D 输出为"1"，VD_1 截止，由非门 U1E、U1F 组成的音频振荡器起振，压电蜂鸣器 HTD 将发出报警声。

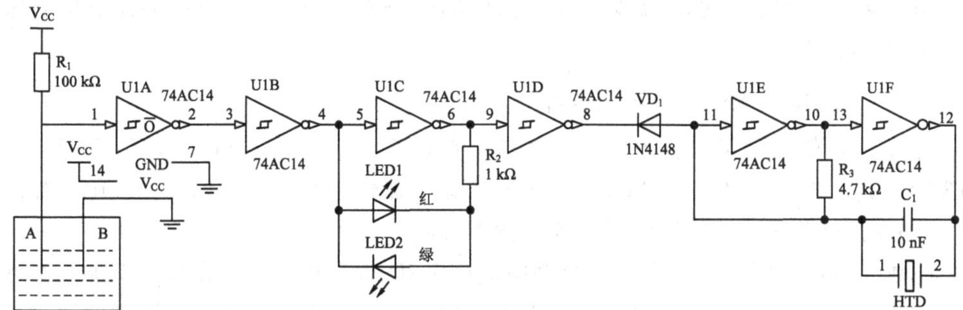

图 4-2-22　水位告知器电路图

4.2.5　逻辑接口电路

近年来，便携式数字电子产品如笔记本计算机、移动电话、手持式测试仪表等迅速发展，这就要求在电路设计中使用体积小、功耗低、耗电小的器件，数字系统的工作电压已经从 5 V 降至 3 V 甚至更低(例如 2.5 V 和 1.8 V 标准的引进)。但是目前仍有许多 5 V 电源的逻辑器件和数字器件可用，因此在许多设计中 3 V(含 3.3 V)逻辑系统和 5 V 逻辑系统共存，而且不同的电源电压在同一电路板中混用。在电路系统中，除了电压匹配问题外，还存在元件类型不同的问题，目前常见的元件主要有 TTL 和 CMOS 两种，这两种元件输入电阻不同，输出驱动能力不同。不同类型、不同电源电压的逻辑器件间的接口问题会在很长一段时间内存在，图 4-2-23 所示为几种典型接口方式。

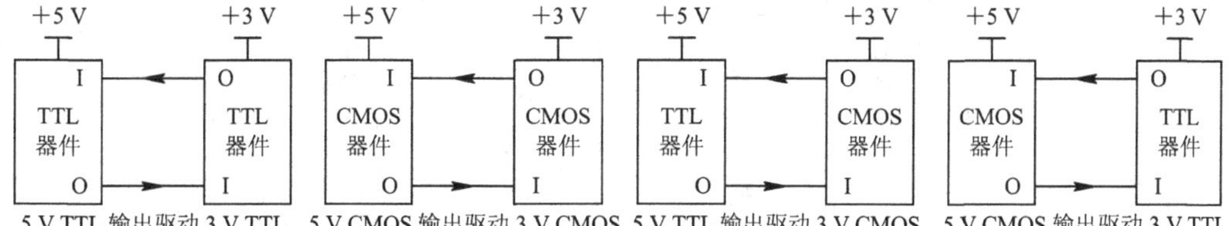

图 4-2-23　几种典型接口方式

在混合电压系统中，不同电源电压的逻辑器件的接口存在以下 3 个主要问题：

(1) 加到输入和输出引脚上允许的最大电压的限制问题；

(2) 两个电源间电流的互串问题；

(3) 必须满足的输入转换门限电平问题。

器件对加到输入脚或输出脚的电压通常是有限制的。这些引脚由二极管或分立元件接到 V_{CC}，如果接入的电压过高，电流将会通过二极管或分立元件流向电源。例如 3 V 器件的输入端接 5 V 信号，则 5 V 电源将会向 3 V 电源充电。持续的电流将会损坏二极管和电路元件。

在等待或掉电方式时，3 V 电源降落到 0 V，大电流将流通至地，这使总线上的高电压被下拉到地，这些情况将引起数据丢失和元件损坏。必须注意的是：无论是在 3V 的工作状态或是 0 V 的等待状态，都不允许电流流向 V_{CC}。

另外，用 5 V 的器件来驱动 3V 的器件有很多不同情况，同样的，TTL 和 CMOS 间的转换电平也存在不同情况。驱动器必须满足接收器的输入转换电平，并要有足够的容限且保证不损坏电路元件。

1. 可用 5 V 容限输入的 3 V 逻辑器件

某些 3 V 的逻辑器件可以有 5 V 输入容限，如 LVC、LVT、ALVT、LCX、LVX、LPT 和 FCT3 等系列。但对于 3 V 的 ALVC、VCX 等系列器件则不能，它们的输入电压被限制在 U_{CC} + 0.5 V。这些 3 V 逻辑器件具有 5 V 输入容限的原因是：

(1) 在数字电路的所有输入端加一个静电放电(ESD)保护电路，即在输入端加入对地和对电源的二极管，接地的二极管对负向高电压限幅而实现保护，正向高电压则通过二极管钳位。

(2) 总线保持电路就是有一个 MOS 场效应管用作上拉或下拉器件，在输入端浮空(高阻)的情况下保持输入端处于最后有效的逻辑电平。LVC 器件总线保持电路中，制造商采取了改进措施而使其输入端具有 5 V 的容限。

(3) 对于普通的 biCMOS 输出电路不能接高于 U_{CC} 的电压。LVT 和 ALVT 器件的 biCMOS 在电路中增加了比较器和反向偏置的肖特基二极管保护电路，使 3V 器件具有 5V 容限。

2. 3 V、5 V 混合系统中不同电平器件接口的 4 种情况

为了保证在混合电压系统中数据交换的可靠性，必须满足输入转换电平的要求，但又不能超过输入电压的限度。图 4-2-24 为各种器件电平示意图。

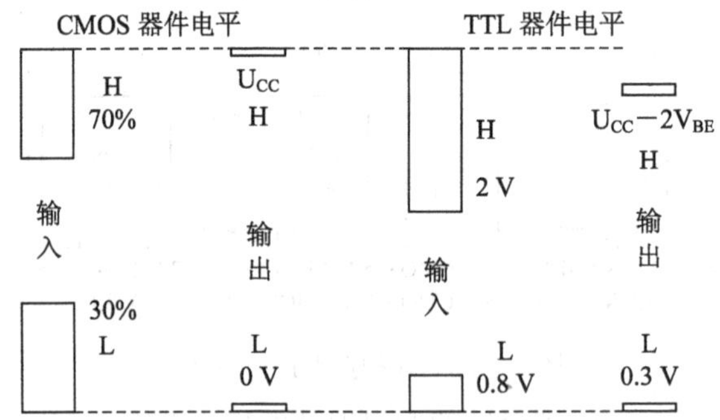

图 4-2-24　各种器件电平示意图

由图可以看出，对于 CMOS 器件，当输入电平为 0.7 × U_{CC} 以上时即认为是高电平，当输入电平为 0.3 × U_{CC} 以下时认为是低电平，输出高电平接近于 U_{CC}，输出低电平接近于 GND。对于 TTL 器件，当输入电平为 2 V 以上时认为是高电平，当输入电平为 0.8 V 以下时认为是低电平，输出高电平为 $U_{CC}-2V_{BE}$，约为 U_{CC}−1.4 V，输出低电平则低于 0.3 V。

在 3 V/5 V 混合系统的设计中，必须讨论以下 4 种信号电平的配置：

- 5 V TTL 输出驱动 3 V TTL 输入；
- 3 V 输出驱动 5 V TTL 输入；
- 5 V CMOS 输出驱动 3 V TTL 输入；
- 3 V 输出驱动 5 V CMOS 输入。

(1) 通常，5 V TTL 器件可以驱动 3V TTL 输入，因为典型双极型晶体管的输出并不能达到电源电压幅度。当一个 5 V 器件的输出为高电平时，内部压降限制了输出电压。典型情况是输出为 $U_{CC}-2V_{BE}$，即约 3.6 V。这样工作通常不会引起 5 V 电源的电流流向 3 V 电源。但是，因为驱动器结构有所不同，因此必须控制驱动器的输出，以防它超过 3.6 V。

(2) 用 3 V 器件驱动 5 V TTL 的输入端应当是没有困难的。不管是 CMOS 或 biCMOS 器件，3 V 器件实际上能输出 3 V 摆幅的电压。对 5 V TTL 输入的高电平 2 V 门限是容易满足的。

(3) 当用 5 V CMOS 器件来驱动 3 V TTL 输入时，必须小心选择。要选用的 3 V 接收器件应具有 5 V 的容限。

(4) 前面曾谈到 3 V 输出可以驱动 5 V TTL 器件输入，但要注意对 5 V CMOS 器件的输入来说情况却大不一样。应该记住 3 V 输出是不能可靠地驱动 5 V CMOS 输入的。在最坏的情况下，当 $U_{CC}=5.5$ V 时所要求的 V_{IH} 至少是 3.85 V，而 3 V 器件是不能达到的。

3. 两种电平转换

对于不同电平间的转换通常有三种方法。

1) 双电源电平移位器 74LVC4245

74LVC4245 是一种双电源的电平移位器，如图 4-2-25 所示。V_{CCA} 引脚接 5 V，V_{CCB} 引脚接 3.3 V，当 DIR 引脚为高电平时，A_1～A_8 引脚作为输入引脚，B_1～B_8 引脚作为输出引脚，将 A_1～A_8 的逻辑输出到 B_1～B_8，则实现将 A 端的 5 V 信号转换为 B 端的 3.3 V 信号。当 DIR 引脚为低电平时，B_1～B_8 引脚作为输入引脚，A_1～A_8 引脚作为输出引脚，将 B_1～B_8 的逻辑输出到 A_1～A_8，则实现将 B 端的 3.3 V 信号转换为 A 端的 5 V 信号。

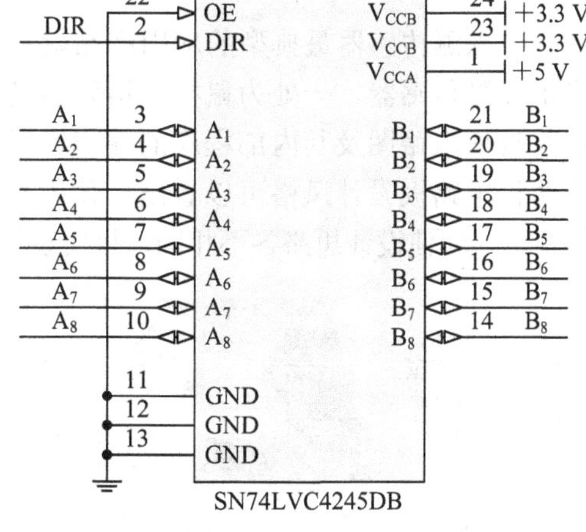

图 4-2-25　74LVC4245 电平转换电路

2) 开漏极或开集电极器件

较为简单的一种电平移位器件是 74LVC07。它使用一个漏极开路缓冲器去驱动 5 V CMOS 器件的输入，如图 4-2-26 所示。它的输出端由一个上拉电阻 R 接到 5 V 电源。

3) 外接三极管

与开漏极或开集电极器件类似，在输出端增加一个三极管，将三极管的集电极接上拉电阻 R 到 U_{CC} 电源，如图 4-2-27 所示，也可实现电平转换。

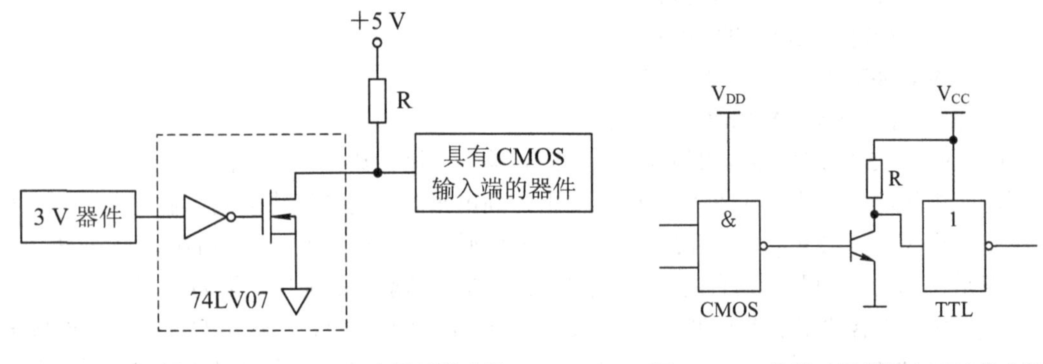

图 4-2-26　74LVC07 电平转换电路　　　　图 4-2-27　外接三极管的电平转换电路

4.3 传感电路

传感电路在电子设计中占有非常重要的地位，大部分电路都需要采集外部信号，如温度、压力、湿度、转速、位移、距离等，这就需要使用传感器，构造需要驱动传感器和对传感器采集信号进行处理的电路。

4.3.1　光电探测传感器

光电探测传感器最典型的应用产品就是鼠标，如图 4-3-1 所示。鼠标上一般有两处用到光电探测传感器，一处为鼠标上滚轮滚动的检测，另一处为鼠标移动位移的检测。对于鼠标的具体电路图及其内部程序的编写，可参考相关书籍。此处给出两种鼠标电路板，通过这两种电路板设计风格可以看出，使用不同的检测方法均可以实现需要的功能。这一点告诉我们，即使设计思路各不相同，只要设计出的电路满足功能需要，达到最优性价比即可。

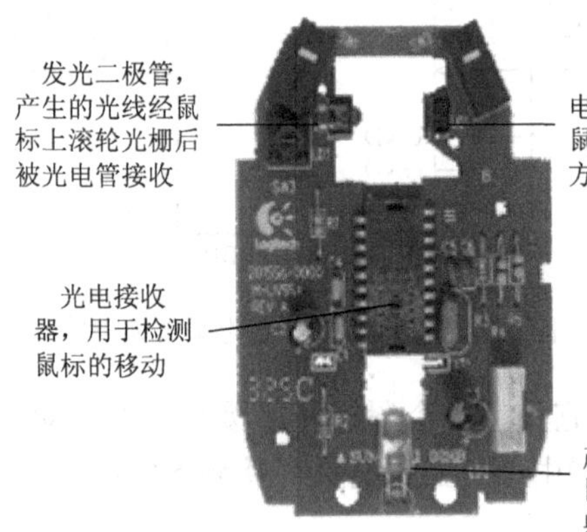

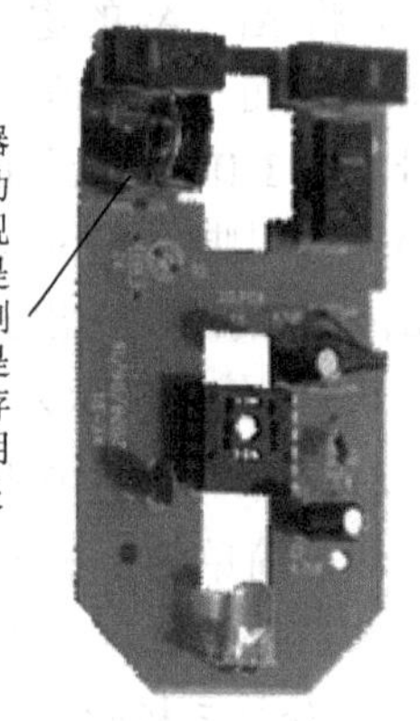

图 4-3-1　鼠标电路板

1. 电机编码器

光电探测常用于检测角度，经计算可得到角速度、转速，图 4-3-2 给出了常见伺服电机的编码器电路板，该电路板安装于电机末端，光栅与电机固定，随电机运转。编码器则检测光栅的栅格和运转方向，算出电机的速度。霍尔元件用于检测电机磁缸极性，配合编码器还可以计算出电机机械角度及电角度。

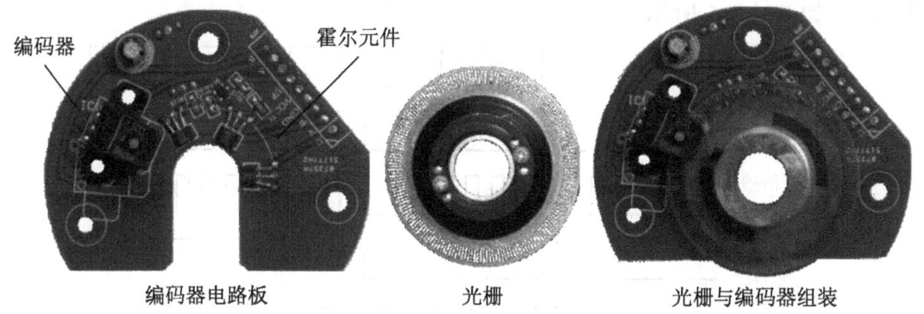

图 4-3-2　光栅检测实物图

图 4-3-3 给出了编码器电路图，由图可以看出，IC2、IC3、IC4 为霍尔元件，用于检测电机磁缸极性，IC5 为光栅编码器，其输出波形如图 4-3-4 中的 A 信号、B 信号所示。

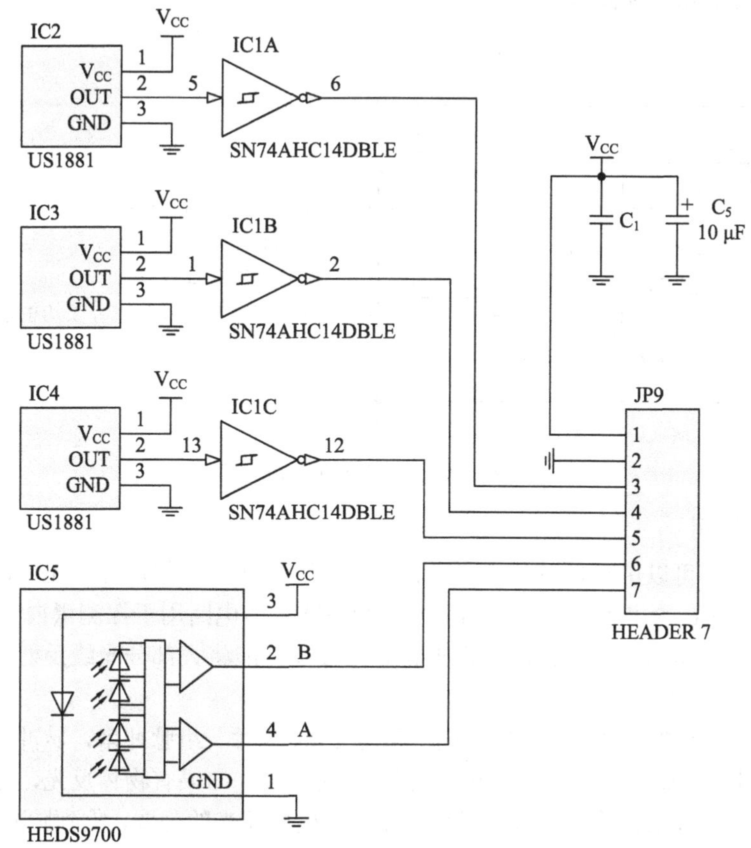

图 4-3-3　光栅检测电路图

图 4-3-4 中的 A、B 信号为正交编码信号，需要经过正交编码器后输出 4 倍频的脉冲信号，故其角度分辨率是 A、B 信号的 4 倍，如果光栅一圈刻 360 个格，则分辨率可达

0.25°。一般在控制类型的 DSP 中都有专用正交编码模块(如 TI 公司的 TMS320F2812)，用于对 A、B 信号的处理。如果没有正交编码模块则需要设计人员使用程序处理，来分别对 A、B 信号的上升沿和下降沿触发检测，这种程序对控制芯片的性能要求较高，一般采用专用检测芯片，如图 4-3-5 所示。

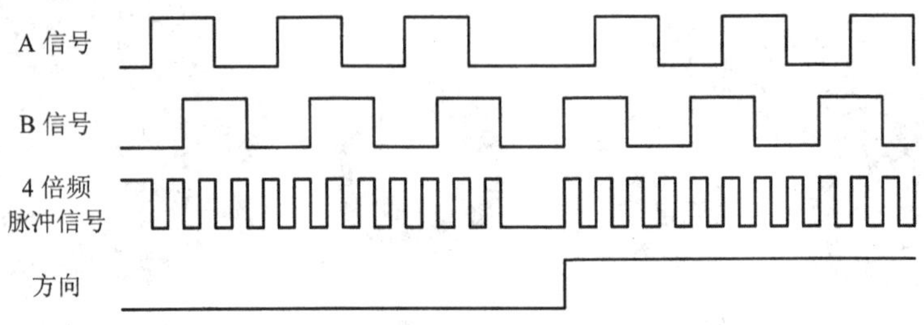

图 4-3-4　光栅编码器输出波形

图 4-3-5 所示为一款用于方向判别的正交脉冲处理芯片 ST288A，它具有内部整形及数字滤波功能，可去除抖动误差；且具有正方向脉冲、反方向脉冲、方向指示、双向脉冲输出功能；其工作电源为 5 V，具有集成度高、功耗小(静态电流约为 1 mA)、抗干扰能力强等特点，外围只需加少许接口器件。

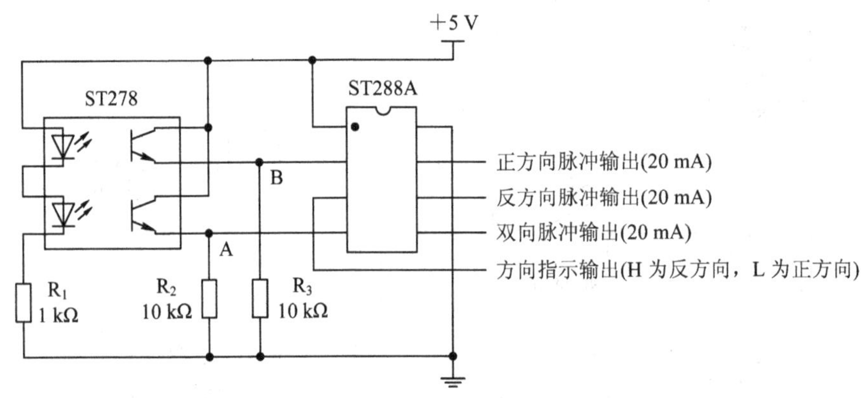

图 4-3-5　方向判别专用集成电路

2. 黑白线检测

光电探测除了可以用于检测角度，经计算可得到角速度、位移外，还可以用于检测物体的有无。图 4-3-6 给出了一个常用的光电探测电路，该电路用于探测黑白线(黑色吸收光线，无光线返回，相当于无物体，白色吸收光线较少，能将大部分光线反射回去，相当于有物体)。

图 4-3-6 中，P1.7 端口为脉冲发射端，每隔 2 ms 发射一组脉冲串，脉冲串中包含 5 个约 38 kHz(红外发射管的标称频率，可以有偏差)的脉冲。如果有物体反光，则在 5 个脉冲结束时会在红外接收头接收端口收到低电平信号。根据反光的强弱，收到脉冲的概率不等，反光越强，则几乎每次都能收到回波信号，反光越弱，则收到的回波次数越少，读者在编写程序时可设置一参数，如每发射 100 个脉冲串，收到 70 个回波则认为有物体。通过可调电阻 R_2 可以调节发光管的发光强度，提高接收到回波脉冲的概率。黑白线检测电路实物如图 4-3-7 所示。

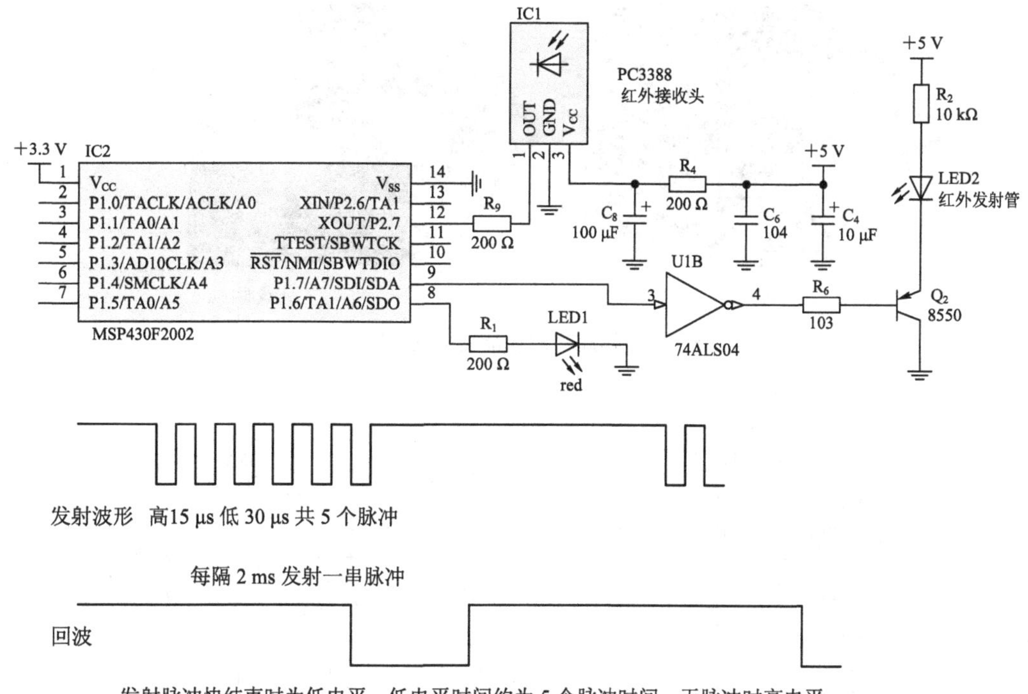

图 4-3-6　黑白线检测电路

图 4-3-7　黑白线检测电路实物图

4.3.2　超声波传感器

超声波的用途比较广泛，可用于清洗、测距、测量流体速度等，超声波信号可由超声波换能器产生。对于使用者而言，只需设计一个与超声波换能器相同频率的电路，用该电路驱动超声波换能器，再配合一定的处理电路，就可以实现各种需要的功能。

1. 加湿器雾化电路

加湿器是日常生活中较常见的电器，它就是利用超声波换能器产生高频振动，使水振动，变成雾化颗粒。其电路板实物如图 4-3-8 所示。

超声波换能器的驱动电路比较简单，无需微控制器(不需要编程)，读者可根据需要按照图 4-3-9 和图 4-3-10 设计连接。

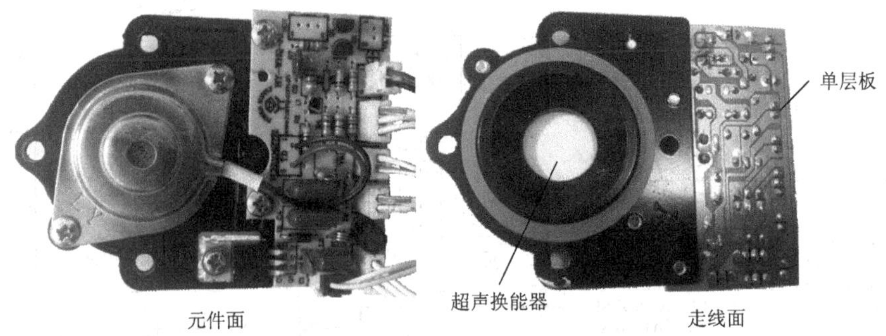

图 4-3-8　加湿器超声波换能器驱动电路板实物图

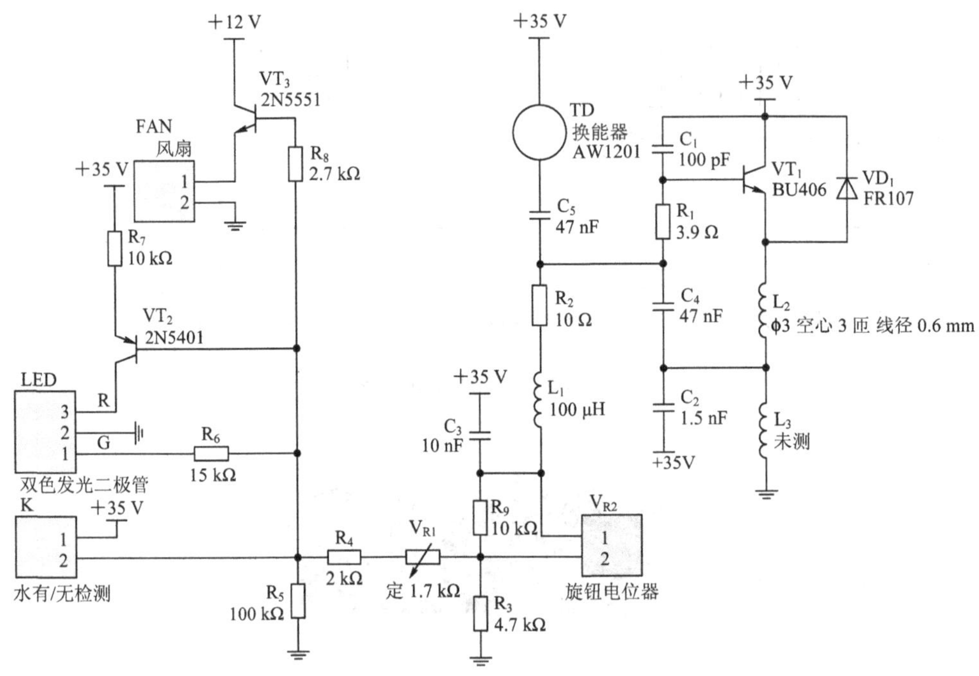

图 4-3-9　超声波换能器的驱动电路

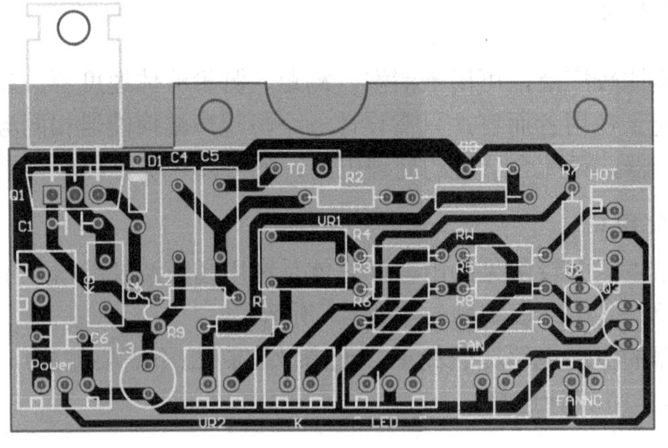

图 4-3-10　超声波换能器的驱动电路板图

2. 测距电路

超声波测距实物如图 4-3-11 所示，该电路使用两个超声波换能器，一个为发射器，另一个为接收器。这两个换能器根据功能不同在设计时也有差异，故焊接时不能焊错。在每个换能器上都标出了 T(发射头)、R(接收头)标识，具体实物请参考《元器件的识别与选用》(王加祥，西安电子科技大学出版社，2014 年)一书。

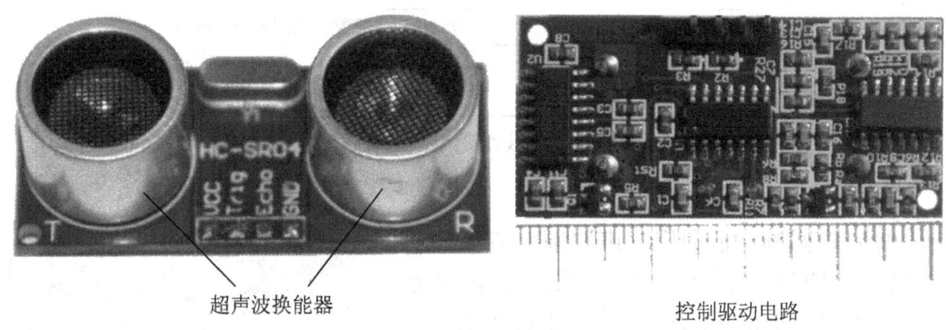

图 4-3-11　超声波测距实物图

图 4-3-12 为超声波测距电路，该电路中为了提高超声波换能器的发射功率，不直接用 MCU 产生的驱动信号驱动换能器，而是将该信号送给 MAX232D。MAX232D 是一款 RS-232 通信元件，在此不用于通信，而是利用 MAX232D 在通信时将信号转换为正负电平的特性，将驱动信号变换为正负电压，来增大驱动信号发射幅度。接收换能器接收到回波信号后经 TL074 组成的带通滤波放大电路，将回波信号提取输出。MCU 根据发送与接收回波的时间差计算出距离。

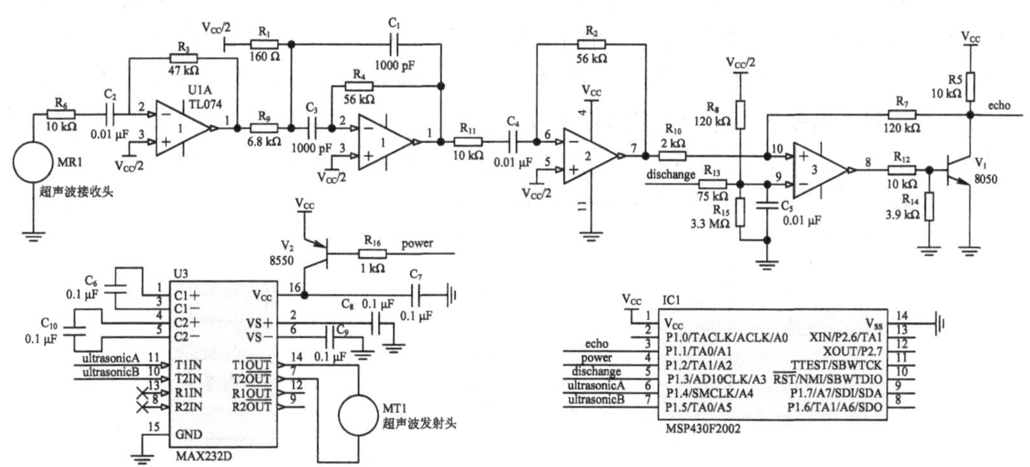

图 4-3-12　超声波测距电路

该电路需要使用 MCU 控制，故需要编写程序，该程序比较简单，所需驱动波形如图 4-3-13 所示。在需要发送超声波时，打开 power，给 MAX232D 供电，在 ultrasonic 的两个端口加上互补电平信号，其频率为超声波工作频率，共发射 8 个脉冲，在发射时打开 discharge 端口，屏蔽 echo 端口上多余的回波信号。发送完毕后，关闭 power 和 discharge 端口，等待 echo 端口的回波信号，如长时间收不到回波则表示前方无物体，无法测量距离。

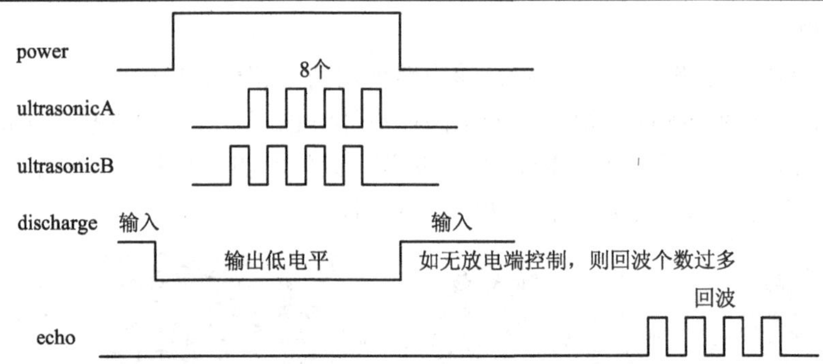

图 4-3-13　超声波测距电路中各信号关系

3. 流量测量电路

超声波流量测量，是利用超声波顺水流传输和逆水流传输的时间不一致，得到水流的速度，从而计算出水的流量，这就是超声波流量计的基本工作原理。在该设计中最大的难点就是测量时间差，且时间差精度要高。图 4-3-14 是笔者设计过的一款户用超声波热能流量测量表的管路安装配件。

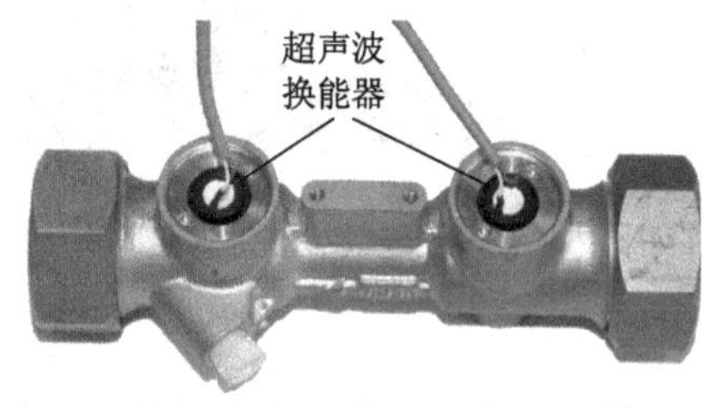

图 4-3-14　流量测量的管路安装配件实物

图 4-3-15 给出了超声波流量测量框图，系统主要分为电源电路，显示，按键，通信接口，CPLD，单片机主控电路，超声波回波接收、放大、触发处理电路和温度采集电路等部分。本系统中通过开关切换，使超声波换能器工作在发射和接收信号状态。发射信号由 CPLD 产生，并通过超声波脉冲激励电路驱动该信号到超声波换能器 1；超声波换能器 2 接收回波信号，回波信号经超声波回波接收、放大、触发处理电路产生过零触发信号，触发 CPLD 内部的微时间测量电路进行时间测量。单片机主控电路处理来自按键的输入信号，并输出到显示器；单片机还负责接收 CPLD 测量出的微时间信号，并计算出流速、流量、信号强度等信息。温度采集电路将采集到的温度信号送入单片机，并由单片机算出热量值。通信电路完成信号与其他从机或主机的通信任务，并兼容各种常用通信协议。电源电路主要完成对各模块的供电任务，产生各种所需的电压。

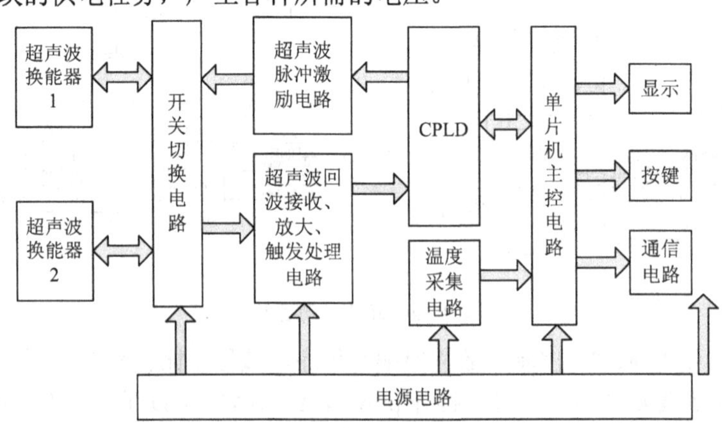

图 4-3-15　系统结构示意图

超声波流量测量电路比较复杂，笔者不给出完整电路，只给出超声波流量测量的信号发射与接收电路，如图 4-3-16 所示，该电路与测距电路类似，只是测距电路的换能器一个

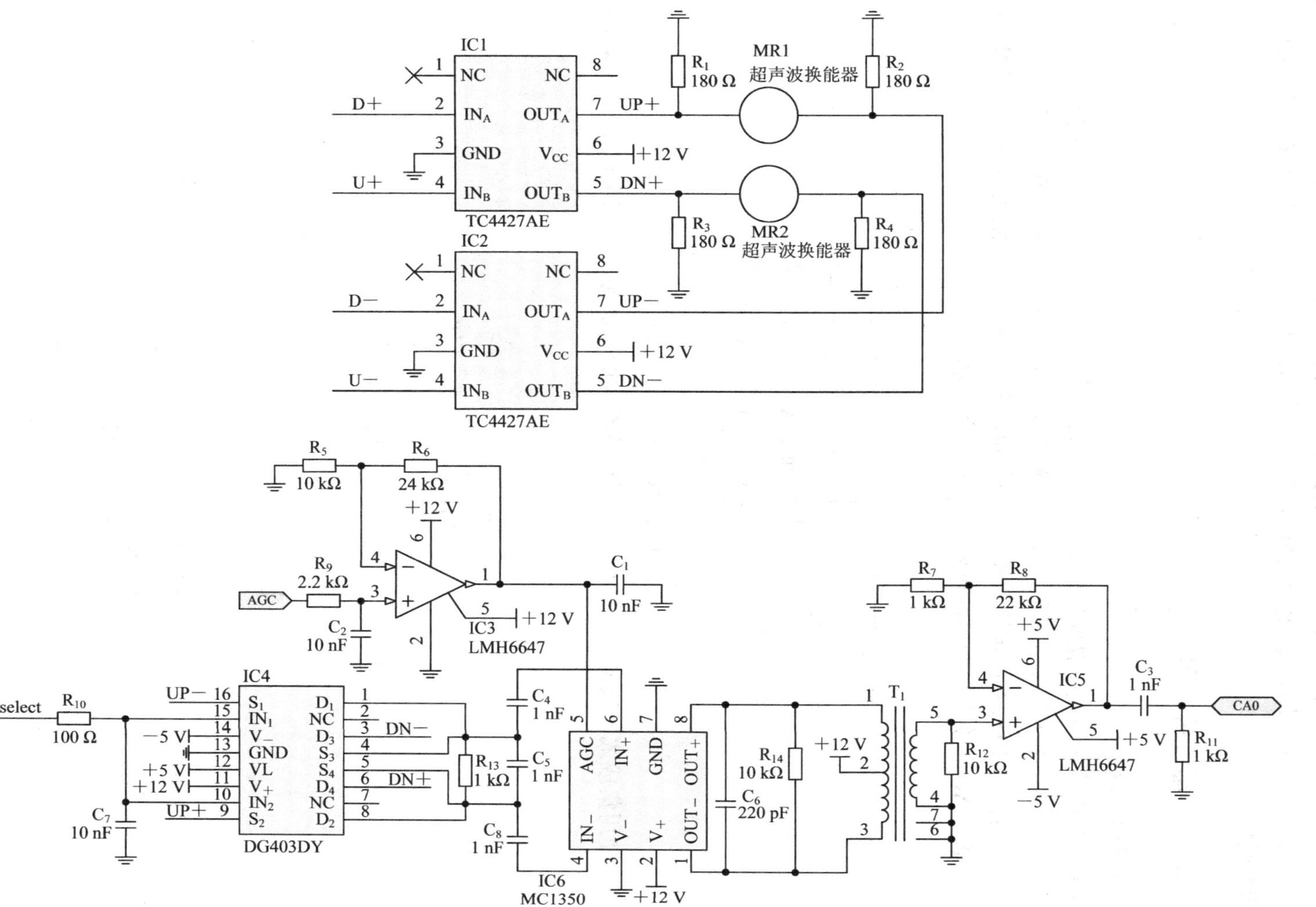

图 4-3-16　超声波流量测量的信号发射与接收电路

专用于发射、另一个专用于接收，而超声波流量测量电路需要换能器既能发射信号又能接收信号，故在换能器引脚端需要加入信号切换电路。在接收到回波后，需要对回波信号进行自动增益控制放大，保证无论回波强弱，最终放大后的回波信号大小一致，保证时间差测量的准确性。

4.3.3　温度、湿度传感器

1. 温度测量电路

温度测量电路必须使用温度传感器，常见的温度传感器有热电偶、金属铂(Pt)电阻、集成温度传感器等。图 4-3-17 为电阻式温度传感器测量电路，图中 REF200 为恒流源芯片，该芯片内含有两个 100 μA 的恒流源和一个镜像电流源。恒流流过电阻式温度传感器得到电压信号，送入 AD 转换器后经单片机处理即可得到温度值。

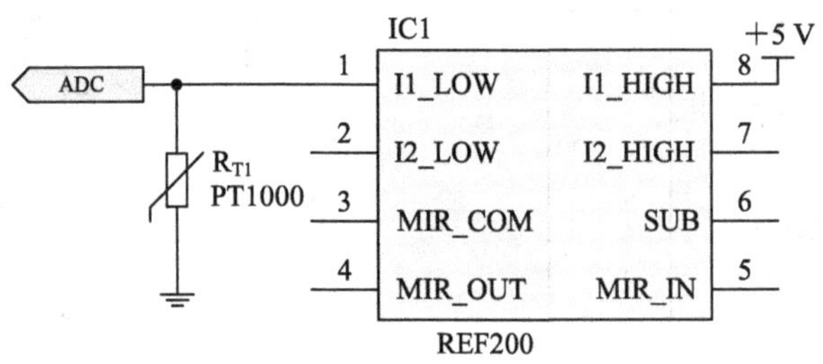

图 4-3-17　电阻式温度传感器测量电路

除了使用集成式恒流源外，还可以使用运放组成的恒流源，其测量电路如图 4-3-18 所示。

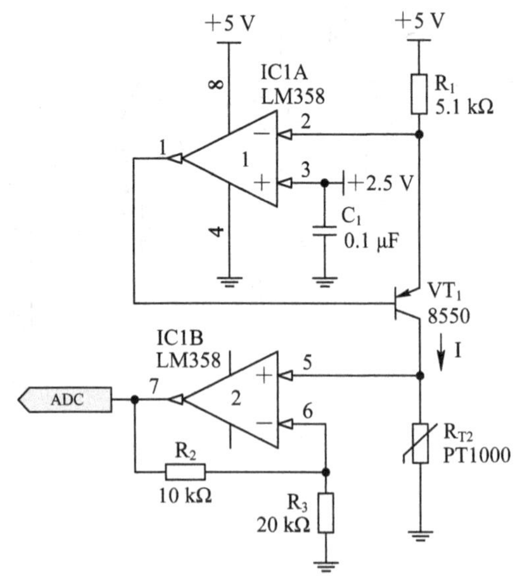

图 4-3-18　运放组成的恒流源电路

图中的电流 I 为

$$I = \frac{5\,V - 2.5\,V}{R_1} \tag{4-3-1}$$

由式(4-3-1)可以看出，+5 V、+2.5 V、R_1 决定了恒流源 I 的精度，通过改变 R_1 阻值的大小即可调整恒流源的电流。同样，恒流源电流流过电阻式温度传感器得到电压信号，经运放放大后，送入 AD 转换器后经单片机处理即可得到温度值。

2. 湿度测量电路

图 4-3-19 所示是由 LM358 运算放大器构成的湿度测量电路，可用于室内湿度的测量。该电路主要由 3 部分组成，即湿度检测电路、湿度信号放大电路及高精度稳压电源电路。湿敏传感器 HPR、VT_1 及 R_1、R_2 等元器件组成湿度检测电路；U1A、R_{P1}、R_{P2}、R_3、R_4、R_5、R_8、VD_3 等组成湿度信号放大电路；R_{11}、R_7、R_9、R_{10}、VD_1、VD_2 组成高精度稳压电源电路，稳定输出 2.5 V 和 6 V 电压。

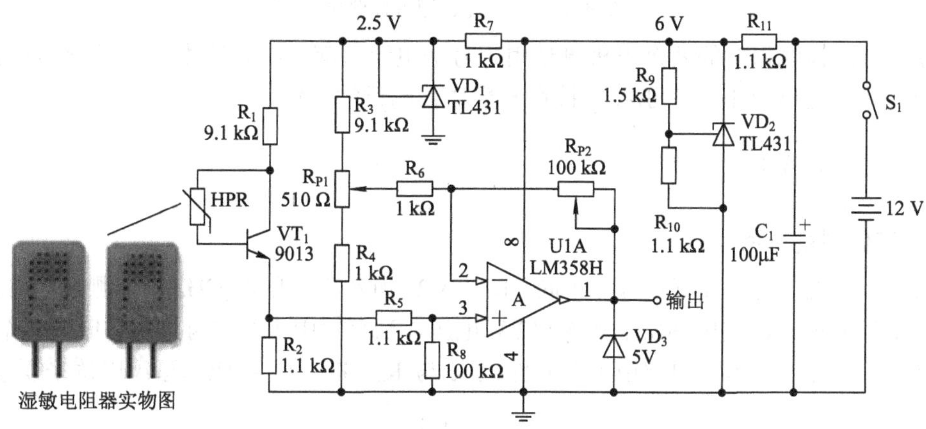

图 4-3-19　湿度测量电路

HPR 湿度传感器的阻值随着空气中湿度的变化而实时变化，这个电阻就成为了晶体管 VT_1 的基极偏流电阻器。偏流电阻的不同，使 VT_1 的基极电流也不同，从而改变了 VT_1 的集电极电流，因此改变了发射极上的电流。这一电流流过电阻器 R_2 时，在该电阻器上形成的电压再经电阻 R_5 和 R_8 分压后加至 U1 的 3 脚，经放大后从其 1 脚输出，并由 VD_3 将输出电压限定在 5 V 之内。

3. 育秧暖棚湿度、温度监测器电路

随着现代农业的发展，育秧暖棚育苗法得到广泛应用，掌握好温床土壤的湿度和温度是育苗法的关键。图 4-3-20 给出一款育秧暖棚湿度、温度监测器，该电路由土壤湿度监测电路、温度监测电路和声音报警电路组成。它能在温床的土壤过干、过湿或棚内温度过高、偏低时，及时发出声、光报警信号，提醒农户及时处理。

图 4-3-20 中，湿度检测探头用于测量土壤的湿度，它相当于一个阻值随湿度变化的电阻，设定 R_{P1} 和 R_{P2}，一个作为湿度下限，即湿度低于下限值时报警输出，驱动相应 LED 和扬声器；一个作为湿度上限，即湿度高于上限值时报警输出，驱动相应 LED 和扬声器。RT1 为温度传感器，同样，调节 R_{P3} 和 R_{P4}，一个作为温度下限，即温度低于下限值时报警

输出，驱动相应 LED 和扬声器；一个作为温度上限，即温度高于上限值时报警输出，驱动相应 LED 和扬声器。使用者在听到扬声器报警时，通过观察 LED 显示，即可知道问题所在。

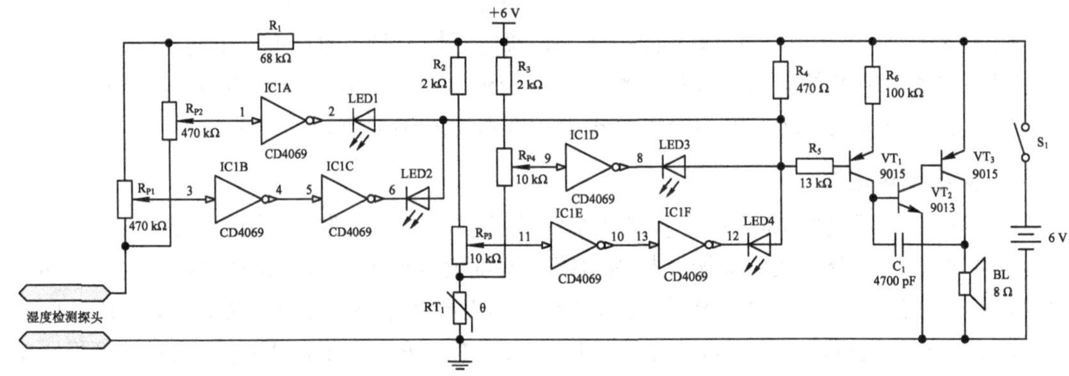

图 4-3-20　温度、湿度监测电路

注：湿度检测探头的两个电极可使用 1 号干电池内部的石墨碳棒制作(用绝缘板固定，两电极之间的距离为 4 cm，引线焊接在石墨碳棒的铜帽上)。

4.3.4　气体传感器

1. 气体测量电路

对于不同的气体，其测量方法不同，图 4-3-21 所示为一甲烷(CH_4)气体测量电路，该传感器的工作原理是，在传感器上加入+12 V 电压，当空气中不存在可燃气体时，调节 R_6 电阻，使 U1(气体传感器，内部由黑白元件组成)与 R_4、R_6、R_9 组成的惠氏电桥平衡(如图中

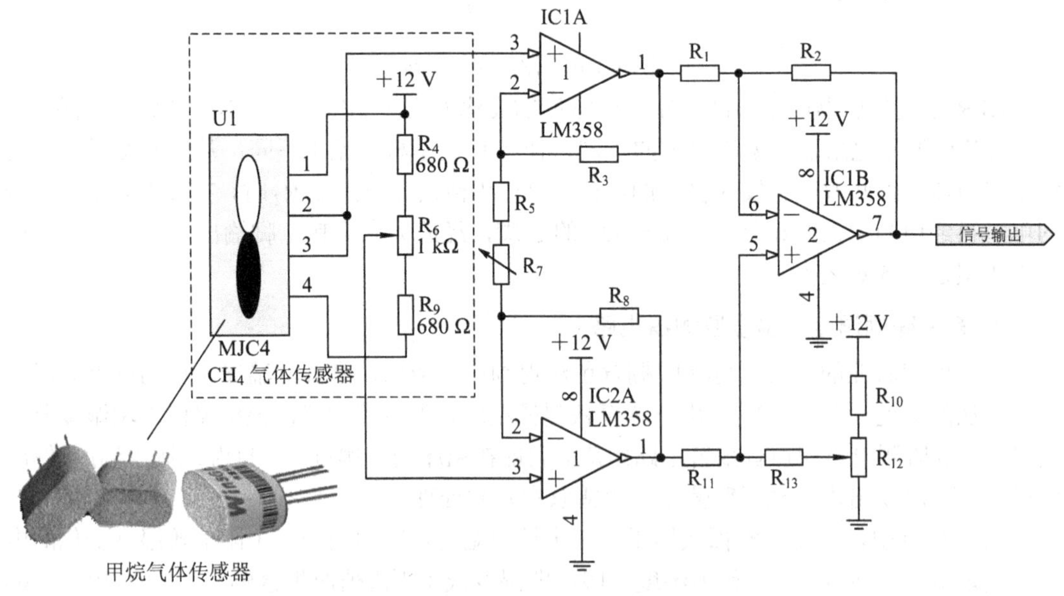

图 4-3-21　甲烷气体测量电路

虚线部分所示)，输出为零。当空气中存在甲烷气体时，气体在传感器内部产生无焰燃烧、发热，改变 U1 内部元件的电阻值，则电桥产生偏差输出，外部电路对该信号进行放大处理。其阻值计算方法与压力测量电路一致。

2. 可燃气体报警电路

可燃气体报警电路如图 4-3-22 所示。电路由气敏传感器、多谐振荡器和音频输出电路组成。多谐振荡器由两个与非门和外围阻容元件组成。音频输出电路由电阻器 R_5、音频放大管 VT 和扬声器 BZ1 组成。它可对液化煤气、石油天然气、挥发性可燃气体进行检测报警，具有电路简单、容易制作等特点。

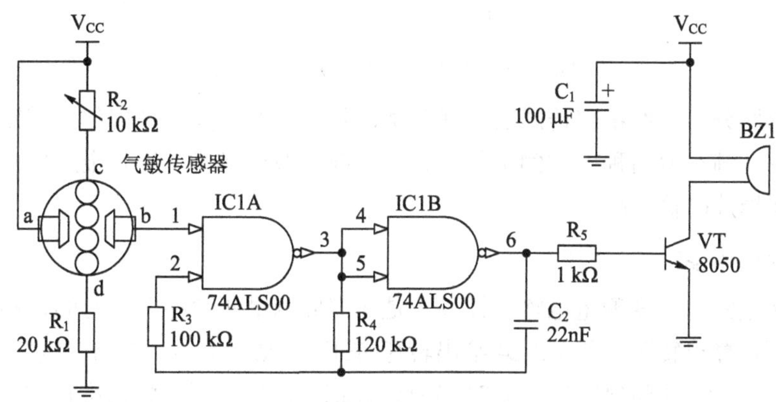

图 4-3-22　可燃气体报警电路

当室内无可燃性气体或可燃性气体浓度在允许范围内(低于限定值)时，气敏传感器 a、b 端之间的阻值较大，b 端(IC1 的 1 脚)输出电压较低，多谐振荡器不工作，扬声器 BZ1 不发出声音。当可燃性气体(煤气或天然气)泄漏，使室内的可燃性气体浓度超过限定值时，气敏传感器 b 端的输出电压高于 IC1 的转换电压，多谐振荡器工作，从 IC1 的 6 脚输出振荡信号。该信号经 VT 放大后，驱动扬声器 BZ1 发出报警声。调节 R_2 的电阻值，使气敏传感器 c、d 之间的电压为 4.5 V。

4.3.5　霍尔传感器

霍尔传感器是一种磁传感器，可以检测磁场及其变化，可应用于各种与磁场有关的场合中。按被检测对象的性质可将霍尔传感器的应用分为直接应用和间接应用。前者是直接检测出受检测对象本身的磁场或磁特性，后者是通过将许多非电、非磁的物理量例如力、力矩、压力、应力、位置、位移、速度、加速度、角度、角速度、转数、转速以及工作状态发生变化的时间等，转变成电量来进行检测和控制。

1. 角度测量电路

霍尔传感器在用于角度测量时，需要使用专用的金属栅格码盘，如图 4-3-23 所示，在该码盘上刻一标识检测孔，用霍尔传感器检测该孔位置，表示 0 角度点。在码盘上再刻一组标识检测孔，用霍尔传感器检测该组标识孔的位置。如果一圈中有 360 个标识孔，则一圈产生 360 个脉冲，每检测到一个脉冲表示旋转一度。

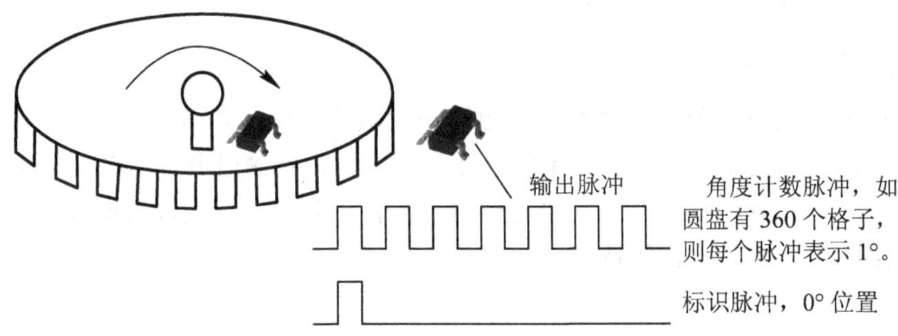

图 4-3-23　霍尔传感器角度测量示意图

霍尔传感器分为线性霍尔传感器和开关型霍尔传感器，开关型霍尔传感器又分为开关锁存型和开关非锁存型两种。本例中使用开关非锁存型传感器，当有金属挡片时，输出低电平，无金属挡片时输出高电平。

2. 转速测量电路

转速测量电路与角度测量电路一样，只是还需要测量两脉冲间隔时间，利用角度与时间的比值即可计算出转速，图 4-3-24 给出转速(或角度)测量电路。电路中 IC2、IC3 为霍尔传感器，IC4 为微控制器(MCU)，MCU 检测到标识脉冲信号后，将角度计数清零，检测到角度脉冲信号后，计数并计时，以计数值计算出角度，以计时值和该计时值内所计脉冲数计算速度。

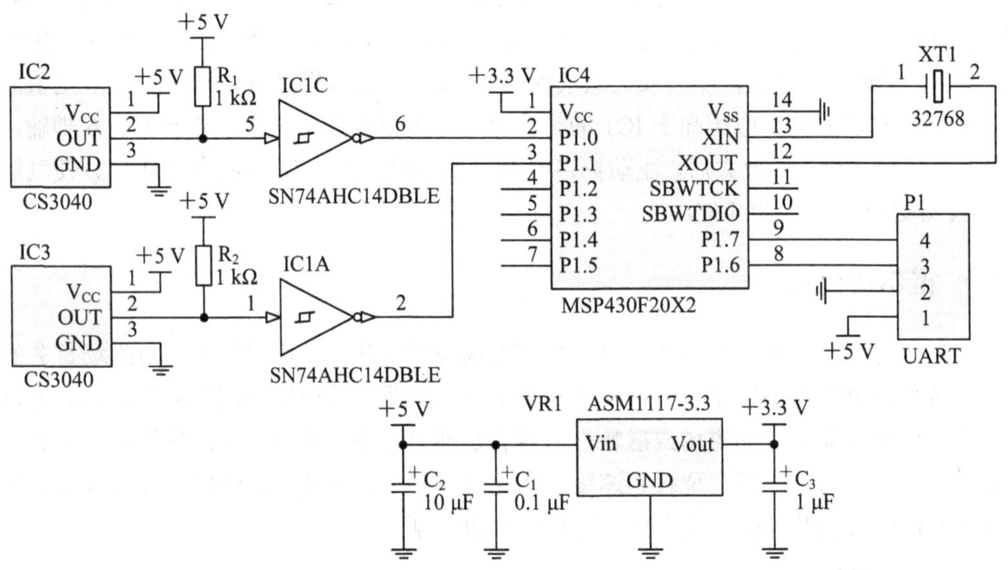

图 4-3-24　转速(或角度)测量电路

对于转速的测量，亦可使用编码器测量，如前文所讲光栅型电机编码器即可测量电机转速。光栅型编码器测量角度精度容易比霍尔型做得高，因为对于霍尔检测而言，金属码盘的间隔必须保证一段距离，便于磁场测量，过小则无法检测，而光栅型只需保证光线通过即可，它可以将栅格刻的很窄，故同样的空间，光栅型比霍尔型检测精度高。霍尔型的优点是它比光栅型对环境的要求低，因为光栅被物体(如灰尘、油污等)遮挡后，无法检测，而霍尔型不存在这样的问题，只要磁场有变化即可检测，故霍尔型适用于要求检测可靠、环境复杂的场合。

3. 位移测量电路

霍尔传感器亦常用于位移测量，图 4-3-25 是笔者设计的一款利用霍尔传感器实现位移检测的装置，图中，外部运动操作杆通过转动，达到控制外部其他设备的目的，外部操作杆运动时，带动内部粘贴磁钢的杆一起转动，这样就可以改变磁钢相对于电路板上霍尔器件的位置，霍尔器件根据磁场强度的大小(即磁钢相对于霍尔器件的距离)输出不同幅度的信号。故通过改变外部运动操作杆转动角度，就可输出不同幅度的电压信号。

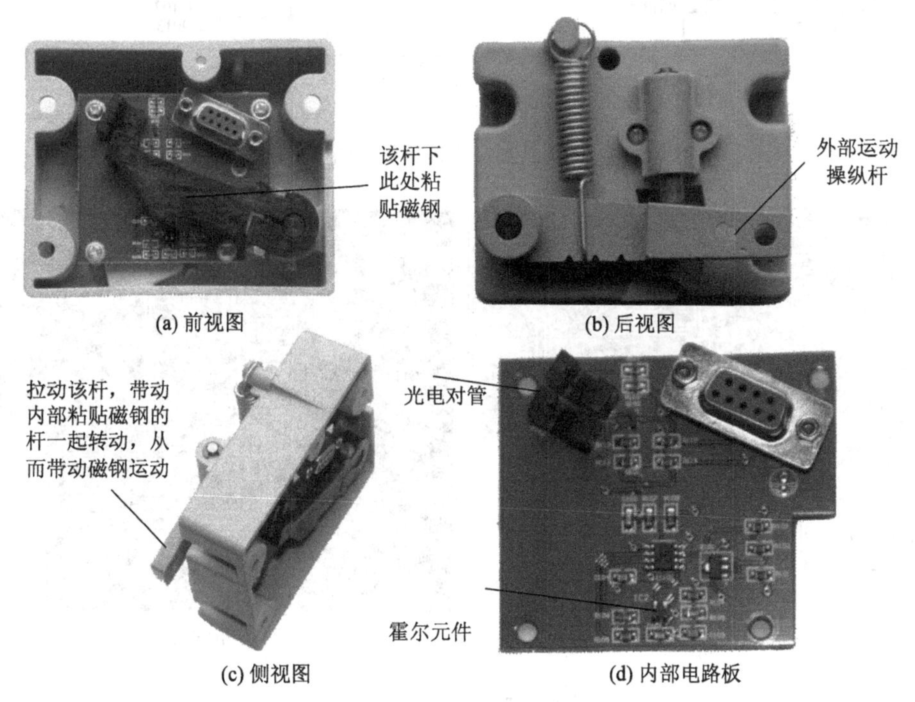

(a) 前视图　(b) 后视图

(c) 侧视图　(d) 内部电路板

图 4-3-25　位移测量实物

图 4-3-25 中电路板的原理电路如图 4-3-26 所示，图中，不但有霍尔器件的信号处理，还有光电对管的信号处理，它用于准确测量某点位置，由图可以看出，该霍尔器件是一线性霍尔元件，输出信号经运放放大后通过接口输出给外部其他设备。其电路板布线如图 4-3-27 所示，由于存在模拟信号的处理，故电路板走线通过手工布置，且顶层和底层都使用大面积接地，减小干扰。

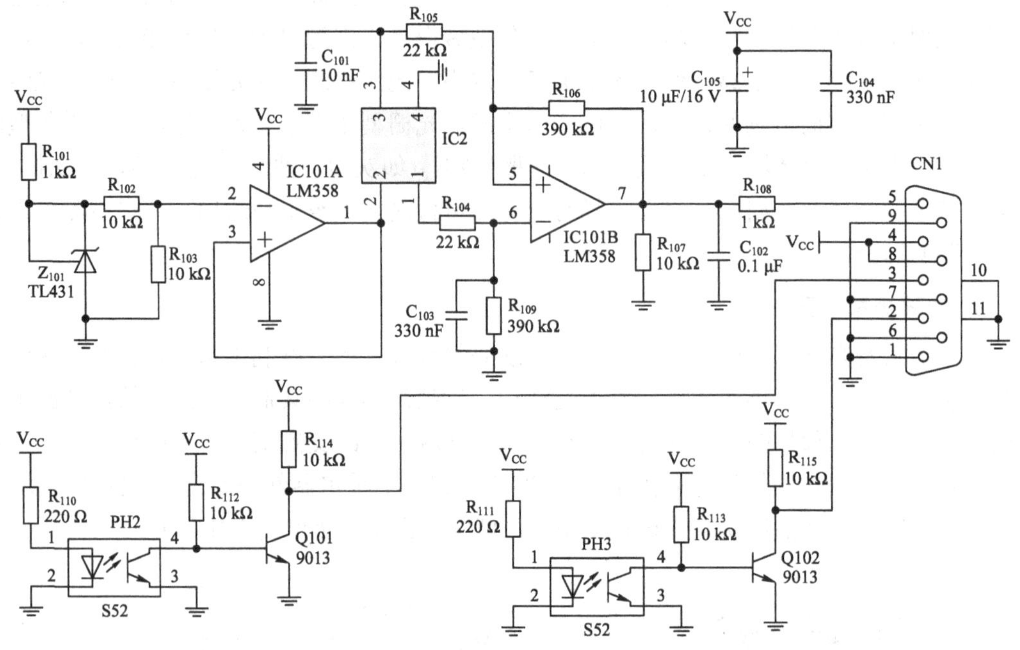

图 4-3-26　位移测量电路

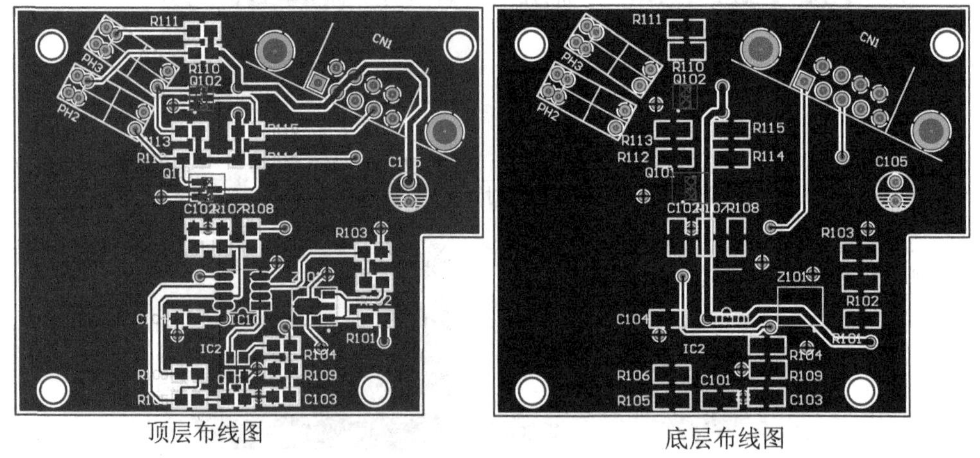

图 4-3-27　位移检测电路板

4. 电流测量电路

1) 霍尔直接放大式电流传感器

霍尔直接放大式电流传感器是利用集磁环将通电导线周围产生的磁场集中起来提供给磁敏元件，再由磁敏元件转换为弱电信号，经放大输出电压信号。这种传感器适用于测量直流数千赫兹电流，频宽较窄，但线路形式简单，性能稳定，可靠性高。

霍尔直接放大式电流传感器的基本原理电路由三部分组成，第一部分为集磁环和霍尔磁敏元件，第二部分为差分放大加滞后的频率补偿，第三部分为反相放大加调零与超前的频率补偿。基本的电路原理如图 4-3-28 所示。

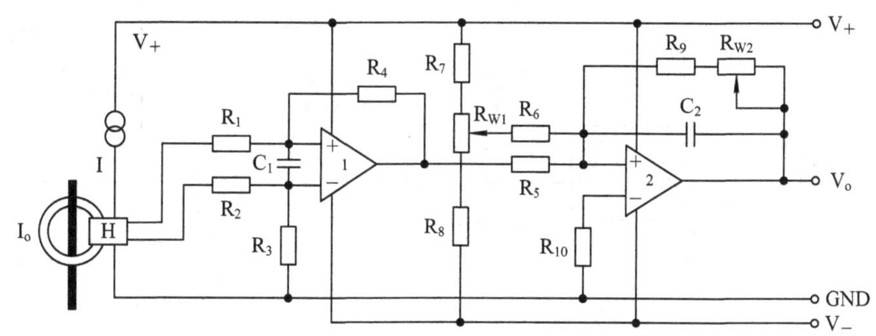

图 4-3-28　霍尔直接放大式电流传感器内部原理图

2) 霍尔磁平衡式电流传感器

霍尔磁平衡式电流传感器是在霍尔直接放大式电流传感器工作原理的基础上，加上了磁平衡原理。即集磁环将原边电流所产生的磁场聚集后，作用于霍尔元件，使其有电压信号输出，经放大输入到功率放大器，输出补偿电流流经次级补偿线圈。次级线圈产生的磁场与原边电流产生的磁场相反，因而补偿了原边磁场，使输出逐渐减小，当原次级磁场相等时，补偿电流不再增大。这就是磁平衡检测的原理，如图 4-3-29 所示。

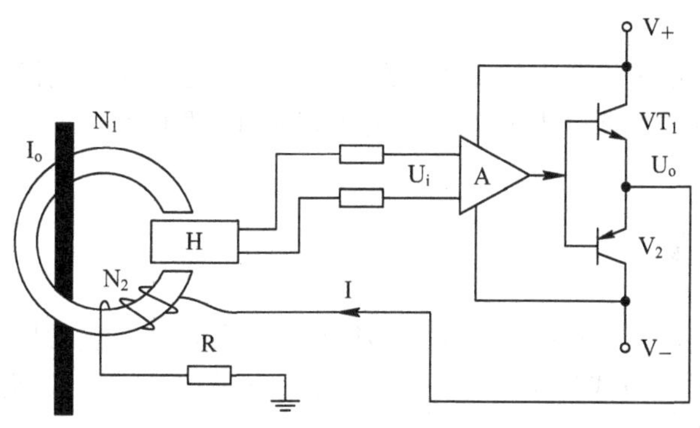

图 4-3-29　磁平衡式线路原理图

对于霍尔电流传感器而言，设计人员一般只需掌握其工作原理即可，具体的内部电路，如有需要，可拆解一个电流传感器进行分析，笔者不再给出，下面以测量直流电机工作电流为例介绍该传感器的应用，如图 4-3-30 所示。

图中，采用了两组电源，一组为 LV(5V)表示低压 5 V，该组电源为安全电源端，不会对人造成危害，MCU 类控制器件一般在该组中，便于程序调试和人员操作，一般称该电源供电的部分电路为低压端；另一组电源为+300 V、HV(5V)、HV(12V)，该组电源中虽然存在 5 V 电压，但是该电压参考地与+300 V 电压的参考地相连，故触摸该 5 V 电压也有触电的危险，一般称该电源供电的部分电路为高压(HV)端。

图 4-3-30 中，U1 为高速光耦 6N137，用于高低压隔离，霍尔电流传感器 LTS6-NP 在原理设计时就是隔离的，它也实现高低压隔离，将高压端的电机电流测量出送到低压端。具体电机驱动控制 PWM 信号怎样变换到高压端驱动电机、实现电机调速，请读者自行分析。

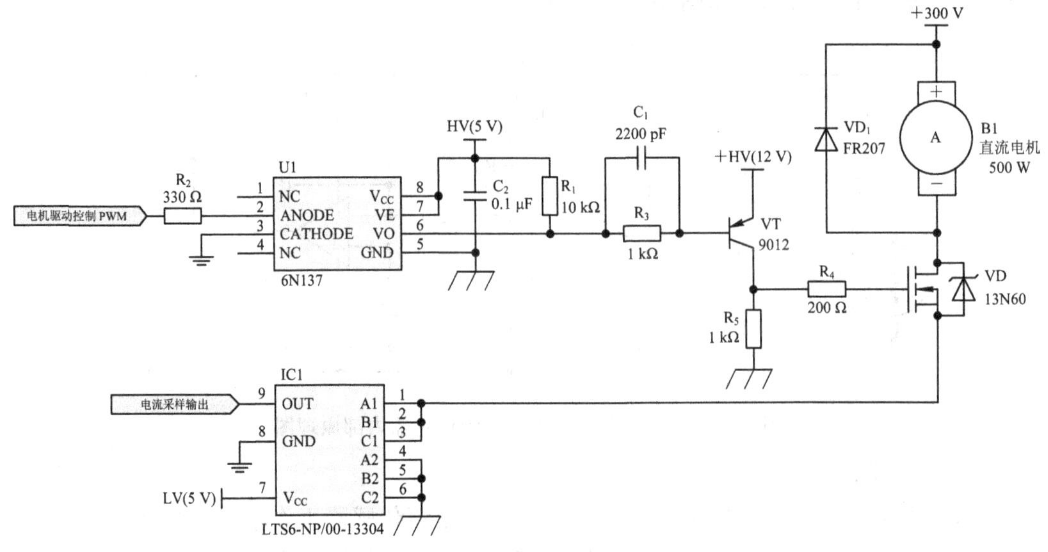

图 4-3-30　霍尔电流传感器应用电路

4.4 电 源 电 路

电源电路是每个电子设备中的必用电路，因此，掌握简单的电源电路设计是每个电子设计人员所必须具备的技能。本节讲解了几种常见的电源电路，便于读者在以后的设计中参考。

4.4.1 线性电源电路

线性电源电路是电源电路中最常用、最简单的一种电路，它常用具有电压转换功能的 IC 器件实现，根据输出方式的不同可分为固定式线性电源电路、可调式线性电源电路和可关断式线性电源电路。

1. 固定式线性电源电路

1) 78L××和 79L××系列电源电路

78L××和 79L××系列电源电路是最常用的线性稳压电路，其电路如图 4-4-1 所示。

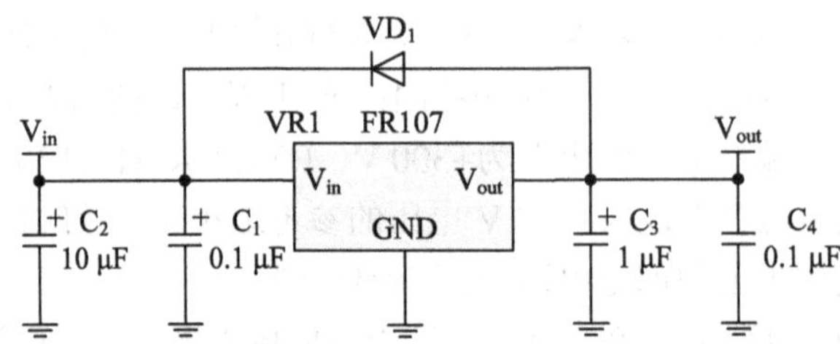

图 4-4-1　78LXX 及 79LXX 系列集成三端稳压器电路图

在这些电路中，三端稳压器作固定式电压稳压器用。在该电路中，旁路电容器经常可以省去。因此，三端稳压器的特点是非常明显的，只需用少量外加元件，就能实现稳压功能。78LXX 系列输出正电压，如 78L05 输出 +5 V 电压；而 79LXX 系列输出负电压，如 79L05 输出−5 V 电压。常见输出电压有±5 V、±6 V、±9 V、±12 V、±15 V、±24 V 等。

2) LC1117 系列电源电路

LC1117 系列电源电路是一种常见的低压差线性稳压电路，其输出电流 1 A 时，压差小于 1.5 V。LC1117 采用了双极型制造工艺，确保其工作电压达 12 V。输出电压有固定电压(1.2 V、1.8 V、2.5 V、3.3 V、5 V 和 12 V)以及可编程版本。通过内部精密电阻网络的修正，可实现输出电压的精度达±1.5%。LC1117 内部有过热保护功能，以确保其本身和所带负载的安全。LC1117 采用 SOT223 和 TO252 两种封装形式，客户可根据使用功率和散热要求来选择合适的封装形式。该电路常用于 PC 主板、显卡、LCD 显示器、LCD TV、数码相框、通信系统、无绳电话、ADSL 适配盒、DVD 播放器、机顶盒、硬盘盒、读卡器中。其连接电路图与图 4-4-1 一样。

2. 可调式线性电源电路

由于在某些场合需要特定的电源电压，这时就需要专门为这种用途而设计的可调式线性电源，通过调节可调电阻得到所需电压。

1) LM317 和 LM337 电源电路

LM317 是一种具有广泛用途的三端可调式正电压调节器，具有较高的输入电压、较大的输出电流以及较高的性能参数，广泛地应用于各种直流稳压电源、开关电源、可编程电源及高精度恒流源等电子设备中，其实物电路如图 4-4-2 所示。

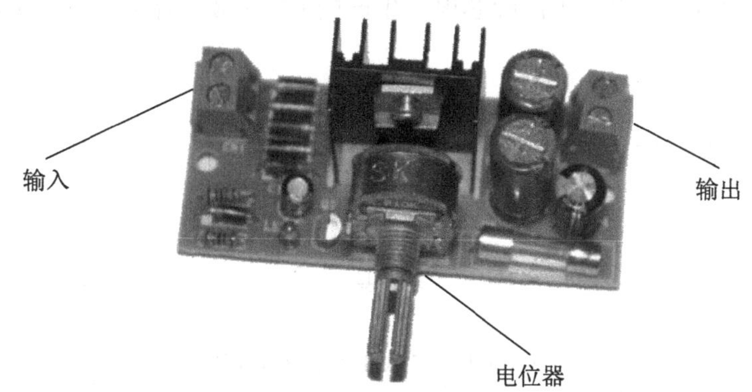

图 4-4-2　LM317 电源实物图

LM317 输出正电压，而 LM337 输出负电压。其常见应用电路如图 4-4-3 所示。

由于 LM317 在要求电压可调的应用中具有极好的性能，而且它的输出电流又可达 1.5 A，输出电压在 1.2～37 V 之间连续可调，所以就不需要储备许多固定电压稳压器。当它用作整个系统的主要稳压器时，不仅能简化系统，而且还具有很大的设计灵活性，该器件内部含有限流、过热关机和安全工作区保护等电路。即使调整端 Adj 没有与外电路连接，这些保护功能仍能正常工作。

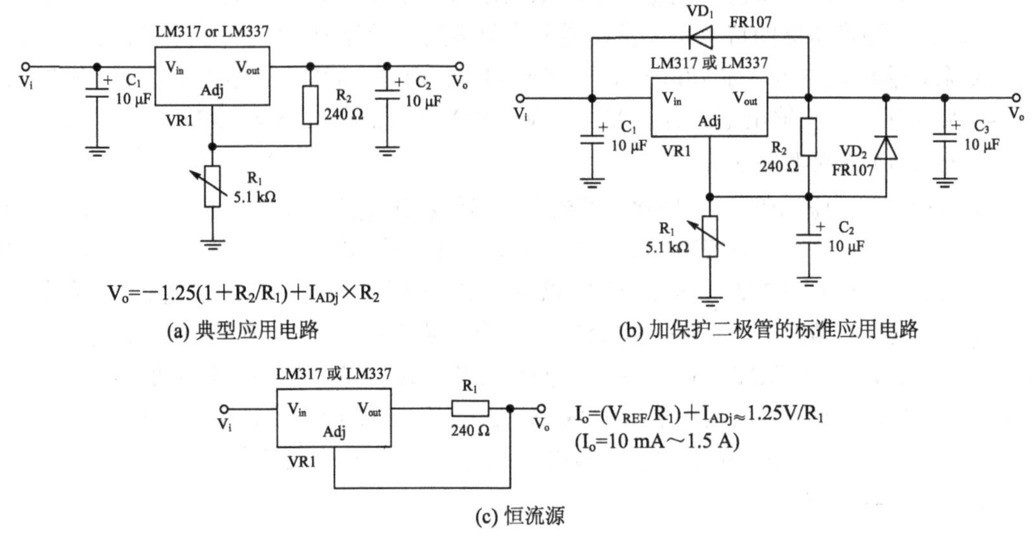

(a) 典型应用电路　　(b) 加保护二极管的标准应用电路

(c) 恒流源

图 4-4-3　LM317 常用电路

2) LC1117ADJ

上海岭芯微电子有限公司(下文简称“上海岭芯电子”)生产的 LC1117、LC1085、LC1084 都有可调电压输出版本，该系列元器件使用方法与 LM317 一样。

3. 可关断式线性电源电路

在某些场合为了降低系统功耗，则需要关断部分不用的电路，这时就需要使用可关断式线性电源。图 4-4-4 为采用上海岭芯电子生产的 LC1458 设计的一款可关断式线性电源电路。

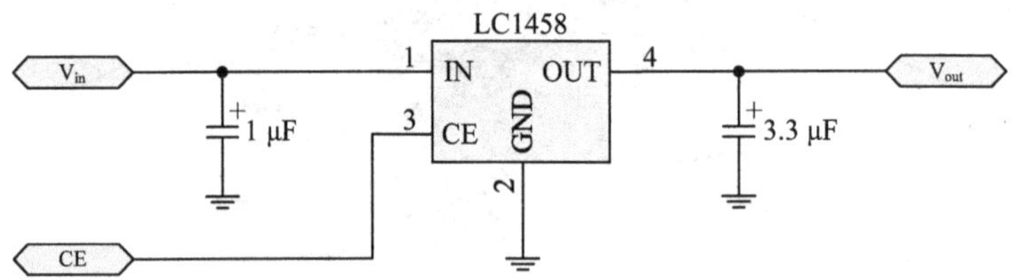

图 4-4-4　LC1458 典型应用电路

图 4-4-4 中，LC1458 是一款可输出 500 mA 电流的可关断式线性电源芯片，在无需旁路电容的情况下，在电源抑制比 100 Hz 处实现 70 dB 噪声、小于 50 μV 有效电压值的低压差线性稳压器。LC1458 提供了一个使能端，可用于对负载供电的开关。其内部包含了一个高精度的电压基准、误差放大器、限流和反折式的短路保护、功率驱动晶体管和输出放电管，同时内部的高精度电阻网络确保输出电压在±2%以内。

该电路可广泛应用于各种需要低压差、负载电流小于 500 mA 并需要关断和极低待机功耗的电子系统中，常见的有手机、数码相机、无线网卡等电池供电或 USB 供电的可移动手持电子设备或者其他如数码相框等家用电器。

4.4.2　DC-DC 电源电路

线性电源电路设计较简单，使用元件少，但是它存在当输入输出电压压差较大时，器件发热较大、转换效率低的缺点，且输出电压要低于输入电压(以正电压输出为例)，为了在较大压差情况下实现较大电流输出且器件发热较小，或实现输出电压大于输入电压的功能，这时就需使用 DC-DC 电源电路。

1. 非隔离式电路

非隔离式 DC-DC 电源电路是一种常用的电压变换电路，特别适用于无需电压隔离且需要电压变换的场合，如电子玩具、MP3、无线鼠标、应急充电器等。

1) 34063 电路

34063 芯片是电源电路中应用较广的一种元件，多数元件厂商都有生产，国内亦有，利用该元件可设计各种需要的电源电路。该器件本身包含了 DC-DC 变换器所需要的主要功能(单片控制电路)且价格便宜。它由具有温度自动补偿功能的基准电压发生器、比较器、占空比可控的振荡器、RS 触发器和大电流输出开关电路等组成。该器件可用于升压变换器、降压变换器、反向器的控制核心，由它构成的 DC-DC 变换器仅需要用到少量的外部元器件。主要应用于以微处理器(MPU)或单片机(MCU)为基础的系统里。

MC34063 组成的降压电路原理如图 4-4-5。比较器的反相输入端(脚 5)通过外接分压电阻 R_1、R_2 监视输出电压。其中，输出电压 $U_{out} = 1.25(1 + R_2/R_1)$。由此可知，输出电压仅与 R_1、R_2 数值有关，因 1.25 V 为基准电压，恒定不变，若 R_1、R_2 阻值稳定，U_{out} 亦稳定。

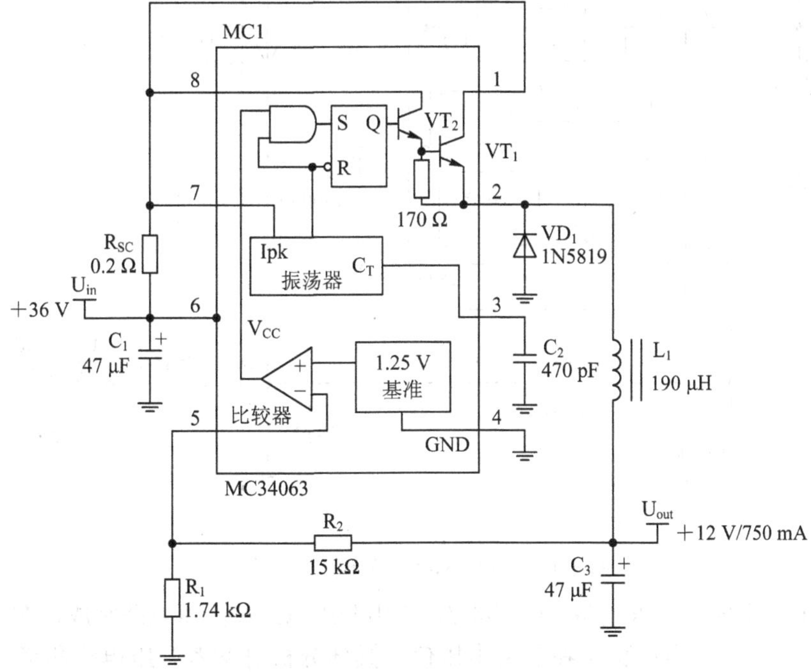

图 4-4-5　应用 34063 设计的降压型电路

引脚 5 的电压与内部基准电压 1.25 V 同时送入内部比较器进行电压比较。当 5 脚的电压值低于内部基准电压(1.25 V)时，比较器输出为跳变电压，开启 RS 触发器的 S 脚控制门，RS 触发器在内部振荡器的驱动下，Q 端为“1”状态(高电平)，驱动管 V_2 导通，开关管 V_1 亦导通，使输入电压 U_i 向输出滤波器电容 C_3 充电以提高 U_o，达到自动控制使 U_o 稳定的作用。当 5 脚的电压值高于内部基准电压(1.25 V)时，RS 触发器的 S 脚控制门被封锁，Q 端为“0”状态(低电平)，VT_2 截止，VT_1 亦截止。振荡器的 Ipk 输入(7 脚)用于监视开关管 VT_1 的峰值电流，以控制振荡器的脉冲输出到 RS 触发器的 Q 端。3 脚外接振荡器所需要的定时电容 C_2 的电容值大小决定振荡器频率的高低，亦决定开关管 VT_1 的通断时间。

MC34063 组成的升压电路原理如图 4-4-6，当芯片内开关管(V_1)导通时，电源经取样电阻 R_{SC}、电感 L_1、MC34063 的 1 脚和 2 脚接地，此时电感 L_1 开始存储能量，而由 C_2 对负载提供能量。当 VT_1 断开时，电源和电感同时给负载和电容 C_2 提供能量。电感在释放能量期间，由于其两端的电动势极性与电源极性相同，相当于两个电源串联，因而负载上得到的电压高于电源电压。开关管导通与关断的频率称为芯片的工作频率。只要此频率相对负载的时间常数足够高，负载上便可获得连续的直流电压。

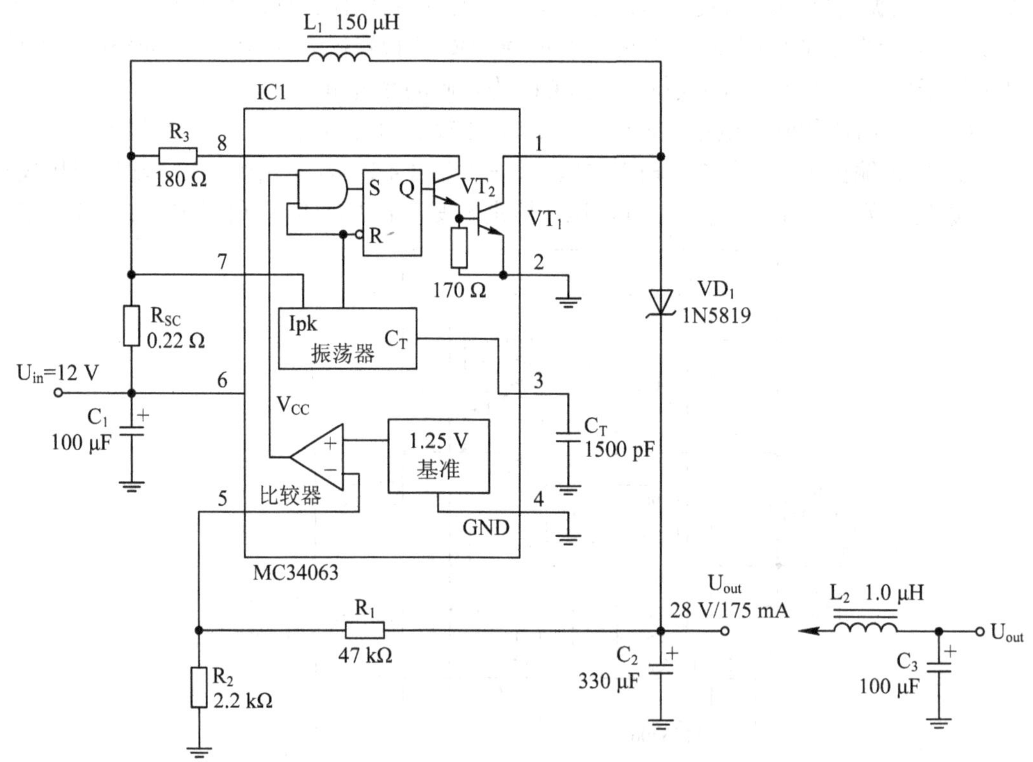

图 4-4-6　应用 34063 设计的升压型电路

MC34063 组成的稳压电路如图 4-4-7，它由升压电路和降压电路组成，在一定输入电压范围内，可将输出电压稳定在所需电压值，具体分析可参考升压电路和降压电路分析过程。

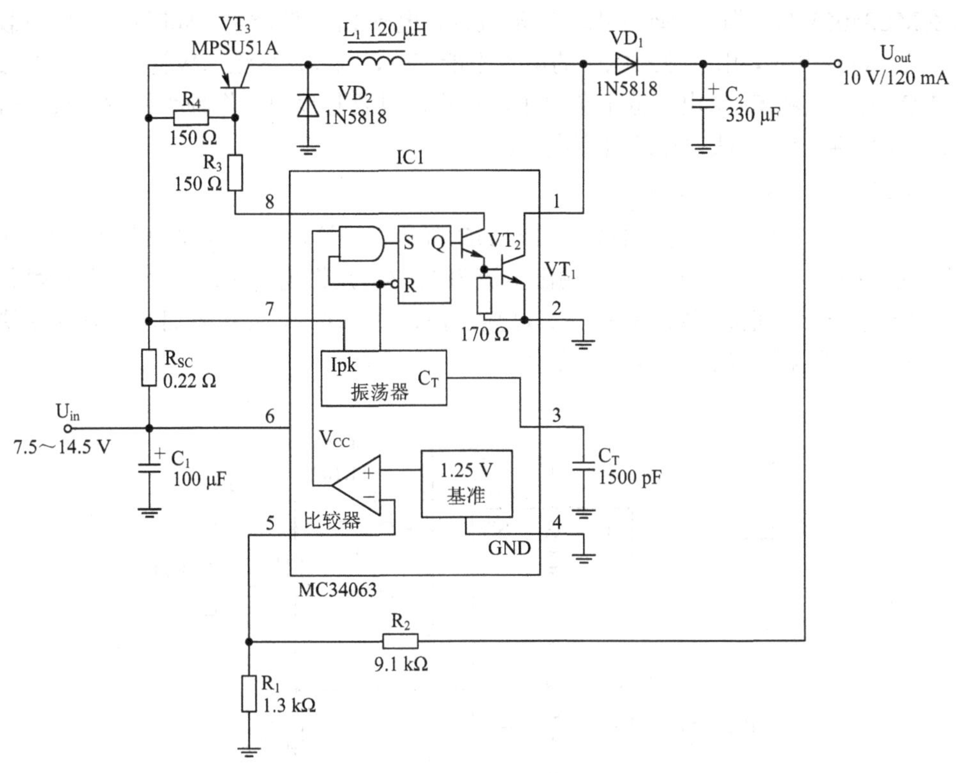

图 4-4-7　应用 34063 设计的稳压型电路

图 4-4-8 为采用 MC34063 芯片构成的开关反压电路。当芯片内部开关管 VT_1 导通时，

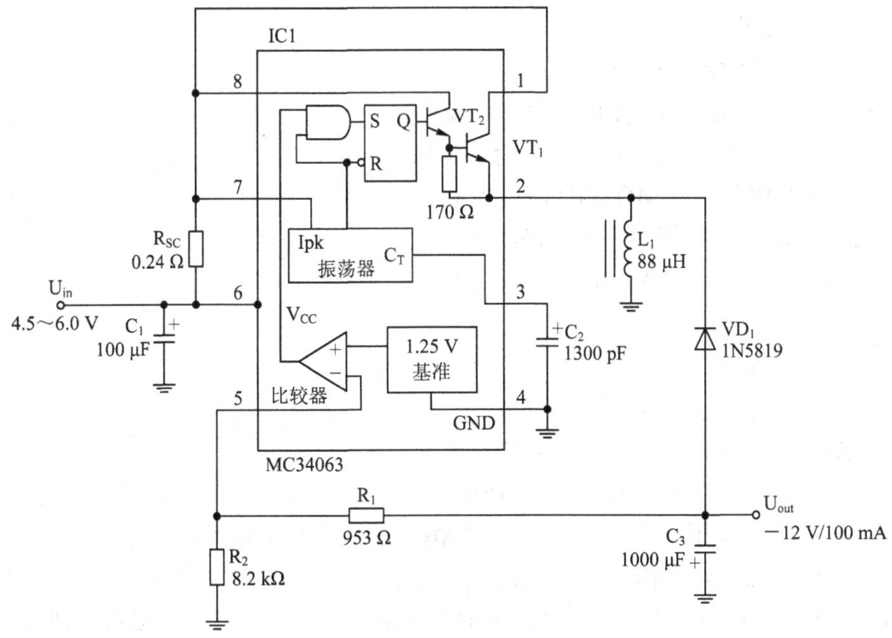

图 4-4-8　应用 34063 设计的电压反向电路

电流经 MC34063 的 1 脚、2 脚和电感 L_1 流到地，电感 L_1 存储能量。此时由 C_3 向负载提供能量。当 VT_1 断开时，由于流经电感的电流不能突变，因此，续流二极管 VD_1 导通。此时，L_1 经 VD_1 向负载和 C_3 供电，输出负电压。这样，只要芯片的工作频率相对负载的时间常数足够高，负载上便可获得连续直流电压。

2) LC2316 电路

LC2316 是一款极具性价比的高压 DC-DC 降压稳压器，采用开关频率为 1.2 MHz 的 PWM 控制方式，其耐压大于 20 V，输出电流为 1.2 A，反馈电压 1.25 V。内部包含振荡器、误差放大器、斜坡补偿、PWM 控制器、过热保护、短路保护、开机软启动等功能模块以及输出功率管。其电路结构如图 4-4-9 所示。

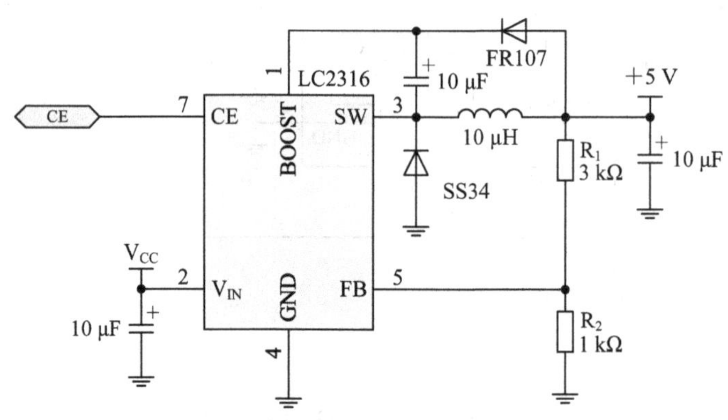

图 4-4-9　LC2316 应用电路图

3) LC3030 电路

LC3030 是一款 DC-DC 升压控制芯片，采用开关频率为 350 kHz 的 PFM 控制方式，最低 0.8 V 的启动电压，输出电压覆盖范围为 2.5 V 到 6 V。LC3030 内置功率 MOSFET，可用最少 3 个外围器件构成一个完整的升压电路，且有着极低的空载消耗电流(<20 μA)。其典型应用电路如图 4-4-10 所示。

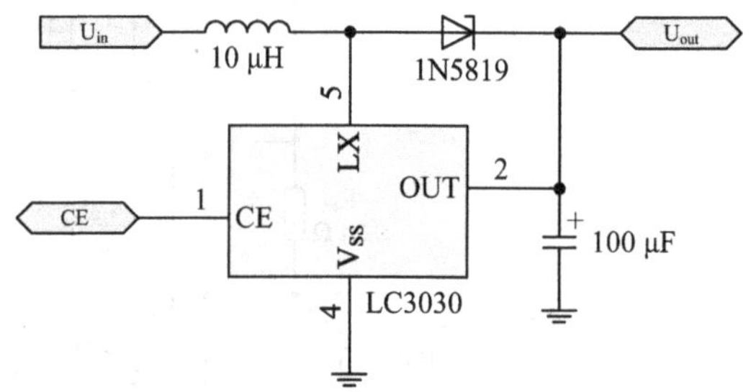

图 4-4-10　LC3030 应用电路图

4) LTC3548 电路

图 4-4-11 是用 LTC3548 设计的一款 2.5 V 转 1.8 V 的降压型稳压电路，LTC3548 是一款双通道、恒定频率、同步降压型 DC-DC 转换器。这款面向低功率应用的器件可在 2.5 V 至 5.5 V 的输入电压范围内运作，并具有一个 2.25 MHz 的恒定开关频率，因而允许采用纤巧、低成本的电容器和电感器，高度≤1.2 mm。每个输出电压均可在 0.6 V 至 5 V 的范围内调节。内部同步 0.35 Ω、0.7 A/1.2 A 功率开关能够在无需采用外部肖特基二极管的情况下实现高效率。

LTC3548 提供了一个用户可选模式输入，以便用户在噪声纹波和功率利用系数两者之间进行权衡折中。突发模式(Burst Mode)操作可在轻负载条件下提供高效率，而脉冲跳跃模式则可在轻负载条件下实现低噪声纹波。

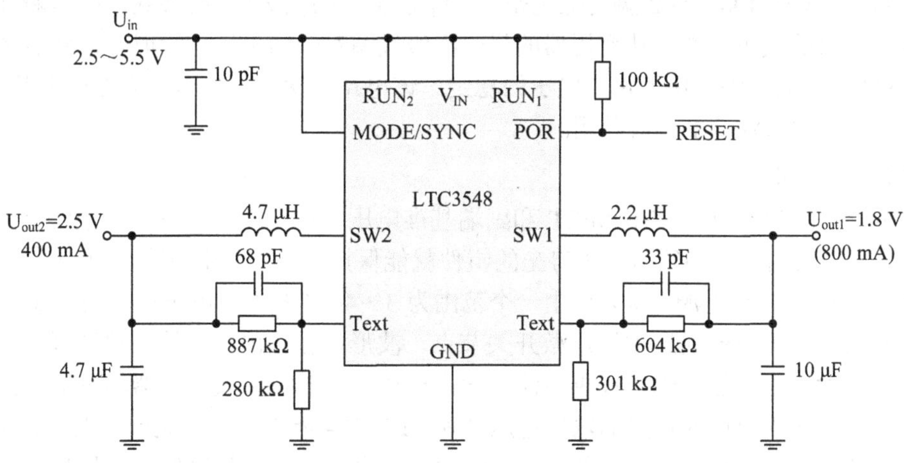

图 4-4-11　400 mA/800 mA 条件下的 2.5 V 转 1.8 V 降压型稳压器

2. 隔离式电路

1) 34063 电路

34063 芯片不但可以构成非隔离式电源电路，还可以利用变压器构成隔离式电源电路，如图 4-4-12 所示。

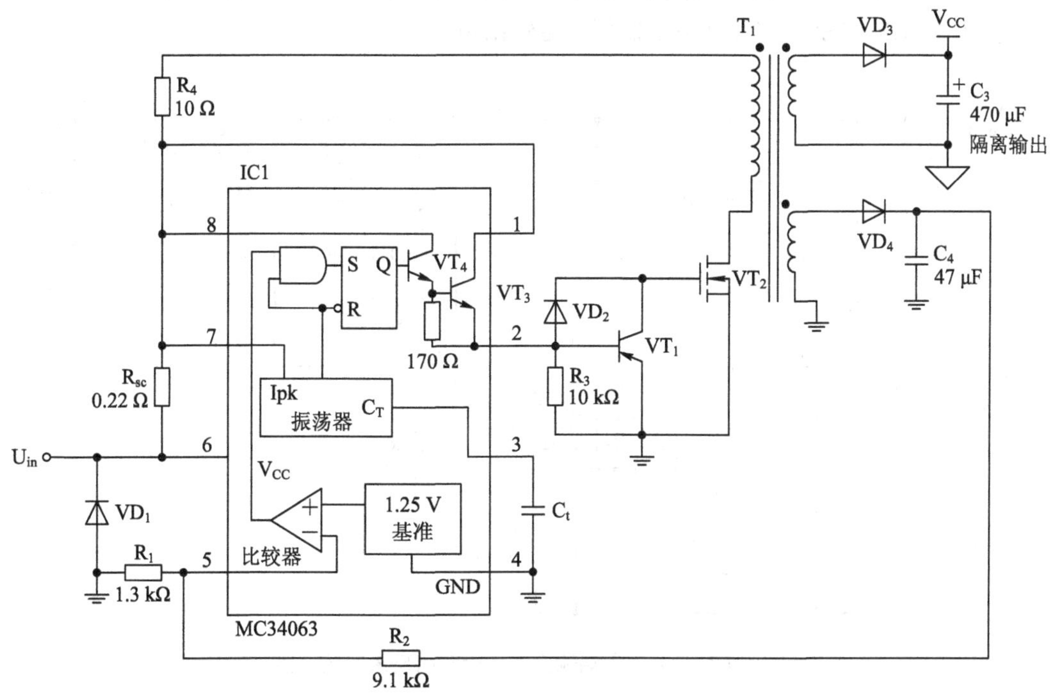

图 4-4-12　隔离高压大电流变压器初级线圈驱动电路

图 4-4-12 为采用 MC34063 芯片构成的隔离高压大电流变压器初级线圈驱动电路。当

芯片内部的开关管导通时，MC34063 的 2 脚将呈现高电平，外部 P 型三极管 VT_1 截止，N 型 MOSFET 管 VT_2 导通。电流经变压器初级线圈和 VT_2 到地，初级线圈储存能量。当内部开关管关断时，MC34063 的 2 脚为低电平，VT_1 导通，VT_2 截止，初级线圈回路断开。能量耦合到变压器的次级线圈。从变压器的另一次级线圈对输出电压进行取样，然后经分压后送到 MC34063 的 5 脚可保证输出电压的稳定。该电路中次级主输出端为浮地电源输出，非常适合医疗等要求浮地的系统使用。

2) LT3574 电路

LT3574 无需光耦、外部 MOSFET 和副端基准电压，也无需电源变压器额外提供第三个绕组，同时，仅用一个必须跨隔离势垒的组件就能保持主端和副端隔离。LT3574 有一个内置 0.65 A、60 V NPN 电源开关，可由一个范围为 3～40 V 的输入电压提供高达 3 W 的输出功率，并采用了一个能通过主端反激开关节点、波形检测输出电压的主端检测电路。在开关关断时，输出二极管向输出提供电流，输出电压反射到反激式变压器的主端。开关节点电压的幅度是输入电压和反射的输出电压之和，LT3574 能重建该开关节点电压。在整个线电压输入范围、整个温度范围以及 2%～100%的负载范围内，这种输出电压反馈方法可产生小于±5%的总调节误差。图 4-4-13 给出了一个利用 LT3574 实现反激式转换器的原理图。

LT3574 运用边界模式工作进一步简化了系统设计，减小了转换器尺寸并改进了负载调节。LT3574 反激式转换器在副端电流降至零时，立即接通内部开关，而当开关电流达到预定义的电流限制时，则断开。因此，该器件工作时，总是处于连续传导模式(CCM)和断续传导模式(DCM)的转换之中，这种工作方式常称为边界模式或关键传导模式。LT3574 的其他特点包括可编程软启动、可调电流限制、欠压闭锁和温度补偿。变压器匝数比和两个连接到 RFB 及 RREF 引脚的外部电阻器可设定输出电压。

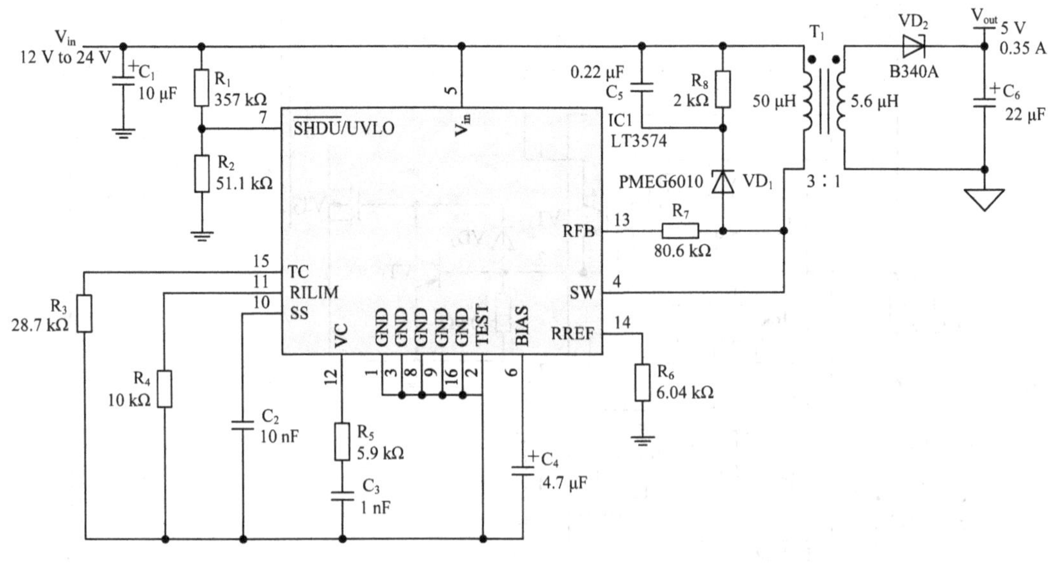

图 4-4-13　采用主端输出电压检测的反激式转换器

3) DPA423 电路

采用 DPA-Switch 的反激式电源给高功率密度的 PoE 及 VoIP DC/DC 应用提供了高效低

成本的解决方案。

图 4-4-14 所示的电路为使用 DPA423G 的单路输出反激式转换器原理图。对于输入输出要求隔离的应用，此设计简单、元件数目少。在 36 V 至 75 V 的直流输入电压范围内，此设计可输出 3.3 V、6.6 W 的功率，在 48 V 输入时的效率为 80%。

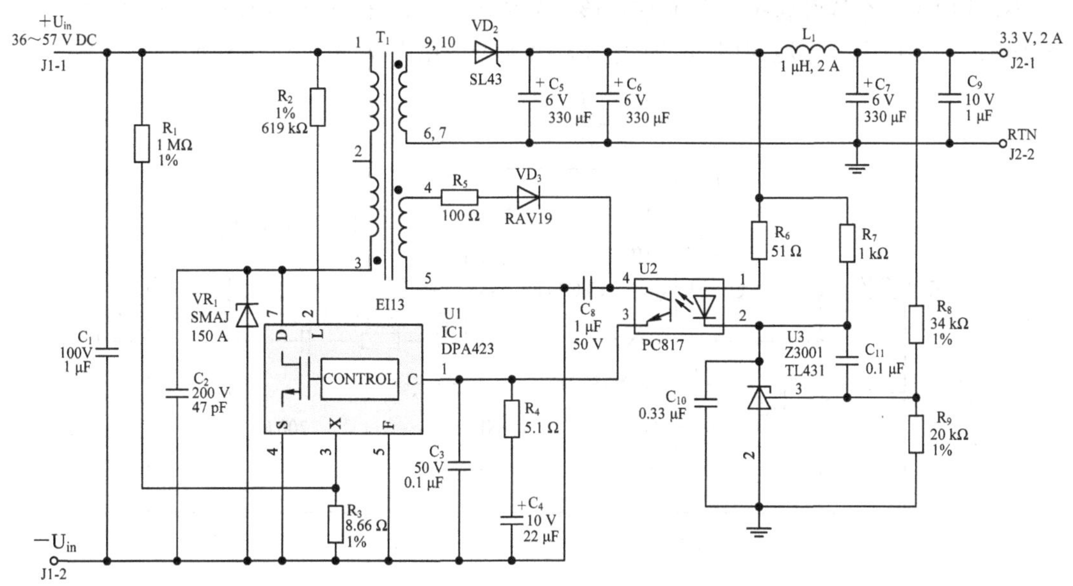

图 4-4-14　高效低成本的 3.3 V、6.6 W 输出的反激 DC/DC 转换器

电阻 R_2 确定了输入欠压及过压的保护阈值，分别为 33 V 和 86 V。电阻 R_1 和 R_3 对器件内部的限流点加以设定。外加的线电压检测电阻 R_1 用于在输入电压增加时降低限流点，从而避免过高的过载输出电流。在此设计当中，在整个输入电压范围内其过载输出电流的变化范围都在±2.5%之内。对限流点的控制同时也减轻了次级元件的应力及漏感尖峰，VD_2 可以使用更低反向浪涌电压 U_{RRM}(30 V 而不是 40 V)的肖特基输出二极管。

初级侧的稳压箝位二极管 VR_1 可以确保在输入浪涌及过压情况下 U1 峰值漏极电压低于 220 V(漏源击穿电压 BV_{DSS} 的额定值)。在正常工作时，VR_1 不导通，C_2 足以对峰值漏极电压加以限制。

初级偏置绕组在启动后给控制引脚提供电流。二极管 VD_3 对偏置绕组电压进行整流，而 R_5 和 C_8 用于减低高频开关噪声的影响，防止偏置电压的峰值充电发生。电容 C_3 给 U1 提供去耦，因此要尽可能靠近控制引脚和源极引脚来放置。C_4 完成开机时能量的存储及自动重启动的定时。

次级由 VD_2 整流，经低 ESR 的钽电容 C_5～C_7 滤波，从而降低开关纹波并使效率最大化。使用一个很小的次级输出电感 L_1 和陶瓷输出电容 C_9 就足以在满载时将峰峰值的高频噪音及纹波抑制到小于 35 mV 以下。

输出电压由 R_8 和 R_9 构成的电压分压器进行检测，连接至 1.24 V 的低压参考 U3。反馈补偿由 R_6、R_7、C_{11}、C_4 和 R_4 完成。电容 C_{10} 作为软启动结束电容，防止开机期间输出端出现过冲。

3. 锂电池管理电路

1) LTC3441 实现的锂电池电压转换电路

LTC3441 是一款高效率、固定频率的降压–升压型 DC/DC 转换器，它能在输入电压高于、低于或等于输出电压的条件下进行高效操作。该 IC 所采用的设计拓扑结构可通过所有操作模式提供一个连续转换，从而使得该产品成为输出电压处于电池电压范围内的单节锂离子电池应用或多节电池应用的理想选择，其典型应用电路如图 4-4-15 所示。

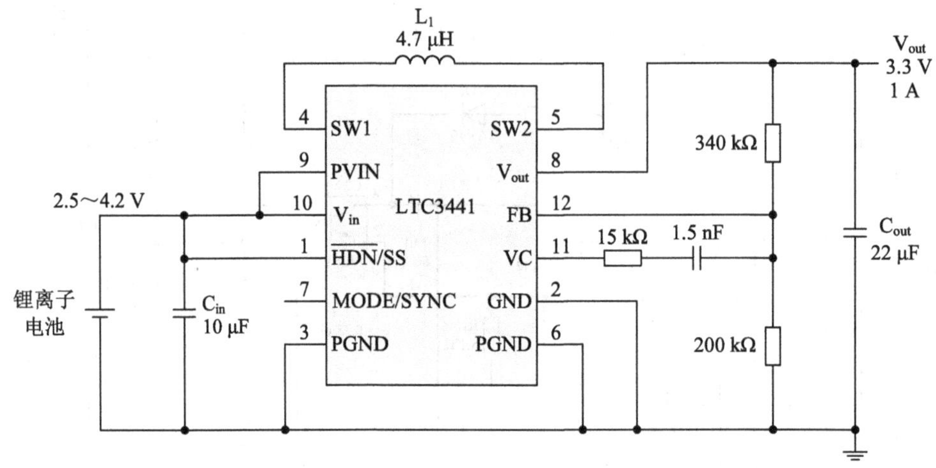

图 4-4-15　LTC3441 锂离子电池降压–升压型转换器

该器件包括两个 0.10 Ω 的 N 沟道 MOSFET 开关和两个 0.11 Ω 的 P 沟道开关。外部肖特基二极管是任选的，可对效率进行适当的改进。工作频率内设为 1 MHz，并可同步至 1.7 MHz。在突发模式操作状态下，静态电流仅为 25 μA，从而最大限度地延长便携式应用中电池的使用寿命。突发模式操作由用户来控制，并可通过驱动 MODE/SYNC 引脚至高电平来使能。如果 MODE/SYNC 引脚被驱动至低电平或具有一个时钟，则固定频率开关操作被使能。

其特点包括 1 μA 的停机电流、软启动控制、热停机和电流限制。LTC3441 采用一种耐热增强型 12 引线(4 mm × 3 mm)DFN 封装。

2) BQ24025 实现的锂电池充电电路

锂电池对充电器的要求比较高，为了有效地控制锂电池的充电，需要能够对其充电过程进行密切的监控。目前，一般使用单片机配合一定的充电管理芯片来实现锂电池充电的智能管理。

BQ24025 是常用的锂电池充电管理芯片。它采用小体积的 3 mm × 3 mm MLP 封装，可以采用 AC 电源适配器或者 USB 电源充电，并能够自主选择。USB 电源充电可以选择 100 mA、500 mA 两种充电电流。它具有低压差比的特点，在低功耗情况下自动进入睡眠模式。工作时允许结温为–40℃～125℃，存储温度为–60℃～150℃，广泛应用于 PDA、MP3、数码相机、智能电话等电子设备中。

BQ24025 应用电路如图 4-4-16 所示，该芯片既可由 AC 适配器供电又可由 USB 端口供电，当这两者同时接通时，AC 适配器提供的电源优先。

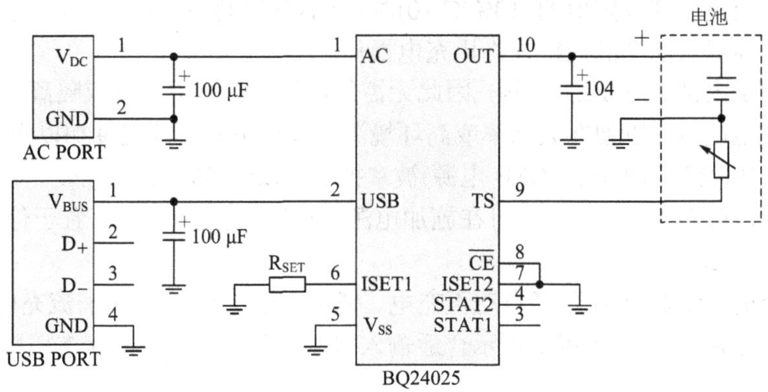

图 4-4-16　BQ24025 应用电路

BQ24025 芯片不但可独立构成充电系统，而且可以使单片机更好地实现智能控制，如自动断电、充电完成报警等，图 4-4-17 所示为单片机控制的 BQ24025 芯片构成的充电系统。

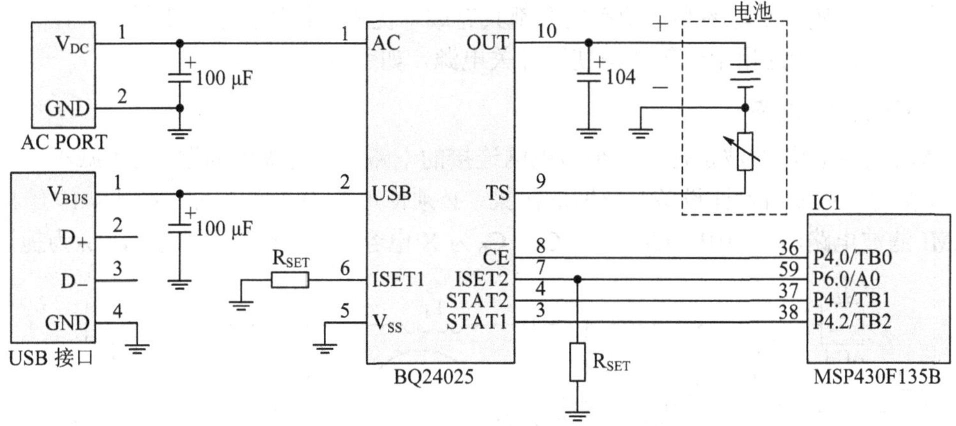

图 4-4-17　单片机控制 BQ24025 芯片电路图

3) LTC4065 实现的锂电池充电电路

LTC4065 是一款用于单节锂离子电池的完整恒定电流/恒定电压线性充电器。其 2 mm × 2 mm DFN 封装和很少的外部元件数目使得 LTC4065 尤其适合便携式应用。而且，LTC4065 是专门为在 USB 电源规范内工作而设计的，其典型应用电路如图 4-4-18 所示。

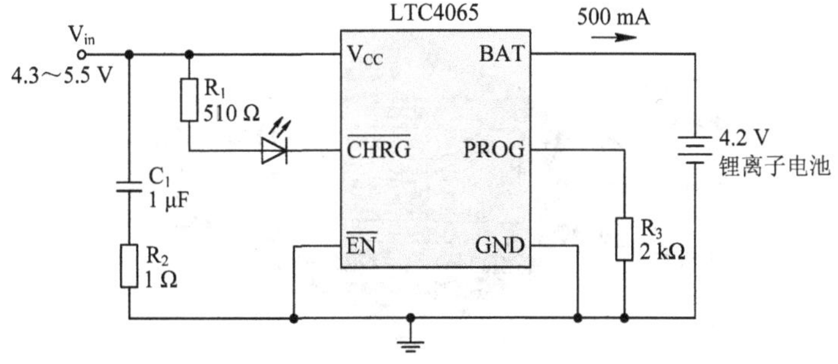

图 4-4-18　独立锂离子电池充电器

当充电电流降至其设定值的 10%(C/10)时，$\overline{\text{CHRG}}$ 引脚将发出指示信号。内部定时器根据电池制造商提供的产品规格来终止充电操作。

由于采用了内部 MOSFET 架构，因此无需使用外部检测电阻器或隔离二极管。热反馈功能可调节充电电流，以便在大功率或高环境温度条件下对芯片温度加以限制。

当输入电压(交流适配器或 USB 电源)被拿掉时，LTC4065 自动进入一个低电流状态，并将电池漏电流降至 1 μA 以下。可在施加电源的情况下将 LTC4065 置于停机模式，从而将电源电流降至 20 μA 以下。

功能齐全的 LTC4065 还包括自动再充电、低电池电量充电调节(涓流充电)、软启动(用于限制涌入电流)功能和一个用于指示合适输入电压接入的漏极开路状态引脚。

4.4.3　小功率电源电路

小功率电源电路是电子设计中常用的电路，常见的有线性电源电路和开关电源电路，线性电源在小功率场合(<5 W)具有成本优势，且线性电源比开关电源的干扰小。开关电源在小功率(>5 W)、中功率和大功率场合都具有成本优势，且体积小、重量轻，在一些追求体积小、重量轻的应用中一般还是使用开关电源，如手机充电器。

1. EMI 滤波电路

EMI(电磁干扰)滤波是任何一个与电网连接的电路必须考虑的问题，为了减小电网对所设计设备的干扰或所设计设备对电网的污染，必须使用 EMI 滤波电路。图 4-4-19 给出了常见 EMI 滤波电路图。图中，C_1、C_2、C_5、C_6 为 X 电容，C_3、C_4 为 Y 电容，L_1 为扼流圈。

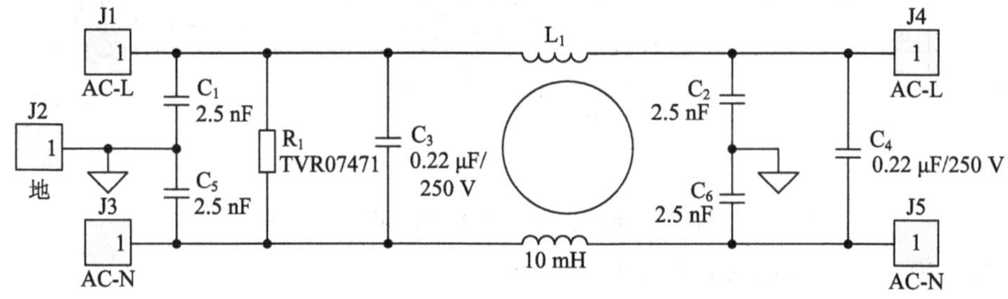

图 4-4-19　EMI 滤波电路

现已有做成成品的 EMI 滤波器元件出售，其外形如图 4-4-20 所示，在设计时可根据实际情况选择购买或自行设计。

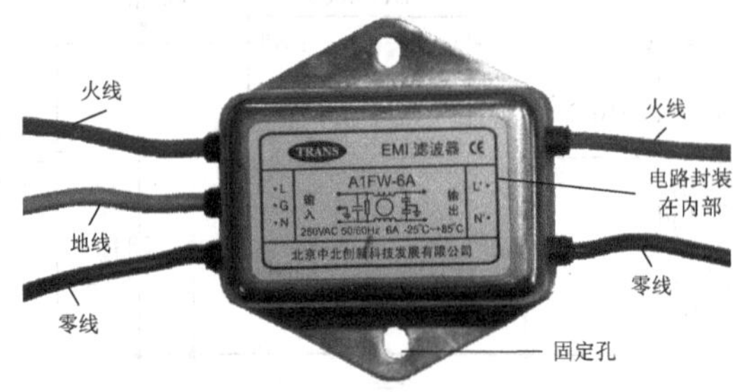

图 4-4-20　EMI 滤波器外形

2. 桥式整流滤波电路

图 4-4-21 给出了常见桥式整流滤波电路，图中，VD_1 是由 4 个整流二极管组成的整流桥，该整流桥耐压的高低由输入交流电压决定，最大整流电流的大小由负载决定；R_1 为负温度系数热敏电阻，用于防止开机时(C_{M1}、C_{M2} 无电荷)充电电流过大损坏电路，R_2 为假负载，用于关机时及时泄放掉 C_{M1}、C_{M2} 中的电荷。

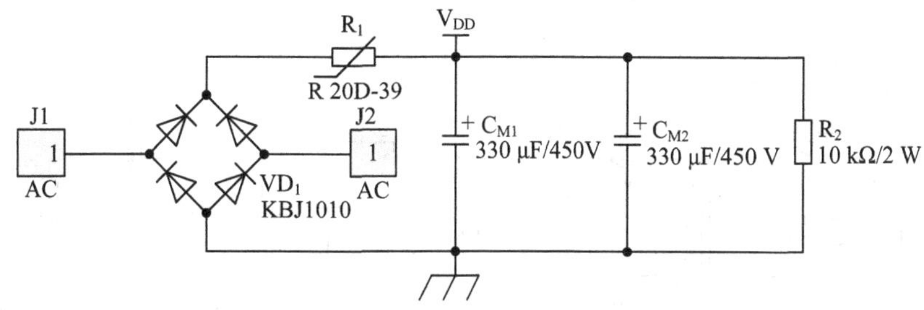

图 4-4-21　桥式整流滤波电路

3. 线性电源电路

线性电源电路是最简单的一种将市电转换为所需电压的电路，也是初学者最喜欢使用的一种电源电路，图 4-4-22 就是线性电源电路的电路图，图中 T_1 为变压器，将市电转换为所需电压，如图中需得到 5 V 的直流电，则需使用高于 6 V 的交流变压器，经整流滤波后 V_{DD} 约为 8 V，经 7805 稳压后得到 5 V 电压。在设计中如需其他电压只需更改变压器变压比或整流桥耐压、电容耐压、稳压块 VR_1 的稳压值即可。

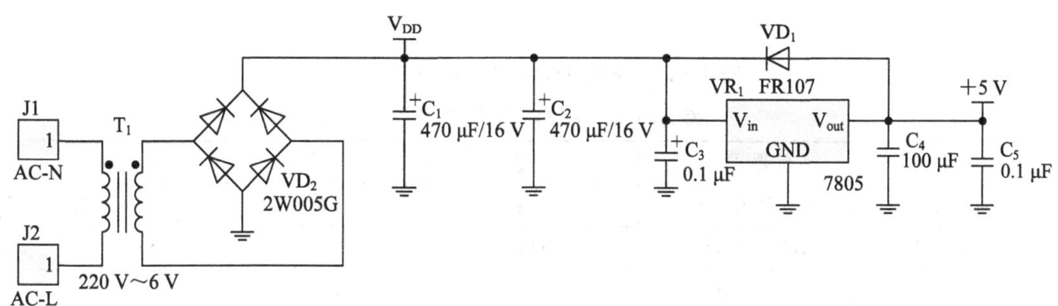

图 4-4-22　线性电源电路

4. 开关电源电路

对于小功率开关电源的设计，通常采用单片开关电源集成芯片进行设计，目前能够提供单片开关电源集成芯片的厂商很多，如美国电源集成(Power Integrations，简称 PI)公司推出的 TinySwitch 系列及其该系列的升级系列 TinySwitch-Ⅱ和 TinySwitch-Ⅲ系列等，意法半导体有限公司(简称 ST 公司)开发出的 VIPer12A、VIPer22A 等小功率单片开关电源系列产品，荷兰飞利浦(Philips)公司开发 TEA1510、TEA1520、TEA1530、TEA1620 等系列的单片开关电源集成电路，美国安森美半导体(ON Semiconductor)公司开发的 NCP1000、NCP1050、NCP1200 系列单片开关电源集成电路，中国无锡芯朋(Chipown)公司生产的 AP8022 系列单片开关电源集成芯片。

图 4-4-23 是一款采用 PI 公司生产的 TNY278 芯片设计的电源电路，该电路输出两组电压，一组为+12 V 和+5 V(低压组)，该组电源参考地与高压端的参考地隔离，用于需与高压隔离的电路中；另一组为+15 V 和+5 V(高压组)，该组电源参考地与高压端的参考地相连，用于高压电路部分的低压供电，该电路中的 V_{DD} 由市电经整理滤波后得到，约为+360 V。该电路低压组功率约为 8 W，高压组功率约为 5 W。T_1 变压器采用 EI19 骨架，其参数如表 4-4-1 所示。

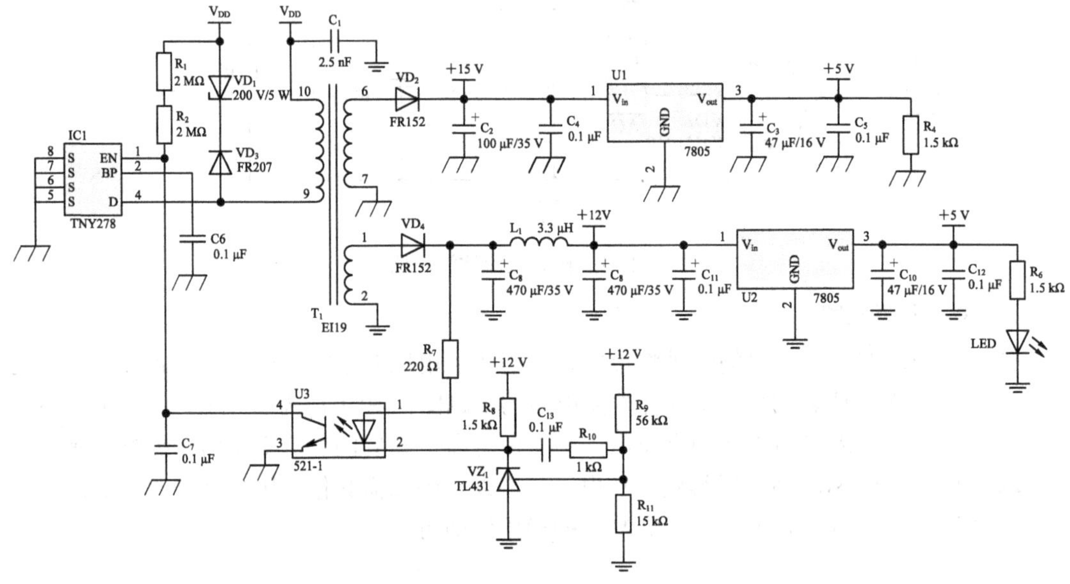

图 4-4-23　采用 TNY268 设计的电源电路

表 4-4-1　EI19 变压器参数表

引脚说明	线圈要求	圈数	层数	电感量
9—10	ϕ0.25 mm × 1	71T	1 (内层)	644 μH
1—2	ϕ0.3 mm × 2	11T	2	
6—7	ϕ0.25 mm × 2	14T	3 (外层)	

图 4-4-24 是一款采用无锡芯朋(Chipown)公司生产的 AP8022 芯片设计的电源电路，该电路通过变压器绕组变压输出 3 组电压，分别为+5 V、+12 V、+28 V，该电路的工作原理与图 4-4-23 一致，图中变压器 T_1 采用 EE28 立式骨架，其参数如表 4-4-2 所示。

表 4-4-2　EE28 变压器参数表

引脚说明	线圈要求	圈数	层数	电感量
2—1	ϕ0.3 mm × 1	46T	1 (内层)	866 μH
4—5	ϕ0.3 mm × 1	14T	2	
9—8	ϕ0.3 mm × 1	20T	4	
7—6	ϕ0.3 mm × 1	8T	5	
6—8	ϕ0.3 mm × 2	3T	6 (外层)	

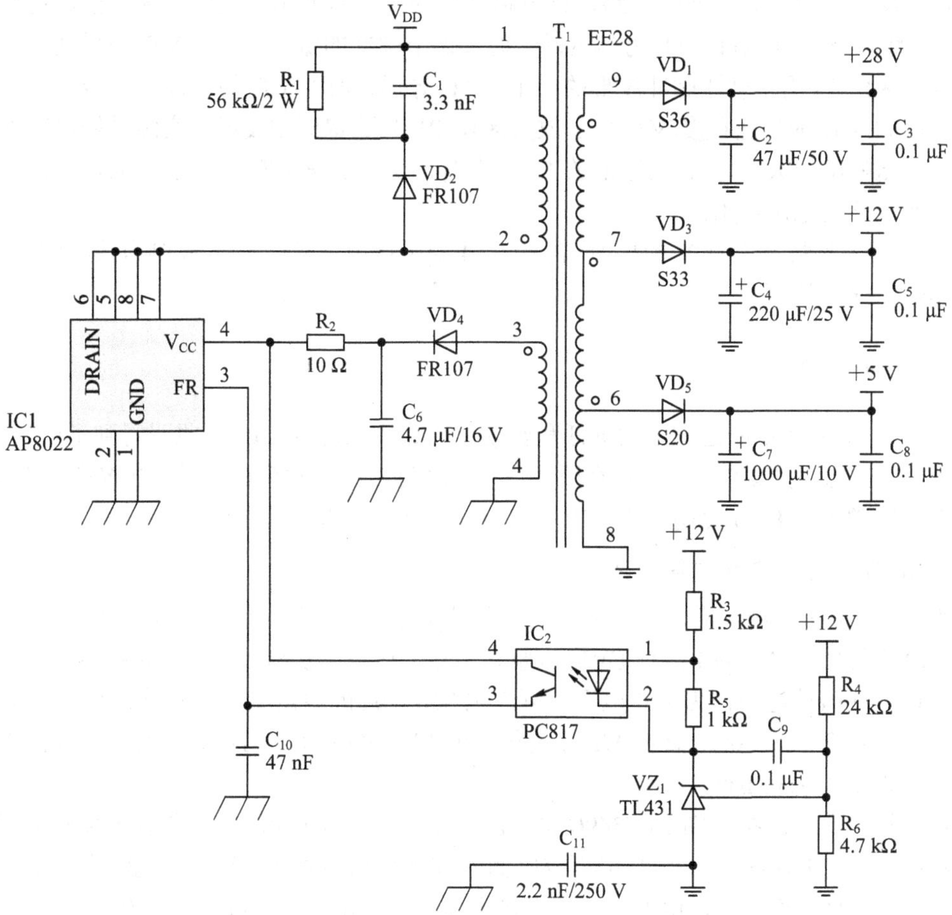

图 4-4-24　采用 AP8022 设计的电源电路

5. 脉冲变压电路

脉冲变压电路是电源电路的一种特例，如图 4-4-25 所示，是笔者设计的一款电针灸

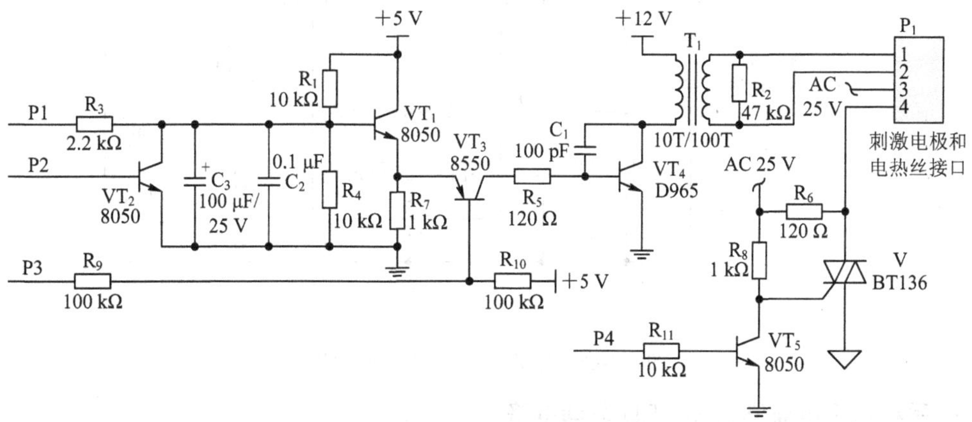

图 4-4-25　脉冲变压电路

治疗仪上使用的高压脉冲产生电路，该电路产生的高压脉冲用于刺激人体穴位，达到治疗的效果，图中 P1 为脉宽调制信号输入端，通过调节脉冲的宽度，调节 VT_1 的导通程度(VT_1 处于放大区)，P3 用于刺激脉冲波形的产生，VT_3 导通，则将 VT_1 的射极电压传到 VT_4 的基极端，控制 VT_4 的导通程度(VT_4 处于放大区)，P1 为脉宽调制波形，实际是控制脉冲变压器输出电压幅度的大小，P2 快速泄放 C_3 的电荷，达到快速关断 VT_1 的目的，从而快速关闭脉冲变压器的电压输出。

P4 控制可控硅晶闸管 V 的导通，P_1 的 3、4 引脚接电热丝，使 P4 控制电热丝的发热量，达到热敷治疗的效果。

4.4.4 照明电路

随着大功率 LED 制造难度的降低和驱动电路成本的降低，LED 照明得到了广泛应用，从手电筒、应急灯到家用照明、景观照明、汽车照明，从小功率 1 W 到 100 W 都有其应用。下面就一些常见的 LED 照明电路给出参考设计，便于读者学习制作。

1. 单节电池 LED 手电筒电路

手电筒 LED 照明，需要将一节电池或两节电池转换为恒流输出，图 4-4-26 就是采用 LTC3490 设计的一款 1 W LED 恒定电流驱动电路。它是一款高效升压型转换器，采用单节或两节镍氢或碱性电池作为工作电源，可产生 350 mA 的恒定电流，并符合高达 4 V 的电压规格。它包含一个 100 mΩ NFET 开关和一个 130 mΩ PFET 同步整流器。在内部将固定开关频率设定为 1.3 MHz。

如果输出负载断接，则 LTC3490 将输出电压限制为 4.7 V。它还具有一种模拟调光能力，可按照与 CTRL/SHDN 引脚电压成比例的方式来减小驱动电流。当电池电压降至每节 1 V 以下时，将传送一个低电池电量逻辑输出信号。当电池电压降至每节 0.85 V 以下时，欠压闭锁电路将关断 LTC3490，对反馈环路实施内部补偿，旨在最大限度地减少元件数目。

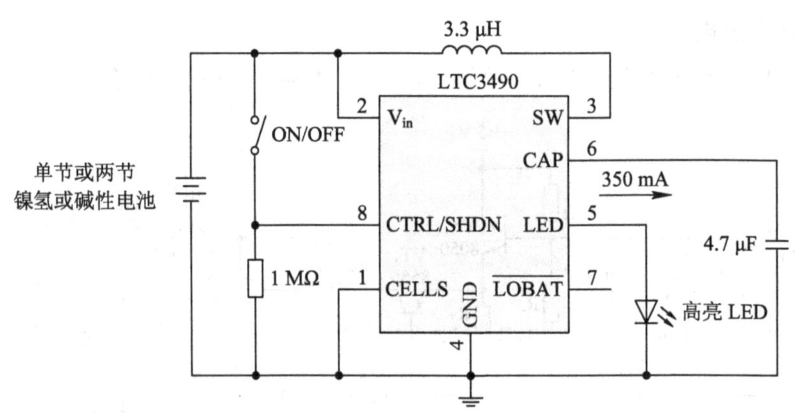

图 4-4-26　LED 恒定电流驱动电路

2. 手机用手电筒/闪光灯 LED 驱动电路

智能手机的闪光灯可以作为手电筒使用，那它的硬件电路是如何实现的呢？图 4-4-27

给出了手机用手电筒/闪光灯 LED 驱动电路。该电路采用 LTC3454 作为 LED 主控器件。

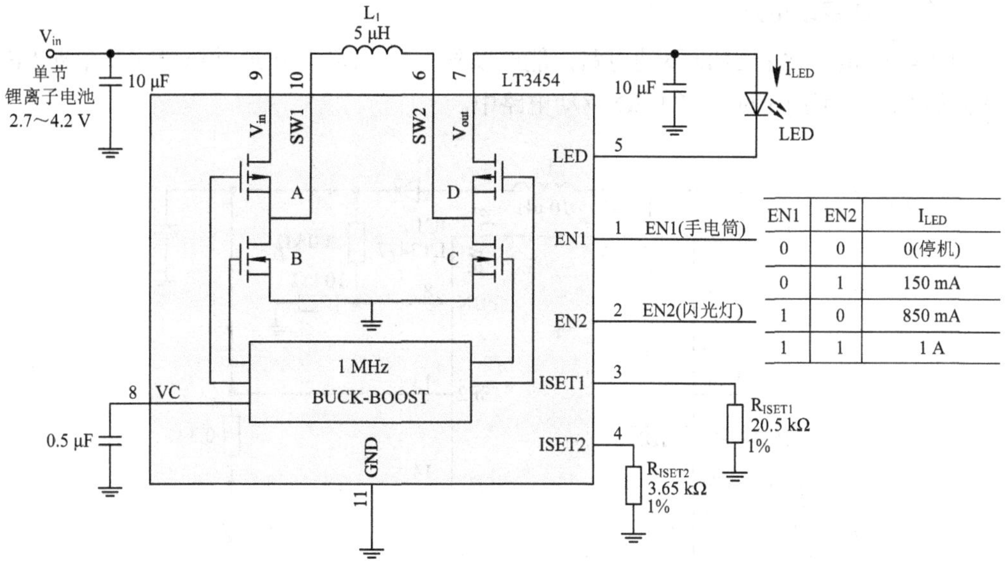

EN1	EN2	I_{LED}
0	0	0(停机)
0	1	150 mA
1	0	850 mA
1	1	1 A

图 4-4-27　手机用手电筒/闪光灯 LED 驱动器

LTC3454 是一款同步降压-升压型 DC/DC 转换器，专为从单节锂离子电池输入高达 1 A 的电流来驱动单个高功率 LED 而设计。根据输入电压和 LED 正向电压的不同，该转换器可工作于同步降压、同步升压或降压-升压模式，能在单节锂离子电池的整个可用电压范围内(2.7～4.2 V)实现高于 90%的 P_{LED}/P_{IN} 效率。

该电路中，可利用两个外部电阻器和两个使能输入来把 LED 电流设置为 4 个数值(包括停机)中的一个。在停机模式中，不消耗任何电源电流。

3. 升压驱动 LED 照明电路

图 4-4-28 是一款升压驱动照明电路，通过 TPS61165 将 5 V 电压升压后驱动 3 个串联

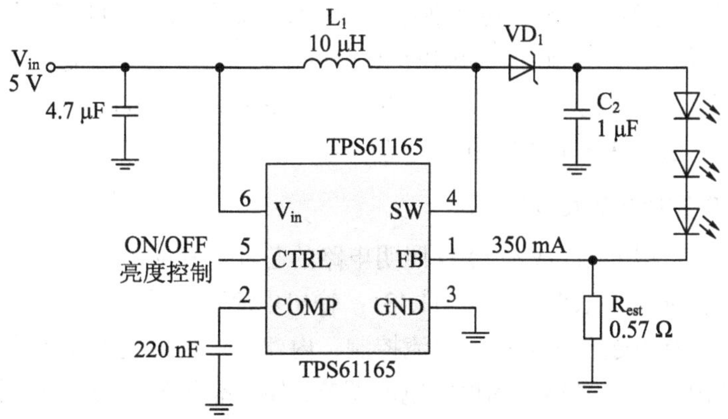

图 4-4-28　升压驱动照明电路

LED，使流过 LED 的电流维持在 350 mA。通过 CTRL 引脚可以控制 LED 的亮灭。

4. 多 LED 驱动电路

图 4-4-29 是一款多 LED 驱动电路，能够以降压、降压-升压或升压模式来驱动 LED，效率高达 91%，可用于应急灯 LED 驱动电路中。

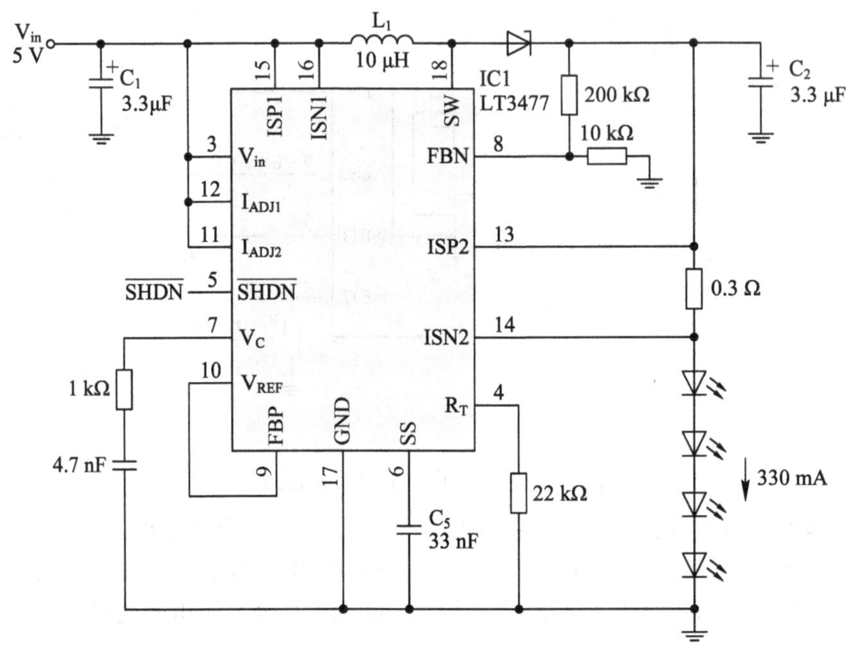

图 4-4-29　多 LED 驱动电路

LT3477 具有双通道轨至轨电流检测放大器和一个内部 3 A、42 V 开关的电流模式、3 A DC/DC 升压型转换器。它集成了一个传统的电压反馈环路和两个独特的电流反馈环路，旨在起一个恒定电流、恒定电压源的作用。两个电流检测电压均被设定为 100 mV，并可采用 I_{ADJ1} 和 I_{ADJ2} 引脚进行独立调节。可在典型应用中实现高达 91%的效率。LT3477 具有一种可编程软启动功能，用于限制启动期间的电感器电流。误差放大器的正负输入均可从外部获得，从而提供了正、负输出电压(升压、负输出、SEPIC、反激)。利用一个外部电阻器可将开关频率设置在 200 kHz 至 3.5 MHz 的范围内。

5. 市电 LED 照明电路(3 W 以下)

OB3390 是一款应用于低成本 LED 照明电路的芯片，其应用电路如图 4-4-30 所示，该电路使用原边控制方法，无需光耦合 TL431；输出电流可调节且全电压范围内可达±5%的输出电流精度；具有内建自适应峰值电流控制、内建原边电感量补偿、内建软启动功能、频率抖动改善 EMI 特性、高精度的恒定电流调节、外驱晶体管开关、短路保护、开环保护、逐周期电流限制、内置前沿消隐(LEB)、V_{DD} 的过电压保护等功能特点。

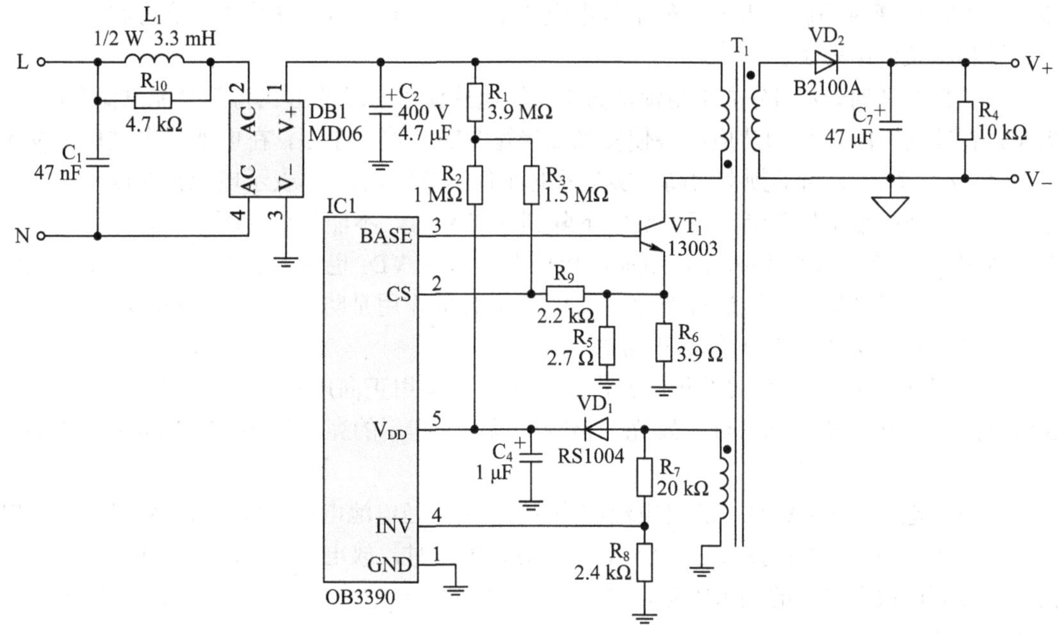

图 4-4-30　3 W 低成本 LED 照明电路

4.4.5　充电电路

1. 镍镉电池放电器

镍镉电池的最大缺点是存在“记忆效应”。消除“记忆效应”的一种有效方法是：每到第三次或第四次充电之前先对电池进行一次完全放电，直到单节电池电压下降至 0.65 V 再给电池充电。这种方法可以使镍镉电池及时恢复容量以保证正常使用，但每节电池完全放电的终止电压不得低于 0.65 V，否则会因过度放电出现极性反转而损坏电池。读者可参考如图 4-4-31 所示的自制镍镉电池放电器电路，它既简单易制，又能保证电池完全放电。

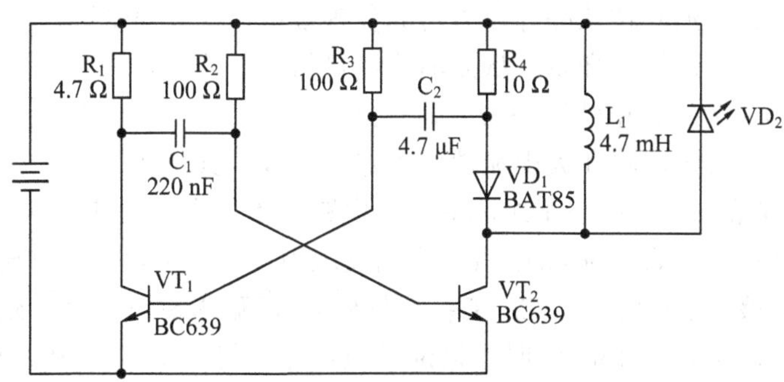

图 4-4-31　镍镉电池放电器电路图

如图 4-4-31 所示，三极管 VT_1、VT_2 与 C_1、C_2、R_1～R_4 组成无稳态多谐振荡器，其振荡频率约为 25 kHz。在 1.2 V 单节镍镉电池供电的情况下，VT_1 与 VT_2 以 25 kHz 的频率交替导通，对该电池进行放电。由于 VT_2 集电极电路中接有电感 L_1，故 VT_1 导通时的放电电

流大于 VT_2 导通时的放电电流，整个放电电流不是恒定的，而是脉冲的，这有利于电池恢复容量和延长使用寿命。

当 VT_2 导通时，大部分放电电流流过 L_1，该电感就以磁场的形式将部分能量储存起来。当 VT_2 截止时，L_1 产生的感应电势使发光二极管 VD_2 点亮，于是，在电池放电过程中 VD_2 以 25 kHz 频率闪烁(由于频率太高，实际看起来像是持续点亮)，表示电池正在放电。在此过程中，电池的端电压逐渐下降，当它下降到 0.65 V 时，不能再维持两管交替导通，于是振荡器停振，VT_1、VT_2 均截止，电池停止放电。同时 VD_2 也转入熄灭状态，表示电池已完全放电，可以开始对电池进行充电。二极管 VD_1 的作用是防止 L_1 储存的能量通过 R_4、C_2、R_3 释放掉，以保证 VD_2 能够正常点亮。

为了保证 VT_2 具有足够的集电极电压，VD_1 应使用正向压降较小的肖特基二极管(如 BAT85)。VD_2 可使用高功率红色发光二极管，以保证指示的亮度足够。L_1 用 4.7 mH 的普通电感即可。

当电池电压为 1.2 V 时，放电电流约为 200 mA；当电池电压下降到 0.8 V 时，放电电流下降到 100 mA 左右；在接近 0.65 V 放电终止电压时，放电电流减小到 5 mA 左右。所需放电时间取决于电池的剩余容量，对于充满电的 600 mAh 镍镉电池，其放电时间一般约为 3～4 小时。

2. 镍镉电池修复器

随着无线电电子设备的大量使用，可充电镍镉电池得到了广泛的应用。但镍镉电池都有一定的使用要求，容易人为地造成电池过充电和静放电现象，加上许多使用镍镉电池的电子设备常处于野外作业，使用无规律，这就更容易导致镍镉电池内部短路故障的产生。一般来讲，产生这种故障的镍镉电池不应丢弃，其中大部分的故障电池使用本节介绍的修复电路是可以恢复其使用功能的。

镍镉电池一般由氢氧化镍作为电池正极，形如海绵状的金属镉作为负极，正负极内有一层有机纤维作绝缘隔膜，这种隔膜既有绝缘作用，又有吸附电解质的能力，但若长期使用，特别是不规范使用后，镍镉电池的负极镉上的海绵状物质极易形成细小的枝状晶体，从而造成正负极间局部或整体的短路状态，故障现象为电池充不上电或者充电电压达不到标准值。因此只有设法消除枝状晶体，方可修复镍镉电池的短路故障。一般来讲，利用大电流瞬间放电可促使短路物质烧断，从而消除枝状晶体。

如图 4-4-32 所示为镍镉电池短路修复器电路，它主要由 6 V 电源、三极管振荡升压电路、整流蓄电电路、触发电路和大电流放电电路等组成。其工作过程是：接通电源开关 S 后，由 VT、R_1、T 的 1、2 端绕组组成的振荡电路开始工作，经 T 的升压在其次级 3、4 端绕组间得到 200 V 左右的交流电压。VT 为高反压中功率三极管，它的发射结与 VD 将升压的交流电整流，整流电压对 C_3、C_4、C_5 三只高容量高耐压蓄电电容器充电，经过一定时间三只电容器的电压达到约 150 V 时，氖泡导通点亮，同时经 NE、R_3、R_2 分压触发单向晶闸管 VS 的控制极，VS 瞬间导通，C_3～C_5 对故障镍镉电池或电池组大电流放电，放电完毕，VS 过零阻断，氖泡熄灭，此后 C_3～C_5 又重复上述充放电过程。这里使用并联电容器 C_3～C_5 是为了增大电荷泵的负载能力，以使放电电流达到 10 A 以上，这时方能将故障镍镉电池内存在的短路物质烧断。

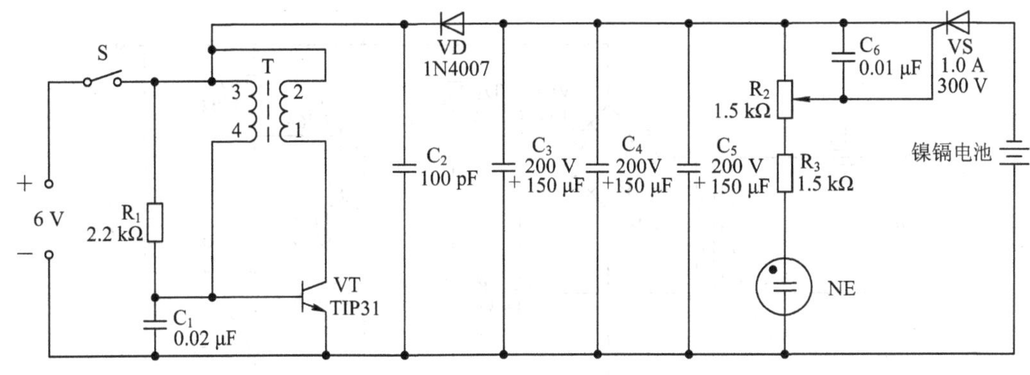

图 4-4-32　镍镉电池短路修复器电路

3. 自动断电的镍镉电池充电器

自动断电的镍镉电池充电器电路如图 4-4-33 所示，该电路采用简单的定时器，充电时四只容量各为 500 mA 的镍镉电池接成串联形式。电池以 50 mA 的恒定电流充电 15 小时后，电路自动切断，充电停止。电路采用 NE555 作为时钟电路，它产生 6 秒周期的方波用来触发 IC2，实现 8192 Hz∶1 Hz 的分频器电路。充电时，晶体管 VT_1 导通，使继电器 K_1 吸合。LED 发光表示充电正在进行。直到 555 定时器送入 IC2 芯片 8192 个时钟脉冲后、IC2 的 3 脚变为高电位，VT_1 截止，K_1 释放，电路停止充电。开始充电时按下开关 S_1，使继电器自保吸合，充电直到预定时间为止。

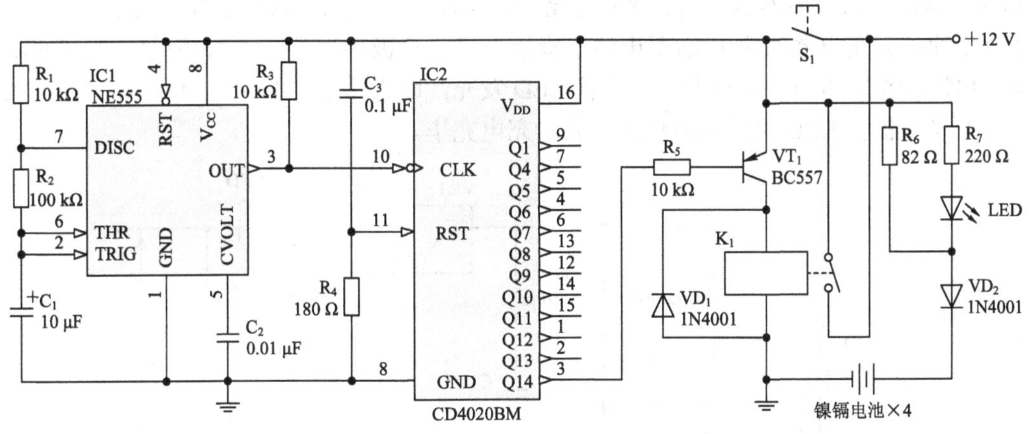

图 4-4-33　自动断电的镍镉电池充电器电路

4. 电动自行车快速充电电路

电动自行车快速充电电路如图 4-4-34 所示，图中市电经变压器 T 降压，经 VD_1～VD_4 全波整流后，供给充电电路。当输出端按正确极性接入设定的待充电瓶后，若整流输出脉动电压的每个半波峰值超过电瓶的输出电压，则晶闸管 VS 经 VT_1 的集电极电流触发导通，电流经晶闸管给电瓶充电。当脉动电压接近电瓶电压时，VS 关断，停止充电。调节 R_P，可调节晶体管 VT_1 的导通电压，一般将 R_P 由大到小调整到 VT_1 导通，能触发 VS(导通)即可。发光管 VD_5 用作电源指示，而 VD_6 用做充电指示。

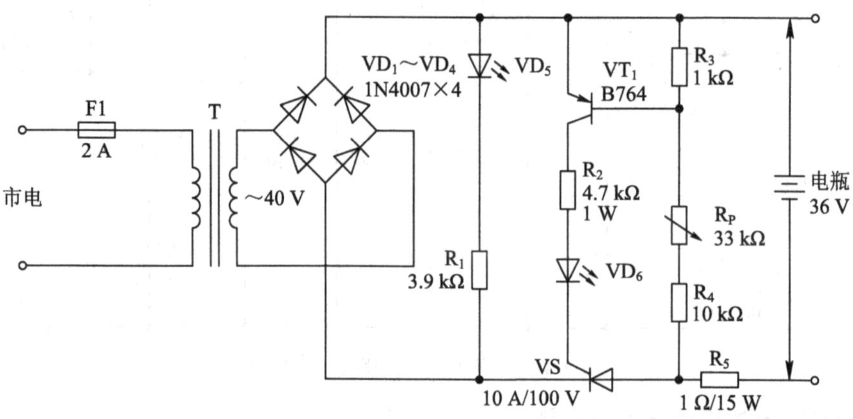

图 4-4-34　电动自行车快速充电电路

5. 摩托车蓄电池 6 V 充电器电路

摩托车蓄电池 6 V 充电器电路如图 4-4-35 所示，图中 T 为一只小型电源变压器，将市电 220 V 降压为 9 V 交流电压。VD_1～VD_4 为桥式整流电路，将 9 V 交流电压整流为脉动直流电压，再经 C_1 滤波、LM7806 稳压，输出 6.7 V 左右的稳定直流电压，再经 C_2 做进一步滤波。LM7806 为三端稳压器，它稳压输出为 6 V，但为什么这里能输出 6.7 V 呢？原因是 LM7806 的 GND 脚串入了一只 VD_5(硅整流二极管)，使 LM7806 的 V_{out} 脚输出电压提高 0.7 V，从而确保充电器电压高于摩托车蓄电池电压，以使充电顺利进行。充电时，将摩托车蓄电池接到充电器的输出端(蓄电池正极接“+”，负极接“-”，不可接反)，把 T 的初级通过电源插头接市电，这里发光二极管 LED 发光，即指示正在充电。当蓄电池充至≥6 V 时，发光二极管 LED 呈反偏而熄灭，表示充电完毕。

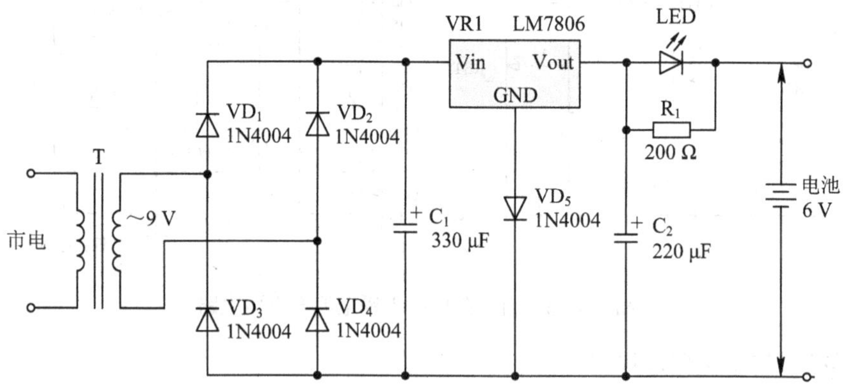

图 4-4-35　摩托车蓄电池 6 V 充电器电路

第 5 章　焊 接 技 术

在电子产品装配过程中，焊接是连接各种电子元器件和印制电路板的主要手段。从几个元件构成的整流电路到成千上万个零部件组成的计算机系统，都是由基本的电子元器件和功能部件，按一定的电路工作原理，用一定的工艺方法连接而成的。本章主要讲述手工焊接技术、回流焊技术和焊接质量检验方法。

5.1　手工焊接技术

焊接的种类很多，本节主要介绍小规模焊接技术，使初学电子制作者熟悉焊接工具、材料和基本原则。

5.1.1　焊接工具及材料

1. 电烙铁

电烙铁是手工电路焊接的主要工具，它通电后加热电阻丝或 PTC 元件，再将热量传送给烙铁头来实现焊接。电烙铁的组成如图 5-1-1 所示。

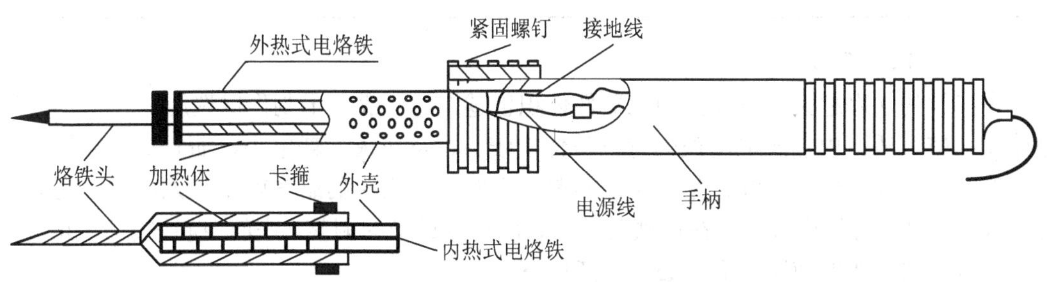

图 5-1-1　电烙铁基本组成

1) 电烙铁的分类

常见的电烙铁分类如表 5-1-1 所示。

表 5-1-1　常见的电烙铁分类

名　称	图　　片	说　　明
外热式电烙铁		烙铁头安装在烙铁芯内，由热传导性好的铜为基体的铜合金材料制成。烙铁头的长短可以调整(烙铁头越短，烙铁头的温度就越高)，且有凿式、尖锥形、圆面形、圆形和半圆沟形等不同的形状，以适应不同焊接面的需要
内热式电烙铁		烙铁芯安装在烙铁头的里面(发热快，热效率高达 85%～90%以上)。烙铁芯采用镍铬电阻丝绕在瓷管上制成，一般 20 W 电烙铁其电阻为 2.4 kΩ 左右，35 W 电烙铁其电阻为 1.6 kΩ 左右
恒温电烙铁		恒温电烙铁的烙铁头内，装有磁铁式的温度控制器，来控制通电时间，实现恒温的目的。在焊接温度不宜过高、焊接时间不宜过长的元器件时，应选用恒温电烙铁，但它价格高
吸锡电烙铁		吸锡电烙铁是将活塞式吸锡器与电烙铁融于一体的拆焊工具，它具有使用方便、灵活、适用范围宽等特点。不足之处是每次只能对一个焊点进行拆焊

2) 电烙铁的选用

电烙铁的功率越大，可焊接的元器件体积也越大。一般电子制作以选用 16～25 W 的电烙铁比较合适。内热式电烙铁的特点是体积较小、发热快、耗电小，而且更换烙铁头和发热芯子也比较方便。如焊接集成电路与晶体管时，烙铁头的温度就不能太高，且时间不能过长，此时便可将烙铁头插在烙铁芯上的长度进行适当的调整，进而控制烙铁头的温度。

为延长烙铁头的使用寿命，必须注意以下几点：

(1) 经常用湿布、浸水海绵擦拭烙铁头，以保持烙铁头能够良好挂锡，并可防止残留焊剂对烙铁头的腐蚀。

(2) 进行焊接时，应采用松香或弱酸性助焊剂。

3) 电烙铁的常见故障及其维护

电烙铁在使用过程中的常见故障及其维护如表 5-1-2 所示。

表 5-1-2　电烙铁的常见故障及其维护

<table>
<tr><th>故障现象</th><th colspan="2">故 障 判 断</th><th>故障处理</th></tr>
<tr><td rowspan="3">电烙铁通电后不热</td><td rowspan="2">用万用表的欧姆挡测量插头的两端，如果为无穷大，则说明有断路故障</td><td>用万用表的欧姆挡测量烙铁芯两根引线，如果为无穷大，则说明烙铁芯损坏</td><td>应更换新的烙铁芯</td></tr>
<tr><td>用万用表的欧姆挡测量烙铁芯两根引线电阻值为 2.5 kΩ 左右，则说明烙铁芯是好的，引线断路</td><td>故障为引线断路，更换引线</td></tr>
<tr><td>如果万用表的测量值接近 0 Ω，则说明有短路故障</td><td>故障点多为插头内短路，或者是防止电源引线转动的压线螺丝脱落，致使接在烙铁芯引线柱上的电源线断开而发生短路</td><td>重新接线，拧紧螺丝</td></tr>
<tr><td>烙铁带电</td><td colspan="2">烙铁电源线错接在接地线的接线柱上，或电源线从烙铁芯接线柱上脱落后，又碰到了接地线的螺丝上，从而造成烙铁头带电。这种故障最容易造成触电事故，并损坏元器件，为此，要随时检查压线螺丝是否松动或丢失。压线螺丝的作用是防止电源引线在使用过程中由于拉伸、扭转而造成的引线头脱落</td><td>压线螺丝如有丢失、损坏应及时配好</td></tr>
<tr><td>烙铁头不吃锡</td><td colspan="2">烙铁头经长时间使用后，就会因氧化而不沾锡，这就是“烧死”现象，也称作不“吃锡”</td><td>烙铁头重新修整、镀锡</td></tr>
</table>

2. 其他常用工具

为了方便焊接，操作时常采用尖嘴钳、镊子和小刀等作为辅助工具，初学者应学会正确使用这些工具。其他常用工具如表 5-1-3 所示。

表 5-1-3　其他常用工具

工具名称	作 用 说 明
烙铁架	用来放置电烙铁，一般下部底盘为铸铁的较好
台灯放大镜	用于照明，并可放大焊点，检查焊接缺陷非常有用
吸锡器	是锡焊元件无损拆卸的必备工具，和电烙铁配合使用
尖嘴钳	头部较细，焊接中用于夹持小型金属零件或弯曲元器件引线
平嘴钳	小平嘴钳钳口平直，焊接中可用于弯曲元器件引脚及导线。因钳口无纹路，所以对导线拉直、整形比尖嘴钳适用，但因钳口较薄，不宜夹持螺母或需施力较大的部位
斜嘴钳	焊接后剪掉元器件引脚或线头，也可与尖嘴钳合用，剥导线的绝缘皮
剥线钳	专用于剥有包皮的导线。使用时注意将导线放入合适的槽口，剥皮时不能剪断导线。剪口的槽并拢后应为圆形
平头钳(克丝钳)	其头部较宽，适用于螺母紧固的装配操作。一般适用于紧固螺母，但不能代替锤子敲打零件
镊子	有尖嘴镊子和圆嘴镊子两种。焊接中镊子用于夹持较细的导线，圆嘴镊子还可用于弯曲元器件引线，用镊子夹持元器件焊接还起散热作用
螺丝刀	有“一”字式和“十”字式两种，专用于拧螺钉。根据螺钉大小可选用不同规格的螺丝刀，但在拧时不要用力太猛，以免螺钉滑口

3. 焊接材料

焊接中所需的材料有焊锡和助焊剂，用电烙铁进行焊接时常用的焊锡如图 5-1-2 所示。

1) 焊锡

凡是用来熔合两种或两种以上的金属面，使之成为一个整体的金属或合金的材料都叫焊料。这里所说的焊料只针对锡焊所用焊料。

焊锡是焊接的主要材料，焊锡宜选用市售的焊锡丝，它的熔点较低，内芯含有松香，使用方便。常用焊锡材料：管状焊锡丝、抗氧化焊锡、含银的焊锡。

2) 助焊剂

在焊接过程中，由于金属在加热的情况下会产生一薄层氧化膜，这将阻碍焊锡的浸润，影响焊接点合金的形成，容易出现虚焊、假焊现象。使用助焊剂可改善焊接性能。

由于松香对元器件没有腐蚀作用，又能清除金属表面轻度氧化物，所以常用松香作为助焊剂(见图 5-1-3)，可帮助焊接和清除氧化层。松香可以直接使用，也可以捣碎后放入适量酒精中，制成松香酒精溶液(20%的松香粉末加 80%的纯酒精)，装入瓶中备用。

普通焊锡膏是酸性助焊剂(见图 5-1-4)，去氧化能力强，但对金属有腐蚀性，焊后要把残余焊膏去净。一般只在焊接用常规方法难以焊接的金属时才使用焊锡膏。

图 5-1-2　常用焊锡

图 5-1-3　常用助焊剂

图 5-1-4　普通焊锡膏

5.1.2　焊接方法

1. 焊接准备工作

1) 电烙铁的准备

实际使用时，为了防止电烙铁烫坏桌面、自身引线等，加热后的电烙铁，必须放在如图 5-1-5 所示的烙铁架上。烙铁架可以购买成品，也可用铁皮或粗铁丝等弯制。成品烙铁架底座上配有一块耐热且吸水性好的圆形海绵，使用时加上适量的水，可以随时用于擦洗烙铁头上的污物等，保持烙铁头光亮。

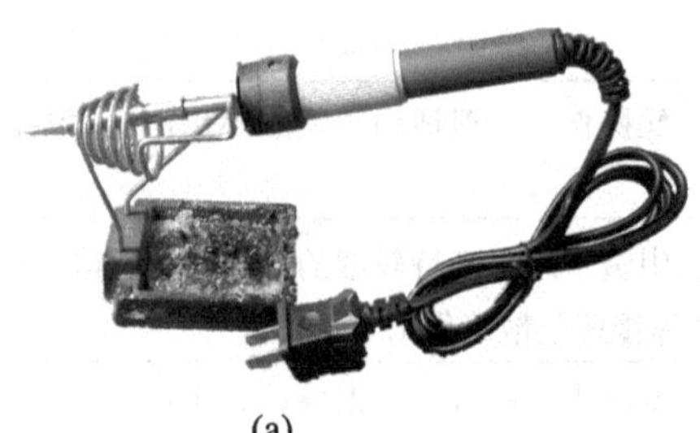

(a)

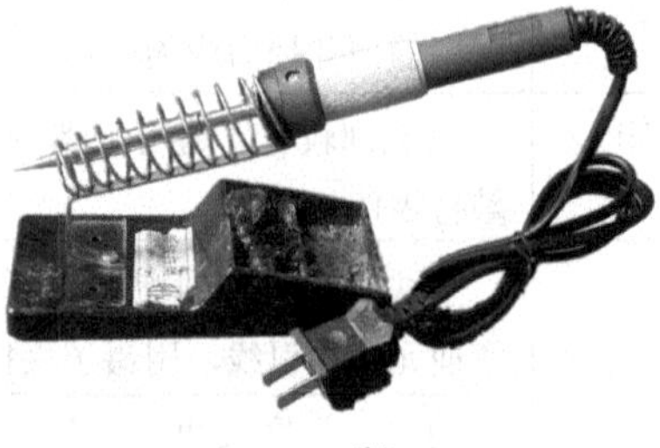

(b)

图 5-1-5　烙铁及烙铁架

使用电烙铁要特别注意安全，必须认真做到以下几点：

(1) 电烙铁的外壳应可靠接地。

(2) 每次使用前，都应认真检查电源插头和电源线有无损坏，烙铁头有无松动。

(3) 使用过程中严禁敲击、摔打电烙铁。烙铁头上焊锡过多时，可用布擦掉。

(4) 焊接过程中，电烙铁不能到处乱放，不焊接时应将电烙铁放在烙铁架上，严禁将电源线搭在烙铁头上，以防烫坏绝缘层而发生事故！

(5) 使用结束后，应及时切断电烙铁电源，待完全冷却后再收回工具箱。

2) 上锡

上锡是焊接的重要步骤之一，包括烙铁头、导线和元器件的上锡。

下面重点介绍烙铁头的上锡。新电烙铁在使用前，必须先给烙铁头挂上一层锡，俗称"吃锡"。具体方法是：先接通电烙铁的电源，待烙铁头可以熔化焊锡时用湿毛巾将烙铁头上的漆擦掉，再用焊锡丝在烙铁头的头部涂抹，使尖头覆盖上一层焊锡。也可以把加热的烙铁头插入松香中，靠松香除去尖头上的漆，再挂焊锡。对于紫铜烙铁头，可先用小刀刮掉烙铁头上的氧化层，待露出紫铜光泽后，再按上述方法挂上焊锡，如图5-1-6所示。给烙铁头挂锡的好处是保护烙铁头不被氧化，并使烙铁头更容易焊接元器件。一旦烙铁头"烧死"，即烙铁头温度过高使烙铁头上的焊锡蒸发掉，烙铁头被烧黑氧化，元器件焊接就很难进行，这时要用小刀刮掉氧化层，重新挂锡后才能使用。因此当电烙铁较长时间不使用时，应拔掉电源防止电烙铁"烧死"。

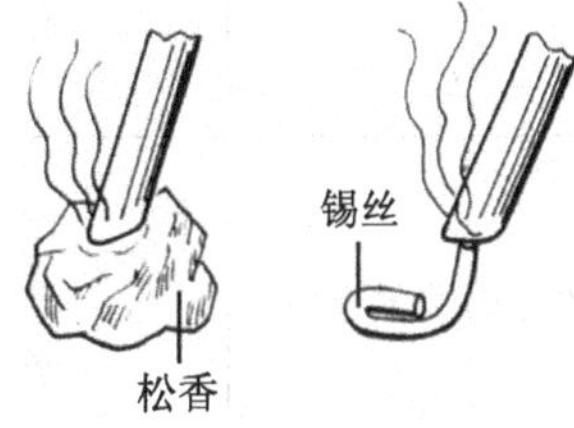

图5-1-6　烙铁头的上锡

注意

当电烙铁、工作环境或电网电压变化后，必须注意调节电烙铁的工作温度，实际标准是：在不烧死烙铁头的情况下尽量调高些，一定要让烙铁头尖端的工作部位永远保持银白色的吃锡状态。

导线及元器件引线的上锡方法如表5-1-4所示。

表5-1-4　导线及元器件引线上锡方法

上锡元件	图　示	步骤说明
漆包线的上锡		先用小刀将漆包线表面的漆层刮掉，将漆层刮掉的漆包线放在松香上；然后再将电烙铁碰锡，把电烙铁放在漆包线上来回移动，同时也转动漆包线，使漆包线四周都上好锡，即漆包线上锡的位置变为银白色，就可使用了

续表

上锡元件	图　示	步骤说明
塑料导线的上锡		把塑料导线的一端紧贴在热的烙铁头上，同时转动塑料线，将塑料外层某处的一圈烫断；烫软的塑料外层稍凉后，顺势用手一拉，即可露出金属线。 如果是多股铜芯导线，还要捻成"麻花状"；捻成"麻花状"的金属导线如果没有氧化，可直接将金属导线放在松香上，用带有锡的烙铁头放在其上来回移动，同时也转动导线，使导线四周都上好锡。 金属导线如果已氧化，那么其上锡的方法与漆包线上锡的方法相同
元器件引线的上锡		先刮除引线的氧化层(如果引线很新，可不刮除氧化层)，然后上锡，方法同上

注意

① 在进行上锡操作时，要特别注意安全用电，每次操作前首先检查工具的绝缘情况，操作时人体不能接触 220 V 交流电源，发现问题要及时切断电源。

② 在操作时，还要防止划伤、烫伤等，在刮除导线氧化层、漆层时，不要刮伤桌面，操作时要养成良好的习惯。

2. 手工焊接姿势及操作步骤

1) 焊接操作的正确姿势

(1) 电烙铁的拿法有三种，如表 5-1-5 所示。

表 5-1-5　电烙铁的拿法

拿法	图　示	说　明
反握法		动作稳定，长时操作不易疲劳，适于大功率烙铁的操作
正握法		适于中等功率烙铁或带弯头电烙铁的操作
握笔法		这种握法类似于写字时手拿笔一样，易于掌握，但长时间操作易疲劳，烙铁头会出现抖动现象，因此适用于小功率的电烙铁和热容量小的被焊件。一般在操作台上焊印制板等焊件时多采用

注意

焊剂加热挥发出的化学物质对人体是有害的，如果操作时鼻子距离烙铁头太近，则很容易将有害气体吸入。一般烙铁离开鼻子的距离应不小于30 cm，通常以40 cm为宜。

(2) 焊锡丝的拿法。手工焊接中一手提电烙铁，另一手拿焊锡丝。拿焊锡丝的方法有两种：正握法和握笔法(如表5-1-6所示)。

表5-1-6 焊锡丝的拿法

拿法	图示	说明
正握法		用拇指和食指握住焊锡丝，其余三手指配合拇指和食指把焊锡丝连续向前送进，适用于成卷(筒)焊锡丝的手工焊接
握笔法		用拇指、食指和中指夹住焊锡丝，采用这种拿法，焊锡丝不能连续地向前送进，适用于用小段焊锡丝的手工焊接

注意

① 由于焊锡丝成分中铅占有一定比例，因此操作时应戴手套或操作后洗手，避免食入。

② 使用电烙铁要配置烙铁架，烙铁架一般放置在工作台右前方，电烙铁用后一定要稳妥放于烙铁架上，并注意导线等物不要碰烙铁头。

2) 焊接操作的基本步骤

焊接技术是电子产品制作过程中的重要技能，焊接质量的好坏直接影响到产品的质量，是保证制作优质电子产品的关键性操作之一。一个好的焊点，应该是表面光亮、锡量适中、牢固可靠且呈凹面形(即浸润型)。合格的焊接点如图5-1-7所示。

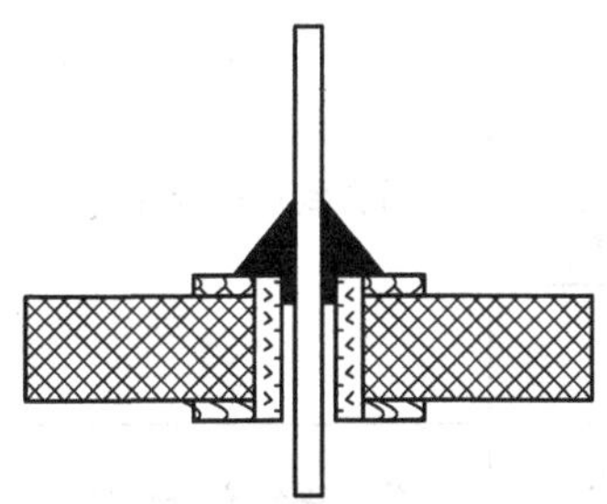

图5-1-7 合格的焊接点

在学习焊接的过程中，应该牢记：凡是要焊接的部位，必须先上锡(已上锡或很光亮的元件可不必上锡)，没有上锡就不要焊接。

电子产品常用的焊接方法有两种：一是送锡焊接法，二是带锡焊接法。

当操作者的一只手拿了电烙铁后，如果另一只手可腾出来拿锡丝，最好采用送锡焊接法，这样可保证焊点的质量；如果另一只手需要拿镊子夹元件等，那么就只能采用带锡焊接法。

(1) 送锡焊接法。将上了锡的元器件从电路板的元件面插入，使元器件的金属引线垂直覆铜面，并调整好元件的高度，在电路板上用送锡法进行焊接的步骤是：加热、送丝和移开，其过程如表 5-1-7 所示。

表 5-1-7　送锡焊接法

焊接步骤	图　例	说　明
准备施焊	焊锡　烙铁	准备好焊锡丝和烙铁。此时特别强调的是烙铁头部要保持干净，即可以沾上焊锡(俗称吃锡)
加热焊件		将烙铁头的刃口以与印制电路板 45° 的角度同时加热被焊接面(焊盘)和元器件的引线。 加热时间大约是 3 秒钟，注意加热时间不宜过长，否则就会因烙铁高温氧化覆铜板，造成不好焊接
熔化焊料		加热后，保持烙铁头的角度不变，焊锡丝应从烙铁头对面接触被焊接的引线和焊盘，当看到锡丝熔化并开始向四周扩散后，就进行下一步(即移开)。 送丝时注意印制电路板尽量要放置平稳，并保持元器件引线的稳定，送丝的时间与焊锡丝的质量、覆铜的光亮度、电烙铁的温度等因素有关
移开焊锡		当看到焊锡丝熔化并开始向四周扩散后，把锡丝移开
移开烙铁		看到锡丝充分熔化并浸润被焊接的引线和焊盘时，电烙铁再顺势沿着元器件的引线向上移开，注意移开烙铁的方向应该是大致 45°的方向。 焊锡凝固前，被焊物不可晃动，否则易造成虚焊，从而影响焊接质量

注意

① 耳机插座、双联电容器完成其焊接时，一定要注意焊接时间不要过长，否则过高的温度容易通过引线传导至塑料而使其烫坏，造成整个器件的损坏。

② 话筒、三极管等元件焊接时，焊接时间也不宜过长，否则也会损坏器件。

③ 集成电路(含音乐片)、场效应管焊接时，电烙铁的外壳应有良好的接地，如果无条件将电烙铁外壳接地，则焊每个点时必须把电烙铁的插头拔下才能进行，这样才能防止集成电路在焊接时被损坏。

④ 焊接五步法具有普遍性，是掌握手工烙铁焊接的基本方法。特别是各步骤之间停留的时间对保证焊接质量至关重要，初学者只有通过实践才能逐步掌握。

(2) 带锡焊接法。焊接前，将准备好的元件插入印制电路板的规定位置，经检查无误后，可用带锡焊接法进行焊接，如图5-1-8所示。带锡焊接过程及注意事项如表5-1-8所示。

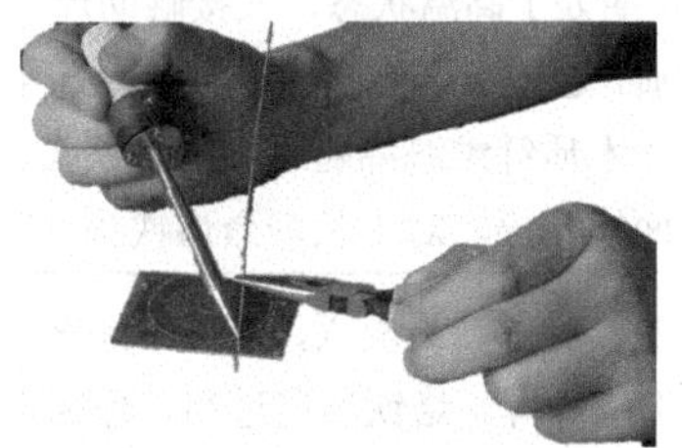

图5-1-8 带锡焊接法

表5-1-8 带锡焊接法

焊接步骤	说　明	注意事项
沾锡	用烙铁头的刃蘸带上适量的焊锡	烙铁头的刃口上带锡量的多少，要根据焊点的大小而定
加热焊接	将烙铁头的刃口接触被焊接元件的引线和焊盘，当看到锡丝充分熔化并浸润被焊接的引线和焊盘时，进行第三步移开	烙铁头的刃口与焊接电路板的角度最好是45°。角度小，则焊点就小；角度大，则焊点就大
移开	将烙铁头移开，这样就可以焊出牢固的焊点	焊接时注意烙铁头不要轻轻点几下就离开焊接位置，这样虽然在焊点上也留有焊锡，但这样的焊接是不牢固的，容易影响焊接的质量

注意

操作者不要认为焊锡量越多越好。锡量过多，不但浪费焊锡，而且焊点内部也不一定焊透，焊点的牢固性反而变差，过多的焊锡，还会溢向附近的覆铜从而造成短路；当然，锡量太少，将会焊接不牢，使元件易脱离印制电路板。

3. 手工焊接要领和技巧

在保证得到优质焊点的目标下，具体的焊接操作手法可以有所不同，表5-1-9为手工焊接的要领和技巧，对初学者学习焊接有一定的指导作用。

表 5-1-9　手工焊接要领和技巧

方　法	说　　明
工具准备	针对被焊物的大小，准备好电烙铁、镊子、剪刀、斜口钳、尖嘴钳、焊剂等
清洁处理	① 凡需要焊接的部位都要清洁处理，去掉氧化层，露出新的表面，随即涂上焊剂和沾上锡。它是焊接质量的基本保证。如清洁工作不彻底，即使勉强把焊锡“糊”上，其结果也会形成虚焊。 ② 凡是铜质物的表面可用刀刮或砂纸擦净，对很细的导线，可将其用沾锡的烙铁按在有松香的木板上，边烫边轻擦，直到导线吃上锡。 ③ 大多数晶体管和集成电路的引脚镀有金、锡等薄层，以便焊接，但存放时间过长，也要做清洁处理。因引脚一般是铁镍铬合金，与引脚面材料的热胀系数相同，本身不易焊接，清洁处理时不能将镀层刮去，否则难焊或易造成虚焊。清洁处理可用橡皮擦亮，无效时适当使用焊膏。 ④ 焊接时，烙铁头长期处于高温状态，又接触助焊剂等弱酸性物质，其表面很容易氧化腐蚀并沾上一层黑色杂质，这些杂质会形成隔热层，妨碍烙铁头与焊件之间的热传导。因此，要注意用一块湿布或湿的木质纤维海绵随时擦拭烙铁头。对于普通烙铁头，在腐蚀污染严重时可以使用锉刀修去表面氧化层。对于长寿命烙铁头，就绝对不能使用这种方法了
掌握焊接温度	烙铁温度偏低，焊锡流动性差，易凝固，焊锡不能充分熔化，焊剂作用不能充分发挥，焊点不光洁、不牢固，易造成虚焊。烙铁温度过高，焊锡容易淌滴，焊点上存不住锡，还可能将焊锡附着邻近导体引起短路。所以，应根据元器件大小选用功率合适的烙铁，适当调节烙铁头的长度，掌握烙铁加热时间，使温度合适，这样能很快将焊锡熔化
控制焊接时间	① 把带有焊锡的烙铁头轻轻压在焊接处，使被焊物加热，适当停留一会儿，当看到被焊处的焊锡全部熔化，或焊锡从烙铁头自动流到被焊物上时，即可移开烙铁头，留下一个光亮圆滑的焊点。 ② 若移开烙铁后，被焊处沾不上焊锡或沾上很少，则说明加热时间太短，或被焊物清洁处理不好；若移开烙铁前焊锡下淌，则说明焊接时间过长。 ③ 焊接时烙铁头和被焊处要有一定接触面积，切勿成点接触，否则不易传热，可先将烙铁头沾些松香再置于焊点处。 ④ 焊接时间过长，易烫坏元器件或使印制电路板的铜箔翘起，一次未焊好，应稍停片刻再焊。焊接时不可将烙铁来回移动，不要过分用力下压，更不要像涂糨糊似的多次涂焊
上锡适量	根据焊点的大小来决定烙铁蘸取的锡量，使焊锡正好能包住被焊物，形成一个引线轮廓隐约可见的光滑焊点。焊锡量不宜过少，以免焊接不牢或容易脱开，如果一次上锡不够，可再次补焊，但须待前次上的锡一同熔化之后才能移开烙铁
防止抖动	焊接时，被焊物应扶稳夹牢，尤其在移开烙铁后的焊锡凝固期不可抖动，否则焊点成豆腐渣一样，容易形成虚焊
先热后焊法	常用的焊接次序是先让烙铁头蘸锡，再蘸上松香，然后迅速进行焊接。而对于已固定的元器件，特别是集成电路及其插座，可先将烙铁头置于焊接处，经过 1～2 秒后，即把低熔点的焊锡丝紧靠烙铁头，使适量焊锡熔化到被焊物上，立即移开焊锡丝和烙铁
焊后检查	焊接后从外观检查焊点是否光滑美观，焊点不能呈凹陷状。检查时可用手或镊子夹住元器件引线，稍用一点力拉动，由手感觉是否松动或拉脱来判断，但要注意用力切勿过大、过猛。焊接时切忌先将引线弯成 90°以后焊接，否则即使虚焊也难以检查

5.1.3 拆焊方法

1. 工具和材料

在元器件焊接错误和检修过程中，都必须更换元器件，也就需要拆卸、拆焊。如果拆焊水平欠佳或方法不当，就会造成元器件的损坏，进一步扩大故障，或造成印制电路板的损坏。特别是在更换集成电路时更容易出现类似情况。拆卸、拆焊工艺是安装、检修中一项重要技能。常用的拆焊工具如表5-1-10所示。

表5-1-10 常用拆焊工具

名称	用途
普通电烙铁	用于加热焊点
镊子	用于夹持元器件或借助于电烙铁恢复焊孔。端头较尖、硬度较高的不锈钢镊子为佳
吸锡器	用于吸去熔化的焊锡，使元器件的引脚与焊盘分离。它必须借助于电烙铁才能发挥作用
吸锡电烙铁	同时有加热和吸锡的功能，可独立完成熔化焊锡、吸去多余焊锡的任务。操作时，先用吸锡电烙铁加热焊点，等焊锡熔化后，按动吸锡按键，即可把熔化的焊锡吸掉。它是拆焊过程中使用最方便的工具，其拆焊效率高，且不伤元器件
吸锡材料	有屏蔽铜编织线、细铜丝网等。使用时，将吸锡材料浸上松香水后，贴到待拆焊的焊点上，然后用烙铁头加热吸锡材料，通过吸锡材料将热传递到焊点上熔化焊锡，吸锡材料将焊锡吸附后，拆除吸锡材料，焊点即被拆开

2. 手工拆焊方法

1) 拆焊的基本原则

拆焊的步骤一般是与焊接的步骤相反的，拆焊前一定要弄清楚原焊接点的特点，不要轻易动手。

(1) 不损坏拆除的元器件、导线、原焊接部位的结构件。

(2) 拆焊时不可损坏印制电路板上的焊盘与印制导线。

(3) 对已判断为损坏的元器件可先将引线剪断再拆除，这样可减少其他损伤。

(4) 在拆焊过程中，应尽量避免拆动其他元器件或变动其他元器件的位置，如果确实需要，则应做好复原工作。

2) 拆焊的基本方法

拆焊的基本操作是首先要用电烙铁加热焊点，使焊点上的锡熔化；其次，要吸走熔锡，可用带吸锡器的电烙铁一点点地吸走，有条件的也可用专用吸锡器吸走熔锡；其三，要取下元器件，可用镊子夹住取出或用空心套筒套住引脚，并在钩针的帮助下卸下元器件。

注意

对于没有断定被拆焊的元器件已损坏时，不要死拉下来，不然会拉断弄坏引脚。而且对那些焊接时曾经采取散热措施的，拆焊过程中仍需要采取。

下面是几种手工拆焊方法，如表 5-1-11 所示。

表 5-1-11　几种手工拆焊方法

方法	图　示	说　明	注意事项
电烙铁直接拆焊	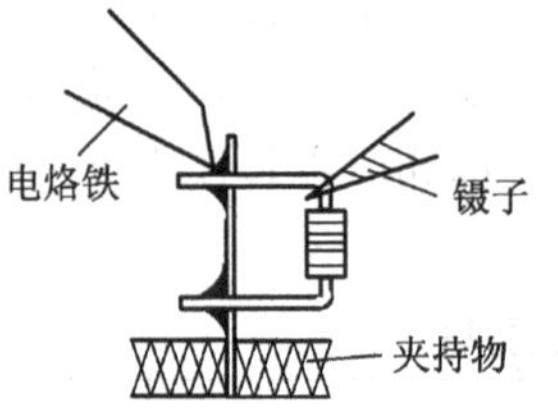 电烙铁 镊子 夹持物	对于一般电阻、电容等引脚不多的元器件，采取的方法是：一边用电烙铁直接加热元件的焊点，一边用镊子或尖嘴钳夹住元件的引线，轻轻将其拉出	这个方法不宜在一个焊点多次进行，因印制导线和焊盘经多次加热后容易脱落，从而造成印制电路板损坏
用铜编织线进行拆焊	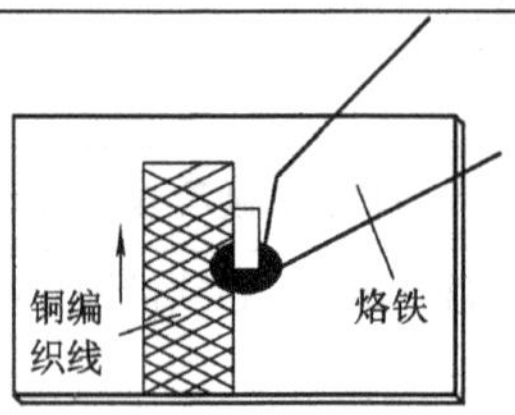 铜编织线 烙铁	将胶质线中的或其他的铜编织线部分吃上松香助焊剂，然后放在将要拆焊的焊点上，再把电烙铁放在铜编织线上加热焊点，待焊点上的焊锡熔化后它就会被铜编织线吸上	如果焊点上焊锡一次未被吸完，则可进行多次重复操作，直至吸干净
用医用针头拆焊	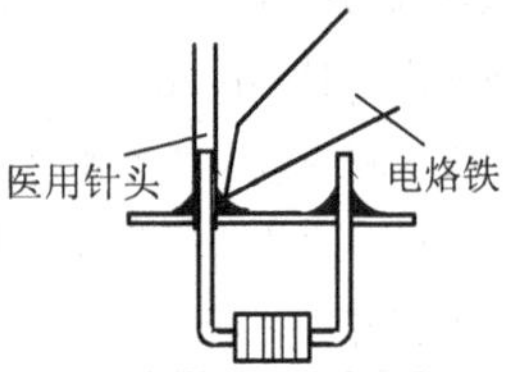 医用针头 电烙铁	一边用电烙铁熔化焊点，另一边把针头套在焊接的元器件引脚上，当焊点熔化时迅速将针头插入印制电路板的引脚插孔内，使元器件的引脚与电路板的焊接脱开。转动针头，移开电烙铁，使引脚脱焊。当一个元器件的所有引脚都脱焊时，取出元器件，清理焊料，使电路板插孔露出	把医用针头的尖端部分挫平，作为拆焊工具
用气囊吸锡器进行拆焊	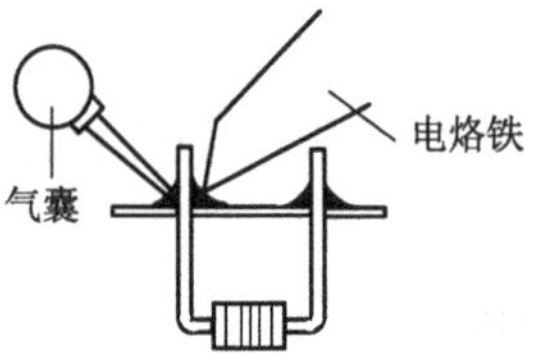 气囊 电烙铁	将被拆焊点用电烙铁在一侧加热使焊锡熔化，把气囊吸锡器挤瘪，用吸嘴从另一侧对准熔化的焊锡，然后放松吸锡器，焊锡就会被吸进吸锡器内	及时清空吸锡器内的焊锡
用吸锡电烙铁拆焊	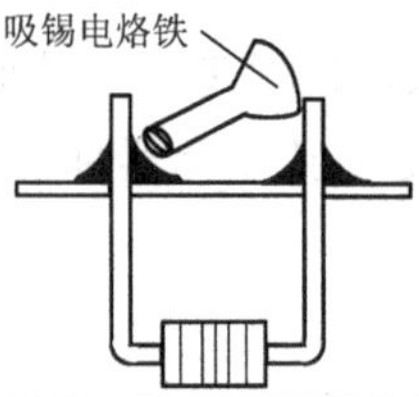 吸锡电烙铁	吸锡电烙铁是一种专门拆焊元器件的拆焊电烙铁，它能在对焊点加热的同时，把焊锡吸入内腔从而完成元器件的拆卸、拆焊	结构复杂，易损坏，仔细使用
电烙铁、毛刷配合拆卸法	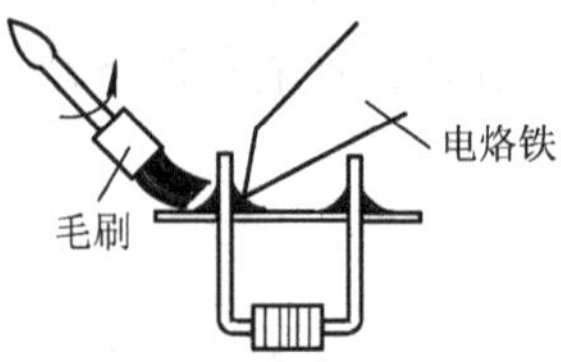 毛刷 电烙铁	该方法简单易行，只要有一把电烙铁和一把小毛刷即可。拆卸集成块时先把电烙铁加热，待达到熔锡温度将引脚上的焊锡熔化后，趁机用毛刷扫掉熔化的焊锡。这样就可使集成块的引脚与印制板分离。该方法可按引脚进行，也可按列进行。最后用尖镊子或小“一”字螺丝刀撬下集成块	刷熔化的焊锡时，注意向自己相反的方向刷

注意

电烙铁头加热被拆焊点时，只要焊锡一熔化，就要马上按垂直电路板方向拔出元器件引脚，但不论元器件安装位置怎样，都不许强行硬拉或试图转动元器件拔出，以免损坏元器件和电路板。

在插装新元器件前，首先应该把印制电路板插孔中的焊锡清除，使插孔露出，以便插装元器件引脚和焊接。清除方法：用电烙铁对焊点孔加热，待锡熔化时，用一直径小于插孔的元器件引脚或专门的金属丝插穿插孔，直至插孔畅通。

3) 拆焊的操作要点

拆焊的操作要点如下：

(1) 严格控制加热的温度和时间。因拆焊的加热时间和温度较焊接时要长、要高，所以要严格控制温度和加热时间，以免将元器件烫坏或使焊盘翘起、断裂。宜采用间隔加热法来进行拆焊。

(2) 拆焊时不要用力过猛。在高温状态下，元器件封装的强度都会下降，尤其是塑封器件、陶瓷器件、玻璃端子等，过分的用力拉、摇、扭都会损坏元器件和焊盘。

(3) 吸去拆焊点上的焊料。拆焊前，用吸锡工具吸去焊料，有时可以直接将元器件拔下，即使还有少量锡连接。这样可以减少拆焊的时间，减少元器件及印制电路板损坏的可能性。在没有吸锡工具的情况下，可以将印制电路板或能移动的部件倒过来，用电烙铁加热拆焊点，利用重力原理，让焊锡自动流向烙铁头，也能达到部分去锡的目的。

5.1.4 表面安装元器件的焊接方法

随着电子产品向小型化、薄型化的方向发展，表面安装技术得到了广泛运用，已成为现在电子生产的主流。要完成贴片元器件的手工贴装，就要掌握手工焊接工具的使用及手工贴装焊接技能。

1. 表面安装焊接工具

1) 恒温电烙铁

常用恒温电烙铁外形如图5-1-9所示。

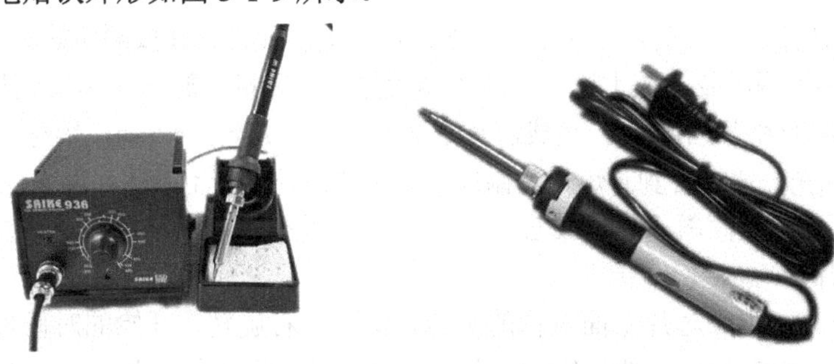

图5-1-9 常用恒温电烙铁

2) 电热镊子

电热镊子是一种专用于拆焊SMC贴片元器件的高档工具，如图5-1-10所示。它相当于两个组装在一起的电烙铁，其把手由消除静电的材料制成，可安全拆除小型贴片元器件及 25 mm × 25 mm 以内的扁平 IC。电热镊子直接与元件接触，能够减少对附近元器件的影响，特别适合元器件密集的电路板的拆装。

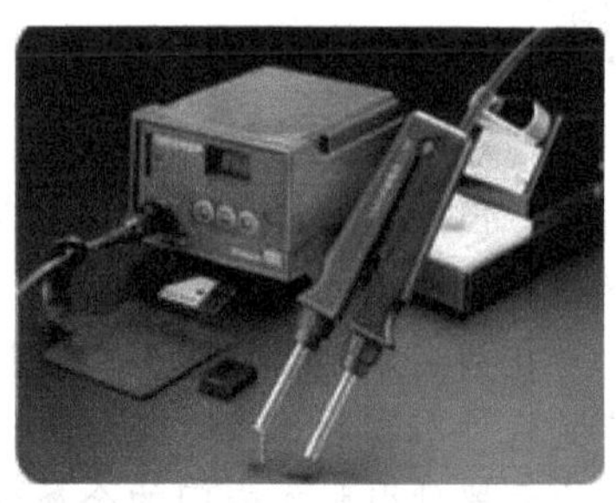

图 5-1-10　电热镊子

3) 热风枪

(1) 热风枪又称贴片电子元器件拆焊台，如图 5-1-11 所示。它专门用于表面贴片安装电子元器件(特别是多引脚的 SMD 集成电路)的焊接和拆卸。

热风枪由控制电路、空气压缩泵和热风喷头等组成。其中控制电路是整个热风枪的温度、风力控制中心；空气压缩泵是热风枪的“心脏”，负责热风枪的风力供应；热风喷头的作用是将空气压缩泵送来的压缩空气加热到可以使焊锡熔化的温度，其头部还装有可以检测温度的传感器，可以把温度高低转变为电信号送回电源控制电路板；各种喷嘴用于装拆不同的表面贴片元器件。

图 5-1-11　热风枪

(2) 热风枪使用方法。

① 插上电源，打开电源开关。调节温度旋钮在 3、4 挡之间(350℃左右)，使发热丝预热；调节风速旋钮在 1、2 挡之间。刚打开电源时，先调大热量，调小风量，等热量达到一定程度时，再开大风量使用。在吹焊较小元器件时，先调好热量和风量。检测时，使枪口距报纸或其他纸张 2 cm 左右，吹焊大约 3 s。如果纸发黄，则温度适当；如果纸不发黄，则温度过低；如果纸发黑，则温度过高。

② 吹焊贴片元件时，先涂上松香或松香水，一般左手拿风枪，右手拿镊子，慢慢地加热元器件的周围，枪口距元件 2 cm 左右旋转吹焊。这样做的目的有两个：一是使松香渗透到贴片元器件下面加速锡的熔化；二是使电路板和贴片元器件受热均匀，防止电路板起泡和贴片元器件损坏。

③ 吹焊小元器件时，调小热量和风量；吹焊较大元件或芯片时，适当调大热量和风量(也可调整枪口和元件的距离来改变热量和风量)。吹焊时，枪口不要停在一个地方，防止温度过高而损坏元器件。

④ 拆卸带胶集成芯片时，先吹下集成芯片周围的小元件，并按顺序放好。用手术刀除去集成芯片上面和周围的胶，放上松香，适当调大热量和风量，旋转吹焊集成芯片边沿部分，待集成芯片处冒烟(松香烟)过后，集成芯片下面的胶已经开始发软(锡已熔化)，则可用镊子轻压集成芯片的四角，这时看到有熔化的锡珠被挤压流出，则可用下述两种方法取下集成芯片：

a. 手术刀尖向上倾斜，从集成芯片的一个角慢慢插入，不停地吹焊，缓慢地用刀尖向上挑下集成芯片。

b. 用镊子夹住集成芯片上面对称的两边，试图左右旋转，开始的时候可能集成芯片不动，继续吹焊，继续旋转，则可看见集成芯片左右活动幅度越来越大，直到集成芯片脱离主板。吹下集成芯片后，滴上松香水，加热主板和集成芯片上的余胶，慢慢用刀片或烙铁拉吸锡线以除去余胶。

⑤ 安装集成芯片时，在焊盘上均匀涂抹松香水，用目测法把参照物放上集成芯片并用镊子固定，适当调节热量和风量，旋转吹焊集成芯片边沿部分，等集成芯片处冒烟过后，下面的锡已熔化，慢慢松开镊子，集成芯片会有一个稍微移动的复位过程，用镊子轻推集成芯片一个边缘，集成芯片会滑动回到原位，说明集成芯片安装成功。

⑥ 拆卸塑料排线座、键盘座、振铃和塑壳功放半导体管时，注意掌握温度和风量。若温度过高，则会吹焊变形以致损坏，可选择使用专用的吹塑风枪。

⑦ 热风枪内有热保护电路，当温度达到一定值时便会自动断电。为了不影响正常使用和延长使用寿命，每次使用后，若间隔时间较短，可关闭热量不使发热丝发热，稍微开点风量把余热吹出，这样可随时使用。热风枪如果较长时间不用，可关闭电源，避免不用时常开热量和风量，浪费能量且加速热风枪损坏。

2. 主要的辅助用具

主要的辅助用具如表 5-1-12 所示。

表 5-1-12 主要的辅助用具

名 称	实 物 图	用途及使用注意事项
防静电腕带		工作时带上腕带，可以有效地消除静电。使用腕带时注意腕带应扣紧，否则会造成接触电阻大；操作时不允许断开；腕带应有专门的接地
吸锡带		用于去掉线路板上多余的焊锡点，或拆卸不合格的集成电路块。使用时要紧贴元器件的焊脚根部，加热时应将烙铁压紧吸锡带，使其贴紧焊锡，以利于热传导
注射器		用于取酒精
毛刷		用于清除灰尘
放大镜		用于观察芯片及印制板电路。尽量使用有座和带环形灯管的放大镜，因为有时需要在放大镜下双手操作，所以手持式放大镜会给操作带来不便。放大镜的放大倍数要在 5 倍以上，最好为 10 倍

3. 手工贴放元器件的原则

手工贴放元器件主要有拾取和贴放两个动作。手工贴放时，最简单的工具就是小镊子，但最好采用手工贴放机的真空吸管来拾取元件进行贴放。手工贴放元件时主要应掌握以下几个原则：

(1) 必须避免元器件相混。

(2) 应避免造成元器件上有不适当的张力和压力。

(3) 不应使用可能损坏元器件的镊子或其他工具，应夹住元器件的外壳，而不应夹住它们的引脚和接头端。

(4) 工具头部不应沾带胶粘剂和焊膏。

4. 贴片集成块的焊接

贴片集成块的焊接方法如下：

(1) 将脱脂棉团成若干小团，体积略小于IC的体积。如果棉团比芯片大，则焊接的时候棉团会碍事。用注射器抽取一管酒精，将脱脂棉用酒精浸泡，待用。

(2) 电路板不干净时，先用洗板水洗净，并将电路板焊接芯片的地方涂上一点点胶水，用于粘住芯片。

(3) 将防静电腕带戴在拿镊子的那只手腕上，接地一端放于地上。用镊子(最好不要用手直接拿集成芯片)将集成芯片放到电路板上，目测并将集成芯片的引脚和焊盘精确对准(如图 5-1-12(a)所示)，当目测难分辨时，可放在放大镜下观察对准。电烙铁上带有少量焊锡并定位集成芯片(如图 5-1-12(b)所示)，这时不用考虑引脚粘连问题，定位两个点即可。(注意：不能是相邻的两个引脚。定位后效果如图 5-1-12(c)所示。)

(a) 对准焊盘

(b) 定位

(c) 定位后效果

图 5-1-12　贴片集成芯片的定位

(4) 将适量的松香焊锡膏涂于引脚上，并将一个酒精棉球放于集成芯片上，使棉球与集成芯片的表面充分接触以利于集成芯片散热。

(5) 擦干净烙铁头并蘸一下松香使之容易上锡(如图 5-1-13(a)所示)。给烙铁上锡，焊锡丝融化并粘在烙铁头上，直到融化的焊锡呈球状将要掉下来的时候停止上锡(如图 5-1-13(b)所示)，此时，焊锡球的张力略大于自身重力。

(a) 蘸入松香

(b) 上锡

图 5-1-13　烙铁上锡

(6) 将印制板倾斜放置，倾斜角度大于 70°，小于 90°(如图 5-1-14(a)所示)，倾斜角度太小不利于焊锡球滚下。在芯片引脚未固定那边，用电烙铁拉动焊锡球沿芯片的引脚从上到下慢慢滚下(如图 5-1-14(b)所示)，滚到头的时候将电烙铁提起，不让焊锡球粘到周围的焊盘上。至此，芯片的一边已经焊完(如图 5-1-14(c)所示)，按照此方法再焊接其他的引脚。

(a) 印制板倾斜放置　　(b) 焊接　　(c) 一边焊接完成

图 5-1-14　贴片集成芯片的焊接

(7) 用酒精棉球将电路板上有松香焊锡膏的地方擦拭干净，并用硬毛刷蘸上酒精将集成芯片引脚之间的松香刷干净，同时可以用吹气球吹气加速酒精蒸发，如图 5-1-15 所示。

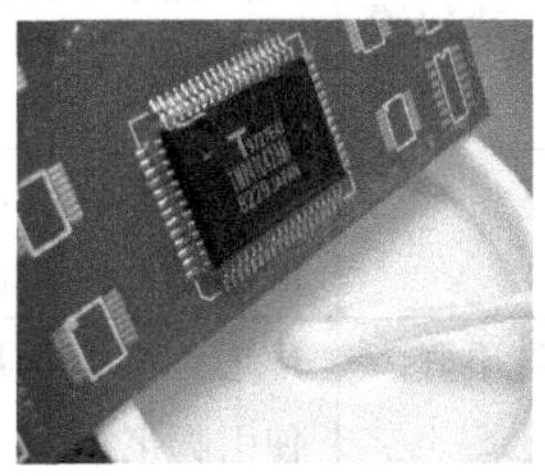

(a) 表面有很多松香　　(b) 酒精清洗　　(c) 清洗完成

图 5-1-15　贴片集成芯片的清洗

(8) 放到放大镜下观察有无虚焊和粘连焊，可以用镊子拨动引脚观察有无松动(注意，要戴上防静电腕带，以防静电)。

5. 贴片分立元器件的焊接

采用恒温电烙铁对贴片分立元器件的焊接步骤如下：

(1) 清洗焊盘。

(2) 贴片。

(3) 焊接。先用烙铁将焊点加热，然后左手拿镊子将元器件固定在相应焊盘的位置上，右手拿烙铁，将烙铁头带上焊料，接触引脚焊盘，等元器件固定后焊接另外一边，完成焊接后将烙铁移开，如图 5-1-16 所示。

(a) 加热焊盘　　(b) 固定元器件　　(c) 固定后焊接另外一边

图 5-1-16　贴片分立元器件的焊接

注意

在表面安装元器件手工焊接时应注意以下几点：

① 电烙铁的温度一般在350℃为宜；

② 助焊剂选用高浓度的，以便焊料完全润湿；

③ 每次焊接后需放在放大镜下检查焊接质量；

④ 焊接时要防止静电损坏元器件。

6. 手工表面贴装常见质量问题、原因及预防措施

手工表面贴装常见质量问题、原因及预防措施如表5-1-13所示。

表5-1-13　手工表面贴装常见质量问题、原因及预防措施

问题现象	原　因	预 防 措 施
引脚损坏	放置印制电路板时，不够小心；引脚与焊盘未对齐或放置方向不对	用镊子夹持元件，引脚与焊盘对齐并保证放置方向正确
搭焊	焊锡过量	焊接引脚时，在烙铁头上加焊锡并将引脚涂上焊剂保持湿润，焊接时烙铁头与被焊引脚并行
虚焊	表面贴装元器件质量不好、过期、氧化、变形	看清元器件是否有氧化情况；焊前认真检查修复，使引脚正常
湿润不良	焊区表面受到污染，或沾上阻焊剂，或是被接合物表面生成金属氧化物层	除了要执行合适的焊接工艺外，对电路板表面和元器件表面要做好防污措施；选择合适的焊料，并设定合理的焊接温度与时间
桥接	焊料过量，或是电路板焊区尺寸超差，SMD贴装偏移等	电路板焊区的尺寸设定要符合设计要求；SMD的贴装位置要在规定的范围内
吊桥	加热速度过快，加热方向不均衡	采取合理的预热方式，实现焊接时的均匀加热

5.2 回流焊技术

随着电子技术的发展，电子元器件日趋集成化、小型化和微型化，表面安装元件(SMC)的出现使得有限的印制电路板上可以排列更多的元件，手工电烙铁焊接已不能满足对焊接高效率和高可靠性的要求。回流焊是适应这种新技术而发展起来的一种焊接技术。该技术可以大大提高焊接效率，并使表面安装元件的焊接点质量有较高的可靠性和一致性，在电子产品装配中得到了普遍使用。

5.2.1 回流焊设备及材料

1. 自动点胶机及气泵

点胶机是回流焊的主要工具，目的是通过针头给印制电路板焊盘上滴焊锡膏。使用时

可调整针筒压力、滴胶时间、倒流真空值和针嘴大小来控制滴出焊锡膏的多少。该设备使用时需要和气泵连接。自动点胶机如图 5-2-1 所示，气泵如图 5-2-2 所示，自动点胶机面板说明如图 5-2-3 和表 5-2-1 所示，表 5-2-2 为点胶机使用说明。

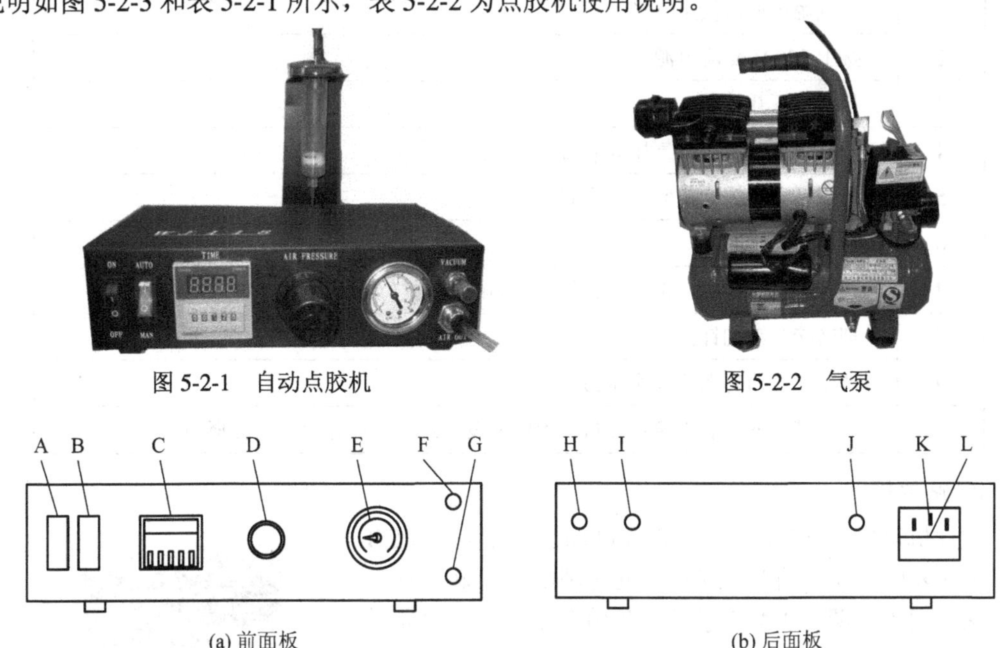

图 5-2-1 自动点胶机

图 5-2-2 气泵

(a) 前面板

(b) 后面板

图 5-2-3 自动点胶机面板

表 5-2-1 自动点胶机前、后面板说明

符号	名 称	功 能
A	电源开关	ON 为打开电源，OFF 为关闭电源
B	功能开关	开关向下为联动模式，向上为定时模式，联动是用脚踏板的关闭时间来控制滴胶时间的，定时是用机内定时器来控制滴胶时间(连续循环)的
C	滴胶时间	控制滴胶时间，精度为 0.01 s
D	调气压阀	调整针筒内压力，使用时向外拉出，顺时针调节压力增大，逆时针调节压力减小，调整完毕后向内推入，把压力锁定
E	气压表	指示当前针筒内压力
F	真空倒流	用于控制针筒内液体静止状态不会滴出，顺时针调节减小，逆时针调节增大
G	气体输出	接胶筒气管
H	消声器	不点胶时排除针筒内的高压空气
I	气源插嘴	接 70～100 psi 气源
J	脚开关接口	接脚开关，用于触发滴胶，配合“功能开关”使用
K	电源插头	连接 220 V 交流电
L	保险丝	2 A

表 5-2-2　自动点胶机使用说明

工序	说　明
1	在气源插嘴口接上气源
2	接上 220 V 交流电源
3	打开电源开关
4	调整调压阀，观察气压表到合适压力
5	选择功能开关为定时工作方式
6	调整滴胶时间
7	选择合适的针嘴，把焊锡膏倒入针筒(不超过 7 成)
8	把转接头锁到针筒上
9	调整合适的防倒流真空压力
10	把针嘴对准印制电路板焊盘，用脚触发脚踏开关使焊锡膏从针嘴滴出

2. 贴片机

贴片机可以方便地将精密 IC 和贴面元件贴装到 PCB 上，保证表面贴元件的贴装精度，同时消除手动贴片时抖动带来的误差。图 5-2-4 所示是一款精密贴片机，它提供了一个在 X 轴、Y 轴、Z 轴可调节的 PCB 定位贴片平台，同时贴片头能够任意角度旋转，充分保证了对位的高度精确。自带真空发生器可以方便地拾取各种元器件，另外配合环型荧光灯、变倍显微镜、CCD 摄像头和 LCD 彩色显示屏组合为一个高精度、多功能的贴片系统。贴片机使用说明如表 5-2-3 所示。

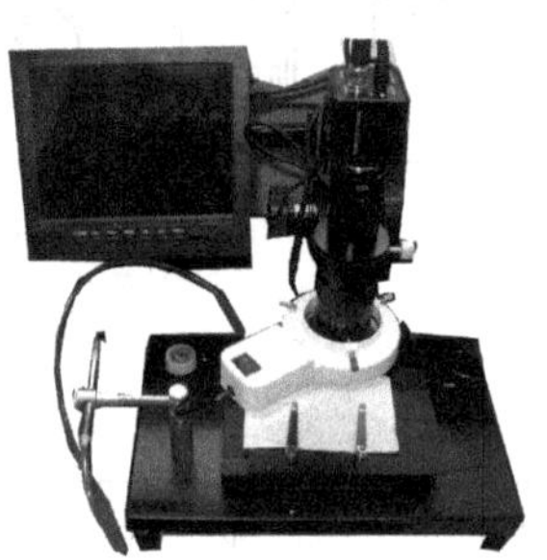

图 5-2-4　精密贴片机

表 5-2-3　精密贴片机使用说明

工序	说　明
1	设备安装好，接上电源，将电源开关处于“1”状态(指示灯亮)，说明电源接通，CCD 摄像头红色指示灯亮，此时贴片机控制部分就处于工作状态
2	按下液晶视频电源(POWER)开关，指示灯绿灯亮起，LCD 处于工作状态；再按下转换开关选择信号通道，直到看到画面出现
3	转动调焦手轮或改变调焦机构的高度进行调焦(与限位环配合使用)。XY 轴旋钮可调整 PCB 观测位置的被贴片位置；把印制电路板放在工作台上，用固定夹片夹住，调节 XY 平台及 Z 轴的高度，然后调节吸笔高度按钮，直到贴近板面，再调整吸力开关，按下贴片开关，把元器件吸上来，调节 XY 平台，将元器件移到相应的位置，按下贴片开关，把器件放下

注意

在使用精密贴片机时应注意以下几点：

① 贴片时尽量保证一次性对位准确，尤其对芯片而言，如果对位不准，切勿使芯片在

已涂敷过锡膏的焊盘表面挪动，这样会影响焊盘上的锡膏用量的均匀性，致使回流焊接后产生有的引脚桥连焊锡珠，或者使有的引脚虚焊，甚至有的引脚根本无焊锡。

② 在对整个 PCB 贴片时，以贴片时间长短或难易程度来分，一般要先贴装阻、容元器件，然后再贴装引脚间距大的芯片，最后贴引脚间距最小的芯片，这样可以在整个贴装过程中避免由于误操作使小间距的芯片贴装错位。

3. 回流焊机

回流焊机是表面安装的主要设备，主要由箱体和温控器组成，可精确地设定温度。其发热方式为红外线及热风对流。图 5-2-5 所示为 HW-2004 型小型全自动回流焊机。图 5-2-6 所示为回流焊机温控器。

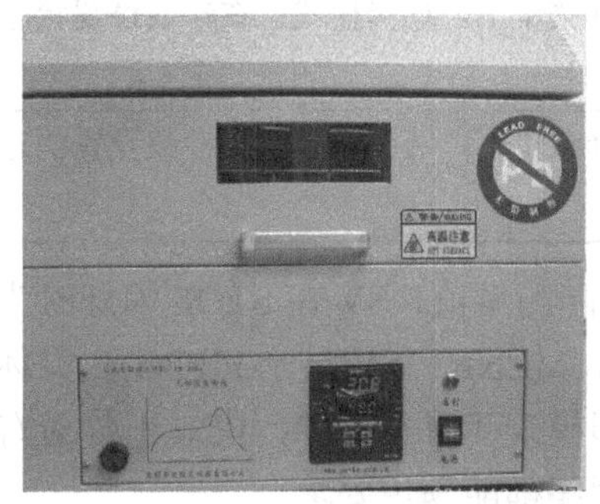

图 5-2-5　HW-2004 型小型全自动回流焊机

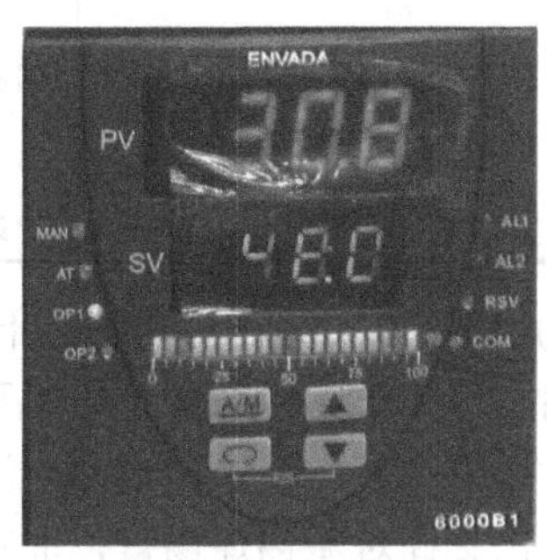

图 5-2-6　回流焊机温控器

(1) 回流焊机使用方法。按下回流焊机电源开关，此时显示窗口 PV 显示当前回流焊机内检测温度，窗口 SV 显示实际设定温度。把准备好的 PCB 放置在 PCB 放置台上，按“运行”(RUN)键，开始一个焊接周期，温度开始上升，一个工作周期开始，直到冷却风机开始启动，温度降到 85℃以下时，可以打开抽屉，取出 PCB，一个工作周期结束前会有音响警报提示焊接完成；如果需要继续焊接，则重复以上动作。

(2) 回流焊机温控器面板说明如表 5-2-4 所示。

表 5-2-4　温控器面板按键说明

键值	键值说明	操 作 说 明
PV	测量值显示窗	在参数设定状态下显示参数符号；在程序设定状态下显示程序符号
SV	给定值显示窗	显示目标给定值；在输出监控状态下显示输出百分比；在参数设置与监视状态下显示可选项或参数值
指示灯	手动指示灯 MAN	在手动控制状态下，此灯闪烁，直到转为自动状态
	自整定指示灯 AT	在参数自整定状态下，此灯闪烁；整定完成或解除后，此灯灭
	控制输出指示灯 OP1	输出为触点或 SSR 驱动电压时，在 ON 状态，此灯亮；在 OFF 状态，此灯灭
	控制输出指示灯 OP2	输出为电流—电压或移相触发输出时，此灯亮
	报警指示灯 AL1、AL2	当警报产生时，此灯亮
	外给定指示灯 RSV	仪表在外给定状态，此灯亮；在内给定状态，此灯灭
	通讯指示灯 COM	仪表与上位机通讯时，此灯闪烁

续表

键值	键值说明	操 作 说 明
帮图	百分比显示	显示测量值或输出值，或阀位开度
操作键	A / M	手/自动切换键，在 LEBELO 模式下，按此键 2 s，仪表便可在手动与自动之间切换；在参数设置状态下，按此键可返回上一屏幕
	︵	在 LEVELO 模式的初始状态下，按此键 2 s，进入模式选择菜单；再次按 2 s，返回 LEVELO 模式的初始状态。在模式选择菜单下，按此键可进入参数设置状态；每按一次屏幕前移一次，直至回到模式选择菜单
	▲	上升键：在模式选择菜单下，选择模式；在参数设置状态下，增加数值
	▼	下降键：在模式选择菜单下，选择模式；在参数设置状态下，减少数值

(3) 编程说明。在初始状态下(就是 PV 显示实际测量值，SV 在 STOP 闪烁时为初始状态)按住“︵”键保持 2 s 进入编程模式(即 PV 显示 MENU；SV 显示 PROG)。具体编程方法见产品说明书。机器预设两套温度曲线程序，即模式 1 和模式 2，模式 1 针对有锡焊锡膏，模式 2 针对无锡焊锡膏，非特殊焊接此两种程序都能满足要求。

(4) 温度曲线说明。回流焊机温度曲线是保证焊接质量的关键，曲线为焊膏融化的曲线，和焊锡膏材料有关。温度曲线可以分成四个过程：升温过程—保温过程—快速升温过程—降温过程。以有铅曲线为例：升温过程是从室温升到 145℃时，加热单元表现为加热；145～160℃为保温阶段，在此阶段锡膏中的助焊剂可以得到充分的挥发，这时加热管会根据设定温度和实际温度有无差值进行调节，会出现闪烁的现象；到 183℃以上时，焊锡膏熔化，温度继续上升，进行焊接，焊接完成后进行风冷降温。一个焊接过程结束。

设置回流焊机温度曲线的依据如下：

① 根据使用焊膏的温度曲线进行设置，不同金属含量的焊膏有不同的温度曲线，应按照焊膏生产商提供的温度曲线来设置具体产品的回流焊机温度曲线。

② 根据 PCB 的材料、厚度、是否为多层板以及 PCB 尺寸大小来设定不同的温度曲线。PCB 如果是铝基板，温度相应就设置得要高一些(根据 PCB 的数量和大小可向上调高 30℃ ± 10℃)；PCB 厚度比较薄(特别是小于 1.2 mm)，温度相应就设置得要低一些。

③ 根据 PCB 表面组装元器件的密度、元器件大小、颜色以及有 BGA、CSP 等特殊元器件进行设置。

④ 回流焊机为快速加热系统，设定温度值与显示温度值存在差异，设定温度要比实际温度稍低一些，刚开始使用时的温差比使用几个回合后的温差大一些，这是机器热传导的结果。

(5) 运行。用户直接按下“运行”键，启动运行程序，此时面板上仪表程序开始按照指定程序运行。OP2 灯亮表示石英加热管输出，“PV”窗口动态显示当前回流焊机中的实际温度，“SV”窗口动态显示当前设定的温度。这时温度开始上升，待温度达到设定的报警温度后，冷却风机开始运行，机器在延时加热后温度开始下降，如果不中断冷却直到指定温度，将会有音乐提示，此时焊接已经完成。机器会在时间继电器设定的时间到达后自动停止运行，回流焊机运行完成整个过程。再按“运行”键，程序将从指定段重复开始。

注意

在使用回流焊机时应注意以下几点：

① 回流焊机在运行过程中只允许对本组温度曲线进行设置或修改。

② 在放置 PCB 时，不要超过回流焊机允许的焊接范围，即 350 mm × 250 mm，放置时注意保持水平。线路板较小时尽量放在中间位置。

③ 请缓慢推拉抽屉，避免 PCB 晃动，否则可能会导致元器件移位。

④ 回流焊机在运行时，需有专业人员值守。

⑤ 请勿触摸温度传感器前端的部分。

⑥ 焊接完成取板时请带上防烫手套，以免烫伤。

⑦ 每次使用机器前请确认开始段号，即按“⌒”键 PV 出现 PTN，这时，可根据实际需要，通过“▲▼”键调节 SV 栏中的数字，来选择执行哪条程序。出厂设定：有铅为第 1 组，无铅为第 2 组，固化 1 为第 3 组，固化 2 为第 4 组。可根据需要选取适合自己的曲线，也可以根据实际情况自己编写程序。

4. 显微镜

显微镜主要是用于检查焊接质量，一般使用工业显微镜。图 5-2-7 所示是一款精密工业显微镜。表 5-2-5 所示为工业显微镜使用说明。

图 5-2-7　精密工业显微镜

表 5-2-5　工业显微镜使用说明

工序	调　节	说　　明
1	显示屏安装位置调节	松开显示屏固定杆螺母，上下调整显示屏至合适高度后锁紧
		松开显示屏挂板固定螺母，调整显示屏的前后显示角度后锁紧
2	高度调节	托住镜头支架，松开锁紧旋钮，上下调整镜头至合适高度后锁紧。倍率越小，视场越大，调整高度越高；倍率越大，视场越小，调整高度越低
3	限位锁定	托住限位环，松开锁紧旋钮，调整至镜头支架下方锁紧
4	图像调节	将工件放入镜头下方，旋转镜头倍率环，调节所需倍率
		旋转调焦手轮对焦，直至屏幕图像清晰。倍率环上的倍率数 0.67 与指标线对齐时为最小倍率，4.6 为最大倍率
5	显示调节	按接线方式选择视频模式，如果为 AV 视频线，则选择“AV1”；如果为 VGA 线，则选择“VGA”。按“MODE”键选择“AV1”或者“VGA”
		按“MENU”键→“亮度”→“VOL+”或“VOL−”调节适合的亮度
		按“MENU”键→“CH+”或“CH−”→“对比度”→“VOL+”或“VOL−”调节适合的对比度

5. 回流焊材料

焊膏是回流焊工艺必需的材料，是由合金焊料粉末、糊状助焊剂(载体)和一些添加剂混合而成的，具有一定黏性和良好触变特性的膏状体。焊膏在表面安装技术中具有多种用途，由于它含有焊接所需焊剂，故无需像插装元件那样单独加入焊剂和控制焊剂的活性及密度。在进行回流焊之前，焊膏在表面安装元件的贴放和传送期间还起着临时的固定作用。

5.2.2 焊接方法

回流焊焊接方法较简单，主要是合理规范地使用仪器，下面以一个贴片收音机为例说明焊接过程。

(1) 连接好自动点胶机和气泵，给针筒装上针头，打开电源，调整点胶机气压阀观察压力表为 2 kg，功能开关选为定时，滴胶时间设定为 0.2，将焊锡膏倒入针筒，调整防倒流真空旋钮，以静止时焊锡不流出为准，触发脚踏板，测试焊锡流出量。

(2) 打开精密贴片机电源，将 PCB 固定在工作台上，开始给焊盘上锡，焊锡上好后用吸笔将元件放在对应位置。

(3) 将放好元件的 PCB 放入回流焊机，调整温控器，采用温度曲线 1，设定好后运行机器。

(4) 回流焊机运行完毕，拿出 PCB，在工业显微镜下检查焊接情况。

5.3 焊接质量检验

检验焊接质量有多种方法，比较先进的方法是用仪器检验。而在通常条件下，则采用观察法或用烙铁重焊的方法来检验。

5.3.1 外观观察检验法

一个焊点焊接质量的优劣最主要的是要看它是否为虚焊，其次才是外观。经验丰富的人可以凭焊点的外表来判断其内部的焊接质量。

一个良好的焊点其表面应该光洁、明亮，不得有拉尖、起皱、鼓气泡、夹渣、出现麻点等现象；其焊料到被焊金属的过渡处应呈现圆滑流畅的浸润状凹曲面。下面用穿孔插装工艺的焊点剖面图(见图 5-3-1)来举例说明。

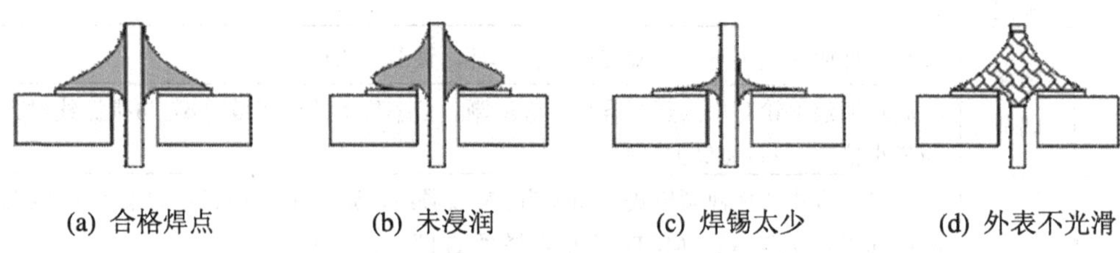

(a) 合格焊点　　(b) 未浸润　　(c) 焊锡太少　　(d) 外表不光滑

图 5-3-1　焊点剖面示意图

图 5-3-1(a)是合格焊点的剖面，图 5-3-1(b)所示的焊点外表看似光滑、饱满，但仔细观察时就可以发现在焊锡与焊盘及引脚相接处呈现出大于 90°的接触角，表明焊锡没有浸润

它们，这样的焊点肯定是虚焊；图 5-3-1(c)是焊料太少，虽然不算是虚焊，但焊点的机械强度太小；图 5-3-1(d)的焊点表面粗糙无光泽或有明显龟裂现象，表明焊接过程中焊剂用得不够，或至少在焊接的后阶段是在缺少焊剂的情况下结束的，难保不是虚焊。

用观察法检查焊点质量时最好使用一只 3～5 倍的放大镜，在放大镜下可以很清楚地观察到焊点表面焊锡与被焊物相接处的细节，而这正是判断焊点质量的关键所在，焊料在冷却前是否曾经浸润金属表面，在放大镜下观察一目了然。

其他像连焊、缺焊等都是相当明显的缺陷，这里不再赘述。

5.3.2 带松香重焊检验法

检验一个焊点虚实真假最可靠的方法就是重新焊一下，即用满带松香焊剂、缺少焊锡的烙铁重新熔融焊点，从旁边或下方撤走烙铁，若有虚焊，其焊锡一定都会被强大的表面张力收走，使虚焊处暴露无遗。

带松香重焊法是最可靠的检验方法，多次运用此法还可以积累经验，提高用观察法检查焊点的准确性。

5.3.3 通电检查法

通电检查必须是在外观检查及连线检查无误后才可进行的工作，也是检验电路性能的关键步骤。如果不经过严格的外观检查，通电检查不仅困难较多而且有损坏设备仪器、造成安全事故的危险。例如电源连线虚焊，通电时就会发现设备加不上电而无法检查。

通电检查可以发现许多微小的缺陷，例如用目测观察不到的电路桥接，但对于内部虚焊的隐患就不容易觉察。所以根本的问题还是提高焊接操作的技艺水平，不能把问题留给检查工作去完成。图 5-3-2 表示通电检查时可能的故障与焊接缺陷的关系，可供参考。

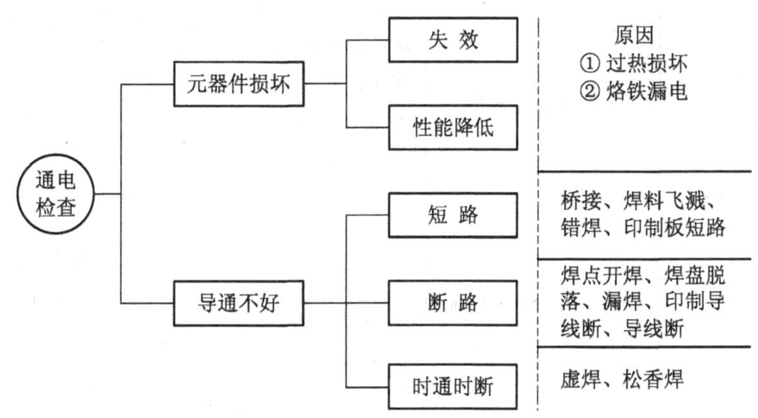

图 5-3-2 通电检查及分析

5.3.4 常见焊点缺陷及质量分析

制作电子产品，一定要保证每个元器件的焊接质量，即焊点要表面光亮、锡量适中、牢固可靠且呈凹面形(即浸润型)。在初学焊接时，焊点容易出现缺陷，会给电子产品带来隐患，焊接时一定要保证质量。

造成焊接缺陷的原因很多，在材料(焊料与焊剂)与工具(烙铁、夹具)一定的情况下，采用什么方式方法以及操作者是否有责任心就是决定性的因素。表 5-3-1 列出了常见焊点缺陷的外观、特点、危害及产生原因，可供焊点检查、分析时参考。

表 5-3-1　常见焊点缺陷的外观、特点、危害及产生原因

焊点缺陷	外观现象和特点	危害	原因分析
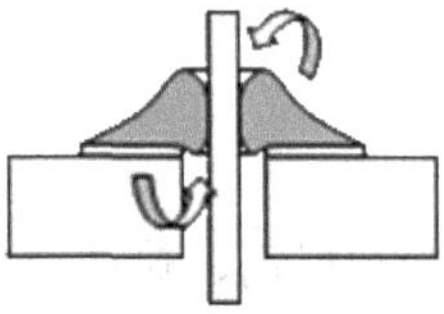 虚焊—1	元器件引脚未完全被焊料润湿，焊料在引脚上的润湿角大于 90°	电路工作不正常，信号不通或时断时通，噪声增加	① 元器件引线可焊性不良； ② 元器件热容大，引线未达到焊接温度； ③ 助焊剂选用不当或已失效； ④ 引线局部被污染
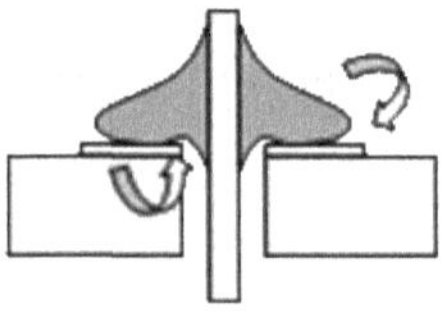 虚焊—2	印制板焊盘未完全被焊料润湿，焊料在焊盘上的润湿角大于 90°		① 焊盘可焊性不良； ② 焊盘所处铜箔热容大，焊盘未达到焊接温度； ③ 助焊剂选用不当或已失效； ④ 焊盘局部被污染
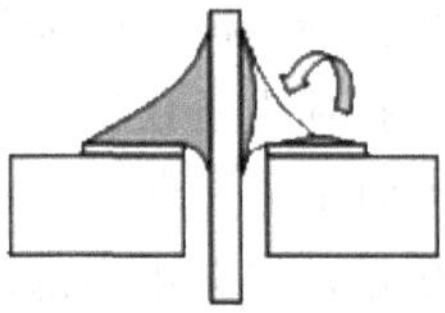 半边焊	元器件引脚和印制板焊盘均被焊料良好润湿，但焊盘上焊料未完全覆盖，插入孔时有露出	强度不足	① 器件引脚与焊盘孔间隙配合不良； ② 元器件引脚包封树脂部分进入插入孔中
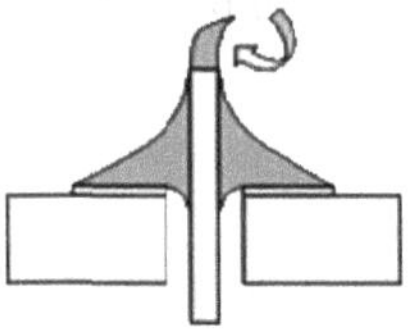 拉尖	元器件引脚端部有焊料拉出呈锥状	外观不佳、易造成桥接现象；对于高压电路，有时会出现尖端放电的现象	① 烙铁头离开焊点的方向不对； ② 电烙铁离开焊点太慢； ③ 焊料中杂质太多； ④ 焊接时的温度过低
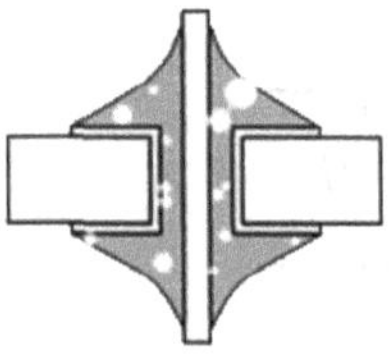 气孔	焊点内外有针眼或大小不等的孔穴	暂时导通，但长时间容易引起导通不良	① 引线与焊盘孔间隙过大； ② 引线浸润性不良，通孔焊接时间过长； ③ 空气膨胀
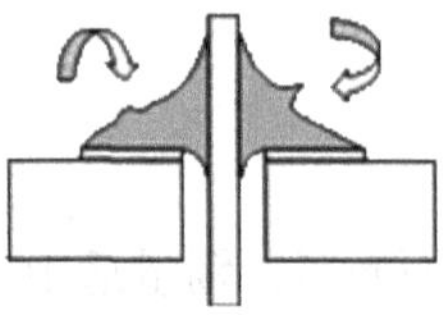 毛刺	焊点表面不光滑，有时伴有熔接痕迹	强度低，导电性不好	① 焊接温度或时间不够； ② 选用焊料成分配比不当，液相点过高或润湿性不好； ③ 焊接后期助焊剂已失效

续表一

焊点缺陷	外观现象和特点	危害	原因分析
引脚太短	元器件引脚没有伸出焊点	机械强度不足	① 人工插件未到位； ② 焊接前元器件因振动而位移； ③ 焊接时因可焊性不良而浮起； ④ 元器件引脚成型过短
焊盘剥离	焊盘铜箔与基板材料脱开或被焊料熔蚀	电路出现断路或元器件无法安装，甚至整个印制板损坏	① 烙铁温度过高； ② 烙铁接触时间过长
焊料过多	元器件引脚端被埋，焊点的弯月面呈明显的外凸圆弧	浪费焊料，可能包藏有缺陷	① 焊料供给过量； ② 烙铁温度不足，润湿不好不能形成弯月面； ③ 元器件引脚或印制板焊盘局部不润湿； ④ 选用焊料成分配比不当，液相点过高或润湿性不好
焊料过少	焊料未形成平滑过渡面，焊接面积小于焊盘 80%	机械强度不足	① 焊锡流动性差或焊锡丝撤离过早； ② 助焊剂不足； ③ 焊接时间太短
焊料疏松无光泽	焊点表面粗糙无光泽或有明显龟裂现象	焊盘易剥落，强度降低，元器件失效损坏	① 焊接温度过高或焊接时间过长； ② 焊料凝固前受到振动； ③ 焊接后期助焊剂已失效
桥接	相邻焊点之间的焊料连接在一起	导致产品出现电气短路、有可能使相关电路的元器件损坏	① 焊锡用量过多； ② 电烙铁使用不当； ③ 导线端头处理不好； ④ 自动焊接时焊料槽的温度过高或过低
两端焊点不对称	两端焊点明显不一致，易产生焊点应力集中	强度不足	① 焊料流动性不好； ② 助焊剂不足或质量差； ③ 加热不足

续表二

焊点缺陷	外观现象和特点	危害	原因分析
焊料球	焊料在焊盘和引脚上呈球形	有可能导致电路出现电气短路	① 焊料含氧高且焊接后期助焊剂已失效； ② 在表面安装工艺中，焊膏质量差，焊接曲线预热段升温过快，环境相对湿度较高造成焊膏吸湿
凹坑	焊料未完全润湿双面板的金属化孔，在元件面的焊盘上未形成弯月形的焊缝角	机械强度不足	① 元器件引脚或印制板焊盘在化学处理时化学品未清洗干净； ② 金属化孔内有裂纹且受潮气侵袭； ③ 烙铁焊中焊料供给不足
不润湿	元器件引脚和印制板焊盘完全未被焊料润湿，焊料在焊盘和引脚上的润湿角大于90°且回缩呈球形	强度低，不通或时通时断	① 焊盘和引脚可焊性均不良； ② 助焊剂选用不当或已失效； ③ 焊盘和引脚被严重污染

第 6 章　电子产品的组装与检测技术

组装是将各种电子元器件、机电元件及结构件，按照设计要求，装接在规定的位置上，组成具有一定功能的完整的电子产品的过程。以电子线路为基础的各种电子产品及装置，在安装完成后一般必须进行调试，才能正常工作。在调试过程或使用中往往会出现各种电路故障，必须经过检查，查出故障后才能排除。本章主要讲述电子产品的组装技术和故障检测技术。

6.1　电子产品的组装技术

6.1.1　电子产品组装的方法和原则

1. 电子产品组装的方法

如表 6-1-1 所示，目前，电子产品组装的方法从组装原理上可以分为功能法、组件法和功能组件法三种。

表 6-1-1　电子产品组装的方法

组装方法	说　明	应 用 场 合
功能法	功能法是将电子设备的一部分放在一个完整的结构部件内。该部件能完成变换或形成信号的局部任务(某种功能)，从而得到在功能上和结构上都已完整的部件，便于生产和维护	这种方法广泛用在采用电真空器件的产品上，也适用于以分立元件为主的产品上
组件法	组件法是制造出一些在外形尺寸和安装尺寸上都统一的部件，这时部件的功能完整性退居到次要地位。根据实际需要，组件法又可以分为平面组件法和分层组件法	这种方法广泛用于统一电气安装工作中并可以大大提高安装密度
功能组件法	功能组件法兼顾了功能法和组件法的特点	这种方法用以制造出既能保证功能完整又有规范的结构尺寸的组件

2. 电子产品组装的原则

电子产品组装的基本原则是：先轻后重、先小后大、先铆后装、先里后外、先低后高，易碎后装，上道工序不能影响下道工序的安装、下道工序不改变上道工序。一般电子产品组装的流程如图 6-1-1 所示。

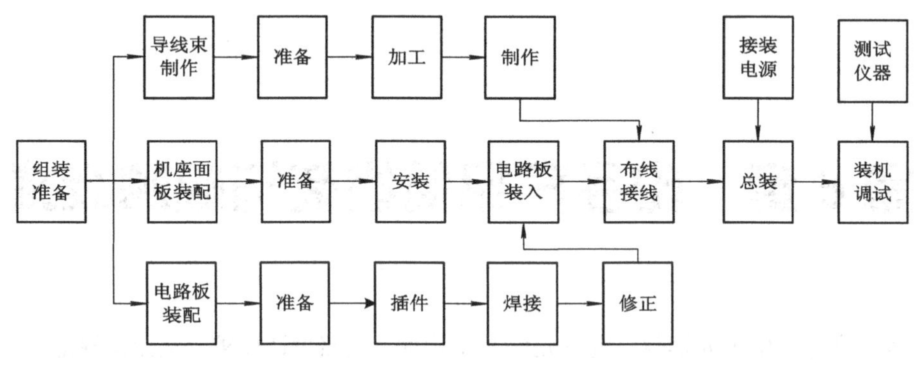

图 6-1-1　组装工艺流程

6.1.2　组装前的准备工作

1．元器件的检查和筛选

准备元器件之前，最好对照电路原理图列出所需元器件的清单。为了保证在电子制作的过程中不浪费时间，减少差错，同时也保证制成后的产品能长期稳定地工作，待所有元器件都备齐后，还必须对其进行检查和筛选，具体内容见表 6-1-2。

表 6-1-2　元器件的检查和筛选

序号	检查和筛选	说　明
1	外观质量检查	拿到一个电子元器件之后，应看其外观有无明显损坏。如变压器，看其所有引线有无折断，外表有无锈蚀，线包、骨架有无破损等；对于三极管，看其外表有无破损，引脚有无折断或锈蚀，还要检查一下器件上的型号是否清晰可辨；对于电位器、可变电容器之类的可调元件，还要检查在调节范围内，其活动是否平滑、灵活，松紧是否合适，应无机械噪声，手感好，并保证各触点接触良好。 各种不同的电子元器件都有自身的特点和要求，各位电子制作爱好者平时应多了解一些有关各元件的性能和参数、特点，积累经验
2	电气性能的筛选	要保证试制的电子产品能够长期稳定地通电工作，并且经得起应用环境和其他可能因素的考验，对电子元器件的筛选是必不可少的一道工序。所谓筛选，就是对电子元器件施加一种应力或多种应力试验，暴露元器件的固有缺陷而不破坏它的完整性。对于业余爱好者来说，在电子制作过程中，大多数情况下，采用自然老化的方式。例如使用前将元器件存放一段时间，让电子元器件自然地经历夏季高温和冬季低温的考验，然后再来检测它们的电性能，看是否符合使用要求，优存劣汰。对于一些急用的电子元器件，也可采用简易电老化方式，可采用一台输出电压可调的脉动直流电源，使加在电子元器件两端的电压略高于元件额定值的工作电压，调整流过元器件的电流强度，使其功率为 1.5～2 倍额定功率，通电几分钟甚至更长时间，利用元器件自身的特性而发热升温，完成简易老化过程
3	元器件的检测	经过外观检查以及老化处理后的电子元器件，还必须通过对其电气性能与技术参数的测量，以确定其优劣，剔除那些已经失效的元器件。常用元器件的检测方法见本书第 2 章

2．元器件的预处理

电子产品在组装过程中使用的元器件要考虑其通用性，或者由于包装、储藏的需要，采购来的元器件，其形态不会完全适合于组装的要求，因此，有些元器件在组装前必须进行预处理，具体内容见表 6-1-3。

表 6-1-3　元器件的预处理

序号	元器件的预处理	说　明
1	印制电路板(PCB)的预处理	电路板通常不需要处理即可直接投入使用。应检查板基的材质和厚度；铜箔电路腐蚀的质量；焊盘孔是否打偏；贯孔的金属化质量怎样；有的还需要进行打孔、砂光，涂松香酒精溶液等工作
2	元器件引脚的预处理	成形元器件的安装方式分为卧式和立式两种。卧式安装美观、牢固、散热条件好、检查辨认方便；立式安装节省空间、结构紧凑，只是电路板的安装面积受限制，一般在不得已情况下才采用；集成电路的引脚一般用专用设备进行成形；双列直插式集成电路引脚之间距离也可利用平整桌面或抽屉边缘，手工操作来调整
3	元器件引脚上锡	由于某些元器件的引脚或因材料性质，或因长时间存放而氧化，可焊性变差，故必须去除氧化层，上锡(亦称搪锡)后再装，否则极易造成虚焊。去除氧化层的方法有多种，但对于少量的元器件，用手工刮削的办法较为易行可靠

3．导线的加工

每个电子产品都会使用到绝缘导线，以便通过绝缘导线中的芯线，对电路中的某些元器件进行连接，从而使之符合电子产品电路的设计要求。导线加工工具主要有剥线钳、剪刀、尖嘴钳和斜口钳。

1) *绝缘导线加工的步骤及方法*

绝缘导线加工的步骤及方法见表 6-1-4。

表 6-1-4　绝缘导线加工的步骤及方法

序号	步　骤	方　法
1	剪裁	根据连接线的长度要求，将导线剪裁成所需的长度。剪裁时，要将导线拉直再剪，以免造成线材的浪费
2	剥头	将绝缘导线去掉一般绝缘层而露出芯线的过程叫剥头。剥头时，要根据安装要求选择合适的剥点。剥头过长，会造成线材浪费；剥头过短，会导致不能用
3	捻头	将剥头后剥出的多股松散的芯线进行捻合的过程叫捻头。捻头时，应用拇指和食指对其顺时针或逆时针方向进行捻合，并要使捻合后的芯线与导线平行，以方便安装。捻头时，应注意不能损伤芯线
4	涂锡(搪锡)	将捻合后的芯线用焊锡丝或松香加焊锡进行上锡处理(叫涂锡)。芯线涂锡后，可以提高芯线的强度，更好地适应安装要求，减少焊接时间，保护焊盘焊点

2) 绝缘导线加工的技术要求

绝缘导线加工的技术要求如下：

(1) 不能损伤或剥断芯线；

(2) 芯线捻合要又紧又直；

(3) 芯线镀锡后，表面要光滑、无毛刺、无污物；

(4) 不能烫伤绝缘导线的绝缘层。

4．安装工艺中的紧固和连接

电子产品的元器件之间、元器件与机板、机架以及与外壳之间的紧固连接方式，主要有焊接、插接、螺钉与螺栓紧固、压接、粘接、绑扎和卡口扣装等。安装工艺中的紧固和连接的内容见表6-1-5。

表6-1-5　安装工艺中的紧固和连接

序号	紧固连接方式	说　明
1	焊接	焊接是电子产品中主要的安装方法，焊接方法见第5章
2	插接	插接是利用弹性较好的导电材料制成插头、插座，通过它们之间的弹性接触来完成导电和紧固的。插接安装主要用于局部电路之间的连接以及某些需要拆卸更换的零件的安装。插接安装应注意如下几个问题：① 必须对号入座；② 位置对准再插；③ 注意锁紧装置；④ 适当增加润滑
3	螺钉与螺栓紧固	用螺钉、螺栓来紧固几乎是任何机器都要使用的安装手段，具有连接牢固、载荷大、可拆卸等优点。在电子产品中多用于底板、机壳的装配；变压器、开关等受力较大的元器件安装以及某些特殊接头的电气连接
4	压接	压接是利用导线或零件的金属在加压变形时，本身所具有的塑性和弹性来保持连接的。特点是简单易行，无需加热，也无需加入第三种材料。压接用在各种接线端子与导线的连接中，比如多芯插头线中每一根导线与插接芯的连接大多就是采用的压接
5	粘接	粘接是将合适的胶粘剂涂覆在被粘物表面，因胶粘剂的固化而使物体结合的方法。由于粘接可以在不同的材料之间使用，适应范围广，施工时几乎不受空间位置的限制，灵活方便，操作简单，还具有密封性，因而在电子产品安装中被广泛地采用。一般用于零部件之间的永久性结合
6	绑扎	绑扎主要用来整理、束紧机件间的软导线以及固定个别较重的元器件。稍复杂的电子产品中，除了电路板上的铜箔线路外往往还有很多游离于电路板之外的连接线穿行于不同的零部件之间，因此要把它们整理束缚成扎。现在大多是先安装，焊接好以后再用塑料扎扣来绑扎。另外，个别较重的元器件安装时也需要用绑扎法来加固
7	卡口扣装	现代电子产品中越来越多地使用卡口锁扣的方法代替螺钉、螺栓来装配各种零部件，这充分利用了塑料的弹性和模具加工的便利。卡装有快捷可靠、成本低、耐振动等优点

6.1.3　元器件的安装

1．元器件安装的次序

电路板上元器件的安装次序应该以前道工序不妨碍后道工序为原则，一般是先装低矮的小功率卧式元器件，然后装立式元器件和大功率卧式元器件，再装可变元器件、易损元器件，最后装带散热器的元器件和特殊元器件。

插件次序是：先插跳线，再插卧式 IC 和其他小功率卧式元器件，最后插立式元器件和大功率卧式元器件；而开关、插座等有缝隙的元器件以及带散热器的元器件和特殊元器件一般都不插，留待上述已插元器件整体焊接以后再由手工分装来完成。

2．常用元器件的安装

各种常用元器件的安装见表 6-1-6。

表 6-1-6　常用元器件的安装

序号	元器件	安 装 说 明
1	电阻	安装电阻时要注意区分同一电路中阻值相同而功率不同、类型不同的电阻，不要插错。安装大功率电阻时要注意使之与底板隔开一定的距离，最好使用专用的金属支架支撑，与其他零件也要保持一定的距离，以利于散热。小功率电阻大多采用卧式安装，并且要紧贴底板安装，以减少引线形成的分布电感。安装热敏电阻时要让电阻紧靠发热体，并用导热硅脂填充两者之间的空隙
2	电位器	电位器从结构上分为旋轴式和直线推拉式两种。相同阻值的电位器，按阻值变化的特性又分为直线式、对数式和反对数式。它们在外形上没有什么差别，完全靠标注来区分，安装时不要搞混，必要时可以用仪表测试来分辨。固定在面板上的旋轴式电位器安装时要将定位销子套好后再锁紧螺母
3	电容	瓷介电容安装时要注意其耐压级别和温度系数。铝质电解电容、钽电解电容的正极所接电位一定要高于负极所接电位，否则将会增大损耗，尤其是铝质电解电容，极性接反时将会急剧发热，引起鼓泡、爆炸。可变电容、微调电容安装时也有极性问题，要注意让接触人体的动片那一极接“高频低电位”焊盘，不能颠倒，否则，调节时人体附加上去的分布电容将使得调节无法进行。安装有机薄膜介质的可变电容时，要先将动片全部旋入后再焊接，要尽量缩短焊接时间。穿心电容、片状电容安装时要注意保持表面的清洁
4	电感	固定电感外形犹如电阻一般，其引脚与内部导线的接头部位比较脆弱，安装时要注意保护，不能强拉硬拽。没有屏蔽罩的电感安装时要注意与周围元器件的关系，要避免漏感交联。高频空心线圈安装时要注意插到位，摆好位置，焊完后要保持调整前的密绕状态。选用和定制空心线圈时，除了线径、匝数、线筒直径等参数外还有左、右旋的绕向要注意区分，若绕向不对，插装后电感的磁场指向会大不相同。多绕组电感、耦合变压器，在分清初、次级以后还要进一步分辨各绕组间的“同名端”，亦即定出各绕组对高频信号而言的“冷端”“热端”。可变电感安装的焊接时间不能太长，以免塑料骨架受热变形影响调节

续表

序号	元器件	安 装 说 明
5	晶体管	各种晶体管在安装时要注意分辨它们的型号、引脚次序和正负极性；要注意防止在安装焊接的过程中对它们造成损伤。 小功率的三极管、场效应管和可控硅，封装外形有时完全相同，有些微型封装的器件，表面只能印一两个标注字，容易混淆，应该尽量与它们的原包装一道拿取，一旦用不完，要及时地放回原包装中去。 有时即使是同一种型号的器件，由于生产厂家不同，其引出脚的次序也有变化，一定要认准其排列，不要相互插错。二极管的引出脚也有正负极之分，不能插反。 安装塑封大功率三极管时，要考虑集电极与散热器之间的绝缘问题。紧固螺钉和晶体管之间用耐热的工程塑料做成的套筒子(又叫绝缘珠)绝缘，晶体管和散热器之间则垫以云母片、聚酯薄膜或一种专用的散热材料——散热布。也可以反过来将绝缘珠套在螺栓与散热器之间。安装绝缘栅型场效应管(MOS 管)等器件时，与安装 IC 时一样应该注意被静电击穿和电烙铁漏电击穿的危险，除了实施中和、屏蔽、接地等措施以外，焊接时应顺序焊接漏、源、栅极，最好采用超低压电烙铁或储能式电烙铁
6	继电器	要注意区分其规格、型号，注意核对驱动线圈的工作电压值、电阻值和触点的荷载能力。驱动绕组和各被控触点一般是分别工作在不同的回路，有时两者之间电压相差很大，要注意电路的绝缘。要注意分辨常开触头与常闭触头的引出脚位置。小继电器驱动绕组的线径很细，其与引出脚相接的部位易出问题，要注意保护。另外，焊接插装继电器的插座时要把继电器插在上面再焊接，以免插座的插接点在焊完以后位置歪斜。这一类继电器一般都有一个固定用的卡簧，安装时不能遗忘。有的继电器安装时有方位要求，要注意满足。凡是继电器，都不宜安装在有强磁场或强振动的地方
7	集成电路(IC)	安装时应该注意以下几点： ① 拿取时必须确保人体不带静电； ② 焊接时必须确保电烙铁不漏电。 焊接时要预先接好电烙铁的安全地线，必要时可以临时拔掉电烙铁的电源插头
8	IC 插座	尽管插座本身在电气上并无极性可言，但错误的安装方向将对以后 IC 的插入造成误导。另外，特别要注意每个引脚的焊接质量，因为 IC 插座的引脚的可焊性差，容易出现虚焊，焊接时可以适当地采用活性较强的焊剂，焊接后应加强清洗

6.1.4　面包板的组装

面包板是专为电子电路的无焊接实验设计制造的。由于使用面包板搭接电路时，各种电子元器件可根据需要随意插入或拔出，免去了焊接，节省了电路的组装时间，而且元件可以重复使用，因此非常适合电子电路的组装、调试和训练。

1. 面包板的结构

SYB-120 型面包板如图 6-1-2 所示。插座板中央有一凹槽，凹槽两边各有 60 列小孔，每一列的 5 个小孔在电气上相互连通。集成电路的引脚就分别插在凹槽两边的小孔上。插座上、下边各一排(即 X 排和 Y 排)在电气上是分段相连的 50 个小孔，分别作为电源与地线插孔用。对于 SYB-120 面包板，X 排和 Y 排的 1～15 孔、16～35 孔、36～50 孔在电气上是连通的。

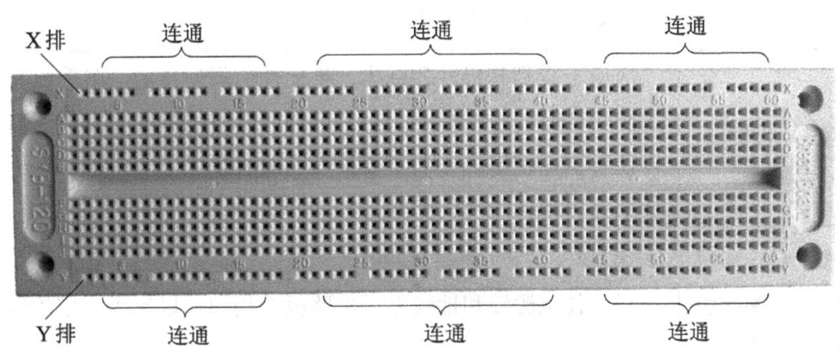

图 6-1-2　SYB-120 型面包板

目前，面包板有很多种规格。但不管是哪一种，其结构和使用方法大致相同，即每列 5 个插孔内均用一个磷铜片相连。这种结构造成相邻两列插孔之间分布电容大。因此，面包板一般不适用于高频电路实验中。

2. 安装工具和导线

面包板安装时所需的工具主要有剥线钳、斜口钳、扁嘴钳和镊子。斜口钳与扁嘴钳配合用来剪断导线和元器件的多余引脚。斜口钳的刃面要锋利，将钳口合上，对着光检查时应合缝不漏光。剥线钳用来剥离导线的绝缘皮。扁嘴钳用来弯直和理直导线，钳口要略带弧形，以免在勾绕时划伤导线。镊子是用来夹住导线或元器件的引脚送入面包板指定位置的。

面包板宜使用直径为 0.6 mm 左右的单股导线。根据导线的距离以及插孔的长度剪断导线，要求线头剪成 45° 斜口，线头剥离长度约为 6 mm，要求全部插入底板以保证接触良好，裸线不宜露在外面，防止与其他导线短路。

3. 电路的布局与布线

为避免或减少故障，面包板上的电路布局与布线，必须合理而且美观。表 6-1-7 列出了面包板布线的一般原则。

表 6-1-7　面包板的布局与布线

序号	电路的布局与布线	要　求
1	按电路原理图中元器件图形符号的排列顺序进行布局	多级电路要成一直线布局，不能将电路布置成“L”或“π”字形。如果受面包板面积限制，非布成上述字形不可，则必须采取屏蔽措施
2	集成块和晶体管的布局	一般按主电路信号流向的顺序在一小块面包板上直线排列。各级元器件围绕各级的集成块或晶体管布置，各元器件之间的距离应视周围元件多少而定。 对多次使用过的集成电路的引脚，必须修理整齐，引脚不能弯曲，所有的引脚应稍向外偏，这样能使引脚与插孔可靠接触。要根据电路图确定元器件在面包板上的排列方式，目的是走线方便。为了能够正确布线并便于查线，所有集成电路的插入方向要保持一致，不能为了临时走线方便或缩短导线长度而把集成电路倒插
3	安装分立元件	应便于看到其极性和标志，将元件引脚理直后，在需要的地方折弯。为了防止裸露的引线短路，必须使用带套管的导线，一般不剪断元件引脚，以便于重复使用。一般不要插入引脚直径大于 0.8 mm 的元器件，以免破坏插座内部接触片的弹性
4	布线前，要弄清引脚或集成电路各引出端的功能和作用	尽量使电源线和地线靠近电路板的周边，以起到一定的屏蔽作用
5	导线的使用	所用导线的直径应和插件电路板的插孔粗细相配合，太粗会损坏插孔内的簧片，太细导线接触不良；所用导线最好分色，以区分不同的用途，即正电源、负电源、地、输入与输出用不同颜色导线加以区分，例如，习惯上正电源用红色导线、地线用黑色导线等
6	根据信号流程的顺序，采用边安装边调试的方法	元器件安装之后，先连接电源线和地线，然后按信号传输方向依次接线并尽可能使连线贴近面包板，尽量做到横平竖直，如图 6-1-3 所示。 输出与输入信号引线要分开，还要考虑输入、输出引线各自与相邻引线之间的相互影响，输入线应防止邻近引线对它产生干扰(可用隔离导线或同轴电缆线)，而输出线应防止它对邻近导线产生干扰；一般应避免两条或多条引线互相平行；所有引线应尽可能短并避免形成圈套状或在空间形成网状；在集成电路上方不得有导线(或元件)跨越。 最好在各电源的输入端和地之间并联一个容量为几十微法的电容，这样可以减少瞬变过程中电流的影响。为了更好地抑制电源中的高频分量，应该在该电容两端再并联一个高频去耦电容，一般取 0.01～0.047 μF 的独石电容
7	合理布置地线	为避免各级电流通过地线时互相产生干扰，特别要避免末级电流通过地线对某一级形成正反馈，故应将各级单独接地，然后再分别接公共地线

实践证明，虽然元器件完好，但由于布线不合理，也可能造成电路工作失常。这种故障不像脱焊、断线(或接触不良)或器件损坏那样明显，多以寄生干扰形式表现出来，很难排除。合理的布线如图 6-1-3 所示。

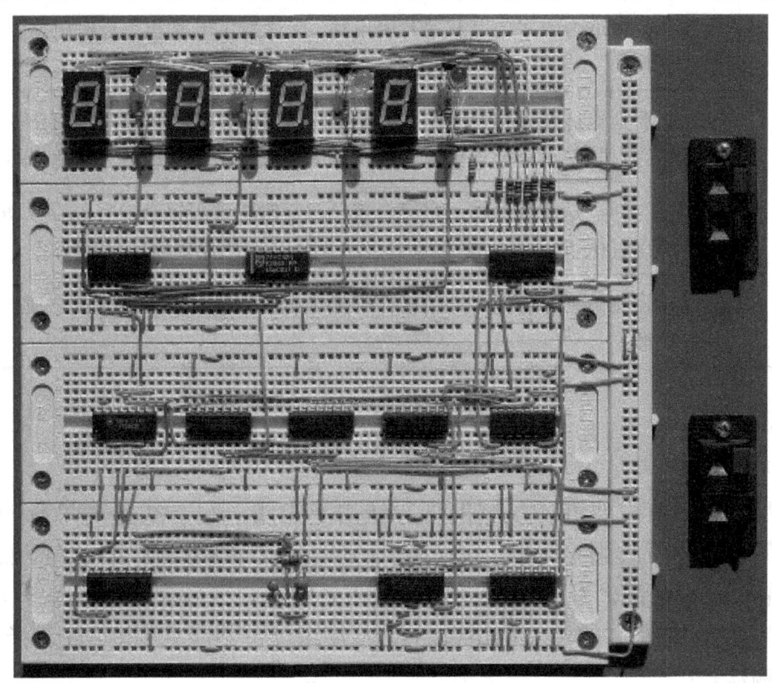

图 6-1-3　面包板布线图例

6.1.5　万能板的组装

1．万能板的分类及特点

目前市场上出售的万能板主要有两种：一种是焊盘各自独立的(如图 6-1-4 所示，简称单孔板)；另一种是多个焊盘连在一起的(如图 6-1-5 所示，简称连孔板)。单孔板又分为单面板和双面板两种；万能板按材质的不同，又可以分为铜板和锡板。不同种类万能板的分类、特点及应用见表 6-1-8。

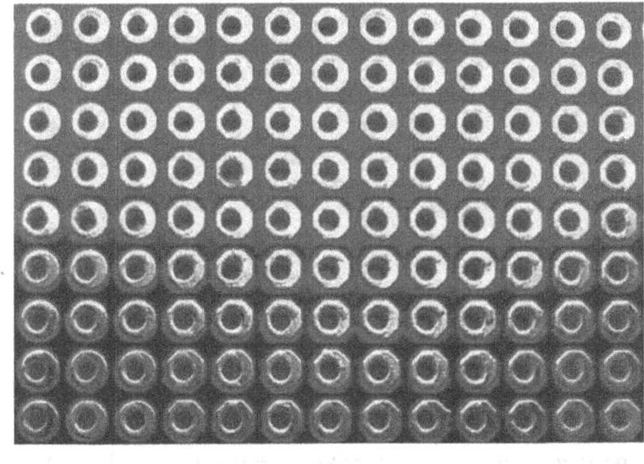

图 6-1-4　单孔板

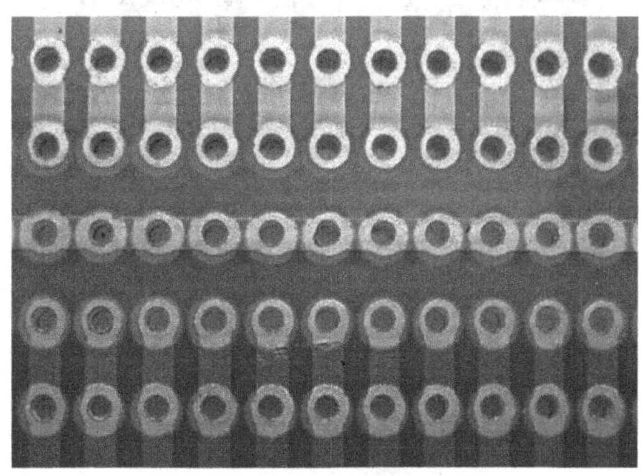

图 6-1-5　连孔板

表 6-1-8　万能板的分类、特点及应用

分　类	特点及应用
单孔板	单孔板较适合数字电路和单片机电路，因为数字电路和单片机电路以芯片为主，电路较规则
连孔板	连孔板则更适合模拟电路和分立电路，因为模拟电路和分立电路往往较不规则，分立元件的引脚常常需要连接多根线，这时如果有多个焊盘连在一起就要方便一些
铜板	铜板的焊盘是裸露的铜，呈现金黄色，平时应该用报纸包好保存以防止焊盘氧化，万一焊盘氧化了(焊盘失去光泽、不好上锡)，可以用棉棒蘸酒精清洗或用橡皮擦拭
锡板	焊盘表面镀了一层锡的是锡板，焊盘呈现银白色，锡板的基板材质要比铜板坚硬，不易变形

2. 万能板的焊接

1) 焊接前的准备

在焊接万能板之前需要准备足够的细导线用于走线。细导线分为单股的和多股的：单股硬导线可将其弯折成固定形状，剥皮之后还可以当做跳线使用；多股细导线质地柔软，焊接后显得较为杂乱。万能板具有焊盘紧密等特点，这就要求烙铁头有较高的精度，建议使用功率为 30 W 左右的尖头电烙铁。同样，焊锡丝也不能太粗，建议选择线径为 0.5～0.6 mm 的焊锡丝。

2) 万能板的焊接方法

万能板的焊接方法一般是利用细导线进行飞线连接的，飞线连接没有太大的技巧，但要尽量做到水平和竖直走线，整洁清晰(见图 6-1-6)。还有一种方法叫做锡接走线法，如图 6-1-7 所示，这种方法工艺不错，性能也稳定，但比较浪费锡。而且纯粹的锡接走线难度较高，受到锡丝、个人焊接工艺等各方面的影响。如果先拉一根细铜丝，再随着细铜丝进行拖焊，则简单许多。

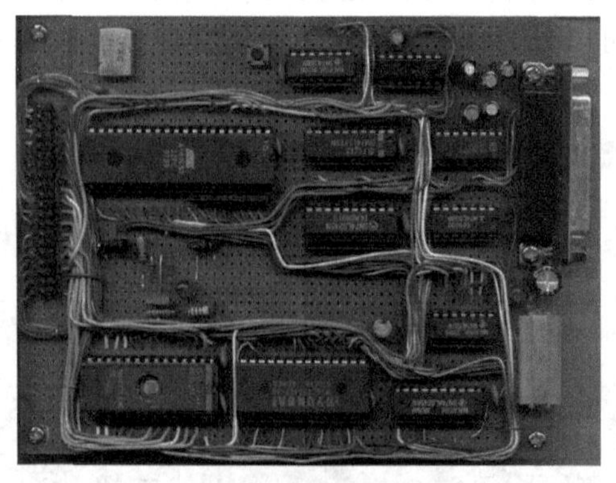

图 6-1-6　飞线连接

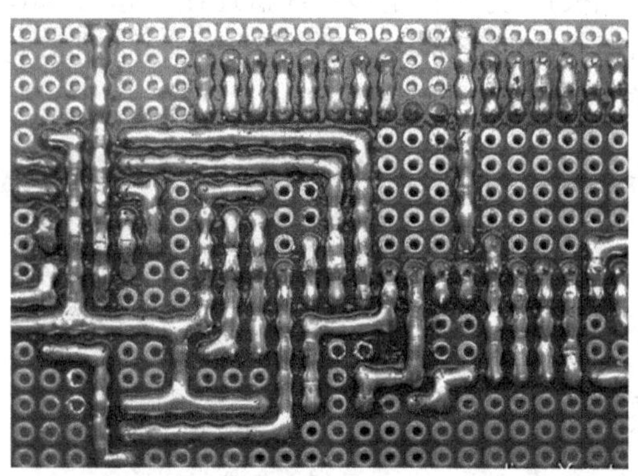

图 6-1-7　锡接走线法

3) 万能板的焊接技巧

很多初学者焊的板子很不稳定，容易短路或断路。除了布局不够合理和焊工不良等因素外，缺乏技巧是造成这些问题的重要原因之一。掌握一些技巧可以使电路的复杂程度大大降低，减少飞线的数量，让电路更加稳定。表 6-1-9 列出了万能板的焊接技巧。

表 6-1-9　万能板的焊接技巧

序号	焊接技巧	说　明
1	初步确定电源、地线的布局	电源贯穿电路始终，合理的电源布局对简化电路起到十分关键的作用。某些万能板布置有贯穿整块板子的铜箔，应将其用作电源线和地线；如果无此类铜箔，则需要对电源线、地线的布局有个初步的规划
2	善于利用元器件的引脚	万能板的焊接需要大量的跨接、跳线等，不要急于剪断元器件多余的引脚，有时候直接跨接到周围待连接的元器件引脚上会事半功倍。另外，本着节约材料的目的，可以把剪断的元器件引脚收集起来作为跳线用
3	善于利用排针	排针有许多灵活的用法。比如两块板子相连，就可以用排针和排座，排针既起到了两块板子间的机械连接作用，又起到电气连接的作用
4	充分利用双面板	双面板的每一个焊盘都可以当做过孔，灵活实现正反面电气连接
5	充分利用板上的空间	芯片座里面隐藏元件，既美观又能保护元件(见图 6-1-8)
6	跳线技巧	当焊接完了一个电路后发现某些地方漏焊了，但是漏焊的地方却被其他焊锡阻挡了，则应该用多股线在背面跳线；如果是焊接前就需要跳线，那么可用单股线在万能板正面跳线

图 6-1-8 就是充分利用芯片座内的空间隐藏元件，从而节省了空间。

图 6-1-8　芯片座内隐藏元件

6.2　电子产品的故障检测技术

采用适当的方法，查找、判断和确定故障具体部位及其原因，是故障检测的关键。下面介绍的各种故障检测方法，是长期实践中总结归纳出来的行之有效的方法。具体应用中还要针对具体的检测对象，灵活加以运用，并不断总结适合自己工作领域的经验方法，才能达到快速、准确、有效排查故障的目的。

6.2.1　观察法

观察法是通过人体感觉发现电子线路故障的方法。这是一种最简单、最安全的方法，也是各种仪器设备通用的检测过程的第一步。

观察法又分为静态观察法和动态观察法两种。

1. 静态观察法

静态观察法又称为不通电观察法。在电子线路通电前主要通过目视检查找出某些故障。实践证明，占电子线路故障相当比例的焊点失效、导线接头断开、电容器漏液或炸裂、插接件松脱、电接点生锈等故障，完全可以通过观察发现，没有必要对整个电路进行全面检查。

静态观察，要先外后内，循序渐进。打开机壳前先检查电器外表，有无碰伤，按键、插口、电线、电缆有无损坏，保险是否烧断等。打开机壳后，先查看机内各种装置和元器件，有无相碰、断线、烧坏等现象，然后用手或工具拨动一些元器件、导线等进行进一步检查。对于试验电路或样机，要对照原理图检查接线有无错误，元器件是否符合设计要求，IC 引脚有无插错方向或折断、折弯，有无漏焊、桥接等故障。

当静态观察未发现异常时，可以进一步用动态观察法检查。

2. 动态观察法

动态观察法也称通电观察法，即给线路通电后，运用人体视觉、嗅觉、听觉、触觉检查线路故障。

通电观察，特别是较大设备通电时尽可能采用隔离变压器和调压器逐渐加电，防止故障扩大。一般情况下还应通过仪表(如电流表、电压表等)监视电路状态。

通电后，眼要看电路内有无打火、冒烟等现象；耳要听电路内有无异常声音；鼻要闻电器内部有无炼焦味；手要摸一些管子、集成电路等是否烫手，如有异常发热现象，应立即关机。

6.2.2　测量法

测量法是故障检测中使用最广泛、最有效的方法。根据检测的电参数特性的不同又可分为电阻法、电压法、电流法、波形法和逻辑状态法等。

1. 电阻法

利用万用表测量电子元器件或电路各点之间电阻值来判断故障的方法称为电阻法。

测电阻值，有在线和离线两种基本方式。

在线测量：需要考虑被测元器件受其他并联支路的影响，测量结果应对照原理图分析判断。

离线测量：需要将被测元器件或电路从整个电路或印制电路板上脱焊下来，操作较麻烦，但结果准确可靠。

用电阻法测量集成电路，通常先将一个表笔接地，用另外一个表笔测各引脚对地电阻值，然后交换表笔再测一次，将测量值与正常值进行比较，相差较大者往往是故障所在(不一定是集成电路坏了)。

电阻法对确定开关、插接件、导线、印制电路板导电图形的通断，以及电阻器的变质、电容器的短路、电感线圈的短路等故障非常有效而且快捷，但对晶体管、集成电路以及电路单元来说，一般不能直接判定故障，需要进行分析或兼用其他方法。但由于电阻法不用给电路通电，可以将检查风险降到最小，故一般检查首先采用该方法。

注意

① 使用电阻法时应在线路断电、大电容放电的情况下进行，否则不仅结果不准确，还可能损坏万用表。

② 在检测低电压供电的集成电路(小于 5 V)时避免用指针式万用表的“10 k”挡。

③ 在线测量时应将万用表表笔交替测试，对比分析。

2. 电压法

电子线路正常工作时，线路各点都有一个确定的工作电压，通过测量电压来判断故障的方法称为电压法。

电压法是通电检测手段中最基本、最常用的方法。根据电源性质又分为交流和直流两种电压测量。

1) 交流电压测量

一般电子线路中交流回路较为简单，对于 50 Hz 市电升压或降压后的电压只需使用普通万用表选择合适的 AC 量程即可，测高压时要注意安全并养成单手操作的习惯。

对于非 50 Hz 的电源，如变频器输出电压的测量就要考虑所用电压表的频率特性，一般指针式万用表为 45～2000 Hz，数字万用表为 45～500 Hz，超过范围或非正弦波测量结果都不正确。

2) 直流电压测量

检测直流电压一般分为以下三步。

(1) 测量稳定电路输出端是否正常。

(2) 各单元电路及电路的关键点，如放大电路输出点、外接部件电压端等处电压是否正常。

(3) 电路中主要元器件，如晶体管、集成电路等各引脚电压是否正常，对集成电路首先要测电源端。

比较完善的产品说明书中应该给出电路各点的正常工作电压，有些维修资料中还提供集成电路各引脚的工作电压。另外，也可以对比正常工作的同种电路测得各点电压。偏离正常电压较多的部位或元器件，往往就是故障所在部位。

这种检测方法，要求工作者具有电路分析能力并尽可能收集相关电路的资料数据，才能达到事半功倍的效果。

3. 电流法

电子线路正常工作时，各部分工作电流是稳定的，偏离正常值较大的部位往往是故障所在。这就是用电流法检测线路故障的原理。

用电流法有直接测量和间接测量两种方法。

(1) 直接测量法就是将电流表直接串接在欲检测的回路测得电流值的方法。这种方法直观、准确，但往往需要对线路做“手术”，如断开导线、脱焊元器件引脚等，才能进行测量，因而不大方便。对于整机总电流的测量，一般可通过将电流表两个表笔接到开关上的方式测得，对使用 220 V 交流电的线路必须注意测量安全。

(2) 间接测量法实际上是用测量电压的方法换算成电流值。这种方法快捷方便，但如果所选测量点的元器件有故障则不容易准确判断。

如图 6-2-1 所示，欲通过测 R_e 的电压降确定三极管工作电流是否正常，如果 R_e 本身阻值偏低(较大)或 C_e 漏电，都可能引起误判。

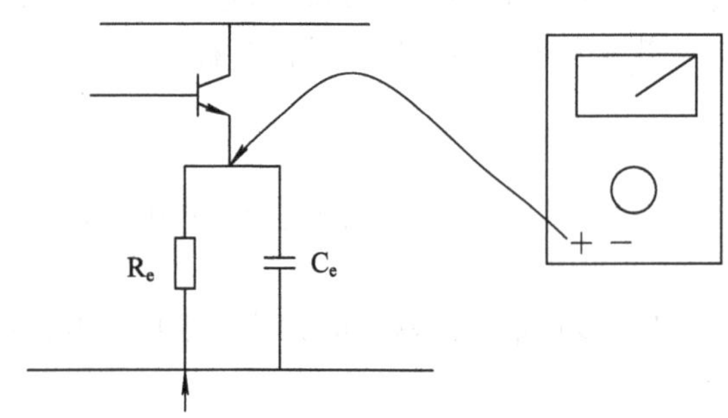

图 6-2-1　间接法测电流

采用电流法检测故障，应对被测电路正常工作电流值事先心中有数。一方面大部分线路说明书或元器件样本中都会给出正常工作电流值或功耗值，另一方面通过实践积累可大致判断各种电路和常用元器件的工作电流范围。例如，一般运算放大器、TTL 电路静态工作电流不超过几毫安，CMOS 电路则在毫安级以下等。

4. 波形法

对于交变信号的产生和处理电路来说，采用示波器观察信号通路各点的波形是最直观、最有效的故障检测方法。波形法应用于以下三种情况。

1) 波形的有无和形状

在电子线路中一般对电路各点的波形有无和形状是确定的。如果测得该点波形没有或形状相差较大，则故障发生于该电路可能性较大。当观察到不应出现的自激振荡或调制波形时，虽不能确定故障部位，但可从频率、幅值大小来分析故障原因。

2) 波形失真

在放大或缓冲等电路中，若电路参数失配或元器件选择不当或损坏都会引起波形失真，通过观测波形和分析电路可以找出故障原因。

3) 波形参数

利用示波器测量波形的各种参数，如幅值、周期、前后沿相位等，与正常工作时的波形参数对照，找出故障原因。

应用波形法要注意以下几点。

(1) 对电路高电压和大幅度脉冲部位一定要注意不能超过示波器的允许电压范围。必要时采用高压探头或对电路观测点采取分压或取样等措施。

(2) 示波器接入电路时其本身输入阻抗对电路有一定的影响，特别是测量脉冲电路时，要采用有补偿作用的 10∶1 探头，否则观测的波形与实际不符。

5. 逻辑状态法

对于数字电路而言，只需判断电路各部位的逻辑状态即可确定电路工作是否正常。数字逻辑主要有高、低两种电平状态，另外还有脉冲串及高阻状态。因而可以使用逻辑笔进行电路检测。逻辑笔具有体积小、携带使用方便的优点。功能简单的逻辑笔可测单种电路(TTL 或 CMOS)的逻辑状态，功能较全的逻辑笔除可测多种电路的逻辑状态外，还可定量测脉冲个数，有些还具有脉冲信号发生器的作用，可发出单个脉冲或连续脉冲供检测电路用。

6.2.3　跟踪法

信号传输电路，包括信号获取(信号产生)、信号处理(信号放大、转换、滤波、隔离等)以及信号执行电路，在现代电子电路中占有很大比例。这种电路的检测关键是跟踪信号的传输环节。具体应用中根据电路的种类可分为信号寻迹法和信号注入法两种。

1. 信号寻迹法

信号寻迹法是在输入端直接输入一定幅值、频率的信号，用示波器由前级到后级逐级观察波形及幅值，如哪一级异常，则故障就在该级；对于各种复杂的电路，也可将各单元电路前后级断开，分别在各单元输入端加入适当信号，检查输出端的输出是否满足设计要求。

针对信号产生和处理电路的信号流向寻找信号踪迹的检测方法，具体检测时又可分为正向寻迹(由输入到输出顺序查找)、反向寻迹(由输出到输入顺序查找)和等分寻迹三种。

正向寻迹是常用的检测方法，可以借助测试仪器(如示波器、频率计、万用表等)逐级定性、定量检测信号，从而确定故障部位。如图 6-2-2 所示的是交流毫伏表的电路框图及检测示意图。我们用一个固定的正弦波信号加到毫伏表输入端，从衰减电路开始逐级检测各级电路，根据该级电路功能及性能可以判断该处信号是否正常，逐级观测，直到查出故障。

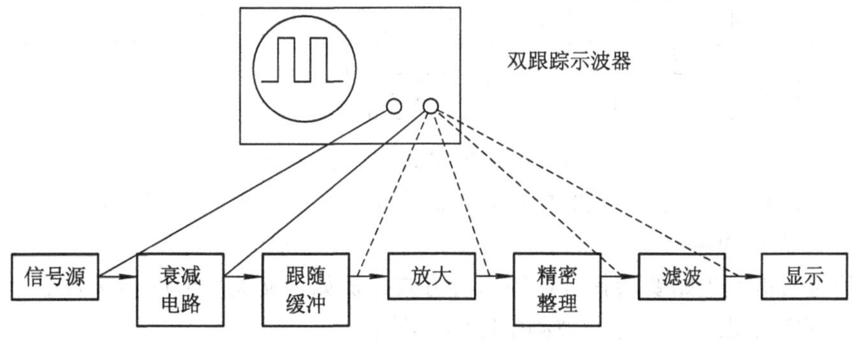

图 6-2-2　用示波器检测毫伏表电路示意图

显然，反向寻迹检测仅仅是检测的顺序不同。等分寻迹对于单元较多的电路是一种高效的方法。下面以某仪器时基信号产生电路为例说明这种方法。该电路由置于恒温槽中的晶体振荡器产生 5 MHz 信号，经 9 级分频电路，产生测试要求的 1 Hz 和 0.01 Hz 信号，如图 6-2-3 所示。

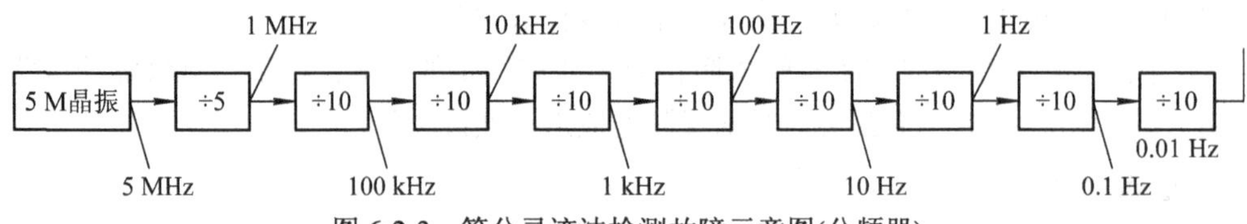

图 6-2-3　等分寻迹法检测故障示意图(分频器)

图 6-2-3 中，电路共有 10 个单元，如果第 9 单元有问题，采用正向法需测试 8 次才能找到。等分寻迹法是将电路分为两部分，先判定故障在哪一部分，然后将有故障的部分再分为两部分检测。仍以第 9 单元故障为例，用等分寻迹法测 1 kHz 信号，发现正常，判定故障在后半部分；再测 1 Hz 信号，仍正常，可确定故障在 9、10 单元，第三次测 0.1 Hz 信号，即可确定第 9 单元的故障。显然等分寻迹法效率大为提高。

等分寻迹法适用于多级串联结构的电路，且各级电路故障率大致相同，每次测试时间差不多的电路。对于有分支、有反馈或单元较少的电路则不适用。

2. 信号注入法

对于本身不带信号产生电路或信号产生电路有故障的信号处理电路采用信号注入法是有效的检测方法。所谓信号注入，就是在信号处理电路的各级输入端输入已知的外加测试信号，通过终端指示器(如指示仪表、扬声器、显示器等)或检测仪器来判断电路的工作状态，从而找出电路故障。例如，各种广播电视接收设备、收音机均是采用信号注入法检测的典型。

采用信号注入法检测时要注意以下几点。

(1) 信号注入顺序根据具体电路的不同可采用正向、反向或中间注入的顺序。

(2) 注入信号的性质和幅度要根据电路和注入点的变化而变化。例如，在图 6-2-4 中，越靠近扬声器的部分需要的信号越强，同样信号注入 C 点可能正常，信号注入 D 点可能会导致信号过强使放大器饱和失真。通常可以估测注入点工作信号作为注入信号的参考。

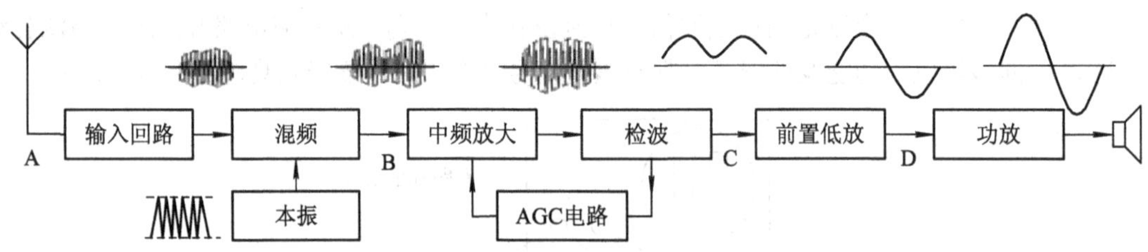

图 6-2-4　超外差式收音机方框图

(3) 注入信号时要选择合适的接地点，防止信号源和被测电路相互影响。一般情况下可选择靠近注入点的接地点。

(4) 信号与被测电路要选择合适的耦合方式。例如，交流信号应串接合适电容，直流信号应串接适当电阻，使信号与被测电路阻抗匹配。

(5) 信号注入有时可采用简单易行的方式，如收音机检测时就可用人体感应信号作为注入信号(即手持导电体碰触相应电路部分)进行判别。同理，有时也必须注意感应信号对外加信号检测的影响。

6.2.4 替换法

替换法是使用规格性能相同的正常元器件、电路或部件，代替电路中被怀疑有故障的相应部分，从而判断故障所在位置的一种检测方法，也是电路调试、检修中最常用、最有效的方法之一。实际应用中，按替换的对象不同，有以下三种方法。

1. 元器件替换

元器件替换除某些电路结构较为方便外(如带插接件的 IC、开关、继电器等)，一般都需拆焊，其操作比较麻烦且容易损坏周边电路或印制板，因此元器件替换一般只作为其他检测方法均难判别时才采用的方法，并且尽量避免对电路板做“大手术”。例如，怀疑某两个引线元器件开路，可直接焊上一个新元件进行试验；怀疑某个电容容量减小可再并上一只电容进行试验。

2. 单元电路替换

当怀疑某一单元电路有故障时，另用一台同样型号或类型的正常电路，替换待查机器的相应单元电路，可判定此单元电路是否正常。有些电路有相同的电路若干路，如立体声电路左右声道完全相同，可用于交叉替换试验。当电子设备采用单元电路多板结构时，替换试验是比较方便的。因此，对现场维修要求较高的设备，尽可能采用方便替换的结构，使设备维修性良好。

3. 部件替换

随着集成电路和安装技术的发展，电子产品迅速向集成度更高、功能更多、体积更小的方向发展，不仅元器件级的替换试验困难，单元电路替换也越来越不方便，过去十几块甚至几十块电路板的功能，现在用一块集成电路即可完成，在单位面积的印制板上可以容纳更多的电路单元。电路的检测、维修逐渐向板卡级甚至整体方向发展，特别是较为复杂的由若干独立功能件组成的系统，检测时主要采用的是部件替换方法。

部件替换试验要遵循以下三点要求。

(1) 用于替换的部件与原部件的型号、规格必须一致，或者是主要性能、功能兼容的，并且能正常工作的部件。

(2) 要替换的部件接口工作正常，至少电源及输入接口、输出接口正常，不会使替换部件损坏。这一点要求在替换前分析故障现象并对接口电源进行必要检测。

(3) 替换要单独试验，不要一次换多个部件。

最后需要强调的是，替换法虽是一种常用检测方法，但不是最佳方法，更不是首选方法。它只是在用其他方法检测的基础上对某一部分有怀疑时才选用的方法。对于采用微处理器的系统还应注意先排除软件故障，然后才进行硬件的检测和替换。

6.2.5 比较法

有时用多种检测手段及试验方法都不能判定故障所在，并不复杂的比较法却能出奇制胜。常用的比较法有整机比较法、调整比较法、旁路比较法及排除比较法等四种方法。

1. 整机比较法

整机比较法是将电子产品与同一类型正常工作的电子产品进行比较，查找故障的方法。这种方法对缺乏资料而本身又较复杂的设备，如以微处理器为基础的产品尤为适用。整机比较法是以检测法为基础的。对可能存在故障的电路部分进行工作点测定和波形观察，或者信号监测，比较好坏电子产品的差别，往往会发现问题。当然由于每台电子产品不可能完全一致，检测结果还要分析判断，这些常识性问题需要基本理论基础和日常工作的积累。

2. 调整比较法

调整比较法是通过调整整机可调元件或改变某些现状，比较调整前后电路的变化来确定故障的一种检测方法。这种方法特别适用于放置时间较长，或者经过搬运、跌落等外部条件变化引起故障的电子产品。正常情况下，检测电子产品时不应随便变动可调部件。但因为电子产品受外力作用时有可能改变出厂的设定值而引起故障，因而在检测时在事先做好复位标记的前提下可改变某些可调电容、电阻、电感等元件，并注意比较调整前后电子产品的工作状况。

有时还需要触动元器件引脚、导线、插接件或者将插件拔出重新插接，或者将怀疑有故障的印制板部位重新焊接等，注意观察和记录状态变化前后电子产品的工作状况，从而发现故障和排除故障。运用调整比较法时最忌讳乱调乱动，而又不作标记。调整和改变现状应一步一步改变，随时比较变化前后的状态，发现调整无效或向坏的方向变化时应及时恢复。

3. 旁路比较法

旁路比较法是用适当容量和耐压的电容对被检测电子产品电路的某些部位进行旁路比较的检查方法，适用于电源干扰、寄生振荡等故障。因为旁路比较实际上是一种交流短路试验，所以一般情况下先选用一种容量较小的电容，临时跨接在有疑问的电路部位和地之间，观察比较故障现象的变化。如果电路向好的方向变化，可适当加大电容容量再试，直到消除故障，根据旁路的部位可以判定故障的部位。

4. 排除比较法

有些组合整机或组合系统中往往有若干相同功能和结构的组件，调试过程中发现系统功能不正常时，不能确定引起故障的组件，这种情况下采用排除比较法容易确认故障所在。方法是逐一插入组件，同时监视整机或系统，如果系统正常工作，就可排除该组件的嫌疑，再插入另一块组件试验，直到找出故障。例如，某控制系统用 8 个插卡分别控制 8 个对象，调试中发现系统存在干扰，采用排除比较法，当插入第 5 块卡时干扰现象出现，确认问题出在第 5 块卡上，用其他卡代之，干扰排除。

注意

① 上述方法是递加排除，显然也可采用逆向方向，即递减排除。

② 这种多单元系统故障有时不是一个单元组件引起的，这种情况下应多次比较才可排除。

③ 采用排除比较法时注意每次插入或拔出单元组件都要关断电源，防止带电插拔造成系统损坏。

第 7 章　实用电子系统设计

电子系统的设计过程通常分为提出性能指标要求、方案论证、单元电路设计、软件设计、系统仿真、制作完成等几个步骤，但具体实现要根据设计要求进行调整。对于初学电子系统设计的学生来说，成功实现一个小的电子产品设计制作非常有意义，不但可以积累经验，掌握知识，而且对于提高自信心和增长兴趣也大有帮助。本章通过几个实用电子系统的设计实例来加深读者对系统设计的理解。

7.1　声光双控延时开关电路的设计

随着人们现代化生活水平的不断提高和国民经济的快速发展，电力的供需矛盾日益加剧，生产更多的电即意味着要消耗更多的煤、石油、天然气、核原料等不可再生资源，还会带来许多相应的环境问题。为此，我们应该从身边做起，珍惜并节约每一度电。所以，现在很多住宅楼道都安装了自动控制楼道灯。声光双控延时开关不仅适用于住宅区的楼道，而且也适用于工厂、办公楼、教学楼等公共场所，它具有体积小、外形美观、制作容易、工作可靠等优点，同时可避免长明灯带来的电能浪费，有着较好的节能效果。

7.1.1　设计要求

设计一个声光双控延时开关，使得该开关满足以下要求：

(1) 白天不亮，晚上亮。

(2) 晚上一有声音便能亮灯，并且时间持续在 1～5 分钟内灯是亮的。

(3) 该开关适用于人们活动时能发出声响的场合，保证人们在光亮条件下活动，人走或休息后灯即熄灭。

7.1.2　方案设计

本设计为制作声光双控延时开关。白天光照较强，开关不动作；夜晚光线较暗，通过话筒拾取声音信号，触发开关使灯点亮，自动延时一段时间后，开关断开，恢复原状。电路由电源电路、声音拾取电路、光线感知电路、延时电路和控制开关等组成，如图 7-1-1 所示。

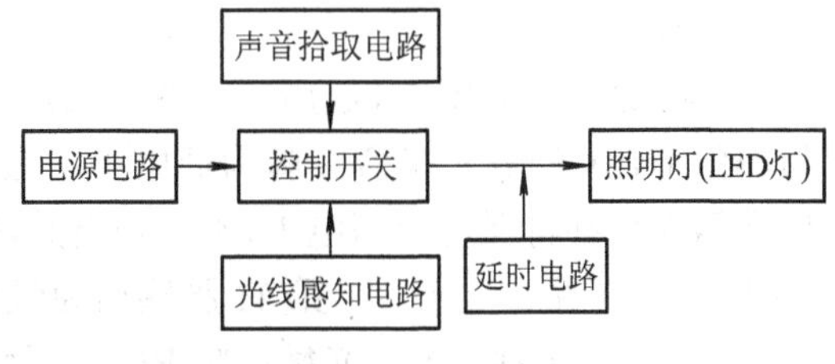

图 7-1-1　声光双控延时开关组成框图

7.1.3　电路原理图设计

方案一

电路原理图如图 7-1-2 所示。电路由声音拾取放大、光控电路、延时控制三部分组成。MIC、VT_1、R_1、R_2、R_3、C_1 组成话语放大电路，RG、R_6、R_7、R_8、VT_2 等组成光控电路，VT_3、VT_4、VD_1、C_3、R_9、K 等组成延时开关控制电路。

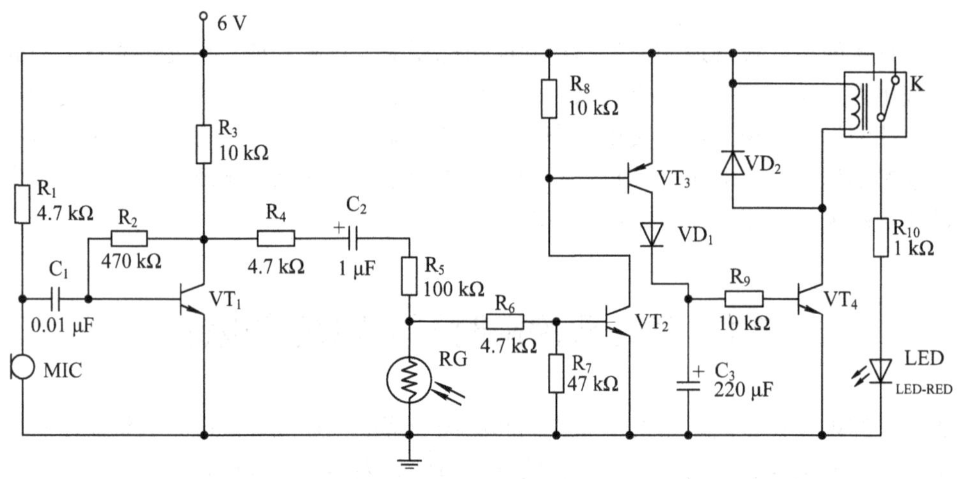

图 7-1-2　方案一电路原理图

在白天，光敏电阻 RG 收到较强光照，呈现低阻状态，VT_2 的基极为低电平，VT_2 是 NPN 管，所以 VT_2 截止。电源正极经过 R_8 送入 VT_3 的基极，VT_3 是 PNP 管，故当 VT_3 基极处于高电平时，VT_3 也截止。VT_4 是 NPN 管，其基极为低电平，故 VT_4 也处于截止状态，继电器 K 不动作，常开触点所接 LED 熄灭。

在晚间，由于光线较暗，RG 呈现较高电阻，此时，如果有拍手等突发的声音出现，则话筒 MIC 会接收到声音，并将其转换为电信号，该信号经过 C_1 送入由 VT_1 组成的放大器，放大后的信号经过 R_4、C_2、R_5、R_6 送入 VT_2 的基极，VT_2、VT_3 均开始导通，从 VT_3 的集电极输出的电信号经 VD_1 对 C_3 充电，这个充电过程很快，因此 VT_4 的基极也很快呈现高电平。VT_4 导通，继电器吸合，常开触点闭合，LED 点亮。当拍手的声音消失后，VT_2、VT_3 截止，但由于 C_3 上还存有电荷，通过 R_9 向 VT_4 放电，VT_4 维持导通，继电器 K 也继续处于吸合状态。C_3 随着放电的进行而储存的电荷逐渐减少，VT_4 的基极电位逐渐降低，直至截止，继电器 K 线圈失电，常开触点断开，LED 熄灭，完成一次延时控制过程。

方案二

电路原理图如图 7-1-3 所示。在白天，光线照射到光敏电阻 RG 上，其阻值变得较小，与非门 U1:A 的输入端第 2 脚为低电平，这样不论输入端第 1 脚是高电平还是低电平，输出端第 3 脚都将保持为高电平，不受声音脉冲的控制，U1:A 的输出高电平经过 U1:B、U1:C、U1:D 三次缓冲、反相后，第 11 脚输出为低电平，发光二极管 LED 熄灭。

在晚间，光线很暗，光敏电阻 RG 呈现较高阻值，使与非门 U1:A 的输入端第 2 脚变为高电平，U1:A 的输出状态将受到第 1 脚的电平控制，这为声音通道的开通创造了条件。在没有声音信号时，三极管 VT_1 工作在饱和导通状态，故 U1:A 的第 1 脚为低电平，发光二极管 LED 仍然处于熄灭状态。当附近有说话或者走路等声响时，驻极体话筒 MIC 拾取声音信号，经过 C_1 送到 VT_1 的基极，VT_1 将由饱和状态进入放大状态，V_1 的集电极由低电平变为高电平，并送至 U1:A 的第 1 脚，U1:A 的输出端第 3 脚将变为低电平，经过 U1:B 反相后，由第 4 脚输出高电平，该高电平通过二极管 VD_1 向电解电容 C_2 充电，因充电时间常数很小，C_2 很快就充满电，第 4 脚的高电平再经过 U1:C、U1:D 两次缓冲、反相后，第 11 脚输出高电平，发光二极管 LED 点亮。声音消失后，三极管 V_1 恢复饱和导通状态，U1:A 的第 1 脚变为低电平，输出端的第 3 脚变为高电平，经过 U1:B 反相后，输出端第 4 脚变为低电平。此时，由于有二极管 VD_1 起到的隔断作用，电解电容 C_2 只能通过电阻 R_5 缓慢放电，U1:C 的输入端仍将维持高电平，因此 U1:D 的输出端第 11 脚将继续维持高电平，LED 继续处于点亮状态。经过一段时间后，当电解电容 C_2 两端电压随着放电的持续而下降到低电平时，U1:C 的输出将变为高电平，再经过 U1:D 的反相后，其输出将变为低电平，LED 熄灭，完成一次声控过程。

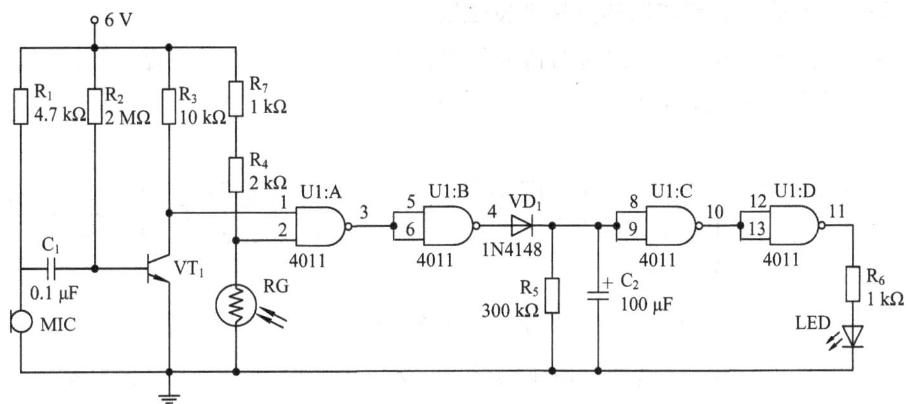

图 7-1-3　方案二电路原理图

7.1.4　电路调试

对于方案一，焊接完电路后，在接电调试时，可用深色塑料帽或深色胶带遮挡光敏电阻 RG 来模拟黑夜时的情形。当 RG 被遮挡后，轻敲话筒，LED 将被点亮；如果 RG 没有被遮挡，则再轻敲话筒，电路将不再动作，实现电路白天不工作的目的。为了便于观察，C_3 的取值较小，增加 C_3 的电容值，可以延长 LED 的点亮时间。

方案二中，电路延时时间的长短，取决于电阻 R_5 和电容 C_2 的放电时间常数，电阻或电容取值越大，延时时间越长，反之则越短。在本方案中，为了节约观察的时间，电容 C_2 的取值较小，通过增大 C_2 的容量可以使延时时间变长。在安装电子电路前，应仔细查阅电路所使用的集成电路的引脚排列图及使用注意事项，同时测量电子元件的好坏。

7.2　阶梯波发生器的设计

阶梯波是一种特殊波形，在一些电子设备和仪表中用处极大。产生阶梯波的方法也很多，本设计介绍一个由数字电路实现的阶梯波发生器电路。

7.2.1　设计要求

具体设计要求如下：

(1) 设计一个能产生周期性阶梯波的电路；

(2) 阶梯波周期为 20 ms 左右；

(3) 输出电压范围为 0～10 V；

(4) 阶梯个数为 4 个以上；

(5) 频率可调；

(6) 输出电压可调。

7.2.2　方案设计

方案一：基于 555 定时器的阶梯波发生器

电路由电压跟随器、555 定时器构成的多谐振荡器、六进制计数器、缓冲器、反相求和电路及反相器组成。其方框图如图 7-2-1 所示。

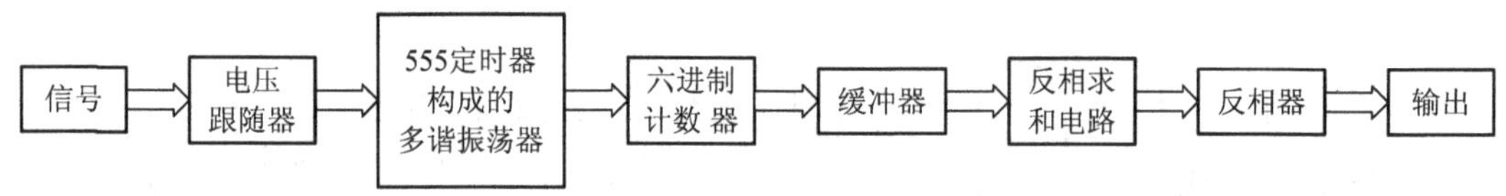

图 7-2-1　方案一框图

信号发生器产生的三角波通过电压跟随器进入 555 定时器构成的多谐振荡器，电路形成自激振荡，输出为矩形脉冲，输出的矩形脉冲通过六进制计数器进行计数，计数结果通过缓冲器进入反相求和电路进行波形相加，形成反相的阶梯波形，输出结果再通过反相器输出为正相阶梯波形。

方案二：基于 FPGA 的阶梯波发生器

该方案使用 FPGA 来实现。基于 FPGA 的阶梯波发生器的优点是可以进行功能仿真，而且 FPGA 的片内资源丰富，设计流程简单，通过 FPGA 所构成的系统可产生阶梯波形信号。这个系统既能和主机系统相连，并用相应的上层软件展示波形信号，又能方便程序的编写，这时外接数/模转换芯片就可以产生模拟信号的输出。其方框图如图 7-2-2 所示。

图 7-2-2　方案二框图

其中，信号产生模块将产生所需的阶梯波信号，该信号的产生可以有多种方式，如用计数器直接产生信号输出，或者用计数器产生存储器的地址，在存储器中存放信号输出的数据。信号控制模块可以由数据选择器实现。最后将波形数据送入 D/A 转换器，将数字信号转换为模拟信号输出。用示波器测试 D/A 转换器的输出可以观测到阶梯波信号的输出。

这两种方案在实现上相对来说，方案一更容易上手，但是从性能上来说，方案二更加优越。方案一采用的器件都是读者熟悉的元器件，如运放、电阻、计数器、反相器和555定时器等。所以，一方面为了将理论和实验有机联系起来，让读者对理论知识有一个更加感性的认识，另一方面读者大多没有学FPGA，在短期内要用FPGA来实现该电路功能，对读者来说有一定的难度，而且从成本上来说，FPGA成本较高，因此， 鉴于知识结构和成本等原因，建议选择方案一来实现阶梯波发生器电路。

7.2.3　单元电路设计

由电压跟随器、555 定时器构成的多谐振荡器、六进制计数器、缓冲器、反相求和电路及反相器组成的阶梯波发生器电路(见图 7-2-3)，需要信号发生器来作为信号源。用运算放大器、电阻和可调电阻构成的电压跟随器，具有电压跟随作用。555 定时器构成的多谐振荡器可形成自激振荡，产生矩形脉冲，电路的充放电常数决定波的周期，所以采用 555 定时器构成的多谐振荡器来控制阶梯波的周期。计数器 74LS290N 调为六进制计数，用来控制阶梯波的阶梯数。缓冲器用来缓冲信号。反相求和电路用来将信号相加，形成反相的阶梯波形，然后再通过反相器形成正相 6 个阶梯波的阶梯波形。

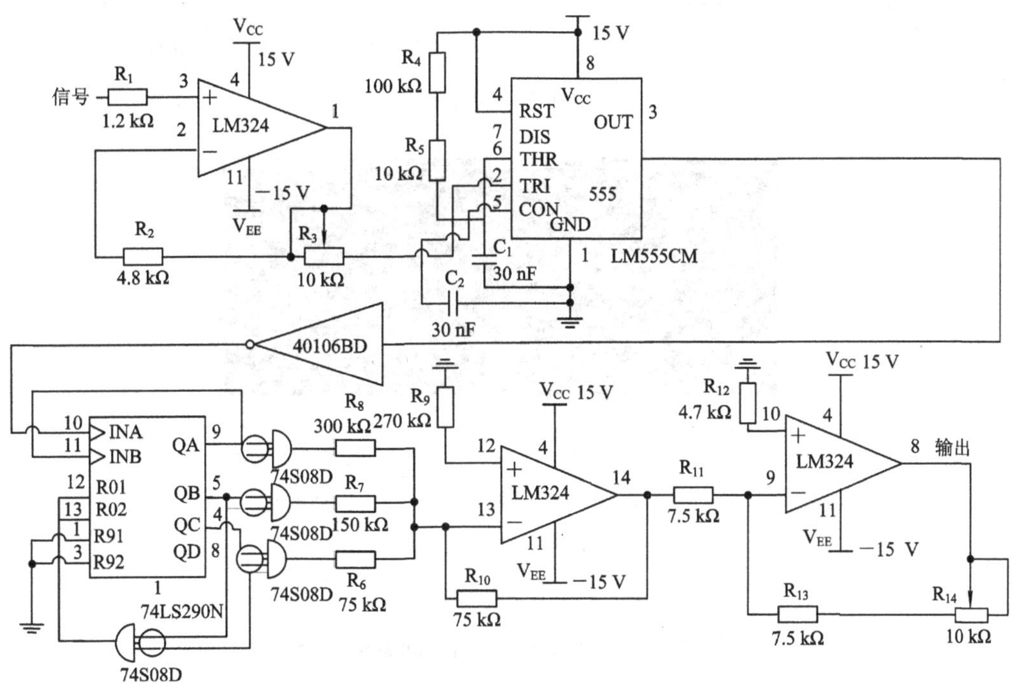

图 7-2-3　电路原理图

7.2.4　电路调试

为确保设计电路满足要求，使用 Multisim 仿真平台对所设计电路进行仿真，图 7-2-4 给出了仿真结果。在实际连线中，因为线路连线较多，应仔细检查，按模块化进行连接，以便修改。

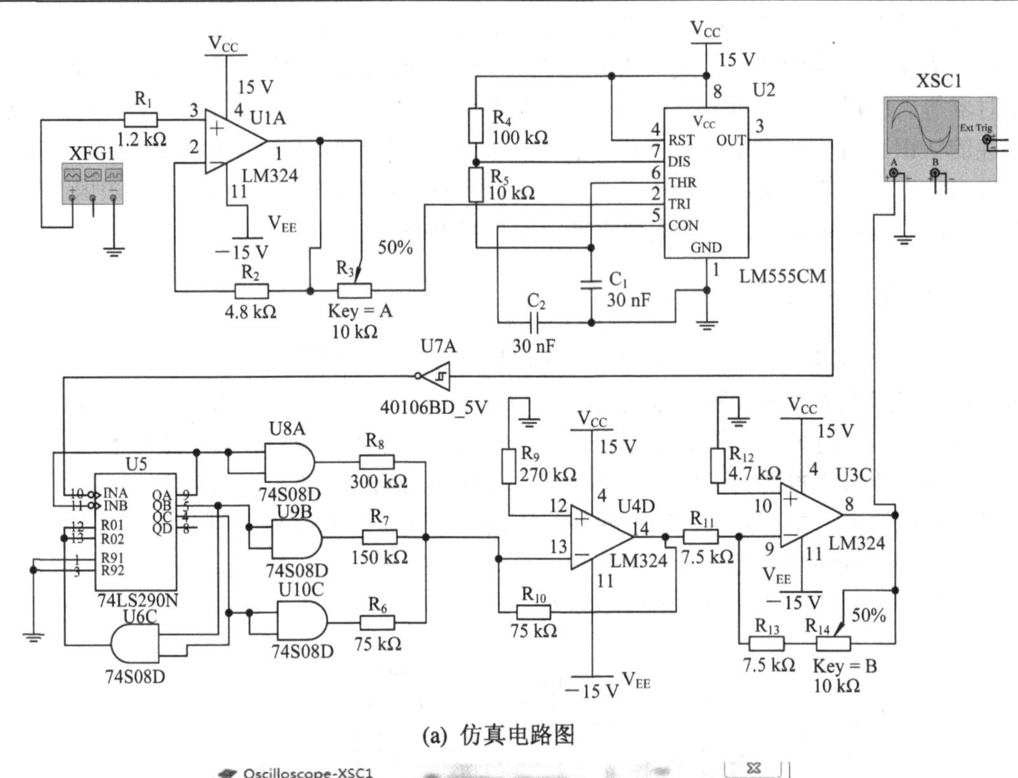

(a) 仿真电路图

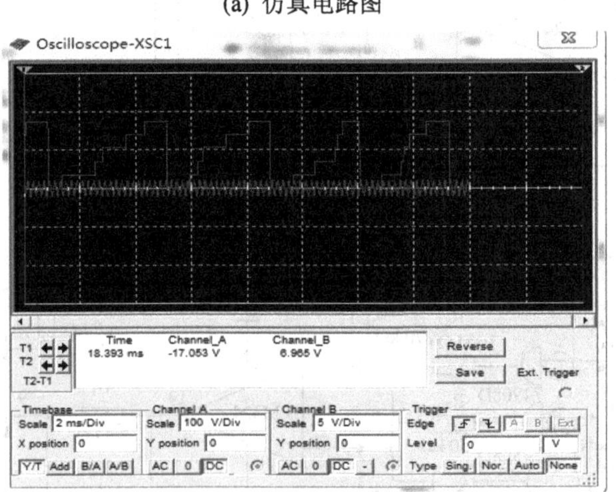

(b) 仿真结果

图 7-2-4　阶梯波发生器电路 Multisim 仿真结果

7.3　RC 有源宽带带通滤波器的设计

滤波器是一种能使有用频率信号通过而同时抑制无用频率信号的电子装置，工程上常用于信号处理、数据传输和抑制干扰等。有源滤波器通常由有源器件与 RC 网络组成，按照通带的性能，可分为低通(LPF)、高通(HPF)、带通(BPF)、带阻(BEF)滤波器。本节主要介绍 RC 带通滤波器的设计及实现。

7.3.1　设计要求

设计一个带通滤波器，其通带频率范围为 100 Hz～10 kHz，通带增益为单位增益。

7.3.2　方案设计

方案一：二阶有源带通滤波器

图 7-3-1 给出了二阶有源带通滤波器的原理电路，该电路中 R、C 组成低通网络，C_1、R_3 组成高通网络，两者串联就组成了带通滤波电路。

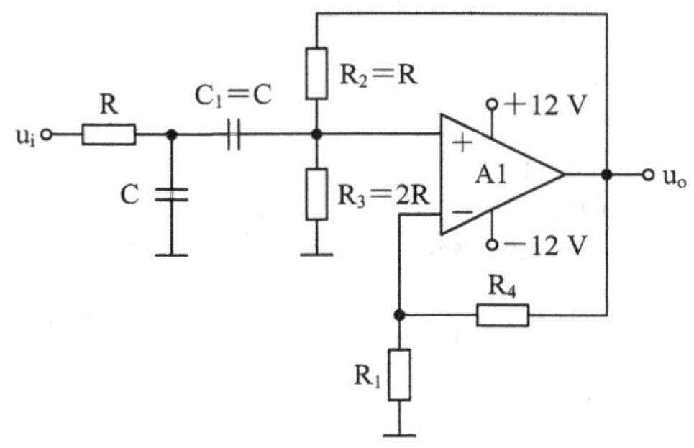

图 7-3-1　方案一原理电路

在满足 R_2=R，R_3=2R，C_1=C 的条件下，Q 值与中心频率 f_0 分别为

$$Q=\frac{1}{3-A_{uf}}=\frac{1}{2-R_4/R_3} \tag{7-3-1}$$

$$f_0=\frac{1}{2\pi\sqrt{R_1R_2C_1C_2}}=\frac{1}{2\pi RC} \tag{7-3-2}$$

式中，$A_{uf}=1+R_4/R_1$。

方案二：二阶有源低通滤波器与二阶有源高通滤波器

在满足 LPF 的通带截止频率高于 HPF 的通带截止频率的条件下，把 LPF 和 HPF 串接起来(如图 7-3-2 所示)，可以实现带通滤波响应。

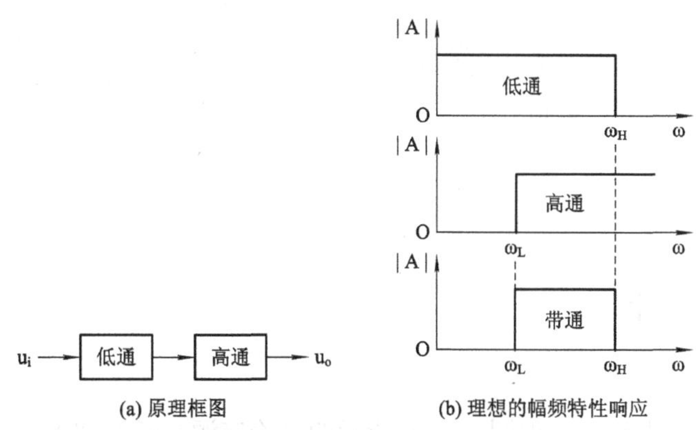

图 7-3-2　带通滤波器构成框图

(1) 二阶有源低通滤波器与二阶有源高通滤波器。

二阶有源低通滤波电路与二阶有源高通滤波电路分别如图 7-3-3(a)、(b)所示，它由两节 RC 滤波电路和同相比例放大电路组成。LPF 与 HPF 几乎具有完全的对偶性，将 LPF 中 R_1、R_2 和 C_1、C_2 位置互换就构成了 HPF，电路的特点是输入阻抗高，输出阻抗低。当满足 $R_1=R_2=R$，$C_1=C_2=C$ 时，滤波器的 Q 值与中心频率 f_0 分别为

$$Q=\frac{1}{3-A_{uf}} \tag{7-3-3}$$

$$f_0=\frac{1}{2\pi RC} \tag{7-3-4}$$

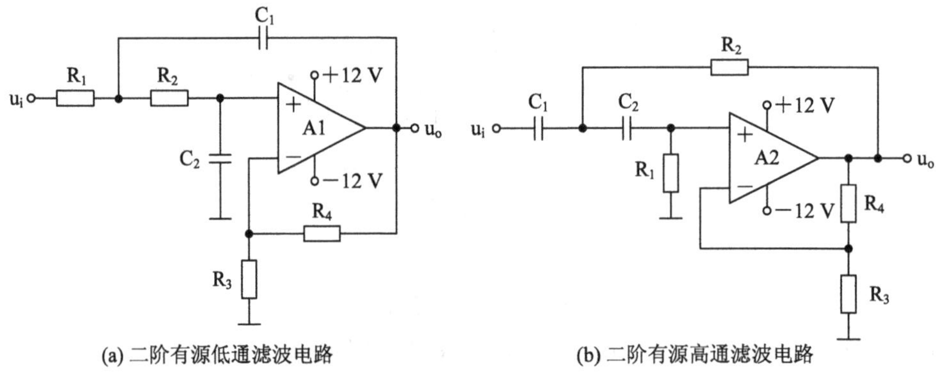

图 7-3-3　LPF 与 HPF

(2) 二阶有源带通滤波器。

根据方案二的设计思路，可以设计出有源带通滤波器的电路，如图 7-3-4 所示。用此方法构成的 BPF 的通带较宽，通带截止频率易于调整。

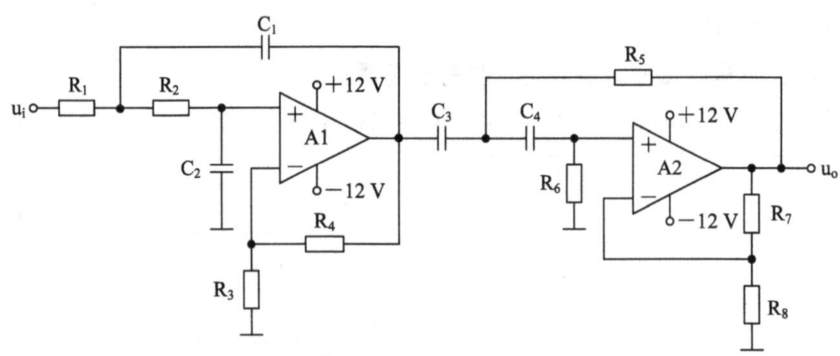

图 7-3-4　带通滤波器原理电路

7.3.3　单元电路设计

1. 电路设计

按照设计要求，设计一个如图 7-3-5 所示的二阶有源带通滤波器。有源器件采用集成运放 TL084 或 LM324。表 7-3-1 给出了巴特沃斯低通、高通电路阶数 n 与增益 G 的关系。

二阶巴特沃斯滤波器的 $A_{uf}=1.586$，因此，由两级串联得到的带通滤波器增益为$(A_{uf})^2=(1.586)^2\approx2.515$。由于带通滤波器的通带增益为单位增益，因此，在滤波器的输入端需增加一个由电阻组成的分压电路。

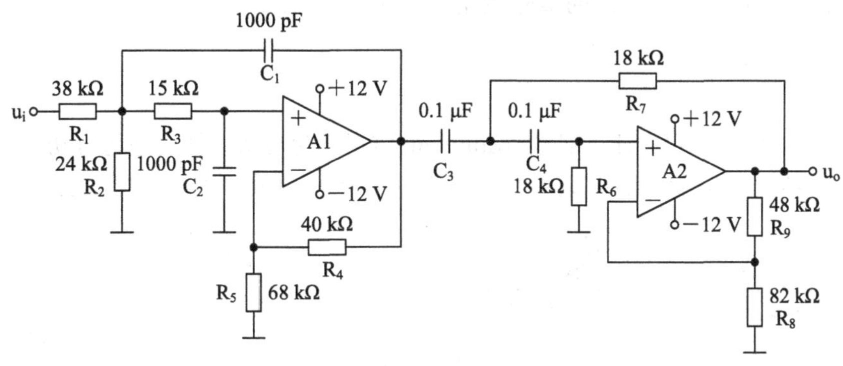

图 7-3-5　带通滤波器电路

表 7-3-1　巴特沃斯低通、高通电路阶数 n 与增益 G 的关系

阶数 n		2	4	6	8
增益 G	一级	1.586	1.152	1.608	1.038
	二级		2.235	1.586	1.337
	三级			2.483	1.889
	四级				2.610

2．参数计算

在元器件选用时，应当充分考虑元件参数误差对电路性能的影响。为确保在设计要求的 100 Hz 和 10 kHz 处的衰减不大于 3 dB，以额定频率 90 Hz 和 1 kHz 进行设计。

在运放电路中的电阻不易选择过大或过小，一般为几千欧姆至几十千欧姆较为合适。因此，选择低通级电路的电容值为 1000 pF，高通级电路的电容值为 0.1 μF，然后通过公式(7-3-2)可以计算出精确的电阻值。

如图 7-3-5 所示，对于低通级，由于已知 $C_1 = C_2 = 1000$ pF，$f_H = 1$ kHz，根据公式(7-3-2)计算出 $R_3 = 14.47$ kΩ，根据电阻的序列值选择 $R_3 = 15$ kΩ；对于高通级，已知 $C_3 = C_4 = 0.1$ μF，$f_L = 90$ Hz，可求得 $R_6 = R_7 \approx 18$ kΩ。

考虑到 $A_{uf}=1.586$，同时要使运放同相输入端和反相输入端对地的直流电阻基本相等，故选择 $R_5 \approx 68$ kΩ，$R_8 \approx 82$ kΩ，由此可计算出 $R_4=(A_{uf}-1)R_5 \approx 39.8$ kΩ，根据电阻系列标称值取 $R_4=40$ kΩ，$R_9=(A_{uf}-1)R_{10} \approx 48$ kΩ。

为达到设计要求所提出的通带增益为单位增益，信号源 u_i 通过 R_1、R_2 进行衰减，它的戴维南等效电阻值是 R_1 和 R_2 的并联值，这个电阻应当等于低通级电阻 R_3，因此，有

$$\frac{R_1 R_2}{R_1 + R_2} \approx R_3 = 15\,\text{k}\Omega \tag{7-3-5}$$

由于整个滤波电路通带增益是电压分压器比值和滤波器部分增益的乘积，故有

$$\frac{R_2}{R_1 + R_2} \cdot (A_{uf})^2 = 1 \tag{7-3-6}$$

联立式(7-3-5)和式(7-3-6)，得到 $R_1 = 35.7\ k\Omega$，$R_2 = 23.2\ k\Omega$。实际取 $R_1 = 38\ k\Omega$，$R_2 = 24\ k\Omega$。根据以上计算，设计出的实际电路如图 7-3-5 所示。

7.3.4　电路调试

为确保设计电路满足要求，使用 Multisim 仿真平台对所设计电路进行仿真，图 7-3-6 给出了仿真结果。在实际电路的连接中，应分级连接并测试，注意走线的整齐。

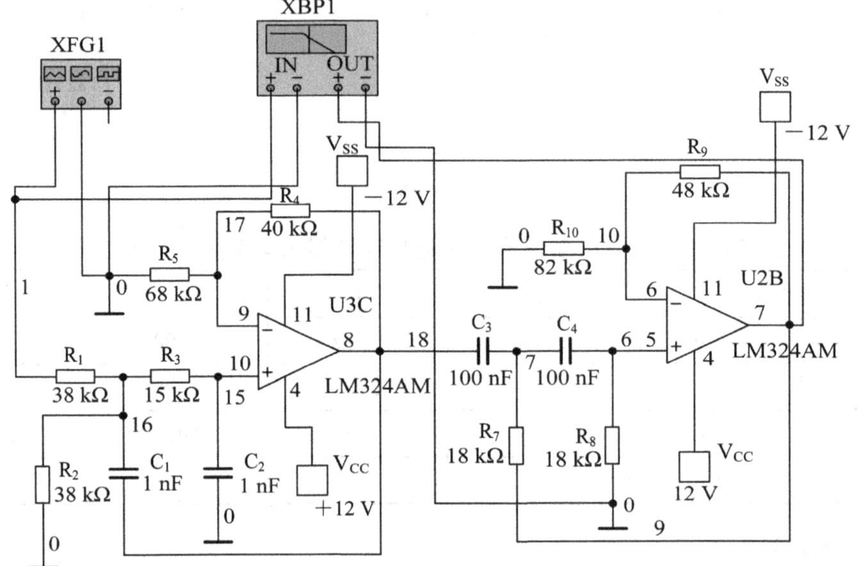

(a) 仿真电路图

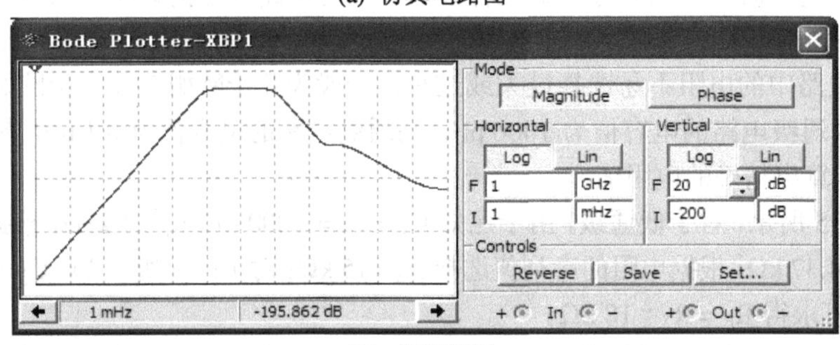

(b) 仿真结果

图 7-3-6　带通滤波器电路 Multisim 仿真结果

7.4　音频功率放大器的设计

目前，电子产品发展迅速，尤其是通信类、计算机类、消费类(音视频装置)发展之快，往往使人目不暇接。在这些产品中，音频功率放大器扮演了重要角色，起到了一定的作用。音频功率放大器是最实用、也是电子制作者最常选择的电路。

7.4.1　设计要求

用运放集成块 LM324、LM386 及喇叭、电位器、电容、电阻等元件设计语音功放电路，并要求：

(1) 话筒放大器：输入信号 $u_i \leqslant 10$ mV，输入阻抗 $R_i \geqslant 100$ kΩ，共模抑制比 $K_{CMR} \geqslant 60$ dB。

(2) 语音滤波器(带通滤波器)：带通频率范围为 300 Hz～3 kHz。

(3) 功率放大器：额定输出功率 $P_{om} \leqslant 1$ W，负载阻抗 $R_L = 16$ Ω，电源电压 10 V，频率响应 40 Hz～10 kHz。

(4) 输出端带 5～6 级音频电平显示，用 LED 指示灯指示电压的大小。

7.4.2　方案设计

音频功率放大器用来对音频信号进行功率放大。所谓功率放大，就是通过先放大信号电压，再放大信号电流，最终实现信号的功率放大。

方案一：采用 PWM 技术的音频功率放大器

采用 PWM 技术的音频功率放大器由两级构成，如图 7-4-1 所示。

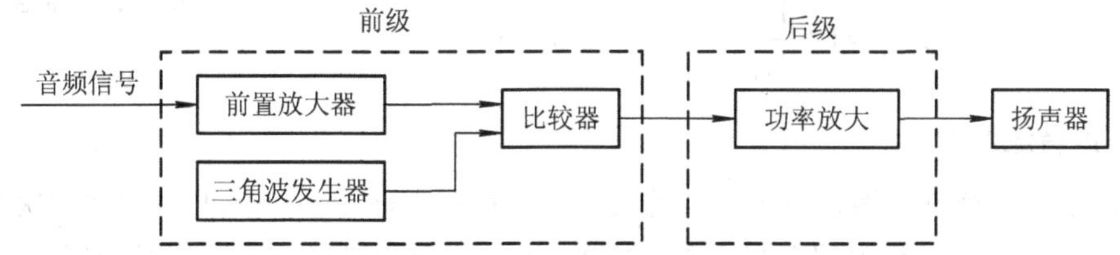

图 7-4-1　采用 PWM 技术的音频功率放大器框图

前级包括音频前置放大器、三角波发生器和比较器，主要完成音频信号的脉冲宽度调制(PWM)，将模拟音频信号转化为 PWM 波输出；后级为功率放大电路，主要完成电平转换和功率输出。

方案二：多级音频功率放大器

由于输入的音频信号较弱，直接放大难以达到技术要求，故需要在功率放大器前加装前置放大电路。图 7-4-2 给出了一个多级音频功率放大器整体框图。

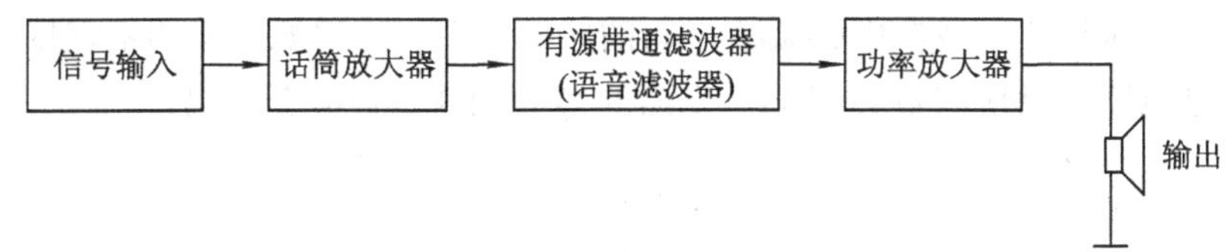

图 7-4-2　多级音频功率放大器整体框图

本节主要介绍以集成运放 LM324 和集成功放 LM386 为主要元件构成的一个多级音频功率放大器，通过各单元电路的设计，加深对模拟电子技术相关知识的理解和应用。

7.4.3　单元电路设计

首先根据设计要求确定整个语音放大电路的级数，再根据各单元电路的功能及技术指标分配各级的电压增益，最后确定各级电路的元件参数。由于话筒输出的信号一般为 5 mV 左右，因此根据设计要求，当语音放大器的输入信号为 5 mV、输出功率为 1 W 时，系统的总电压放大倍数 A_u=566，考虑到电路损耗的情况，取 A_u=600。所以系统各级电压放大倍数可分配为话筒放大器 7.5 倍，语音滤波器 2.5 倍，功率放大器 32 倍。

1. 话筒放大器

由于话筒输出信号一般只有 5 mV 左右，而共模噪声可能高达几伏，故放大器的输入漂移和噪声因数以及放大器本身的共模抑制比都是在设计中要考虑的重要因素。话筒放大电路应该是一个高输入阻抗、高共模抑制比、低漂移且能与高阻话筒配接的小信号前置放大器电路。由于受到运放增益带宽的限制，该级增益不宜太大，一般取 A_u=7.5。话筒放大器的电路原理如图 7-4-3 所示，其中，R 为均压电阻，10 μF 的电容为耦合电容，A1 组成的同相放大器具有很高的输入阻抗，其放大倍数 A_{u1} 为

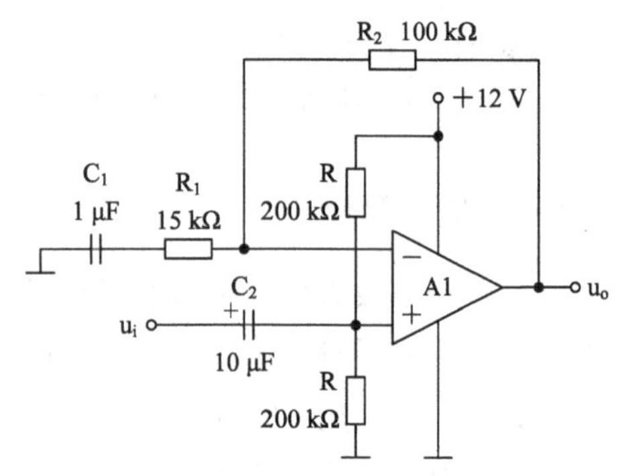

图 7-4-3　话筒放大器电路

$$A_{u1} = 1 + \frac{R_2}{R_1} \tag{7-4-1}$$

2. 语音滤波器

声音是通过空气传播的一种连续的波。一般把频率低于 20 Hz 的声波称为次声波，频率高于 20 kHz 的声波称为超声波，这两类声音人耳是听不到的。人耳可以听到的声音频率在 20 Hz～20 kHz 之间，称为音频信号。人的发音器官可以发出的声音频率在 80 Hz～3.4 kHz 之间，但说话的信号频率通常在 300 Hz～3 kHz 之间，我们把这种频率范围的信号称为语音信号。

语音滤波器实际上是二阶有源带通滤波器。根据语音信号的特点，所设计的带通滤波器的频率范围应在 300 Hz～3 kHz 之间，这个频率范围就是语音滤波电路的带宽 B_W。将低通滤波器电路和高通滤波器电路串联起来就构成了带通滤波器，条件是低通滤波器的上限截止频率 f_H 要大于高通滤波器的下限截止频率 f_L，两者覆盖的带通可形成带通响应。滤波器的最大输出电压峰值出现在中心频率为 f_0 的频率点上。带通滤波器的带宽越窄，选择性越好，也就是电路的品质因数 Q 越高。电路的 Q 值可用式(7-4-2)求出：

$$Q = \frac{f_0}{B_W} \tag{7-4-2}$$

由式(7-4-2)可知，高 Q 值的滤波器带宽较窄，但输出电压较大；低 Q 值的滤波器有较宽的带宽，但输出电压较小。

图 7-4-4 给出了带通滤波器参考电路，用该方法构成的带通滤波器的通带较宽，通带截止频率易于调整，因此多用于测量信号噪声比(S/N)的音频带通滤波器电路中，它能抑制低于 300 Hz 和高于 3 kHz 的信号。

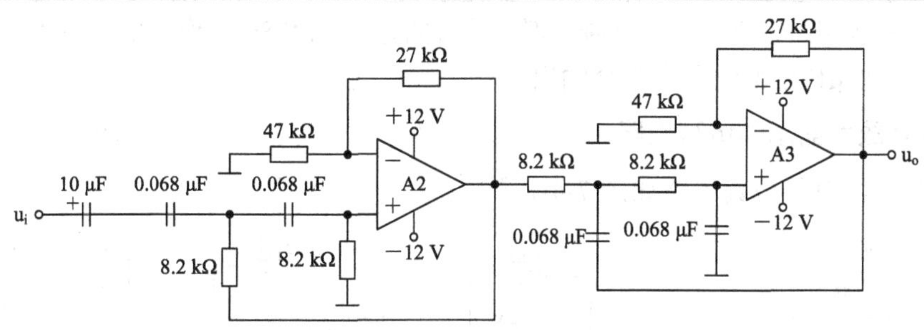

图 7-4-4　带通滤波器电路原理图

3. 功率放大器

功率放大器的作用是将前级电路送来的微弱电信号进行放大，从而推动扬声器完成电(信号)—声(信号)的转换过程。它要求功率放大电路的输出功率应尽可能大，转换效率应尽可能高，非线性失真应尽可能小。

功率放大器的电路形式很多，本节介绍的音频功率放大电路中所采用的集成芯片 LM386 是美国国家半导体公司生产的低电压小功率音频功率放大集成电路，采用 8 脚双列 DIP 直插封装，其引脚图如图 7-4-5 所示，2 脚是反相输入端，3 脚是同相输入端，信号 u_i 可以从任意一端输入，6 脚接电源正极，4 脚接地，5 脚是输出端，1、7、8 脚用以改善放大器性能。

LM386 的主要电参数如下：

(1) 工作电压范围：4～12 V；

(2) 静态电流典型值：4 mA；

(3) 失真度典型值：0.2%；

(4) 电压增益在 20～200 倍(26～46 dB)范围内可调；

(5) 最大输出功率：660 mW；

(6) 带频宽度：330 kHz；

(7) 典型输入阻抗：50 kΩ。

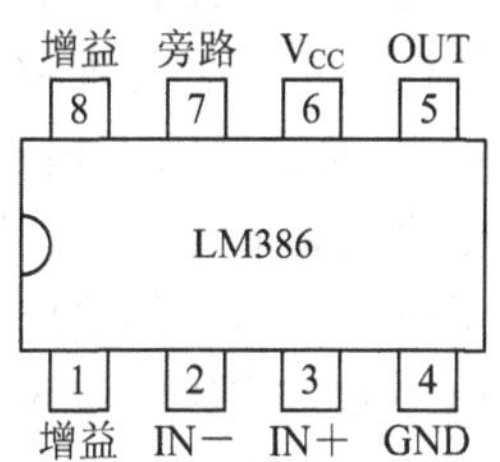

图 7-4-5　LM386 芯片引脚图

由 LM386 所构成的功率放大电路如图 7-4-6 所示，若在 LM386 的 1 脚、8 脚之间接一较大电容，则电路的增益可达 200 倍；若将 1 脚、8 脚开路，则放大器的负反馈最强，电路的增益为 20 倍。因此，在 1 脚、8 脚之间接电位器和电容，调节电位器，可以使集成功放的电压增益在 20～200 之间任意调整。电路中的输入信号经电容接入同相输入端 3 脚，反相输入端 2 脚接地，故构成单端输入方式。由于采用单电源工作，因此须将输出端(5 脚)通过大容量电容 220 μF 输出以构成 OTL 电路。10 Ω 电阻和 0.047 μF 电容构成扬声器补偿网络，可吸收扬声器的反电动势，用以抵消扬声器线圈电感在高频时产生的不良影响，从而改变功率放大电路的高频特性和防止高频自激。4 脚为接地端，6 脚以及所接的电容为正电源端和电源滤波电容，滤波电容

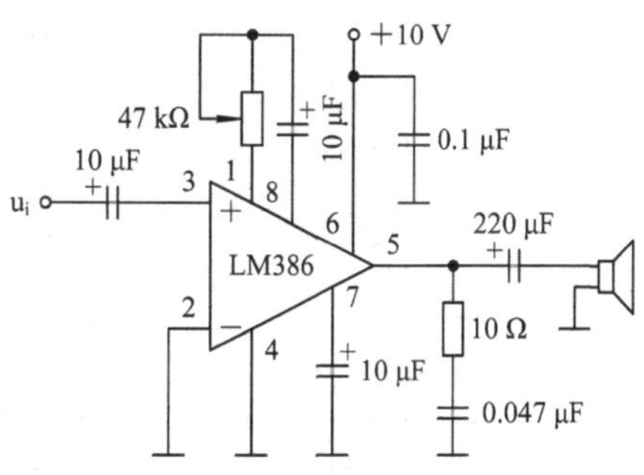

图 7-4-6　功率放大电路

可降低电源高频阻抗，防止电路高频自激，其目的是使 LM386 工作稳定。7 脚接旁路电容，大容量电容 220 μF 还可以隔直耦合输出。

4. 语音放大器总体仿真电路

语音放大器总体仿真电路如图 7-4-7 所示。

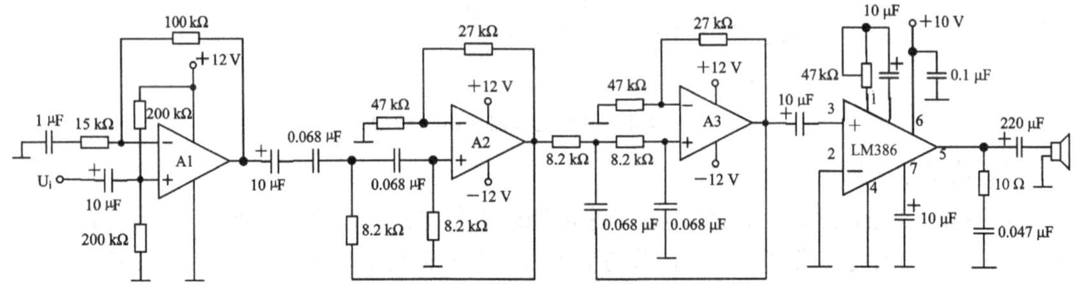

图 7-4-7　语音放大器总体仿真电路

通过 Proteus 仿真软件可仿真电路，并设置相应信号源参数；通过示波器可观察各级的输出波形，并测量相关参数。

5. 电平显示电路

用运算放大器 LM324(作比较器用)来实现实验要求，即通过基准电平对电压进行分配，然后再通过放大比较器对输入交流信号进行判断，当达到所需电压时各灯依次亮起，这种方法结构简单，容易理解，误差较小。通过功放输出信号与原先设置好的不同参考电压进行比较(即通过运放同相与反相输入端电压比较)，运放输出端则连接发光二极管，如果功放输出比设置的电压大，则功放输出驱动发光二极管点亮。因为设置的电压为 4 个不同的值，所以 4 个运放的输出也不同。由点亮的 LED 个数则可判断功放输入信号的大小。

电平显示模块中接入一个 6V 电压源，串联 5 个 1kΩ 的电阻，如图 7-4-8 所示，将串联节点中的 4 个以分压式的接法分别接入 LM324 的 4 个负极输入端。再在 4 个输出端口分别接 4 个 0.5 kΩ 的保护电阻，并分别在保护电阻后接入 4 个 LED，再将 4 个 LED 接地。

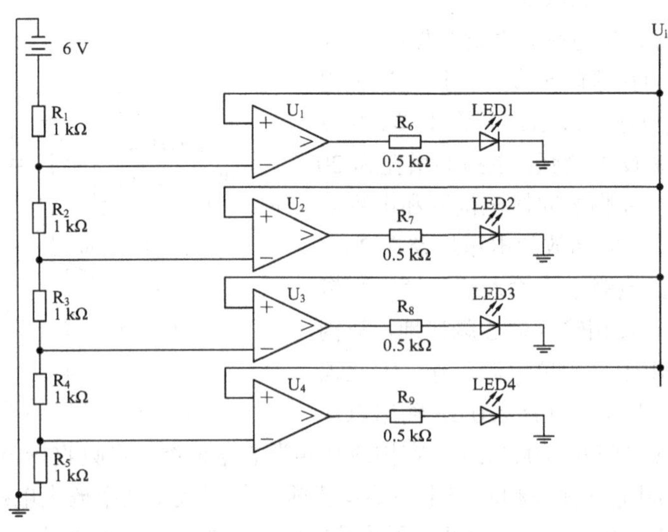

图 7-4-8　电平显示电路

最后将 LM324 的 4 个正极输入端全部用导线连起来接一个 U_i 作为控制信号。通过调节 U_i 的大小使 4 个 LED 分别在 1.2 V、2.4 V、3.6 V 和 4.8 V 亮起(也就是说当 U_i 达到 1.2 V 时亮一个，达到 2.4 V 时亮两个，再亮一个的同时前面的 LED 不会熄灭，以此类推直到 4 个 LED 在 4.8 V 时全部亮起)。

7.4.4　电路调试

在安装电子电路前，应仔细查阅电路所使用的集成电路的引脚排列图及使用注意事项，同时测试电子元件的好坏。

(1) 通电观察。接通电源后，先不要急于测试，首先观察功放电路是否有冒烟、发烫等现象。若有，应迅速切断电源，重新检查电路，排除故障。

(2) 静态测试。将功率放大器的输入信号接地，测量输出端对地的电位应为 0 V 左右，电源提供的静态电流一般为几十毫安左右。若不符合要求，应仔细检查外围元件及接线是否有误；若无误，可考虑更换集成功放器件。

(3) 动态测试。在功率放大器的输出端接额定负载电阻 R_L(代替扬声器)的条件下，功率放大器输入端加入频率等于 1 kHz 的正弦波信号，调节输入信号的大小，观察输出信号的波形。若输出波形变粗或带有毛刺，则说明电路发生自激振荡，应尝试改变外接电路的分布参数，直至自激振荡消除。然后逐渐增大输入电压，观察测量输出电压的失真及幅值，计算输出最大不失真功率。改变输入信号的频率，测量功率放大器在额定输出功率下的频带宽度是否满足设计要求。

(4) 整机联调。将每个单元电路互相级联，进行系统调试。用 8 Ω/8 W 的扬声器代替负载电阻 R_L，输入端加入声音信号，驱动扬声器工作。

7.5　函数信号发生器的设计

函数信号发生器是一种信号发生装置，能产生某些特定的周期性时间函数波形(如正弦波、方波、三角波、锯齿波和脉冲波等)信号，频率范围可从几个微赫到几十兆赫。除供通信、仪表和自动控制系统测试用外，还广泛用于其他非电测量领域。

7.5.1　设计要求

设计一个函数信号发生器，要求能够输出三角波、正弦波和方波，而且要求频率、幅度可调。具体要求和设计指标如下：

(1) 设计一个函数信号发生器，要求能够输出三角波、正弦波和方波。

(2) 频率范围为 10 Hz～100 kHz，并且频率连续可调。

(3) 输出电压为正弦波、三角波时 $U_{pp} > 5$ V，为方波时 $U_{pp} > 10$ V，并且电压连续可调，方波占空比可调。

7.5.2　方案设计

函数信号发生器电路中使用的主要器件可以是分立器件，也可以是集成器件，因此产生方波、正弦波、三角波的方案有多种。

首先选用分立器件来实现，设计思路是采用 555 定时器构成多谐振荡器产生方波和三角波，然后分别通过积分、低通滤波、带通滤波以及电压比较器等电路输出锯齿波、正弦波 1、正弦波 2 和脉冲波，具体电路框图如图 7-5-1 所示。

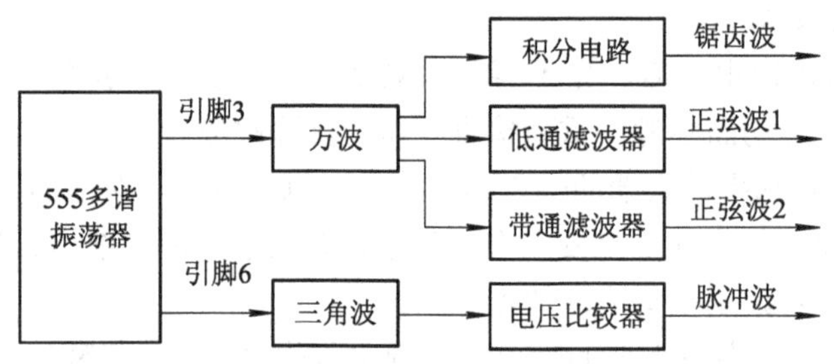

图 7-5-1　555 定时器构成的函数信号发生器框图

目前函数信号发生器专用集成芯片有 XR2206/2207/2209、5G8038、MAX038、ICL8038、BA205 等多种选择。比如 ICL8038，它是一种具有多种波形输出的精密振荡集成电路，只需调整个别的外部元件就能产生 0.001 Hz～300 kHz 的低失真正弦波、三角波、矩形波等波形信号，输出波形的频率和占空比还可以由电流或电阻控制。另外由于该芯片具有调频信号输入端，因此可以用来对低频信号进行频率调制。其电路原理框图如图 7-5-2 所示。

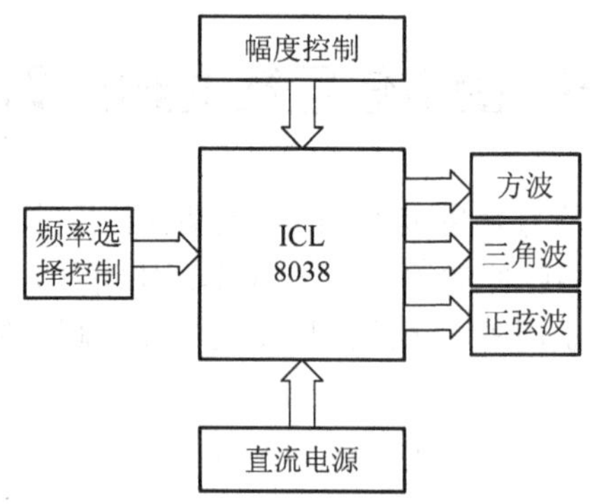

图 7-5-2　ICL8038 构成的函数信号发生器原理框图

7.5.3　单元电路设计

1. 分立器件构成的函数信号发生器

电路主要采用 555 定时器、集成运算放大器以及基本的电阻、电容来构成函数信号发生器，其具体电路原理图如图 7-5-3 所示。

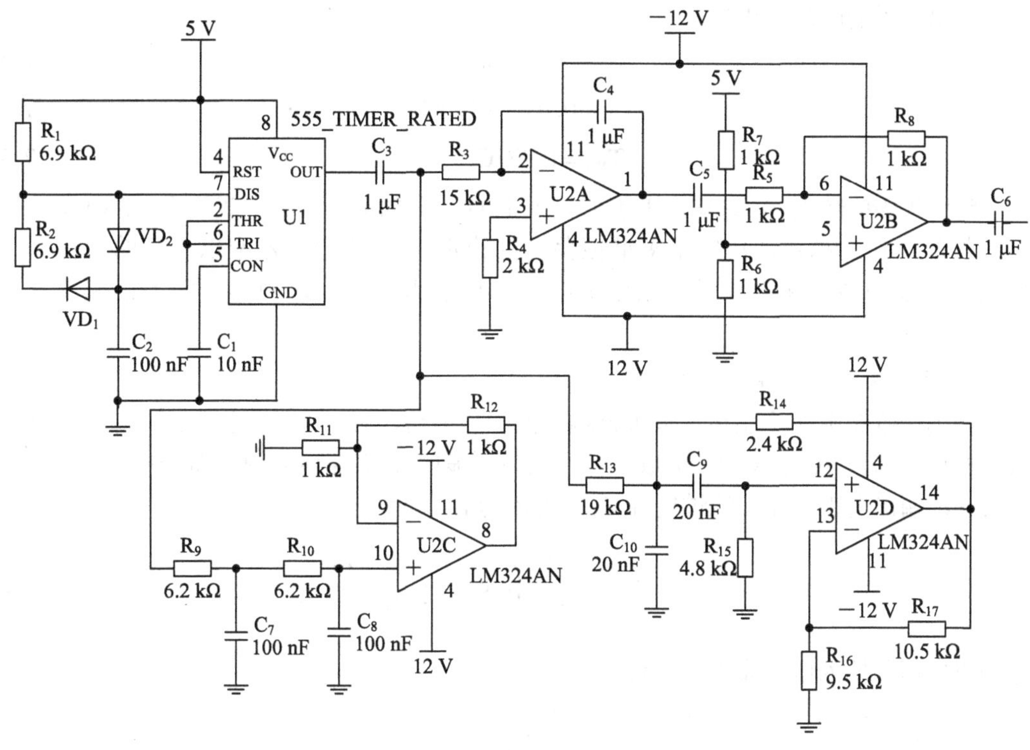

图 7-5-3　555 定时器构成的函数信号发生器原理图

1) 方波发生电路的设计与计算

如图 7-5-4(a)所示是由 555 定时器和外接元件 R_1、R_2、C_2 构成的多谐振荡器，脚 2 与脚 6 直接相连。电路没有稳态，仅存在两个暂稳态，电路亦不需要外加触发信号，利用电源通过 R_1 向 C_2 充电，以及 C_2 通过 R_2 向放电端 7 放电，使电路产生振荡。电容 C_2 在 $V_{CC}/3$ 和 $2V_{CC}/3$ 之间充电和放电，其波形如图 7-5-4(b)所示。

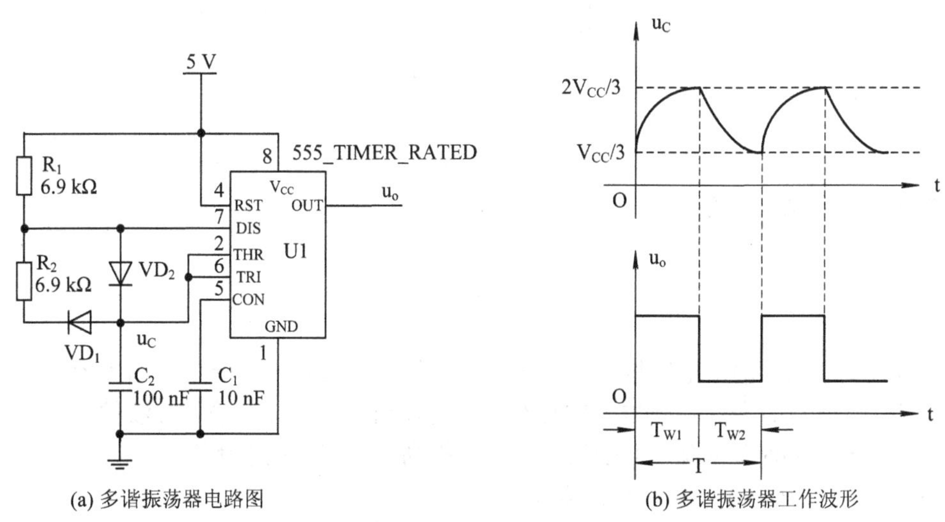

(a) 多谐振荡器电路图　　　　(b) 多谐振荡器工作波形

图 7-5-4　555 定时器构成的多谐振荡器

输出信号的时间参数为

$$T = T_{W1} + T_{W2} \tag{7-5-1}$$

$$T_{W1} = 0.7(R_1 + R_2)C_2 \tag{7-5-2}$$

$$T_{W2} = 0.7R_2C_2 \tag{7-5-3}$$

555 电路要求 R_1 与 R_2 均应大于或等于 1 kΩ，但 R_1+R_2 应小于或等于 3.3 MΩ。

外部元件的稳定性决定了多谐振荡器的稳定性，555 定时器配以少量的元件即可获得较高精度的振荡频率并具有较强的功率输出能力，因此这种形式的多谐振荡器应用很广。

2) 三角波发生电路的设计与计算

如图 7-5-5 是一个由运算放大器构成的积分电路，可将方波转换为三角波。当运算放大器的放大倍数 A_u 很大时，运放两输入端为“虚地”，忽略流入放大器的电流，令输入电压为 u_i，输出电压为 u_o，流过电容 C_4 的电流为 i，则有

$$u_o \approx -\frac{1}{C_4}\int i\,dt \approx -\frac{1}{C_4R_3}\int u_i\,dt \tag{7-5-4}$$

即输出电压与输入电压成积分关系。

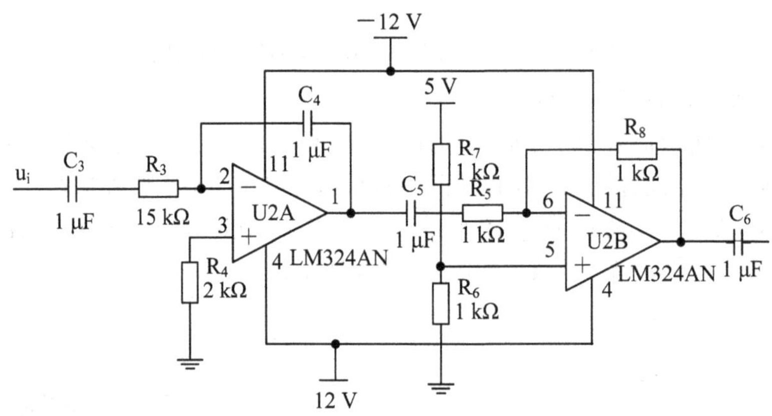

图 7-5-5　三角波产生电路

当 u_i 为固定值时，有

$$u_o \approx -\frac{u_i}{C_4R_3}t \tag{7-5-5}$$

式(7-5-5)表明：输出电压按一定比例随时间呈直线上升或下降。当输入为方波时，输出便成为三角波。此外，由于电容的存在，使得输出的三角波在输入方波频率一定的时候也能适当调整，同时又滤除了其他波的干扰，提高了系统的抗干扰性。

3) 基波正弦波产生电路的设计与计算

基波正弦波产生电路采用有源低通二阶滤波电路构成，二阶压控电压源低通滤波电路

由两个 RC 环节和反相比例放大电路构成。图 7-5-6 为输入方波、输出正弦波的设计电路。

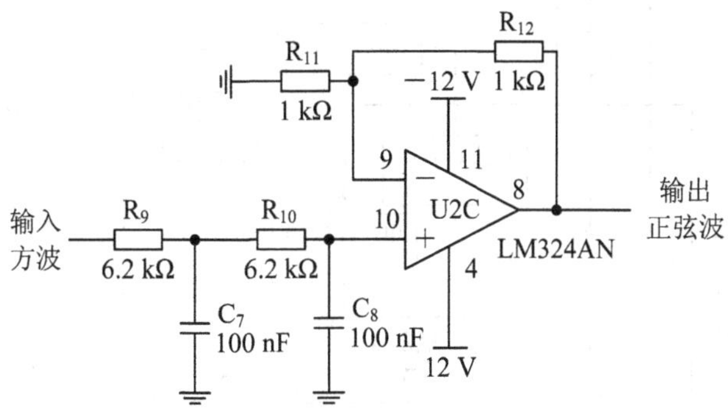

图 7-5-6 正弦波电路

4) 三次正弦波产生电路的设计

三倍频率的正弦波通过带通滤波器对输入的方波滤波，提取出三次谐波，经放大后输出三倍频率正弦波。本实例中，两个 RC 电路分别构成低通、高通滤波电路，然后级联，构成带通滤波电路，对电阻 R_{13}、R_{15} 及电容 C_9、C_{10} 进行调节，从而实现对三次谐波的提取，如图 7-5-7 所示。

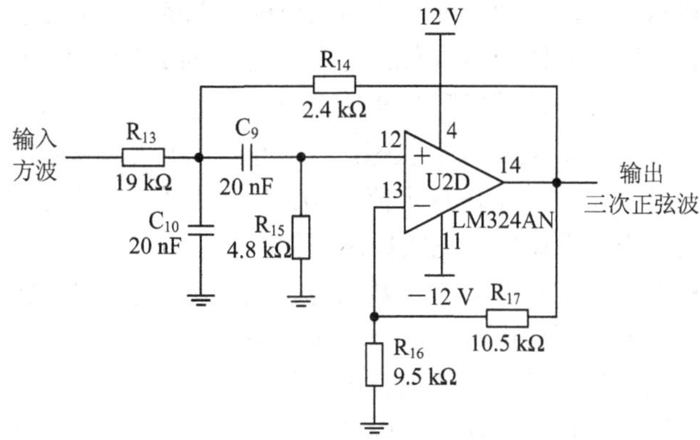

图 7-5-7 三次谐波电路

2. 集成芯片 ICL8038 构成的函数信号发生器

ICL8038 是单片集成函数信号发生器，引脚功能如图 7-5-8 所示，其内部框图如图 7-5-9 所示。

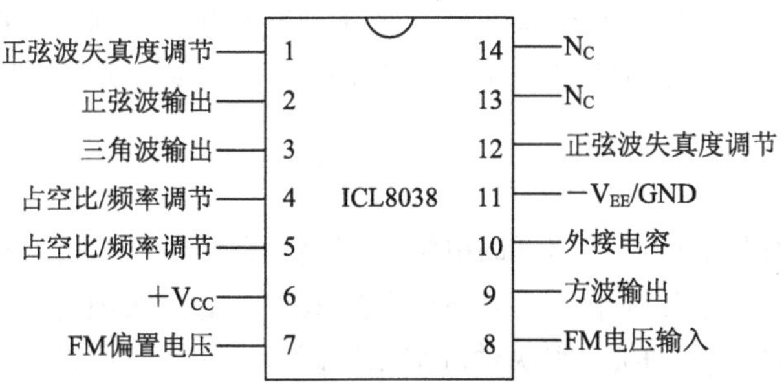

图 7-5-8 ICL8038 引脚功能图

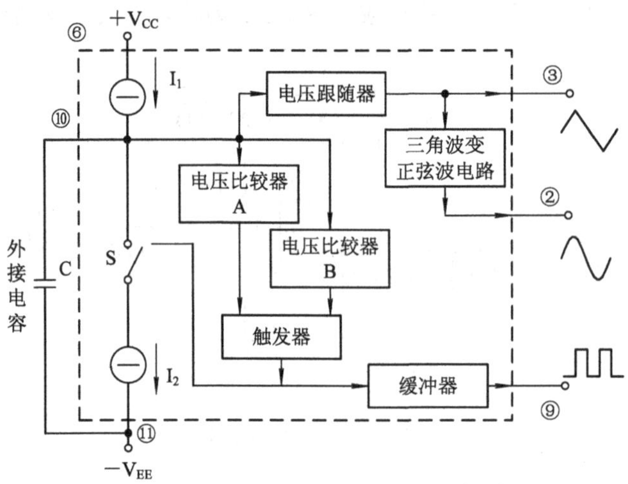

图 7-5-9　ICL8038 内部框图

ICL8038 由恒流源 I_1 和 I_2、电压比较器 A 和 B、触发器、缓冲器和三角波变正弦波电路等组成。振荡电容 C 由外部接入，它是由内部的两个恒流源来完成充电放电过程。恒流源 I_2 的工作状态是由恒流源 I_1 对电容 C 连续充电，增加电容电压，从而改变比较器的输入电平，使比较器的状态改变，带动触发器翻转来连续控制的。当触发器的状态使恒流源 I_2 处于关闭状态，电容电压达到比较器 A 输入电压规定值的 2/3 倍时，比较器 A 状态改变，使触发器工作状态发生翻转，将模拟开关 S 接至垂直状态。由于恒流源 I_2 的工作电流值为 $2I_1$，是恒流源 I_1 的 2 倍，电容处于放电状态，在单位时间内电容器端电压将线性下降，当电容电压下降到比较器 B 的输入电压规定值的 1/3 时，比较器 B 状态改变，使触发器又翻转回原来的状态，这样周期性循环，完成振荡过程。

在以上基本电路中很容易获得 4 种函数信号，假如电容器在充电过程和放电过程的时间常数相等，而且在电容器充放电时，电容电压就是三角函数，则三角波信号由此获得。由于触发器的工作状态变化时间也是由电容电压的充放电过程决定的，所以，触发器的状态翻转，就能产生方波函数信号，在芯片内部，这两种函数信号经缓冲器功率放大，并从引脚 3 和引脚 9 输出。

适当选择外部电阻和电容可以满足方波函数等信号在频率、占空比调节方面的全部范围。因此，对两个恒流源在 I_1 和 I_2 电流不对称的情况下，可以循环调节，从最小到最大，任意选择调整。所以，只要调节电容器充放电时间不相等，就可以获得锯齿波等函数信号。

正弦函数信号由三角波函数信号经过非线性变换而获得。利用二极管的非线性特性，可以将三角波信号的上升或下降斜率逐次逼近正弦波的斜率，并从引脚 2 输出正弦波函数信号。

1) 占空比调节

所有信号波形对称都可由外部可调电阻来调整。有两种方法可实现占空比调整，如图 7-5-10 所示。一种是通过分别单独调节外部电阻 R_A 和 R_B，实现对占空比的调节；另一种是同时调节外部电阻 R_A 和 R_B，实现对占空比的调节。相比较而言，第一种方法在调节占空比的精度上要优于第二种方法，其电路连接如图 7-5-10(a)所示。R_A 控制三角波、正弦波的上升部分。当 $R_A=R_B$ 时，占空比为 50%。如果占空比仅在 50%内小范围变化，可选择图 7-5-10(b)所示的连接方式。

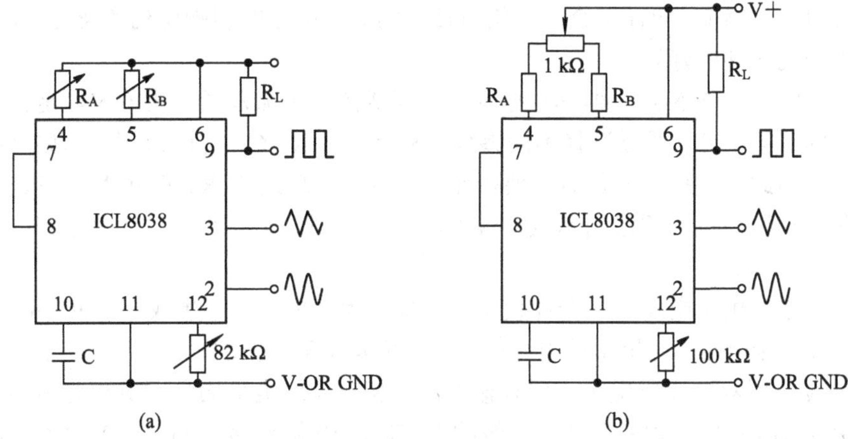

图 7-5-10　调节占空比电路图

2) *频率调节原理*

对输出的函数信号进行频率调节可通过 10 引脚连接外接电容及 12 引脚连接电位器进行调节。可在 10 引脚处外接一个拨动开关，用于调节外接电容的大小，当开关打到容量小的电容时，充放电所需的时间就短，发出的信号频段就高；当开关打到容量大的电容时，充放电所需的时间就长，发出的信号频段就低。而 12 引脚接的电位器则是在所在频段中调整频率。

3) ICL8038 *的典型应用*

ICL8038 的典型应用电路如图 7-5-11 所示。图中，4、5 引脚外接可调式电阻，阻值范围为 1 kΩ～1 MΩ，用于改变振荡频率以及矩形波的占空比。10 引脚通过开关外接不同容值的电容，也可影响振荡频率。

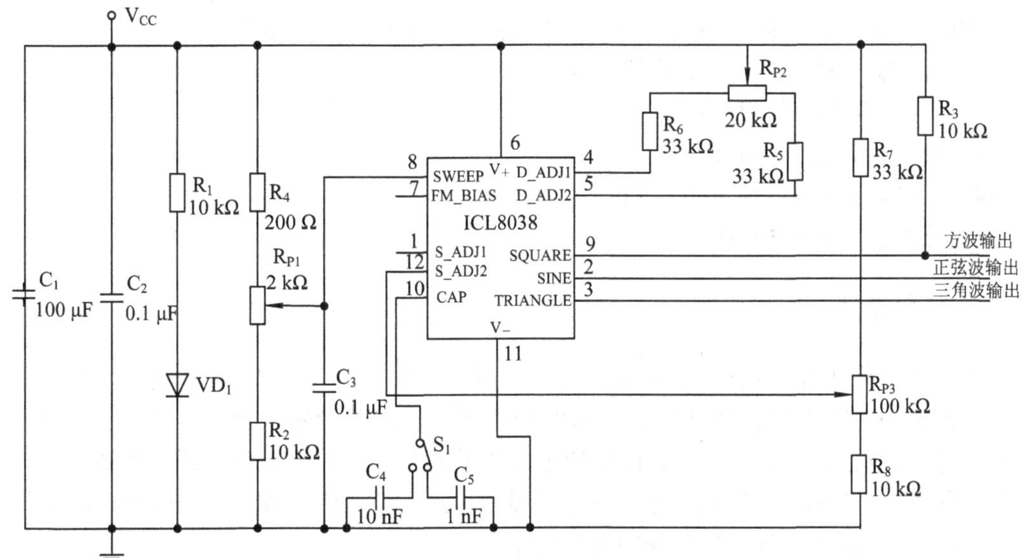

图 7-5-11　ICL8038 的典型应用电路

7.5.4　电路调试

在安装电子电路前，应仔细查阅电路所使用的集成电路的引脚排列图及使用注意事项，同时测量电子元器件的好坏。

在方案一中，由 555 定时器和外接元器件组成的多谐振荡器产生方波，是整个电路能否正常运行的前提条件。通过选择不同参数的外接元件 R、C，可以得到不同振荡频率和占空比的方波。因此在选择元器件时，要按照设计要求合理选择 R、C 的具体参数。对于正弦波、三角波和锯齿波应逐级用示波器观察波形，并测量相关参数，从而达到电路的设计要求。

在方案二中，由于电路中元器件较少，连接较为简单，注意集成芯片 ICL8038 的各引脚功能，正确连接电路。如果用单电源供电，三角波和正弦波的平均值等于 $V_{CC}/2$，而方波的幅度为 V_{CC}。用双电源供电时，所有输出波形相对于地电平均是正负相对称的。电路中通过调节 R_{P2} 来改变振荡频率以及矩形波的占空比，10 脚外接不同容值的电容也可改变振荡频率，调节 12 脚的可调电阻 R_{P3} 的大小，可以改变输出正弦波的失真度。在调节的过程中，通过示波器观测波形和相关参数，从而达到电路的设计要求。

7.6　可调数显直流稳压电源的设计

现在所使用的大多数电子设备中，几乎都必须用到直流稳压电源来使其正常工作，而最常用的是能将交流电网电压转换成直流电压的直流稳压电源，可见直流稳压电源是各类电子设备的重要组成部分，可为设备的稳定工作提供必要的能量。

7.6.1　设计要求

利用集成稳压器设计一小功率直流稳压电源。主要技术指标如下：

(1) 输出幅度 $U_O = 2 \sim 12$ V 连续可调；

(2) 输出使用数码管显示；

(3) 输出电流 $I_{OMAX} = 800$ mA；

(4) 纹波电压的有效值 $\Delta U_O \leqslant 5$ mV；

(5) 稳压系数 $S_V \leqslant 3 \times 10^{-3}$。

7.6.2　方案设计

LM317 是常见的可调集成稳压器，输出电压范围为 1.25～37 V，它的使用非常简单，仅需两个外接电阻即可调节输出电压。ICL7107 是双积分模数转换器，广泛用于各种测量电路，可组装成各种数字仪表。将 LM317 输出的模拟电压经过 ICL7107 进行模数转换，得到电压的数字量，然后经过数码管显示电路显示出来，就构成了数显式稳压电源，数显式稳压电源广泛应用于各种仪器仪表的电源电路。

数显式稳压电源采用模数转换的方法将直流稳压电源的输出电压以数字的形式显示出

来。它主要由三大部分组成：电源部分、模数转换部分、显示部分，具体组成如图 7-6-1 所示。电源部分由 LM317 构成的可调稳压电源电路和由 LM7805 构成的固定 +5 V 电压输出电路组成；模数转换部分由模数转换集成电路 ICL7107 的 A/D 转换电路完成；显示部分可接 LED 数码管显示电路。

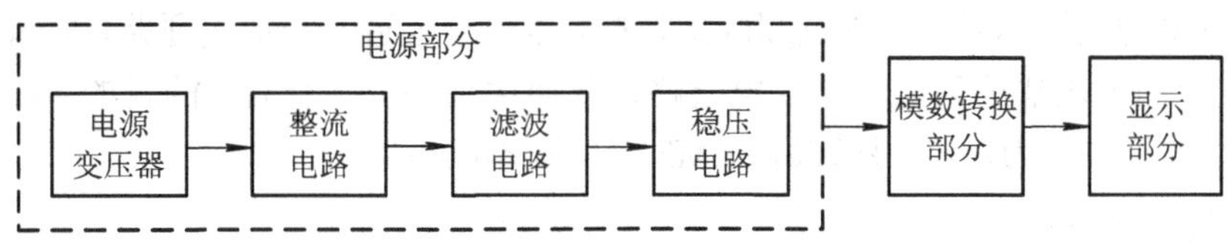

图 7-6-1　可调数显直流稳压电源组成框图

7.6.3　单元电路设计

1. 电源部分

电源部分由 LM317 构成的可调稳压电源电路和由 LM7805 构成的固定 +5 V 电压输出电路两部分组成。该电源主要由电源变压器、桥式整流电路、滤波电路和稳压电路等四部分组成。220 V 交流电经过这几部分电路后即可转换成稳定的直流电压。电源部分电路如图 7-6-2 所示。

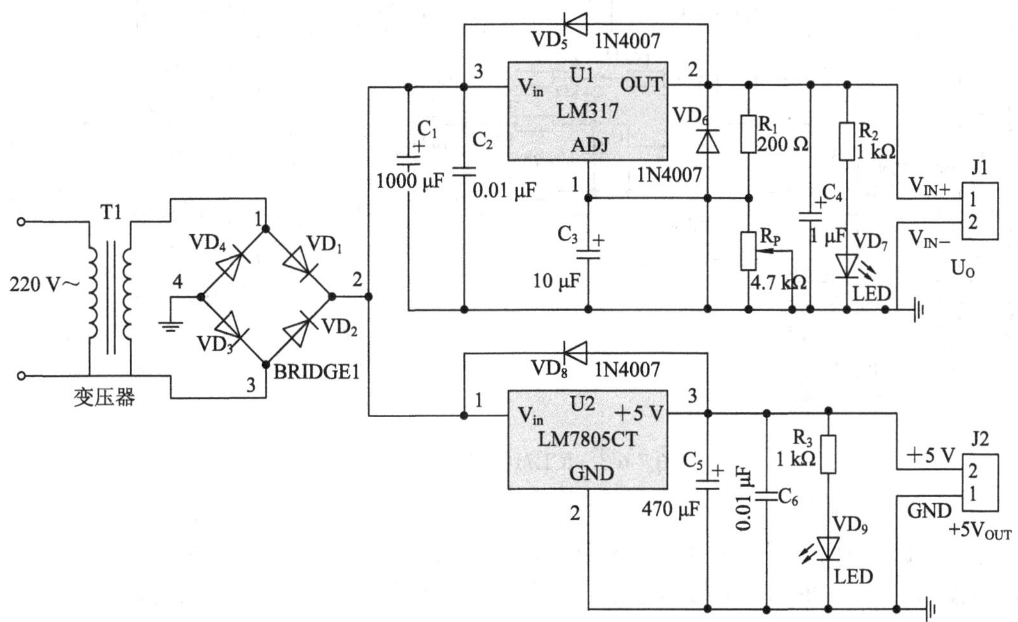

图 7-6-2　电源部分电路

该电源输入为 220 V 交流电，T1 为电源变压器，220 V 交流电经 T1 电源变压器转换成 9 V 的交流电，然后经过 4 个二极管 VD_1～VD_4 组成的桥式整流电路输出脉动直流电，C_1、C_2 构成滤波电路，电容滤波电路利用电容的充、放电作用，使输出电压趋于平滑，即滤去其中的交流成分。滤波后经过 LM7805 输出为固定 +5 V 的直流电压，经过 LM317 输出为 1.25～37 V 的可调直流电压。+5 V 电压主要是给 ICL7107 供电，LM317 输出 U_O 接到 ICL7107 的被测电压端，作为 ICL7107 的输入信号。

LM317 是常见的可调集成稳压器，输出电压范围为 1.25～37 V，负载最大电流为 1.5 A。输出电压 U_O 的大小为：$U_O=1.25(1+R_P/R_1)$。式中，1.25 V 为基准电压(输出端 2 脚与调整端 1 脚之间的电压)。为保证稳压器的输出性能，R_1 应小于 240 Ω，改变 R_P 阻值即可调整稳压电压值，即输出电压取决于 R_P 的阻值。改变 R_P 的阻值，可以使输出电压由 1.25 V 连续变化到 37 V。当输出短路时，VD_6 为 C_3 上的电压泄放创造一个放电通路，当输入短路时，VD_5 为 C_4 上的电压泄放创造一个放电通路，从而达到保护 LM317 的目的。C_3 用以提高 LM317 的纹波抑制能力，C_4 用以改善 LM317 的瞬态响应。

2. 模数转换部分

模数转换部分由模数转换集成芯片 ICL7107 完成。ICL7107 是一种大规模集成电路 A/D 转换器，它把输入的模拟电压变成数字量输出并直接驱动共阳极 LED 显示器。它包含双积分模数转换器、BCD 七段译码器、显示驱动器、时钟和参考源，具有自动调零和自动转换极性的功能，双电源供电，工作电压多为 +5 V。

ICL7107 的封装为 DIP40，典型连接电路如图 7-6-3 所示。

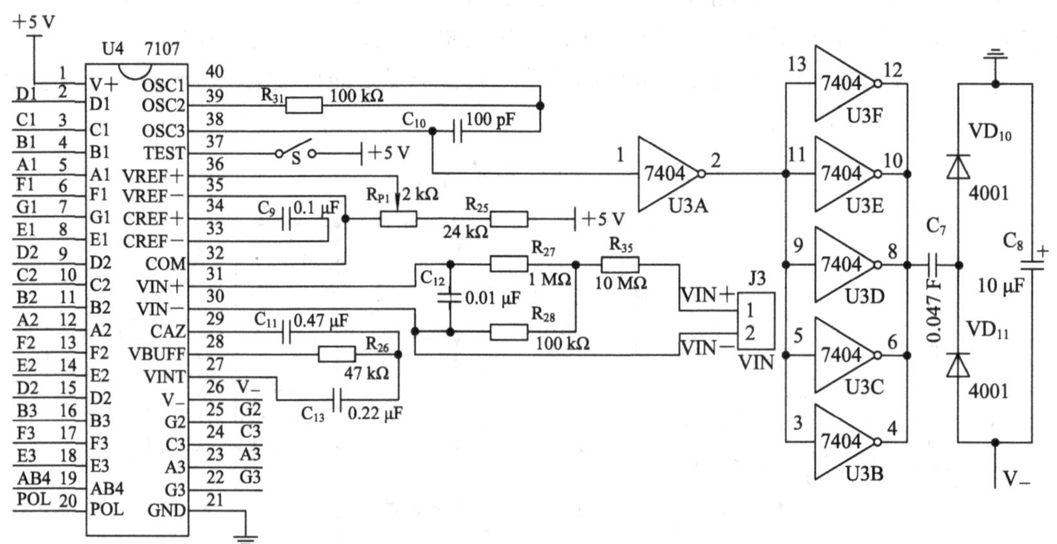

图 7-6-3　ICL7107 模数转换电路

各引脚介绍如下：

(1) 电源及地信号引脚：1 脚 V+ 为电源，接 +5 V，由 LM7805 组成的固定 +5 V 电压输出电路来供电。26 脚 V− 接负电压，负电压产生电路由 U_3 反相器，VD_{10}、VD_{11} 二极管和两只电容 C_7、C_8 来实现，得到负电压供给 ICL7107 的 26 脚使用。21 脚 GND 是芯片的电源地，32 脚 COM 是模拟地，30 脚 VIN− 是信号地，35 脚 VREF− 是基准地，通常使用情况下，这 4 个引脚都接地。

(2) 振荡器引脚：38、39、40 脚为 OSC3、OSC2、OSC1，是振荡器的引出端，外接 R_{31}、C_{10} 元器件。振荡器主振频率 f_0 与 R_{31}、C_{10} 的关系为：$f_0 \approx 0.45/(R_{31}C_{10})$。$R_{31}$、$C_{10}$ 是振荡器的阻容振荡元器件，常用参数 $R_{31}=100\ k\Omega$，$C_{10}=100\ pF$，振动频率为 $f_0 \approx 0.45/(R_{31}C_{10})=45\ kHz$。测量速率为 $MR=f_0/16000$，因此本电路测量速率为 $MR=45000/16000=2.5$ 次/秒。

(3) 基准电路引脚：VREF+ 和 VREF− 为基准电压的正、负端。R_{25} 和 R_{P1} 为基准电压的分压电路，基准电压可通过调节可调电位器实现，通常 R_{25} 为 24 kΩ，R_{P1} 为 2 kΩ 可调电位器。ICL7107 的量程有两挡：200 mV 和 2.000 V，此处介绍的电路量程为 200 mV。当量程为 200 mV 时，基准电压 VREF 为 100 mV，基准电压 VREF 是保证 A/D 转换准确度的关键，测量前应调整 R_{P1}，使基准电压 VREF = 100.0 mV。CREF+ 和 CREF− 为基准电容正压、负压端，它被充电的电压在反相积分时成为基准电压，通常取 C_9 为 0.1 μF。在基本表头的输入端加电阻分压器，使输入电压先进行衰减，再输入到 ICL7107 的输入端，便可实现数字电压表量程的扩展，扩展量程可为 20 V、200 V、1000 V。2 V 挡的电阻分压比为 1/10，20 V 挡分压比为 1/100，200 V 挡分压比为 1/1000，本电路设计的量程为 20 V。

(4) 积分网络引脚：27 脚 VINT，28 脚 VBUFF，29 脚 CAZ，它们是芯片工作的积分网络，通常外接积分电阻一般取 47 kΩ，自动调零电容一般取 0.47 μF，外接积分电容一般取 0.22 μF。

(5) 外接数码管的引脚：A1～G1、A2～G2、A3～G3 分别是个位、十位、百位的 LED 段驱动信号，AB4 为千位驱动信号，POL 为负极性显示驱动信号。

(6) 模拟信号输入及测试引脚：VIN+ 和 VIN− 为模拟信号输入电压正、负引脚，输入信号应经过 RC 阻容滤波器，以滤除干扰信号。37 脚 TEST 为测试端，当它与 V+ 短接后，LED 显示器全部笔划点亮，显示 −1888。

3. 显示部分

显示部分由 4 个共阳极数码管组成。ICL7107 的 A1～G1、A2～G2、A3～G3 分别与数码管对应的笔段 A～G 相连接，每段加一个 100 Ω 的限流电阻。AB4 为千位驱动信号，接千位 LED 的 B、C 两段。当测量数值大于 1999 时，千位显示“1”，表示超量程。POL 为负极性显示驱动信号，与千位数显示器的 g 笔段相连接。当输入信号的电压极性为负时，负号显示，如“−19.99”；当输入信号的电压极性为正时，极性负号不显示，如“19.99”。

7.6.4　电路调试

由 ICL7107 构成的转换电路调试比较简单，主要调试工作为基本量程 200 mV 时的基准电压 VREF = 100 mV 的调整。调试后对电路工作状态的检查步骤如下：

(1) 检查零输入时的显示值：将模拟信号输入 VIN+ 和 VIN− 短接，即将 31 脚与 30 脚短接，LED 应显示“0000”。

(2) 检查比例读数：将 VIN+ 与 VREF+(31 与 36 脚)短接，就是把基准电压作为信号输入到芯片的信号端，这时候，数码管显示的数值最好是“100.0”，通常在 99.7～100.3 之间，越接近 100.0 越好。如果差得太多，就需要更换芯片了。

(3) 检查 LED 各笔段：将 TEST 与 V+ 短接，即将 37 脚与 1 脚短接，LED 应显示“−1888”，全部笔段亮。

(4) 检查负号位溢出功能：将正输入端 VIN+ 与 V− 短接，即将 31 脚与 26 脚短接，使 VIN = −5 V，因为 VIN < −200 mV，所以 LED 显示负号和千位的“1”字(即 −1)，而百、十、个位各段均不亮。

(5) 检查正信号溢出功能：将正输入端 VIN+ 与 V+ 短接，即将 31 脚与 1 脚短接，使

VIN = +5 V，因为 VIN > 200 mV，所以 LED 显示千位的“1”字，而百、十、个位各段均不亮。

7.7　数字式电容测量仪的设计

7.7.1　设计要求

设计一个数字式电容测量仪，要求：

(1) 测量电容的范围为 1～999 μF，并用 3 位十进制数字显示。

(2) 响应时间不超过 2 s。

7.7.2　方案设计

利用单稳态触发器或电容器充放电规律等，可以把被测电容的大小转换成脉冲的宽窄，即控制脉冲宽度 T_x 严格与 C_x 成正比。只要把此脉冲与频率固定不变的方波(即时钟脉冲)相与，便可得到计数脉冲，把计数脉冲送给计数器计数，然后再送给显示器显示。如果时钟脉冲的频率等参数合适，数字显示器显示的数字 N 便是 C_x 的大小。该方案的原理框图如图 7-7-1 所示。

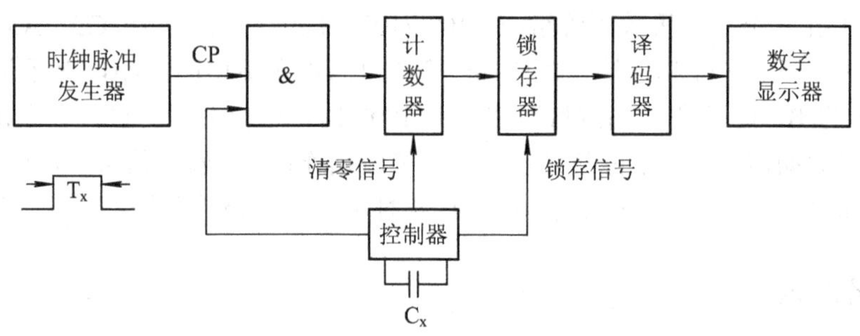

图 7-7-1　数字式电容测量仪原理框图

7.7.3　单元电路设计

1. 控制器电路

控制器的主要功能是根据被测电容 C_x 的容量大小形成与其成正比的控制脉冲宽度 T_x。图 7-7-2 所示为单稳态控制电路的原理图。该电路的工作原理如下：

当被测电容 C_x 接到电路中之后，只要按一下开关 S，电源电压 V_{CC} 经微分电路 C_1、R_1 和反相器，送给 555 定时器的低电平触发端 2 一个负脉冲信号，使单稳态触发器由稳态变为暂稳态，其输出端 3 由低电平变为高电平。该高电平控制与门使时钟脉冲信号通过，送入计数器计数。暂稳态的脉冲宽度为 T_x=1.1RC_x。然后单稳态电路又回到稳态，其输出端 3 变为低电平，从而封锁与门，停止计数。可见，控制脉冲宽度 T_x 与 RC_x 成正比。如果 R 固定不变，则计数时钟脉冲的个数将与 C_x 的容量值成正比，可以达到测量电容的要求。

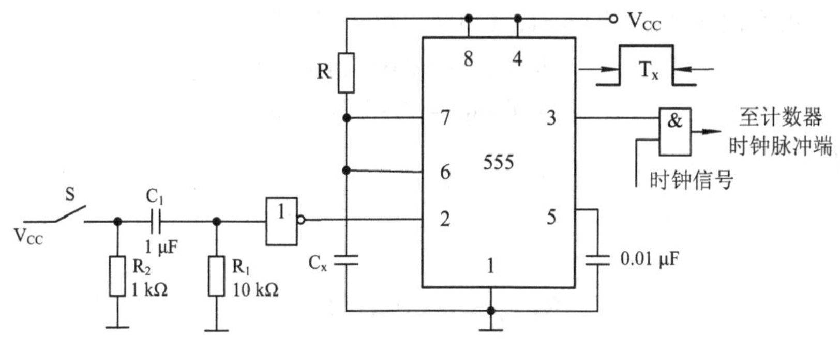

图 7-7-2　单稳态控制电路

由于设计要求，C_x 的变化范围为 1～999 μF，且测量的时间小于 2 s，即 $T_x < 2$ s，也就是 C_x 最大(999 μF)时 $T_x < 2$ s，根据 $T_x = 1.1RC_x$ 可求得

$$R < \frac{T_x}{1.1C_x} = \frac{2}{1.1 \times 999 \times 10^{-6}} = 1820\ \Omega \tag{7-7-1}$$

取 R = 1.8 kΩ。微分电路可取经验数值，取 $R_1 = 10$ kΩ，$R_2 = 1$ kΩ，$C_1 = 1$ μF。

2．时钟脉冲发生器

这里选用由 555 定时器构成的多谐振荡器来实现时钟产生功能。电路原理图及其输出波形如图 7-7-3 所示。

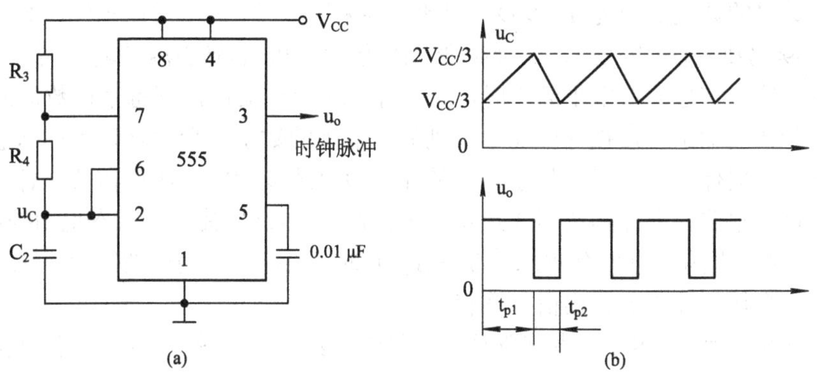

图 7-7-3　时钟脉冲发生器

振荡波形的周期为

$$T = t_{p1} + t_{p2} \approx 0.7(R_3 + 2R_4)C_2 \tag{7-7-2}$$

其中，$t_{p1} \approx 0.7(R_3 + R_4)C_2$，$t_{p2} \approx 0.7R_4C_2$。

占空比为

$$q = \frac{t_{p1}}{T} = \frac{R_3 + R_4}{R_3 + 2R_4} \tag{7-7-3}$$

因为时钟周期 $T \approx 0.7(R_3 + 2R_4)C_2$ 是在忽略了 555 定时器 6 脚的输入电流条件下得到的，而实际上 6 脚有 10 μA 的电流流入，因此，为了减小该电流的影响，应使流过的电流最小值大于 10 μA。又因为要求 $C_x = 999$ μF 时，$T_x = 2$ s，所以需要时钟脉冲发生器在 2 s 内产生 999 个脉冲。时钟脉冲周期应为 $T \approx 2$ ms，即 $T = t_{p1} + t_{p2} = 2$ ms。

如果选择占空比 $q=0.6$，即 $q=t_{p1}/T=0.6$，由此可求得

$$t_{p1}=0.6T=0.6\times 2=1.2\ \text{ms} \tag{7-7-4}$$

$$t_{p2}=T-t_{p1}=(2-1.2)=0.8\ \text{ms} \tag{7-7-5}$$

取 $C_2=0.1\ \mu\text{F}$，则

$$R_4=\frac{t_{p2}}{0.7C_2}\approx 11.43\ \text{k}\Omega \tag{7-7-6}$$

$$R_3=\frac{t_{p1}}{0.7C_2}-R_4\approx 5.713\ \text{k}\Omega \tag{7-7-7}$$

取标称值：$R_3=5.6\ \text{k}\Omega$，$R_4=12\ \text{k}\Omega$。

最后还要根据所选电阻 R_3、R_4 的阻值，校算流过 R_3、R_4 的最小电流是否大于 10 μA。从图 7-7-3(b)可以看出，当 C_2 上电压 u_C 达到 $2V_{CC}/3$ 时，流过 R_3、R_4 的电流最小，为

$$I_{Rmin}=\frac{V_{CC}-2V_{CC}/3}{R_3+R_4}\approx 95\ \mu\text{A} \tag{7-7-8}$$

振荡周期为

$$T\approx 0.7(R_3+2R_4)C_2=2.07\ \text{ms} \tag{7-7-9}$$

可见所选元件基本满足设计要求。为了调整振荡周期，R_3 可选用 5.6 kΩ 的电位器。

3．计数、锁存、译码和显示电路

由于计数器的计数范围为 1～999，因此需要采用 3 个二-十进制加法计数器。这里选用 3 片 74LS90 级联起来构成所需的计数器。因为 74LS90 的异步清零端为高电平有效，因此，用控制器输出信号的低电平清零时，必须加一级反相器再接到每个计数器的清零端。

如果将计数器输出直接接译码显示，则显示器上的数字就会随计数器的状态不停地变化，只有在计数器停止计数时，显示器上的显示数字才能稳定，所以需要在计数和译码电路之间设置锁存电路。锁存器选用 3 片 4 位锁存器 74LS75，其工作状态也由控制器控制。注意 74LS75 锁存器为低电平有效，即 $G_1=G_2=0$ 时，锁存器的输出被锁存在跳变时的状态不变，所以可直接用控制器输出信号锁存。

译码器选用 3 片 74LS48，直接驱动 3 个共阴极数码管。图 7-7-4 为 1 位计数、锁存、译码和显示电路。

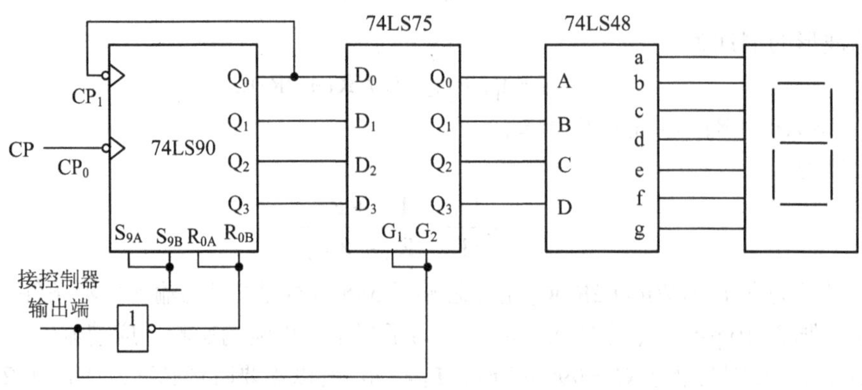

图 7-7-4　计数、锁存、译码和显示电路

4．总体电路

根据原理框图和设计的各部分单元电路，绘制出数字式电容测量仪的整机电路图如图 7-7-5 所示。

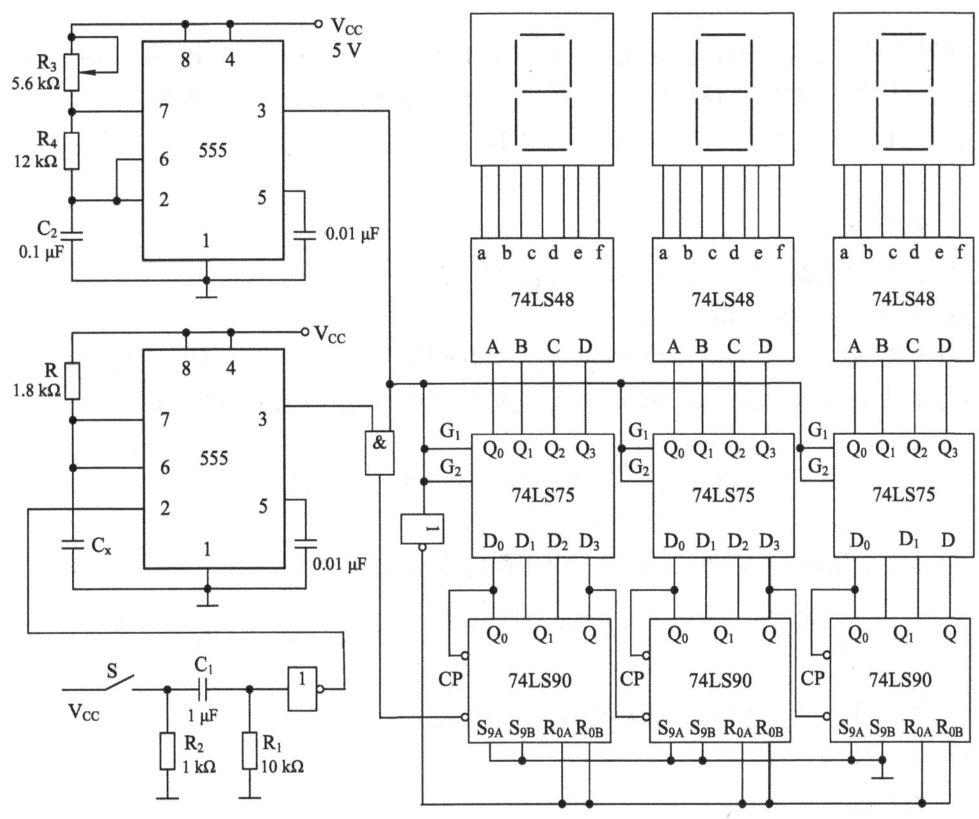

图 7-7-5　数字式电容测量仪整机电路图

7.7.4　电路调试

按照整机电路图接好电路，检查无误后即可通电调试。计数、锁存、译码和显示电路只要连接正确，一般都能正常工作，不用调整，主要调试的是时钟脉冲发生器和控制器。首先调试时钟脉冲发生器，使其振荡频率符合设计要求。用频率计检测电路的输出端，最好用示波器监测波形。调整 R_3 电位器，使输出脉冲频率约为 500 Hz，占空比为 0.6。

接着调试控制器。将一个 100 μF 的标准电容接到测试端，按一下开关 S，使单稳态电路产生一个控制脉冲，其脉宽 $T_x = 1.1RC_x$，它控制与门使时钟脉冲通过并开始计时。如果显示器显示的数字不是 100，则说明时钟脉冲的频率仍不符合要求，可以调节 R_3 再重复上述步骤，经多次调整直到符合要求为止。

7.8　开关电源的设计

开关电源以其效率高、体积小的优势，目前在电子产品中应用非常广泛。它是利用现代电力电子技术，控制开关管开通和关断的时间比率，维持稳定输出电压的一种电源。开关电源的结构一般由脉冲宽度调制(PWM)控制 IC 和 MOSFET 构成。

7.8.1 设计要求

本设计是一个电子设计竞赛题目，要求以 TI 公司的升压控制器 TPS40210DGQ 芯片和 MOS 场效应管 CSD18534KCS 为核心器件，设计并制作一个升压型直流开关稳压电源。额定输入直流电压为 $U_{INrv}=6$ V 时，额定输出直流电压为 $U_{Orv}=9$ V，输出电流最大值为 $I_{Omaxrv}=2$ A。

1. 基本要求

(1) 输出电压偏差：$|\Delta U_O|=|U_{O6V}-U_{Orv}|\leqslant 240$ mV；

(2) 最大输出电流：$I_{Omax}\geqslant 2$ A；

(3) 输出噪声纹波电压峰-峰值：$U_{OPP}\leqslant 180$ mV($U_{IN}=U_{INrv}$，$U_O=U_{Orv}$，$I_O=I_{Omax}$)；

(4) I_O 从满载(I_{Omax})变到轻载($0.2\times I_{Omax}$)时，负载稳定度(负载调整率)为

$$S_i=\left|\frac{U_{轻载}}{U_{满载}}-1\right|\times 100\%\leqslant 10\% \quad (U_{IN}=U_{INrv})$$

(5) U_{IN} 变化到 5.1 V 和 6.6 V 时，电压稳定度(源电压调整率)为

$$S_v=\max\frac{\{|U_{O6.6V}-U_{O6V}|,|U_{O6V}-U_{O5.1V}|\}}{U_{O6V}}\times 100\%\leqslant 2\% \quad \left(R_L=\frac{U_{O6V}}{I_{Omax}}\right)$$

(6) $\eta\geqslant 60\%$　($U_{IN}=U_{INrv}$，$U_O=U_{Orv}$，$I_O=I_{Omax}$)；

(7) 作品重量：$W\leqslant 0.5$ kg。

2. 发挥部分

(1) 增加电源输出电压、电流、功率测量指示功能；

(2) $I_{Omax}\geqslant 2$ A 时，增加过流保护功能，动作电流 $I_{Oth}=(2.2\pm 0.1)$ A；

(3) 进一步减小输出噪声纹波电压峰-峰值：$U_{OPP}\leqslant 100$ mV；

(4) 进一步提高负载稳定度，使 $S_i\leqslant 6\%$；

(5) 进一步提高电压稳定度，使 $S_v\leqslant 0.5\%$；

(6) 进一步提高效率，使 $\eta\geqslant 80\%$；

(7) 进一步减少重量，使 $W\leqslant 0.3$ kg；

(8) 其他。

7.8.2 方案设计

方案一：555 芯片构成升压电路

555 芯片构成升压电路原理图如图 7-8-1 所示。用 555 芯片和 R_1、R_2、C_1 构成自激振荡电路的振荡周期约为 $0.7(R_1+2R_2)\times C_1=0.0021$ s，频率为 47.6 kHz，555 芯片的 3 脚输出 47.6 kHz 的振荡信号，在 C_2 端可获得约为 22 V 的升压电路。本设计原理简单易懂，制作方便，但无法改变电路参数，输出结果单一，存在干扰因素多，最终输出不稳定，因此

不建议采用此方案。

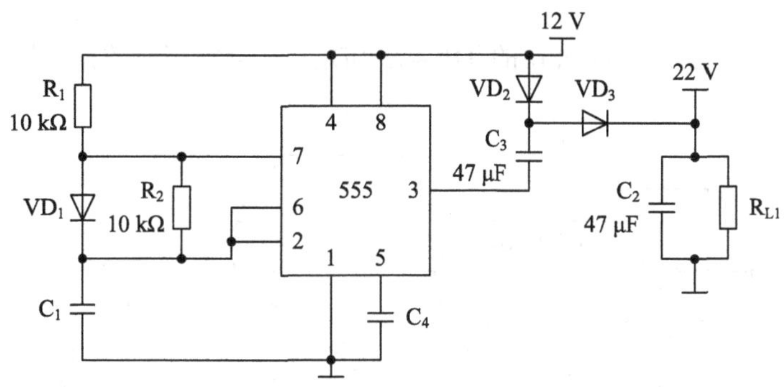

图 7-8-1　555 芯片构成升压电路原理图

方案二：脉宽调制电源芯片作控制器

脉宽调制电源芯片作控制器原理框图如图 7-8-2 所示。利用脉宽调制型控制器实现整个系统的控制，控制整个系统所需的编程工作量小、难度低；用脉宽调制型控制器实现 PWM 控制，利用电源产生固定频率的脉冲较为容易，并且完全由硬件产生脉冲，实时性好；对硬件资源要求不高，但硬件电器的设计难度较大，实践操作时布线十分麻烦，工作量大，因此不建议采取此方案。

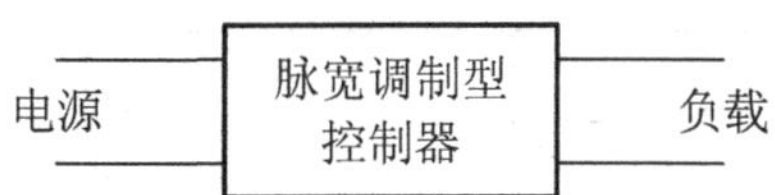

图 7-8-2　脉宽调制电源芯片作控制器原理框图

方案三：固定频率脉宽调制电路

TPS40210DGQ 是一种新式固定频率脉宽调制芯片，它包含了开关电源控制所需的许多功能。在 TPS40210DGQ 内部经软启动、过流、补偿等控制来输出固定的 PWM 波，并能调整输出的占空比。随后将波形传给场效应管，利用其工作原理实现放大功效。最后将输出的各项数据通过液晶显示器显示，可随时观察输出的各项指标，其原理框图如图 7-8-3 所示。该电路控制简单，容易实现，故建议采用此方案。

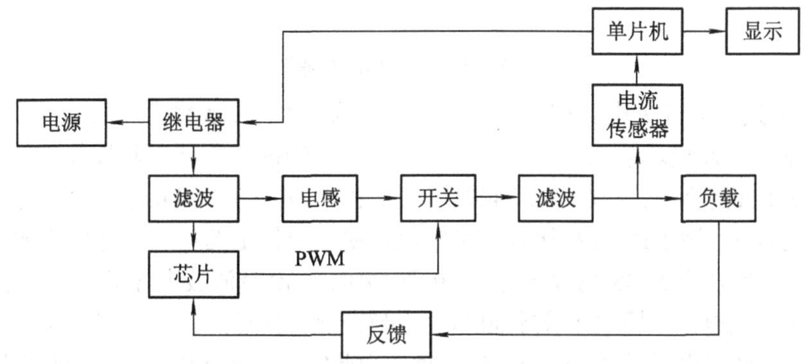

图 7-8-3　固定频率脉宽调制电路原理框图

7.8.3　单元电路设计

本实验中采用的芯片是 TI 公司的 TPS40210DGQ，查阅相应数据手册，可知其典型电路如图 7-8-4 所示。

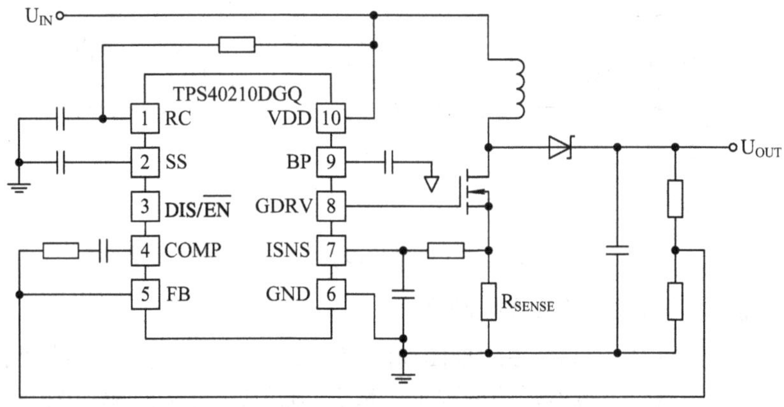

图 7-8-4　TPS40210DGQ 典型电路

根据 TI 公司官方软件 SwitcherProDT 以及本设计任务和相关要求，生成电路原理图，如图 7-8-5 所示。

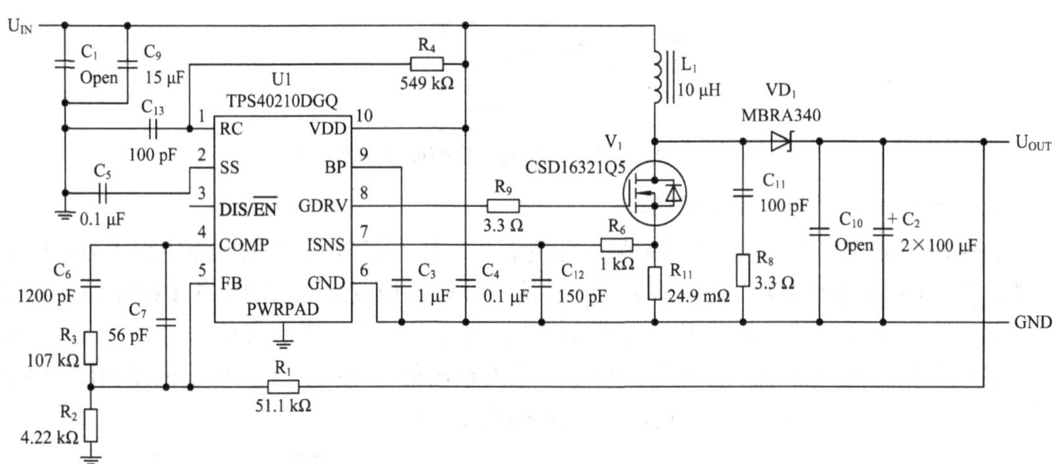

图 7-8-5　电源原理参考图

DC/DC 变换器为开关电源核心部分，脉宽调制电路即 PWM 模块则是 DC/DC 变换器中很重要的部分。此模块的工作状况直接影响开关电源的工作状态和性能指标。本设计选用器件为电流控制型脉宽调制器 TPS40210DGQ 芯片。TPS40210DGQ 芯片将电源输出的电压经调频后与反馈回来的信号相比较，可输出频率较为稳定的信号，并传给放大器。

本设计中变换器由 MOS 场效应管、二极管 MBRA340 及滤波电容组成。当场效应管截止时，负载由电容供电；当场效应管导通时，二极管左端电压升高，右端电压随之升高，导致原本供电的电容两端电压提升。输出电压同理。由此实现了将低电压转换为高电压的目的。

电源能稳定地输出电压，其原理是通过对反馈回来的电压与设定的电压进行比较，进而调节产生的 PWM 波。这也就是负反馈机制，当输出电压减小时，反馈信号使波形占空比增加，反之，当输出电压增大时，反馈信号使波形占空比减小，从而使占空比趋于稳定的范围，保证最终输出稳定的电压。

电路中各元件参数的确定如下所示。

1. 占空比估计

主开关 MOSFET 占空比的估计：

$$D_{min}=\frac{U_{OUT}-U_{IN(max)}+U_{FD}}{U_{OUT}+U_{FD}}\times 100\%=\frac{9-6.6+0.2}{9+0.2}\times 100\%\approx 28.26\% \tag{7-8-1}$$

$$D_{max}=\frac{U_{OUT}-U_{IN(min)}+U_{FD}}{U_{OUT}+U_{FD}}\times 100\%=\frac{9-5.1+0.2}{9+0.2}\times 100\%\approx 44.57\% \tag{7-8-2}$$

其中，U_{FD} 为肖特基整流二极管的正向电压降。

2. 电感的选择

设计要求纹波被限制为最大输出电流的 30%，计算电感电流：

$$I_{LRIP(max)}=\frac{0.3\times I_{OUT(max)}}{1-D_{min}}=\frac{0.3\times 2}{1-0.2826}=0.3174\ \text{A} \tag{7-8-3}$$

最小电感的大小可估计：

$$L_{min}=\frac{U_{IN(max)}}{I_{LRIP(max)}}\times D_{min}\times\frac{1}{f_{sw}}=\frac{6.6}{0.3174}\times 0.2826\times\frac{1}{100}=58.74\ \text{mH} \tag{7-8-4}$$

由于元件只有特定取值，故选择 60 μH 的电感。

补充：最坏的情况是峰-峰纹波电流发生在占空比为 50%时，有效值电流通过电感近似为

$$I_{RIPPLE}=\frac{U_{IN}}{L}\times D\times\frac{1}{f_{sw}}=\frac{5.1}{10}\times 0.5\times\frac{1}{100}=2.55\ \text{A} \tag{7-8-5}$$

$$I_{LRMS}=\sqrt{\left(\frac{I_{UTMAX}}{1-D_{max}}\right)^2+\left(\frac{1}{2}\times I_{RIPPLE}\right)^2}=\sqrt{\left(\frac{2}{1-0.4457}\right)^2+\left(\frac{1}{2}\times 2.55\right)^2}=3.83\ \text{A} \tag{7-8-6}$$

3. 整流二极管的选择

低正向压降肖特基二极管被用作一个整流二极管，以减少其功耗和提高效率。80%降额使用在 U_{OUT} 用于振铃上的交换节点，整流二极管的最小反向击穿电压为

$$U=\frac{U_{OUT}}{0.8}=11.25\ \text{V} \tag{7-8-7}$$

所以要求二极管的反向击穿电压必须大于 11.25 V。

整流二极管的平均电流和峰值电流估计：

$$I_{D(avg)}\gg I_{OUT(max)}=2\ \text{A} \tag{7-8-8}$$

其中，$I_{D(avg)}$为平均电流。

二极管中的功耗估计：

$$P_{D(max)} \gg U_F I_{OUT(max)} = 0.2 \times 2 = 0.4\ \text{W} \tag{7-8-9}$$

因此应选择 40 V、3 A 的 MBRA340 肖特基二极管，它具有低功耗、超高速的特点，可提高开关频率。

4．输出电容的选择

输出电容的选择必须满足要求的输出纹波和瞬态的规格：

$$C_{OUT} = 8 \times \frac{I_{OUT} \times D}{U_{OUT(纹波)}} \times \frac{1}{f_{sw}} = 8 \times \frac{2 \times 0.657}{100} = 51.6\ \text{pF} \tag{7-8-10}$$

考虑到要消除纹波电压并且符合硬件规格，所以选择 100 pF 的电解电容来提供所需的电容。

5．开关 MOSFET 的选择

根据 MOS 场效应管 CSD16321Q5 的参数，查阅资料，可知该场效应管的性能如表 7-8-1 所示。

表 7-8-1　CSD16321Q5 性能参数表

性能	U_{DS}	U_{GS}	Q_G	R_{DS}
参数	60 V	±20 V	19nc	10.2 Ω

由此可以看到，MOS 场效应管工作在安全的电压范围内。

系统总功率的最大值为

$$P_{total} = P_{OUT} \times \left(\frac{1}{\eta} - 1\right) = U_{OUT} I_{OUT} \left(\frac{1}{\eta} - 1\right) = 9 \times 2 \times \left(\frac{1}{0.95} - 1\right) = 0.95\ \text{W} \tag{7-8-11}$$

6．反馈分压器电阻

功耗和噪声敏感度之间应保持平衡，对于一个 9 V 输出高反馈，主反馈分压电阻(R_{FB})应该在 10 kΩ 和 100 kΩ 之间选择，以保持功耗和噪声敏感度之间的平衡，因此选取 $R_{FB} = 47$ kΩ，则

$$R_{BIAS} = \frac{U_{FB} \times R_{FB}}{U_{OUT} - U_{FB}} = \frac{0.7 \times 47}{9 - 0.7} = 3.96\ \text{k}\Omega \tag{7-8-12}$$

图 7-8-5 中，R_2 即为 R_{BIAS}，通过调试，取 4.22 kΩ。

7.8.4　电路调试

1．制板及成品

该设计可用万能板搭建电路，也可制作 PCB 板来完成。采用 PCB 板制作，可选用 TI 公司的官方软件 SwitcherProDT 直接导出 PCB 图，或者采用 Altium Designer 10 软件来自行绘制 PCB 图。

开关电源 PCB 图如图 7-8-6 所示，万能板实物图如图 7-8-7 所示。

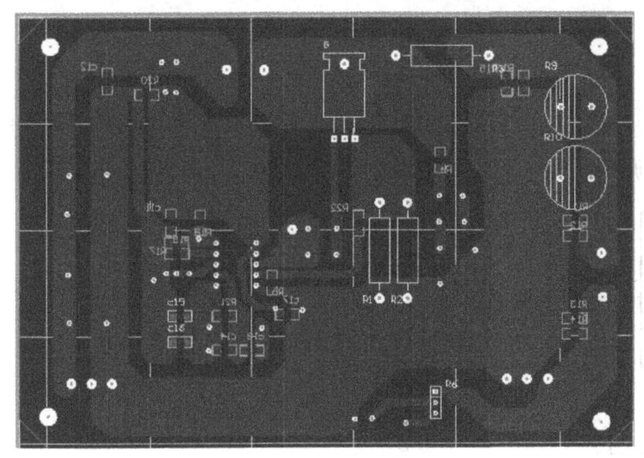

图 7-8-6 开关电源 PCB 图

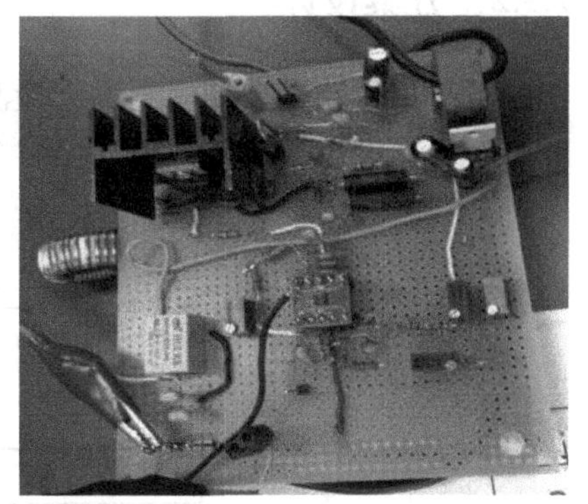

图 7-8-7 开关电源万能板实物图

2. 注意事项

该电源电路在焊接装配时，需注意的问题有以下几点：

(1) 由于 TDS40210 为贴片芯片，故为了方便安装使用，可利用一块转接板。

(2) PCB 布线时，需注意的是地线均共地，且线要较粗一些。

(3) 万能板布线时，先设计好各元件位置，尽量少跳线。

(4) 焊接电路板时，在测试端可留些测试端子的位置，方便测试。

(5) 在调试时，可在该电源电路的负载端加入滑线变阻器，且在输出端串联一个电流表，逐渐减小滑线变阻器的值，观察电流表的变化，看能否达到技术要求。

(6) 发挥部分中显示电流数值以及进行过流保护，可采用电流传感器以及单片机来进行监测；显示部分考虑到低功耗、低电压、显示内容丰富等因素，可采用 LCD 来显示。单片机可采用自身带 A/D 转换的芯片如 STC12C5A60S2，这样可减少硬件电路连接。

7.9 温度测量数显控制仪的设计

在工农业生产和人们的日常生活中，温度是经常要测量的一个物理量，如家庭的日常测温，空调系统的温度检测，电力、电讯设备的过热故障预知检测，粮仓、储罐、弹药库等测温和控制领域，各类交通工具组件的过热检测等，因此温度检测系统的应用十分广泛。

7.9.1 设计要求

根据题目要求设计一个可在一定温度范围进行温度测量与控制的温度测量数显控制仪。

(1) 测量温度的范围为-20～70℃，温度控制精度不低于±2℃，能够对温度值进行数字显示。

(2) 当超过某一设定温度上限值时(如 30℃)，能声光报警，并启动风扇；当低于某一设定温度下限值时(如-10℃)，能声光报警，并启动加热装置。

(3) 提高温度控制的抗外界干扰能力，当启动风扇或加热装置时，仍然能够将温度控制在指定范围内。

7.9.2　方案设计

温度测量数显控制仪由温度检测、信号调理、信号转换、控制电路、数据显示、报警电路以及温度控制装置构成，如图 7-9-1 所示。

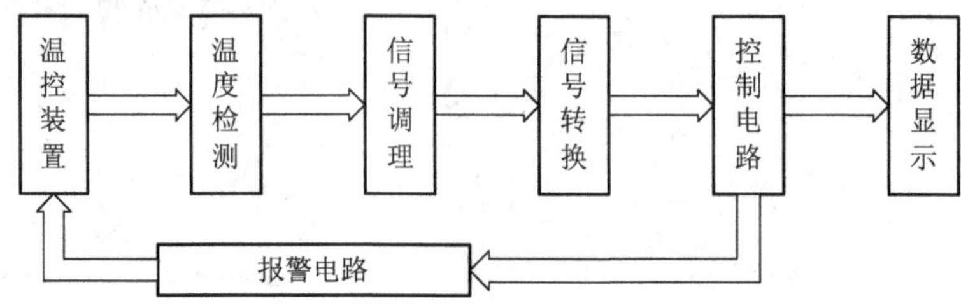

图 7-9-1　温度测量数显控制仪系统结构图

电路的基本工作原理：温度检测电路将检测到的环境温度信号以电压的形式输入到信号调理电路，信号经过调理后输入到 A/D 转换电路，由 A/D 转换电路将模拟信号转换成数字信号送给控制电路。由控制电路输出信号来显示当前温度，并根据设定的温度要求来判断是否要启动报警电路以及温度控制电路，使温度恢复至设定值。

温度测量数显控制仪的实现方法是多种多样的，如图 7-9-2 所示，学生可以根据自身所掌握的知识情况以及所能查阅到的相关资料来合理地选择。

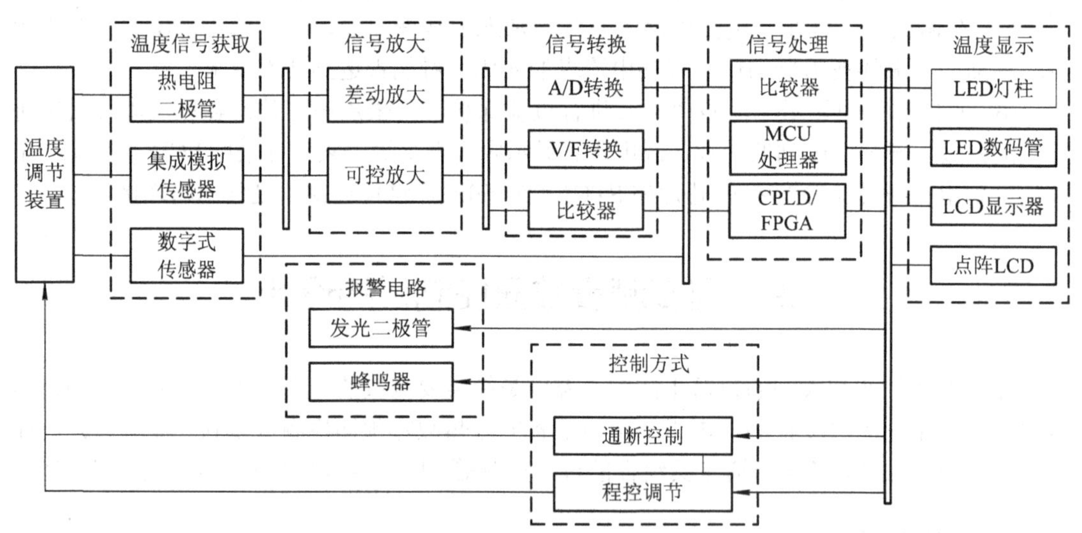

图 7-9-2　温度测量数显控制仪的实现方法

1．传感器与信号调理电路

可供选择的传感器有热敏电阻、PT 系列热电阻、普通二极管、以热敏二极管为核心的集成传感器(如 LM35、LM45)、基于绝对温度的电流源 AD590、数字式集成传感器(LM75、DS18B20)等。

不同传感器的输出信号形式(数字、模拟或电流、电压)、信号幅度各异，与之相应的信号调理与控制电路也各不相同。选择数字式集成传感器时，宜采用单片机或在 PLD 器件中设计控制器，以串行总线的方式获取温度数据；在选择 AD590 时，需要将电流信号放大并转换成电压信号，并减去 0℃时的基值；选用普通二极管作为温度传感器时，是利用其 PN 结电压 10 mV/℃的特性，在设计放大电路时需要减去 600～700 mV 的基值等。

2．信号转换电路

在将模拟信号转换成数字量时，也可以采用常规的 A/D 转换器、电压/频率(V/F)转换器或比较器等方式。

3．数据显示电路

在温度的数字显示形式上，有数码管、字符型 LCD 等形式；可以借助于数字式电压表显示；也可以采用 ICL7106/7107，将 A/D 转换和数字显示结合在一起；也可以将模拟信号通过一组比较器直接驱动灯柱显示。

4．温度控制装置

温度的控制可以采用继电器通断控制或以 PWM 方式通过大功率管控制温控装置的供电；也可自行设计可控电压源或电流源来控制温控装置的制热量。

报警电路可以采用发光二极管和蜂鸣器实现。

7.9.3　单元电路设计

本方案的设计电路由稳压电路、温度采集、电阻/电压转换器、控制电路、信号转换电路、显示电路和报警电路组成。其中，温度采集传感器采用 LM35，A/D 转换器用 ICL7107(双电源±5 V 供电，适合驱动发光二极管显示)，共阳数码管显示温度，电阻/电压转换电路由运放电路 LM324 构成，报警电路采用发光二极管和蜂鸣器实现。具体电路如图 7-9-3 所示。

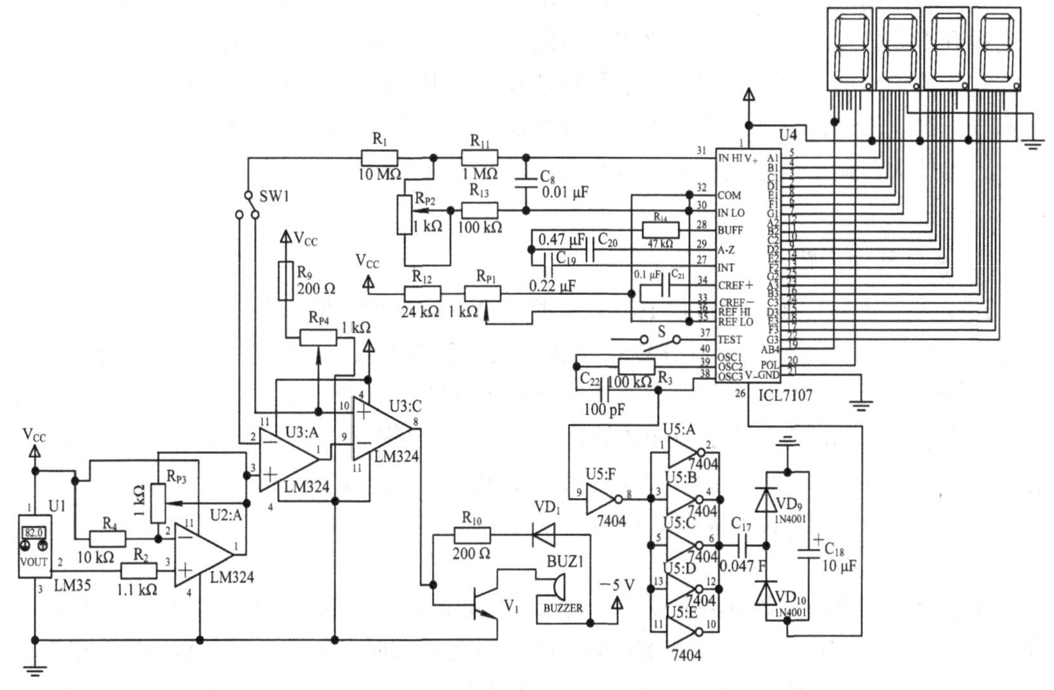

图 7-9-3　温度测量数显控制仪电路图

1．温度采集(LM35 温度传感器)与电压转换电路

LM35 温度传感器的电阻值会随着外界温度的变化而变化，并且近似为线性关系。利用这种线性关系，可以组成温度测量电路。从这个电路中将会得到随外界温度变化而变化的带有当前温度特征的电压信号。

温度采集主要采用 LM35 温度传感器，它广泛用于化工、冶金、热电等测温领域。当温度发生变化时，输出电压呈线性变化，具体对应关系如表 7-9-1 所示。

表 7-9-1　LM35 温度传感器温度与阻值对应关系

温度/℃	−50	−25	0	25	50	75	100	125	150
阻值/Ω	80.31	90.19	100	109.73	119.40	128.98	138.50	147.94	157.31

电阻/电压转换关系如下：

(1) 当 t=−50℃时，运放的输出电压为 $U_o=(1+80.31/33)\times0.3=1.03$ V。

(2) 当 t=150℃时，运放的输出电压为 $U_o=(1+157.31/33)\times0.3=1.73$ V。

(3) 当 t 在 −50℃～150℃之间时，输出电压在 1.03～1.73 V 之间。

电阻/电压转换电路将电阻的阻值转换为实时电压，并进行电压跟随，从而实现了对温度的采集和信号的转换。

2．控制电路

温度测量电路模块输出的电压信号的伏值一般较小，不能直接用于后续电路模块的输入信号。因此，要在温度测量电路模块后面加上电压放大电路。

放大电路模块输出的电压信号分为两路：一路直接作为数字显示电路模块的输入信号，从而得到直观的温度数据；另一路将输出的电压信号作为电压比较器的一个输入信号。电压比较器的输出信号由放大器输出信号与基准电压进行比较所决定：当放大器输出信号电压高于基准电压时，发光二极管点亮，蜂鸣器报警，并将变化结果输入到数字显示电路模块中；当放大器输出信号电压低于基准电压时，蜂鸣器不工作，并将变化结果输入到数字显示电路模块中。

3．A/D 转换电路

A/D 转换电路主要采用 ICL7107(双电源 ±5 V 供电)来实现，它包含 3 位半数字 A/D 转换器，可直接驱动发光二极管(LED)。其内部设有参考电压、七段译码器、独立模拟开关、逻辑控制、显示驱动、自动调零、参考源和时钟系统等功能。将高性能、低功耗和低成本很好地结合在一起，它有低于 10 μV 的自动校零功能，零漂小于 1 μV/℃，有低于 10 pA 的输入电流，极性转换误差小于一个字。可用于组装成各种数字仪表或数控系统中的监控仪表，广泛用于电压、电流、温度、压力等各种物理量的测量。封装形式有 DIP40、LQFP44 或 QFP44 等。

ICL7107 构成的典型电路如图 7-9-4 所示，其中 C_3 为外接积分电容，R_2 为外接积分电阻，C_2 为自动调零电容，C_1 为基准电容，C_4、R_3 为内部时钟振荡器的外接电容、电阻。振荡频率为 $f=0.45/(R_3C_4)$。IN HI 为外加信号输入端，IN LO 为输入基准信号零点，REF HI 为基准信号端子。

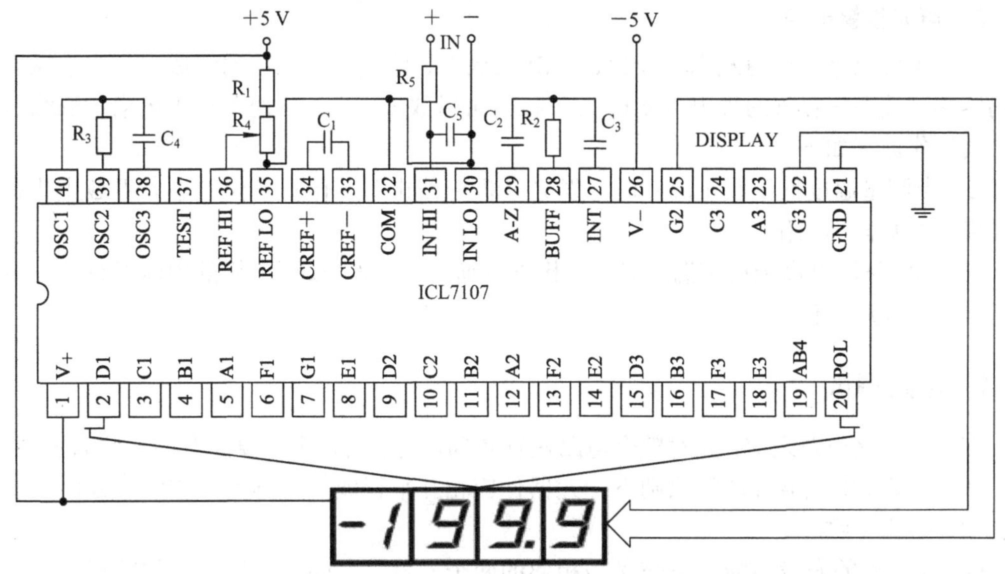

图 7-9-4　ICL7107 的引脚图及典型电路

当基准信号调到 0～2 V 时，外加信号的输入也在 0～2 V，LED 对应显示 0～1999，相当于 1 mV 对应 1 个字。当输入信号超过上限量程时，千位数码管显示 1，而其余三位数码管全无显示；当输入信号超过下限量程时，千位数码管显示 −1，而其余三位数码管全不显示。正电源可通过限流电阻向共阳极数码管供电，其限流电阻阻值的大小可以改变数码管的亮度。

4．显示电路

当温度测量完之后，要通过显示电路将测量值显示出来。显示电路采用共阳数码管来实现，其引脚排列如图 7-9-5(a)所示。共阳数码管是指将所有发光二极管的阳极接到一起形成公共阳极(COM)的数码管。在应用时共阳数码管应将公共极 COM 接到 +5 V，当某一字段发光二极管的阴极为低电平时，相应字段就会点亮。当某一字段的阴极为高电平时，相应字段就不亮。

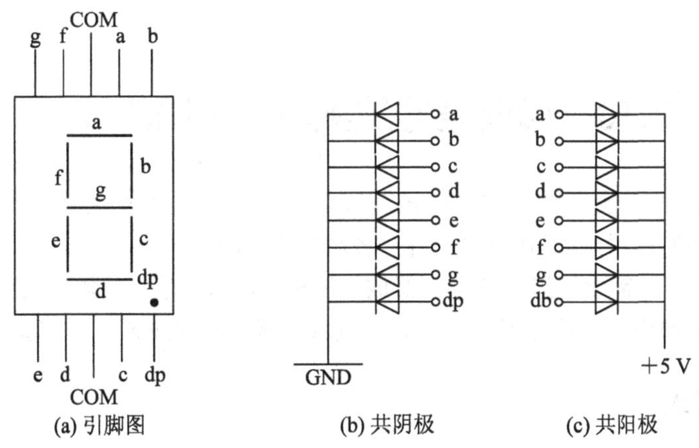

(a) 引脚图　　(b) 共阴极　　(c) 共阳极

图 7-9-5　数码管引脚图及接法

5．声光报警电路

声光报警电路主要由发光二极管、PNP 三极管、蜂鸣器和小风扇组成。其中小风扇和蜂鸣器并联接在三极管的集电极(c 极)，三极管可以放大电流，从而驱动小风扇和蜂鸣器工作。其工作原理如下：

(1) 当测量温度低于设定温度时，发光二极管截止不工作，三极管也处于截止状态，小风扇和蜂鸣器不工作。

(2) 当测量温度高于设定温度时，二极管导通，三极管导通，b 极的电流经过放大驱动蜂鸣器和小风扇工作。

7.9.4　电路调试

在正式焊接电路之前，先对整个电路进行布局，安插器件中需要注意的一些问题如下：

(1) 在保证电性能合理的原则下，元器件应相互平行或垂直排列，在整个板面上应分布均匀、疏密一致。

(2) 元器件的布设不能上下交叉。相邻的两个元器件之间要保持一定的间距。间距不应过小，以避免相互碰接。如果相邻元器件的电位差较高，则应当保持安全距离。

(3) 元器件的安装高度要尽量低，一般元件体和引线离开板面不要超过 5 mm，过高则承受振动和冲击的稳定性变差，容易倒伏或与相邻元器件碰接。

(4) 相邻电感元件放置的位置应相互垂直，在高频电路中决不能平行(两耦合电感除外)，以防电磁耦合，影响电路的正常工作。

调试的主要步骤如下：

(1) 检查电路。首先结合电路原理图检查是否存在错接、漏接现象。在确定一切正常后，进行通电检查。

(2) 通电观察。接通电源，观察电路是否有异常情况，如出现异常，应立即关闭电源，检查并排除故障后继续进行操作。

(3) 静态调试。先不加输入信号，测量电路有关点的电位是否正常。

(4) 动态调试。加上输入信号，观察电路输出信号是否符合要求。

为了便于观察温度的范围，可用手捏住传感器使其温度上升，也可用吹风方法使其快速降温。

7.10　微弱信号采集放大电路的设计

微弱信号检测是发展高新技术、探索及发现新的自然规律的重要手段，对推动很多领域的发展具有重要的作用。微弱信号通过各类传感器转换为电信号，传感器输出的电信号通常频率较低且十分微弱，需要经过前置放大器放大输出。在微弱信号检测系统中，前置放大器是整个检测系统的关键模块，这使得低噪声高增益放大器的研究成为一个重要课题。

7.10.1　设计要求

设计一个微弱信号(如人体的脉搏、心电信号等)采集放大电路。

1. 基本要求

(1) 输出信号增益在 60～80 dB 可调。

(2) 放大电路带宽范围为 0.05～100 Hz，可插入 50 Hz 陷波器。

2. 扩展要求

(1) 设计一个测试和显示心率的数字电路(用数码管显示)。

(2) 利用多种实现方式，设计心率越限报警电路，报警方式多样，可用喇叭、蜂鸣器鸣叫或屏幕显示等。

7.10.2 方案设计

本设计是模电知识的一个综合应用，将微弱模拟信号的采集、集成运算放大器的应用、滤波器的设计与应用等内容相结合。同时，在设计过程中，需要运用数字电路技术、模/数信号处理、数据显示等相关知识与技术方法。根据设计要求，系统原理框图如图 7-10-1 所示。

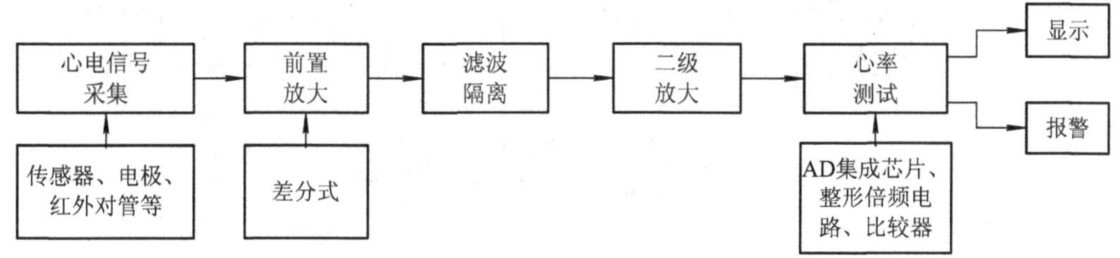

图 7-10-1　系统原理框图

7.10.3 单元电路设计

1. 心电信号采集电路

心电信号是一种典型的人体生理信号，具有生物电信号的普遍特征，如幅度小、频率低并且易受外界环境干扰，给采集和测量带来了难度。心电信号的幅度在 10 μV～4 mV 之间，频率范围为 0.05～100 Hz，易淹没在 50 Hz 的工频干扰和人体其他信号之中，检测过程及方法较复杂。采集心电信号需要用集成传感器、电极或红外对管等搭建。如图 7-10-2 给出了用红外对管采集信号的参考电路图。待测信号和干扰信号分别通过红外对管接入电路，通过调节电位器 R_{P1}，使 $u_{i1}=u_{i2}$，采集输出的信号 u_{i2} 和 u_{i3} 接入到下一级前置放大电路。

2. 前置放大器

由于心电信号属于高强噪声下的低频微弱信号，因此要求前置放大器应具有高输入阻抗、高共模抑制比、低噪声、低漂移以及一定的电压放大能力等特点。选择仪用放大器即可满足要求。本设计选用低成本集成放大器 OP07 来实现。前置放大器最重要的电路参数为共模抑制比，其在很大程度上取决于电路的对称性，本系统采用典型的差分放大电路来作为前置放大级，可以有效地提高共模抑制比。根据小信号放大器的设计原则，前级的增益不能设置太高，因为前级增益过高将不利于后续电路对噪声的处理。OP07 构成的差分放大电路如图 7-10-3 所示。仿真过程可采用 0.5 mV、1.2 Hz 的差分信号源作为模拟心电输入信号来模拟电路的放大过程。

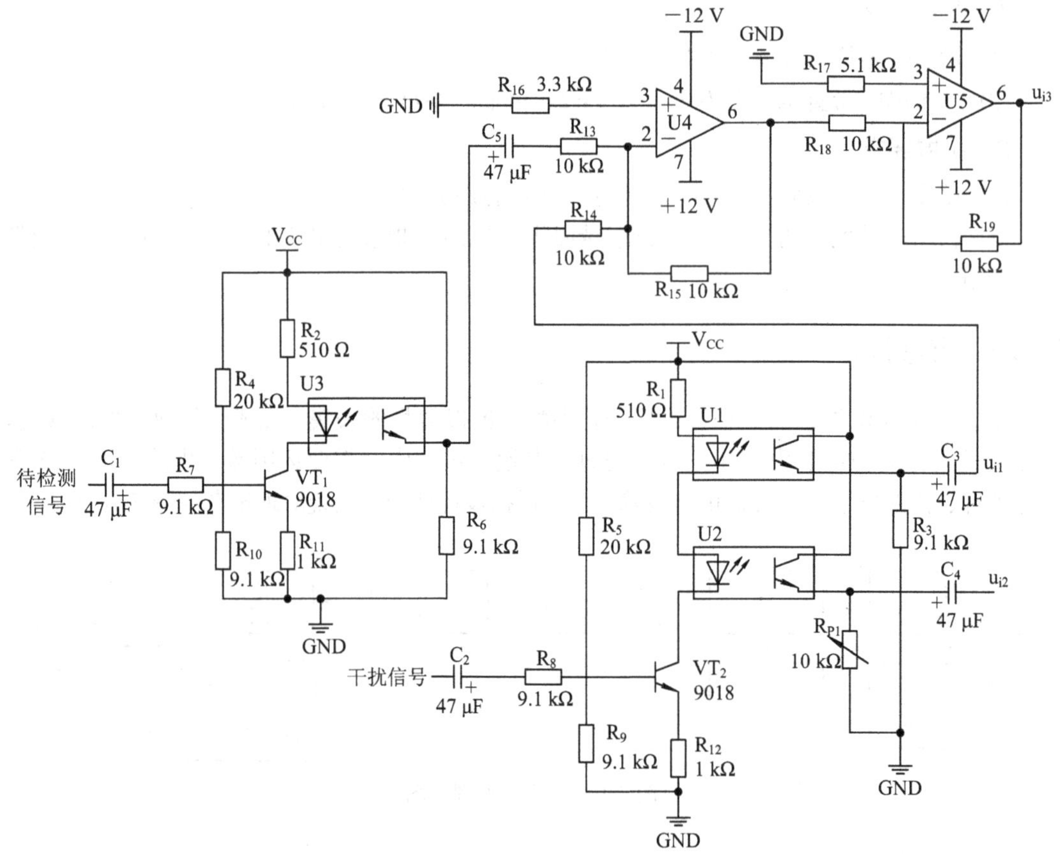

图 7-10-2　红外对管采集电路图

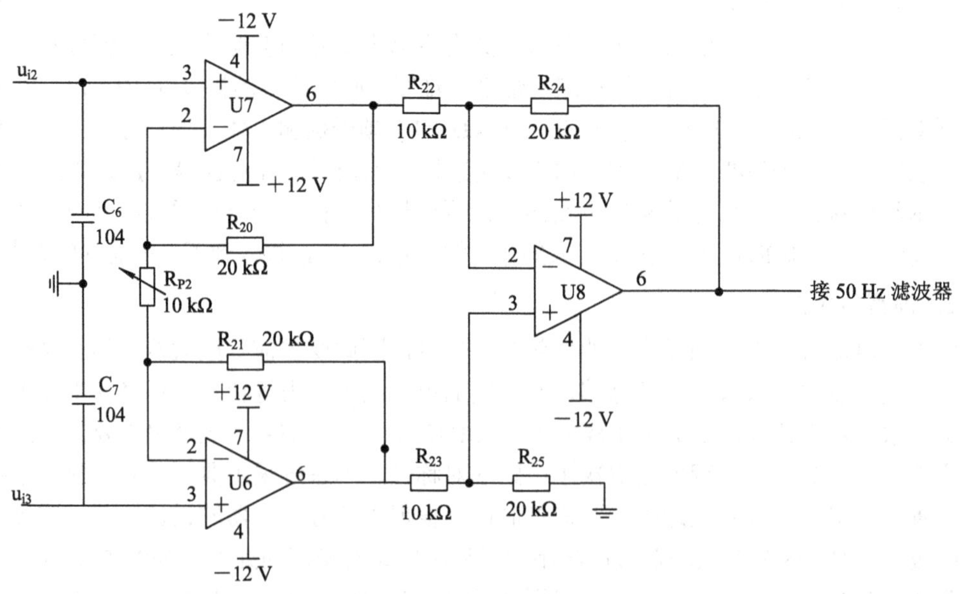

图 7-10-3　差分放大电路图

3．带通滤波器

正常心电信号的频率范围为 0.05～100 Hz，而 90%的心电信号频谱能量集中在 0.25～35 Hz 之间。噪声信号的来源主要有工频干扰、电极接触噪声、人为运动肌电干扰、基线漂移等，其中 50 Hz 的工频干扰最为严重。为了消除这些干扰信号，在心电信号放大器电路中，应加入高通滤波器、低通滤波器和 50 Hz 工频信号陷波器。

一阶高通滤波器包含一个 RC 电路，将一阶低通滤波器的 R 与 C 对换位置即可构成一阶高通滤波器。如图 7-10-4 给出了一阶带通滤波器参考电路，由电路可知

$$f_H = \frac{1}{2\pi R_{11} C_5} \approx 0.1\ \text{Hz} \tag{7-10-1}$$

$$f_L = \frac{1}{2\pi\pi(_8 + R_9)C_3} \approx 116\ \text{Hz} \tag{7-10-2}$$

经过高通滤波后，可以大大削弱 0.1 Hz 以下因呼吸等引起的基线漂移程度；经过低通滤波后，也可以较好地削弱 100 Hz 以上的干扰信号。

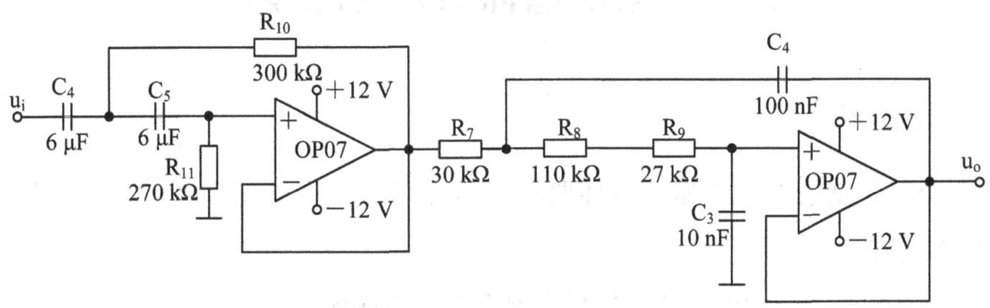

图 7-10-4　带通滤波器原理图

4．50 Hz 干扰信号陷波器

我国采用的是 50 Hz 频率的交流电，所以在对信号进行采集处理和分析时，会存在 50 Hz 的工频干扰，这将对信号处理造成很大干扰。虽然心电信号前置放大电路对 50 Hz 工频干扰有很强的抑制作用，但仅仅靠共模抑制是不够的，还需要设计专门的滤波电路，如模拟带阻滤波器(俗称陷波器)来滤除。最典型的陷波电路是无源双 T 网络加运算放大器，双 T 网络实际是由低通和高通滤波器并联组合成的二阶有源带阻滤波器，两个运算放大器接成射随状态，增益都为 1。图 7-10-5 给出了 50 Hz 的工频干扰陷波器的参考电路图。滤波器的中心频率 f_0 和抑制带宽 B_W 之间的关系为

$$Q = \frac{f_0}{B_W} = \frac{f_0}{f_H - f_L} \tag{7-10-3}$$

中心频率为

$$f_0 = \frac{1}{2\pi RC} = 50\ \text{Hz} \tag{7-10-4}$$

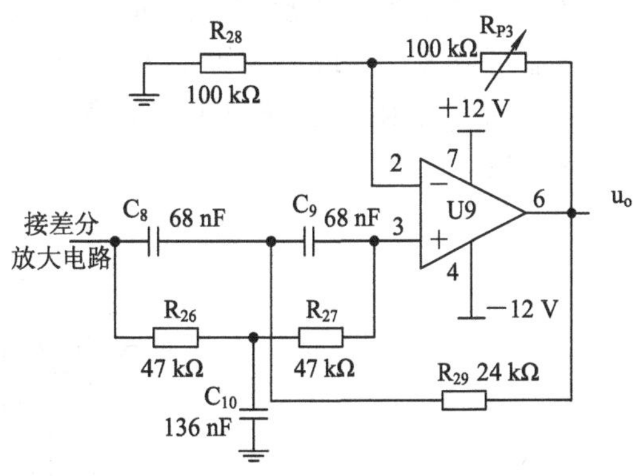

图 7-10-5　50 Hz 陷波电路

7.10.4　电路调试

在安装电子电路前，应仔细查阅电路所使用的集成电路的引脚排列图及使用注意事项，同时测量电子元件的好坏。实验中使用的运放，都采用双电源接法，焊接时要注意不要短路，焊接完毕，应先检查、后通电。

(1) 按照信号采集电路、前置放大电路、带通滤波电路及 50 Hz 陷波器等四部分分别进行调试，然后将四部分电路级联进行联调。

(2) 系统后续二级放大电路应充分考虑设计的增益及带宽指标。末级电压放大器的要求是应低噪声、低漂移，且有足够大的电压放大能力和一定的频带宽度，同时输出具有较大的动态范围。可设计电平抬升电路，以便信号输入到 A/D 转换器(如 ADC0809)进行处理并译码显示。

7.11　可控增益放大器的设计

7.11.1　设计要求

设计一个可控增益的放大器，具体要求有两方面。

1. 基本要求

(1) 最大增益大于 40 dB，增益调节范围为 10～40 dB。

(2) 通频带为 100 Hz～20 kHz，放大器输出电压无明显失真。

2. 扩展要求

进一步展宽通频带，提高增益，提高电压输出幅度，减小增益调节步进间隔。

7.11.2　方案设计

根据基本要求，由运放组成的基本放大器如图 7-11-1 所示，该放大器的增益为 $G = -R_f / R_1$，其大小取决于反馈电阻 R_f 和输入电阻 R_1。可见，只要合理选择阻值，该放大器的增益可以大于 1 或小于等于 1。如果用模拟开关、D/A 转换器或数字电位器等器件来替换输入电阻 R_1 或反馈电阻 R_f，然后通过控制来改变电路增益，此放大器即是可控增益放大器。

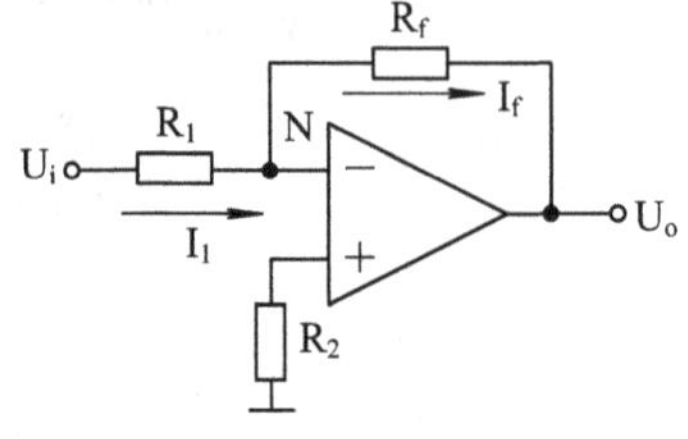

图 7-11-1　基本放大器

方案一：简单的多级放大电路实现

改变放大器的反馈电阻，从而改变放大器的增益。本方案采用大量分立元件，电路较复杂，定量调节比较困难。

方案二：采用 D/A 衰减器实现

利用可编程放大器的思想，将输入的交流信号作为 D/A 的基准电压，这时 D/A 作为一个程控衰减器。如果把 D/A 的 R-2R 网络放在运放的反馈回路中，可以得到一个程控增益放大器。理论上讲，只要 D/A 速度快、精度高，就可以实现宽范围的精密增益调节。该放大器缺点是控制的数字量和所需的增益不成线性关系，而是指数关系。

方案三：采用可控增益放大器实现

可控增益放大器(如 AD603)内部由 R-2R 梯形电阻网络和固定增益放大器组成，加在其梯形网络输入端的信号经衰减后，由固定增益放大器输出，衰减量是由加在增益控制端的参考电压决定的，而这个参考电压可以通过控制器控制 D/A 芯片的输出电压得到，从而实现精确增益控制。该放大器的缺点是价格较贵，成本高。

7.11.3　单元电路设计

1. 用模拟开关实现

最基本的程控放大器是将上述电路中输入电阻或反馈电阻用模拟开关和电阻网络来代替。图 7-11-2 给出用模拟开关 CD4051 和电阻网络代替输入电阻组成的程控放大器，利用通道选择开关选通 R_i 通道时将获得不同的电路增益。该类电路可以对输入信号进行放大或衰减，因此电路的动态范围很大。该电路增益挡位有限，虽然通过级联可以增加增益的级数，但电路会变得比较复杂，影响其工作的稳定性。该放大器的输入阻抗不固定，为减少对前级信号源的影响，应加入隔离放大器。此外，放大器的增益会受到模拟开关的导通电阻的影响，所以为减少误差，需采用大阻值的反馈电阻 R_f 和输入电阻 R_i。

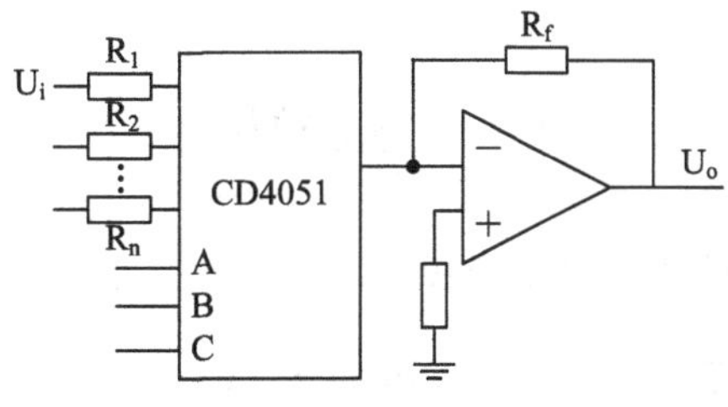

图 7-11-2　程控放大器

2. 用 D/A 衰减器实现

D/A 的核心是一个 R-2R 倒 T 形电阻网络，当 D/A 和外部运放一起工作时，如何实现衰减器呢？如图 7-11-3 所示，为一个 4 位的倒 T 形电阻网络，可以通过它推广到 n 位电阻网络。选通开关由外部控制，使得电阻 2R 的上端接入 IN− 或者 IN+，外部运放的 IN+ 接地。根据运放的“虚短”原理，这时，最右边的两个 2R 相当于并联，阻值等于 R，这个等效电阻 R 会与 R 串联，形成一个 2R 的等效电阻，这个 2R 的等效电阻继续与右侧第三个

2R 并联，……以此类推，最后，从 U_{REF} 端看进去，整个 R-2R 电阻网络的阻值恒定为 R。由此，我们可以得到，流入 U_{REF} 的恒定总电流为 $I=U_{REF}/R$。

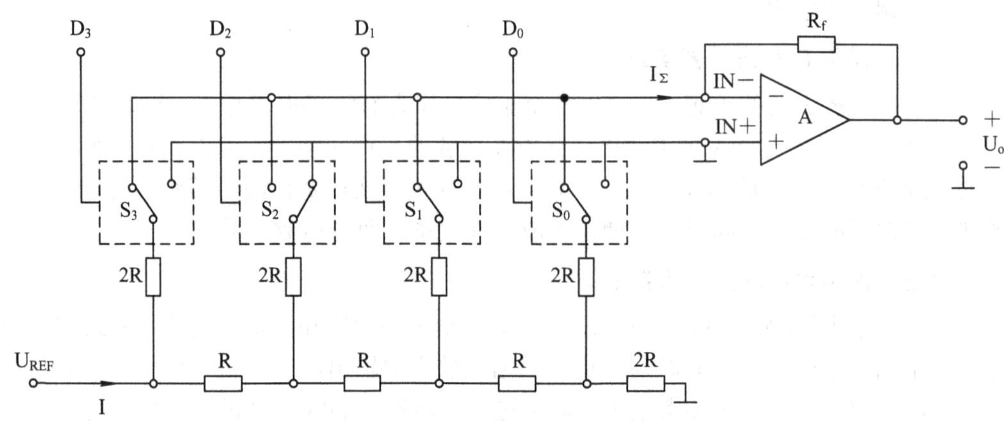

图 7-11-3　R-2R 电阻网络

I 在整个 R-2R 电阻网络中的 2R 支路上被分流，流入每个开关的支路电流大小为 $I/2^n$，对于 12 位的 D/A 来说，n=1～12，最高位(最左侧)的开关上流过的电流最大，为 I/2，以后每个开关上的电流为前一个 2R 的 1/2。每一路 2R 上的电流由开关选通，决定是流入 IN+ 还是 IN−，流入 IN−的电流总和，对于 12 位的 D/A 来说，将是

$$\frac{I\times CODE}{4096}=\frac{U_{REF}}{R}\times\frac{CODE}{4096} \tag{7-11-1}$$

这里的 CODE 即为写入 D/A 控制字的值。

因为 IN+ 是接地的，所以 IN+ 的电流对输出信号没有贡献。对于流入 IN− 的电流，由运放的“虚断”原理(理想运放工作在线性放大状态时，流入 IN+ 或 IN− 的电流总和为 0，即没有电流流入 IN+ 或 IN−)可得，流入 IN−的电流将等于运放的输出电压 U_{out} 在 R_f 上产生的电流，且方向相反，即

$$-\frac{U_o}{R_f}=\frac{U_{REF}}{R}\times\frac{CODE}{4096} \tag{7-11-2}$$

在设计时，若 R_f 与 R 相等，则最终可得

$$U_o=U_{REF}\times\frac{CODE}{4096} \tag{7-11-3}$$

这就是一个程控衰减器。

如果把 R-2R 电阻网络放到运放的反馈回路中，如图 7-11-4 所示，将得到一个程控增益放大器，推导方法和上面相似，不再赘述，结论如下：

$$\frac{U_{out}}{R}\times\frac{CODE}{4096}=-\frac{U_{in}}{R_f} \tag{7-11-4}$$

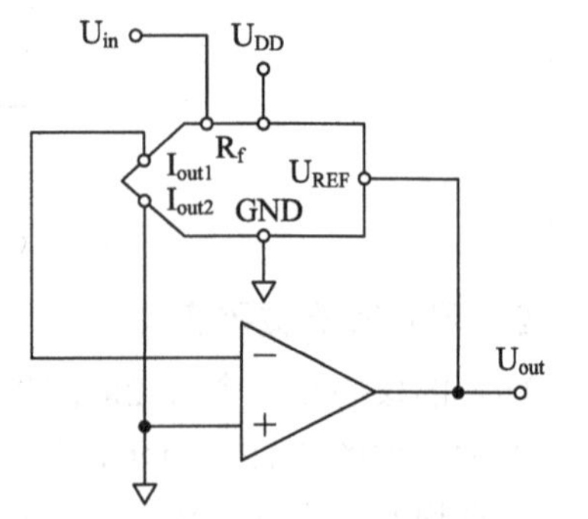

图 7-11-4　R-2R 电阻网络在运放反馈网络中

其中，$R_f=R$。

所以

$$U_{out} = -U_{in} \times \frac{4096}{CODE} \tag{7-11-5}$$

利用 D/A 转换器 AD7520 代替反馈电阻或输入电阻 R_i，也可以构成可控增益放大或衰减器，如图 7-11-5 所示。在基准输入电压 U_{REF} 固定不变的情况下，当输入的数字量为 D 时，从 I_{out1} 引脚流出的电流为

$$I_{out1} = \frac{U_{REF}}{R} \times \frac{D}{2^n} \tag{7-11-6}$$

式(7-11-6)中，R 为 D/A 转换器的电阻网络中电阻 1R 的值，n 为 D/A 转换器的位数。其电路有两种形式：一种为当模拟信号从基准电压输入端输入时，R_f 接运放的输出电压(使用芯片内的反馈电阻)，其电路连接如图 7-11-5(a)所示，该电路的增益 $G_1 = D/2^n$，可见其为增益小于 1 的衰减器；另外一种为当模拟信号从 D/A 的 R_f 输入时，U_{REF} 接运放的输出，电路如图 7-11-5(b)所示，该电路的增益 $G_2 = 2^n/D$，其实质是增益大于 1 的放大器。

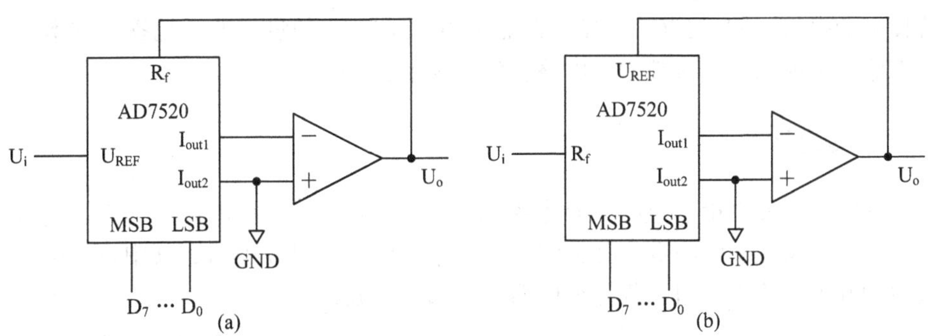

图 7-11-5　AD7520 构成可控增益放大器

7.11.4　电路调试

电路连接完成后，上电检查连线，若无误，则按以下步骤进行测试：

(1) 测量电路的放大倍数。将信号源的频率调到 1 kHz，用示波器观察输出信号，在保证输出信号不失真的前提下，使输出信号幅度达到最大。测量输出端不带载时的最大线性输出范围和电压放大倍数，计算放大倍数实测值和设计值之间的误差。

(2) 测量电路的通频带，计算分析实测值与设计值之间的误差。

(3) 根据扩展要求，进一步展宽通频带，提高增益，提高电压输出幅度，减小增益调节步进间隔。

7.12　八路抢答器的设计

随着当今社会的进步和科技的发展，各类比赛、娱乐活动层出不穷，其中抢答器的作用也就显而易见。抢答器能快速准确、公平公正、直观地判断出第一个抢答者，并通过 LED 数码管、LED 指示灯等手段显示出来。

7.12.1　设计要求

设计一个可供 8 名选手参加抢答的智力竞赛抢答器，具体要求如下：

(1) 8 名选手参加比赛，编号分别为 0～7，各用一个抢答按钮，编号为 S_0～S_7。

(2) 节目主持人使用一个控制开关，开关拨在清零位置，系统清零(选手编号显示电路数码管灭)；开关拨在开始位置，扬声器发出声响提示抢答开始，选手可进行抢答。

(3) 抢答器具有数据锁存和显示功能。抢答开始后，若有选手最先按下抢答按钮，其编号立即锁存，并在选手编号显示电路上显示，同时扬声器发声提示。此外，要封锁输入电路，禁止其他选手抢答。最先抢答选手的编号一直保持到主持人将系统清零。

(4) 抢答器具有定时抢答功能，抢答限定时间可由主持人设定，最大为 99 s。当抢答开始后，定时电路以设定的时间进行减计时，并在时间显示器上显示。

参赛选手在设定时间内抢答，抢答有效，定时器停止计时并显示抢答时刻(为抢答剩余时间)，直到主持人将系统清零。

若设定的抢答时间已到(时间显示器显示为“00”)，却没有选手抢答，则本轮抢答无效，扬声器发声提示，并封锁输入电路，禁止选手超时抢答。

7.12.2　方案设计

抢答器电路主要由抢答电路、时序控制电路、锁存器、秒脉冲产生电路、定时电路、译码显示电路以及报警电路等几部分组成，其原理框图见图 7-12-1。其中抢答电路主要由主持人控制开关、抢答按钮、优先编码器等几部分构成。

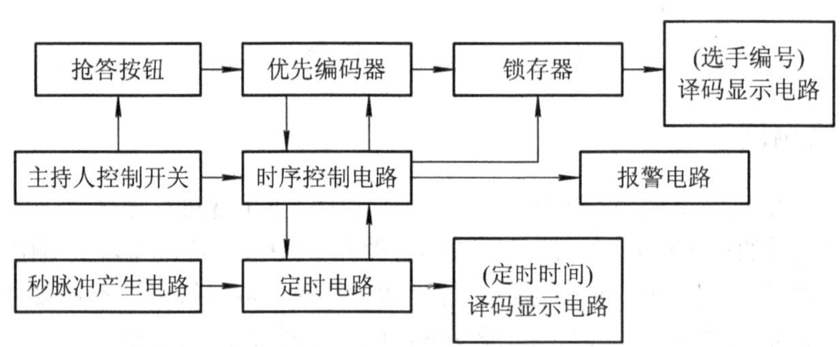

图 7-12-1　8 路抢答器组成框图

抢答器的工作原理是：节目主持人先将控制开关置于“清零”位置，抢答器处于禁止状态，选手编号显示器灭灯，定时时间显示器显示设定的抢答时间。在主持人将控制开关拨到“开始”后，扬声器发声提示抢答开始，抢答器处于工作状态，定时器开始倒计时。若定时时间到，却没有选手抢答，扬声器就会发声报警，并封锁输入电路，禁止选手超时后抢答。若有选手在设定的抢答时间内按动抢答按钮，扬声器发声提示已有人抢答，而优先编码器立即分辨出抢答者的编号，并由锁存器进行锁存，然后通过译码显示电路显示抢答者的编号。时序控制电路一方面要对输入编码电路进行封锁，避免其他选手再次抢答；另一方面要使定时器停止工作，定时时间显示器显示抢答剩余时间，并保持到主持人将系统清零为止；在选手回答问题完毕后，主持人操作控制开关，使系统回复到禁止工作状态。

7.12.3　单元电路设计

1. 抢答电路

抢答电路的功能有两个：一是分辨出选手按键的先后，并锁存优先抢答者的编号；二是使其他选手的按键操作无效。可以选用 8 线-3 线优先编码器 74LS148 和 RS 锁存器 74LS279 完成上述功能，其电路组成如图 7-12-2 所示。

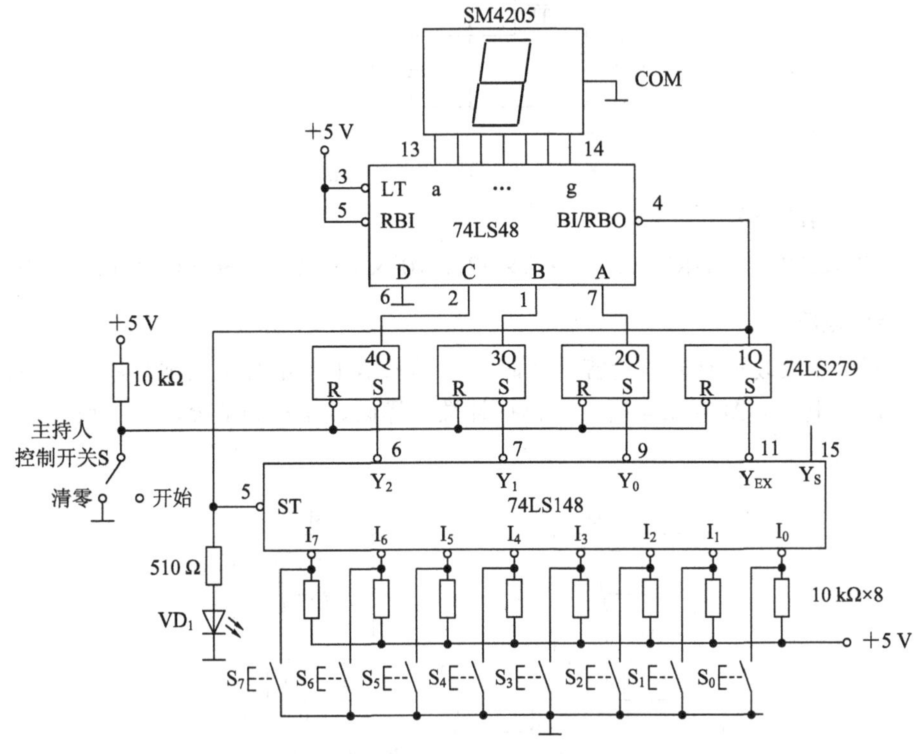

图 7-12-2　抢答电路

当主持人控制开关处于“清零”位置时，RS 触发器的 $\overline{R}$ 端为低电平，输出端(4Q～1Q)全部为低电平。于是 74LS48 的 $\overline{BI}=0$，显示器灭灯；74LS148 的选通输入端 $\overline{ST}=0$，74LS148 处于工作状态，此时锁存电路不工作。当主持人开关拨到“开始”位置时，优先编码电路和锁存电路同时处于工作状态，即抢答器处于等待工作状态，等待输入端 $\overline{I}_7$，…，$\overline{I}_0$ 输入信号。当有选手将键按下时(如按下 S_2)，74LS148 的输出 $\overline{Y_2Y_1Y_0}=101$，$\overline{Y}_{EX}=0$，74LS279 的输出 4Q3Q2Q = 010，1Q = 1，$\overline{BI}=1$，译码器 74LS48 工作，显示器显示抢答者的编号 2。同时 74LS148 的 $\overline{ST}=1$，使 1Q = 1，74LS148 处于禁止状态，封锁了其他选手按键送出的抢答信号。当 S_2 放开后，$\overline{Y}_{EX}=1$，但 1Q 仍锁存为 1，74LS148 仍处于禁止状态。这就保证了抢答者的优先性以及抢答电路的准确性。当抢答者回答完问题后，由主持人操作控制开关 S，使抢答电路复位，以便进行下一轮抢答。

2. 秒脉冲产生电路

秒脉冲产生电路采用 555 定时器来实现，电路如图 7-12-3 所示，图中利用 555 定时器构成一个多谐振荡器。

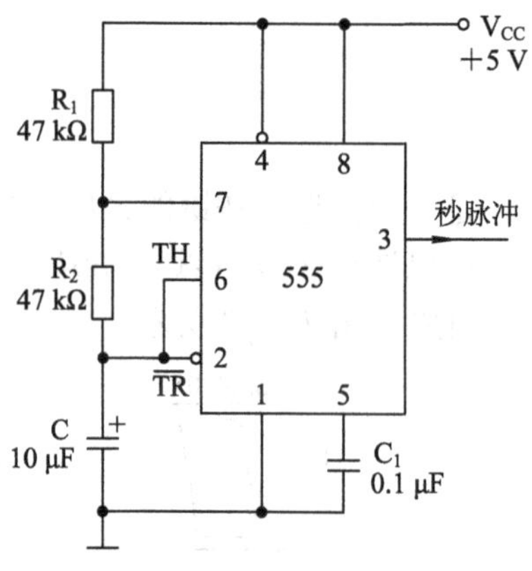

图 7-12-3　秒脉冲产生电路

多谐振荡器的振荡周期为

$$T = 0.7(R_1 + 2R_2)C = 0.7(47 + 2 \times 47) \times 10^3 \times 10 \times 10^{-6} = 987\ \text{ms} \approx 1\ \text{s} \tag{7-12-1}$$

3. 定时电路

定时器的主要功能是完成抢答倒计时，并显示第 1 个抢答者按键时还剩余的抢答限定时间。定时电路如图 7-12-4 所示，包括计数、译码、显示等部分，其中设计的关键是计数器。

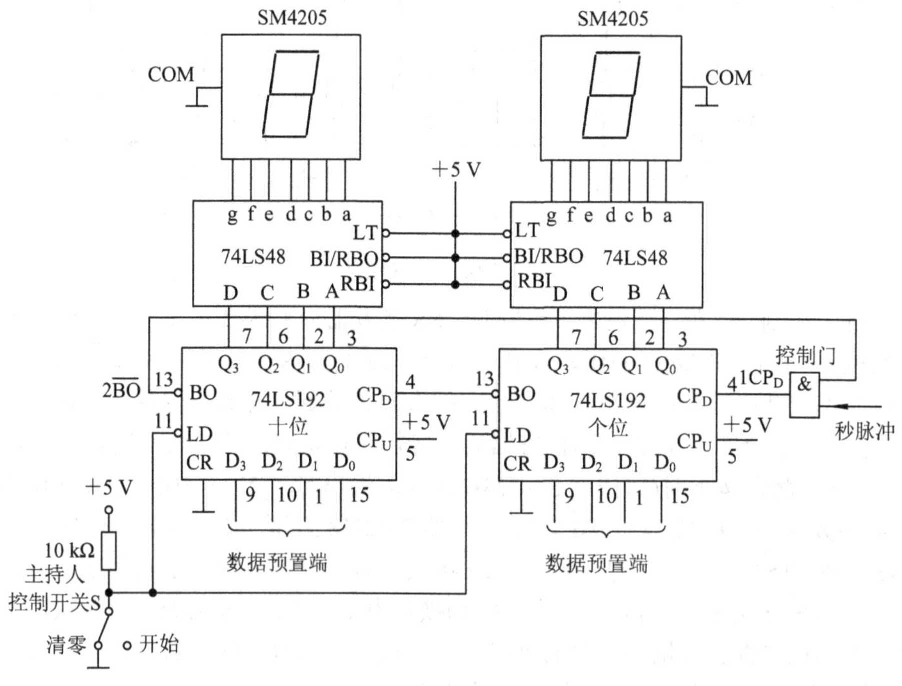

图 7-12-4　定时电路

计数器由两片同步十进制加/减计数器 74LS192 级联，构成一个 100 以内的减计数器。主持人可根据抢答题的难易程度，设定每次抢答的限定时间，这是通过 $D_3D_2D_1D_0$ 对计数器并行送数来实现的。当主持人控制开关 S 拨在“清零”时，两片计数器的$\overline{LD}=0$，将由$D_3D_2D_1D_0$设定的时间送至$Q_3Q_2Q_1Q_0$，经译码显示电路，显示抢答限定时间。由于秒脉冲是经过控制门(与门)送至个位计数器的CP_D($1CP_D$)端，控制信号为十位计数器的$\overline{BO}$($2\overline{BO}$)端。因此，当主持人控制开关 S 拨在“开始”位置时，$2\overline{BO}=1$，控制门开，秒脉冲通过，计数器减计数。当计数器减计数至 0 时，$2\overline{BO}=0$，控制门关，秒脉冲被封锁，计数器停止计数。

4. 声响报警电路

由 555 定时器和三极管构成的声响报警电路如图 7-12-5 所示，其中 555 构成多谐振荡器，其输出信号经三极管推动扬声器发声。PR 为控制信号，PR 为高电平时，多谐振荡器工作，扬声器发出声响；反之，电路停振，扬声器不发声。

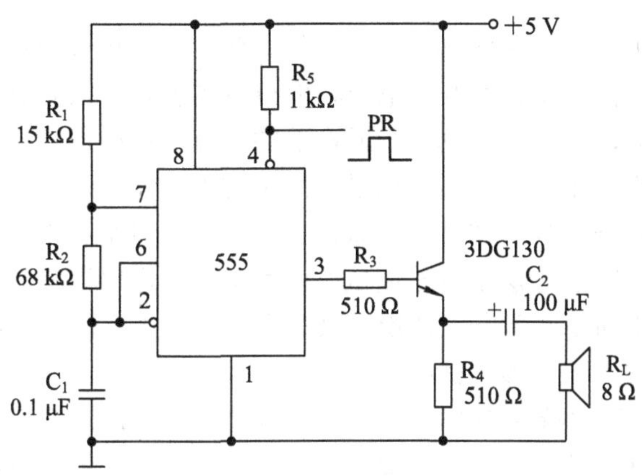

图 7-12-5　声响报警电路

5. 时序控制电路

以上电路还不能满足设计的全部要求，抢答、定时电路部分的时序控制电路需加以完善，改进后的时序控制电路如图 7-12-6(a)所示。

在图 7-12-2 抢答电路中，只是实现在已有选手最先抢答时，74LS279 的 1Q = 1，从而 74LS148 的$\overline{ST}=1$，使 74LS148 处于禁止状态，其他选手抢答无效。而又要实现在设定时间到，无选手抢答，即十位计数器 74LS192 的$\overline{BO}(2\overline{BO})=0$时，也使$\overline{ST}=1$，以禁止选手再抢答，可如图 7-12-6(a)所示，使$\overline{ST}=\overline{1Q\cdot 2BO}$就能满足要求。

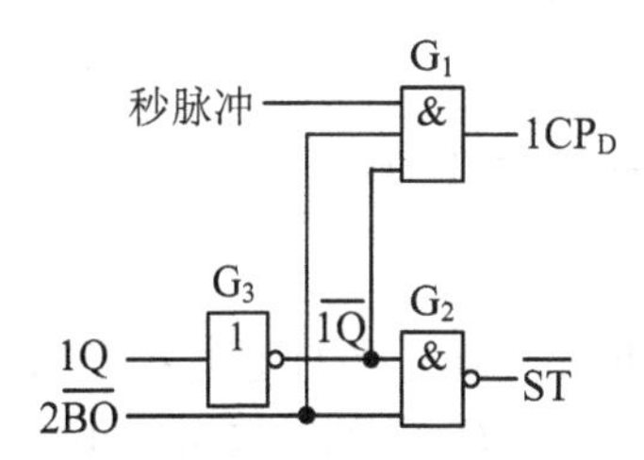

(a) 抢答与定时电路的时序控制电路

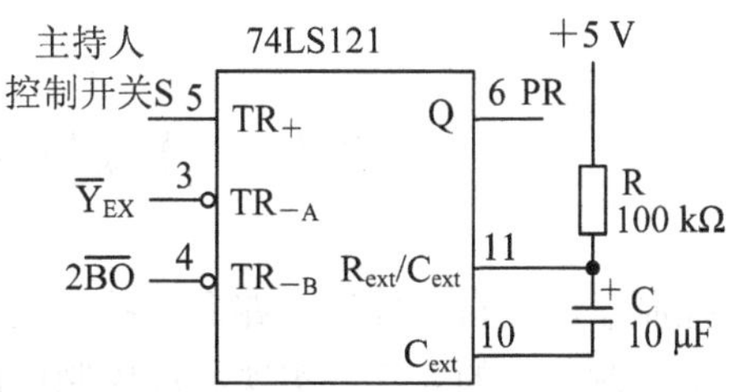

(b) 报警电路的控制信号产生电路

图 7-12-6　时序控制电路

在图 7-12-4 定时电路中，只是实现在设定时间到，无选手抢答时，十位计数器 74LS192 的$\overline{BO}(2\overline{BO})=0$，封锁秒脉冲进入个位计数器 74LS192 的 $CP_D(1CP_D)$端。而同时要实现规定时间内有选手抢答，即当 74LS279 的 1Q = 1 时，也能封锁秒脉冲进入 $CP_D(1CP_D)$端。这只要将图 7-12-4 中控制门(与门)增加一个控制端$\overline{1Q}$就可以了，如图 7-12-6(a)中与门 G_1 所示。

图 7-12-6(b)中，单稳态触发器 74LS121 用于产生声响报警电路控制信号 PR。当主持人控制开关 S 拨在“开始”位置，S=1 时，或当有选手抢答，74LS148 的$\overline{Y}_{EX}=0$ 时，以及当抢答限定时间到，无选手抢答，十位计数器 74LS192 的$\overline{BO}(2\overline{BO})=0$ 时，在 74LS121 输出端 Q 都会产生一个正脉冲 PR，其脉冲宽度由 R、C 决定。

7.12.4　电路调试

在装配电路的时候，一定要认真仔细、一丝不苟，注意集成块不要插错或方向插反，连线不要错接或漏接并保证接触良好，电源和地线不要短路，以避免人为故障。

单元电路安装好后，应该先认真进行通电前的检查，通电后，检查每片集成电路是否有发烫现象，检查工作电压是否正常，这是电路正常工作的基本保证。调试该单元电路，直至正常工作。调试可分为静态调试和动态调试两种，一般组合电路应静态调试，时序电路应动态调试。统调电路的方法是将已调试好的若干单元电路连接起来，然后按照信号流向，由输入到输出，由简单到复杂，依次测试，直至正常工作。

在本电路中，可按以下步骤调试：

(1) 抢答电路。先将主持人控制开关拨到“清零”位置，观察选手编号显示器是否灭灯；再将主持人控制开关拨到“开始”位置，按下任意一个选手抢答键，例如 S_2，观察选手编号显示器是否显示 2；然后再按下其他选手键，观察显示器是否变化，若无变化则抢答电路正常。

(2) 定时电路。将图 7-12-3 和图 7-12-4 连接起来，若设定时间为 30 s，即计数器个位数据预置端 $D_3D_2D_1D_0=0000$，十位的 $D_3D_2D_1D_0=0011$，将主持人控制开关 S 拨在“清零”时，计数器置数，观察时间显示器的显示是否与所置数吻合；当主持人控制开关 S 拨在“开始”时，则开始进行倒计时定时。时间显示器应倒计时，直至显示 00。

(3) 报警电路。将图 7-12-5 和图 7-12-6(b)连接起来，检查扬声器发声是否正常。74LS121 的 3、5 脚接高电平，4 脚接秒脉冲，则应每秒发声一次，持续时间约 0.7 s。

上述各部分电路调试正常后，将整个系统连接起来进行统调。

7.13　彩灯控制器的设计

彩灯控制器可以自动控制多路彩灯按不同的节拍循环显示各种灯光花型的变换，是以高低电平来控制彩灯的亮灭。实现彩灯控制可以采用 EPROM 编程、RAM 编程、可编程逻辑器件、单片机等实现。在彩灯路数较少、花型变换比较简单时，也可用移位寄存器实现。在实际应用场合，彩灯可能是功率较大的发光器件，需要加一定的驱动电路。

7.13.1　设计要求

设计八路彩灯控制器，具体设计要求如下：

(1) 用 8 个三色 LED 灯组成一个彩灯模型。

(2) 循环显示不少于 4 种状态，具有一定的观赏性。

(3) 彩灯明暗变换节拍为 1.0 s 和 0.5 s，两种节拍交替运行。

(4) 具有加电复位功能。

7.13.2　方案设计

整体电路分为四个模块：第一个模块实现节拍的发生，由 555 及相关器件构成的多谐振荡器构成；第二个模块实现快慢两种节拍的控制；第三个模块实现花型的控制，由计数器和译码器构成；第四个模块实现花型的显示，选用发光二极管实现。其主体框图如图 7-13-1 所示。

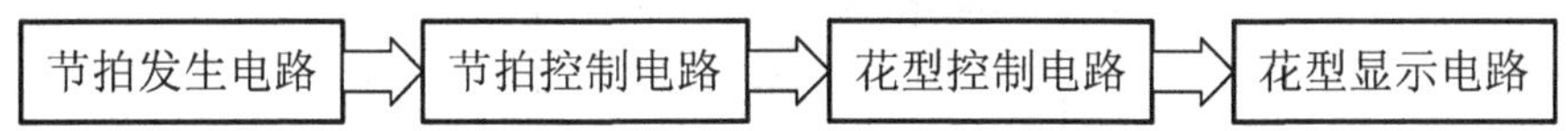

图 7-13-1　彩灯控制电路框图

在本方案中，各单元电路只实现一种功能。其优点在于：电路设计模块化且各模块功能明确，易于检查电路，给后面的电路组装及电路调试带来方便。

7.13.3　单元电路设计

1. 节拍发生电路

考虑到节拍是整个电路功能实现的基础及其他模块进行调试的必需条件，故首先实现节拍发生模块。0.5 s 节拍选用由 555 定时器及相关器件构成的多谐振荡器电路来实现，电路如图 7-13-2 所示。

由于输出波形中低电平的持续时间(即电容放电时间)为

$$t_{w2} = 0.7R_2C_1 \tag{7-13-1}$$

高电平的持续时间(即电容充电时间)为

$$t_{w1} = 0.7(R_1 + R_2)C_1 \tag{7-13-2}$$

因此电路输出矩形脉冲的周期为

$$T = t_{w1} + t_{w2} = 0.7(R_1 + 2R_2)C_1 \tag{7-13-3}$$

输出矩形脉冲的占空比为

$$q = \frac{t_{w1}}{T} = \frac{R_1 + R_2}{R_1 + 2R_2} \tag{7-13-4}$$

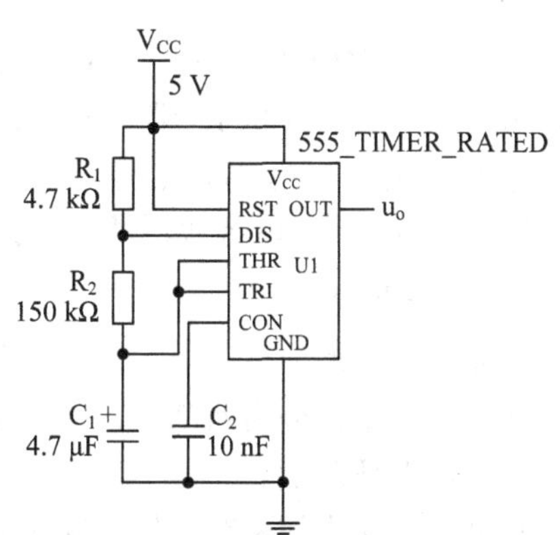

图 7-13-2　555 定时器及相关器件构成的多谐振荡器电路

当 $R_2 \gg R_1$ 时，占空比近似为 50%。故综合考虑，电容取值为 C_1=4.7 μF，C_2=0.01 μF；电阻取值为 R_2=150 kΩ，R_1=4.7 kΩ。

2. 节拍控制电路

节拍发生电路中已实现 0.5 s 节拍，故使用 74LS74(双上升沿触发器)将其二分频产生 1.0 s 节拍，再通过控制 74LS151(八选一数据选择器)的 A 为 0 或 1 选择 Y 端输出的脉冲的频率来控制这两种节拍的交替输出。因此该模块由一片 74LS151 和一片 74LS74 级联实现，整体上实现脉冲频率的变换，即交替产生快慢节拍，电路如图 7-13-3 所示。

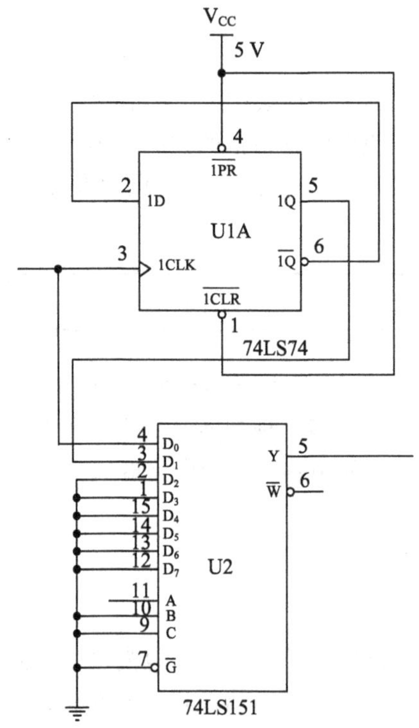

图 7-13-3　节拍控制电路

集成芯片 74LS74 的 V_{CC}、$\overline{1CLR}$ 1、$\overline{1PR}$ 都接高电平，将 $\overline{1Q}$ 的输出接到 1D 端，1Q 端的输出接到 74LS151 的 D_1 端。芯片 74LS151 的 D_0、D_2、D_3、D_4、D_5、D_6、D_7、B、C、$\overline{G}$ 接低电平，D_0 接 0.5 s 节拍信号即 555 的输出 u_o。

由此实现了 0.5 s 和 1.0 s 快慢两种节拍的控制。

3. 花型部分

首先设计花型如下。

花型一：整体分为两部分，从第 1 路到第 5 路由左至右渐亮，全亮后，再分两半从左至右渐灭，循环两次。

花型二：从中间两路开始，同时向两边依次渐亮，全亮后再由中间到两边依次渐灭。

花型三：从左至右顺次渐亮，全亮后逆序渐灭，循环两次。

花型的实现由两片 74LS194 来实现，状态转移图如图 7-13-4、7-13-5、7-13-6 所示(设两片 74LS194 的输出依次为 Q_1～Q_8)。

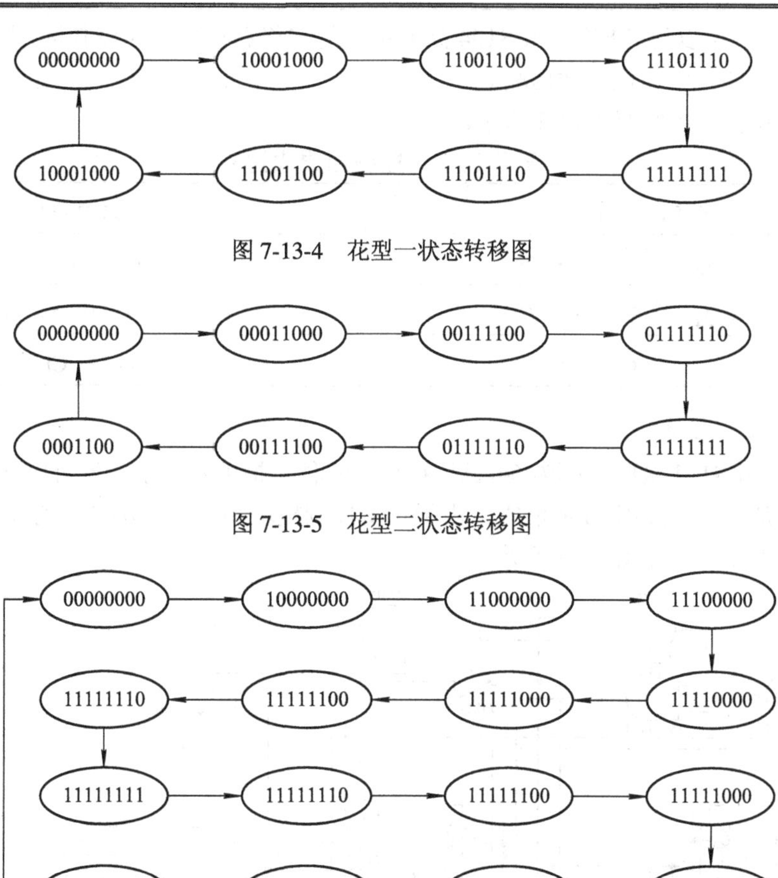

图 7-13-4　花型一状态转移图

图 7-13-5　花型二状态转移图

图 7-13-6　花型三状态转移图

1) 花型控制电路

因为每个花型要完整显示一遍，所以三种花型完全显示一遍需要的总节拍数为 32，即 1～8 显示第一种花型，9～16 显示第二种花型，17～32 显示第三种花型。

若要用 74LS194 实现三种花型的连续显示，必须对两片 74LS194 的 S1、S0 和 SL、SR 依据节拍的变化进行相应的改变。现将两片 74LS194 分为低位片 1 和高位片 2，再将其输出端从低位到高位记为 Q_1～Q_8。列出各花型和其对应的 74LS194 的 S1、S0、SL、SR 的输入信号及节拍控制信号，如表 7-13-1 所示(用 $\overline{Q_i}$ 表示 Q_i 的取非)。

表 7-13-1　不同花型的输入信号与节拍控制信号

	低位片				高位片				节拍控制信号
花型	SL	SR	S1	S0	SL	SR	S1	S0	CH～CA
一	×	$\overline{Q_4}$	0	1	×	Q_8	0	1	00000000
二	$\overline{Q_1}$	×	1	0	×	$\overline{Q_8}$	0	1	00001000
三	×	$\overline{Q_8}$	0	1	×	Q_4	0	1	00010000
	Q_5	×	1	0	$\overline{Q_1}$	×	1	0	00010100

经过分析，可以得到控制 74LS194 高低位片的左移右移变化的控制量。用 CA～CH 表示 74LS161 从低位到高位的输出端。

控制结果表达式如表 7-13-2 所示。

表 7-13-2　控制结果表达式

74LS194 低位片	74LS194 高位片
$SL=\overline{Q_1}\cdot\overline{CE}+Q_5\cdot CE$	$SL=\overline{Q1}$
$SR=\overline{Q_4}\cdot\overline{CE}+\overline{Q_8}\cdot CE$	$SR=\overline{Q_8}\cdot\overline{CE}+Q_4\cdot CE$
$S1=\overline{CD}$	$S1=CD\cdot CE$

2) *花型显示电路*

将两片 74LS161 级联成模为 64(三种花型在两种节拍下各显示一遍)的计数器。74LS161 的级联用的是同步，并用 $\overline{CLR}$ 清零。由于花型控制模块和显示模块之间的连线较为复杂，故在一个图中显示，如图 7-13-7 所示。

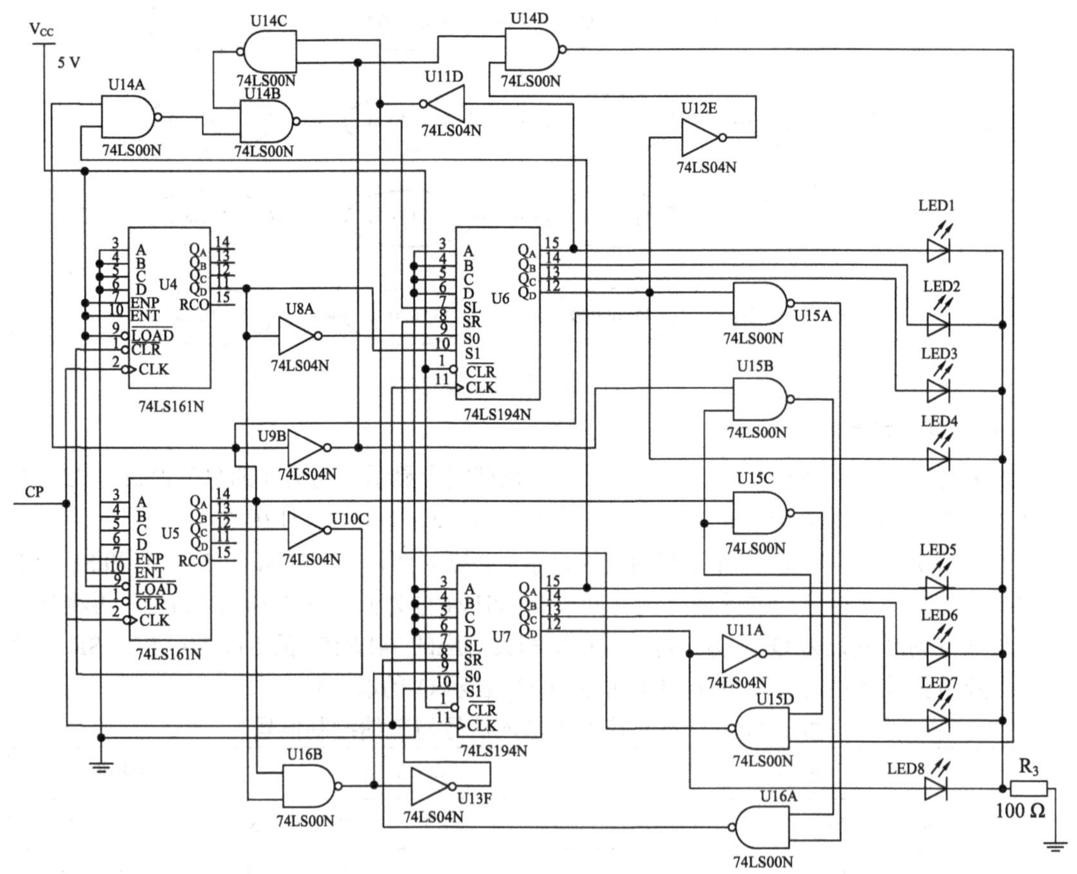

图 7-13-7　花型控制显示电路

4. 总体电路

八路彩灯控制器的总体电路图如图 7-13-8 所示。

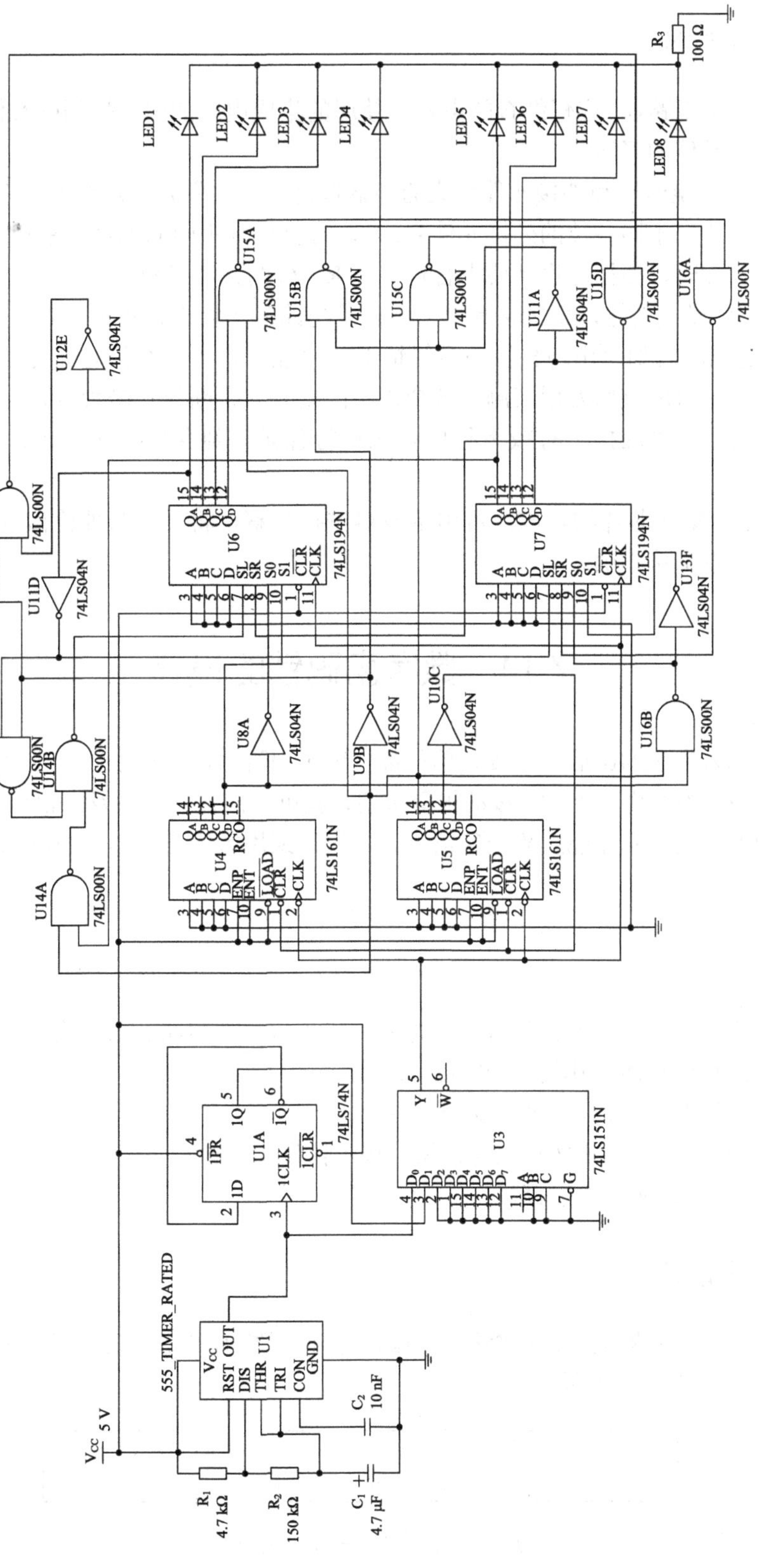
LED1
LED2
LED3
LED4
LED5
LED6
LED7
LED8
R3
100 Ω
U15A
74LS00N
U15B
74LS00N
U15C
74LS00N
U15D
74LS00N
U16A
74LS00N
U11A
74LS04N
U12E
74LS04N
U14D
74LS00N
U11D
74LS04N
U6
74LS194N
U7
74LS194N
U13F
74LS04N
U14C
74LS00N
U14B
74LS00N
U8A
74LS04N
U9B
74LS04N
U10C
74LS04N
U16B
74LS00N
U14A
74LS00N
U4
74LS161N
U5
74LS161N
U1A
74LS74N
U3
74LS151N
555_TIMER_RATED
U1
VCC
5 V
R1
4.7 kΩ
R2
150 kΩ
C1
4.7 μF
C2
10 nF

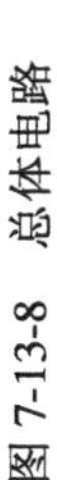

图 7-13-8　总体电路

7.13.4　电路调试

在安装电子电路前，应仔细查阅电路所使用的集成电路的引脚排列图及使用注意事项，同时测量电子元件的好坏。

(1) 由 555 定时器和外接元件组成的多谐振荡器产生方波，是整个电路能否正常运行的前提条件。选择不同参数的外接元件 R、C，可以得到不同的振荡频率和占空比的方波。因此在选择元件时，要按照设计要求合理选择 R、C 的具体参数。

(2) 最好将悬空的输入引脚接高电平，排除电路的一切不稳定因素。

(3) 搭建电路时如果出现接触不良等情况，可能是由于连线没有完好地接触面包板的铜片造成的，这时应该用万用表测量各个接头的电压来判断接触是否良好。

(4) 发光二极管应接上行或下行电阻来进行保护，避免因为电压过大而导致二极管损坏。

(5) 对于各集成芯片的输出，可用示波器进行观察，将结果与理论值进行比较，判断各单元电路是否搭接正确。

7.14　数字密码锁的设计

近年来越来越多的民居、学校、单位都安装了报警器，这种报警器由报警按钮和解除钥匙开关组成。当发生意外时，按动报警按钮，就可以向接警中心发出报警信号。报警后，只有用一把专用的钥匙才能解除报警信号。本设计采用数字密码锁代替解除钥匙开关，使用更加方便。

7.14.1　设计要求

利用数字电路知识，设计报警触发电路、模拟报警器电路、数字密码解除开关电路，实现数字密码解锁功能。其具体功能如下：

(1) 正常情况下绿灯亮，处于安全状态。

(2) 紧急情况出现时，按动报警按钮，蜂鸣器发出报警声。

(3) 利用数字密码实现解锁。

7.14.2　方案设计

数字密码锁报警器电路由报警触发电路、模拟报警器电路、数字密码解除开关电路组成，电路框图如图 7-14-1 所示。

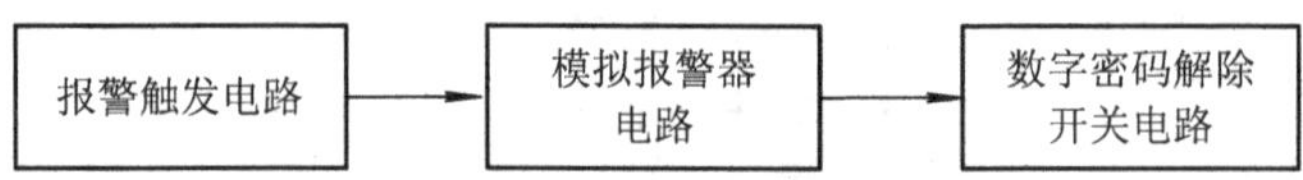

图 7-14-1　数字密码锁报警器电路框图

7.14.3　单元电路设计

数字密码锁报警器的参考电路如图 7-14-2 所示。电路有两种状态：待报警状态和报警状态。电路处于待报警状态时，集成电路 CD4017 计数器的第 7 脚 Q_3 的输出端为高电位，三极管 9012 不导通，模拟报警电路不工作，处于安全状态。这时如果按动报警触发电路的报警按钮 AN0，CD4017 的第 15 脚复位端被触发，计数器返回初始状态。此时计数器除了第 3 脚的 Q0 端保持高电位，其他各输出端均保持低电位。Q_3 输出低电位，三极管 9012 导通，蜂鸣器发声，发光二极管被点亮，模拟发出报警信号。

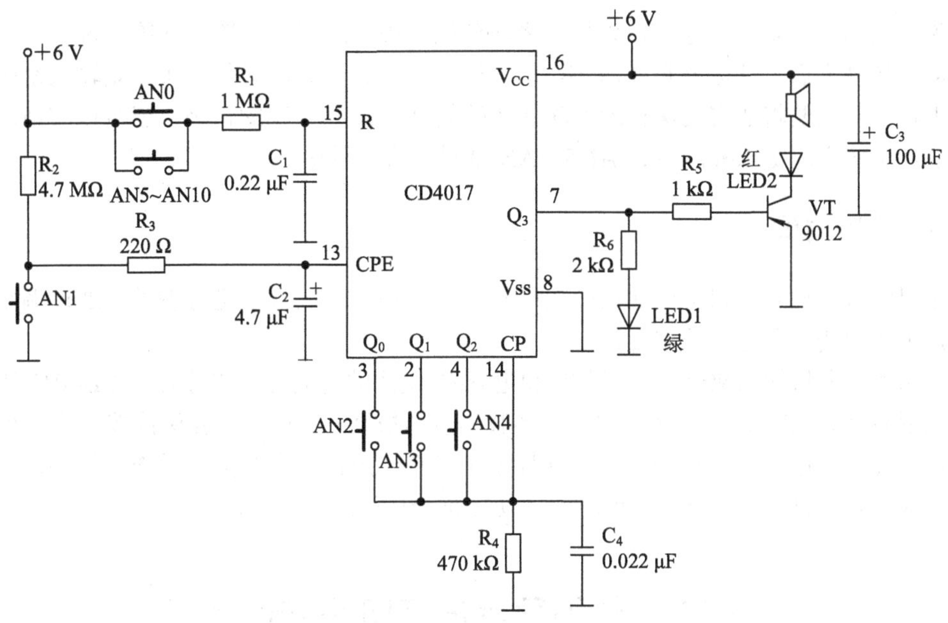

图 7-14-2　数字密码锁报警器参考电路

要解除报警状态，必须按动一组数字密码。在本电路中，顺序按动 AN1、AN2、AN3、AN4 后，CD4017 计数器通过加 1 计数，其第 7 脚 Q_3 输出高电位，控制模拟报警器电路停止工作，原来的报警状态就被解除了。

1．CD4017 的工作过程

数字密码解除开关电路由 CD4017 计数器构成。本电路设定的密码是 4 位，分别由按钮 AN1、AN2、AN3、AN4 来输入密码。当电路处于报警状态时，如果尚未按动任何密码键，CPE 端的积分电路充电，使它保持高电位，这时无论按动哪个按钮，包括 AN2、AN3、AN4，CD4017 计数器都不能计数。当按动按钮 AN1 后，CPE 端电位变低，此时按动 AN2，连通 Q_0 端和 CP 端，由于此时 Q_0 端处于高电位，CD4017 计数器做一次加 1 的计数，其结果是 Q_0 端变成低电位，而 Q_1 端变成高电位。继续正确按动密码，也就是依次按动按钮 AN3 和 AN4，最后的结果是 CD4017 的 Q_3 端输出高电位，这时模拟报警电路就会解除报警状态。

由于按动密码时，首先按动的是 AN1，它使得 CPE 端电位变低，但是当松开这个按钮后，该端的积分电路就会继续充电，导致该端电压逐渐升高，它的低电位可以保持大约 10 秒钟。如果在这段时间里，正确地按动所有的密码键，电路就会解除报警。也就是说，如果超过了这个限制时间，电路就会返回停止计数的状态，再按动任何密码键，电路也不能工作了。

2. 密码设置

密码的设置可以用改变按钮 AN1、AN2、AN3、AN4 的位置来实现。除了报警按钮 AN0 以外，我们可以使用 10 个按钮开关，从 AN1 到 AN10，分别表示数字 0 到 9。在 0～9 这 10 个数字键中，选定的密码键分布在不同的数字上，就组成了不同的密码。本电路采用 4 位数字密码，可根据需要增加或减少密码位数。

3. 设置陷阱键

为了增加开锁难度，除了可以增加密码位数之外，还可以设置一些陷阱键。所谓陷阱键，就是按动它后，计数器重新清零，以前输入的密码作废，必须从头开始输入密码。在这个电路中，只要将非密码键接通 CD4017 的复位端 R 和电源的正极，就可以实现陷阱键的功能，可将密码键以外的按钮 AN5～AN10 设置成陷阱键。

7.14.4 电路调试

密码的有效输入时间可以通过改变电阻 R_2 与电容 C_2 的大小进行调整。通过调整这个时间，可以改变输入密码的难度。

电路的报警按钮 AN0 通过电阻 R_1 和电容 C_1 组成的时间延迟电路控制 CD4017 工作，这个延迟时间设定在 0.5 s 左右。这样，当我们按动报警开关时，需要保持按动状态在 0.5 s 以上，才能启动电路发出报警信号。这样做可以在一定程度上避免误操作。另外，可以通过调整 R_1 和 C_1 的大小来改变延迟时间，使之符合自己的使用习惯。

7.15 数码显示记忆电路的设计

在很多公共场合，如图书馆、商场等，往往需要记录一段时间内进入的读者或顾客的数量，用于统计人流量的大小，从而进行数据分析。

7.15.1 设计要求

用中小规模集成电路设计一个数码显示记忆电路。

1. 基本要求

(1) 用蜂鸣器模仿门铃声，表示有人到访。

(2) 记录并显示门铃被按下的次数，表示一段时间内到访的人数，计数范围为 0～99。

(3) 可以清零，重新开始计数。

2. 扩展要求

(1) 可自主设定蜂鸣器的频率以及报警时间的长短。

(2) 记录每次来访人员的时间，以供查询。

7.15.2　方案设计

根据设计要求，完整的数码显示记忆电路由单脉冲发生电路、蜂鸣器电路、计数器电路、译码显示电路等组成。其原理框图如图 7-15-1 所示。

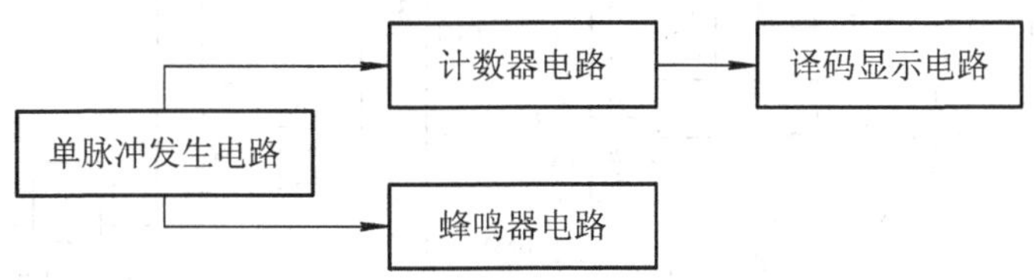

图 7-15-1　数码显示记忆电路的原理框图

7.15.3　单元电路设计

本设计主要包含两个功能：一是蜂鸣器能正常发出蜂鸣声，以示有人到访；二是计数器能记录并显示门铃被按下的次数，表示一段时间内到访的人数，显示数字最大为 99。并且可以通过手动按键进行清零，重新开始计数。

1. 计数器电路

计数器可用两片 74LS160N 实现，如图 7-15-2 所示。左边 U3 为高位片，右边 U2 为低位片，计数模值为 99。低位片计数到 9 以后，使高位片在下一脉冲到来时加 1，同时低位片变为 0，直到计数模值为 99。此外，计数器有手动清零按键，随时可将计数器清零，然后重新开始计数。

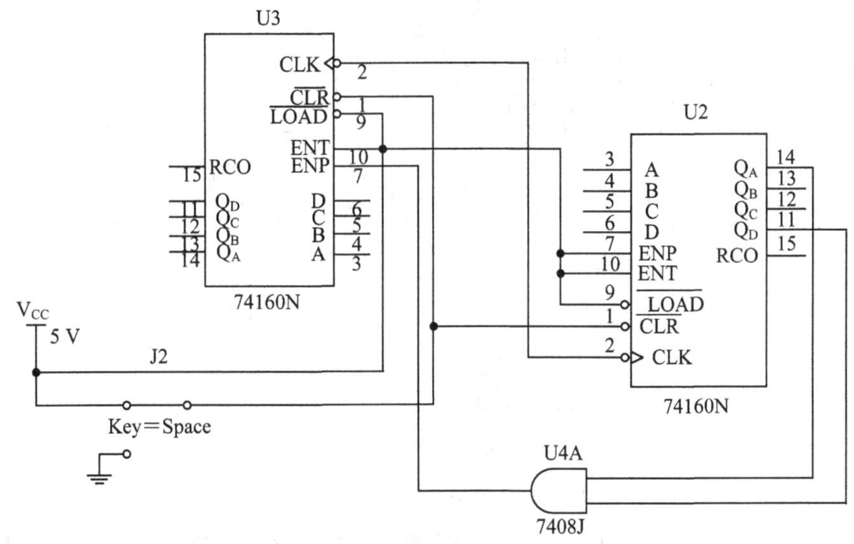

图 7-15-2　两位十进制计数器电路

2. 单脉冲发生电路及蜂鸣器电路

单脉冲发生电路可以通过 555 芯片来实现，蜂鸣器电路可通过设定一个固定频率的信号输出给蜂鸣器来实现。参考电路如图 7-15-3 所示。

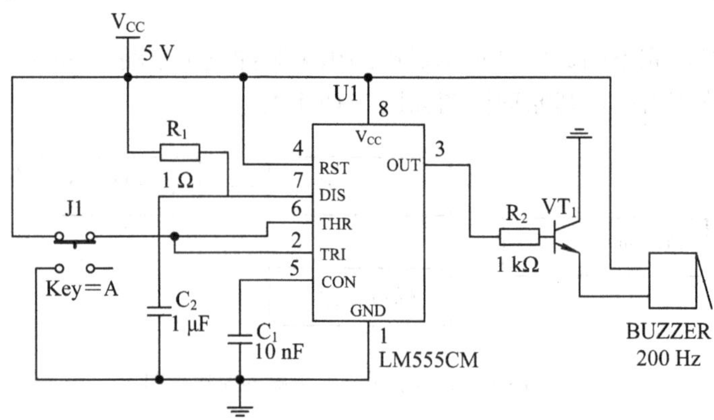

图 7-15-3　单脉冲发生电路及蜂鸣器电路

7.15.4　电路调试

综合以上各功能模块，得到带记忆功能的数码显示电路的总体电路，如图 7-15-4 所示。两位十进制数码管译码显示部分，应根据数码管的极性选择合适的译码管，在此不再赘述。

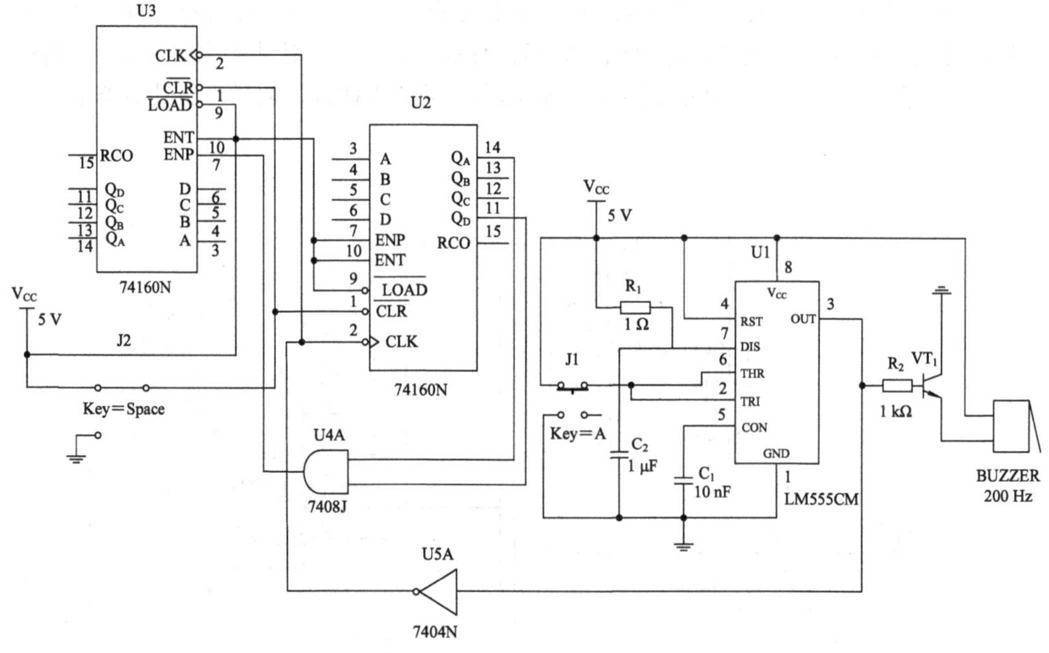

图 7-15-4　带记忆功能的数码显示电路

对于门铃声，用户可以自主设计可接受频率的音频输入给蜂鸣器，当来访人员按下门铃之后，能够自动触发音频报警，响声时间长短可以自主设定。此外，也可以设计存储电路，记录每次人员来访的时间，以供查询。

在安装电子电路前，应仔细查阅电路所使用的集成电路的引脚排列图及使用注意事项，同时测量电子元件的好坏。调试时应按模块进行调试，最后全部电路联调。

7.16　直流电机测速装置的设计

如今学科竞赛发展迅速，对学生的综合素质要求越来越高，电机的控制已经成为学生应掌握的一项必备知识。而电机转速的测量，在工业控制领域和人们的日常生活中经常遇到。例如，工厂里测量电机每分钟的转速，生活中汽车行驶的时速测量等都属于这一范畴。

7.16.1　设计要求

设计一个测量电机转速的装置，电机速度由可调直流电源来控制，电机在一定时间内旋转的圈数可由数码管或液晶等显示。

1. 基本要求

(1) 电机供电电源为可调直流电源。

(2) 测速时间间隔为一分钟且可显示，转速显示范围为 0～9999 转/分。

(3) 设计一个时间控制电路，如一分钟时间到，电机停止旋转，数码管停止计数；再过 5 秒，电机旋转，数码管继续计数，以此往复。

2. 扩展要求

(1) 时间控制电路中的定时时间可调。

(2) 转速高于或低于某一阈值时，电路自动报警。

7.16.2　方案设计

要准确地测量转轴每分钟的转速，其电路原理框图如图 7-16-1 所示。电机速度由可调直流稳压电源来控制，可采用分立元件，也可以选择三端集成稳压器(具体可参考本章 7.6 节)。转速测量可采用分立元件(如红外对管)搭建，也可采用含有整形芯片的一体化模块来实现。控制电路主要实现计数及数据的寄存，该电路形式最为多样，可选用计数器、寄存器等来实现，或者是继电器、触发器等，是最容易发挥的部分。定时电路部分可利用 555 定时器、比较器、一阶电路等来实现。计数译码显示电路可选择数码管或液晶显示器。

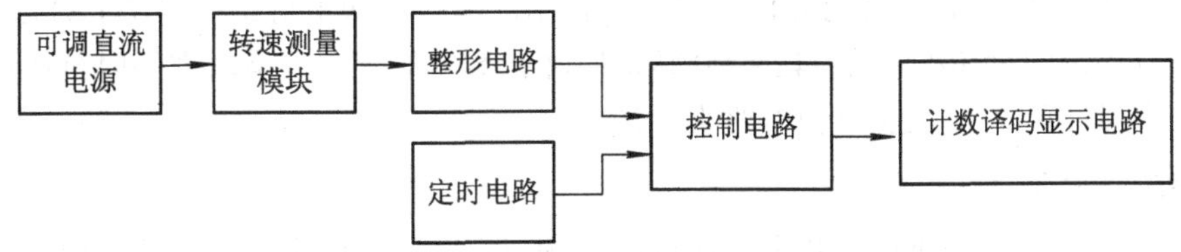

图 7-16-1　直流电机测速原理框图

7.16.3　单元电路设计

1. 电机转速脉冲信号产生电路

本设计中，将一个正在转动的电机，转轴上装一个转盘，转盘上开一个小孔，通过光电转换及整形电路产生转速脉冲信号，光电传感转换电路如图 7-16-2 所示。

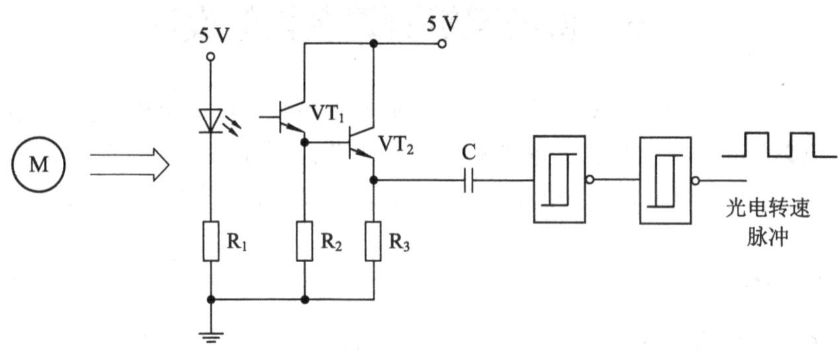

图 7-16-2　光电传感转换电路

2. 控制电路及计时电路

控制电路主要实现转速的测量及寄存。转速的测量，是将连续输入的转速脉冲信号转变为单位时间(每分钟)内计数的个数，这个脉冲个数传送到寄存器保存并在一段时间内保持不变。由于测速范围为 0～9999，所以需要四位二-十进制计数器组成计数电路。寄存器及显示电路也为四位。计时电路需要一个秒脉冲作为定时器的脉冲输入，它由二位计数器组成六十进制计数器，这一电路和数字钟六十进制计数器一样，低位片为十进制，高位片为六进制。当计数到一分钟时，应发出一个控制信号给转速脉冲计数器，使累计的数值存入寄存器并显示转速。与此同时，计数器清零，准备下一分钟的数值累计。因此，当前测试显示的数值为前一分钟的转速。

根据上述要求，下面给出两种方案的转速测量显示控制参考电路。

方案一：前一分钟转速测试

在图 7-16-3 中，转速显示的是前一分钟测量的结果。电路的工作原理为：由秒脉冲通过两片 74LS290 形成六十进制计数器，当十位(高位片)计数器计到 6 时，通过与门 G_1，使十位的计数器异步清零。与此同时，这一信号又送到测速显示的寄存器 74LS175 的 CP 端，使计数器在一分钟内累计的转速脉冲个数(即转速)寄存起来，并通过 74LS248 译码显示到数码管上。

值得注意的是，当一分钟到时，与门 G_1 输出的信号，除了给寄存器 74LS175 提供 CP 寄存信号以外，同时还给四片 74LS290 转速脉冲计数器清零，只是清零的时刻比寄存器滞后一些，本设计用 74LS123 单稳电路来实现。

方案二：显示计数过程

在图 7-16-4 中，转速显示整个计数过程，到一定时间，将累计值保持一段时间，然后再重复进行计数显示。电路中采用三合一、四合一计数、译码、显示 CL 系列数码显示器 CL002 及 CL102。秒脉冲通过两片 74LS160 十进制计数器完成一分钟计时电路，时间显示由两片 CL002 完成。当计时时间在 0～59 s 工作周期内，四片 CL102 显示器连续计数，满一分钟时，通过 U2 与非门使 JK 触发器发生翻转，使 CL102 的 LE 端置 1，计数停止，CL102 保持显示第一分钟的转速。当两片 74LS160 计数器时间计到 79 s 时，与非门 U3 使 JK 触发器清零，使 CL102 的 LE 端置 0，恢复送数功能。然后计时到 80 s 时，74LS160 高位片 $Q_D=1$，使 CL102 清零，准备下一个 60 s 的转速测量。同时，与非门 U1 的作用是使计时电路回零，重新进行下一个周期的计时。

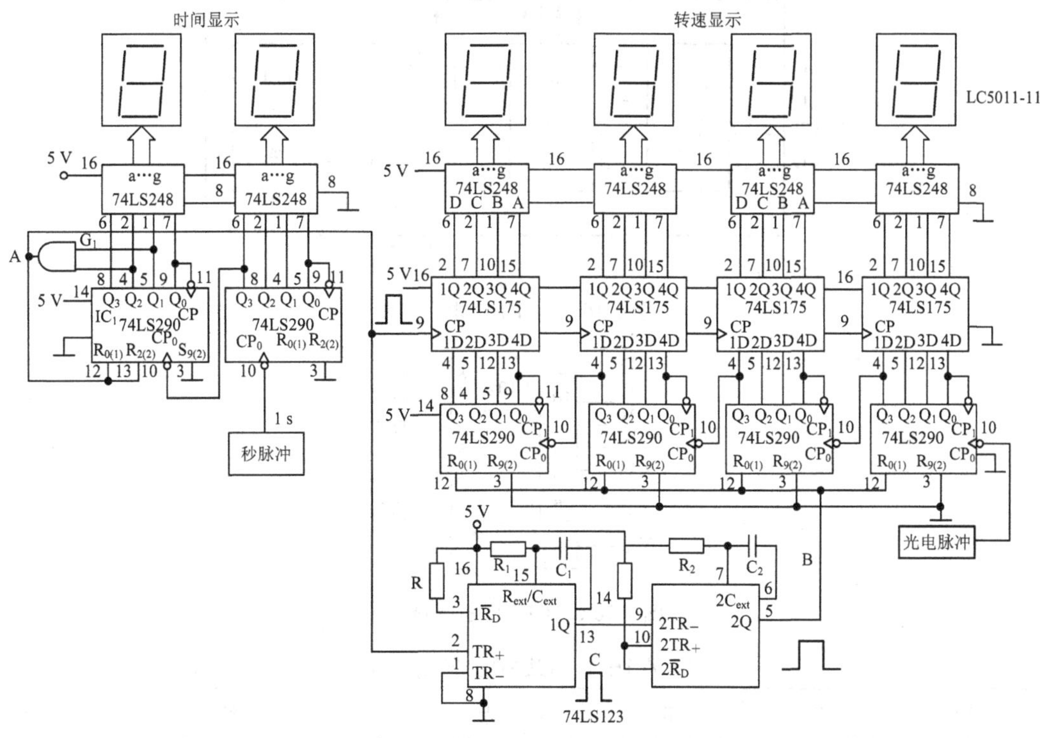

图 7-16-3　光转速测量显示参考电路图一

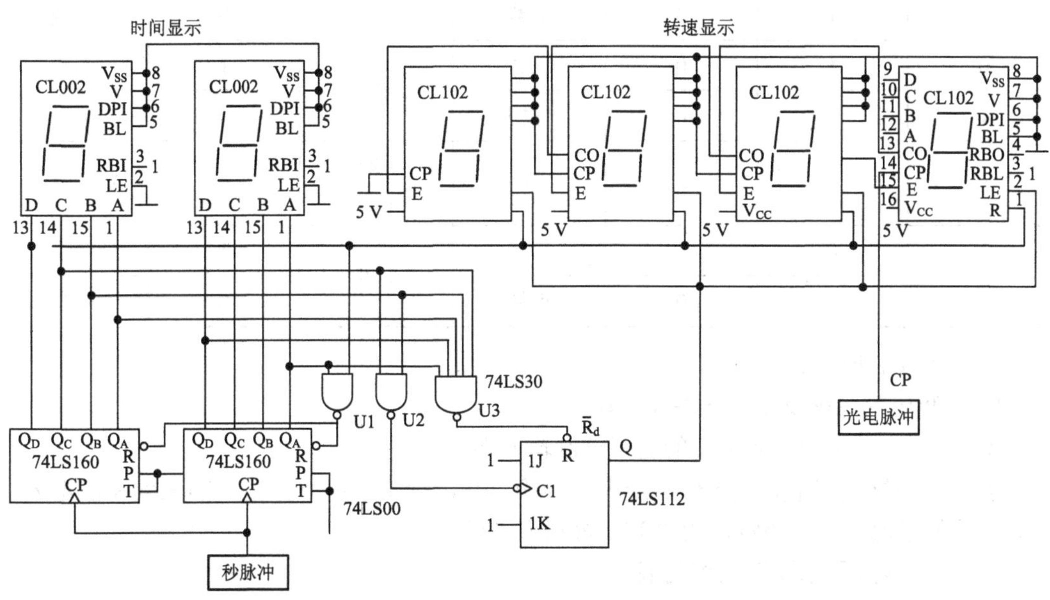

图 7-16-4　光转速测量显示参考电路图二

CL102 为 BCD 码十进制计数、译码、显示器，其电路结构如图 7-16-5 所示，具体引脚图如图 7-16-6 所示，逻辑功能表如表 7-16-1 所示。

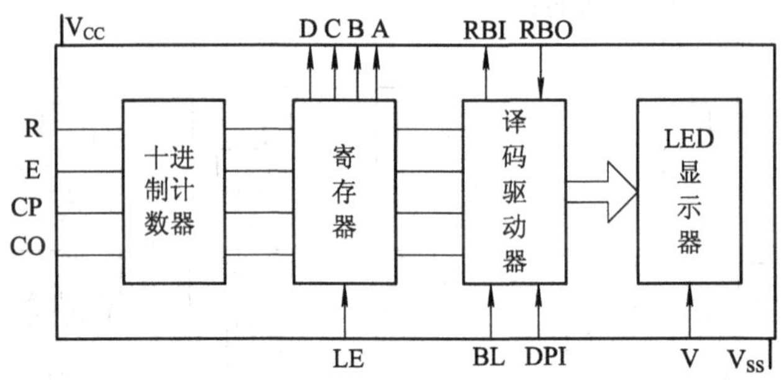

图 7-16-5　CL102 电路结构

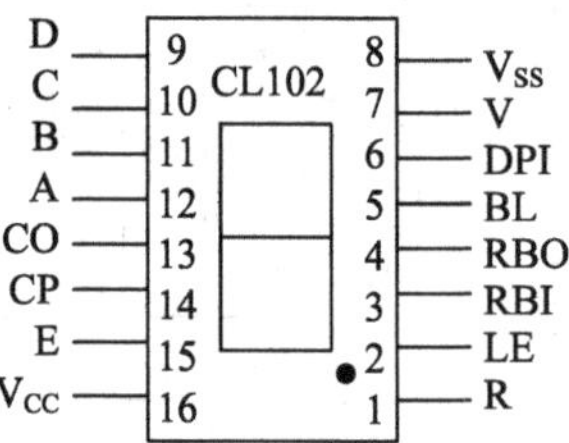

图 7-16-6　CL102 引脚排列图

表 7-16-1　CL102 逻辑功能表

CP	E	R	功　能	输 入 状 态		功　能
×	×	1	全 0	LE	1	寄存
↑	1	0	计数		0	送数
0	↓	0	计数	BL	1	消隐
↓	×	0	保持		0	显示
×	↑	0	保持	RBI DPI	0	灭 0 显示
↑	0	0	保持	DPI	1	DP 显示
1	↓	0	保持		0	DP 消隐

CL102 各引脚功能说明如下：

BL：数码管熄灭及显示状态控制端。

RBI：多位数字中无效零值的熄灭控制输入端。

RBO：多位数字中无效零值的熄灭控制输出端，用于控制下位数字的无效零值熄灭。当无效零值已熄灭时，该输出为“0”，否则为“1”。

DPI：小数点显示及熄灭控制端。

LE：BCD 码信息输入控制端，用于控制计数器输出的 BCD 码向寄存器传送。

A、B、C、D：寄存器 BCD 码信息输出端，可用于整机信息的记录及处理。

R：计数、显示器置零端。

CP：CL102 计数显示器脉冲信号输入端(前沿作用)。

E：计数显示器脉冲信号输入端(后沿作用)。

CO：计数显示器计数进位输出端(后沿作用)。

V：LED 数码显示管公共负极，可用于调节数码管显示亮度。

V_{CC}：显示器工作电源正极(+5 V)。

V_{SS}：显示器工作电源负极。

CL002 的结构只是比 CL102 少一个计数功能，其余跟 CL102 功能类似，其电路结构如图 7-16-7 所示，具体引脚图如图 7-16-8 所示，逻辑功能表如表 7-16-2 所示。

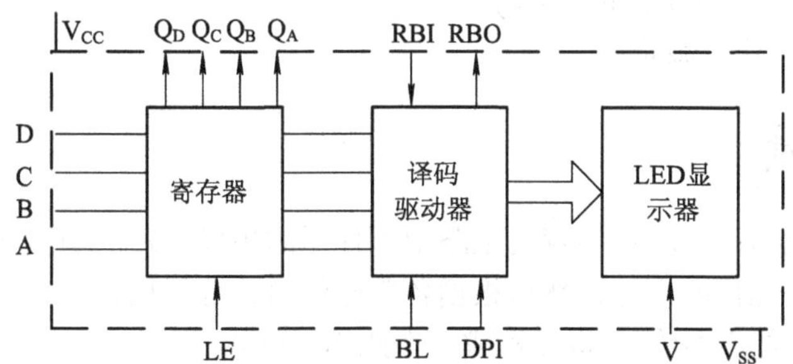

图 7-16-7　CL002 电路结构

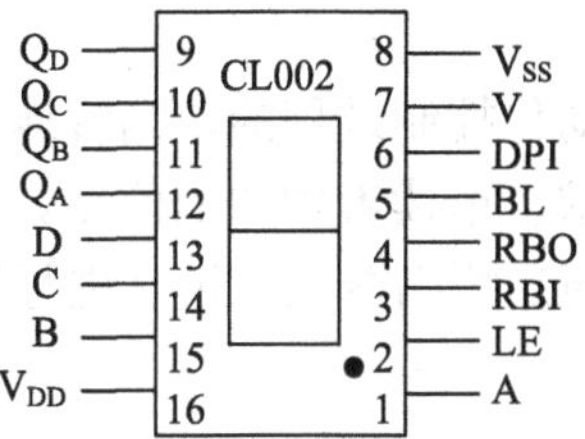

图 7-16-8　CL002 引脚排列图

表 7-16-2　CL002 逻辑功能表

输入状态		功　能
LE	1	寄存
	0	送数
BL	1	消隐
	0	显示
RBI DPI	0	灭 0 显示
DPI	1	DP 显示
	0	DP 消隐

CL002 各引脚功能说明如下：

BL：数码管熄灭及显示状态控制端。

RBI：多位数字中无效零值的熄灭控制输入端。

RBO：多位数字中无效零值的熄灭控制输出端，用于控制下位数字的无效零值熄灭。当无效零值已熄灭时，该输出为“0”，否则为“1”。

DPI：小数点显示及熄灭控制端。

LE：BCD 码信息输入控制端，用于控制计数器输出的 BCD 码向寄存器传送。

Q_A、Q_B、Q_C、Q_D：寄存器 BCD 码信息输出端，可用于整机信息的记录及处理。

V：LED 数码显示管公共负极，可用于调节数码管显示亮度。

V_{DD}：显示器工作电源正极(+5 V)。

V_{SS}：显示器工作电源负极。

7.16.4　电路调试

在安装电子电路前，应仔细查阅电路中所使用的集成电路的引脚排列图及使用注意事项，同时测量电子元件的好坏，然后根据各部分的电路分模块调试。秒脉冲信号可以用实验箱上现有的脉冲或用 NE555 搭建构成，在此不再赘述。

光电转换电路产生的转速脉冲应先通过示波器观察，确认无误后再加入转速计数电路。两个参考电路中的时间计数电路连接完成后，应先单独观察计数是否准确，然后再与转速控制电路连一起，实现电路联调。

通常转速测量都是应用于自动化控制过程的，当转速高于或低于某一阈值时，会出现危险或故障，因此，作为扩展要求，请读者增加阈值参数设置，并且设置比较电路，当转速高于或低于设定的阈值时，可通过蜂鸣器或指示灯进行报警。

7.17　数字电子钟的设计

数字电子钟电路是一块独立构成的时钟集成电路专用芯片。它集成了计数器、比较器、振荡器、译码器和驱动器等电路，能直接驱动显示时、分、秒、日、月，具有定时、报警等多种功能，被广泛应用于自动化控制、智能化仪表等领域。

7.17.1　设计要求

利用集成译码器、计数器、定时器、数码管、脉冲发生器和必要的门电路等数字器件实现数字电子钟电路的设计。其具体要求如下：

(1) 由 555 电路产生振荡频率为 1 kHz 的脉冲信号，经分频产生 1 Hz 的标准秒信号。

(2) 秒、分为 00～59 的六十进制计数，时为 00～23 的二十四进制计数。

(3) 能分别进行分、时的手动校准。

(4) 要求电路主要采用中规模集成电路。

(5) 要求电源电压为 +5～+10 V。

7.17.2　方案设计

数字电子钟的原理框图如图 7-17-1 所示，由振荡器、分频器、校准电路、六十进制秒计数器、六十进制分计数器、二十四进制时计数器、秒译码显示器、分译码显示器及时译码显示器等部分组成。

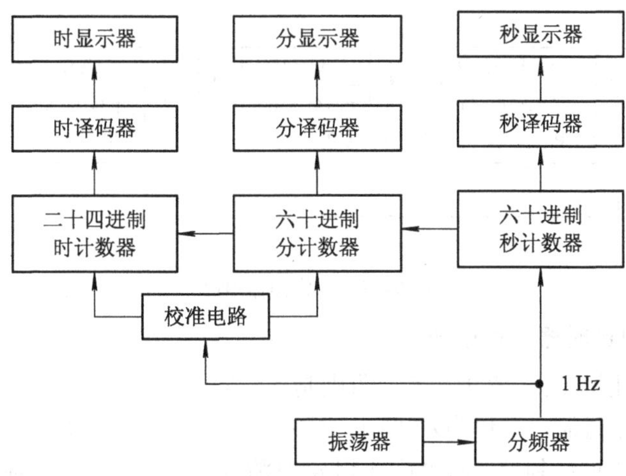

图 7-17-1　数字电子钟的原理框图

7.17.3　单元电路设计

1．秒脉冲信号发生器

秒脉冲信号发生器是数字电子钟的核心部分，它的精度和稳定度决定了数字电子钟的质量。由振荡器与分频器组合产生秒脉冲信号。

1) 振荡器的设计

本方案选用 555 定时器与 RC 组成多谐振荡器，振荡频率为 1 kHz，电路及元件参数如图 7-17-2 所示。

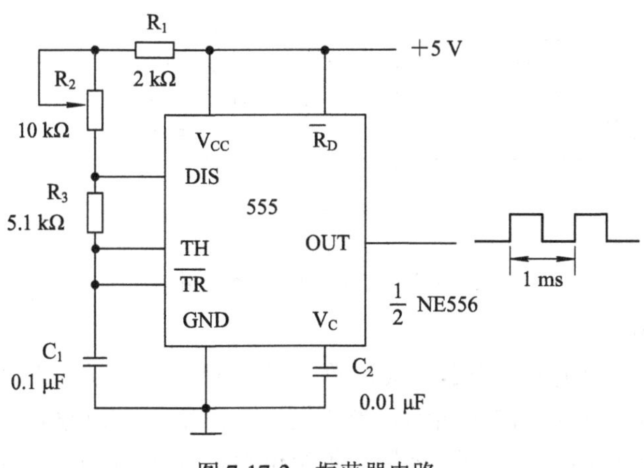

图 7-17-2　振荡器电路

2) 分频器的设计

分频器的作用是对振荡器产生的 1 kHz 脉冲信号进行分频，以获得 1 Hz 的秒脉冲信号。这里选用三片集成十进制计数器 74LS160 级联构成分频器，每级实现 10 分频，三级实现 1000 分频，如图 7-17-3 所示。

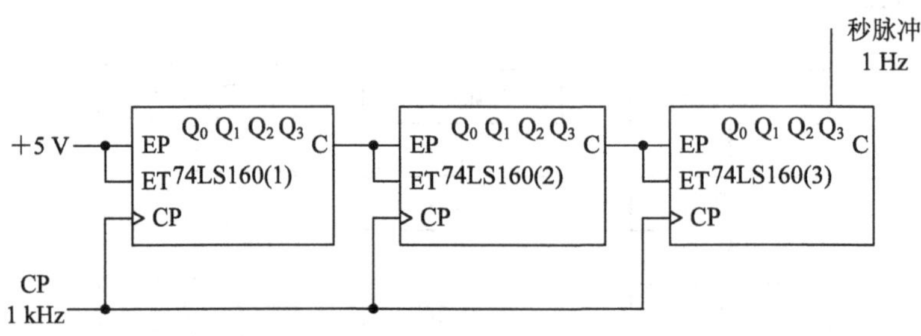

图 7-17-3　分频器电路

2. 秒、分、时计时器电路设计

秒、分、时分别为六十、六十、二十四进制计数器。秒、分均为六十进制，即显示 00～59，它们的个位为十进制，十位为六进制。时为二十四进制计数器，显示 00～23，个位仍为十进制，但当十进位计到 2，而个位计到 4 时清零，就为二十四进制了。这种计数器的设计可采用异步反馈置零法，采用多个二进制计数器级联构成计数器，当计数状态达到所需的模值后，经门电路译码、反馈，产生“复位”脉冲将计数器清零，然后重新开始进行下一个循环。

1) 六十进制计数

秒、分计数器都是六十进制计数器，其计数范围为 00～59，选用两片集成十进制计数器 74LS160 级联构成，如图 7-17-4 所示。六进制计数的反馈方法是当 CP 输入第 6 个脉冲时，输出状态“$Q_3Q_2Q_1Q_0=0110$”，用与非门将 Q_2Q_1 取出，送到计数器清零端，使计数器归零，从而实现六进制计数。

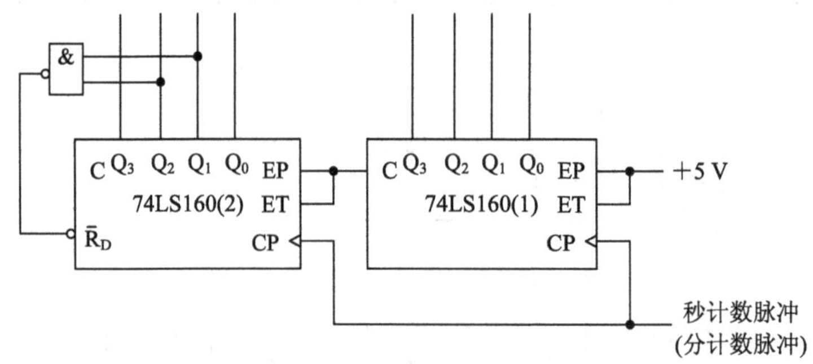

图 7-17-4　六十进制计数器电路

2) 二十四进制计数

时计数器是二十四进制计数器，其计数范围为 00～23，选用两片集成十进制计数器 74LS160 级联构成，如图 7-17-5 所示。当个位计数状态为“$Q_3Q_2Q_1Q_0=0100$”，十位计数状态为“$Q_3Q_2Q_1Q_0=0010$”时，即 24 时，把个位 Q_2、十位 Q_1 通过与非门送到个位、十位清零端，使计数器清零，从而实现二十四进制计数。

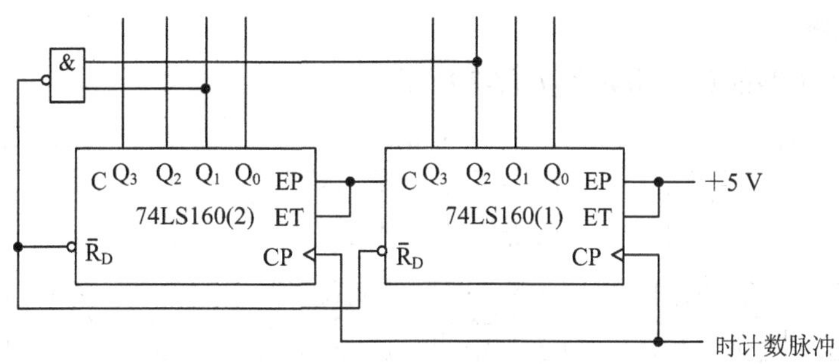

图 7-17-5　二十四进制计数器电路

3. 译码显示电路

译码是对给定的代码进行转换，变成相应的状态的过程。用来驱动 LED 七段码的译码器，常用的是 74LS248，它是 4 位线七段码(带驱动)的中规模集成电路。图 7-17-6 电路所示为利用 74LS248 驱动 2 位共阴数码管的 2 位 BCD 码显示电路。

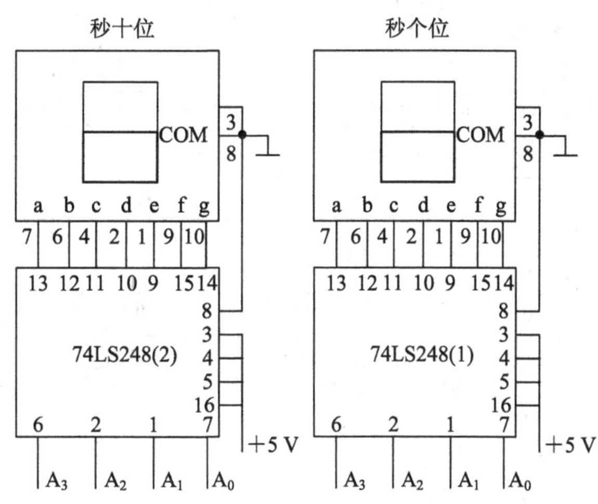

图 7-17-6　2 位 BCD 码显示电路

4. 校准电路

当数字电子钟接通电源或计时出现误差时，需要校准。为简化电路，只进行分和时的校准。常用的校准方法为“快速校准法”，即校准时，使分、时计数器对 1 Hz 的秒脉冲信号进行计数。

校准电路的逻辑电路如图 7-17-7 所示。工作时，若开关 K 置于“A”端，1 Hz 的秒脉冲信号被送至时或分计数器的 CP 端，使分或时计数器在 1 Hz 的秒脉冲信号作用下快速校准计数；若开关 K 置于“B”端，分或秒计数器的进位脉冲被送至时

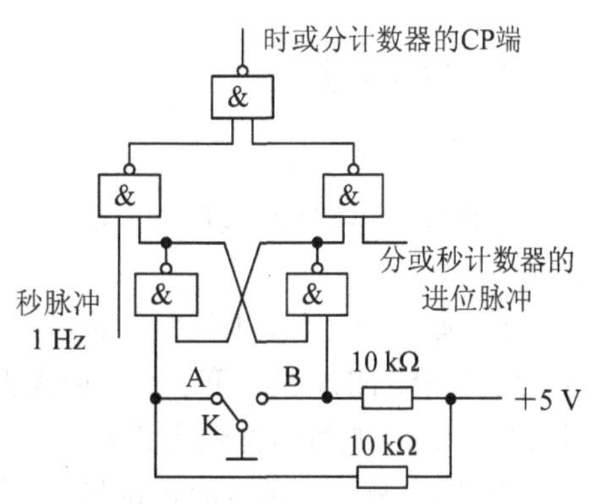

图 7-17-7　校准电路的逻辑电路

或分计数器的 CP 端，使分、时计数器正常工作。

5. 总体电路

数字电子钟电路的总电路如图 7-17-8 所示。

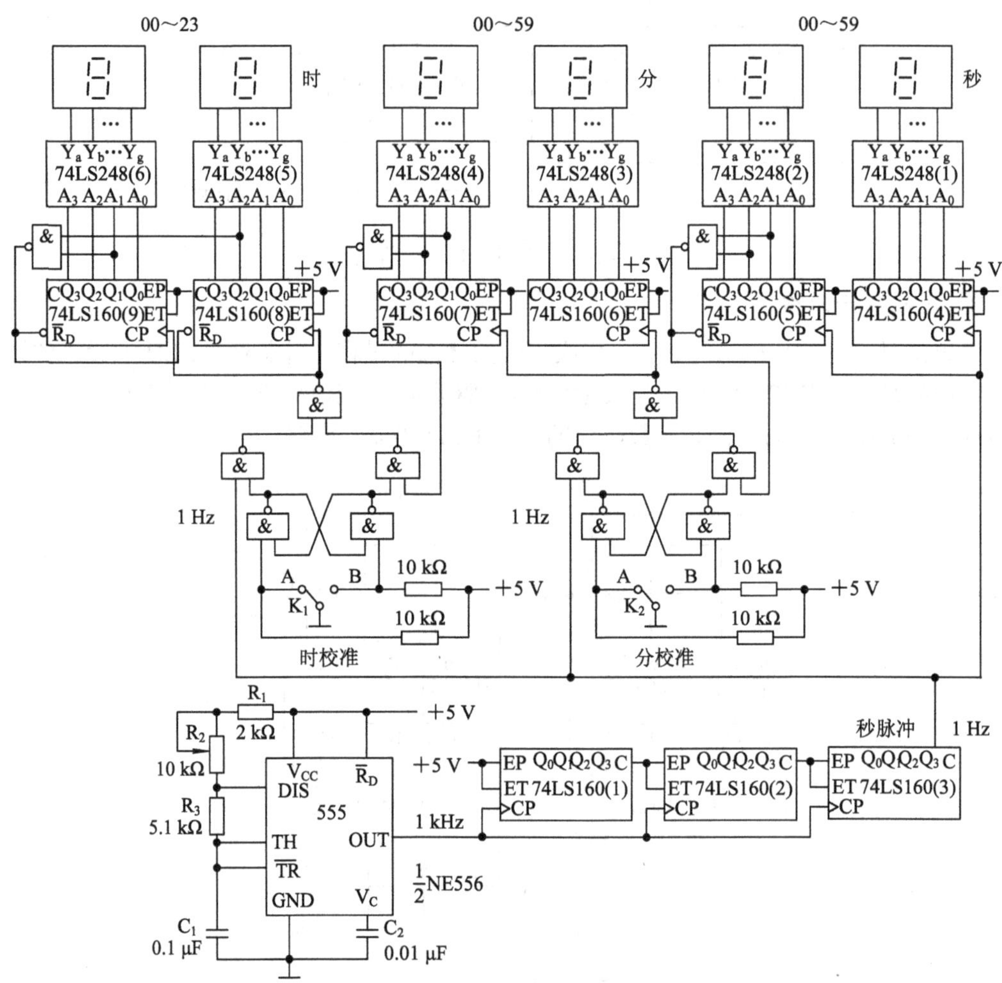

图 7-17-8　数字电子钟的总电路

7.17.4　电路调试

在完成方案设计之后，需要进行电路的装配和调试，以检查实验结果与设计要求是否相符。此设计电路较为复杂，可分单元电路依次进行安装调试，达到指标要求之后，再统调。

(1) 确定秒脉冲是否振荡。将 500 型万用表的挡位调节至“交流”“10”挡，黑表笔接地，红表笔接 NE555 的第 3 脚，如果万用表指针在刻度的 1/3～1/2 之间来回摆动，间隔周期大概是 1 s，则秒脉冲输出正常。

(2) 确定数码管是否能正常显示。为了确定数码管能否正常显示，将某个数码管的公共极接地，然后通过一个 1 kΩ 的电阻接电源，依次接触数码管的其他引脚(除另外一个公共极)，如果数码管的每个二极管都能被点亮，则数码管正常；否则，数码管损坏，需要更换。

(3) 确定译码驱动器是否有效。为了确定译码驱动器能有效地进行，只需要将每个 74LS248 的 A_0、A_1、A_2、A_3 分别接高低电平，不需要将所有的情况都测试一次，只需要选择几个测试一次就可以了。如果显示正常，则译码驱动器能够正常进行。译码驱动器不能正常进行的原因很多，例如电源和地线没有接好，74LS248 的 3、4、5 脚没有接高电平等。

(4) 确定计数器是否计数。整个电路板接通电源后，如果代表秒个位的数码管在一段时间内能够正常地显示 0～9，则计数器计数正常。如果需要检查其他计数器计数是否正常，则只需要将其脉冲信号由本来的进位信号接到 1 Hz 的秒脉冲上即可。

7.18　小型电子声光礼花器的设计

节日和庆典时燃放的礼花，其绚丽缤纷的图案、热烈的爆炸声和欢乐的气氛，能给人们留下美好的印象，但有一定的烟尘污染和爆炸危险隐患。本电路可以模拟礼花燃放装置，达到声、形兼备的效果，为人们在安全、环保的环境中营造轻松愉快的氛围。该电路结构新颖、元件不多、调试容易，适合自制，也可供小型企业工程技术人员开放设计时参考。该装置可用于家庭庆典、朋友聚会、联欢晚会、儿童玩具及一些趣味性场所等。

7.18.1　设计要求

设计一个小型电子声光礼花器。

1．基本要求

(1) 用蜂鸣器模拟礼花的爆炸声，发出一定频率的声音。

(2) 设计发光电路，模拟礼花的发光现象。

(3) 电子声光礼炮第一次爆炸结束后，等待一段时间(如 60 s)后，可再次启动，如此循环反复使用。

2．扩展要求

(1) 礼花爆炸声音频率可在一定范围内调节。

(2) 礼花花型多样，设置切换电路以供选择不同的花型。

7.18.2　方案设计

根据基本要求，电子声光礼花器主要由模拟礼花色彩的发光电路和模拟礼花爆炸声的发声电路两个部分组成。通过时基电路产生方波信号触发发声电路工作，同时通过时基电路产生计数器的计数脉冲，计数器作为发光电路的控制电路，加上外围器件，可产生不同的发光电路，模拟礼花绚丽多彩的花型。电子声光礼花器的原理框图如图 7-18-1 所示。

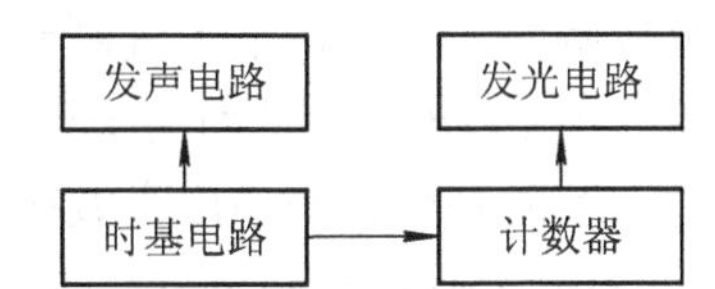

图 7-18-1　电子声光礼花器原理框图

7.18.3　单元电路设计

电子声光礼花器的参考电路如图 7-18-2 所示。

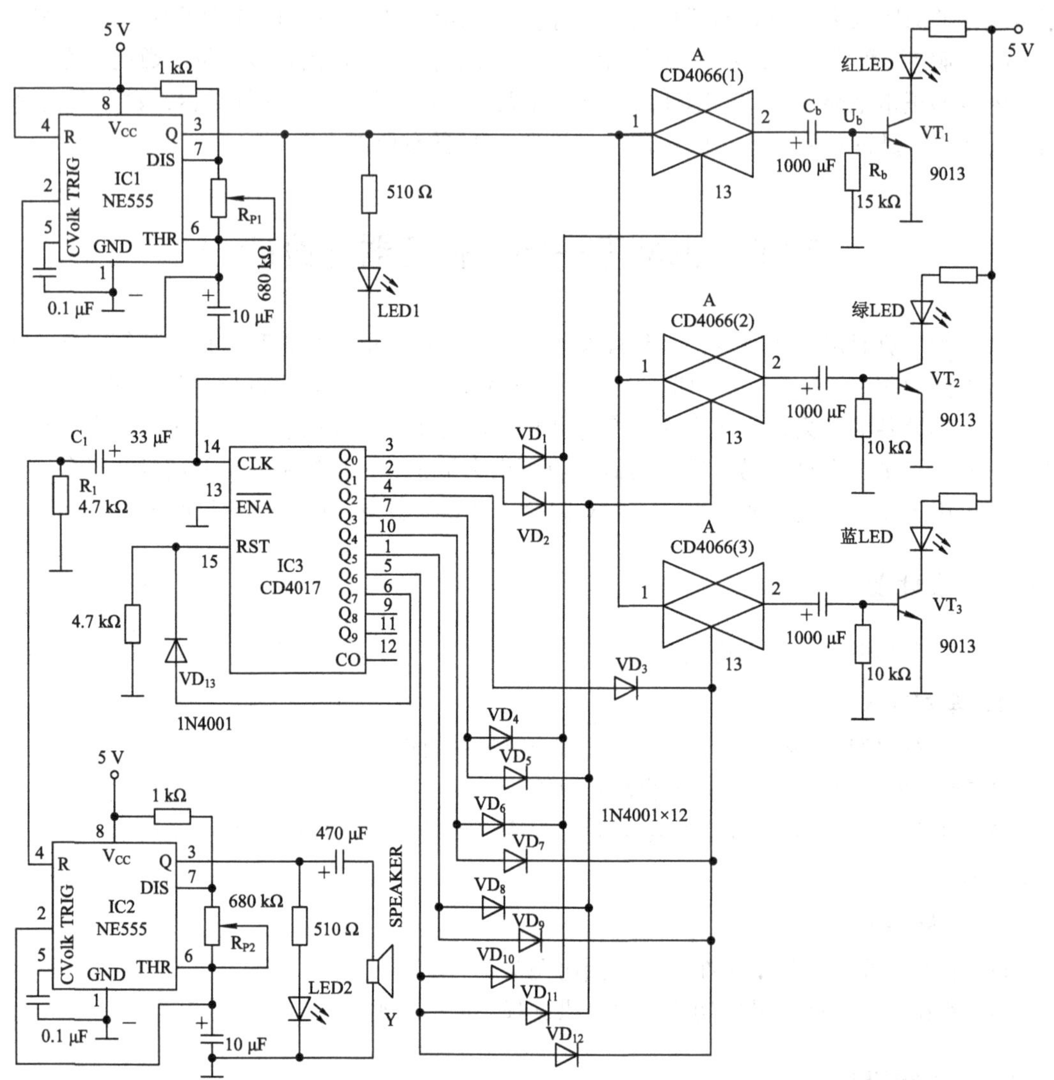

图 7-18-2　电子声光礼花器参考电路

电路中方波发生器由两个 555 时基电路组成，其中一片 555 时基电路的输出方波振荡信号分成两路，一路送至十进制计数器 CD4017 作为触发信号，使其进行计数；另一路接到模拟开关 CD4066，从而与十进制计数器 CD4017 的输出一起作为发光电路的控制电路。另一片 555 时基电路则输出方波振荡信号，控制发声电路发声。

1．555 时基电路的设计

图 7-18-2 中 IC1 和 IC2 均为由 555 时基电路构成的多谐振荡电路，其具体工作原理可参考本章 7.5 节内容。图中 R_{P1}、R_{P2} 是阻值为 680 kΩ 的可调电阻，由于其阻值远大于 1 kΩ，

故输出矩形波的占空比约为 50%，输出波形接近方波信号。

2. 发声电路的设计

模拟燃放礼花的声音是由 555 时基集成电路 IC2 来完成的，该电路是一个多谐振荡器。不过，其复位端 4 脚所接的电位器是由 IC1 输出的方波信号经过 R_1 和 C_1 组成的微分电路后产生的，即从方波上升沿起至之后的一段时间内，IC2 的 4 脚才能保持高电平"1"，并使其工作，所产生的振荡信号直接驱动扬声器，并与三极管驱动的 LED 点亮同步，发出类似礼花爆炸的声响。微分电路的存在保证了发声电路和发光电路的同步。

3. 发光电路的设计

十进制计数器 CD4017 在 IC1 产生的方波信号的作用下开始计数，每次计数的结果(CD4017 的 Q_0～Q_6 之一为"1"时)分别由二极管 VD_1～VD_{12} 传输到相应的集成电路双向模拟开关 CD4066 的控制端，可使三个 CD4066(1)、(2)、(3)或单独或组合导通。这样 IC1 的方波信号就可以通过模拟开关驱动相应的三极管 VT_1～VT_3 饱和导通，点亮相应的发光二极管。

方波振荡信号驱动三极管时，要先经过一个由电阻 R_b 和电容 C_b 组成的微分电路，根据微分电路的特点，后接的三极管是在方波上升沿开始后导通，然后 U_b 点的电压按指数规律减至 0，因此三极管驱动的 LED 也有一个从突然点亮到渐暗的短暂过程，这个过程的长短可由 R_b 和 C_b 的数值(时间常数)来调整。

CD4017 计数器的输出与 CD4066 模拟开关的接通状态(即发光二极管 LED 的点亮情况)如表 7-18-1 所示。当 CD4017 的 Q_7 端为"1"时，计数器复位。随着 555 集成电路 IC1 的振荡信号不断产生，表中所列现象循环出现，发光二极管发出的 7 种色彩(单色或三基色合成色)也循环不断，并且每种光色的点亮过程会有一种类似烟花闪烁后迅速熄灭的感觉。

表 7-18-1　发光二极管点亮流程

CD4017输出	CD4066	发光二极管
Q_0	CD4066(1)	红LED
Q_1	CD4066(2)	绿LED
Q_2	CD4066(3)	蓝LED
Q_3	CD4066(1)、(2)	红LED、绿LED
Q_4	CD4066(1)、(3)	红LED、蓝LED
Q_5	CD4066(2)、(3)	绿LED、蓝LED
Q_6	CD4066(1)、(2)、(3)	红LED、绿LED、蓝LED

7.18.4　电路调试

在安装电子电路前，应仔细查阅电路所使用的集成电路的引脚排列图及使用注意事项，同时测量电子元件的好坏。

(1) 由 555 时基电路和外围元件组成的多谐振荡器产生方波，是整个电路能否正常运行的前提条件，应单独连接并用示波器观察输出信号。测试输出信号无误后，再连接后续的计数器及集成模拟开关等电路进行测试。

(2) 电路只要安装正确，便可正常工作。调整电位器 R_{P1} 可改变 IC1 的振荡频率，以使每次礼花燃放期间有一个合适的短暂停顿，发光二极管 LED1 用于指示其工作状态。调整电位器 R_{P2} 可改变 IC2 的振荡频率，以使扬声器发出类似礼花的声响，LED2 用于指示其工作状态。红、绿、蓝这三个发光二极管要呈三角形装置在一起，使它们能变换发光，在它们发光位置的前方安置一块由透光孔组成礼花图案的面板，其间距可在实验中调整。在夜晚关灯的房间内，当 LED 点亮时的各种彩光通过该面板投射到白纸或白墙时，就会产生色彩缤纷的礼花效果。

(3) 三极管 VT_1、VT_2、VT_3 都是由 RC 微分电路驱动的，如果将三极管 VT_1 改为 RC 积分电路(R 与 C 在电路中的位置互换)驱动，则可使红 LED 在点燃时间上有一个后延，如此当两个以上 LED 都点亮时就会产生时序上的差异，产生动画般的层次感。

7.19　巡回检测报警系统的设计

随着电子技术、通信技术的迅速发展，工业测控领域已逐渐采用先进的技术对现场的工业生产参数进行检测。检测是实现工业自动化的标志。据不完全统计，在工业生产中被检测最多的参数是压力、流量、温度三大参数。无论在石油、化工、水利等行业，还是在电力、机械、国防等部门，都离不开这些参数的检测。家用电器和办公设备的系统化、智能化已成为发展趋势，同时，温度作为与我们生活息息相关的一个环境参数，对其的测量和研究也变得极为重要。本节主要介绍基于数字、模拟电子电路相关知识的八路温度巡回检测报警系统的设计与实现。

7.19.1　设计要求

设计一个八路巡回温度状态检测、报警系统，能够对八个通道的温度状态进行巡回检测。当某一通道的温度超过正常范围时，巡回检测系统发出报警并显示故障的通道号。

1．基本要求

(1) 八路通道工作状态模拟：用八路拨码开关模拟八路通道的工作状态是否正常，通常用“1”表示正常情况，“0”表示异常情况。

(2) 对八路通道的工作状态实现巡回检测，并且巡回检测周期在一定范围内可调。

(3) 当某一通道出现故障(如超温)时，停止检测，发出报警，并显示故障的通道号。

2．扩展要求

(1) 八路通道工作状态模拟：其中一路采用滑动变阻器实现工作状态传感器获得的电压信号输出，当这一路输出电压通过电压比较器和预设电压进行比较后，模拟量转换为“0”或“1”的数字量(“1”表示正常情况，“0”表示异常情况)；其余七路通道的工作状态用拨码开关模拟。

(2) 电压比较器：可设定上、下限电压报警值；当检测电压超过设定上、下限值时，输出低电平。

(3) 利用湿度传感器 CM-R 实现湿度状态的测量。

7.19.2　方案设计

方案一：用常规器件实现

电子声光礼花器系统主要由八路通道工作状态检测输出电路、八位数据选择器、八进制计数器、时钟电路、译码显示电路等组成，如图 7-19-1 所示。用八个拨码开关模拟八路通道的工作状态，输出的数据接入八选一数据选择器 74LS151，数据选择器的输出作为 74LS160 计数器的计数控制端。为了实现八通道的巡回检测，用 74LS160 构建八进制计数器。利用 555 振荡电路产生可调的计数脉冲，用于 74LS160 计数器的计数工作，满足检测周期可调的要求。译码器检测电路采用 74LS47 译码输出，通过数码管显示扫描结果，当无故障时，数码管一次显示数字 0～7，当某一路出现故障时，停止巡回检测，数码管时钟显示这一路对应数码。此外，可采用电压比较器设定上、下限电压报警值；当检测电压超过设定上、下限值时，输出低电平，蜂鸣器报警。

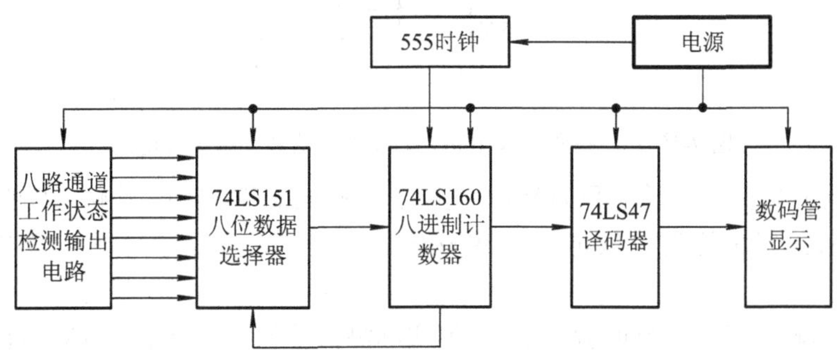

图 7-19-1　电子声光礼花器系统框图

方案二：采用带有中断控制器的单片机来实现

利用软件定时来对八路通道逐次扫描并驱动数码管动态显示。利用中断系统捕捉下降沿电平，当通道由高电平跳变为低电平时，单片机捕捉到下降沿，停止扫描，同时让数码管显示该通道并驱动蜂鸣器报警。由于本设计有八路通道，故需要用到八路外部中断，因此需要采用较为高端的单片机，如 STM32 系列。

方案二电路简单，只需要单片机最小系统和一个数码管即可；但是编写软件的难度较大而且成本较高，电路板不适合自己动手焊接。

综上所述，从实验的要求、方案的难易程度以及方案是否易于实施的角度考虑，采用方案一，此方案满足本选题的技术指标要求，难度较低，只涉及硬件电路部分，对于软件部分不做要求，易于实现。

7.19.3　单元电路设计

1．拨码开关电路、数据选择器和蜂鸣报警电路

如图 7-19-2 所示，拨码开关一端接地，另一端接数据选择器的通道引脚。若拨码开关闭合，则该通道被认为接低电平；若断开，则该通道被认为接高电平。

数据选择器选用八选一芯片 74LS151D，通过控制地址端从而确定哪一路被选通，选通的那一路从 Y 端输出，$\overline{W}$ 端输出与其相反。

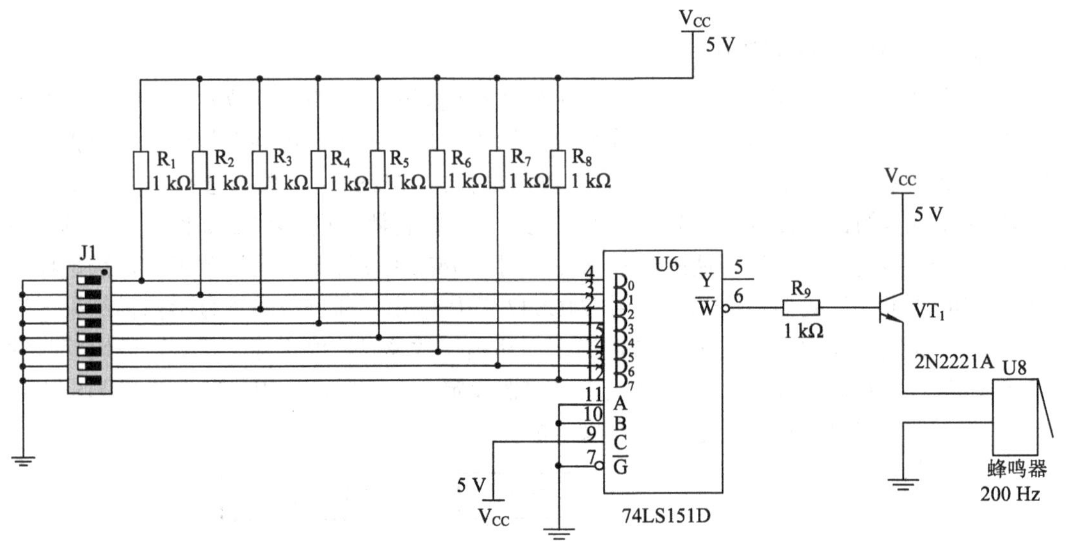

图 7-19-2　拨码开关电路、数据选择器和蜂鸣报警电路

由于高电平为正常，低电平为异常。正常情况下蜂鸣器应该不响，故蜂鸣器应接到 $\overline{W}$ 端，一旦被选通的通道为低电平，$\overline{W}$ 端输出高电平，三极管导通，蜂鸣器响，发出警报。

TTL 器件输入引脚悬空即为高电平，但实际测量发现其高电平与 5 V 差得较大，故需要接上拉电阻，提高系统稳定性。根据经验，上拉电阻一般取值为 1～10 kΩ，这里取 1 kΩ，三极管实际选用 9013，偏置电阻取 1 kΩ。地址选择为 100，开关断开时，$\overline{W}$ 端输出低电平，蜂鸣器不响。开关闭合时，$\overline{W}$ 端输出高电平，蜂鸣器响。其仿真电路如图 7-19-3 所示。

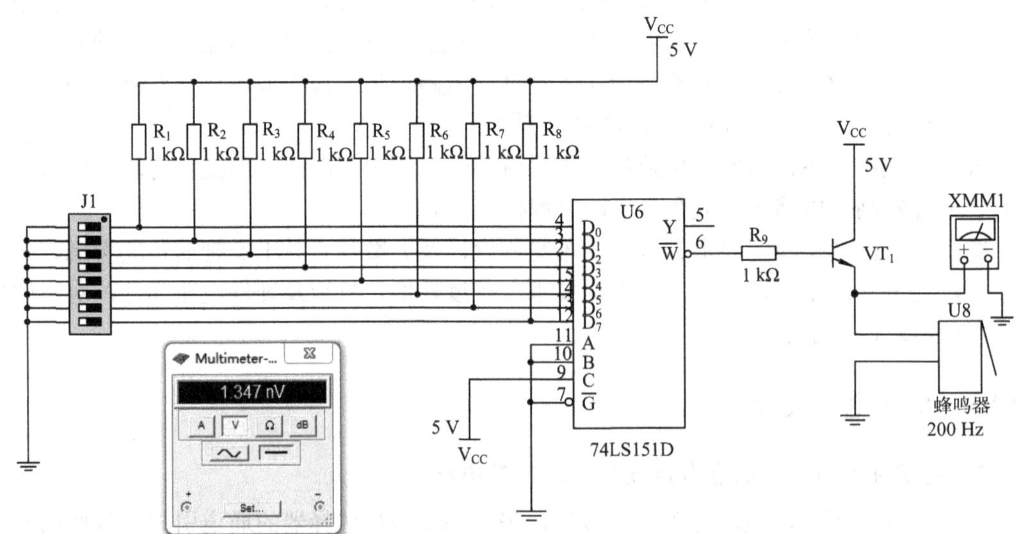

图 7-19-3　拨码开关电路、数据选择器和蜂鸣报警电路仿真电路

2．循环计数器和译码显示电路

如图 7-19-4 所示，在时钟信号作用下，当数据控制端 ENP 处于高电平时，74LS160D 开始计数，Q_A、Q_B、Q_C、Q_D 输出 BCD 码到 74LS47D 的 A、B、C、D 端，数码管实时显示当前检测的通道号。计数到 8 时对应 1000，Q_D 端输出高电平，通过反相器 74LS04N 输出一个低电平给 74LS160D 的 $\overline{CLR}$ 端，计数器清 0，从 0 开始重新计数，实现 0～7 的循环八进制计数。

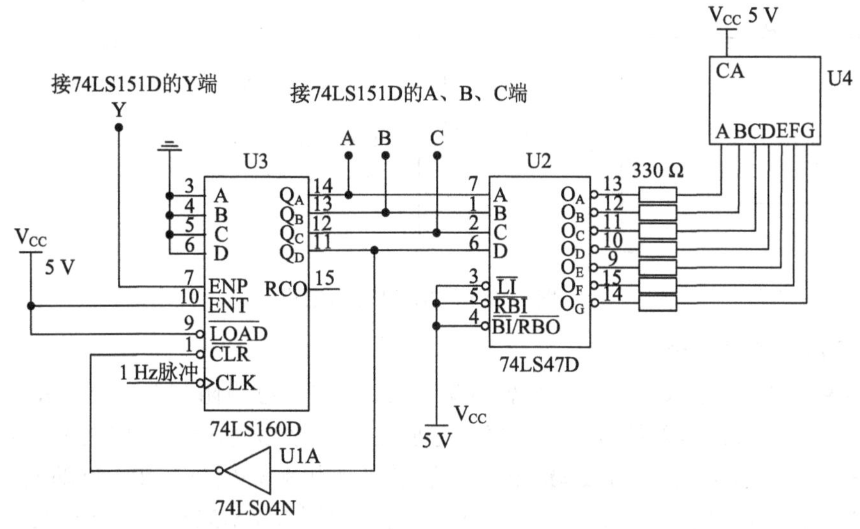

图 7-19-4　循环计数器和译码显示电路

采用 74LS47D 驱动显示译码电路，显示部分使用的是共阳数码管，74LS47D 的 O_A～O_G 输出端分别对应接数码管的 a～g，通过上拉电阻对数码管进行分压限流。LED 数码显示模块的工作电压为 1.66 V，工作电流为 10 mA。上拉电阻阻值计算为

$$R=\frac{V_{CC}-V_f}{I_{on}}=\frac{5-1.66}{0.01}=334\,\Omega \tag{7-19-1}$$

根据实验室提供的电阻，选用 R＝330 Ω。

3．窗口电压比较器电路

窗口电压比较器有两个阈值，实验要求超过其上、下限时输出低电平，所以用两片运算放大器接成具有不同阈值的电压比较器即可，这里的运算放大器采用的是 LM324M，由于阈值的上、下限可调，所以用滑动变阻器构成分压器电路。比较器电路如图 7-19-5 所示。

上限电压：

$$\frac{V_{CC}\times(R_2+R_3)}{R_1+R_2+R_3}=3\,V \tag{7-19-2}$$

下限电压：

$$\frac{V_{CC}\times R_2}{R_1+R_2+R_3}=2\,V \tag{7-19-3}$$

取 $R_1 = 510\ \Omega$，$R_2 = 1\ k\Omega$，$R_3 = 1\ k\Omega$。

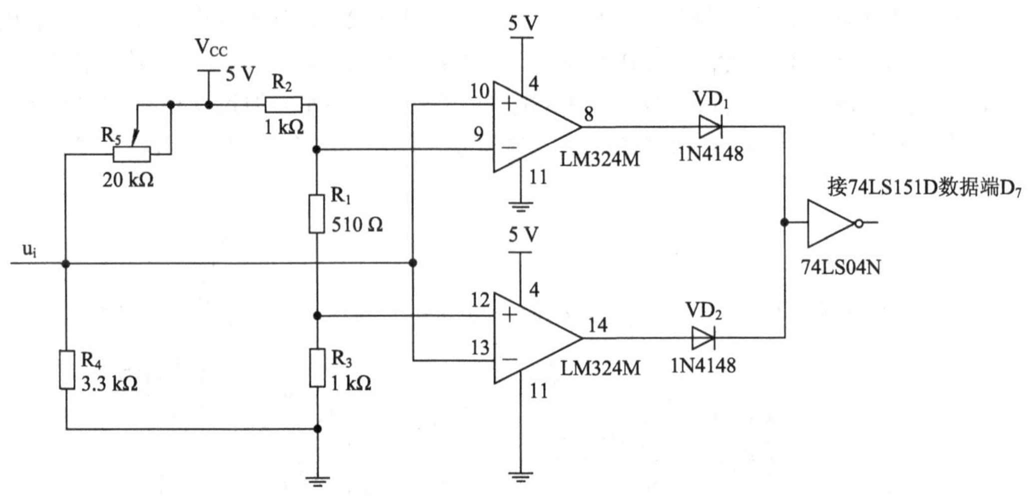

图 7-19-5　电压比较器电路

4. 温度传感器电路

采用 R_5、R_2、R_3、Pt100 构成单臂测量电桥，当 Pt100 电阻与 R_5、R_2、R_3 不同时，电桥输出一个 mV 级的压差信号 u_1，u_1 经过运放 LM324 放大后输出期望大小的电压 u_2，电路中 $R_7=R_6$，$R_1=R_4$，放大倍数$=R_6/R_1$，运放采用单电源 5 V 供电。Pt100 随温度变化而阻值发生改变后，u_2 大小、正负也随之改变，因此，采用双 LM324，可保证 Pt100 的阻值大于 R 或 Pt100 的阻值小于 R 时输出为高电平，Pt100 的阻值等于 R 时输出为低电平。电路如图 7-19-6 所示，该输出电平的高低区分不明显，实际电路中可串联接入两个反相器。

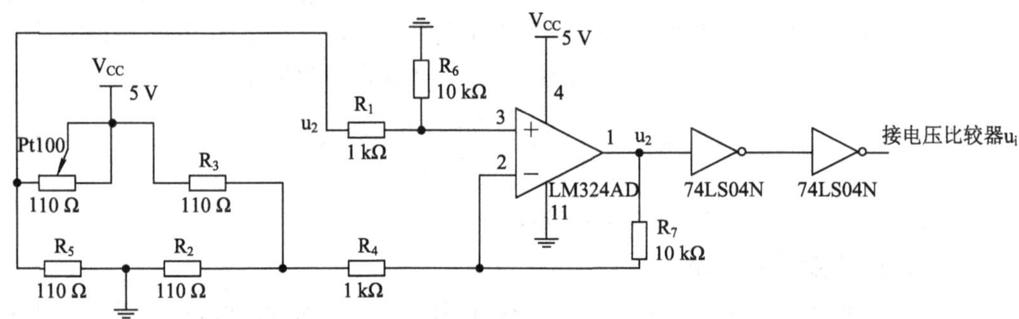

图 7-19-6　温度传感器电路

经测试，实验室温度下 Pt100 阻值为 107 Ω，故选取电桥电阻 R=110 Ω。

放大倍数为

$$A_u = \frac{R_6}{R_1} \tag{7-19-4}$$

电桥输出电压为

$$u_1 = \frac{V_{CC}}{4R} \times \Delta R \tag{7-19-5}$$

其中，$\Delta R = |R_{Pt100} - R|$。

7.19.4　电路调试

1．拨码开关电路、数据选择器和蜂鸣报警电路的测试

在电路上电的情况下，拟给数据选择器一个地址输入，选通相应的数据通道，然后测量输出端 Y 的电平状态是否与该通道的输入电平状态一致；若输入为高电平，蜂鸣器应该响起报警声，低电平时则不响。只有满足上述条件才可认为该部分电路设计正确。

数据选择器检测采用先设置 74LS151 的地址输入，即选定一个数据输入通道，然后检测输出端 Y 的电平是否随着该数据输入通道的电平变化而变化，具体过程如下：

(1) 设置 74LS151 的地址输入为 100(红线接地，TTL 悬空为高电平)，即选通的数据通道为 74LS151 的 D_4。

(2) 测量输出端 $\overline{W}$ 的电压为 0.20 V，可认为低电平，与 Y 端输出相反。

(3) 测量 $\overline{W}$ 端电压为 4.43 V，可认为是高电平，Y 端为低电平，此时蜂鸣器发出报警声，满足输入为高电平时报警的条件。

对于其余七路通道的检测，方法亦如此，只要改变输入地址即可。最终检测结果是该部分电路满足设计的要求。

2．循环计数器、译码显示电路的测试

给机器连接电源，结果在数码管上正常显示 0～7。最终检测结果是该部分电路满足设计要求。

3．窗口电压比较电路的测试

窗口电压比较器的测试方法为：在确保电路已经上电的情况下，调节电容，使得该电路有两个不同的电压阈值，同时使输入电压从小于下限电压的值慢慢增大，直到大于上限电压为止。观察其输出端是否满足“低电平—高电平—低电平”的变化规律。

4．温度传感器比较电路的测试

根据温度传感器 Pt100 的特性，可用火源加热，提高 Pt100 周围温度，或用风扇快速降低 Pt100 周围的温度，也可用滑动变阻器来代替 Pt100，测试输出电压的范围是否符合设计要求。

通过以上四部分的调试后，接通整个电路，实现整机联调。

7.20　十字路口交通灯的设计

随着经济社会的发展，人们的生活水平逐步提高，私家车越来越多，道路堵塞问题已成为一项重大的民生问题。为了确保十字路口的车辆畅通，往往采用自动控制的交通信号灯来指挥交通。

7.20.1　设计要求

设计一个十字路口交通灯，它有两个方向，每个方向都有红灯、绿灯和黄灯。其中，红灯(R)亮表示当前道路禁止通行；黄灯(Y)亮表示停车；绿灯(G)亮表示允许通行。

1. 基本要求

(1) 十字路口包含主干道、支干道两个方向的车道。主干道方向放行 30 s(绿灯亮 30 s)，同时支干道禁止通行(红灯亮 30 s)；主干道方向黄灯亮 5 s，支干道红灯闪烁禁止通行；然后支干道放行 20 s(绿灯亮 20 s)，同时主干道禁止通行(红灯亮 20 s)；支干道方向黄灯亮 5 s，主干道红灯闪烁禁止通行。以此类推，循环往复。

(2) 用两组数码管显示主干道、支干道两个方向的倒计时，实现倒计时功能。

2. 扩展要求

(1) 遇到特殊情况，可按 HOLD 键，使两个方向均停止通行，且均为红灯亮、黄灯闪烁，数码管显示当前数值，待特殊情况处理完毕后，再按 HOLD 键，解除禁止通行功能，恢复到原来正常通行状态。

(2) 增加夜间模式(所有路口黄灯闪烁)。

(3) 主、支干道通行时间及黄灯亮的时间均可在 0～99 s 之间任意设定。

7.20.2　方案设计

该交通灯控制系统的组成框图如图 7-20-1 所示。状态控制器主要用于记录十字路口交通灯的工作状态，通过状态译码器分别点亮相应状态的信号灯。秒脉冲发生器产生整个定时系统的时基脉冲，通过减法计数器对秒脉冲减计数，控制每种工作状态的持续时间。减法计数器的回零脉冲使状态控制器完成状态转换，同时状态译码器根据系统下一个工作状态对减法计数器置数控制，决定下一次减计数的初始值。减法计数器的状态由 BCD 译码器译码，数码管显示。在黄灯亮期间，状态译码器和秒脉冲发生器控制红灯，使其闪烁。

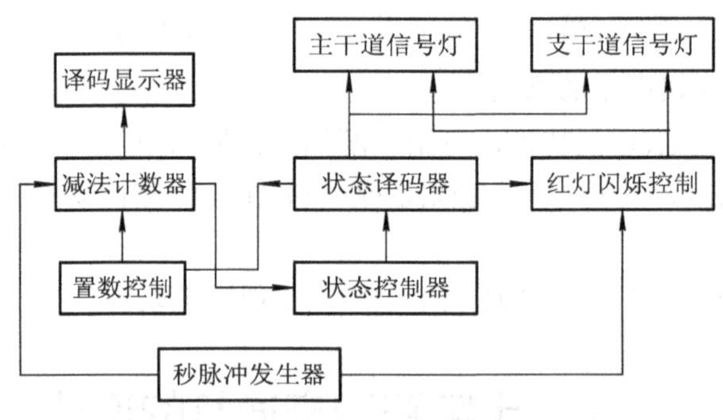

图 7-20-1　交通灯控制系统组成框图

方案一：采用常规器件实现

采用集成电路实现十字路口交通灯的指示，不需要程序设计。

先自行画出交通灯运行的时序图。自行设计时钟频率，可通过分频器得到系统频率。译码电路可以用组合逻辑电路实现。

方案二：采用可编程器件实现

以 Verilog HDL 来设计，在 Quartus Ⅱ工具软件环境下，采用自顶向下的设计方法。本设计可划分为三个模块：一是分频器模块；二是交通灯控制器模块；三是显示译码模块。

根据系统设计要求，系统设计采用自顶向下的方法，子模块利用 Verilog HDL 设计，顶层文件用原理图的设计方法。

(1) 用 Verilog HDL 设计分频器，得到基准时钟，并编译形成模块，必要时进行时序仿真。

(2) 用 Verilog HDL 设计交通灯控制器电路，并编译形成模块，必要时进行时序仿真。

(3) 用 Verilog HDL 设计 BCD 七段数码管译码显示程序，并编译形成模块。

(4) 新建一个原理图文件 *.bdf。

(5) 编译，分配引脚；再编译，下载。

(6) 在硬件电路中进行系统功能验证。

方案三：采用单片机编程实现

此方案可采用 AT89C51 来控制，用二极管代替交通灯，通过对单片机 I/O 口的编程来控制交通灯。其仿真电路如图 7-20-2 所示。

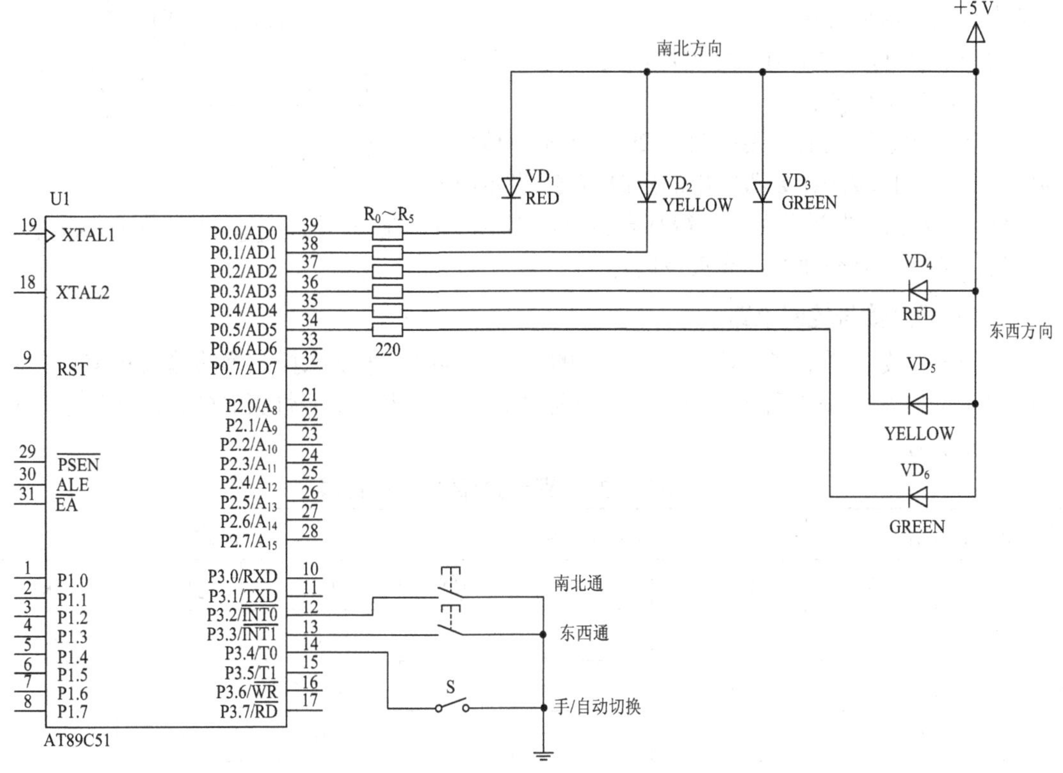

图 7-20-2　单片机仿真电路

7.20.3　单元电路设计

本节主要介绍以常规中小规模器件来实现交通灯电路的设计方法。根据原理框图，主要按交通灯状态控制器、交通灯信号控制电路、秒脉冲发生器、减法计数器及译码显示电路等五部分单元电路进行设计。

1. 交通灯状态控制器

根据设计要求，主、支干道各个信号灯的工作流程如图 7-20-3 所示。

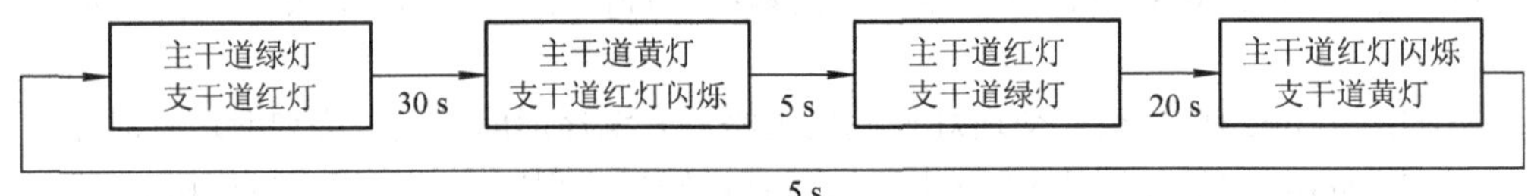

图 7-20-3　交通灯工作流程

该流程图可以由四个状态构成。

S0 状态(00)：主干道绿灯亮，支干道红灯亮(主干道通行，支干道禁止)；

S1 状态(01)：主干道黄灯亮，支干道红灯闪烁(主干道通行，支干道禁止)；

S2 状态(10)：主干道红灯亮，支干道绿灯亮(主干道禁止，支干道通行)；

S3 状态(11)：主干道红灯闪烁，支干道黄灯亮(主干道禁止，支干道通行)。

实现该状态转换的电路如图 7-20-4 所示。该电路的脉冲信号来自减法计数器发出的定时信号，当定时时间一到，就发出一脉冲信号，使得状态转换控制电路正常工作，从而控制交通灯的亮灭及闪烁。

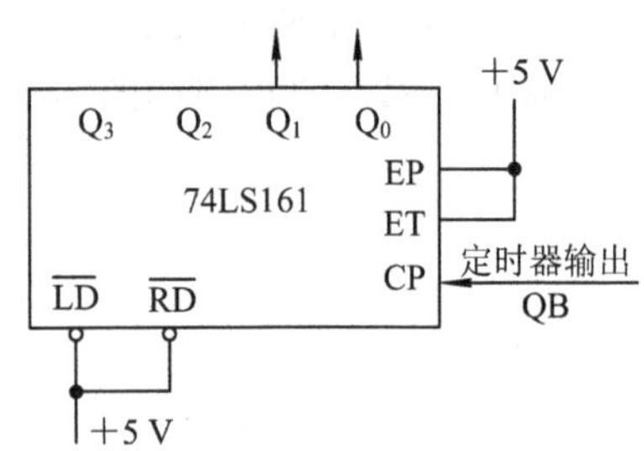

图 7-20-4　交通灯状态控制转换电路

2. 交通灯信号控制电路

主干道及支干道的红、黄、绿信号灯的状态主要取决于状态控制器的输出状态。它们之间的关系如表 7-20-1 所示。“1”表示信号灯亮，“0”表示信号灯灭。CP_0是频率为 1 Hz 的秒脉冲信号。

表 7-20-1　主、支干道信号灯真值表

状态控制器输出		主干道信号灯			支干道信号灯		
Q_1	Q_0	R(红)	Y(黄)	G(绿)	r(红)	y(黄)	g(绿)
0	0	0	0	1	1	0	0
0	1	0	1	0	CP_0(闪烁)	0	0
1	0	1	0	0	0	0	1
1	1	CP_0(闪烁)	0	0	0	1	0

根据表 7-20-1，主干道及支干道交通信号灯的逻辑函数表达式如下：

$$R = Q_1 \cdot \overline{Q}_0 + Q_1 \cdot Q_0 \cdot CP_0 \qquad r = \overline{Q}_1 \cdot \overline{Q}_0 + \overline{Q}_1 \cdot Q_0 \cdot CP_0$$

$$Y = \overline{Q}_1 \cdot Q_0 \qquad y = Q_1 \cdot Q_0$$

$$G = \overline{Q}_1 \cdot \overline{Q}_0 \qquad g = Q_1 \cdot \overline{Q}_0$$

利用发光二极管模拟交通灯，由于门电路的带灌电流能力一般比带拉电流能力强，故当门电路输出为低电平时，二极管点亮。交通灯信号控制电路如图 7-20-5 所示。

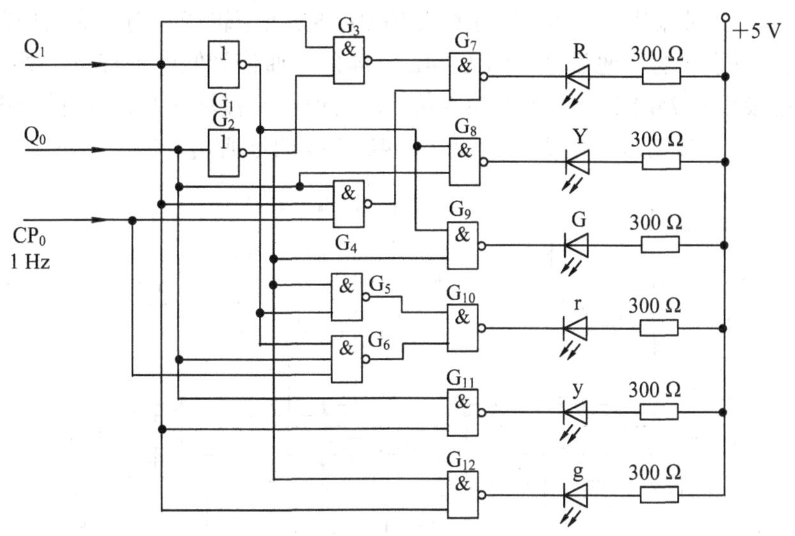

图 7-20-5 交通灯信号控制电路

3．秒脉冲发生器

产生秒脉冲的电路多种多样，图 7-20-6 所示是利用 555 定时器组成的秒脉冲发生器。该电路输出脉冲的周期 $T\approx0.7(R_1+2R_2)\cdot C$，因为 $T=1$ s，令 $C=10$ μF，$R_1=39$ kΩ，则 $R_2\approx51$ kΩ，取一 47 kΩ 的固定电阻和 5 kΩ 的电位器串联代替 R_2。调节电位器，使输出脉冲周期为 1 s。

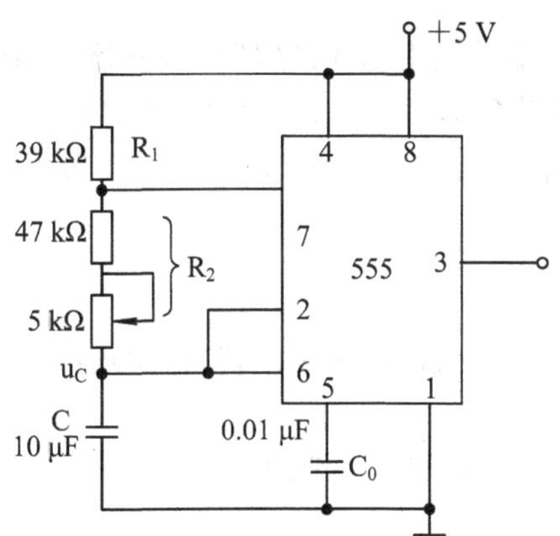

图 7-20-6 秒脉冲发生器

4．减法计数器电路

根据设计要求，交通灯正常工作时，在 S0 状态停留 30s，在 S1 状态停留 5 s，在 S2 状态停留 20s，在 S3 状态停留 5s，这个过程为一个周期，然后周而复始，一直循环。要实现这样的过程，需要一个可变模值的减法计数器实现，即计数器自动装入不同的定时时间(30s、5s、20s、5s)。该电路如图 7-20-7 所示。

减法计数器由两片 74LS190 实现，预置减法计数器的时间通过三片八路三态门同相驱动器 74LS244 来完成。三片 74LS244 的输入数据分别接入 30、5、20 三个不同的数字，输入到减法计数器置数输入端的数据由状态译码器的输出信号控制不同 74LS244 的选通信号来实现。例如当状态控制器在 S1(Q_1Q_0=01)或在 S3(Q_1Q_0=11)状态时，要求减法计数器按初值 5 开始计数，故采用 S1、S3 之前的状态(S0、S2)为逻辑变量而形成的控制信号，控制输入数据连接数字 5 的选通信号。因为 74LS244 的选通信号低电平有效，故信号灯控制电路中的 $\overline{Q_0}$ 连接相应 74LS244 的选通输入信号端。同理，$\overline{y}$ 接输入数据 30 的三态门 74LS244 的选通输入端，$\overline{Y}$ 接输入数据 20 的三态门 74LS244 的选通输入端。

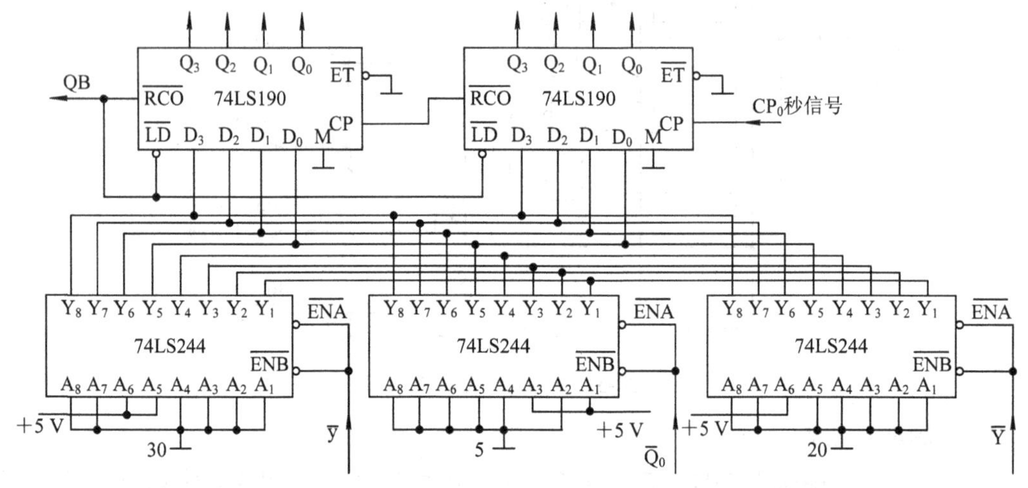

图 7-20-7 减法计数器

5. 译码显示电路

将可变模值的减法计数器的输出送入译码器，译码器的输出连接到 LED 数码管上即可实现译码显示。这部分电路较简单，可选择两片 74LS47 驱动两位共阳极七段 LED 数码管。如果在每个方向上都安装时间显示电路，可将四组 LED 数码管并联。

7.20.4 电路调试

在安装电路前，应将所有集成电路的全部资料查阅清楚，并画出单元电路及系统安装电路图。

(1) 在进行单元电路加电调试前，仔细检查电路有无短接、错接等问题，检查无误后，上电测试。

(2) 秒脉冲发生器连接完成后，连接示波器，观察输出信号，并测量周期，使输出脉冲信号周期为 1 s。

(3) 交通灯状态控制器及信号控制电路调试时，将图 7-20-4 和图 7-20-5 连接好，并将秒脉冲发生器的输出接到本电路的 CP_0 端，将频率小于 1 Hz 的脉冲输入到状态控制转换电路的 CP 端，观察主干道及支干道交通灯信号工作是否正常。

(4) 接入可变模值减法计数器电路，并连接译码显示电路。接入秒脉冲信号，观察计数过程是否正确。

(5) 将全部单元电路级联，进行系统联调。观察系统工作是否满足设计要求。

7.21　物体流量计数器的设计

某医药生产车间生产量不断加大，在生产中遇到一个问题，即正常情况下一个大袋中药装入 10 个物料，但是有时由于人为疏忽，会导致多装或漏装。为解决这个问题，提出设计一个物料自动封包系统。自动封包系统由两部分组成，物体流量计数器和机械封装系统。

7.21.1　设计要求

设计一个物体流量计数器，使用红外光电开关作为检测元件，当有物体通过时，红外光被遮挡，光电开关会产生相应的脉冲信号，通过对脉冲信号进行计数，可以实现对物体的自动计数。其具体要求和设计指标如下：

(1) 设计一个直流稳压电源，作为物体流量计数器的工作电源。要求直流稳压电源输入交流 12 V 电压时，能够输出+5 V 和+12 V 直流电压。

(2) 设计一个物体流量计数器，并显示当前计数状态，当计满 10 个物料时，产生封包信号，并驱动继电器工作。

7.21.2　方案设计

该物体流量计数器的组成框图如图 7-21-1 所示。红外光电开关作为检测元件，当有物体通过时，红外光被遮挡，光电开关会产生相应的脉冲信号，通过脉冲信号处理电路，对光电开关产生的脉冲信号进行放大、整形。通过加法计数器对光电开关产生的脉冲信号进行加计数，加法计数器的状态由 BCD 译码器译码，数码管显示。在计满时，输出控制信号通过继电器控制封包系统工作。

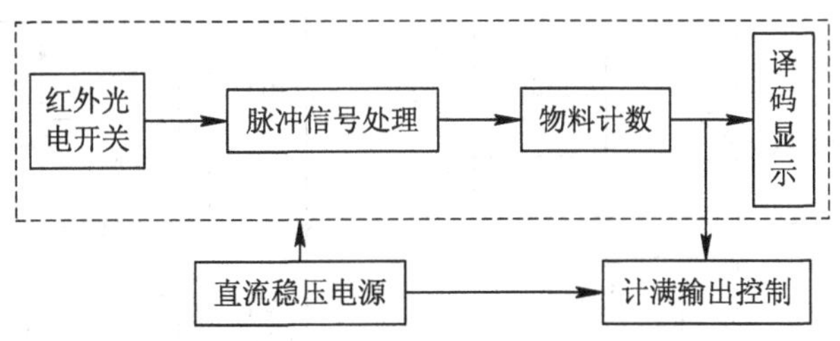

图 7-21-1　物体流量计数器系统组成框图

方案一：采用常规器件实现

采用常规数字集成电路实现物体流量计数器，不需要程序设计。使用施密特触发器对光电开关产生的脉冲信号进行整形，整形后的脉冲信号作为加法计数器的计数脉冲，译码电路可以用组合逻辑电路实现。

方案二：采用单片机编程实现

此方案核心控制部分为 STC89C52 单片机，系统由计满输出控制电路、时钟与复位电路、电源电路、按键输入电路、数码管和 LED 显示部分、红外传感器和 EEPROM 存储单元组成。时钟与复位电路、电源电路构成单片机的最小系统；按键输入电路的主要功能是预设阈值、清零；计满输出控制电路的主要作用为当计数值等于预设阈值时进行封包操作；数码管主要用来显示设定阈值和计数值；发光二极管(LED)用于指示工作状态，闪烁时为计数状态；红外传感器的作用是采集物件通过信号，实现计数；EEPROM 存储单元选用 AT24C02 芯片完成存储功能，可以在掉电时保存数据。系统整体设计框图如图 7-21-2 所示。

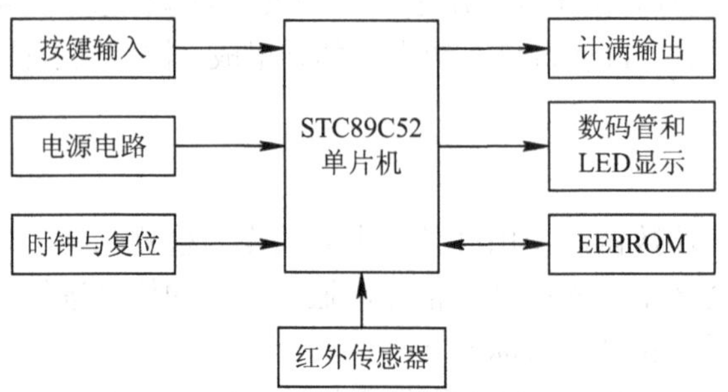

图 7-21-2　采用单片机系统的整体设计框图

7.21.3　单元电路设计

本节主要介绍以常规中小规模器件来实现物体流量计数器的设计方法。根据原理框图，主要按光电开关产生脉冲信号电路，脉冲信号放大、整形电路，加法计数器及译码显示电路，计满控制电路及直流稳压电源等五部分单元电路进行设计。

1. 脉冲信号产生及放大、整形电路

根据设计要求，脉冲信号产生及放大、整形电路如图 7-21-3 所示。

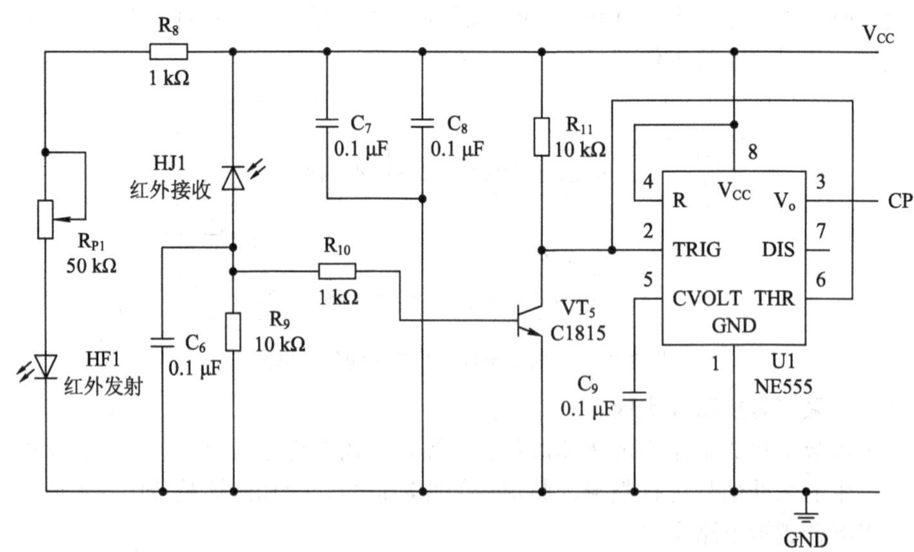

图 7-21-3　脉冲信号产生及放大、整形电路

在图 7-21-3 中，HF1 红外发射和 HJ1 红外接收对管作为检测元件，电路通电时，发射管发射红外线使接收管导通，对电容 C_6 进行充电；当有物料通过时，红外光被遮挡，接收

管截止，电容 C_6 通过 R_9 进行放电，产生相应的模拟信号。此模拟信号经过三极管 VT_5 进行反向放大后，由 VT_5 的集电极输出并送入由 NE555 组成的施密特触发器中，经过施密特触发器输出，VT_5 集电极输出的模拟电压信号被转化为数字信号 CP，作为下一级计数电路的计数脉冲(红外发射/接收对管没有被物料挡住时，NE555 的 V_o 引脚输出为高电平，反之输出为低电平)。

2. 加法计数器及译码显示电路

根据生产要求，每袋需要装入 10 个物料，因此需要设计一个加法计数器，用来对物料数量进行计数，电路如图 7-21-4 所示。在图 7-21-4 中，CD4518 是二—十进制同步加计数器，C_{10} 和 R_{12} 组成复位电路，S_1 为归零按键，确保电路通电时计数器归零。CD4518 的第 9 引脚接上一级电路的 CP 信号，作为物料计数脉冲。计数器每接收一个脉冲上升沿，计数加 1，CD4518 的 Q_0～Q_3 端以 8421BCD 码的格式输出计数值。当计数器输出 Q_3～Q_0 为 1001 时，输出下一级电路控制信号 KC_1 和 KC_2，再接收到一个脉冲上升沿后计数器归零。

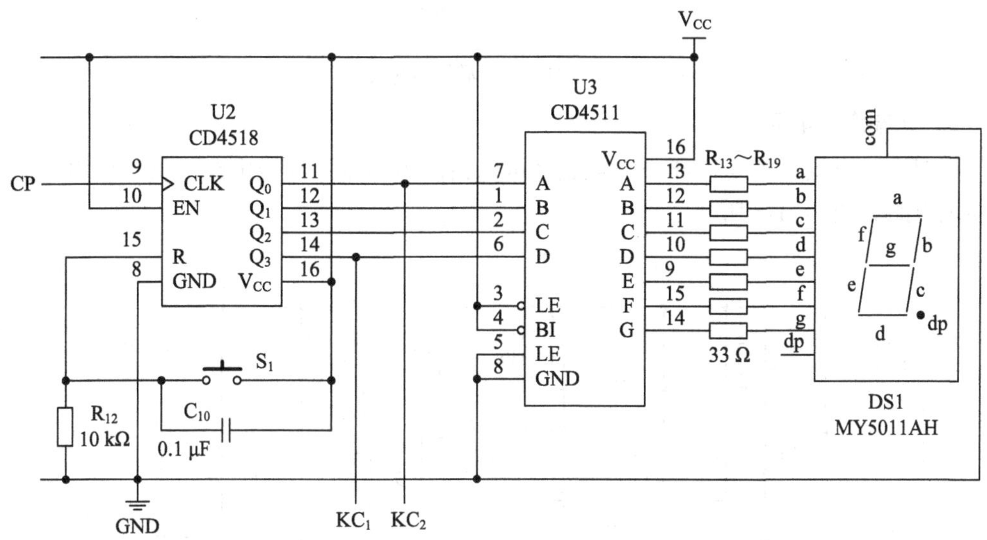

图 7-21-4　加法计数器及译码显示电路

CD4511 和数码管 DS1 组成译码显示电路，CD4511 是一个用于驱动 LED(数码管)显示器的 BCD 码—七段码译码器，它具有 BCD 码转换、消隐和锁存控制、七段译码及驱动功能。CD4518 输出的 BCD 码送入 CD4511 的输入端，CD4511 将 BCD 码译码后，直接驱动数码管 DS1 显示相应数字。

3. 计满控制电路

计满控制电路如图 7-21-5 所示。当 CD4518 计数值为 1001 时，KC_1 和 KC_2 同时输出高电平，三极管 VT_3、VT_4 同时导通，继电器 K_1 吸合，红色发光二极管点亮，J2 输出自动封包信号。

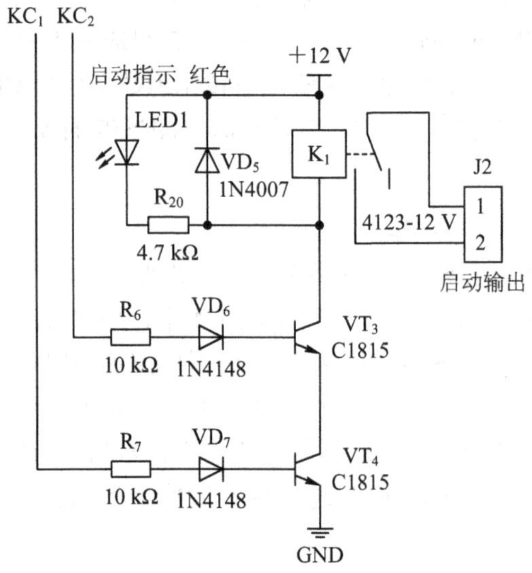

图 7-21-5　计满控制电路

4. 直流稳压电源

根据设计要求，需要设计一个直流稳压电路，为物流计数器电路提供工作电压。该直流稳压电路如图 7-21-6 所示。

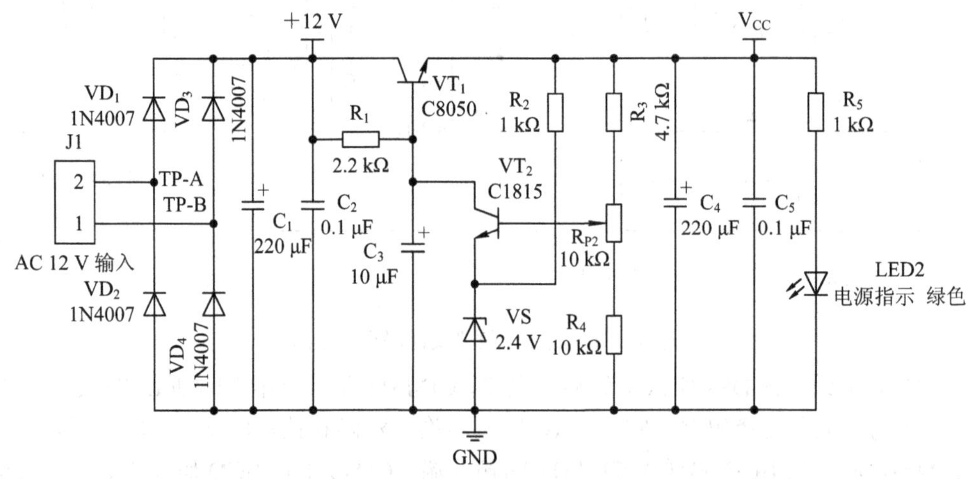

图 7-21-6　串联型稳压电源电路

图 7-21-6 所示电路是由分立元件组成的串联型稳压电源的电路图。其整流部分为单相桥式整流、电容滤波电路。稳压部分为串联型稳压电路，它由调整管 VT_1、比较放大电路、取样电路、基准电压电路等组成。整个稳压电路是一个具有电压串联负反馈的闭环系统。

整流、滤波电路：电网供给的交流电压(220 V，50 Hz)经电源变压器降压后，得到符合电路需要的 12 V 交流电压，然后由 VD_1～VD_4 组成的桥式全波整流电路把交流电变换成方向不变、大小随时间变化的脉动电压，再用由电容器 C_1、C_2 构成的滤波器滤去其交流分量，就可得到比较平直的直流电压。

取样电路：R_3、R_4、R_{P2} 组成取样电路，取出一部分输出电压变化量加到 VT_2 管的基极，与发射极基准电压进行比较，其差值电压经过 VT_2 放大后，送到调整管 VT_1 的基极，控制调整管的工作。

比较放大电路：VT_2 与 R_1 组成比较放大电路，其作用是将取样电压与基准电压进行比较后的差值加以放大，然后送到调整管的基极。若放大电路的放大倍数较大，则只要输出电压产生微小的变化就能引起调整管的基极电压发生较大的变化，从而提高稳压效果。这里的 R_1 既是放大器 VT_2 的负载电阻，又是调整管 VT_1 的基极偏置电阻。

基准电压电路：R_1、VS 组成基准电压电路，基准电压为稳压管的稳压值 V_{VS}，其接入放大管 VT_2 的发射极。电阻 R_1 的作用是保证稳压管有一个合适的工作电流。

调整管：晶体管 VT_1 为稳压电路的调整管。由于流过 VT_1 的电流为较大的负载电流，故 VT_1 选用功率管，并加装适当的散热片。C_3 为滤波电容，能有效抑制电路的纹波电压。

输出电压：输出电压的调节可以通过改变取样电阻中电位器 R_{P2} 的滑动端位置来实现。若 R_{P2} 的滑动端移到最下端，可得到输出电压的最大值：

$$U_{o\max} = \frac{R_3 + R_{P2} + R_4}{R_4} V_{VS}$$

若 R_{P2} 的滑动端移到最上端，可得到输出电压的最小值：

$$U_{o\min} = \frac{R_3 + R_{P2} + R_4}{R_{P2} + R_4} V_{VS}$$

7.21.4　电路调试

在安装电路前，应将所有集成电路的全部资料查阅清楚，并画出单元电路及系统安装电路图。系统整体电路原理图如图 7-21-7 所示。

(1) 在进行单元电路加电调试前，仔细检查电路有无短接、错接等问题，检查无误后，上电测试。

(2) 直流稳压电源调试时，将电源输入端接入 AC 12 V 的电源，调节 R_{P2}，测量电容 C_4 两端电压范围，记录输出电压最大值和最小值；最后调整 R_{P2} 使电容 C_4 两端电压为直流 5 V，电源电路调试完成。

(3) 脉冲信号产生及放大、整形电路连接完成后，将发射二极管的管头对准接收二极管的管头，管头与管头的间距不低于 5 mm，发射和接收二极管均需卧式安装，但不能将发射、接收二极管贴着板子安装，间距应不小于 5 mm。调节 R_{P1} 使流过发射二极管的电流为 1 mA 左右，此时若接收二极管接收到红外线，VT_5 集电极电压下降；然后用纸或其他障碍物挡住发射二极管，测试 VT_5 集电极电压是否有明显变化；若有明显变化，则红外发射/接收电路调试完成。

(4) 加法计数器及译码显示电路调试时，将 NE555 第 3 引脚的信号接到 CD4518 的第 9 引脚，观察计数过程是否准确、数码管显示是否完整、按下 S_1 按钮后数码管上显示的数字是否归零。

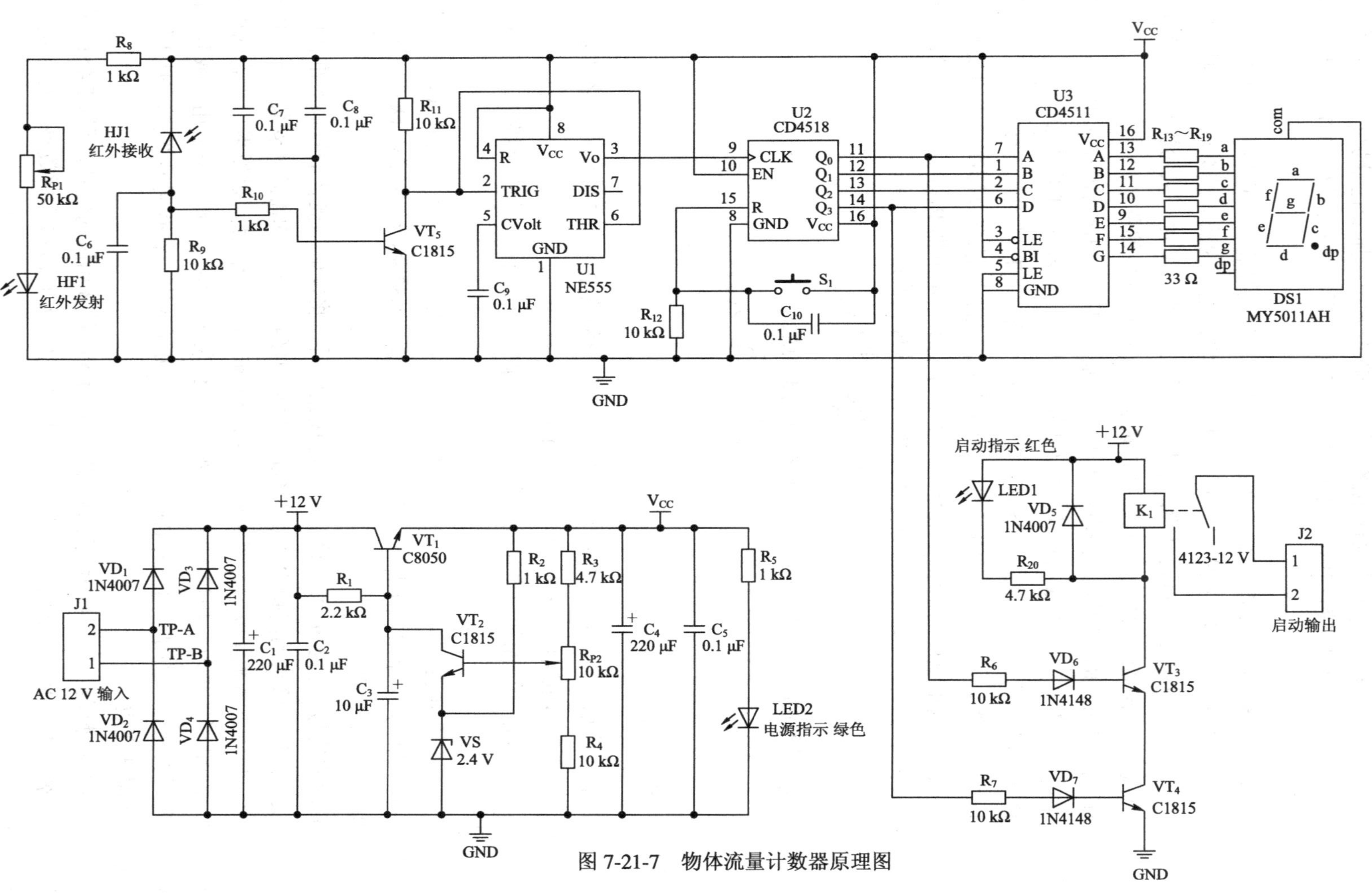

图 7-21-7　物体流量计数器原理图

(5) 计满控制电路调试时，当 CD4518 计数值为 1001 时，晶体管 VT_3、VT_4 应同时导通，继电器 K_1 吸合，发出“咔嗒”声响，红色发光二极管点亮。

(6) 将全部单元电路级联，进行系统联调。观察系统工作是否满足设计要求。

7.22　红外倒车雷达测距电路的设计

随着经济的发展与汽车科学技术的进步，公路交通呈现出行驶高速化、车流密集化和驾驶员非职业化的趋势。同时，随着汽车工业的飞速发展，汽车的产量和保有量都在急剧增加。但公路发展、交通管理却相对落后，导致了交通事故与日俱增，城市里尤其突出。智能交通系统(Intelligent Transportation System，ITS)是目前世界上交通运输科学技术的前沿技术，在充分发挥现有基础设施的潜力、提高运输效率、保障交通安全、缓解交通拥堵、改善城市环境等方面的卓越效能，已得到各国政府的广泛关注。中国政府也高度重视智能交通系统的研究开发与推广应用。汽车防撞系统作为 ITS 发展的一个基础，它的成功与否对整个系统有着很大的作用。本节方案涉及的红外倒车雷达测距为其中的一部分，汽车倒车时司机若不能观察车后情况，一旦出现倒车碰撞情况，就会造成生命或财产上的损失。本节方案的研究对保障交通安全起到了一定的作用。

7.22.1　设计要求

设计一个红外倒车雷达测距电路，使得电路通过测量距离给出倒车依据。

7.22.2　方案设计

方案一：基于 555 定时器和 LM324 运放的红外倒车雷达

红外倒车雷达电路由多谐振荡器电路、红外线发射与接收电路、信号放大与电压比较电路和发光管显示电路组成。其框图如图 7-22-1 所示。

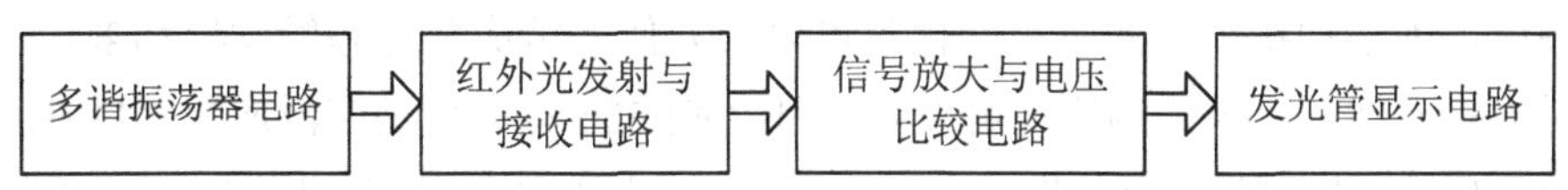

图 7-22-1　基于 555 定时器和 LM324 运放的红外倒车雷达框图

电路使用红外发射管和红外接收管作为传感器件，电路的核心元件包括 NE555 和运放 LM324。NE555 构成多谐振荡电路发射红外波信号；LM324 主要用来放大红外接收信号和构成电压比较器电路；发光二极管用来指示倒车距离范围。该电路具有结构简单、成本低、电路工作稳定的特点，广泛应用于各种测距场合。

方案二：基于 555 定时器和 CX20106 的红外倒车雷达

红外测距电路主要由多谐振荡器电路、红外发射电路、红外接收电路、译码电路和发声装置组成。其框图如图 7-22-2 所示。

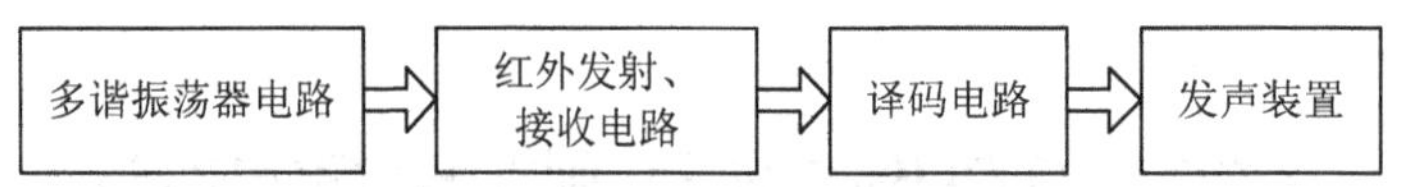

图 7-22-2　基于 555 定时器和 CX20106 的红外倒车雷达框图

电路使用红外发射管和红外接收管作为传感器件，电路的核心元件包括 NE555、CX20106 和运放 LM386。NE555 用来构成多谐振荡电路发射红外波信号；CX20106 主要是红外线遥控接收前置放大双极型集成电路，主要用来构成红外接收电路；LM386 为音频功率放大器，主要作用是将输出的音频信号放大后，驱动喇叭发出警报声，提醒后面的车辆不要尾随过近。该电路具有结构简单、成本低的特点。

这两种方案在实现上相对来说，方案一更容易实现，它采用的器件都是读者熟悉的元器件。所以，介于知识结构等原因，本设计采用方案一来实现红外雷达倒车电路。

7.22.3　电路设计

图 7-22-3 为采用方案一实现的红外雷达倒车原理电路。

在图 7-22-3 中，NE555 及外围元件组成多谐振荡器电路，产生驱动红外线发射管工作的振荡电压，经 IC2 第 3 脚输出并驱动红外发射管 HFS 发射红外信号。发出的红外信号经物体反射回来后，由红外接收管接收并送入 IC1A LM324 的第 2 脚进行放大，放大后的信号经 IC1A 的第 1 脚输出，经 C_3 耦合、VD_1 和 C_2 整流滤波后送至 IC1B、IC1C、IC1D 的三个比较器的反相输入端，分别与三个比较器的同相输入端的电压进行比较；当反相输入端的电压高于同相输入端的电压时，该比较器输出低电平，使与其连接的发光二极管点亮。由发光二极管点亮的个数来指示距离的远近。

1. 集成电路 NE555

NE555 集成电路是一种模拟电路和数字电路相结合的中规模集成器件，它性能优良，适用范围广，外部加接少量的阻容元件就可以很方便地组成单稳态触发器和多谐振荡器，并且不需外接元件就可组成施密特触发器。因此 NE555 集成块被广泛应用于脉冲波形的产生与变换、测量与控制等方面。图 7-22-4 为 NE555 集成电路引脚排列图，其各个引脚功能如下：

(1) GND：NE555 的接地端，通常被连接到电路的共同接地端。

(2) TRIGGER：NE555 的触发端，触发信号上沿电压须大于 $\frac{2}{3}V_{CC}$，下沿须低于 $\frac{1}{3}V_{CC}$。

(3) OUTPUT：NE555 的输出端，在输出电压为高电平时的最大输出电流约为 200 mA。

(4) RESET：NE555 的重置端，当一个低电平送至这个引脚时会重置定时器，通常被接到正电源或忽略不用。

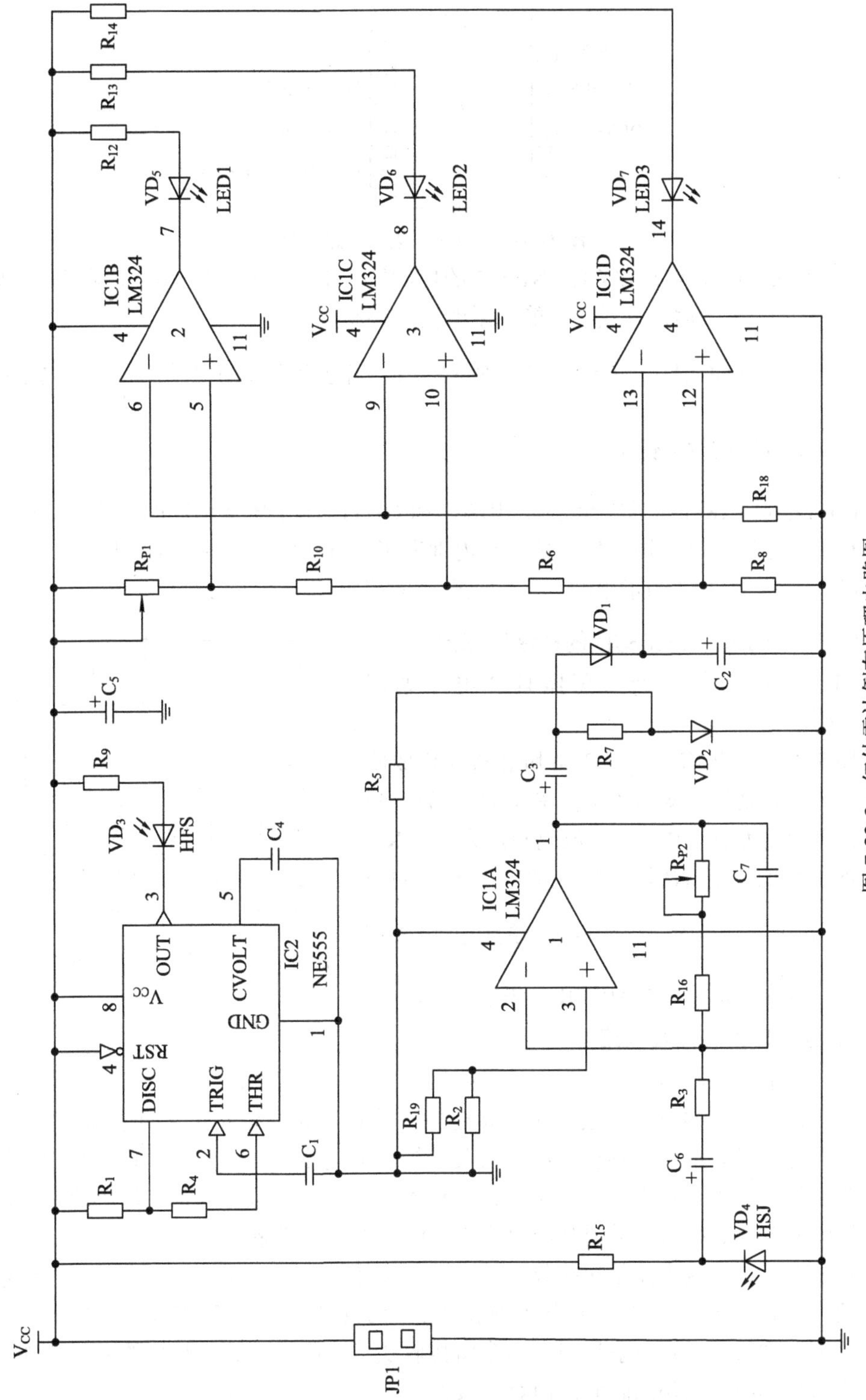

图 7-22-3　红外雷达倒车原理电路图

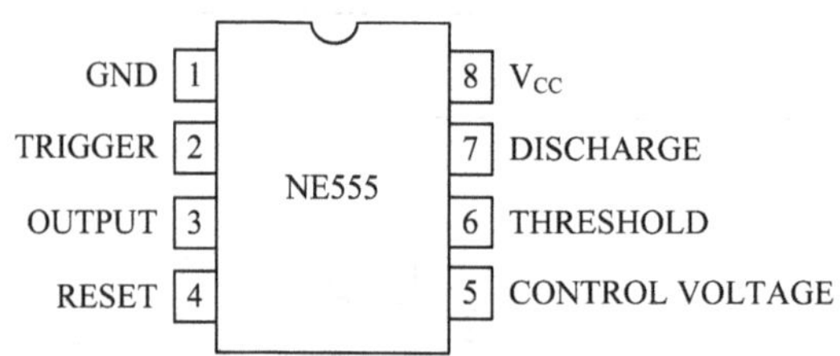

图 7-22-4　NE555 集成电路引脚排列

(5) CONTROL VOLTAGE：NE555 的控制端，准许由外部电压改变触发和闸限电压。当 NE555 在振荡的运作方式下，能用来改变或调整输出频率。

(6) THRESHOLD：NE555 的重置锁定端，当这个引脚的电压从 $\frac{1}{3}V_{CC}$ 电压以下移至 $\frac{2}{3}V_{CC}$ 以上时启动重置锁定。

(7) DISCHARGE：NE555 的放电端，和 OUTPUT 引脚有相同的电流输出能力，当内部三极管导通时，其对地为低阻抗，当内部三极管截止时，其对地为高阻抗。

(8) V_{CC}：NE555 的正电源端，供应电压的范围是 +4.5～+16 V。

2. NE555 集成电路构成的多谐振荡器

NE555 构成的多谐振荡器具体电路如图 7-22-5 所示。

图 7-22-5 首先将定时器 2、6 脚相接而构成施密特形式，再通过 7 脚接入 R_1、R_2、C_1 充放电回路。充电回路为 R_1、R_2、C_1，放电回路为 C_1、R_2、NE555 内部的放电管(引脚 7)，充放电电压 u_c 的阈值电平为 $\frac{2}{3}V_{CC}$ 和 $\frac{1}{3}V_{CC}$，在定时器的输出端 3 脚得到矩形波振荡周期：$T \approx 0.7(R_1 + 2R_2)C$。

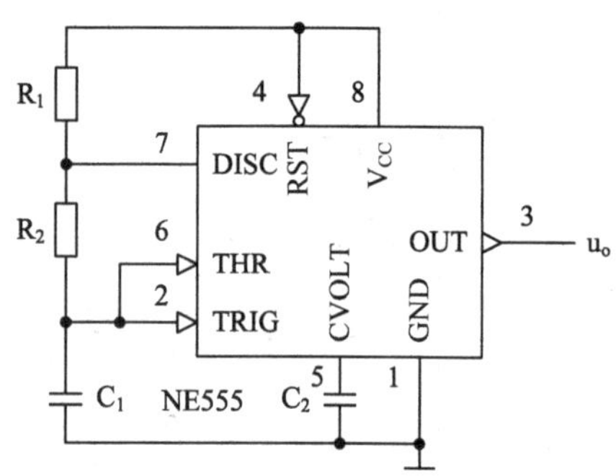

图 7-22-5　NE555 构成的多谐振荡器电路

3. 红外发射、接收电路

红外发射、接收电路主要由红外发射管和红外接收管组成。红外发射管也称红外线发射二极管，属于二极管类。它是可以将电能直接转换成近红外光(不可见光)并能辐射出去的发光器件，主要应用于各种光电开关及遥控发射电路中。红外发射管的结构、原理与普通发光二极管相近，只是使用的半导体材料不同。红外二极管通常使用砷化镓(GaAs)、砷铝化镓(GaAlAs)等材料，采用全透明或浅蓝色、黑色的树脂封装。

红外发射、接收电路是集接收、放大、解调等功能于一体的组合电路，也称接收头。其主要作用是将光信号(不可见光)转换成电信号。在红外接收管接收红外信号后，对信号进行放大、解调。单片机解码时，通常将接收头输出脚连接到单片机的外部中断，结合定时器判断外部中断间隔的时间从而获取数据。

4. 集成运算放大器 LM324

LM324 系列器件是带有差动输入的四运算放大器。其内部结构如图 7-22-6 所示。与单电源应用场合的标准运算放大器相比，它们有一些显著优点：(1) 可以工作在低到 3.0 V 或者高到 32 V 的电源下，静态电流为 MC1741 静态电流的五分之一；(2) 共模输入范围包括负电源，因而消除了在许多应用场合中采用外部偏置元件的必要性；(3) 带有差动输入级；(4) 具备短路保护输出功能；(5) 具有内部补偿功能。每一组运算放大器可用图 7-22-7 所示的符号来表示，它有 5 个引出脚，其中“+”“−”为两个信号输入端，“V_+”“V_-”为正、负电源端，“V_o”为输出端。$V_{i(-)}$为反相输入端，表示运放输出端 V_o 的信号与该输入端的相位相反；$V_{i(+)}$为同相输入端，表示运放输出端 V_o 的信号与该输入端的相位相同。

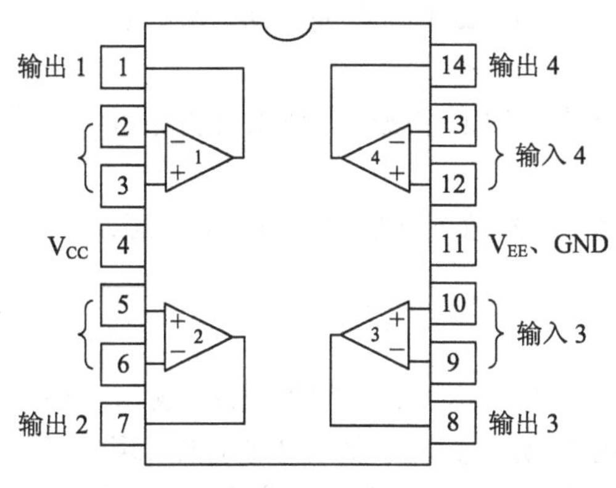

图 7-22-6 LM324 内部结构

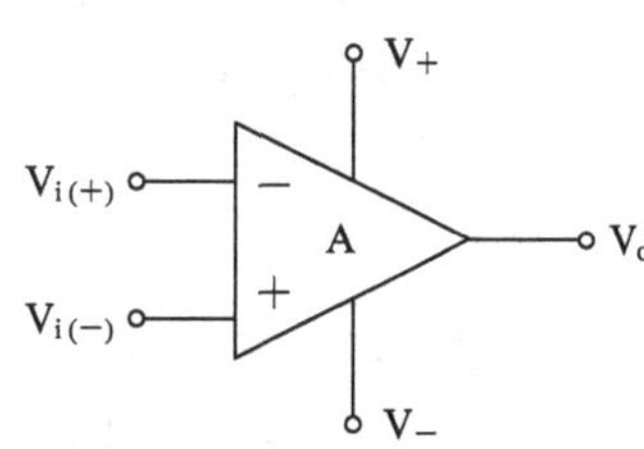

图 7-22-7 集成运放符号

5. 发光管显示电路

发光管显示电路由三个 LED 灯构成，每个 LED 灯串联一个保护电阻。根据传感器测量出的不同的遮挡物距离，显示不同的 LED 数量。

7.22.4 电路调试

电路安装完成后，检查电路安装无误后，接通 9 V 电源，观察电路有无异样。如果正常，使用调试工具调整电路相关元件。

在红外发射管、接收管上方无遮挡物的情况下，调节 R_{P1} 使得电路板上的 LED3 点亮，然后再反向调节 R_{P1} 使得 LED3 刚好熄灭。然后用反光物体(可以用白纸)从远处逐渐接近红外发射管和红外接收管之间的位置，随着距离的接近，LED3～LED1 依次点亮，红外倒车雷达就安装好了。

R_{P1} 调节反射距离，R_{P2} 调节灵敏度，可以尝试每 30 cm 一盏灯亮，20 cm 两盏灯亮，10 cm 三盏灯亮。传感器上方用白纸遮挡，对红外波的反射效果最好。

最终的效果是当传感器上方遮挡物距离不同时，显示的 LED 数量不同，距离越近时，亮的发光二极管数量越多，无遮挡物时则不亮。

7.23 电子计步器的设计

随着社会的发展，人们的物质生活水平日渐提高，同时也越来越想通过运动的方式提高自己的健康水平。电子计步器是一种非常受大众追捧的用于监测日常锻炼情况的检测器。作为一种测量仪器，它可以计算行走的步数和消耗的能量，所以人们可以定量地制定运动方案，利用监测到的运动数据进一步分析人体的健康状况，帮助人们达到瘦身或增强体质的目的。

7.23.1　设计要求

设计一个电子计步器，利用振动传感器作为检测元件，当人运动的时候，振动传感器会产生相应的信号，通过对信号的处理，可以实现运动时步数的自动计数。其具体要求和设计指标如下：

(1) 设计一个直流稳压电源，作为电子计步器的工作电源。要求直流稳压电源输入直流+12 V 电压时，能够输出+5 V 直流电压。

(2) 利用三轴加速度计检测运动过程，计算出步数，并显示当前计数状态。

7.23.2　设计方案

计步器是一种计量工具，通过统计步数、距离、速度、时间等数据，测算卡路里或热量消耗，用以掌控运动量，防止运动量不足或运动过量。本设计电路主要实现电子计步器的计步功能，分为振动传感器、放大电路、滤波电路、比较电路及计数、显示电路等模块，如图 7-23-1 所示。

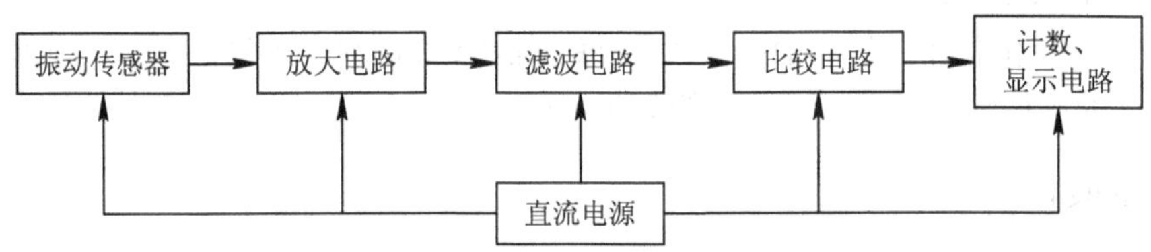

图 7-23-1　电子计步器框图

7.23.3　单元电路设计

1. 振动传感器

ADXL335 是一款小尺寸、薄型、低功耗、完整的三轴加速度测量系统。ADXL335 的测量范围为±3g(最小值)。它包含多晶硅表面微加工传感器和信号调理电路，具有开环加速度测量架构。输出信号为模拟电压，与加速度成比例。该加速度计可以测量倾斜检测应用中的静态重力加速度，以及运动、冲击或振动导致的动态加速度。

该传感器为多晶硅表面微加工结构，置于晶圆顶部。多晶硅弹簧悬挂于晶圆表面的结构之上，提供加速度阻力。差分电容由独立固定板和活动质量连接板组成，能对结构偏转进行测量。固定板由 180° 反相方波驱动。加速度使活动质量块偏转，使差分电容失衡，从而使传感器输出的幅度与加速度成比例。

经解调器输出的信号放大后，通过 32 kΩ 电阻输出片外，输出摆幅为 0.1～2.8 V。

2. 放大电路

LM358 是双运算放大器，内部有两个独立的、高增益、具有内部频率补偿功能的运算放大器，如图 7-23-2 所示，适于电源电压范围很宽的单电源使用，也适用于双电源工作模式。

本电路利用 LM358 构成同相比例运算电路，如图 7-23-3 所示，它的输出电压与输入电压之间的关系为

$$U_o = \left(1+\frac{R_7}{R_6}\right)U_i = \left(1+\frac{3.9}{1}\right)U_i = 4.9U_i$$

故增益约为 5。

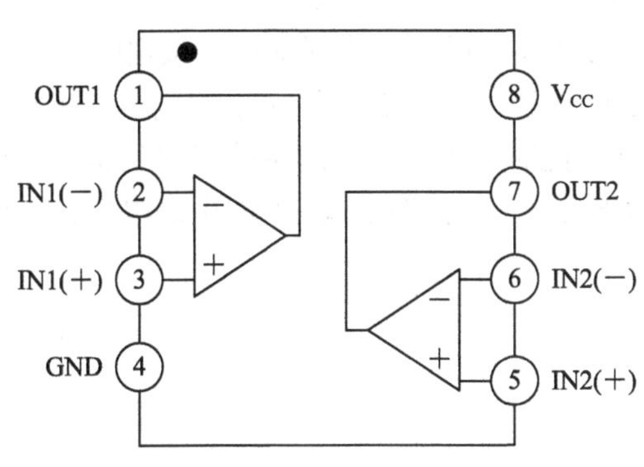

图 7-23-2　LM358 内部结构

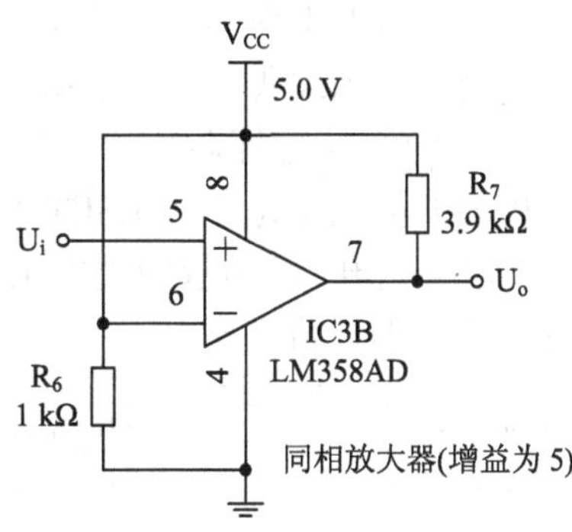

图 7-23-3　同相比例运算电路

3. 滤波电路

滤波器是一个对输入信号的频率具有选择性的二端口网络，它允许某些频率(通常是某个频带范围)的信号通过，而其他频率的信号则被衰减或抑制，这些网络可以是 RLC 元件或 RC 元件构成的无源滤波器，也可以是 RC 元件和有源器件构成的有源滤波器。

本电路利用运算放大器 LM358、电阻 R_{10} 和 R_{11}、电容 C_8 和 C_9 构成一个二阶低通有源滤波器，如图 7-23-4 所示，用于滤除电路中的高频干扰，其截止频率为

$$\omega_C^2 = \frac{1}{R_{10}R_{11}C_8C_9}$$

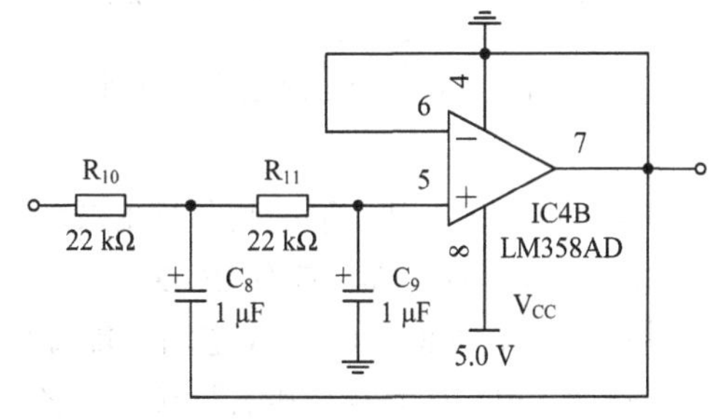

图 7-23-4　滤波电路

4. 比较电路

本电路利用运算放大器 LM358 及 R_8、R_9 组成一个迟滞比较电路，如图 7-23-5 所示。IC4A 为运算放大器，当反相输入端“2”脚输入正弦信号的电压小于同相输入端“3”脚时，输出端“1”脚输出高电平 5 V，此时“3”脚电压为 2.35 V；当反相输入端输入电压大于同相输入端时，输出端输出低电平 0 V，此时“3”脚电压为 2.64 V。从而将正弦波转换为矩形波。

5. 计数、显示电路

CD4518 是二—十进制(8421 编码)同步加计数器，内含两个单元的加计数器，其引脚排列如图 7-23-6 所示。

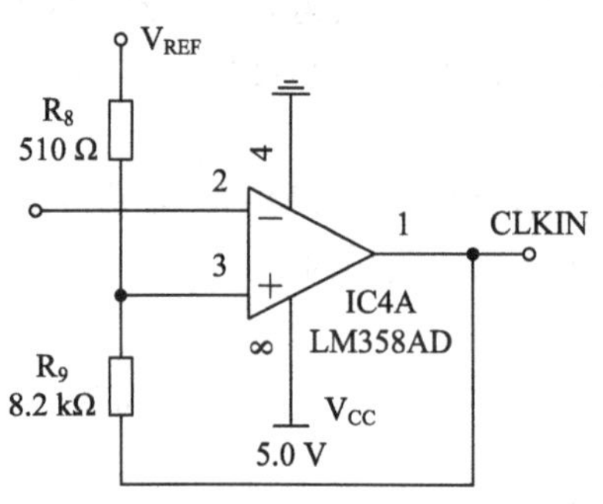

图 7-23-5　迟滞比较电路

该计数器构成二位十进制计数器可以有两种接法。第一种接法：脉冲由 CLOCK 端输入。此时，ENABLE 端接高电平，当 CLOCK 上升沿到来时加法计数。第二种接法：脉冲由 ENABLE 端输入。此时，CLOCK 端接低电平，当 ENABLE 下降沿到来时加法计数。第一种接法在进位时，必须使用与非门提供高位的计数时钟信号，而第二种接法不需要额外的门电路，因此我们选择了第二种接式连接电路。同时，为保证电源接通时，从 0 开始计数，在 RESET 端即芯片的第 7 脚和第 15 脚设计了如图 7-23-7 所示的电路。在电源接通前，电容两端电压为 0，RESET 端为高电平，此时计数器处于清零的工作状态。电源接通后，向电容充电，使电容两端电压快速到达电源电压，此时 RESET 端由高电平转为低电平，计数器由零开始计数。

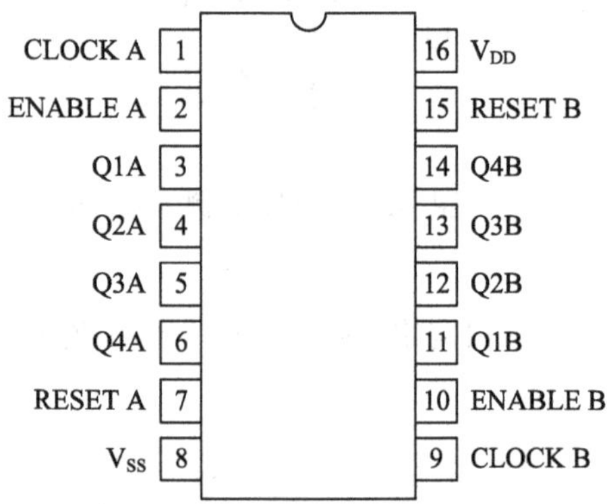

图 7-23-6　CD4518 引脚示意图

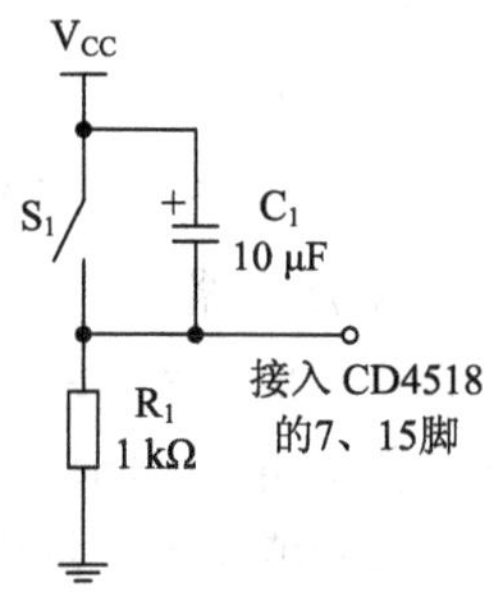

图 7-23-7　复位端输入电路

CD4511 是一个用于驱动共阴极 LED (数码管)显示器的 BCD 码—七段码译码器，具有 BCD 转换、消隐和锁存控制、七段译码及驱动功能的 CMOS 电路，能提供较大的拉电流，可直接驱动 LED 显示器，其引脚排列如图 7-23-8 所示。本电路中选用了两片 CD4511 驱动两个数码管来显示当前记录的步数，最高可显示到 99 步。

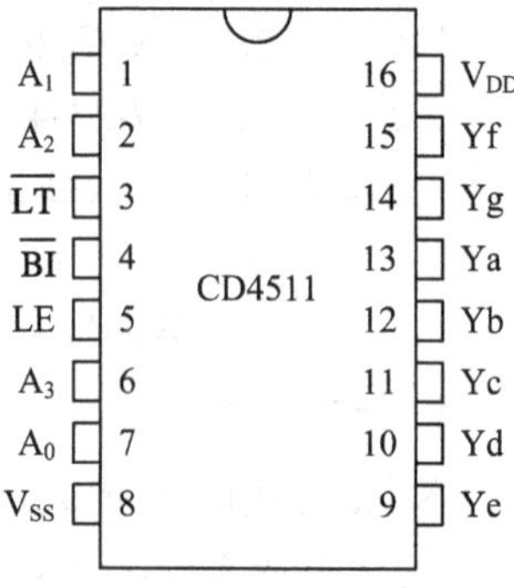

图 7-23-8　CD4511 引脚示意图

6. 总体电路

根据原理框图和设计的各部分单元电路，绘制出电子计步器的整机电路原理图，如图 7-23-9 所示。

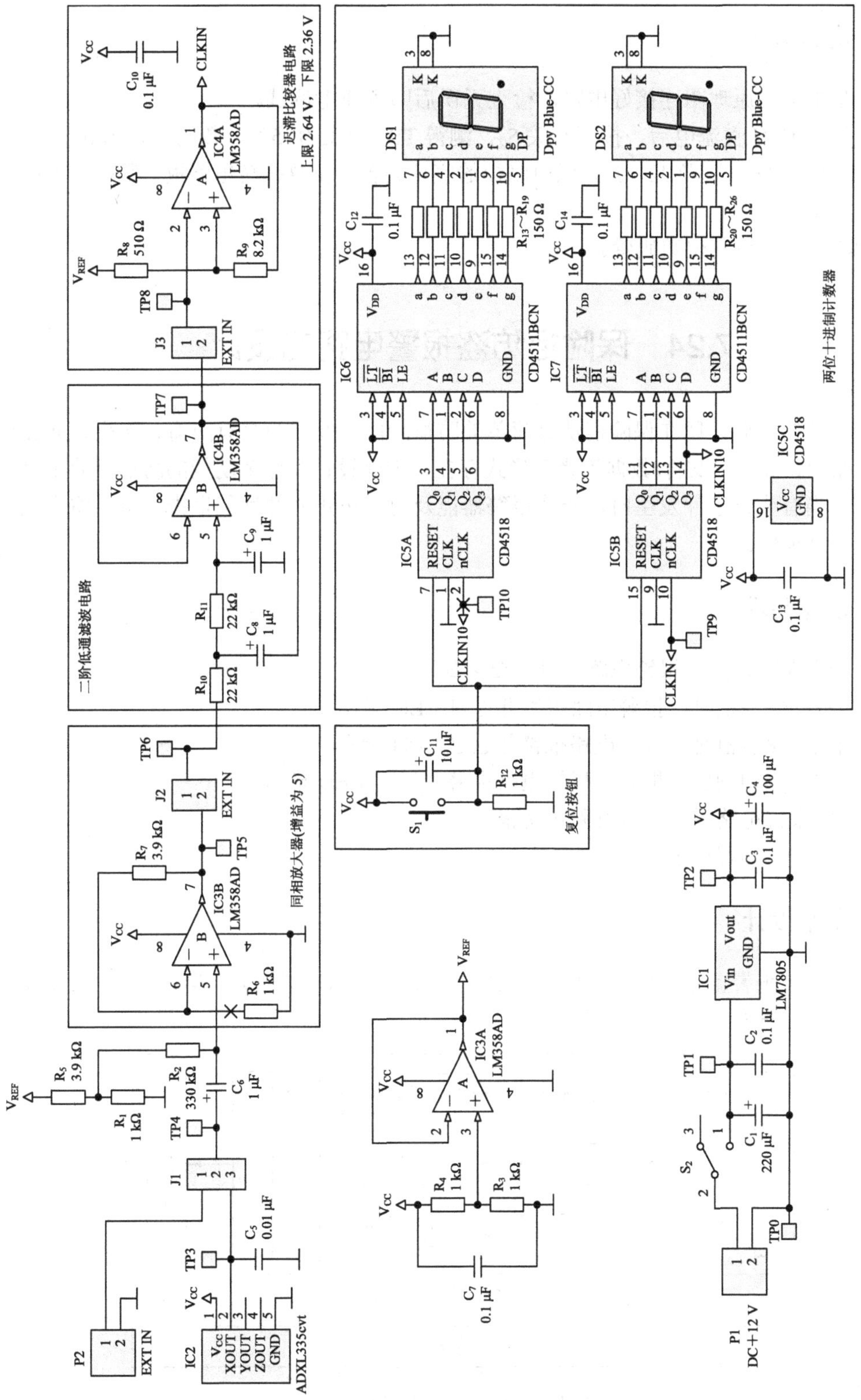

图 7-23-9　电子计步器电路原理图

7.23.4　电路调试

按照整机电路原理图连接好电路，检查无误后即可通电调试。

(1) 接入+12 V 直流电后，按下开关 S_2，测得 TP2 电压为+5 V，数码管显示 00。

(2) 短接 J1 2—3 脚及 J2、J3，以电路板的底部为轴，反复翻转电路板，数码管开始计数，最高显示 99。

(3) 按下 S_1 键可复位数码管。

7.24　保险柜防盗报警电路的设计

随着科技的发展，现在保险柜从最简单的防盗功能，发展为具有防盗、防火、防磁功能，并以家用、商用、文件/数据等诸多形式存在，因此设计制作多功能的防盗保险柜是很有必要的。当有盗窃事件发生时，防盗报警器能及时发出声光并远程报警，可以将人们的财产损失降到最低。

7.24.1　设计要求

设计一个保险柜防盗报警电路，具体要求如下：

(1) 当撬动保险柜时，报警电路报警并通过 LED 指示。

(2) 当搬动保险柜时，报警电路报警并通过 LED 指示。

(3) 当用火焰切割保险柜时，报警电路报警并通过 LED 指示。

(4) 触发报警电路后，可以解除声音报警。

(5) 可以实现远程报警。

7.24.2　方案设计

保险柜防盗报警电路主要由压电传感器、水银传感器、温度传感器、运算放大器及其他元器件构成，框图如图 7-24-1 所示。

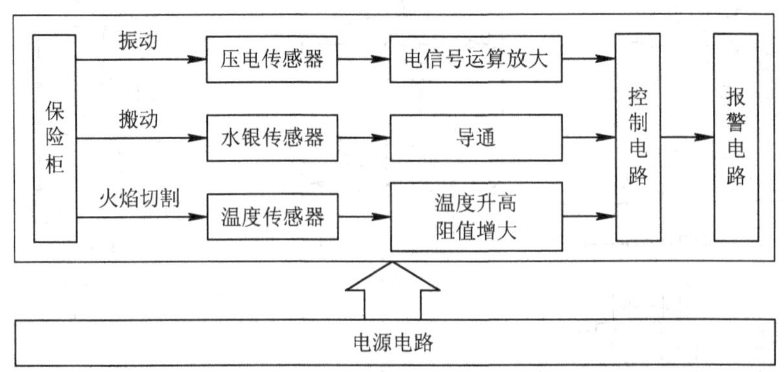

图 7-24-1　保险柜防盗报警电路框图

保险柜防盗报警电路的工作原理是：当保险柜被撬动时会产生振动，产生电信号，电信号经放大后再经或门电路驱动晶体管导通，然后使继电器动作，继电器吸合，接通声音报警电路，同时相应的LED点亮，指示报警状态；当有人搬动保险柜时，保险柜发生倾斜，水银传感器导通，经或门电路驱动声音报警电路进行报警，LED 点亮；当保险柜经火焰切割时，温度传感器即热敏电阻器的电阻值增大，电压比较器输出高电平加到或门电路，使报警电路动作，LED 点亮；两路报警电路可以实现远程报警，并且可以解除声音报警。

7.24.3 单元电路设计

1. 传感器

1) 压电传感器

压电传感器是以某些晶体受力后，在其表面产生电荷的压电效应为转换原理的传感器。它可以测量最终能变换为力的各种物理量，例如力、压力、加速度等。压电传感器具有体积小、重量轻、频带宽、灵敏度高等优点。近年来，压电测试技术发展迅速，特别是电子技术的迅速发展，使压电传感器的应用越来越广泛。本电路中所采用的压电传感器结构图与焊接图如图 7-24-2 所示。

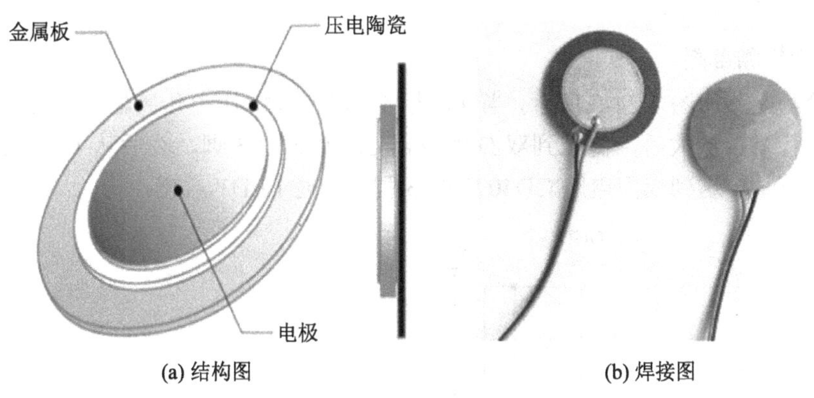

(a) 结构图　(b) 焊接图

图 7-24-2　压电传感器结构图及焊接图

2) 水银开关传感器

水银开关又称倾侧开关，一般是一个小玻璃泡容器中储存着一小滴水银，容器中多注入惰性气体或真空。因为重力的关系，水银珠会向容器中较低的地方流去，因为水银是一种导电的液体，如果它同时接触到两个电极，电路便会接通，从而触发后续电路工作，否则电路断开。因为水银开关的通断与物体的水平角度有关，因此它常被应用在一些自动控制电路当中。(注意：水银对人体及环境均有危害，因此使用水银开关时，请务必小心谨慎，以免打破容器使水银流出；不再使用时，也应该妥善处理。)本电路中所采用的水银开关传感器如图 7-24-3 所示。

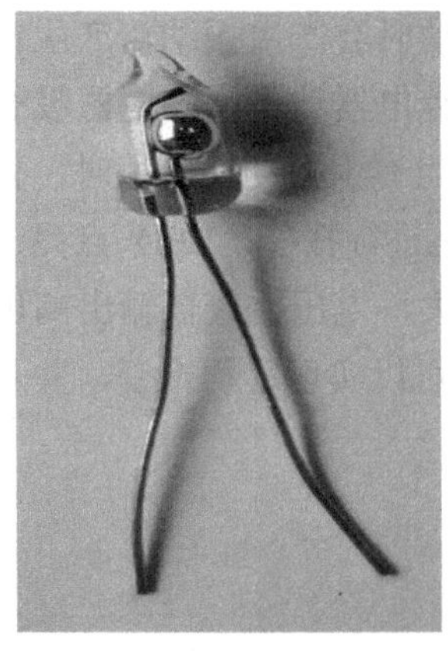

图 7-24-3　水银开关传感器

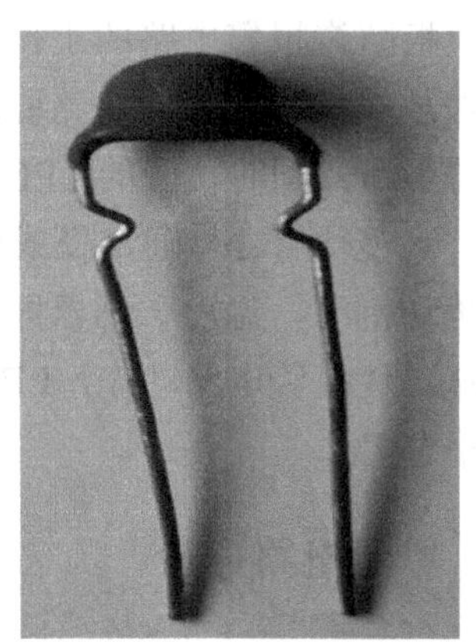

图 7-24-4　温度传感器

3) 温度传感器

热敏电阻器是敏感元件的一类，按照温度系数不同，分为正温度系数热敏电阻器(PTC)和负温度系数热敏电阻器(NTC)。热敏电阻器的典型特点是对温度敏感，不同的温度下表现出不同的电阻值。因此本电路中采用热敏电阻器作为温度传感器来使用。正温度系数热敏电阻器(PTC)在温度越高时电阻值越大，负温度系数热敏电阻器(NTC)在温度越高时电阻值越小，它们同属于半导体器件。本电路中采用正温度系数热敏电阻器作为温度传感器，实物如图 7-24-4 所示。

2. 振动检测电路

振动检测电路如图 7-24-5 所示，当保险柜受到振动时，压电传感器 Y_1 便感应出电压信号，经晶体管 VT_1 放大后，传送到双 D 触发器 CD4013 的 3 脚，然后从 1 脚输出高电平信号，高电平信号传送到或门电路 CD4075 的 3 脚，同时 LED1 点亮。

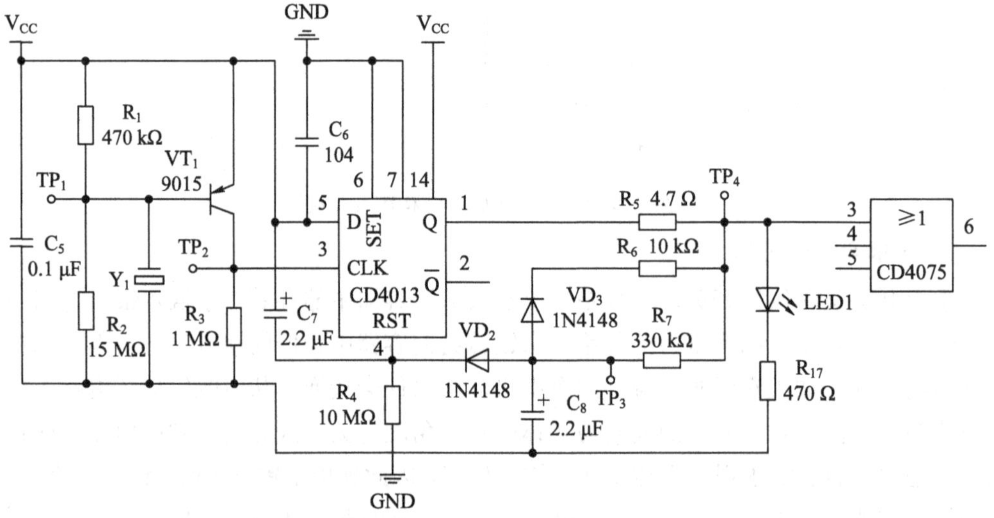

图 7-24-5　振动检测电路

3．搬动检测电路

图 7-24-6 为搬动检测电路，可检测保险柜是否因搬动而倾斜。发生倾斜时，水银传感器 BZ 导通，输出高电平信号，高电平信号传送到或门电路 CD4075 的 5 脚，同时 LED2 点亮。

4．火焰切割检测电路

图 7-24-7 为火焰切割检测电路，当使用火焰切割等方式打开保险柜时，热敏电阻 R_T 检测到温度升高则阻值增大，经过集成运算放大器 LM358 构成的比较器后，输出高电平信号，高电平信号传送到或门电路 CD4075 的 4 脚，同时 LED3 点亮。

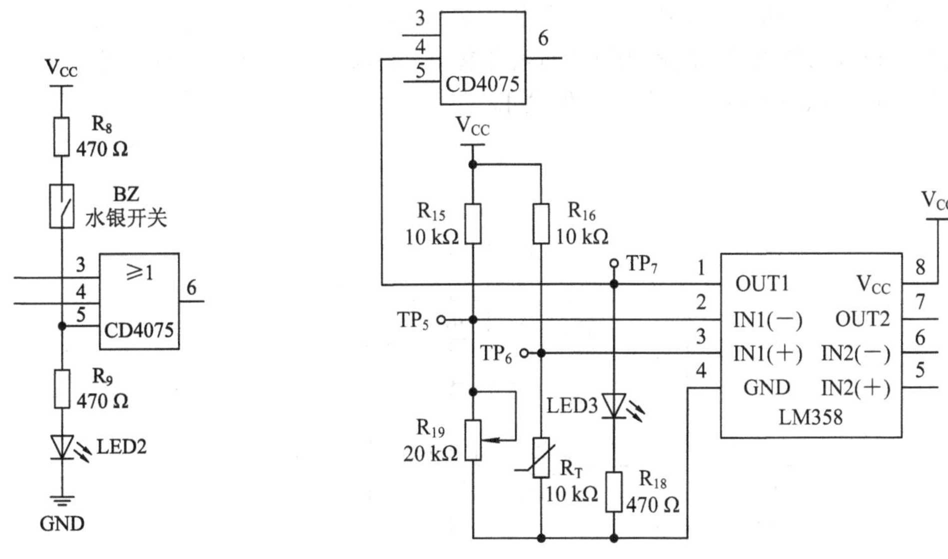

图 7-24-6　搬动检测电路　　　　图 7-24-7　火焰切割检测电路

5．控制电路

图 7-24-8 为控制电路，当有振动、火焰切割、搬动这些动作发生时，实现后续电路的报警功能，主要由三输入或门 CD4075 构成。只要 CD4075 的输入端 3、4、5 脚中的一个

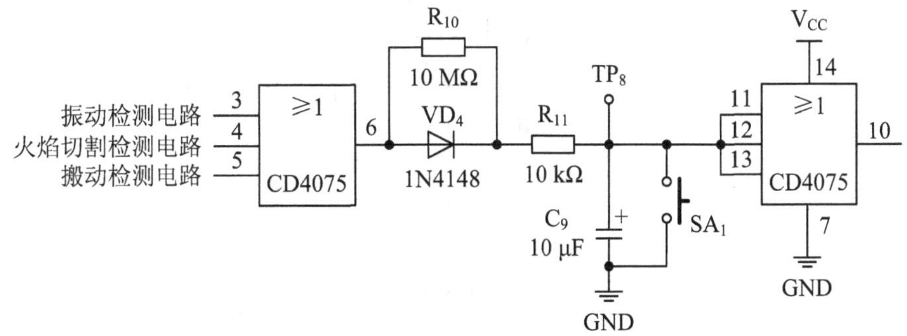

图 7-24-8　控制电路

输入端为高电平，其输出端 6 脚就输出一个高电平并通过 VD_4、R_{11} 给电容 C_9 充电，使另一组三输入或门 CD4075 的输入端 11、12、13 脚电压升高，输出端 10 脚输出高电平，便可驱动报警电路报警。当开关 SA_1 按下时，CD4075 的输入端 11、12、13 脚都为低电平，输出端 10 脚输出低电平，可以解除后续报警电路的报警。

6. 报警电路

图 7-24-9 为声音报警电路。三输入或门 CD4075 的 10 脚输出的高电平使三极管 VT_2 导通，继电器 JK_1 吸合，蜂鸣器 BL_1 通电后发出声音报警信号(本地报警)；而三极管 VT_3 的基极由于继电器 JK_1 的吸合而成为高电平(继电器 JK_1 未吸合时，三极管 VT_3 基极为低电平)，VT_3 导通，JK_2 吸合，蜂鸣器 BL_2 通电后发出声音报警信号(蜂鸣器 BL_2 是接入值班室的报警器，可以与蜂鸣器 BL_1 实现同步远程报警)。只要检测到振动、火焰切割、搬动其中一种动作，便可以发生报警并持续一段时间。

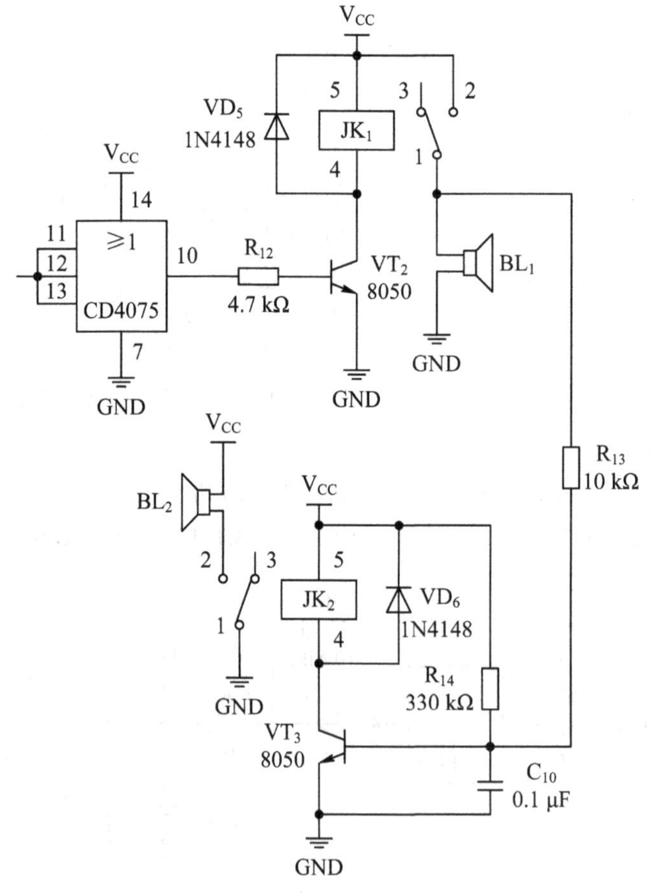

图 7-24-9　报警电路

整体电路原理图如图 7-24-10 所示。

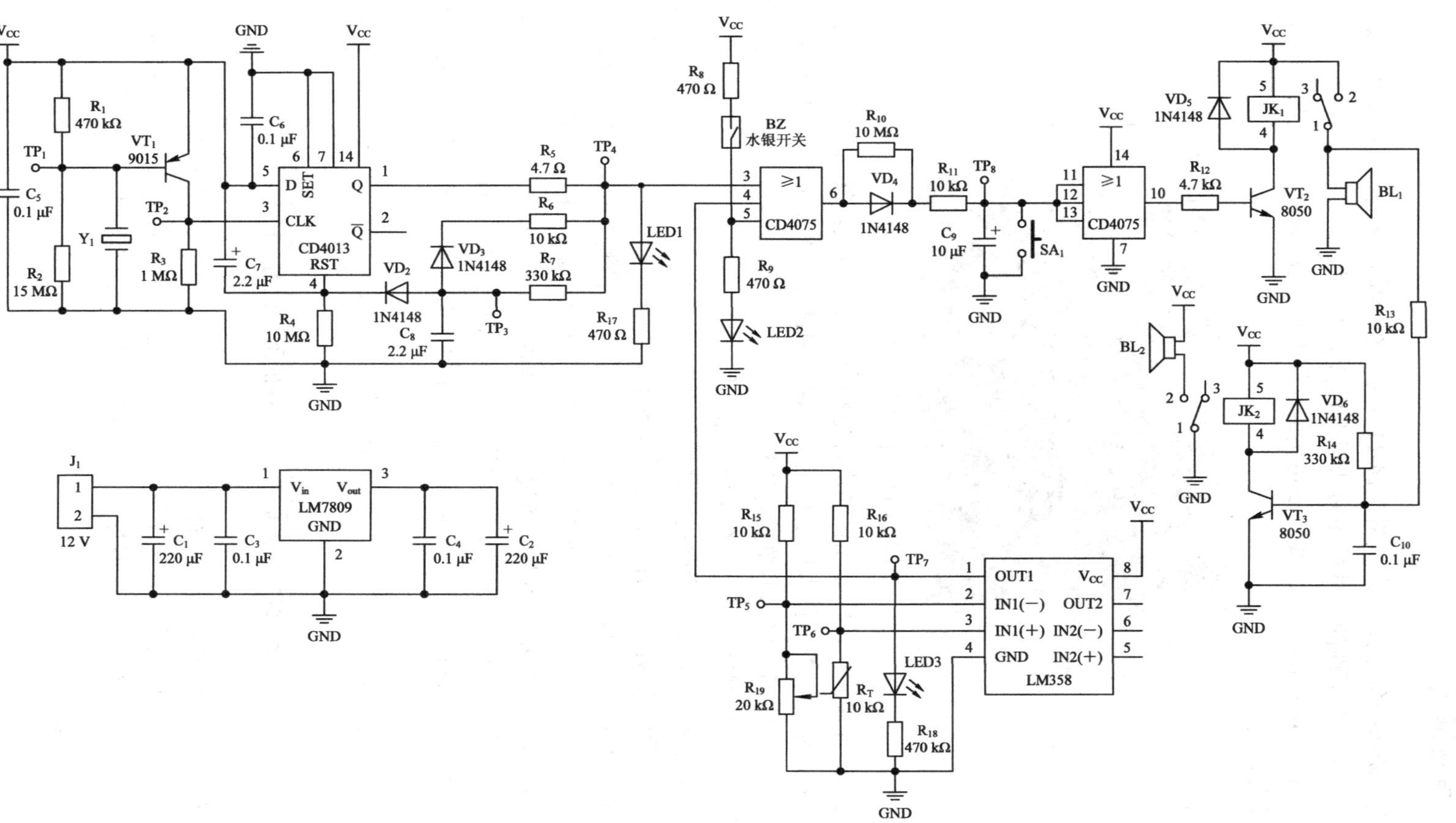

图 7-24-10　保险柜防盗报警电路整体原理图

7.24.4　电路调试

保险柜防盗报警电路实物如图 7-24-11 所示。在焊接电路时，一定要注意集成块不要插错或插反，注意有极性的器件的正负极以及贴片元件的焊接，尤其注意压电传感器的正确接法，如图 7-24-2(b)所示，连线不要错接或漏接并保证接触良好，电源和地线不要短接，以免造成人为故障。

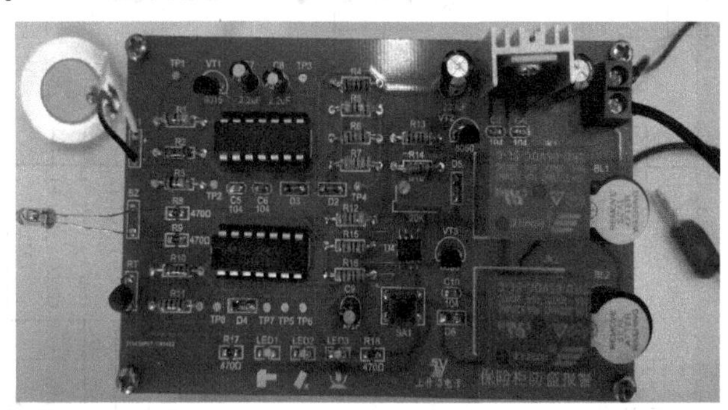

图 7-24-11　保险柜防盗报警电路实物

单元电路焊接好后，应该先认真进行电路通电前的检查，通电后，检查每片集成电路是否有发烫现象，检查工作电压是否正常，逐一调试每一个单元电路直至正常工作。然后进行整体调试，将调试好的各单元电路连接起来，按照信号传输方向，由输入到输出，由简单到复杂，依次测试，直至整个电路正常工作。

在本电路中，可按以下步骤进行调试：

(1) 通电后检查 V_{CC}(9 V)直流电源有无输出。

(2) 调试振动检测电路，给压电传感器一定压力，检测 LED1 能否点亮。

(3) 调试搬动检测电路，将实物电路倾斜一定角度，检测 LED2 能否点亮。

(4) 调试火烧切割检测电路，将温度传感器加热到一定温度，检测 LED3 能否点亮。

(5) 调试报警电路，当振动、搬动及火烧切割检测电路中有任何一个动作发生时，检测声音报警电路能否正常工作；最后，在电路报警时，按下开关 SA_1，检查电路能否解除报警。

若以上各模块功能均能实现，则整个电路能正常工作。

7.25　汽车车速限制电路的设计

汽车是我们生活中必不可少的交通工具。通过设计车速限制电路，在车速达到一定值的时候发出警告，提醒驾驶人员车速已经达到超速值，须减速。当汽车停车时，车灯自动亮灯；当车灯关闭时，车灯延时熄灭，可以帮助驾驶员更安全地驾驶汽车。

7.25.1　设计要求

本次设计以脉冲模拟汽车速度作为输入，其中，脉冲模拟汽车速度与发动机转速成正比。通过设计直流稳压电源电路、频率电压转换电路、电压比较电路、能实现自动亮灯功能的继电器控制电路及能实现车灯延时功能的人工启动单稳态时基电路等模块，最终实现车速限制和停车亮灯保持功能。汽车车速限制电路主要由以下 4 个部分组成：

(1) 直流稳压电源电路：输出 12 V 的直流电压，输出电流为 10 mA。

(2) 频率电压转换电路：将输入脉冲频率转换为电压。

(3) 电压比较电路：通过与外设电压进行比较，判断汽车处于行驶还是停车状态。并且在行驶状态下判断车速是否超过允许的最高行车速度对应的电压值，以实现超速报警功能。

(4) 自动亮灯及车灯延时电路：实现汽车停车时自动亮灯以及关闭车灯时车灯延时熄灭的功能。

7.25.2　方案设计

系统以 LM331、LM324 等集成运放为核心，设计了汽车车速限制电路中的各个模块。其组成框图如图 7-25-1 所示。

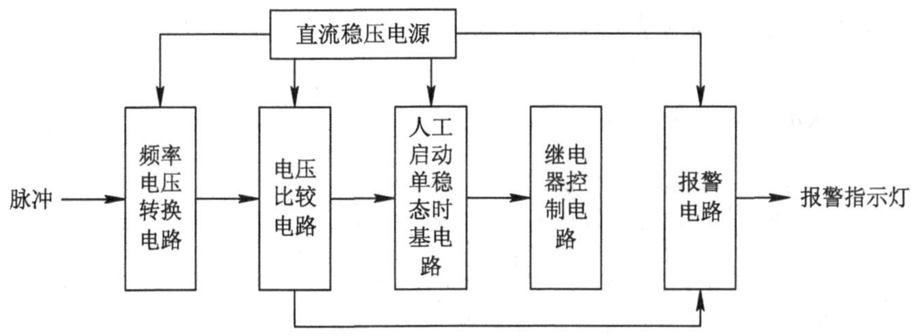

图 7-25-1　汽车车速限制电路组成框图

汽车车速限制电路的工作原理是：通过频率电压转换电路将脉冲频率转换为电压，其输出电压值随频率的升高而增大；然后通过电压比较电路判断汽车的状态，当大于允许最高行车速度对应的电压值时实现报警功能；以 NE555 为核心，构成单稳态时基电路，以实现停车车灯延时功能；车灯与继电器串联，而 NE555 通过控制继电器开合，控制车灯亮灭。

7.25.3　单元电路设计

1. 直流稳压电源电路

本设计要求输出+12 V 直流电压，输出电流为 10 mA，为此，三端稳压器选择 7812。电路在三端稳压器的输入端接入电解电容 C_5(1000 μF)，用于电源滤波，其后并入电解电容 C_6(4.7 μF)，用于进一步滤波。在三端稳压器输出端接入电解电容 C_7(4.7 μF)，用于减小电压纹波，并入瓷片电容 C_8(100 nF)，用于改善负载的瞬态响应并抑制高频干扰(瓷片小电容电感效应很小，可以忽略，而电解电容因为电感效应在高频段比较明显，所以不能抑制高频干扰)。在三端稳压器 7812 两端并联整流二极管 VD_3、VD_4，用于保护稳压器，避免被反向感生电压击穿。同时，并联 LED(VD_5)，用于指示直流稳压电源电路工作。

其电路原理图如图 7-25-2 所示。

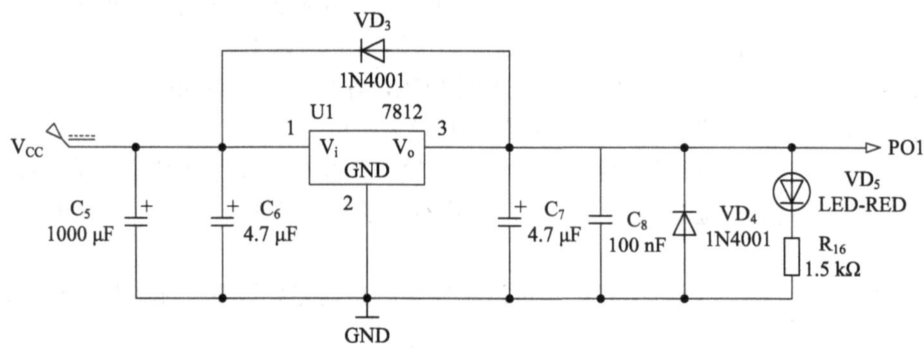

图 7-25-2 直流稳压电源电路原理图

2. 频率电压转换电路

本次设计的频率电压转换电路通过 LM331 实现。其原理图如图 7-25-3 所示。频率电压转换电路的主要作用是把输入脉冲的频率转换为直流电压，以便后续电压比较电路进行电压比较，从而判断汽车是否超速。

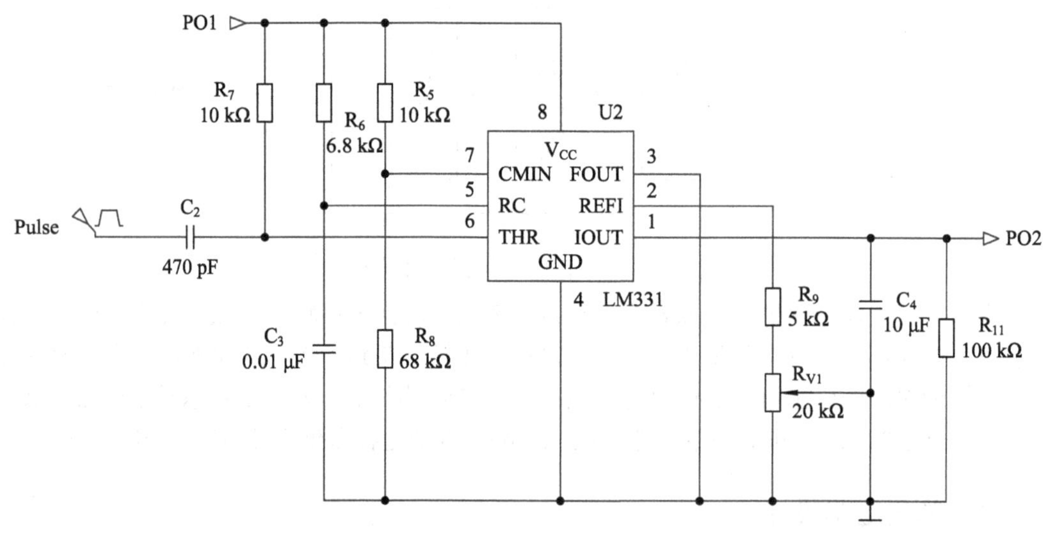

图 7-25-3 频率电压转换电路原理图

LM331 是当前最简单的一种高精度 V/F 转换器。其各引脚功能说明如下：

(1) 引脚 1 为脉冲电流输出端，内部相当于脉冲恒流源，脉冲宽度与内部单稳态电路相同。

(2) 引脚 2 为脉冲电流幅度调节输出端，R_{V1} 越小，输出电流越大。

(3) 引脚 3 为脉冲电压输出端，OC 门结构，输出脉冲宽度及相位同单稳态，不用时可悬空或接地。

(4) 引脚 4 为接地端。

(5) 引脚 5 为单稳态外接定时时间常数 RC 输入端。

(6) 引脚 6 为单稳态触发器脉冲输入端，脉冲电压低于引脚 7 电平则触发有效，要求输入负脉冲宽度小于单稳态输出脉冲宽度 T_w。

(7) 引脚 7 为比较器基准电压输入端，用于设置输入脉冲的有效触发电平。

(8) 引脚 8 为电源 V_{CC} 输入端，正常工作电压范围为 4～40 V。

LM331 线性度好，最大非线性失真小于 0.01%，工作频率低至 0.1 Hz 时仍有较好的线性；变换精度高，数字分辨率可达 12 位；外接电路简单，只需接入几个外部元件就可方便地构成 V/F 或 F/V 转换电路，并且容易保证转换精度。

LM331 构成的频率电压转换电路工作原理如下：

当输入负脉冲到达时，引脚 6 电平低于引脚 7 电平，此时 C_3 由 V_{CC} 经 R_6 充电，使 C_3 两端电压升高。与此同时 C_4 充电，其两端电压按线性增大。经过 $1.1R_6C_3$ 的充电时间，V_{C3} 增大到 $\frac{2}{3}V_{CC}$ 时，C_3、C_4 再次充电，再经过 $1.1R_6C_3$，C_3、C_4 放电。重复上述过程，在 R_{11} 两端得到一个直流电压 V_o，并且这个电压与输入脉冲的重复频率 f_i 成正比。V_o 与 f_i 的关系为

$$V_o = 2.09\frac{R_{11}}{R_{V1}+R_9}R_6C_3f_i \tag{7-25-1}$$

由式(7-25-1)可知，当 R_{11}、R_{V1}、R_6、R_9、C_3 一定时，V_o 与 f_i 成正比。

在本次设计中，选取 $R_{11} = 100\ k\Omega$，$R_9 = 5\ k\Omega$，R_{V1} 调节到 7 kΩ，$R_6 = 6.8\ k\Omega$，$C_3 = 0.01\ \mu F$，根据式(7-25-1)，可知 $V_o \approx 0.001f_i$。

本频率电压转换电路可以将 200 Hz～10 kHz 的脉冲转换为 0.2～10 V 的直流电压。

3. 电压比较电路

本设计的电压比较电路由 LM324 构成，如图 7-25-4 所示。

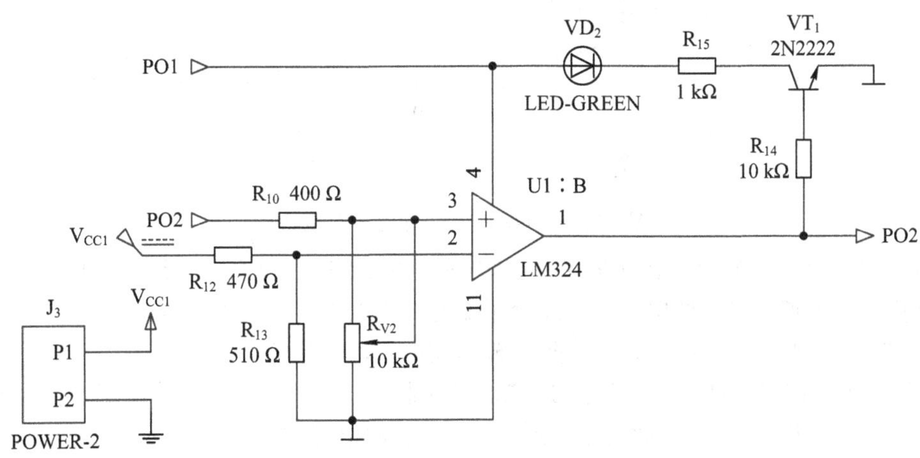

图 7-25-4　电压比较电路

电压比较电路通过 J_3 输入外设电压，外设电压有两种情况。一种情况是此电压是设置的最高速率的对应值。如果频率电压转换电路的输出 V_o 小于此外设电压，则 LM331 的引脚 7 输出低电平，VT_1 截止，LED(VD_2)不亮。若频率电压转换电路的输出 V_o 大于此外设电压，则 LM331 的引脚 7 输出高电平，VT_1 导通，LED(VD_2)被点亮，从而形成报警信号。

另一种情况是 J_3 接入 0.1 V 电压，目的在于当汽车处于停车状态时，其频率接近于 0，经频率电压电路转换的电压也接近于 0，此时电压比较电路的输出为高电平，为下级电路供电。当汽车行驶时，电压比较电路输出为低电平，下级电路不工作。

在 Proteus 中，对电压比较电路进行仿真，仿真分为两部分，一部分为频率电压转换电路有输出时，一部分为频率电压转换电路没有输出时。在仿真时，电压比较器输入的激励信号一个选 6 V 的直流电压信号源，另一个选 0.1 V 的直流电压信号源。在实际使用中，用户可根据自身需求设定此电压值，通过和频率电压转换电路输出的电压进行比较实现报警功能。

4. 自动亮灯及车灯延时电路

NE555 构成的人工启动时基电路是本模块的核心电路，其原理图如图 7-25-5 所示，时基电路接成单稳态工作模式。在白天可以断开开关 S_1，汽车停车时车灯不会亮；在晚上闭合开关 S_1，则汽车停车时车灯自动亮。当车上的人离开时，断开开关 S_1，则车灯自动延时熄灭，给人们带来极大的方便。

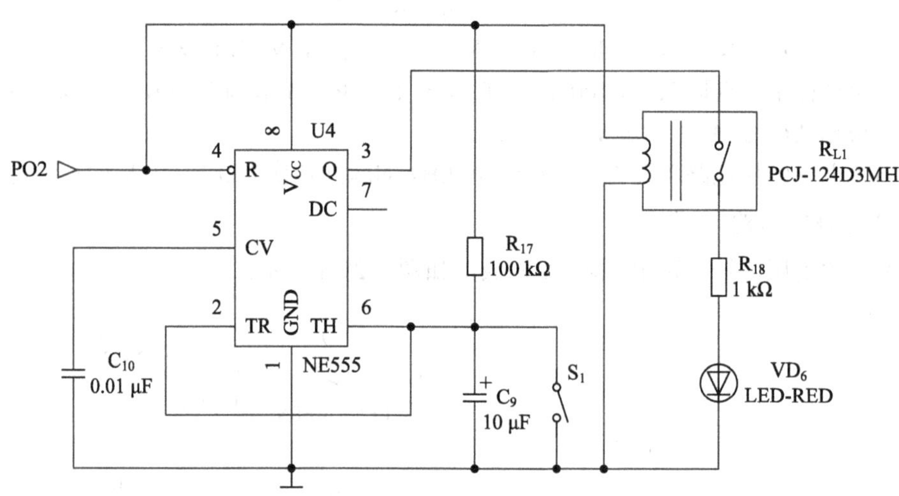

图 7-25-5　自动亮灯及车灯延时电路

图 7-25-5 所示电路平时因电容 C_9 充满电荷，NE555 的引脚 6 处于高电平，NE555 处于复位状态，引脚 3 输出低电平，电路处于稳态。当按下开关 S_1 时，电容 C_9 两端被短接，使 NE555 的引脚 2 处于低电平，引脚 3 输出高电平，时基电路进入暂态。当断开开关 S_1 时，由于电容 C_9 两端电压不能突变，NE555 的引脚 2 仍保持低电平，输出端引脚 3 的状态不变，所以输出仍为高电平。此时电源通过电阻 R_{17} 向电容 C_9 充电，C_9 两端电压不断升高，当 C_9 两端的电压上升到 $\frac{2}{3}V_{CC}$ 时，时基电路恢复到原来的稳态，引脚 3 输出低电平。

由上述分析可知，时基电路的暂态，即电路的延迟时间主要由电阻 R_{17} 和电容 C_9 决定，与电源电压及电路的其他参数无关，从而保证了延迟时间的精度，其延迟时间 T 可表述为

$$T = 1.1R_{17} \times C_9 \tag{7-25-2}$$

在本电路中，选取电阻 R_{17} 为 100 kΩ，电容 C_9 为 10 μF，根据式(7-25-2)，车灯的延迟

时间为 1.1 s。在实际使用过程中，可根据用户需求改变电阻 R_{17} 及电容 C_9 的参数以调节车灯的延迟时间。

本设计选择 2 V 继电器，继电器与车灯串联，从而控制灯的亮灭。当 NE555 的引脚 3 输出低电平时，继电器断开，车灯处于熄灭状态。当 NE555 的引脚 3 输出高电平时，继电器闭合，车灯点亮。换言之，继电器控制电路就是车灯的驱动电路。

7.25.4　电路调试

注意电路与电源正、负极的连接，反接会导致电解电容爆炸。连线不要错接或漏接并保证接触良好，电源和地线不要短接，以免造成人为故障。

单元电路焊接好后，应该先认真进行电路通电前的检查，通电后，检查每片集成电路是否有发烫现象，检查工作电压是否正常，逐一调试每一个单元电路直至正常工作。然后进行整体调试，将调试好的各单元电路连接起来，按照信号传输方向，由输入到输出、由简单到复杂，依次测试，直至整个电路正常工作。

在本电路中，可按以下步骤进行调试：

(1) 通电后检查 12 V 直流电源有无输出。

(2) 调试频率电压转换电路，通过给予不同的脉冲激励源，分析查看其输出电压。随着输入信号频率的增大，频率电压转换电路的输出电压也随之增大。

(3) 调试电压比较电路，以直流电压源激励来代替频率电压转换电路输出的电压信号。从频率电压转换电路输入的电压超过了设定的比较电压，LED 灯点亮；从频率电压转换电路输入的电压小于设定的比较电压时，LED 灯不会点亮。

(4) 自动亮灯及车灯延时电路，在开关 S_1 闭合时，NE555 的输出电压可以达到 3.6 V 左右。在本次设计中所用的继电器开启电压为 2 V，只有继电器接入的电压高于 2 V 时，铁芯才会吸合。

若以上各模块功能均能实现，则整个电路能正常工作。

注意

(1) 不能用大于 0 的脉冲模拟发动机转速以触发 LM331。因为 LM331 频率电压转换电路为负脉冲触发电路，用大于 0 的脉冲模拟发动机转速不能触发 LM331 工作。

(2) LM324 的引脚 3 不能直接经电阻直接接地，因为汽车在趋于停车状态时，其速度为 0，即输入脉冲为 0，经频率电压转换电路转换后的电压为 0。而此时如果 LM324 的引脚 3 接地，虽然理论上引脚 3 的电压为 0，但实际上可能为负，所以 LM324 输出为低电平，后续电路不能工作，即在停车时车灯也不亮。

7.26　智能平衡车电路的设计

智能平衡车具有轻巧、灵活、携带方便等优点，广泛应用于各种生活和工作场景中，具有良好的民用和军用应用前景。智能平衡车集机械、电子、人工智能等技术于一体，具有较强的综合性和趣味性。本节以 Arduino 为开发环境，介绍一款便捷的智能平衡车的电路的设计方法，以便深入理解 PID 工作原理，熟悉一般电子电路设计、安装、调试的方法，提高开发效率。

7.26.1　设计要求

以 Arduino 为开发环境，设计一个智能平衡车，设计前需要自学 Arduino UNO 及 Arduino IDE，了解 PID 控制的原理，具体要求如下：

(1) 装配小车，测试电机引线与转动方向的关系，掌握各器件的基本参数。

(2) 编写小车前进、后退、左/右转弯和调速程序，然后上传至小车控制板，观察小车的运动状态。

(3) 调节平衡参数，观察角度控制的 P(比例参数)、D(微分参数)和速度控制的 P(比例参数)、I(积分参数)对小车直立状态和运动状态的影响。

7.26.2　方案设计

智能平衡车电路，其硬件部分主要由主控芯片、测速码盘、小车陀螺仪、直流电机、电源电路构成，上位机采用 Arduino 编程，框图如图 7-26-1 所示。

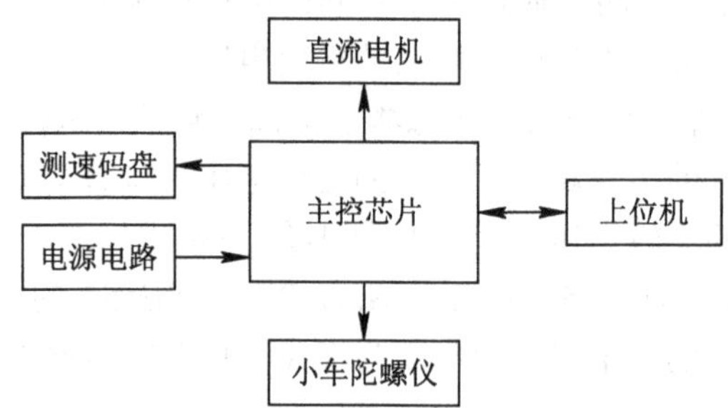

图 7-26-1　智能平衡车电路框图

智能平衡车的工作原理：通过负反馈实现平衡。因为小车有两个轮子着地，车体只会在轮子滚动的方向上发生倾斜。控制轮子转动，抵消在一个维度上倾斜的趋势，便可以保持车体平衡。根据上述原理，通过测量小车的倾角和倾角速度控制小车车轮的加速度，进而消除小车的倾角。因此，小车倾角以及倾角速度的测量成为控制小车直立的关键。

7.26.3　单元电路设计

1. 硬件系统

智能平衡车需要利用多模块协调配合，控制系统主要包括以下 4 个模块：核心控制模块、电源管理模块、电机驱动模块和陀螺转向模块。

1) 核心控制模块

系统采用 Arduino UNO 板作为核心控制模块。Arduino UNO 是一款基于 ATmega328 的微控制器板。它有 14 个数字输入/输出引脚(其中 6 个可用作 PWM 输出)、6 个模拟输入、1 个 16 MHz 陶瓷谐振器、1 个 USB 连接口、1 个电源插座、1 个 CSP 头和 1 个复位按钮，Arduino UNO 板接口结构如图 7-26-2 所示。它包含了支持微控制器所需的一切，只需通过

USB 电缆将其连至计算机或者通过 AC/DC 适配器(或电池)为其供电即可开始工作。由于 Arduino 语言和 C 语言相似度很高，因此 C 语言编程经验可以较好地应用于 Arduino 程序开发。Arduino 不仅仅是全球最流行的开源硬件，同时也是一个优秀的硬件开发平台，也是硬件开发的趋势。

图 7-26-2　Arduino UNO 板接口结构

2) 电源管理模块

电源管理模块为系统正常工作提供可靠的电压和能量。小车外置电源为三节 3.7 V 锂电池，因为与所需电压存在差异，需要用到直流降压模块。采用 LM2596 开关电压调节器，能够输出 3 A 的驱动电流，同时具有很好的线性和负载调节特性。该器件内部集成频率补偿和固定频率发生器，开关频率为 150 kHz，与低频开关调节器相比较，可以使用更小规格的滤波元件。由于该器件只需 4 个外接元件，可以使用通用的标准电感，这更优化了 LM2596 的使用，极大地简化了开关电源电路的设计。

3) 陀螺仪模块

MPU6050 如图 7-26-3 所示，是全球首例整合性六轴运动处理组件，俗称六轴陀螺仪。它是集成了陀螺仪和加速度计于一体的芯片，极大程度上免除了独立使用的陀螺仪和加速度计在时间上的误差，而且减少了占用 PCB 的空间，可以输出当前模块 XYZ 轴的角度、角速度，更集成了温度传感器，能读取温度。

图 7-26-3　小车陀螺仪 MPU6050

当得到六个原始量(ax、ay、az、gx、gy、gz)以后，可以选择不同的方式得到当前角度并通过上位机得到输出波形，比如低阶滤波、高阶滤波，或者由 DMP 直接得到角度。比较滤波图可以看出，使用 MPU6050 得到的原始数据，必须通过数学运算，才能得到稳定的角度输出，去除 MPU6050 陀螺仪本身在抗电磁干扰上的输出误差，达到最好的输出角度，满足实际精度需求。

4) 电机驱动模块

电机驱动模块如图 7-26-4 所示，采用 TB6612FNG 芯片，它具有大电流 MOSFET H 桥结构，双通道电路输出，可同时驱动 2 个电机。最大输入电压为 12 V，电机供电电压 V_{CC} 为 5 V，逻辑供电峰值电流为 3.2 A，最大输出电流为 2 A。图 7-26-5 为电机驱动模块 TB6612FNG 内部逻辑图。从逻辑图可以看到，VM 是直接给电机供电的供电端，而 V_{CC} 为芯片内部逻辑器件供电，TB6612FNG 是一块双供电 H 桥电机驱动芯片。

图 7-26-4　电机驱动模块

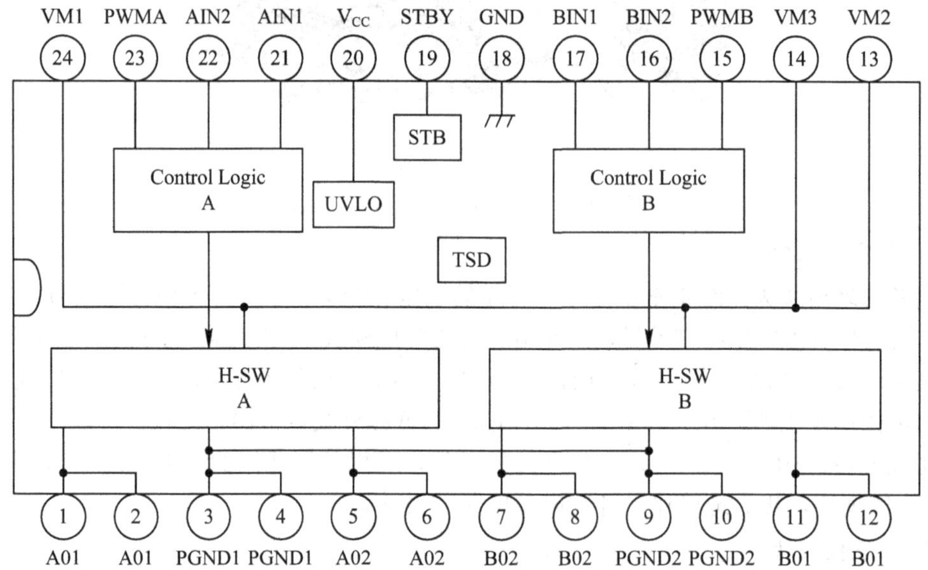

图 7-26-5　TB6612FNG 内部逻辑图

电机采用 GB37 直流减速电机。使用的测速码盘模块是一款使用霍尔传感器编码器的测速模块，配有 13 线强磁码盘，AB 双相输出，通过计算可得出车轮转一圈时的脉冲数量。

2. 软件系统

1) Arduino IDE

Arduino IDE 是一款专业的 Arduino 开发工具，主要用于 Arduino 程序的编写和开发，拥有开放源代码的电路图设计，支持 ISP 在线烧录，同时兼容 Flash、Max/Msp、VVVV、PD、C、Processing 等多种程序。Arduino IDE 基于 Processing IDE 开发，不需要太多的单片机基础及编程基础，简单学习后，可以快速进行开发。其中，Arduino 的硬件原理图、电路图、IDE 软件及核心库文件都是开源的，在开源协议范围内可以任意修改原始设计及相应代码。Arduino 简单的开发方式，使用户能够更快地完成项目开发，大大节约了学习的成本，缩短了开发的周期。

2) 上位机

首先，安装上位机程序和监控波形显示软件 Teechart。在与上位机通信，需要下载程序时，需要关闭上位机连接的串口，否则可能无法下载。关闭成功后，状态栏右下角会显示通信关闭，这时即可重新下载程序，烧录完成后重新连接串口，选择串口和波特率，如图 7-26-6 所示。

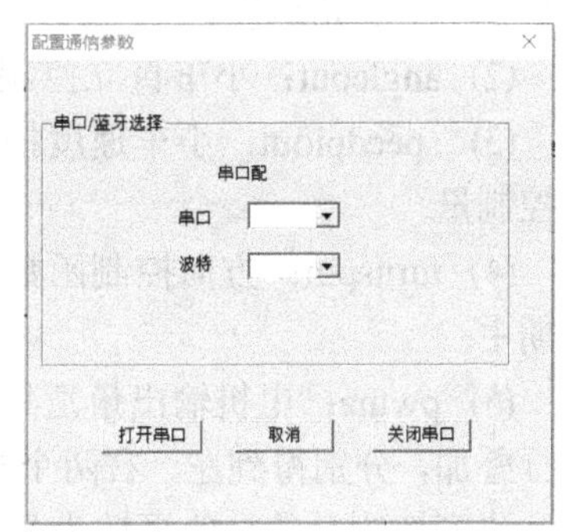

图 7-26-6　配置通信参数

如果打开失败，会提示串口占用或者不存在，这时需要检查是否有其他的软件占用了此串口。成功后此对话框会自动关闭。上位机状态栏右下角会提示“通信成功”。上位机界面如图 7-26-7 所示。

在上述过程中，车模的角度控制和方向控制都是直接将输出电压叠加后控制电机的转速的。而车模的速度控制本质上是通过调节车模的倾角实现的，由于车模是一个非最小相位系统，因此该反馈控制如果比例和速度过大，很容易形成正反馈，使得车模失控，造成系统的不稳定。因此速度的调节过程需要非常缓慢和平稳。

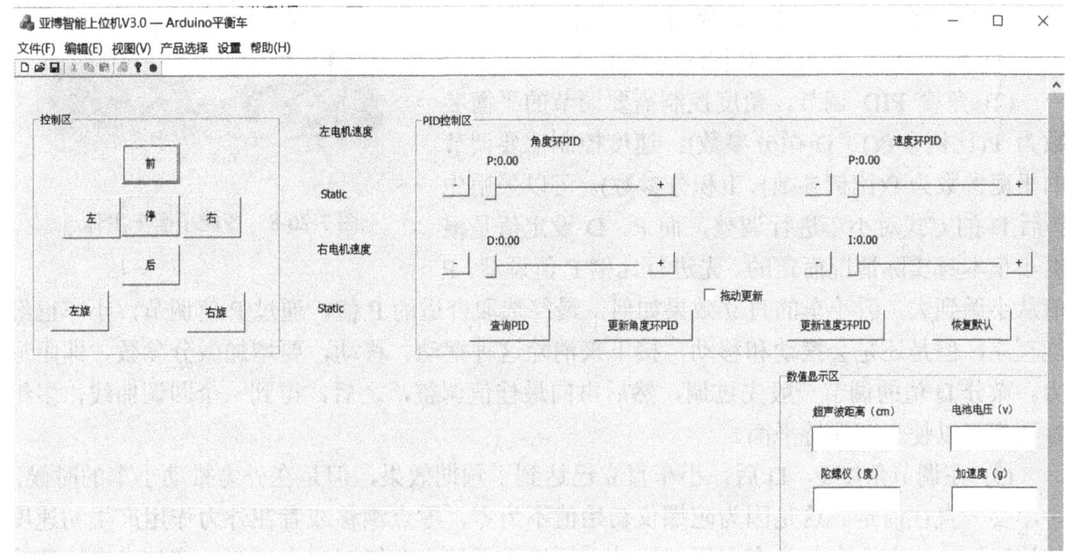

图 7-26-7　上位机界面

3) PID 参数调节

为了实现小车直立行走，需要采集如下信号：

(1) 小车倾角速度陀螺仪信号：获得小车的倾角和角速度。

(2) 小车电机转速脉冲信号：获得小车的运动速度，从而进行速度控制。

(3) 小车转动速度陀螺仪信号：获得小车的转向角速度，从而进行方向控制。

在小车控制中的直立、速度和方向控制三个环节中，都使用了比例微分(PD)控制，这三种控制算法的输出量最终叠加，通过电机运动来实现速度控制。

与控制相关的软件函数包括：

(1) angletest：小车倾角计算函数。根据采集到的陀螺仪和重力加速度传感器的数值计算小车角度和角速度。

(2) angleout：小车直立控制函数。根据小车角度和角速度计算小车电机的控制量。

(3) speedpiout：小车速度控制函数。根据采集到的电机转速和速度设定值，计算电机的控制量。

(4) turnspin：方向控制函数。将方向控制的输出变化量平均分配到 2 步 5 毫秒的控制周期中。

(5) pwma：电机输出量汇集函数。对前面的直立控制、速度控制和方向控制的控制量进行叠加，分别得到左、右两个电极的输出电压控制量。对叠加后的输出量进行饱和处理。注意速度控制量叠加的极性为负。

7.26.4 电路调试

智能平衡车组装好后，应该先认真进行电路通电前的检查，接线时一定要看准电源正负极，接错会烧毁模块。智能平衡车主体如图 7-26-8 所示。

图 7-26-8 智能平衡车主体

在本电路中，可按以下步骤进行调试：

(1) 使用 Arduino IDE 对程序进行编译。

(2) 角度 PID 调节。角度控制需要调节的平衡参数为 P(比例参数)、D(微分参数)；速度控制需要调节的平衡参数为 P(比例参数)、I(积分参数)。可以采用先 P 后 D 的方式对小车进行调整，而 P、D 设定值是根据小车本身实际情况而定的。先进行比例 P 值调节，P 值从小调到大，看小车的直立效果如何，最终选取合适的 P 值。通过 P 值调节，小车已经能直立，但是还是会摆动和移动，接下来消除这种摆动、移动，要增加微分参数，即阻尼力。微分 D 值的调节一般先过调，然后再向最佳值调整，之后，得到一个回调曲线，多组参数都可以使小车保持平衡。

(3) 在调节角度 P、D 后，小车直立已达到了预期效果，但是在外力推动小车的时候，小车会一直往前走。这是因为陀螺仪初始值不为零，零点漂移或者在外力作用产生初速度的情况下，小车会向某个方向倾斜运动，所以为了使小车能够定点平衡，增加光电测速编码器，通过小车速度和位移量的负反馈，让小车实现定点平衡。使用速度 P、I 调节方式；通过对小车速度进行积分，增加 I 积分参数，小车会最终在设定零点上快速静止；当小车静止时，P 比例设置的不合适会导致小车来回摆动，可以通过 P 比例调节消除这种摆动。

当小车能够在一个静态的位置，就完成了对小车静态参数的设定。

7.27 车位计数显示电路的设计

这是一个运用数字和模拟电子技术解决现实生活问题的典型案例，功能是实时显示停车场剩余车位数，这也是现代智能停车场需要具备的一个基本功能。本节需要运用光电传感器、信号处理、计数电路、数据显示、时序控制等相关知识。

7.27.1　设计要求

设计一个车位计数显示电路，能实时显示拥有 99 个停车位的停车场的剩余车位情况。

电路应具有以下基本功能：

(1) 选用合适的传感器，检测车辆进场和离场，将车辆进场、离场信号转换为电脉冲信号。

(2) 实时显示停车场车位剩余情况。

(3) 当停车场车位已满时，用指示灯显示车位已满。

7.27.2　方案设计

车位计数显示电路主要由进出车辆信号采集电路、计数控制电路、译码显示电路构成，框图如图 7-27-1 所示。

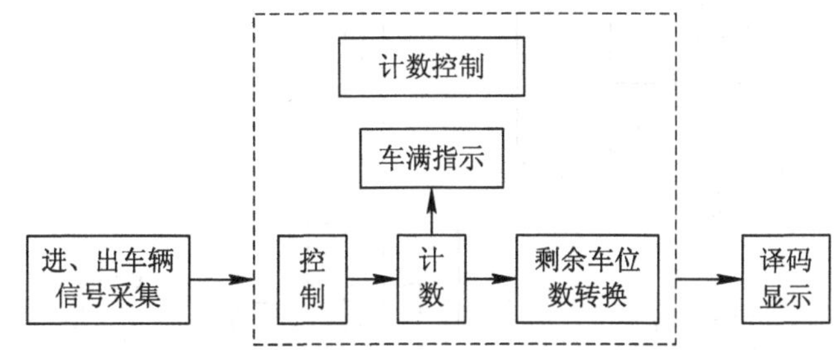

图 7-27-1　车位计数显示电路框图

车位计数显示电路的工作原理是：通过光电传感器对进出车信号进行采集、处理，输出电脉冲信号送入可逆计数器；当有车辆驶入时计数器加 1，当有车辆驶出时计数器减 1；再通过加法器电路，用车位总数减去驶入或加上驶出的车辆数，即为停车场剩余车位数；最后通过译码显示电路显示出剩余车位数。当车位已满时，点亮指示灯，提示车位已满。

7.27.3　单元电路设计

1. 进出车辆信号采集、处理电路

进、出车辆信号采集可选择红外对管实现。红外对管由红外线发射管和光敏接收管构成。发射管发射出一定频率的红外线，当检测到障碍物时(即车辆进入或驶出)，红外线反射回来被接收管接收。经过电压比较器 LM393D 处理之后，在其输出端输出数字脉冲信号。

车辆驶入的信号采集、处理电路与车辆驶出的信号采集、处理电路结构一样。以进车信号采集、处理电路为例，单元电路如图 7-27-2 所示。

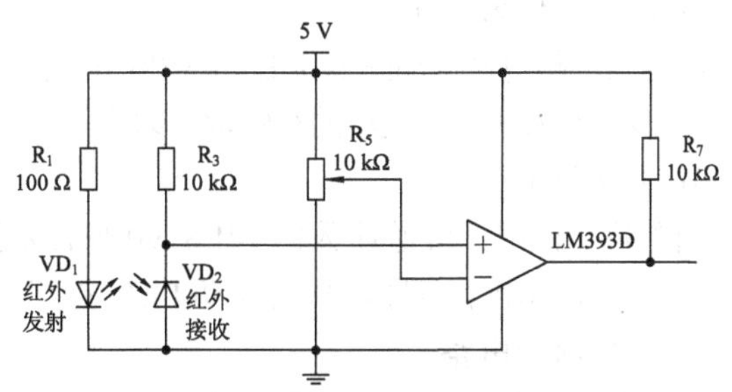

图 7-27-2　进车信号采集、处理电路

2. 计数控制电路

1) 计数控制

将采集到的进、出车脉冲信号送入由或非门构成的基本 RS 触发器，经过基本 RS 触发器的 Q 和 $\overline{Q}$ 端，分别送入可逆计数器 74LS190 的时钟输入端及加/减计数控制端，实现加/减计数；当有车辆进入时，74LS190 进行加计数；当有车辆驶出时，74LS190 进行减计数。计数控制电路如图 7-27-3 所示。

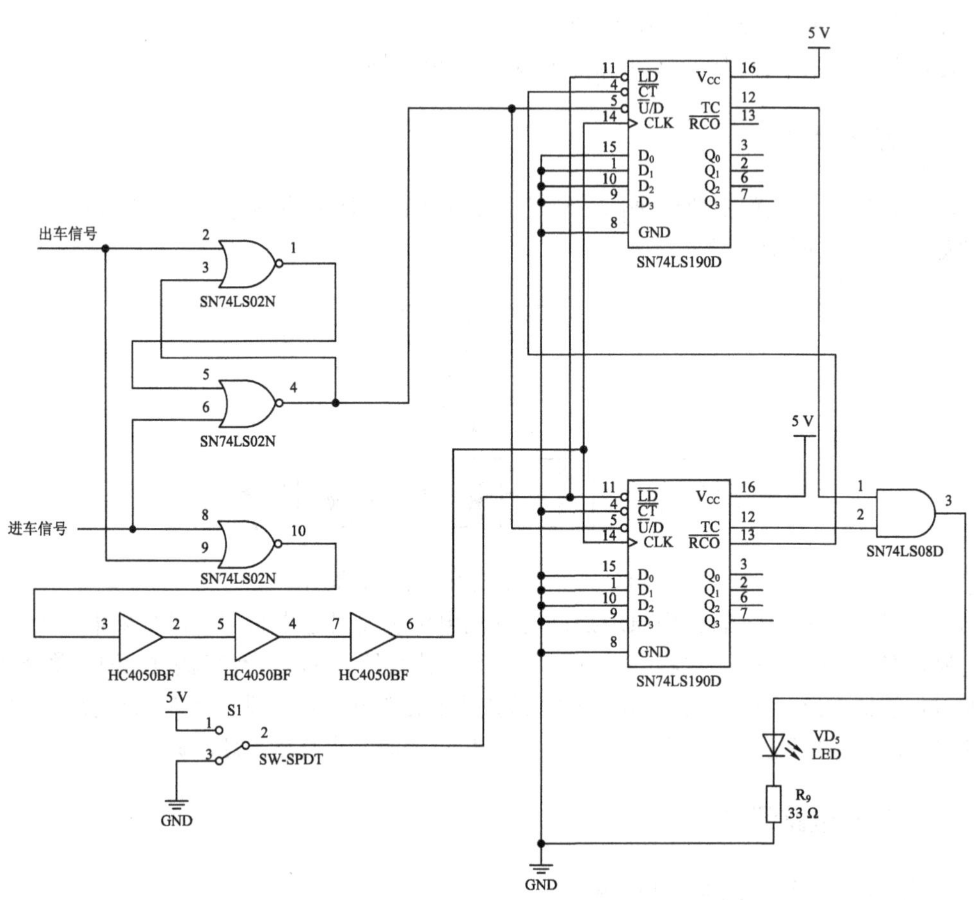

图 7-27-3　计数控制电路

2) 剩余车位数计算

采用四位超前进位加法器 74LS283 和门电路，由进、出车辆数计算出剩余车位数。用车位总数 99 减去驶入或加上驶出的车辆数，即为停车场剩余车位数。其单元电路如图 7-27-4 所示。

3) 车满指示

当车位已满时，可逆计数器 74LS190 加计数到 99，数码管显示 00，74LS190 低位片进位输出端产生高电平信号，从而驱动 LED 点亮，指示车位已满。

3. 译码显示电路

将计数器的输出送入显示译码器 74LS48 和七段数码管构成的译码显示电路，将剩余车位数通过数码管显示出来。个位和十位的译码显示电路结构一样，以十位显示为例，译码显示电路如图 7-27-5 所示。

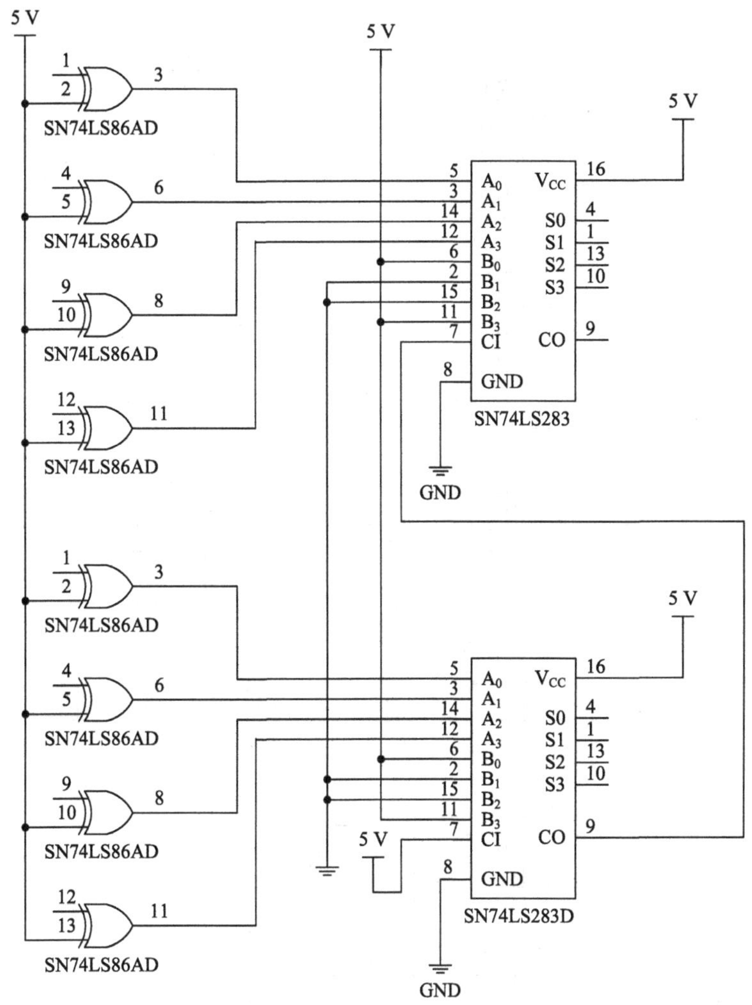

图 7-27-4　剩余车位数计算电路

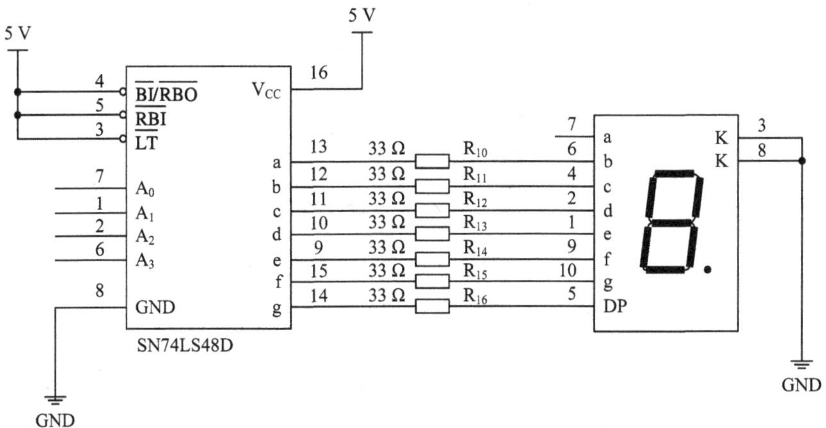

图 7-27-5　译码显示电路

整体电路原理图如图 7-27-6 所示。

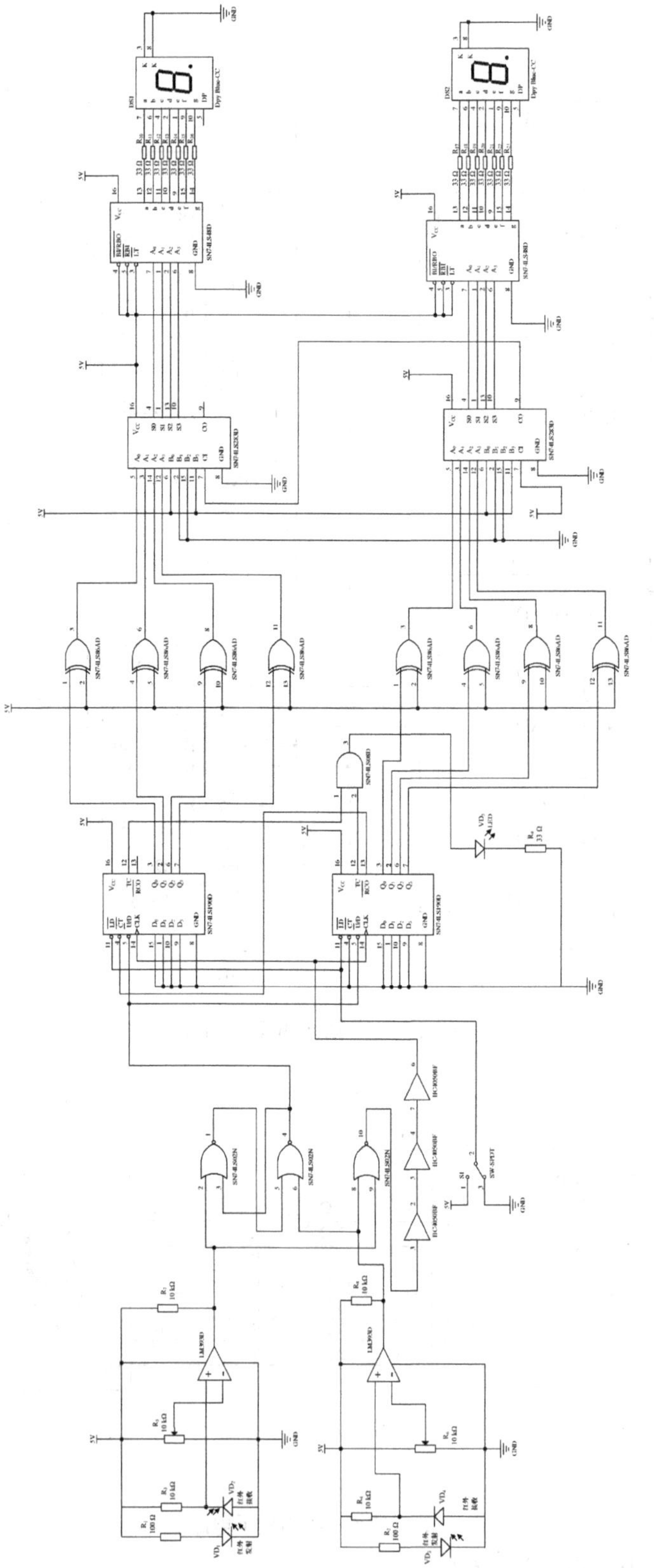

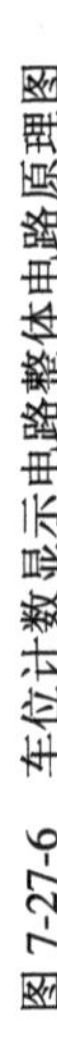

图 7-27-6　车位计数显示电路整体电路原理图

7.27.4　电路调试

车位计数显示电路实物如图 7-27-7 所示。在焊接电路时，一定要注意集成块不要插错或插反，有极性的器件的正负极要分清，连线不要错接或漏接，保证接触良好，电源和地线不要短接，以免人为故障。

图 7-27-7　车位计数显示电路实物

单元电路焊接好后，应该先认真进行电路通电前的检查，通电后，检查每片集成电路是否有发烫现象，检查工作电压是否正常，逐一调试每一个单元电路直至正常工作。然后进行整体调试。将调试好的各单元电路连接起来，按照信号传输方向，由输入到输出，由简单到复杂，依次测试，直至整个电路正常工作。

在本电路中，可按以下步骤进行调试：

(1) 通电后检查电源，观察数码管的显示是否正常，正常显示应为 99。

(2) 在车辆进、出口，用卡片模拟车辆进出过程，观察数码管显示是否正常。若有车辆进入，数码管应显示为存留车位数减 1；当有车辆驶出时，数码管应显示为存留车位数加 1。

(3) 继续模拟进车过程，当数码管显示为 0 时，车满指示黄色 LED 灯点亮。

以上各模块功能均能实现，则整个电路能正常工作。

7.28　红外心率计的设计

心率是人体的一项重要生理指标，它对于血液循环和心脏功能领域的研究具有重要意义。红外心率计是通过红外线传感器检测出手指中毛细血管的微弱波动，由计数器计算出每分钟波动的次数。但手指中毛细血管的波动很微弱，因此需要一个高放大倍数且低噪声的放大器，这是红外心率计设计的关键。

7.28.1　设计要求

设计要求用红外线传感器检测出手指中动脉血管的微弱波动，由计数器计算出每分钟波动的次数。其具体要求如下：

(1) 设计一个脉搏测试仪，要求能够测量 1 分钟的脉搏数，并显示其数字(正常人脉搏数为 60～80 次/min，婴儿脉搏数为 90～100 次/min，老人脉搏数为 100～150 次/min)，可自行设计所需的电源。

(2) 设计指示电路，用于指示直流电源工作是否正常。

(3) 设计指示电路，用于指示放大电路工作是否正常。

(4) 放大电路放大倍数可调。

(5) 整形电路输出的方波占空比可调。

7.28.2　方案设计

心率计电路主要由负电源变换电路，血液波动检测电路，放大、整形、滤波电路，三位计数器电路，门控电路，译码、驱动、显示电路组成，如图 7-28-1 所示。

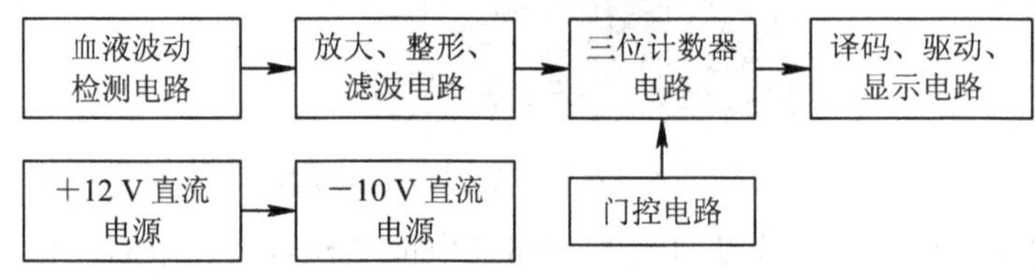

图 7-28-1　心率计组成框图

7.28.3　单元电路设计

1. 负电源变换电路

负电源变换电路的作用是把 +12 V 直流电变成 −10 V 左右的直流电压。−10 V 电压与 +12 V 电压作为运算放大器的电源。负电源变换电路如图 7-28-2 所示，其中 ICI(CD4049)为六非门集成电路，引脚图如图 7-28-3 所示。

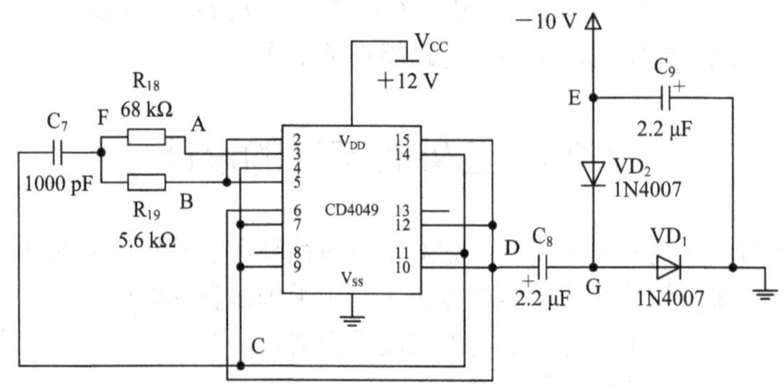

图 7-28-2　−10 V 直流电源电路

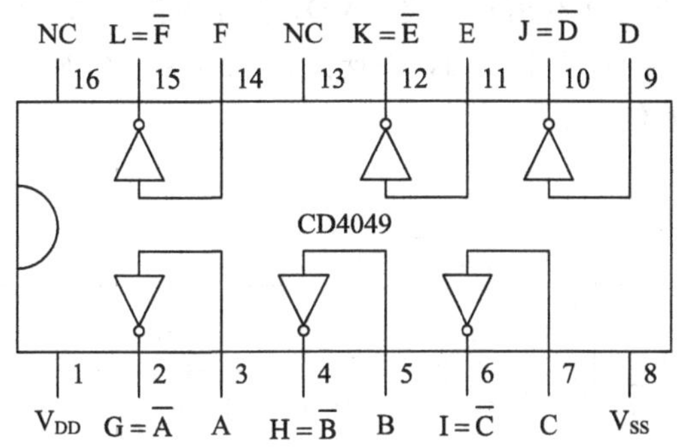

图 7-28-3　CD4049 引脚图

当 A 点是低电位时，通过 R_{19} 给 C_7 充电，当 F 点电压高于 CD4049 的电平转换电压时，B 点输出低电位，C 点输出高电位，由于电容两端电压不能突变，所以 C_7 两端的电压通过 R_{19} 放电。当 F 点电压低于 CD4049 的转换电压时，B 点输出高电位通过 R_{19} 给 C_7 充电，如此循环，在 D 点得到方波。当 D 点电位处于高电平时，VD_1 导通，对 C_8 充电；当 D 点电位处于低电平时，VD_2 导通，对 C_9 反方向充电，使 E 点电压达到−10 V 左右。

2. 血液波动检测电路

血液波动检测电路首先通过红外光电传感器将血液中的波动检测出来，然后通过电容器耦合到放大器的输入端，如图 7-28-4 所示。

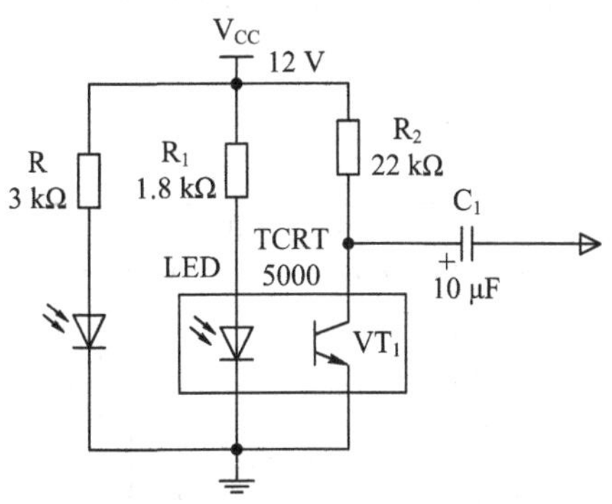

图 7-28-4　血液波动检测电路

TCRT5000 是集红外发射管、接收管为一体的器件，工作时把探头贴在手指上，力度要适中。红外发射管发出的红外线穿过动脉血管经手指指骨反射回来，反射回来的信号强度随着血液流动的变化而变化，接收管把反射回来的光信号变成微弱的电信号，并通过 C_1 耦合到放大器。

3. 放大、整形、滤波电路

放大、整形、滤波电路是传感器检测到的微弱电信号进行放大、整形、滤波，最后输出反映心跳频率的方波，电路如图 7-28-5 所示。A1、A2 的供电方式为正负电源供电，正电源为+12 V，负电源为−10 V。A1、A2 放大后的信号经过 VD_3 检波，变成单方向的直流脉冲信号。R_9、VD_4 组成传感器指示电路，VD_4 的强弱指示心跳的强度。检波后的脉冲信号再经过 RC 两阶滤波电路滤除干扰后，被送到由 A3、R_{10} 和 R_{11} 组成的电压比较器，最后输出一个反映心跳频率的信号。

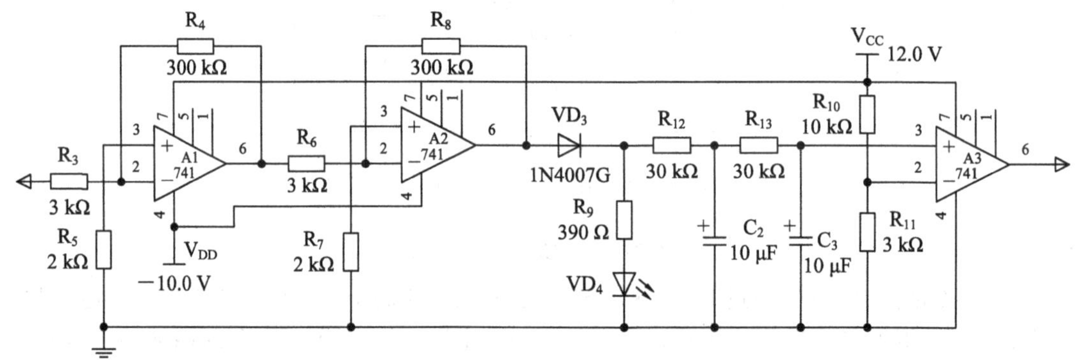

图 7-28-5　放大、整形、滤波电路

4. 三位计数器电路

三位计数器电路由 MC14553 构成，对输入的方波进行计数，并把计数结果以 BCD 码的形式输出。MC14553 为十六引脚扁平封装集成电路，其引脚功能如图 7-28-6 所示。MC14553 有四个 BCD 码输出端 Q_0～Q_3，可分时输出 3 个 BCD 码；有三个分时同步控制信号 DS_1～DS_3，为计数器的输出提供分时输出控制信号，形成动态扫描工作方式，该控制端低电平时有效。

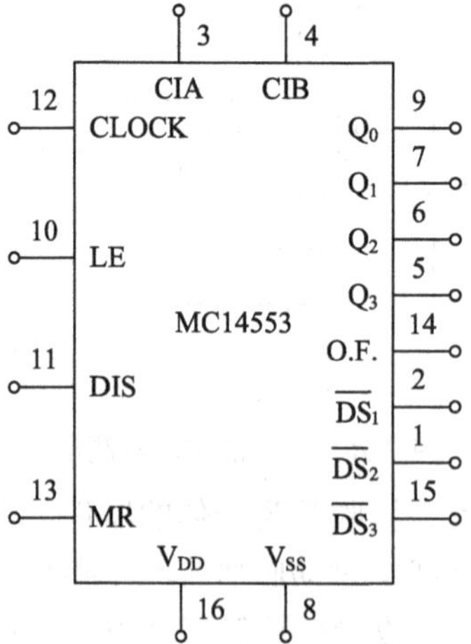

图 7-28-6　MC14553 引脚图

5. 门控电路

NE555 定时器是一种将模拟电路和数字电路集成于一体的电子器件，用它可以组成单稳态触发器、多谐振荡器和施密特触发器等多种电路。本设计中，由 NE555 构成单稳态触发器来控制计数器的启/停，并控制每次测量的时间。门控电路如图 7-28-7 所示。

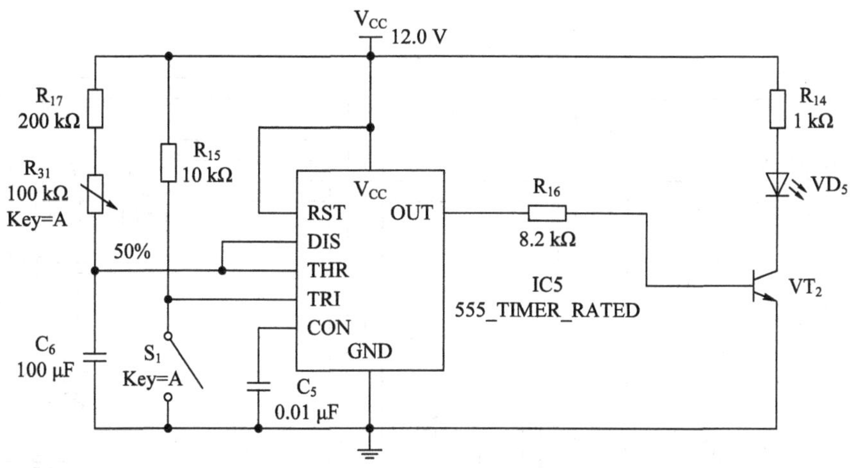

图 7-28-7　门控电路

6. 译码、驱动、显示电路

三位计数电路及译码、驱动、显示电路如图 7-28-8 所示，可将计数器输出结果显示在三位数码管上。计数器送来的数据经过译码器 CD4543 翻译成 7 段字码后接到数码管的 7 个笔画端。显示采用动态扫描的方式，即每一刻只有一个数码管被点亮。

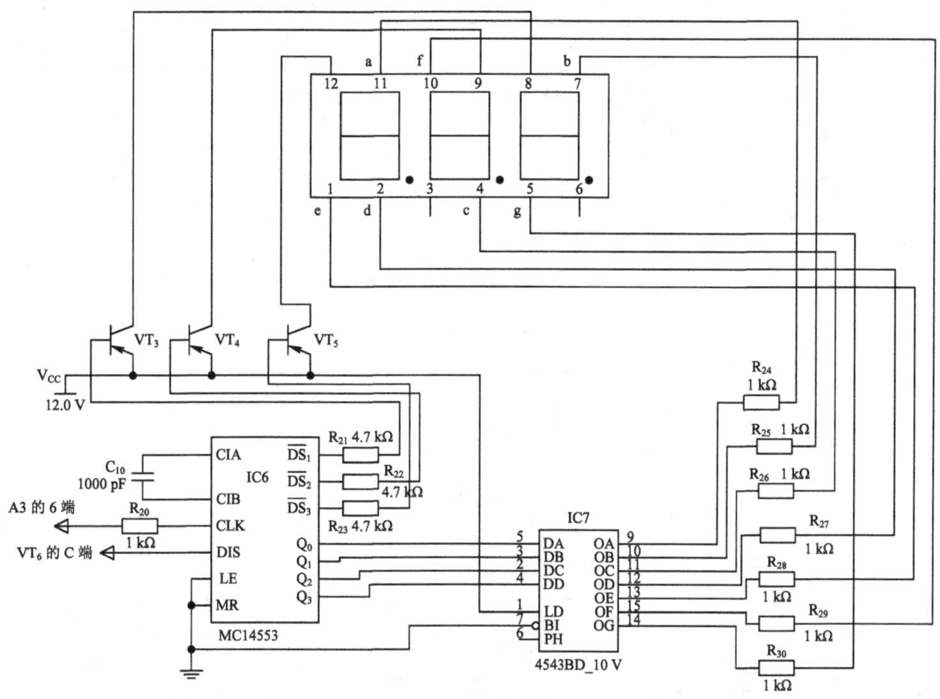

图 7-28-8　三位计数电路及译码、驱动、显示电路

7.28.4　电路调试

心率计电路整体电路如图 7-28-9 所示。通电前应认真对照原理图、线路板，检查有无

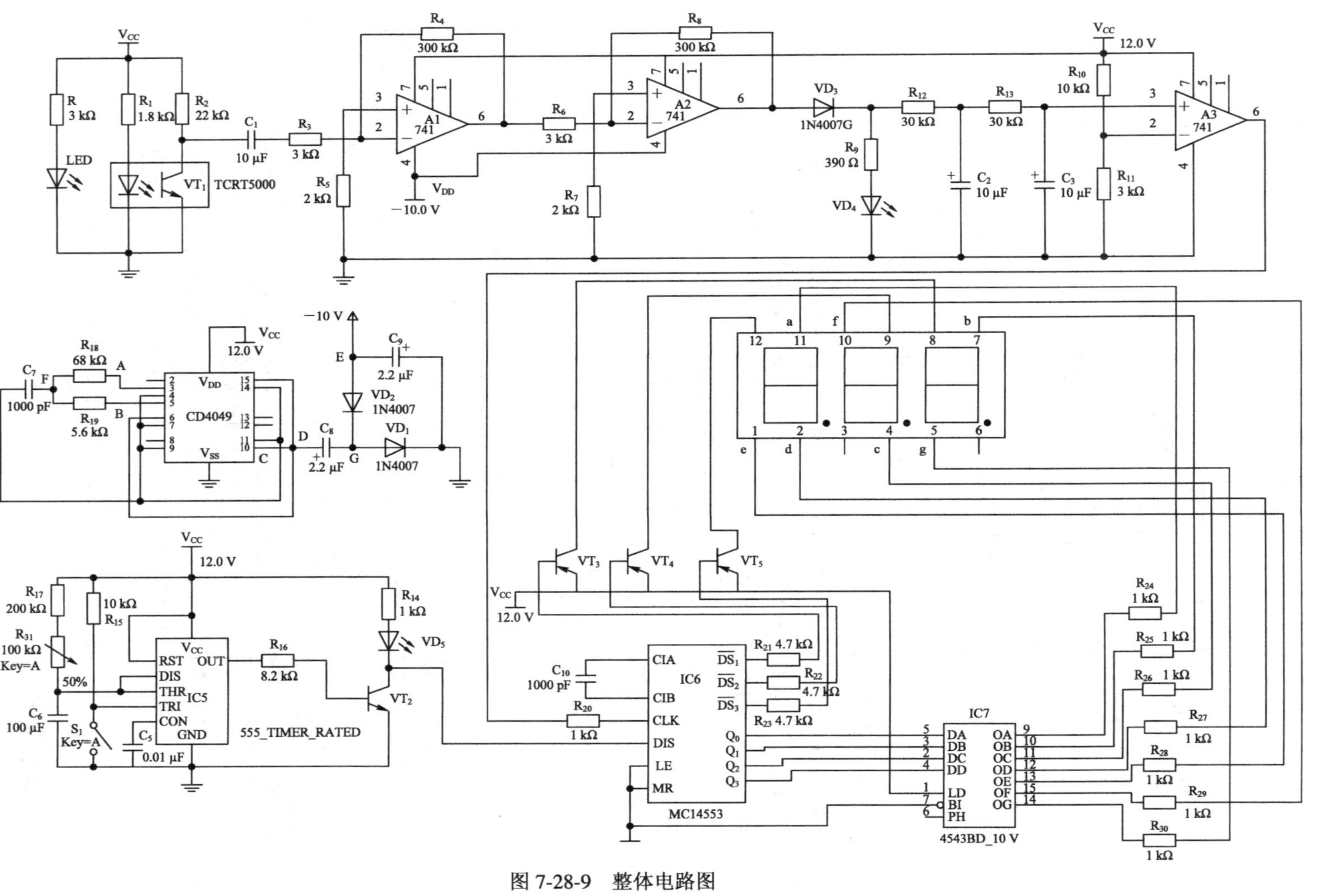
TCRT5000
555_TIMER_RATED
CD4049
MC14553
4543BD_10 V
IC5
IC6
IC7

图 7-28-9　整体电路图

错焊、漏焊。特别注意电源正负极、二极管正负极以及传感器有无焊反。通电时要能正常工作，传感器有遮挡时，对应发光二极管应能够点亮。其具体调试过程如下：

(1) 血液波动检测电路的调试。

电路连接完毕后通电。把食指放在传感器的探头处，用示波器的 AC 挡(5 mV/DIV、500 ms/DIV)测量电容 C_1 正极对地的波形，应该能在示波器上看到心跳微弱的波动，波动幅度约几毫伏。若有此波动，说明传感器工作正常；若没有，检查传感器的引脚是否接错。

(2) 放大、整形、滤波电路的调试。

电路连接完毕后通电。测量 A1、A2 的 7 脚和 4 脚，电压分别约是+12 V 和−10 V。再分别测量 A1、A2 的 6 脚，应为放大了的波动信号。A1、A2 的放大倍数可根据实际情况进行调整。最后测量 A3 的 6 脚，应是一个规则的方波，若没有方波或方波占空比太小，可适当调整 R_{10} 和 R_{11} 的阻值。

(3) 三位计数器电路及译码、驱动、显示电路的调试。

电路连接完毕后通电。把食指放在探头处，适当调节压力。当观察到 VD_5 出现有规律的亮、灭时，可进行测量。按下门控电路的 S_1，此时 VD_5 发光，计数器的使能端被置 0，计数器开始计数。30 s 后，门控电路输出高电平，计数器的使能端置 1，计数器停止计数。此时数码管显示的计数结果乘 2 即是被测心率。

附　　录

附录 A　常用晶体管主要参数

1. 常用整流二极管的主要参数

型号	最高反向工作电压/V	额定正向工作电流/A	最大浪涌电流/A	型号	最高反向工作电压/V	额定正向工作电流/A	最大浪涌电流/A
1N4001	50	1	30	1N4005	500	1	30
1N4002	100	1	30	1N4006	600	1	30
1N4003	200	1	30	1N4007	700	1	30
1N4004	400	1	30				

2. 常用稳压二极管的主要参数(一)

型号	稳压值/V	动态电阻/Ω	稳定电流/mA	反向电流/mA	型号	稳压值/V	动态电阻/Ω	稳定电流/mA	反向电流/mA
1N4728	3.3	10	76	100	1N4741	11	8.0	23	5
1N4729	3.6	10	69	100	1N4742	12	9.0	21	5
1N4730	3.9	9.0	64	50	1N4743	13	10	19	5
1N4731	4.3	9.0	58	10	1N4744	15	14	17	5
1N4732	4.7	8.0	53	10	1N4745	16	16	15.5	5
1N4733	5.1	7.0	49	10	1N4746	18	20	14	5
1N4734	5.6	5.0	45	10	1N4747	20	22	12.5	5
1N4735	6.2	2.0	41	10	1N4748	22	23	11.5	5
1N4736	6.8	3.5	37	10	1N4749	24	25	10.5	5
1N4737	7.5	4.0	34	10	1N4750	27	35	9.5	5
1N4738	8.2	4.5	31	10	1N4751	30	40	8.5	5
1N4739	9.1	5.0	28	10	1N4752	33	45	7.5	5
1N4740	10	7.0	25	10					

3. 常用稳压二极管的主要参数(二)

新型号	旧型号	稳定电压/V	最大工作电流/mA	新型号	旧型号	稳定电压/V	最大工作电流/mA
2CW50	2CW9	1～2.8	33	2CW60	2CW19	11.5～12.5	19
2CW51	2CW10	2.5～3.5	71	2CW61	2CW19	12.5～14	16
2CW52	2CW11	3.2～4.5	55	2CW62	2CW20	13.5～17	14
2CW53	2CW12	4～5.8	41	2CW72	2CW1	7～8.8	29
2CW54	2CW13	5.5～6.5	38	2CW73	2CW2	8.5～9.5	25
2CW55	2CW14	6.2～7.5	33	2CW74	2CW3	9.2～10.5	23
2CW56	2CW15	7～8.8	27	2CW75	2CW4	10～12	21
2CW57	2CW16	8.5～9.5	26	2CW76	2CW5	11.5～12.5	20
2CW58	2CW17	9.2～10.5	23	2CW77	2CW5	12～14	18
2CW59	2CW18	10～11.8	20				

4. 两种常用玻璃封装高速开关二极管的参数

参数 型号	最高反向工作电压 U_{RM}/V	反向击穿电压 U_{BR}/V	最大正向压降 U_{FM}/V	最大正向电流 I_{FM}/mA	平均整流电流 I_d/mA	反向恢复时间 t_{rr}/ns	最高结温 T_{iM}/℃	零偏压结电容 C_0/pF	最大功耗 P_M/mW
1N4148	75	100	≤1	450	150	4	150	4	500
1N4448	75	100	≤1	450	150	4	150	5	500

5. 常用整流桥的参数

型号	最高反向工作电压/V	额定正向工作电流/A	最大浪涌电流/A
GBU4A	50	4	150
GBU4B	100	4	150
GBU4C	200	4	150
GBU4G	400	4	150
GBU4J	600	4	150
GBU4K	800	4	150

6. 9011—9018 三极管的主要参数

型号	极性	P_{CM}/mW	I_C/mA	h_{FE}	f_T/MHz	封装形式	用途
S9011	NPN	400	30	30～200	150	TO-92	高放
S9012	PNP	625	500	60～300	80	TO-92	功放
S9013	NPN	625	500	60～300	80	TO-92	功放
S9014	NPN	450	100	60～1000	150	TO-92	低放
S9015	PNP	450	100	60～600	100	TO-92	低放
S9016	NPN	400	25	30～200	400	TO-92	超高频
S9018	NPN	400	50	30～200	700	TO-92	超高频
E8050	NPN	625	700	60～300	150	TO-92	功放
E8550	PNP	625	700	60～300	150	TO-92	功放

7. 常用场效应管的主要参数

型号	极限参数(T_a=25℃)				电气参数(T_a=25℃)				
	U_{DSS} /V	U_{GSS} /V	I_D /A	P_D /W	饱和漏极电流 I_{DSS}			低频跨导 g_m	
					最小值 /A	最大值 /A	U_{DS} /V	最小值 /S	有效值 /S
2SK1056	120	±15	7	200				0.7	1.0
2SK1057	140	±15	7	100				0.7	1.0
2SK1058	160	±15	7	100				0.7	1.0
2SK1069	−40		10m	150m	1.2m	12m	10	4.5m	9
2SK1070	−22	−32	10m	150m	6m	40m	5	20m	30m
2SK1512	850		10	150					
2SK1529	180	±20	10	120					4
2SK1530	200	±20	±10	150					5
IRF530	100		14	79					
IRF540	100		28	150					
IRF630	200		9	75					
IRF740	400		10	125					
IRF820	500		2.5	50					

8. 常用单向可控硅的主要参数

型　号	反向击穿电压/V	通态平均电流/A	门极触发电流/mA
MCR100-6	400	1	0.2
PO102DB	400	1	0.2
TCR107-8	400	1	10
TL4006	400	3	15
TL6006	400	3	15
TLS106-4	400	4	0.2
TLS107-4	600	4	0.5
TYN604	600	4	15
TYN606	600	6	15
TYN408	600	8	15
TYN608	600	8	15

9. 常用双向可控硅的主要参数

型号	反向击穿电压/V	通态平均电流/A	门极触发电流/mA
TLC336A	600	3	0.2
TLC386A	700	3	10
BTA06-600B	600	6	15
BTA06-600C	600	6	15
BTA06-600B	600	8	0.2
BTA08-600C	600	8	0.5
BTA12-6008	600	12	15
BTA16-600B	600	16	15
BTA26-600B	600	26	15

附录B 常用集成电路引脚图

1. 集成运算放大器

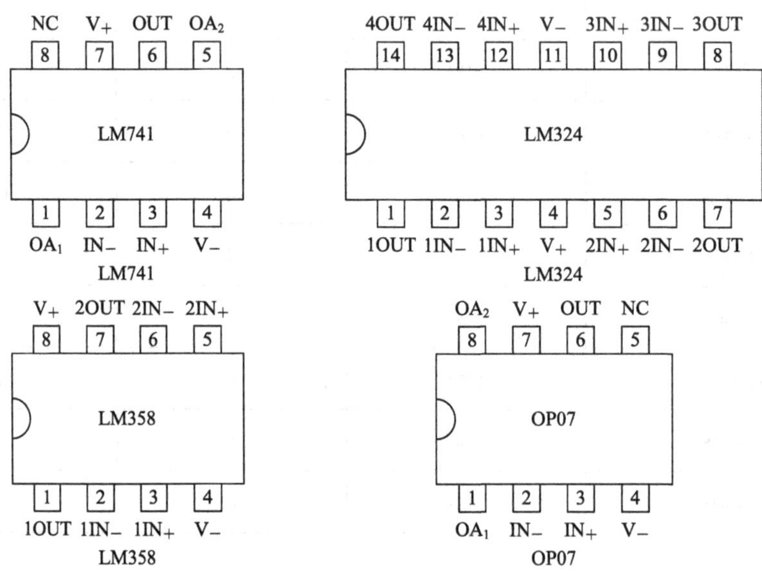

2. 集成比较器

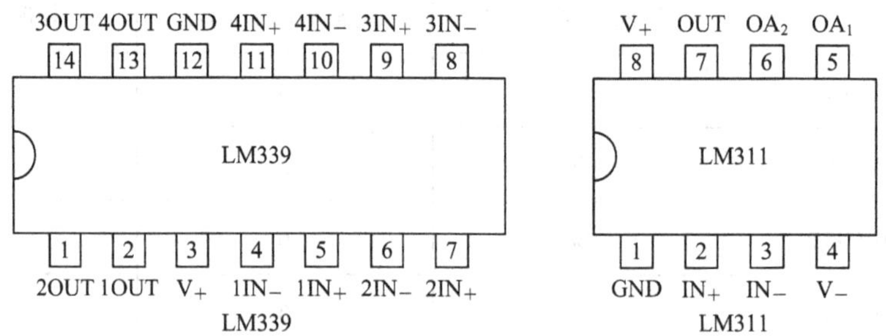

3. 集成功率放大器

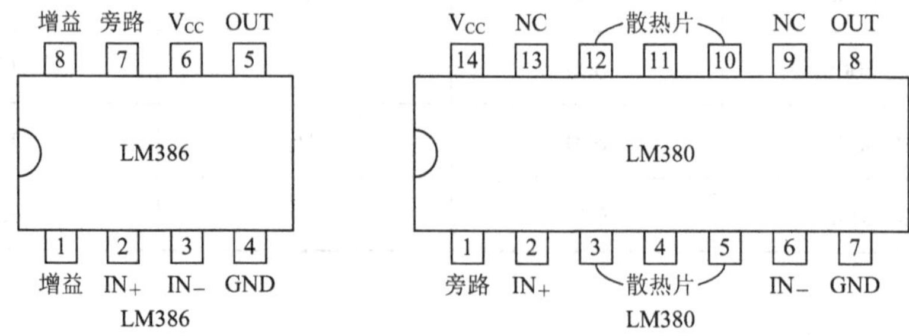

4. 555 时基电路

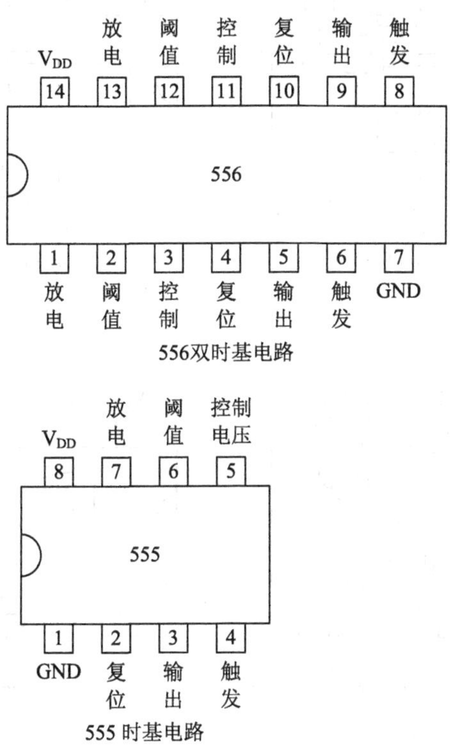

556双时基电路

555 时基电路

5. 74 系列 TTL 集成电路

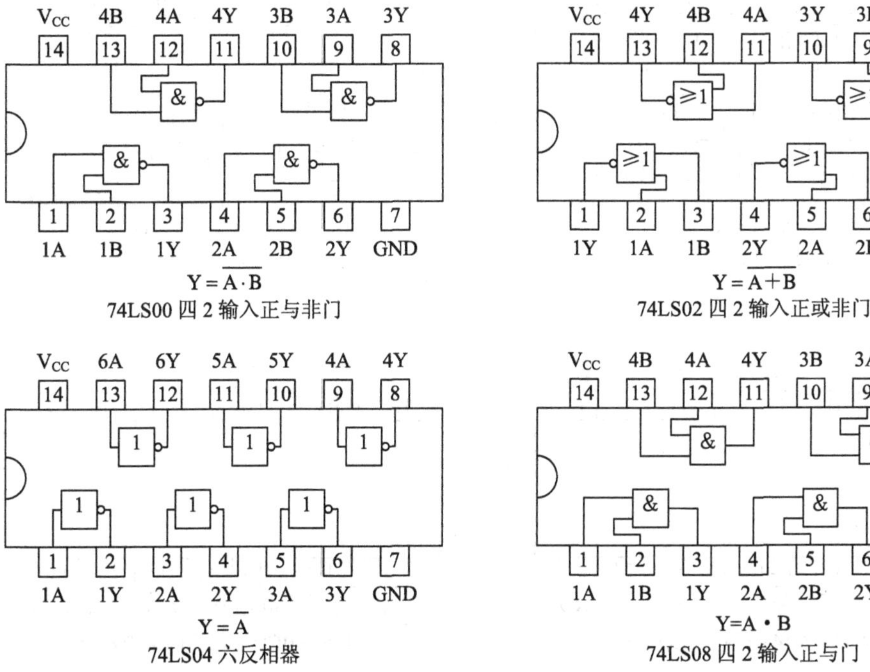

$Y=\overline{A\cdot B}$

74LS00 四 2 输入正与非门

$Y=\overline{A+B}$

74LS02 四 2 输入正或非门

$Y=\overline{A}$

74LS04 六反相器

$Y=A\cdot B$

74LS08 四 2 输入正与门

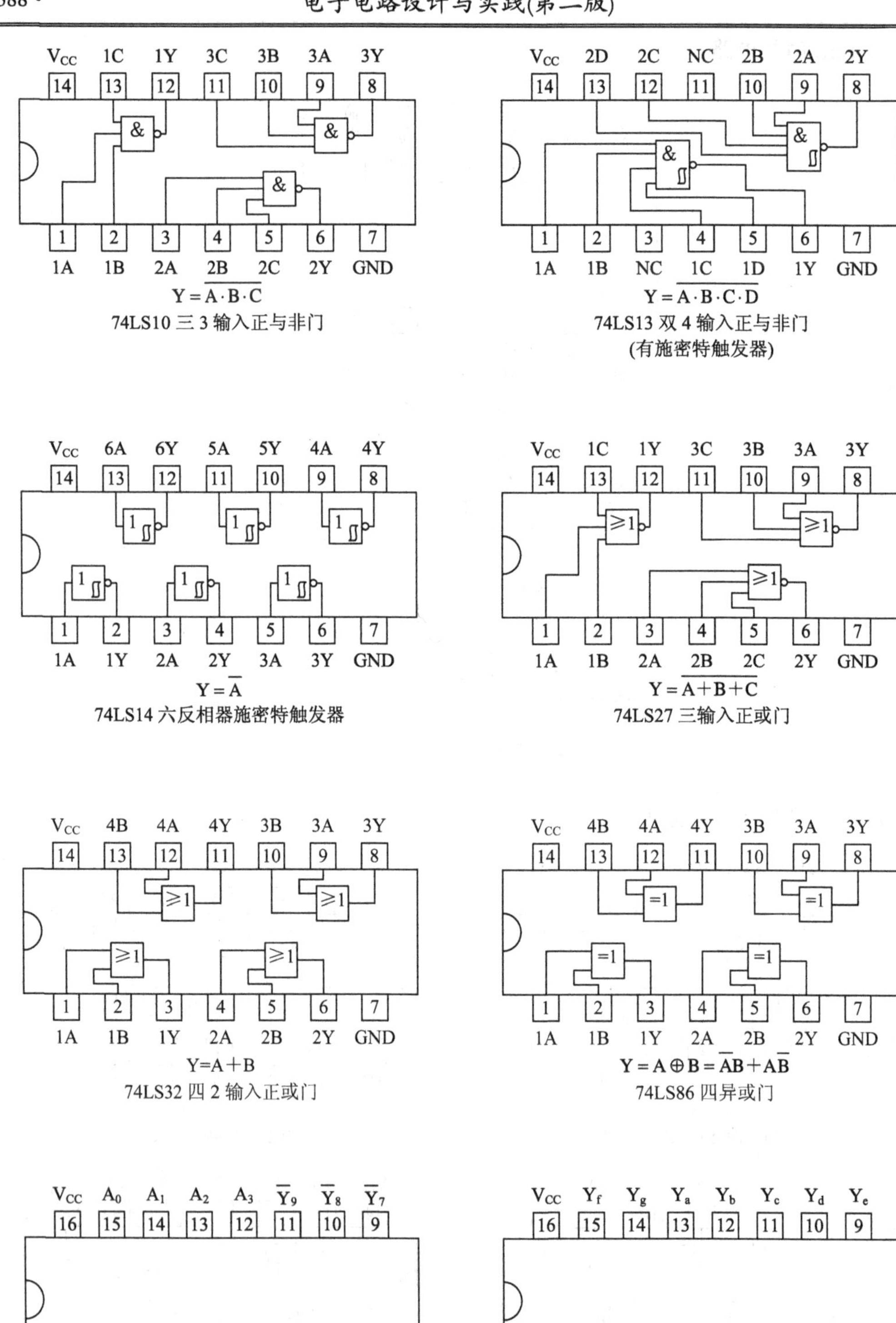
Vcc 1C 1Y 3C 3B 3A 3Y
14 13 12 11 10 9 8
&
1 2 3 4 5 6 7
1A 1B 2A 2B 2C 2Y GND
Y = A·B·C (overlined)
74LS10 三 3 输入正与非门
Vcc 2D 2C NC 2B 2A 2Y
1A 1B NC 1C 1D 1Y GND
Y = A·B·C·D (overlined)
74LS13 双 4 输入正与非门
(有施密特触发器)
Vcc 6A 6Y 5A 5Y 4A 4Y
1A 1Y 2A 2Y 3A 3Y GND
Y = A (overlined)
74LS14 六反相器施密特触发器
Vcc 1C 1Y 3C 3B 3A 3Y
≥1
1A 1B 2A 2B 2C 2Y GND
Y = A+B+C (overlined)
74LS27 三输入正或门
Vcc 4B 4A 4Y 3B 3A 3Y
1A 1B 1Y 2A 2B 2Y GND
Y=A+B
74LS32 四 2 输入正或门
Vcc 4B 4A 4Y 3B 3A 3Y
=1
1A 1B 1Y 2A 2B 2Y GND
Y = A⊕B = ĀB+AB̄
74LS86 四异或门
Vcc A0 A1 A2 A3 Y9 Y8 Y7
16 15 14 13 12 11 10 9
1 2 3 4 5 6 7 8
Y0 Y1 Y2 Y3 Y4 Y5 Y6 GND
74LS42、74145 4 线-10 线译码器
Vcc Yf Yg Ya Yb Yc Yd Ye
A1 A2 LT BI/RBO RBI A3 A0 GND
74LS48 BCD 七段译码器/驱动器

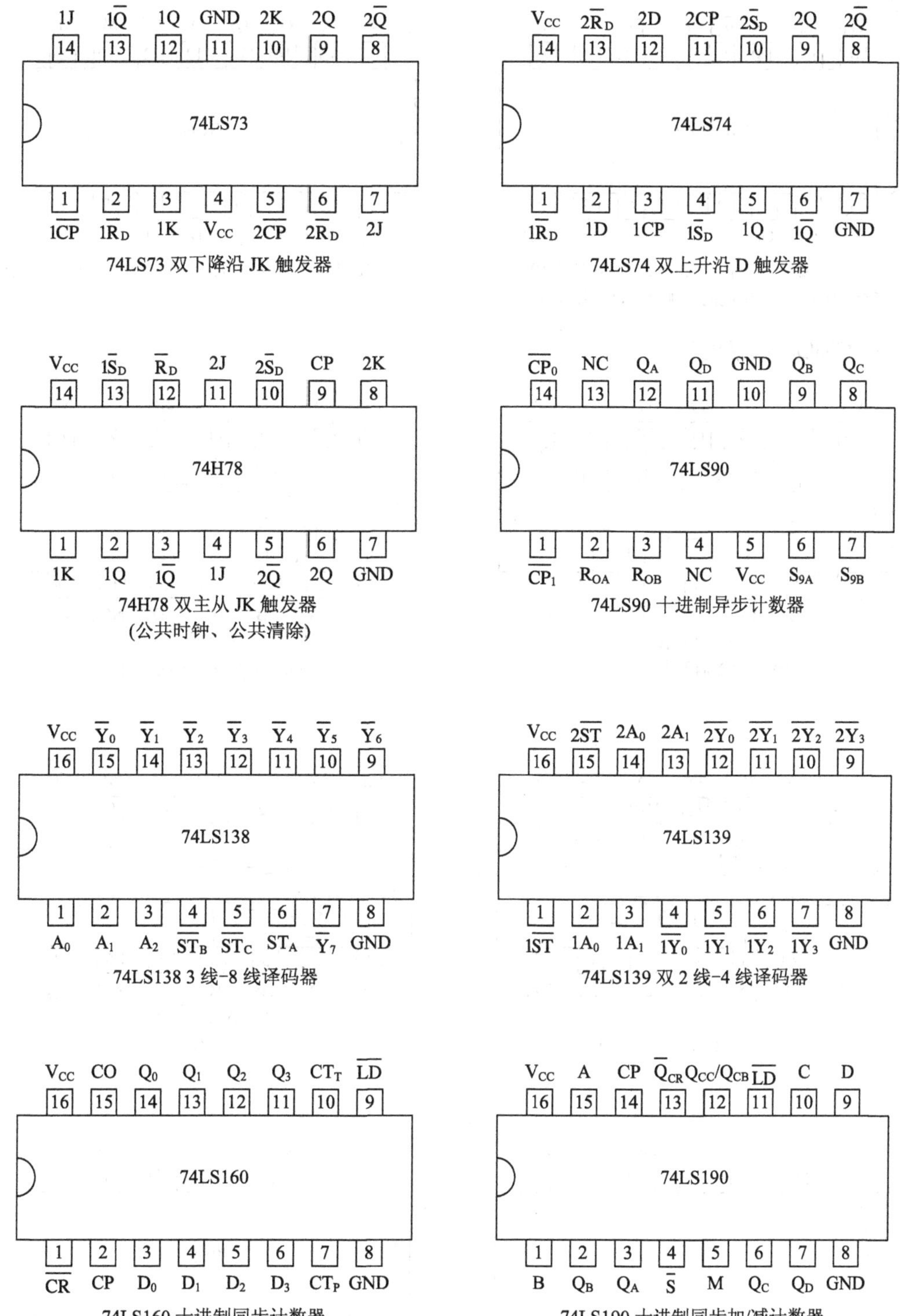

74LS73 双下降沿 JK 触发器

74LS74 双上升沿 D 触发器

74H78 双主从 JK 触发器
(公共时钟、公共清除)

74LS90 十进制异步计数器

74LS138 3 线-8 线译码器

74LS139 双 2 线-4 线译码器

74LS160 十进制同步计数器

74LS190 十进制同步加/减计数器

74LS192 十进制同步加/减计数器(双时钟)
74LS193 4 位二进制同步加/减计数器(双时钟)

V_{CC} Q_0 Q_1 Q_2 Q_3 CP M_1 M_0
16 15 14 13 12 11 10 9
74LS194
1 2 3 4 5 6 7 8
$\overline{CR}$ D_{SR} D_0 D_1 D_2 D_3 D_{SL} GND

4LS194 4 位双向移位寄存器(并行存取)

6. CMOS 集成电路

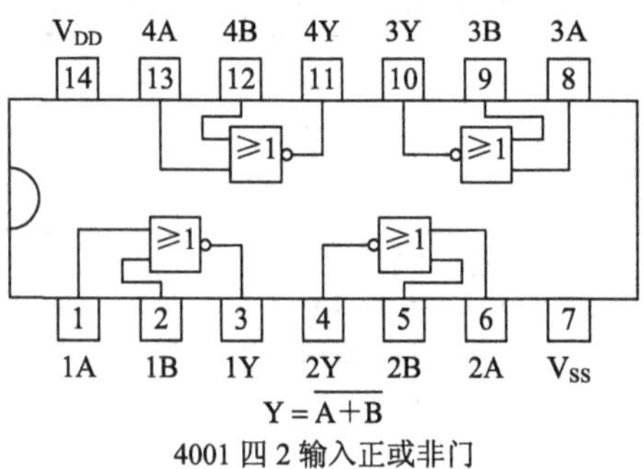

$Y=\overline{A+B}$
4001 四 2 输入正或非门

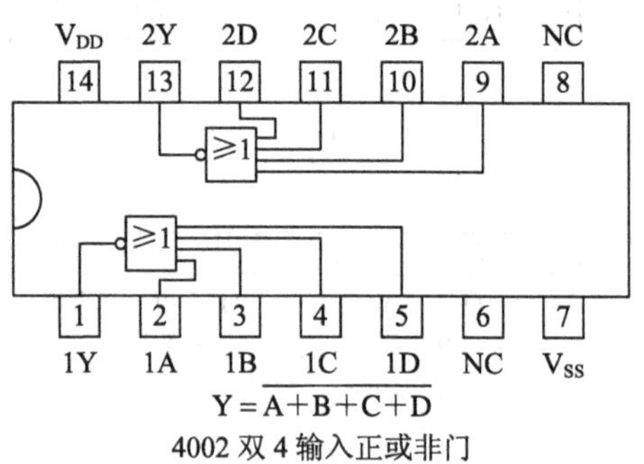

$Y=\overline{A+B+C+D}$
4002 双 4 输入正或非门

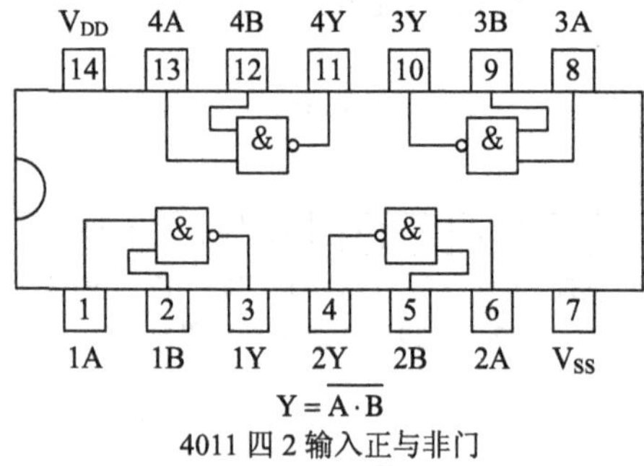

$Y=\overline{A \cdot B}$
4011 四 2 输入正与非门

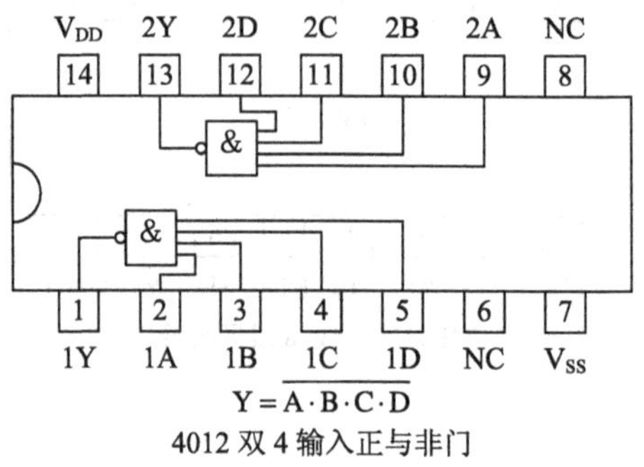

$Y=\overline{A \cdot B \cdot C \cdot D}$
4012 双 4 输入正与非门

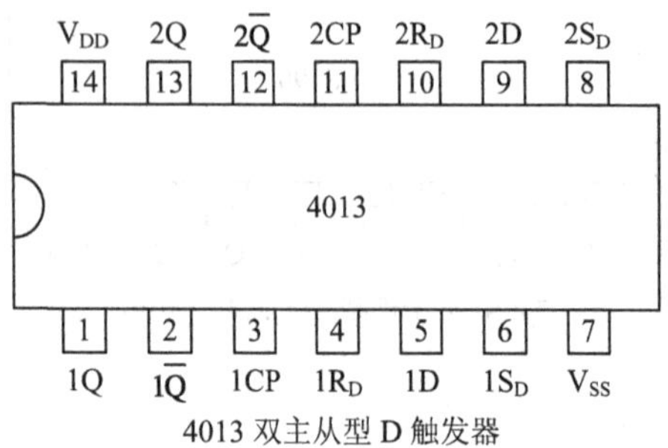

4013 双主从型 D 触发器

4017 十进制计数/脉冲分配器

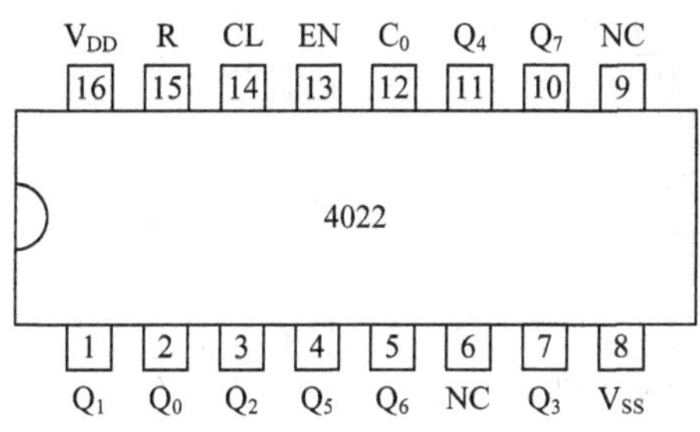

4022 八进制计数/脉冲分配器

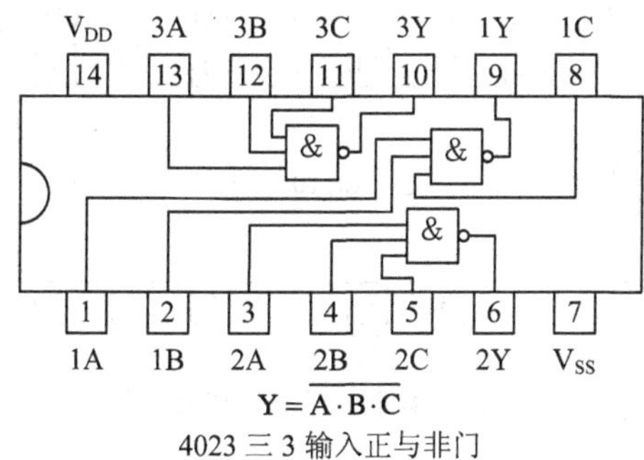

$Y=\overline{A\cdot B\cdot C}$

4023 三 3 输入正与非门

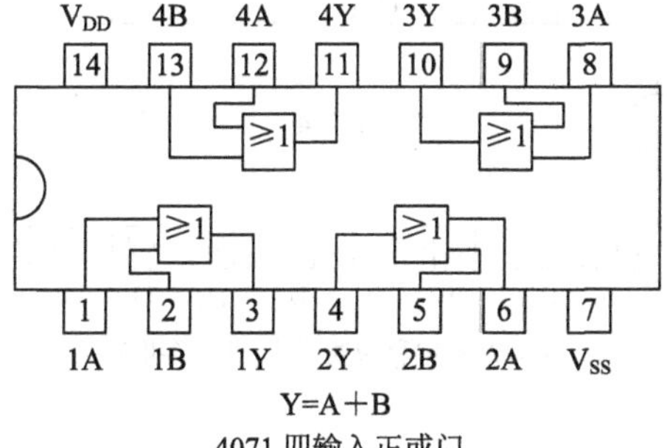

$Y=A+B$

4071 四输入正或门

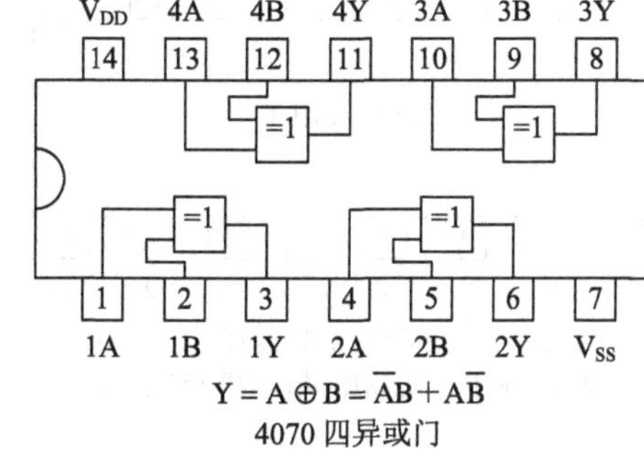

$Y=A\oplus B=\overline{A}B+A\overline{B}$

4070 四异或门

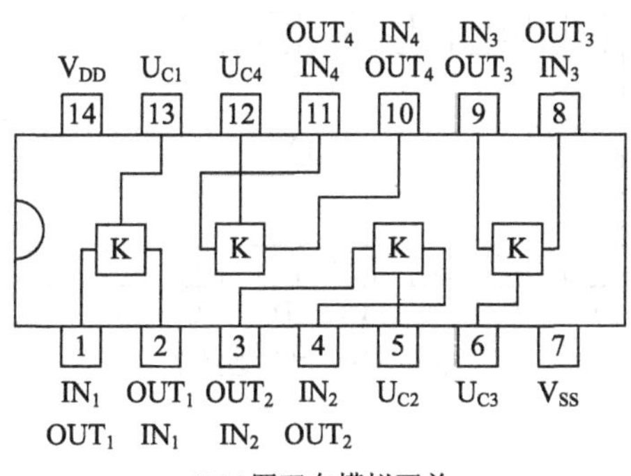

4066 四双向模拟开关

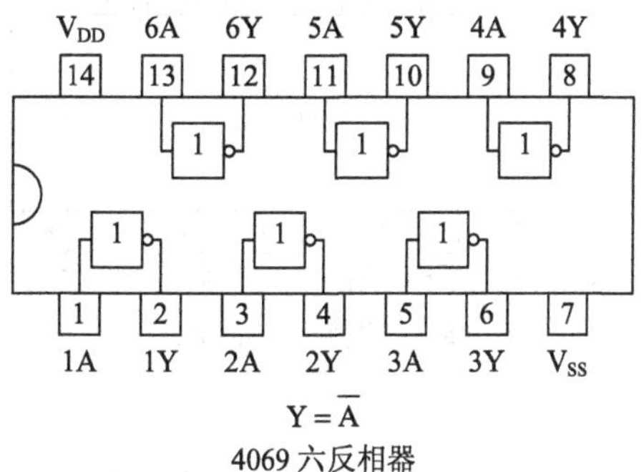

$Y=\overline{A}$

4069 六反相器

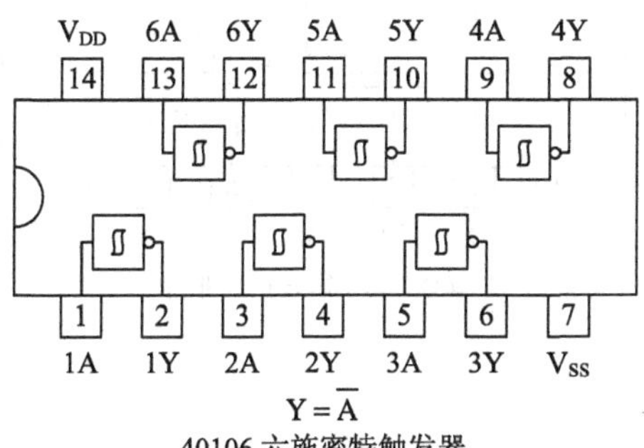

$Y=\overline{A}$

40106 六施密特触发器

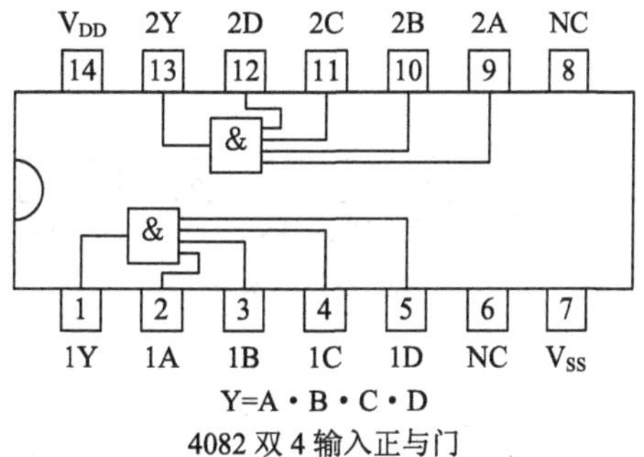

$Y=A\cdot B\cdot C\cdot D$

4082 双 4 输入正与门

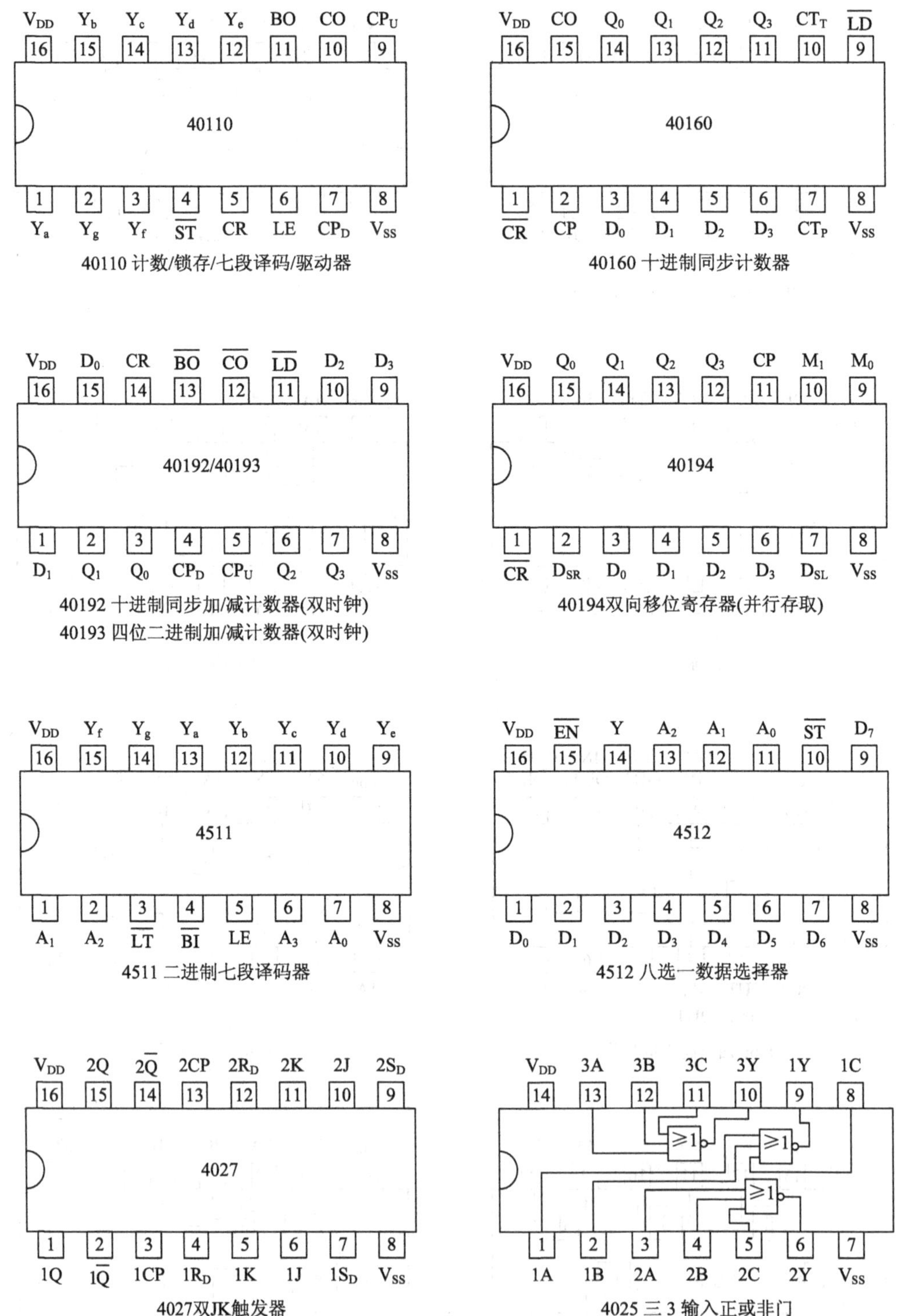

40110 计数/锁存/七段译码/驱动器

40160 十进制同步计数器

40192 十进制同步加/减计数器(双时钟)

40193 四位二进制加/减计数器(双时钟)

40194双向移位寄存器(并行存取)

4511 二进制七段译码器

4512 八选一数据选择器

4027双JK触发器

4025 三 3 输入正或非门

附录 C　常用 A/D 和 D/A 集成电路引脚图

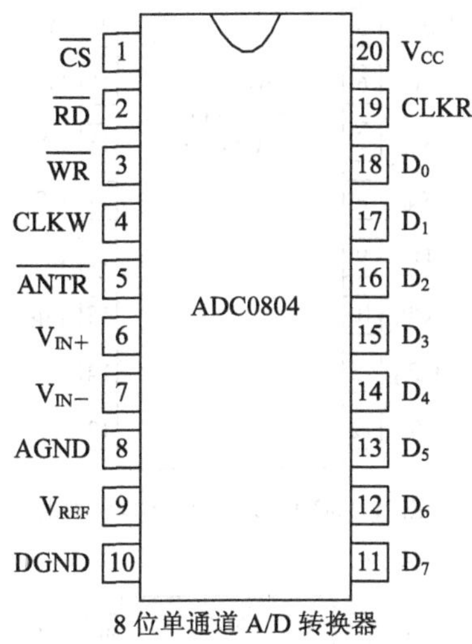

8 位单通道 A/D 转换器

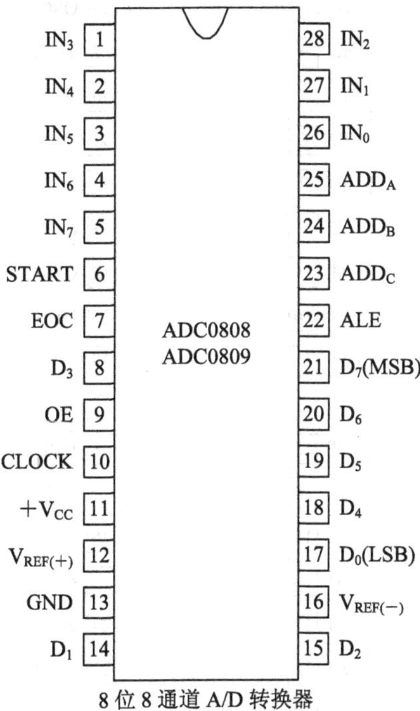

8 位 8 通道 A/D 转换器

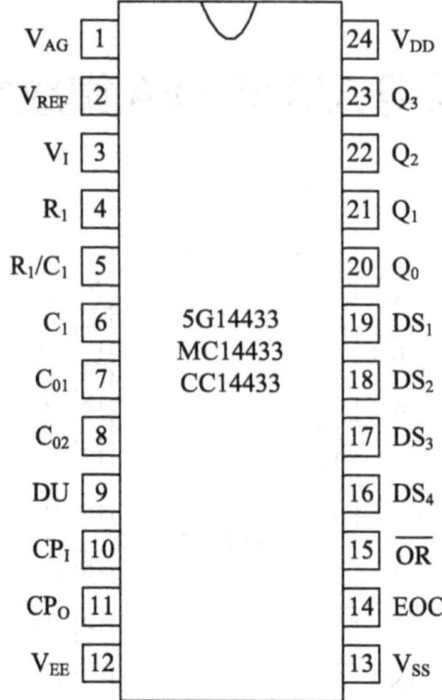

输出 BCD 码的 $3\frac{1}{2}$ 位 A/D 转换器

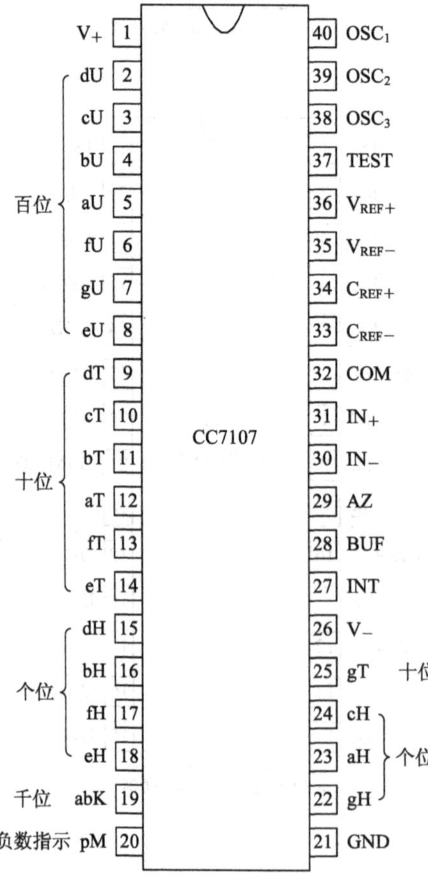

输出七段字形代码的 $3\frac{1}{2}$ 位 A/D 转换器

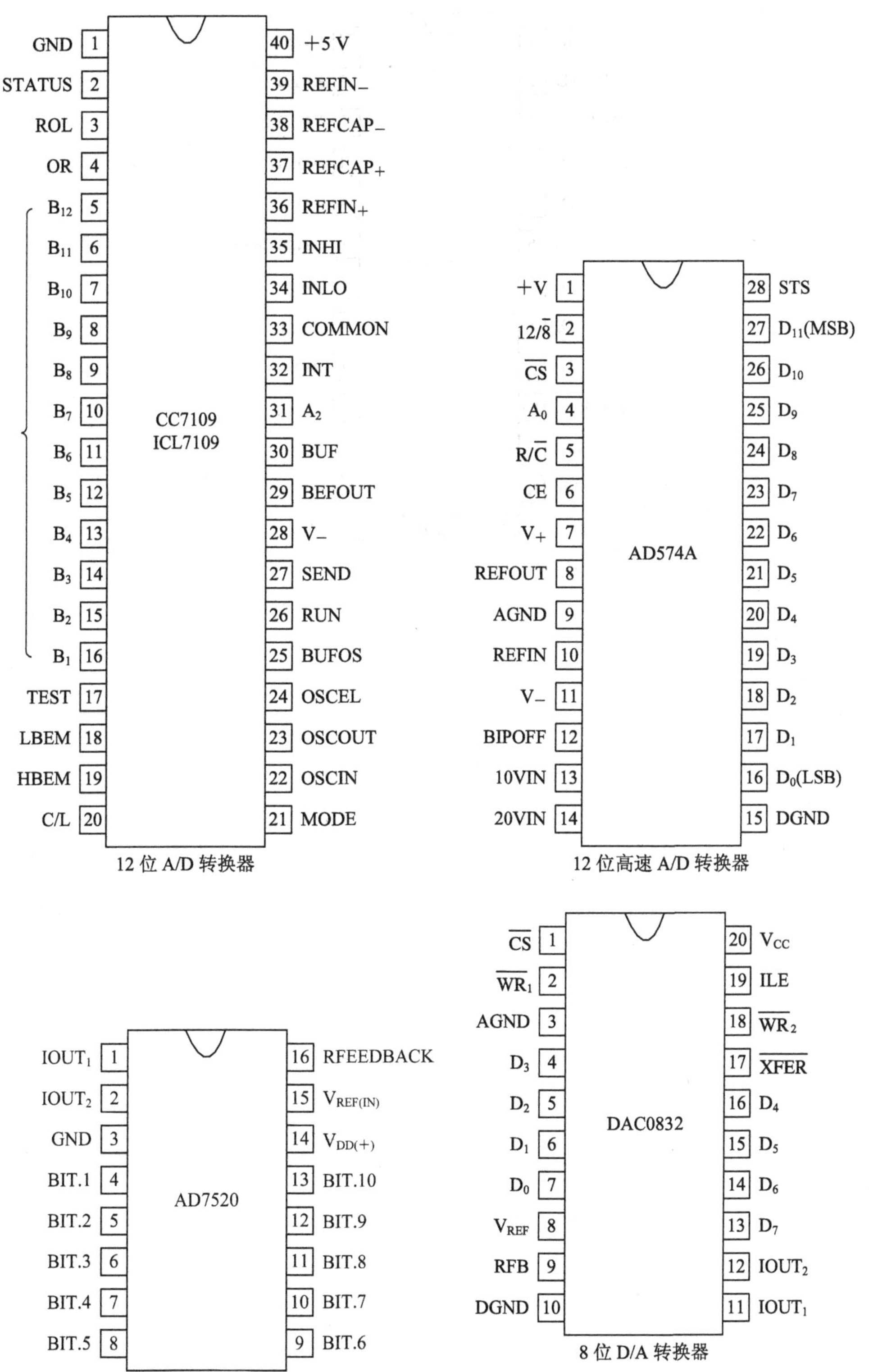

12 位 A/D 转换器

12 位高速 A/D 转换器

8 位 D/A 转换器

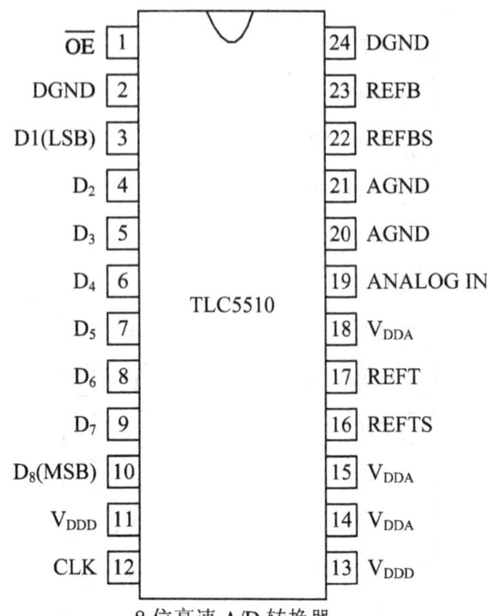
$\overline{OE}$ 1
DGND 2
D1(LSB) 3
D_2 4
D_3 5
D_4 6
D_5 7
D_6 8
D_7 9
D_8(MSB) 10
V_{DDD} 11
CLK 12
24 DGND
23 REFB
22 REFBS
21 AGND
20 AGND
19 ANALOG IN
18 V_{DDA}
17 REFT
16 REFTS
15 V_{DDA}
14 V_{DDA}
13 V_{DDD}
TLC5510
8 位高速 A/D 转换器

参考文献

[1] 陈世文，苑军见，黄东华. 电子设计工程实践[M]. 北京：国防工业出版社，2020.
[2] 刘波，金霞，李淼. 用 Proteus 可视化设计玩转 Arduino[M]. 北京：电子工业出版社，2020.
[3] 张循利，张成亮. 电子设计创新指导[M]. 北京：科学出版社，2020.
[4] 黄智伟. 全国大学生电子设计竞赛制作实训[M]. 2 版. 北京：北京航空航天大学出版社，2020.
[5] 路而红. 电子设计自动化应用技术：FPGA 应用篇[M]. 北京：高等教育出版社，2019.
[6] 陈世文. 电子设计案例实践基础[M]. 西安：西安电子科技大学出版社，2019.
[7] 邓延安，王苹，余云飞. 电子设计与制作简明教程[M]. 2 版. 北京：中国水利水电出版社，2019.
[8] 郑振宇，黄勇，刘仁福. Altium Designer 19 电子设计速成实战宝典(中文版)[M]. 北京：电子工业出版社，2019.
[9] 马宏兴，盛洪江，祝玲. 电子设计技术 Multisim14.0&Ultiboard14.0[M]. 北京：北京邮电大学出版社，2018.
[10] 钱金法. 电子设计自动化技术[M]. 3 版. 北京：机械工业出版社，2018.
[11] 刘婷婷，李军. 电子设计自动化(EDA)[M]. 北京：北京师范大学出版社，2018.
[12] 郑振宇，姚遥，刘冲. Altium Designer 17 电子设计速成实战宝典[M]. 北京：电子工业出版社，2017.
[13] 张金. 电子设计与制作 100 例[M]. 3 版. 北京：电子工业出版社，2017.
[14] 周立青，黄根春，陈小桥，等. 电子系统综合设计：基于大学生电子设计竞赛[M]. 北京：电子工业出版社，2017.
[15] 陈松. 电子设计自动化技术[M]. 3 版. 北京：电子工业出版社，2016.